中国建筑艺术史

【中卷】

中国艺术研究院
《中国建筑艺术史》编写组 编著
萧默 主编

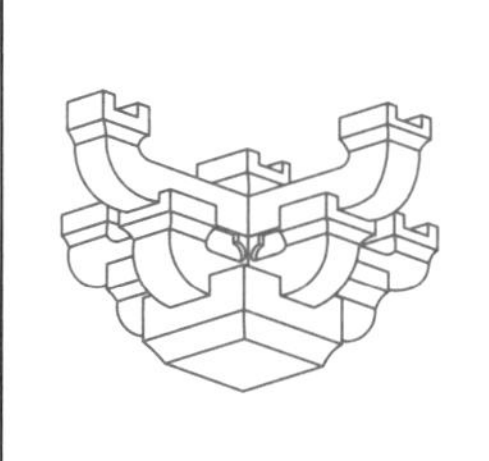

中国建筑工业出版社

总目录

上卷

中卷

下卷

第三编　充实与总结

第八章　明清建筑（一）

第九章 明清建筑（二）

第十章 明清建筑（三）

第十一章 明清建筑（四）

第三编

充实与总结

第八章　明清建筑（一）

小引

元末农民大起义，朱元璋乘时而起。元至正十三年（1356），朱元璋攻下集庆路（今南京），八年后自称吴王，又四年（1368），在南京称帝，建立明朝，改元洪武，是为明太祖。同年，明军攻下大都，元朝亡。随后几年，其他军事力量也被次第翦灭。1403年，燕王朱棣从朱元璋的孙子也就是他的侄子朱允炆手中夺得帝位，改元永乐，为明成祖。永乐十八年（1420）迁都北京。明朝共历277年，在公元1644年被李自成领导的农民起义推翻，但国家政权迅即被东北女真后裔满族建立的清（初由努尔哈赤于明万历四十四年即1616年建国曰“大金”，史称“后金”，1636年皇太极改国号为“大清”）取代。从1636年算起，清朝历时276年，至1911年被孙中山领导的辛亥革命推翻。

明清两朝共历544年，属于中国封建社会晚期，是国家长期统一、生产取得不断发展和中国各族文化大交流的重要时期，明代中叶以后，出现了资本主义的萌芽。明清两代的官方和民间的建筑活动都十分活跃，其中不乏优秀之作，在许多领域取得过令人赞叹的成就。

现存中国古代建筑遗物，绝大多数都是明清两代留下来的，有的是明代原建，有的在清代沿用中虽有重修改建或部分重建，总的规划布局仍多为明代形成。中国古代建筑类型十分丰富，作品更是累千巨万，但明清以前的实物绝大多数已不复存在，除少数硕果仅存（多为佛教寺塔）和一些可探知的遗址外，只能从文献记载中去了解，或者通过绘画、雕塑中的形象略见其面貌。值得庆幸的是，今天所见明清两代的建筑作品几乎涵括了传统建筑的全部类型，包括城市、宫殿、坛庙、衙署、佛寺、佛塔、道观、陵墓，以及宗祠、先贤祠、神祠、会馆、书院和城市景观楼阁等民间公共建筑，又有王府和十分多样的各地民居，还有取得过独特成就的园林及牌坊、桥梁等。此外，应该特别注意到，主要分布在辽阔的边疆地区的少数民族建筑，如藏蒙地区的藏族、蒙古族、新疆维吾尔族、各地回族和西南的纳西、白、傣、侗和土家族等各族建筑，大都在明清两代尤其是清代得到很大发展，几乎所有典型的建筑类型和重要作品也都保存至今，其中不乏世界级的建筑艺术精品，极大丰富了中国建筑艺术史的内容。可以说，如果没有明清留下的作品，真不知要怎样才能全面而真切地认识中国古代建筑的历史了。

不只是类型和数量众多，中国最重要的建筑类型如城市、宫殿、坛庙、陵墓和园林，其构图手法也是在明代最后完善起来的，其中的佼佼者如北京城、北京宫殿、天坛、江南私家园林和北方皇家园林等重要作品，就艺术的完美性而言，某些方面的确达到了中国古典建筑的最高水平。从明朝永乐到盛清康乾时期，是中国建筑艺术继秦汉和唐宋两次高潮之后的第三次高潮。如果说，中国传统建筑，宏观而言，从总体气势之豪健开朗、单体造型之恢宏大度、建筑部件与装饰之自然合宜等角度来衡量，在其全部发展史的三个高潮中，可以认为唐代尤其是盛唐堪称为高峰的话，那么，明和盛清建筑，就是全部发展史的充实和总结了。

明清最重要的城市无疑是作为两代都城的北京，在元大都的基础上加以改造，艺术上有明显提高，鲜明体现了一整套强调皇权的艺术构思。北京和唐长安、元大都一道，是中国古代最伟大的三座都城。沈阳曾是东北地方政权后金的统治中心，改建于明末，它和其他中小城市如西安、南通、太谷、平遥、重庆等，共同体现了封建城市的一般特点。它们的大致布局有的还比较完整地保存着。

明清宫殿除明初一度兴建的中都和南京宫殿外，主要是北京宫殿，规模虽不如唐代，但比起宋辽金元并不逊色，其格局精严，结构紧凑，艺术水平在某些方面甚至不在盛唐以下。宫殿历来是中国古代最重要的建筑类型，北京宫殿是其中最优秀的作品之一，在世界建筑史上占有崇高的地位。从后金开始在沈阳建造的宫殿现称沈阳故宫，体现了一定的地方和民族特色，也完整地保存着，规模虽小，仍丰富了中国建筑史的内容。

中国古代的建筑艺术家，历来社会地位不高，史籍中很少提到他们，明清才稍为多见，本章将介绍其中的几位宫廷建筑师。

北京是国家级坛庙集中的地方，其中天坛是中国建筑艺术杰作之一，也是世界建筑艺术珍品。

明清寺院宫观除继承前代传统的规整式布局外，最值得注意的是分布在全国各地名山胜境的大量作品。不论是对前代遗物的改造，或是另行建造，大多结合优美的自然环境，采取自由灵活的格局，体现了中国特有的与造化融合相亲的自然观，具有重要的美学价值。明清的佛塔比较沉寂，或是仿照前代，或只是在装饰上更事踵华，但也有一些值得肯定的佳作。明清两代，石窟寺虽仍偶有凿建，却已无可称道。

明代陵墓除太祖孝陵在南京外都集中在北京，密切结合山水地形，成为组群，其群体布局的水平较前代有显著提高，单座陵墓的构图也与前代迥然不同。清代陵墓除满族入关前的少数几座之外也集中在北京附近，群体和单座的布局、构图手法与明代陵墓相似。

长城始建于春秋战国，主要经秦、汉和明朝增修，至明而达极盛。完全出于军事防御目的修筑的长城，在严格意义上并不是有意识的艺术作品，但以它的雄伟壮美，在今天已转化成了重要的审美对象。

衙署作为古代各级政权的体现，曾在各地普遍出现，但遗留至今者甚少，明清的数处遗存诚为难得的例证，其总体布局与大型宅院相差不多，因旨在示意清廉，建筑及装修往往比较俭约。

明清还特多民间公共建筑，如宗祠、先贤祠、神祠、会馆、书院、城市景观楼阁等，以其文人建筑、市民建筑的性质，与官方建筑颇有不同，二者互补，丰富了对建筑史的认识。

虽然明清的建筑艺术成就值得充分肯定，但也必须指出，明清两朝在思想上、政治上都施行了一整套严格的封建统治，扼制了人的主动创造精神和个性表现。从明代起，与经历着文艺复兴的西方相比，中国的社会经济与文化逐渐丧失了世界的领先地位。清代后期坚持闭关锁国政策，拒绝异域文化的输入，暴露了专制制度的顽固和衰老，更使中国社会进步受到严重阻碍。在这种社会态势的决定性影响下，与充满活力的唐代建筑艺术高峰相比，就体现建筑艺术主要成就的官式建筑而言，明清两代缺乏昂扬的格调和质朴的品格，大多只是继承成法并在其上进行加工，注意力在很大程度上只集中在如何去“完善”已有的成就，处于一种“过熟”的或“特化”的状态，创造力已渐趋枯竭，并没有酝酿出新的格局。具体来说，官式建筑的设计已完全定型化，无论总图布局，还是单体设计、结构方式、装修做法，以至装饰处理，都有一整套相当严格的固定格式，成了轻易不能变动的程式或曰公式。清雍正十二年（1734），工部颁行了《工程做法则例》，虽有利于总结经验，保证建筑具有一定的质量水平，但奉若圭璧，又必然限制了个性的发挥。人们的注意力更多只限于细部的雕琢，反而导致品相趋向柔弱，雕缋细腻，彩饰斑斓，珠光宝气，繁文缛节，充斥朝野。因为这种只及于细部的"创造"，如果不伴随整体格局意义的强烈创新意念，就不但无助于整体的突破，反而促使原有的天真质朴精神的进一步流失。

建筑艺术的创作过程，总是首先着眼于总体布局，次及于单体造型，然后才是对细部和装饰进行细致的推求。如果我们把这一过程放大为全部建筑艺术的发展史，似乎存在同样的情形。中国建筑在宏观方面至唐代已达到极高水平，以后从宋代开始，直至明清，愈来愈将主要注意力转向比较微观的方面。人们似乎认为，相对属于宏观的课题，大部分已经由前人妥善解决了，剩下的除了使其更加"完善"以外，就只能侧重在微观的方面了。这种趋势当然促成了建筑的精细化，但失之太过，甚至为了这种精细，反而影响了对全局的把握，便不免精细有余而气度不足，形成严重的弊病。这一不无遗憾的事实，尤其在清代中期以后，随着国势的日渐衰落和人们的审美情趣的益趋琐屑而更见其甚。

建筑艺术是社会整体文化最真实、最鲜明的记录，这一点在明清建筑上再一次得到证实。

关于明清建筑，因内容之丰富，本书拟以四章篇幅加以论述。第一章介绍城市、宫殿、国家祭祀建筑、宗教建筑、陵墓、长城、衙署和民间公共建筑；第二章纳入王府、散布各地形式多样的民居、私家园林和皇家园林，以及牌楼和桥梁；第三章专述建筑装饰，以成就最大的官式建筑为主，兼及民间；第四章包括建筑结构、室内设计、家具，以及中越建筑文化因缘。越南与朝鲜半岛、日本以至蒙古一样，同是受中国文化包括建筑文化影响最大的地区。中国与越南的建筑文化交流，早可及于秦汉，一直延续至清末。至于这一时期少数民族丰富的建筑艺术作品及其成就，鉴于本书强调建筑与其文化土壤的本质联系，将集中在第四编再行专述。

第一节　城市

明清最重要的城市就是延续两朝、历时近五百年的北京。其他比较有名的大城市还有三十多座：有的是在宋元以来旧城的基础上发展起来的，如南京、开封、杭州、苏州等；有的是旧城被破坏后重新恢复起来或者是一些新兴城市，如西安、太原、沈阳和其他中小城市。这些城市一般都经过事先规划，体现了中国封建城市的特点，是封建皇权派驻各地的统治机构所在地，是各级封建统治的政治中心和军事、经济、文化的重要据点。

一、北京

元末，朱元璋攻占集庆路后，改为应天府。洪武元年（1368）建国，诏以应天为都，名南京（图8–1–1）。此后朱元璋曾有意在关中或开封建都，均未果。一度又决定以他的家乡临濠（今安徽凤阳）为都，改临濠为中都并开始了宫殿和城市建设，也中途停止（图8–1–2）。南京作为明初都城使用了五十余年，一直到永乐十八年（1420）明成祖迁都北京为止。明朝以后，北京继续成为清朝的都城。

明北京格局及对元大都的改造

明清北京的基本格局仍元大都之旧。大都的规划思想继承了汉唐以来的传统并参用周制，以规整对称突出中轴的手法成功渲染了皇权的尊严，十分符合明清皇朝的要求。虽然已经改朝换代，但占统治地位的以皇权为中心的思想意识并没有发生什么变化，同时，在明军攻占大都和清军进入北京这两次战争进行得都比较顺利，原有城市没有受到大的破坏，也为继续使用提供了可能。

然而，明代仍对元大都作了相应的改造。在建筑艺术上，明北京比元大都有明显提高。其改造主要有以下几点：

一、元大都是以金中都东北太液池（即今北海、中海）的离宫为中心建设起来的，皇城包括了这一片离宫区，大内和其他两座宫殿沿湖东西两岸设置。为避开大都西南金中都旧城，大都尽量向北扩展，但直到元末，作为发展预留地的北部仍然相当空旷，明初决定将这空旷的北部废弃，在原北墙以南五里另筑新墙，仍开二门。此新墙西端依河道之势略向内斜折。大都东、西墙原来各有三门，至此也各剩二门。元时，不少金中都的居民尤其是贫民，无力迁入大都，麇集在大都南墙外居住。大都的皇城、宫城因利用中都离宫区，也偏在城市南部，与南墙相距过近，不便于城市南部东西向的交通。至明，金中都废弃已久，已不再是北京发展的障碍，于是在永乐十七年（1419）新建宫殿即将完工之际，将大都南墙拆除，向南推出近二里另筑新墙，仍开三门。故明代北京城共九门，南面正中为正阳门，左右为崇文、宣武二门；东面二门自北往南为东直、朝阳；西面相应为西直、阜成；北面二门自西往东是德胜、安定，这些名称一直保留至今。元末城墙的外墙面已开始用砖包砌，并加筑各门瓮城。明代继续砖包墙面，正统元年（1436）重修并新建各门瓮城，

图 8-1-1　明南京城复原平面（赵林）

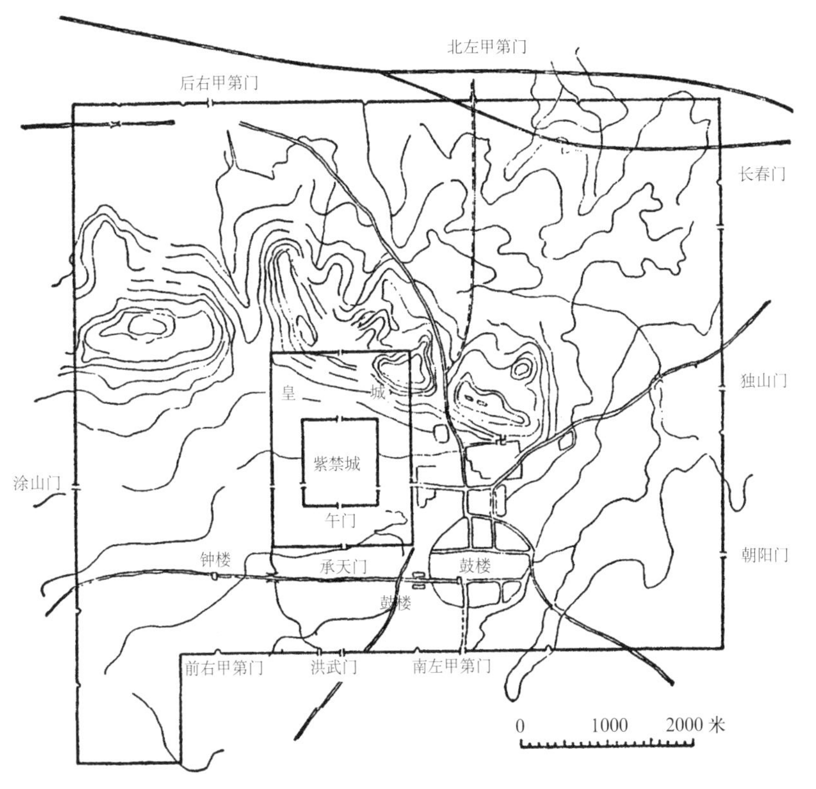

图 8-1-2　安徽凤阳明中都遗址（《明中都》）

① （明）《西元集》及（清）吴长元《宸垣纪略》都有万岁山"为大内之镇山"的记述。

同时修建九门城楼和各瓮城城楼。瓮城城楼都是四层，以大砖砌墙，十分雄伟坚实。九门城楼都是两层，木结构，下层覆腰檐，上有平座，上层覆重檐歇山顶。这样的三檐屋顶称作三滴水。正统年中城墙内侧也包砖（明代以后，各州县城墙也普遍用砖包砌，城门洞也一改木结构平顶或盝顶，通行砖砌筒拱）。在北京东南、西南二角，城墙上建造了高大的曲尺形平面角楼，亦砖砌四层。现在保存下来的城楼只有正阳门及其瓮城（前门）、德胜门瓮城城楼和东南角楼了，其他均已随城墙一起被拆掉。北京全城呈略横的方形，东西 6650 米，南北 5350 米。

二、元大都宫殿在明代初年本来保存完好，但当时定都南京，出于君权归一的观念，被全部拆毁。明成祖决定迁都北京后，才又重新建造宫殿。明皇城在大都旧地的基础上向东、南两面各有展拓，南面展拓约一里，原太液池也向南展拓（即今之南海）。皇城东西 2500 米，南北 2750 米。

宫城名紫禁城，在都城中轴线上，其东、西墙与大都宫城相重，南、北二墙各向南移约 400 米和 500 米。宫城东西 753 米，南北 961 米，较元宫略小，仅及唐长安太极宫城（包括东宫和掖庭宫）六分之一强。紫禁城正北，以拆除元宫的废土和开挖紫禁城护城河的土堆成一山，高约 50 米，谓之万岁山、镇山或景山。"万岁山"之名已见于明中都，位置也在宫城之北，是一座自然山丘，由此可见北京和中都的继承关系。

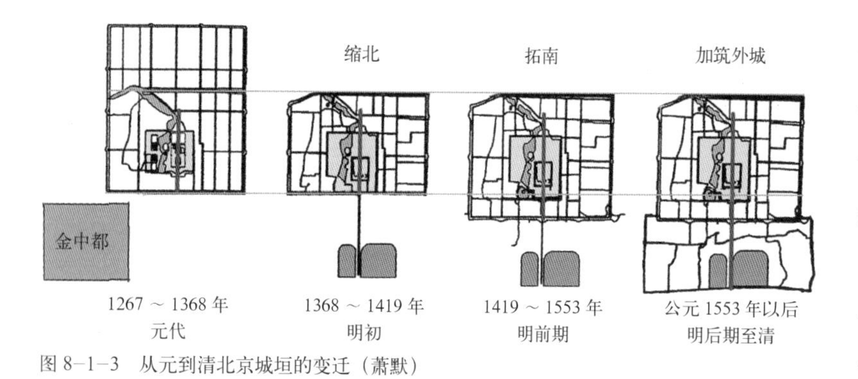

图 8-1-3　从元到清北京城垣的变迁（萧默）

"镇山"含有镇压元朝王气的寓意，山下正好压着元宫的延春宫。[①]"景山"应是就景观角度而言。此山东西长，中高边低，两侧略向前环抱，形式对称；山顶建一大亭，正在全城中轴线上，是全城的平面几何中心和最高点，强调了整个城市如几何图形般的严谨构图。此山在城市景观上，无论是成景还是得景，都有重要意义。在景山之北，沿中轴线有鼓楼和钟楼，与景山遥相对望。宫城和都城都有高大的城墙，围绕着护城河，各城门前建有石桥。皇城只有宫墙，没有护城河。

三、明朝中叶嘉靖时，为加强京师防卫，计议加建一圈外郭城，先从聚居较多的南面开始，但其他三面后来没有建造。南部郭城把天坛、山川坛包了进来，称为外城，原城即称内城。外城东西 7950 米，南北 3100 米，也是砖包城墙，有护城河。外城东西之长超过内城，整个北京城呈凸字形平面。外城南面三门，正门名永定；东西各一门，东北、西北各一便门。外城街道多为扩展前自发形成的，比较零乱，东西都有一些趋向正阳门的斜街。内城街道多是元大都旧街，相当整齐。在内城东四牌楼、西四牌楼、鼓楼附近和外城正阳门外，形成四个商业中心。此外，外城的琉璃厂文化街是文人荟萃之地，天桥则是下层民众娱乐的地方。外城南部东为天坛，西为山川坛（后改先农坛）；内城城外北面建地坛，东、西各建朝日坛和夕月坛，同天坛一起形成外围的四个重点，簇拥着居中的皇城和宫城。元大都的太庙和社稷坛分别靠近东、西城墙，距宫殿过远，至此改在宫城正门午门前方左右，邻近宫殿。衙署集中在正阳门内大街即皇城正门天安门（明称承天门）前丁字形宫前广场的两侧，布局紧凑均衡，与皇宫互相烘托（图 8-1-3 ～图 8-1-22）。

明代北京城比元大都有很大改进，因势利导，废北拓南，使城内居民分布比较均匀，也使皇宫更加居中，并在宫前形成了较长的前导

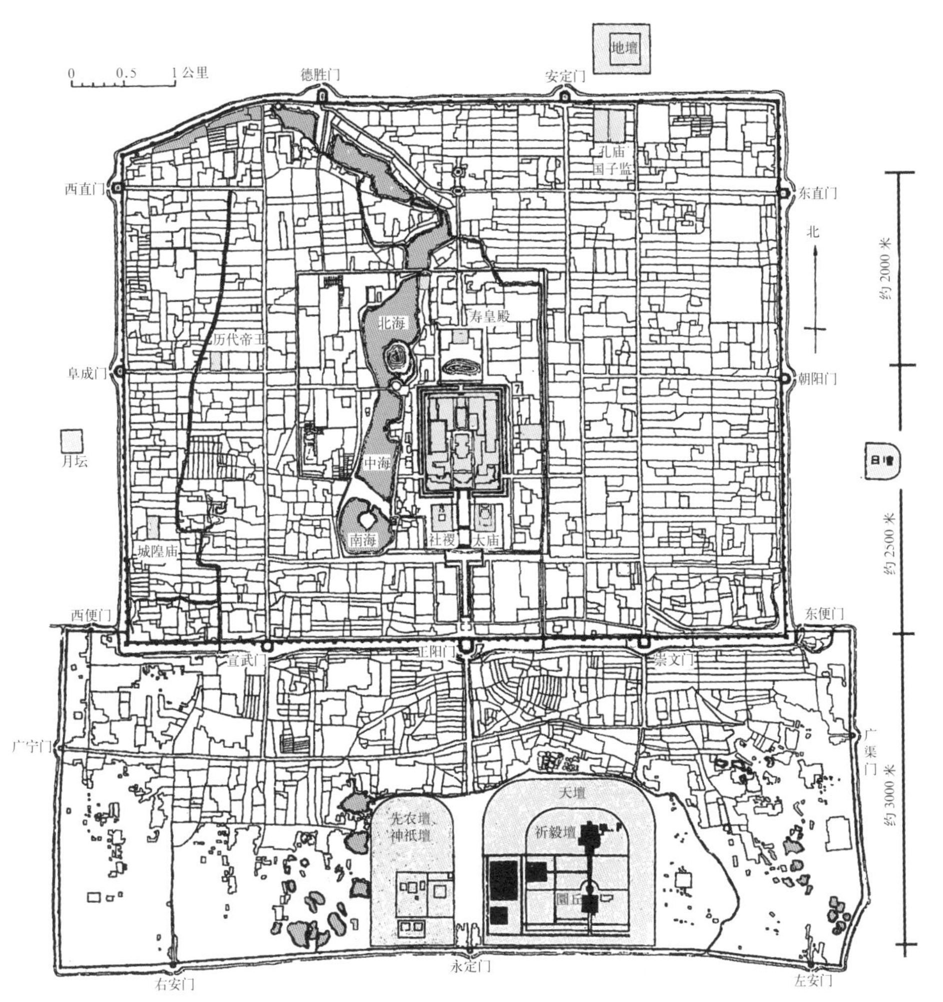

图 8-1-4 清乾隆时代北京城平面图（《中国古代建筑史》）

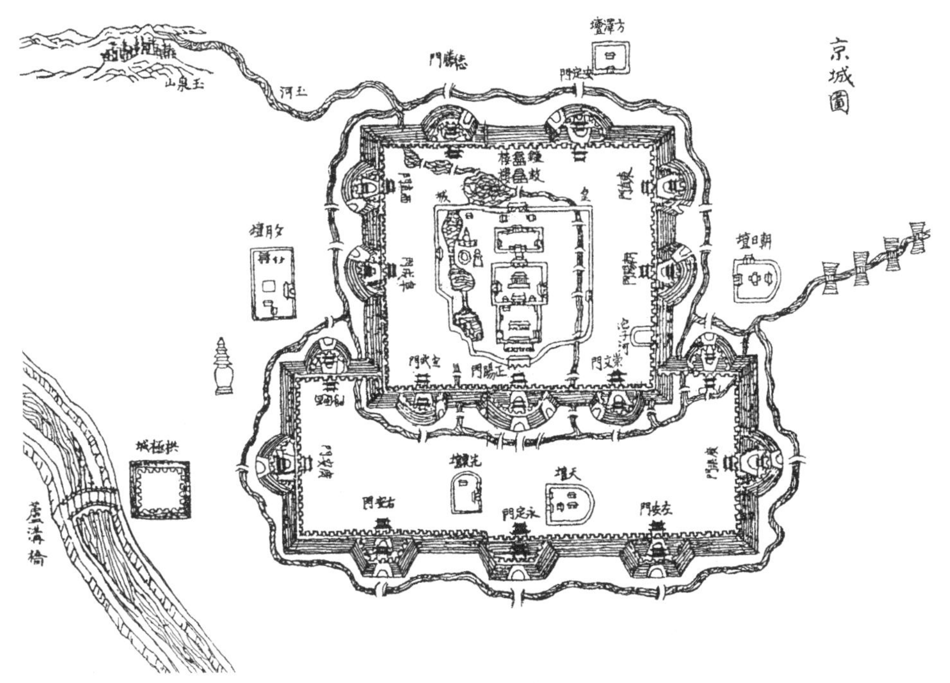

图 8-1-5 清绘“京城图”（清《钦定四库全书·畿辅通志》）

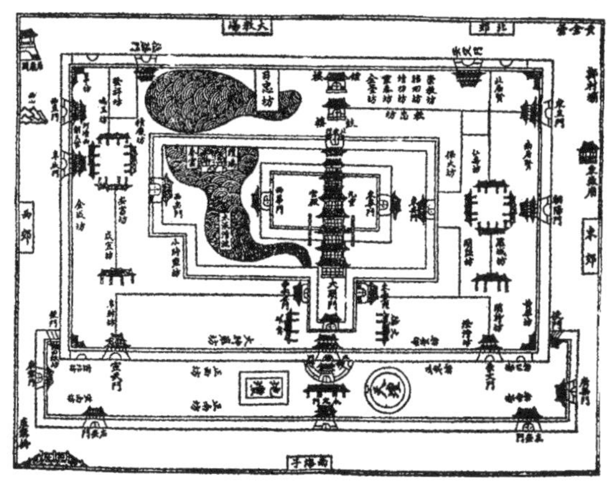

图 8–1–6　明嘉靖三十九年（1560）的北京示意图（图中地坛位置标注有误）

图 8–1–9　民国时期北京正阳门箭楼（资料光盘）

图 8–1–7　北京永定门旧景（张先得）

图 8–1–10　北京正阳门（萧默）

图 8–1–8　清《唐土名胜图会》所载正阳门及其瓮城

图 8–1–11　北京正阳门及其箭楼（由北南望）（萧默）

图 8–1–12　北京大清门、天安门旧景（张先得）

图 8–1–13　北京鼓楼和钟楼（高宏）

图 8–1–14　北京德胜门（罗哲文）

图 8–1 15　北京内城西南角楼（1915 年绘画）

图 8–1–16　北京西直门城楼

图 8–1–17　北京外城东南角楼

图 8–1–18　北京西四牌楼

图 8-1-19　清王翚绘康熙《南巡图》(画面下部为大栅栏，上部为前门西河沿)

图 8-1-20　大栅栏旧影

图 8-1-21　琉璃厂文化街（萧默）

空间。从对北京中轴线的分析中，我们将看到这样的处理在艺术上达到的卓越效果。

北京中轴线的艺术成就

中国历代都城为了突出皇宫的显赫地位，大都有明确的中轴线，皇宫即位于中轴线上。唐长安宫城位于轴线北端，宫城前的轴线长达7.15公里(加上宫城本身,轴线总长近9公里)。北宋汴梁大内在全城中部，宫前中轴线也有相当长度。这种处理，对于烘托宫城气氛有很大作用。但元代皇宫偏处城市南部，从宫城南门到都城南门大约只有1公里，距离很短。中轴线穿过皇城、宫城，到北面的中心阁为止，全长也不过4公里。中心阁以北的钟楼、鼓楼则偏西，已不在中轴线上。明北京由于将内城南墙南移，更于其南扩出外城，皇宫前的中轴线大为加长了，同时又将城市北部的钟、鼓二楼东移到中轴线上，延长了轴线的北段，使中轴全长达到7.5公里，在世界上也算是数一数二

图 8–1–22 《旧京天桥图》部分（王大观）

的了，显示出驾驭全局的伟大气魄。皇宫串在轴线中段，其前其后都有相应的重要建筑，形成起承转合的丰富节奏，比起唐长安宫城远居中轴北端，宫城更北已无呼应，艺术上更见成功。

按城市构图，中轴线自南而北分为三大段。第一段自永定门至正阳门，长达 3000 米，最长，节奏也最和缓，是高潮前的铺垫。第二段自正阳门至景山，贯串宫前广场和整个宫城，长 2500 米，较短，是高潮所在。第三段从景山至钟、鼓二楼，最短，只有 2000 米，是高潮后的收束。第二段的处理最为浓郁，本身又可再分为三节。前节是天安门、端门和午门三个串连的宫前广场。由于内城南墙比元大都向南展拓约二里，而宫城南墙只向南移出不到一里，所以由宫城正门到内城正门的距离比元大都增加了一里，达到三里。在正阳门和承天门广场的起点大明门（清改大清门，今不存）之间设置了名为棋盘街的东西向街道，有利于内城南部东西方向的交通。中节即紫禁城，又可细分为前朝、后寝和御花园三部分。后节是作为全段结束的景山。整个第二段，空间远近开合，建筑体形起伏跌宕，气势抑扬顿挫，丰富多变。

欧洲人常说建筑是凝固的音乐，如果以音乐相比，那么全部中轴线的三段就好像是交响乐的三个乐章了：第一段好比序曲，第二段紫禁城包括其前其后是全曲高潮，第三段是尾声，相距很近的钟鼓二楼是全曲结尾的两个有力的和弦。全曲结束以后，似乎仍意犹未尽，最后再通过德胜、安定二门的城楼，将气势发散到遥远的天际，那两座城楼就如同悠远的回声。在这首乐曲的“主旋律”周围，高大的城墙、巍峨的城楼、严整的街道和城市周围的几个建筑重点，都是它的和声。整座北京城就是这样高度有机地结合起来的，有着音乐般的和谐、史诗般的壮阔和数学般的严密，是可以与世界上任何名篇巨制媲美的艺术珍品。

北京城的艺术构思还体现了中国人特别擅长的色彩处理能力。中轴线上的高潮紫禁城广泛使用华贵的金黄色琉璃瓦，在沉实的暗红墙面和纯净的白色石栏衬托下闪闪发亮。散布在四外的坛庙的色彩与宫城基本一致，遥相呼应。而城楼和大片民居则都是灰瓦灰墙。它们又都统一在绿树之中，呈现着图案般的美丽。

英国人埃德蒙 · N · 培根在他所著的《城

① 刘宝仲．沈阳城与清故宫．建筑师，1980（3）．

市设计》中说："也许在地球表面上人类最伟大的单项作品就是北京了，这座中国的城市是设计作为皇帝的居处，意图成为举世的中心的标志……在设计上它是如此辉煌出色，对今日的城市来说，它还是提供丰富设计意念的一个源泉。"

二、地方城市

中国封建社会的地方城市带有鲜明的封建伦理化的政治特点。在中国，城市不仅是一个聚居的地方，更是封建王朝派驻各地的政治统治中心，为了强化政权，展示正统思想的一整套井然有序的理性逻辑，在城市构图上逐渐形成了普遍遵行的模式。这一模式在明代，尤其在北方平原地区，由于不太受到地形的限制，表现得更为典型。它的一般面貌是：一、城市外轮廓是规整的方形或矩形，纵轴采取正南北方向。二、一般是在城墙四面各开一门，相对二门为干道组成十字；南北大街称通天街，为城市纵轴，东西大街为横轴。有些较小城市只开东南西三门，城内为丁字干道，是十字干道的变体。也有的在丁字干道偏西处另设北大街。个别城市有井字干道，城墙每面各开二门。城内其他道路形成较为规整的方格网络。三、衙署都在靠近城市中心的显著部位，如丁字干道交点以北。城内设有藩王王府的，也处在显著部位。四、明代以后，在干道交点处常建钟楼、鼓楼。此外，在明代晚期至清代，随着城市的发展，城门外常扩充出称为"关厢"的附筑小城。以上几点，与欧洲中世纪城市的布局方式有显著不同。后者往往只是封建经济中心，以工商业者为主的市民是城市的主人，封建政治的力量比较薄弱。相应于西方基督教势力的强大，城市以教堂和具有市民公共活动中心意义的教堂广场为中心，街道由此呈放射状向外伸展，城市轮廓也很自由。由此，也可见出城市建筑与社会整体文化的密切关系。

除了上述的典型布局方式外，在丘陵河湖地区，由于地形和水上交通的自然发展，以及城市因商业发展的自发生长，也形成了一些不规整的布局，它们多见于南方。

以下，将通过几个实例作进一步说明。

沈阳

古称营州，辽金时始筑城池，元代出现"沈阳"之名，明洪武二十一年（1388）筑"沈阳中卫城"。中卫城方形，四边中间各开一门，内为十字干道，在干道交点附近建中心庙，是北方中心城市的典型样式。公元1616年明万历年间，女真统一东北各部，努尔哈赤建国大金（史称后金），天命十年（明天启五年，1625）迁都沈阳，并始建沈阳宫殿。开始是在通天街南段路东建"八角殿"（即大政殿）为议政大殿，路西建前朝后寝的大内，这样宫殿区既不完整又不能突出它在城市中的地位。皇太极即位后，于天聪（1627～1636）初年改城名为"盛京"，并加以改造。①方城各面均辟二门，相对二门为干道，组成井字，宫殿区即在井字的中心方格内，面临南横街，完全解决了原来存在的问题。在井字北部的两个交点，东建钟楼，西建鼓楼，与宫殿区呈倒品字形，取得呼应，全城构图均衡。以后又在原城外围扩建一周外郭城，仍为方形，每面二门（图8–1–23）。

沈阳城从普通的地方城市改建为王国的都城，是中国城市建设史上不多见的范例，典型地反映了中国封建城市突出政权的特点。

钟楼和鼓楼在明代城市中已相当普遍。早在汉代，在城市内划定的市场区中心，就常建有监督交易活动的"市楼"。元大都的规划在城市北部商业区靠近全城中轴线处建钟楼和鼓楼，成为控制很大一片范围的制高点和构图中心。明代以后则在地方性城市中也开始在关键位置

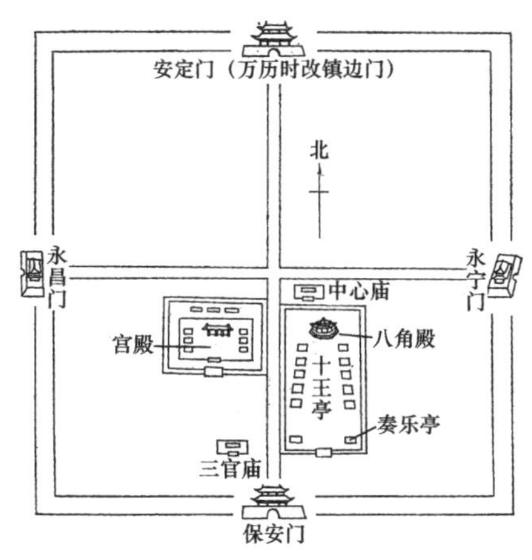

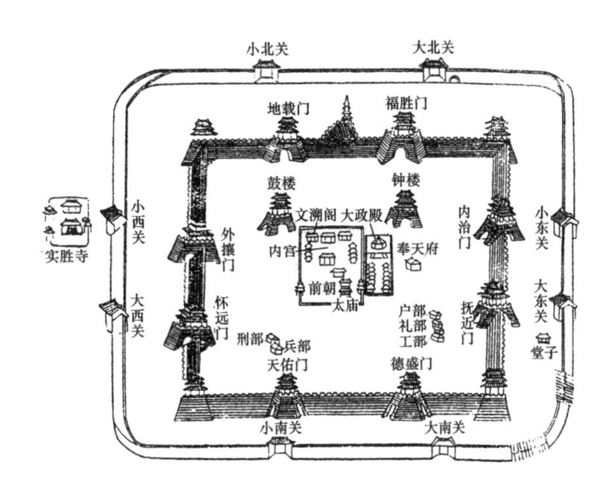

图 8–1–23　改造前后的沈阳城及后金宫殿

建造钟楼、鼓楼，有时合二而一。

西安

明代西安城在隋唐长安皇城的废址上建造。唐末昭宗时，朱全忠一声令下，尽拆长安宫室寺庙宅舍，挟迁昭宗及居民于洛阳。以后，节度使韩建曾稍事恢复，但废弃了郭城和宫城，仅将皇城改修。改修后的新城南墙和西墙即原长安皇城的南墙和西墙。宋元时长安户口大约只有万家，元时称奉元路。明洪武三年（1370），朱元璋封次子朱爽为秦王，改奉元路为西安，在城内修建规模很大的秦王府，地点在元代十字形干道所划分出的东北部。为了不使王府局促于一隅，遂将元城东、北二墙稍向外移，洪武十一年完工。所以，明西安城十字干道的东西大街偏南，为免南北大街明显偏西，将东墙南端西移，秦王府大致居于城市中心而略偏东北。洪武十三年和十七年先后建筑了鼓楼和钟楼。鼓楼在十字干道交点附近、西大街路北。钟楼起初也在西大街，嘉靖五年（1526）迁至十字干道交点处。西安城墙明初为土墙，隆庆二年（1568）开始在城墙外表面包砖。

西安城呈横长方形，周长约 14 公里，城墙高达 12 米；城四面各开一门，上有城楼；门外各附方形瓮城，上有箭楼，多层，形象与北京的相近，高达 30 余米，十分雄伟；城四角建角楼，四面各建许多马面（敌台）凸出城外，共九十八座；城外有护城河。整座城池“百雉巍峨，形势厚重，燕京之外，殆难多睹”（《咸宁长安两县续志》卷四）。秦王府则另有土城围绕，呈南北纵长的矩形（图 8–1–24 ～图 8–1–28）。

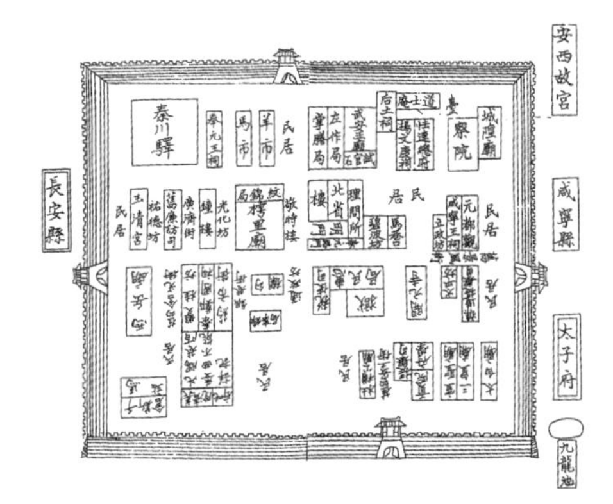

图 8–1–24　元奉元城（今西安）图（《长安志图》）

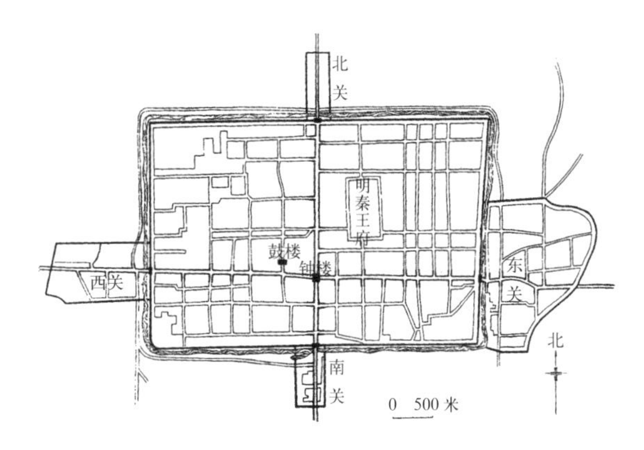

图 8–1–25　明清西安（《中国古代建筑史》）

西安钟楼在城市构图上的作用很大。钟楼平面方形，下为砖砌方台，内有通向四方干道的十字券洞，台上建筑两层，下层之上有腰檐、

图 8–1–26　西安箭楼与城楼

图 8–1–27　西安钟楼（萧默）

图 8–1–28　西安鼓楼（萧默）

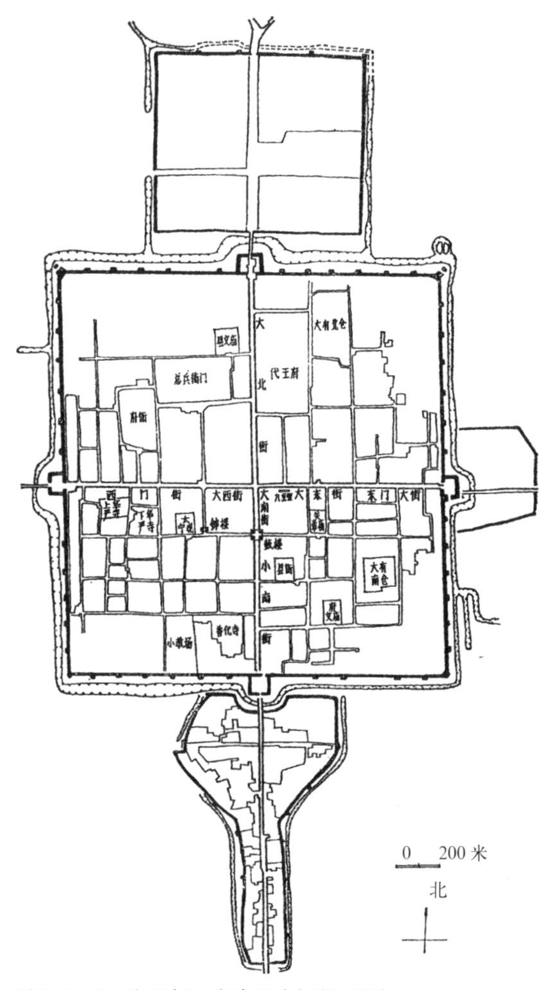

图 8–1–29　山西大同（《中国城市建设史》）

平座，上层为四角攒尖重檐顶，也是“三滴水”。“三滴水”是明清时期城楼、钟楼、鼓楼等重要城市建筑上最常用的屋顶形式。钟楼造型端庄稳定，与各城楼、箭楼互为对景，再加上高起的角楼，形成了丰富的立体轮廓。钟楼在平时有报时警夜作用，战时是协调各门守卫的指挥中心。

明代西安人口有所增加，随着工商业的发展，各城门外聚居着后来的居民，发展为“关厢”。因西安对外交通着重于东、西方向，故东、西关厢较大。明末崇祯时加筑了四关厢城。在四门外扩建关厢是明清各地城市的普遍现象。

其他城市

西安城市布局具有代表性，甘肃酒泉、山西大同、辽宁兴城和北方许多中小城市，基本

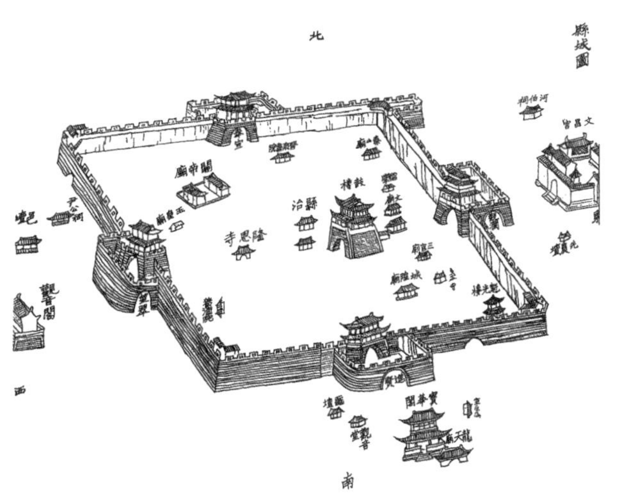

图 8–1–30　明“太原城图”（明《太原县志》）

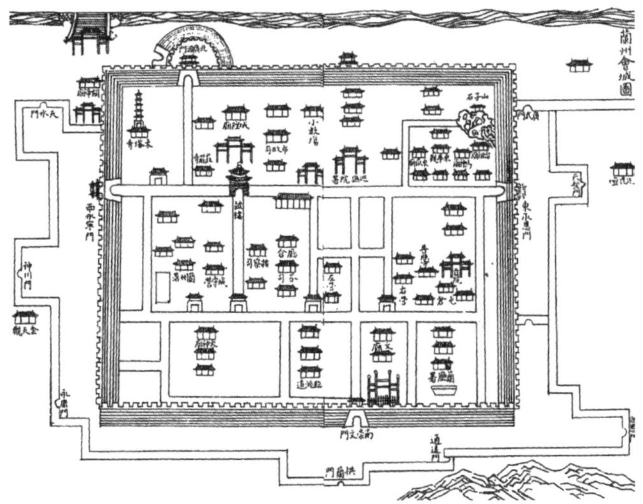

图 8–1–33　清“兰州会城图”（清《钦定四库全书 · 甘肃通志》）

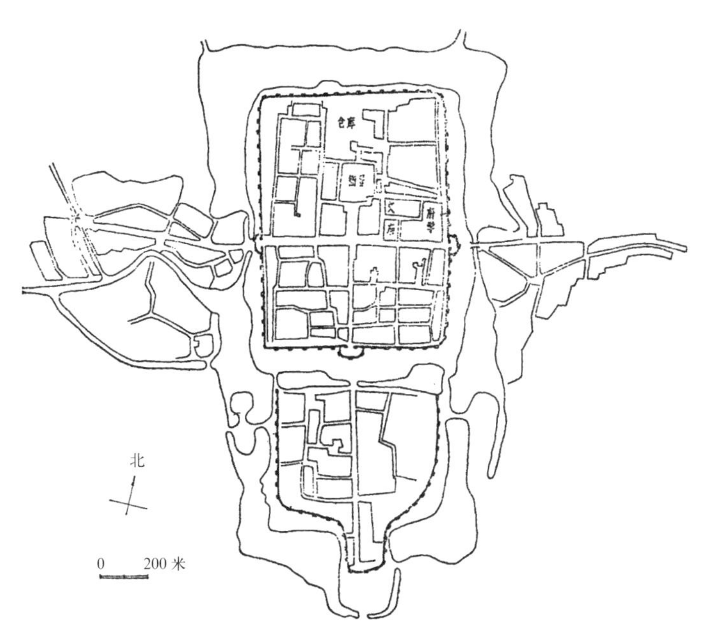

图 8–1–31　江苏南通（《中国城市建设史》）

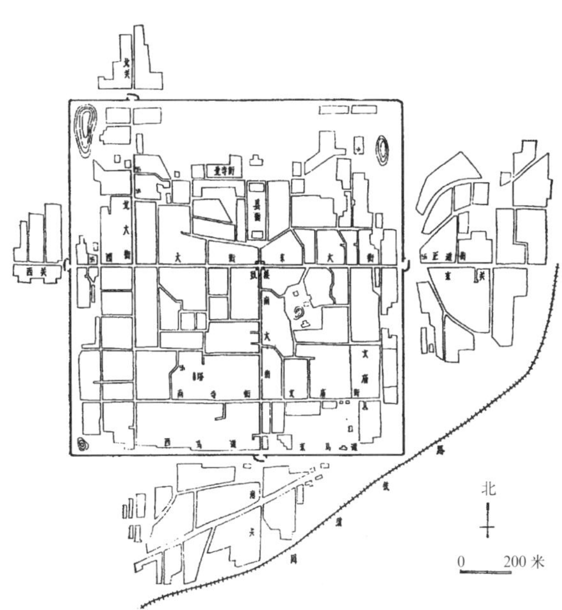

图 8–1–34　山西太谷（《中国城市建设史》）

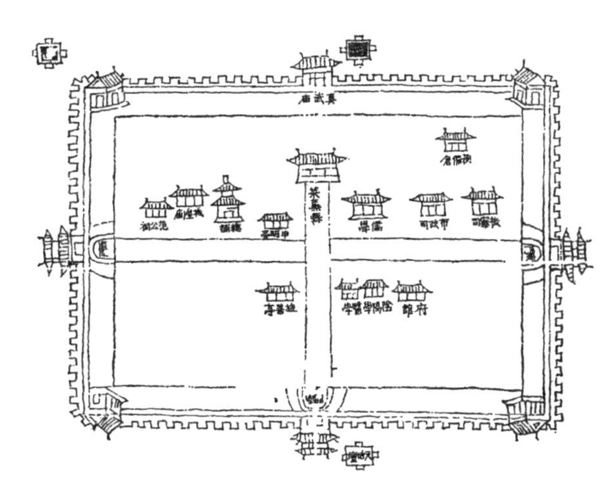

图 8–1–32　明莱芜县城（明嘉靖《莱芜县志》）

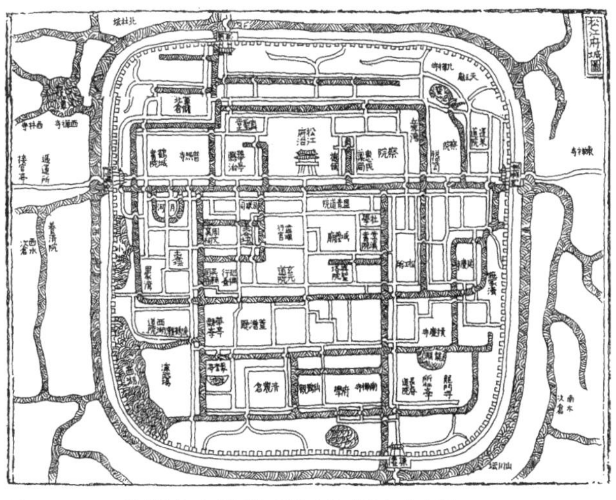

图 8–1 35　明“松江府城图”（明正德《松江府志》）

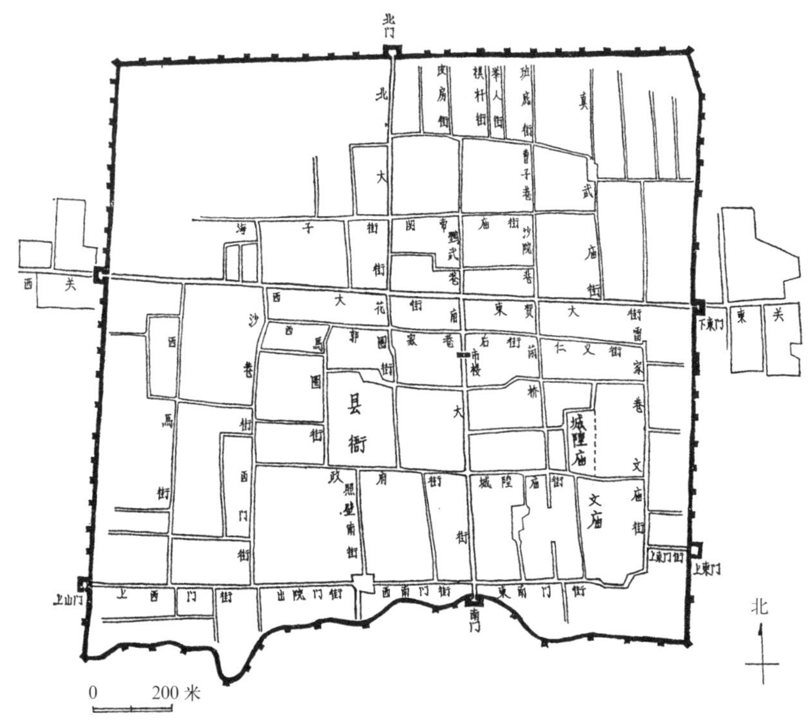

图 8–1–36　山西平遥（《中国城市建设史》）

图 8–1–37　山西平遥城墙（萧默）

与西安同，而江苏南通、甘肃兰州、山西太谷和平遥等城则是对这种布局方式的稍加变更（图 8–1–29 ~ 图 8–1–37）。

南通纵长方形，只在东、南、西墙中部开城门，无北门，城内有丁字干道，南北干道自丁字交点稍向北延伸出头，尽端置州衙，坐北朝南。明中叶以后，又在城南加筑新城，延伸了城市中轴。

山东莱芜的布局几乎与南通完全相同，也是在丁字大街向北出头的一端置衙署。

兰州为横长方形，在黄河南岸，主干道与南通近似，也是丁字形，但丁字不出头，在交点北侧直接置州衙，又在州衙西侧另设南北向街道，通北门抵河滨。

太谷可以说是西安、南通和兰州三城的综合。太谷初建于北齐，名阳邑，隋改太谷，明景泰元年（1450）重修，清代成为全国票号业中心。城方形，每面约长 1300 米，东、南、西三面中间各开一门。城内为丁字干道，在干道交点建鼓楼，与西安相似；楼北丁字出头，尽端建县衙，与南通相似；北大街和北门都偏在西侧，则与兰州相似。城内有庙宇多处，以西南部的白塔寺最大，寺中有建于宋金的 7 层砖塔。与其对称，东南部是范围颇大的文庙。四座城门都有城楼并有瓮城，门外后期发展为关厢。因东门、南门是东北通北京、西南通西安的对外主要交通线，故东、南关厢较大。

江苏松江与太谷大致相同，也是衙署居中，街道正交，北大街偏西，但南大街偏东。只是松江为江南水乡城市，与苏州、绍兴等许多城市一样，城内也有不少纵横若网的水街。

平遥为古陶地，初置于秦，称平陶，后因“陶”与北魏太武帝拓跋焘之“焘”音同，改平遥。平遥与太谷都在山西中部，地少人众，均以善于经商和管理闻名。二地均在北京至西安的交通线上，货财转输，商业十分发达，都是全国驰名的票号业中心，经营全国官商汇兑。成立于清中叶的中国第一家票号日升昌就在平遥，至清末，平遥票号已有二十余家。平遥古城初建于西周，明洪武三年（1370）扩建，基本方形，仅南墙屈曲转折，全长 6 公里余。城东、西、南、北各开一门，门上有重檐城楼，门外都有瓮城，绕以护城河，城门外河上架吊桥。城墙土筑包砖，高 6 ~ 10 米，沿墙外每隔 40 ~ 100 米筑马面一座，共 72 座；除东南角建魁星楼外，各马面上均砖砌方形堞楼，共 71 座。各城楼已在抗日战争中被日军拆毁，现存城墙经整修仍相当完好，是中国现存保留完整城墙的四座城市之一（其他三座为陕西西安、湖北荆州和辽宁兴城）。城内以东、西、南、北四条大街为干道，但南大街略偏东，与北大街并不对直，在南大街接近东大街处建市楼一座，高高耸立在城市中心，成为平遥八景之首。

总之，明清各地的城市一般都是外廓方正规矩，城内街道东西南北方向呈十字或丁字正交，衙署居中，主要地段建有高大的钟、鼓楼。这些特点显示了唐代里坊制的影响。只有某些城市，因处在山地或者有曲折的水道穿过，或本身就是因工商业的繁荣而沿水道自然发展而形成的，才呈现出某种不规则的布局。此类城市在南方较多，如巴县（今重庆）、江西景德镇等。

第二节　宫殿

明清先后建造过四处宫殿，即南京、中都和北京的明朝宫殿，以及沈阳后金宫殿，完整保存下来的只有北京和沈阳两处，为中国历朝宫殿硕果仅存者。

先是元至正二十六年（1366），朱元璋在应天府称吴王时，在钟山之阳起造吴王新宫。洪武元年（1368）登帝位后，新宫继续建造，即南京宫殿（图 8–2–1、图 8–2–2）。次年又决定以临濠为中都并开始中都的城池和宫殿建设，却在洪武八年中都“功将完成”之际又收回成命，废中都，仍继续营建南京宫殿。朱棣夺位后即有迁都北京之意，在北京北昌平天寿山下营建陵寝，永乐十五年（1417）开始建造北京宫殿，十八年成，遂迁都。以后，北京宫殿在清代虽有增建和局部重建，但大多数建筑和总体布局仍为明代所成。

沈阳后金宫殿始建于天命十年（明天启五年，1625），天聪十年（明崇祯九年，1636）改国号为清，顺治元年（1644）明亡，沈阳为清朝陪都，其宫殿仍然保留并不断增建，乾隆年间增建更多，保存至今。

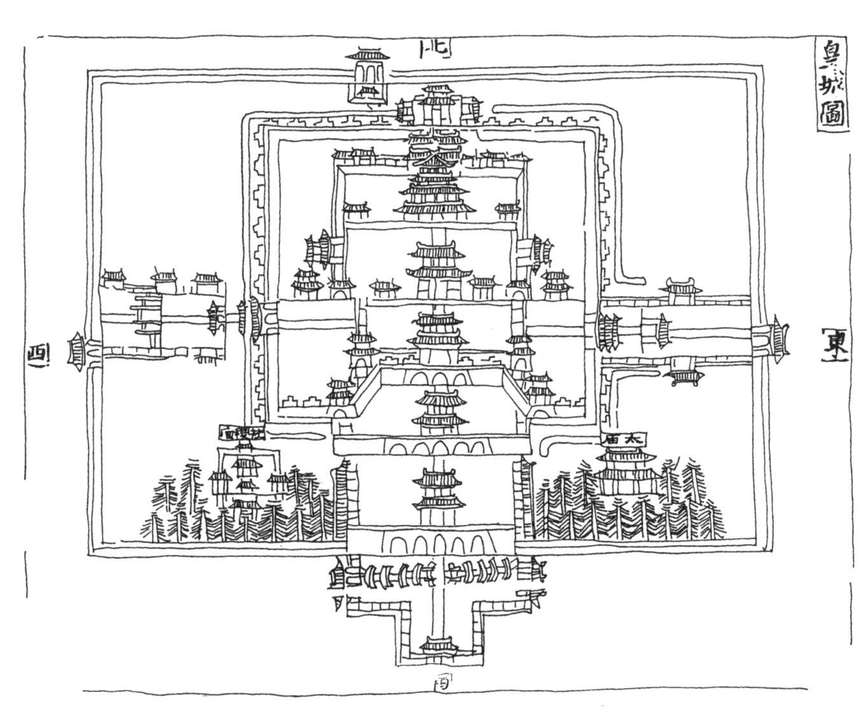

图 8–2–1　明南京“皇城图”（明洪武《京城图志》）

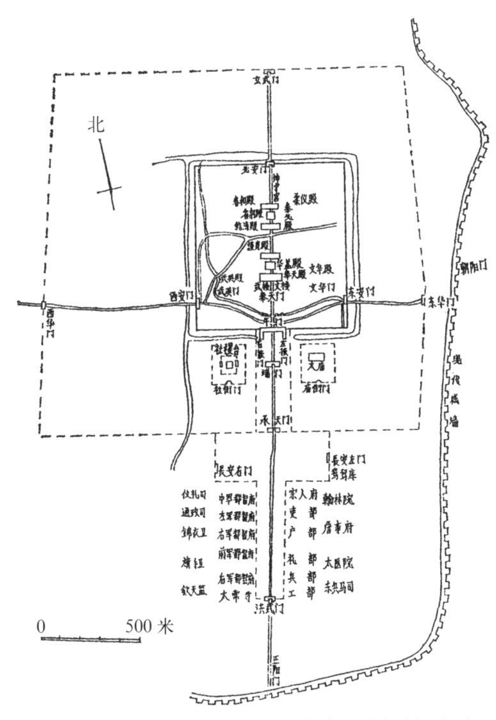

图 8–2–2　明南京宫殿复原平面（《中国城市建设史》）

一、北京宫殿

北京宫殿又名紫禁城。

早在秦始皇时，即称咸阳宫为“紫宫”，表明为帝王所居。“紫宫”原是天文学的星座名称，又叫紫垣或紫微宫、紫微垣，是环绕古代称为“帝星”的北极星周围十五颗星的总称。古人相信天人合一，天象与人事相互附会，北极星在正北，恒定不动，故名“帝星”，而以“紫宫”称其宫殿。秦汉时，皇宫也被称为“禁中”，就是禁卫森严的地方。明代合紫、禁二字而称北京皇宫为紫禁城，清仍之，今则称故宫。

紫禁城总体规划沿用了南京和中都宫殿的方式，但规模更大。据《大明会典》记中都宫殿，“如京师（即南京）之制”，仅“稍加增益，规模益闳壮”，知中都宫殿已比南京新宫为大。明朱国桢《涌幢小品》叙述北京宫殿说“悉如南京之制，而弘敞过之”，知北京宫殿也比南京宫殿大。南京、中都宫殿建造基本同时，都是北京宫殿的先导。而论传统的延续性，这三座宫殿都远承了隋唐以来尤其是金元宫殿的构思，并更加增益完善。若论艺术构图的完美，可以说，紫禁城是中国宫殿建筑的总结和最高水平的代表。

图 8–2–3　清“皇城宫殿衙署图”所绘北京皇城及宫城

紫禁城呈南北纵长的矩形，城墙内外包砖，四面各开一门，外绕称为“筒子河”的护城河，四角各有一曲尺平面的角楼。不仅如此，若延伸紫禁城的中轴线，向南有直出皇城近抵北京内城正门正阳门的前导空间，向北有作为紫禁城背景的景山为后续收束。所以，对于紫禁城艺术构图包括其环境艺术的分析，理应也包括其前其后的这些部分（图 8–2–3）。

紫禁城中轴线空间构图

从正阳门以北宫殿区起点大明门（清改大清门，民国称中华门，今不存）算起，向北穿过皇城、宫城，至景山，中轴线全长约 2500 米，可分为三节。第一节为前导空间，由大明门至午门有三个串联的宫前广场，长达 1250 米，恰为全长的一半；第二节即紫禁城本身，由前朝、后寝（又可称外朝、内廷）和御花园三部组成，长约 950 米；第三节是系列的收束，自紫禁城北门神武门至景山峰顶万春亭，长约 300 米。每一节和各节中的每一小段，艺术手法和艺术效果各有不同，但都围绕着渲染皇权这一主题，相互连贯，前后呼应，一气呵成。

一、前导空间——天安门（明称承天门）、端门和午门前的三座广场　大明门建于平地，体量较小，形象也不突出，只是一座单檐庑殿顶的三券门屋，砖建。门内天安门广场呈丁字形。先是丁字长长的一竖，两旁夹建长段低平的千步廊，以远处的天安门为对景。纵长的广场和千步廊的透视线有很强的引导性，千步廊低矮而平淡的处理意在尽量压低它的气势，为壮丽的天安门预作充分的铺垫。至天安门前，广场忽作横向伸展，横向两端各有一座类似大明门的门屋。高大的天安门城楼立在城台上，面阔九间，重檐歇山顶，城台开有中高边低五个券门，门前有金水河和正对五个门的五座石拱桥。洁白的石桥栏杆、华表和石狮，与红墙黄瓦互相辉映，显得十分辉煌，气氛开阔雄伟，与大明门内的窄小低平形成强烈对比，是前导序列的第一个高潮。这种欲扬先抑的处理是中国建筑群体构图经常采用的手法。中国建筑鄙视一目了然，不屑于急于求成，讲究含蓄和内在，天安门广场是其杰出范例（图 8–2–4 ~图 8–2–7）。

端门广场方形略长，虽比千步廊部分宽，但较天安门前的横向尺度收缩很多，四面封闭，气氛为之一收，性格平和中庸，是一个过渡性空间，预示着另一个更大的高潮。

午门广场与端门广场同宽，而进深大为加长，尽端午门巍然屹立。午门作为宫城正门，即所谓宫阙，平面继承了隋唐以来的传统，作向南敞开的倒凹字形。在高大的城台上，正中的重檐庑殿顶大殿体制最崇，从广场地面至殿顶高 37.95 米，是紫禁城的最高建筑。大殿两侧及两臂连以低平廊庑，在左右凹字转角处和前伸的尽端各建一座重檐方亭，整体轮廓错落，体量雄伟，是整个宫殿前导部分的最高潮。午门因由五座殿、亭构成，俗称五凤楼。午门广场的气氛以震慑为标的，巨大的建筑体量造成了压倒一切的威势，显示了皇权的凛然不可侵犯。“精神在物质的重量下感到压抑，而压抑之感正是崇拜的起始点。”①为了达到这样的艺术效果，建筑师采取了如下的手法。其一，采用四面封闭而狭长的广场形式，人们沿着这个广场的中道行进需要较长的时间，情感可以得到充分的酝酿。其二，过远的视距将会削弱广场尽头主要建筑的体量感，于是午门采用倒凹字平面，左右前伸，拉近了建筑与人的距离，扩大了景物的水平视角，也丰富了整体造型；同时将广场两侧的朝房尽量压低，午门下

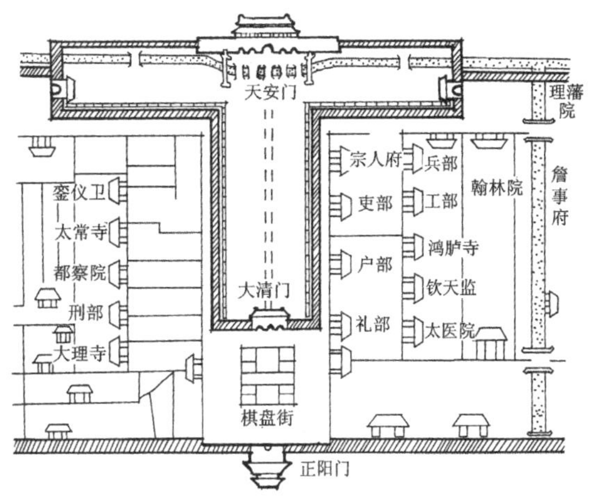

图 8–2–4　清人绘天安门广场平面

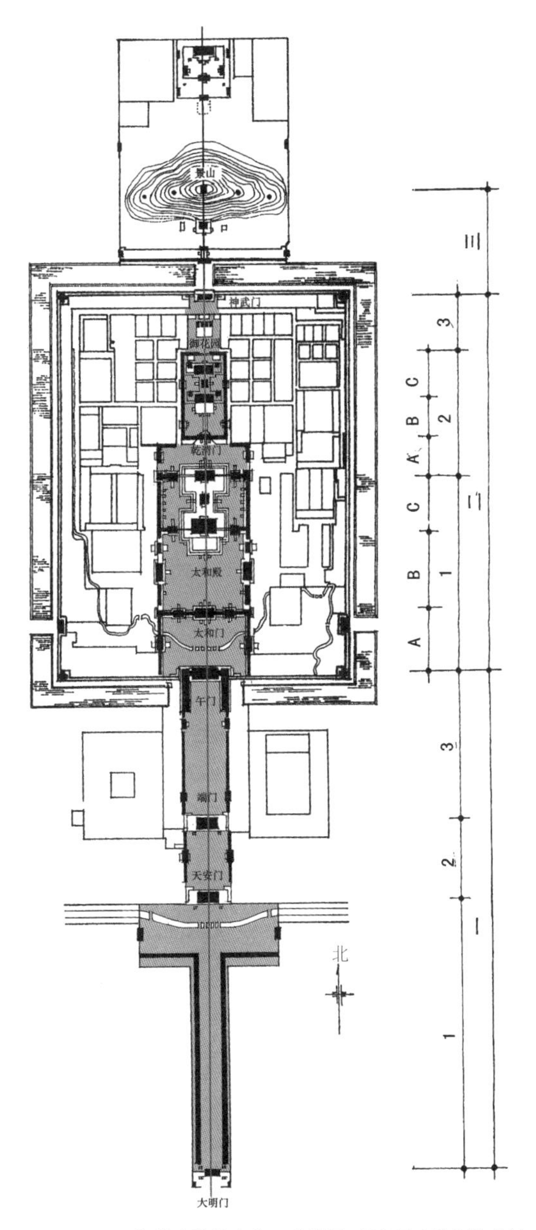

图 8–2–5　紫禁城纵轴线的三段构图（《中国古代建筑史》）

①马克思，恩格斯．马克思恩格斯全集·第 5 卷 [M]．中共中央马克思恩格斯列宁斯大林著作编译局编译．北京：人民出版社，1961．

图 8-2-6　明清北京天安门广场（首都博物馆）

图 8-2-7　北京天安门（萧默）

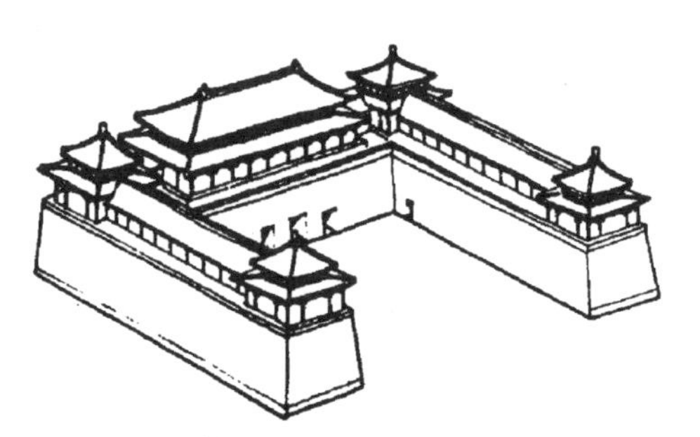

图 8-2-8　“紫禁城午门”（《中国古代建筑史》）

有两座值卫小屋，更有意压小尺度，以反衬出午门的高大。其三，凹字形平面有很强的表现力，当人们距午门越来越近时，三面围合的巨大建筑扑面而来，高峻单调的红色城墙渐渐占满整个视野，封闭、压抑而紧张的感受步步增强。午门正面开三门，门洞口方形，也是一个有意味的处理，它比起圆拱门更为肃穆，没有和缓与通融的余地。明朝是一个高度强化的封建君主专制政权，要求建筑艺术反映这种社会属性，午门即其一例。它比起前代与之相当的建筑如唐大明宫含元殿，虽然规模较小，却更加森严冷峻，不同于含元殿的开阔、明朗（图 8-2-8 ~图 8-2-10）。

图 8-2-9　北京紫禁城午门（孙大章、傅熹年）

图 8-2-10　午门背面（萧默）

二、作为中心和高潮的前朝、后寝、御花园　进入午门就开始了轴线的第二节，首先遇到的太和门（明称奉天，后改皇极，清改太和）广场，气氛较午门广场大为缓和，它是从大明门起三个宫前广场气氛层层加紧之后，转向全系列最大的高潮太和殿（明称奉天，后改皇极，清改太和）广场之前的缓冲。太和门广场呈横长矩形，其东西距离约为午门广场的两倍，而建筑体量不大，由地面至太和门殿顶仅高23.8米。又一条金水河自西向东流过广场的中部，向南弧曲呈弓形，上架五座石拱桥，也增加了不少活泼气息。

太和殿广场与太和门广场同宽，但进深较大，呈正方形，它是整个宫殿区乃至整个北京城的核心。大殿高踞于三层白石台基之上，宽大的台基向前凸出于广场中。为了保持院庭空间的端方完整，大殿前檐与院庭后界平，大殿本身已在院庭以外。太和殿经多次重建，现存者系清康熙三十七年（1698）建成，仍大体保持了原建的规模和形象。殿身面阔九间，进深显四间，带周围廊（左右廊在山面檐柱处有墙，成夹室，后廊包在殿内），通面阔达60米，面积达2380平方米，是中国现存最大殿堂。从广场地面至殿顶高35.05米，单层，重檐庑殿顶。它的巨大的体量以及与层台合成的金字塔式的立体构图，使它显得异常庄重稳定，严肃和凛然不可侵犯，渲染着皇权的巩固。微微翘起的屋角和略微内凹的屋面也表现出沉实稳重的性格。大殿左右接建廊屋（清改为高墙）随台层层跌落，连接着台侧两座不大的门屋，它们与大殿形成品字形立面构图，是大殿的陪衬。院庭四面廊庑围合，左右廊庑正中分别为体仁、弘义两座楼阁，形成院庭横轴。二楼稍北有通向东、西的左、右翼门。庭院南缘正中即太和门，左、右又有较小二门，再左右与东、西廊庑交接处有名为崇楼的角楼。整个广场约40000平方米。从大明门开始到太和殿以至后廷，所有广场全用大砖和石铺砌，没有绿化处理，以显示严肃的基调。

但太和殿广场显示的气氛，与午门广场和太和门广场相比，在统一的严肃基调中又各有微妙的不同，它没有午门广场那么威猛森严，却比太和门广场更显得庄严隆重，其性格内涵更为深沉丰富，是在庄重严肃之中蕴含着平和、宁静与壮阔。庄重严肃显示了“礼”,“礼辨异”，强调区别君臣尊卑的等级秩序，渲染天子的权威；平和宁静寓含着“乐”，“乐统同”，强调社会的统一协同，维系民心的和谐安定，也规范着天子应该躬自奉行的“爱人”之“仁”。所以，不能一味的威猛，也不能过分的平和，而是二者的对立统一。在这里既要保持天子的尊严，又要体现天子的“宽仁厚泽”，还要通过壮阔和隆重来张示皇帝统治下的这个伟大帝国的气概。艺术家通过这些本来毫无感情色彩的砖瓦木石和在本质上不具有指事状物功能的建筑及其组合，把如此复杂精微的思想意识，抽象地但却十分明确地宣示出来了，它的艺术成就是中国艺术史的骄傲。像这样一种在封建社会中几乎已成为全民意识的群体心态、这种包涵着深刻意义的一整套社会观念，也只有通过建筑这种抽象形式的艺术，才能充分表现出来（图8-2-11～图8-2-21）。

太和殿后面是中和殿（明称华盖，后改中极，清改中和）和保和殿（明称谨身，后改建极，清改保和）。中和殿平面方形，单檐攒尖顶；保和殿平面横长方形，重檐歇山顶，二殿体量都比太和殿小很多，是太和殿的陪衬。此二殿与太和殿同在一座三层白石台基上。台基作工字形，为宋金元工字殿的遗意。工字台基前沿凸出广大月台，若依上南下北方位，则呈“土”字。按中国金、木、水、火、土的五行观念，土居中央，最为尊贵。二殿所处院落与太和殿院落

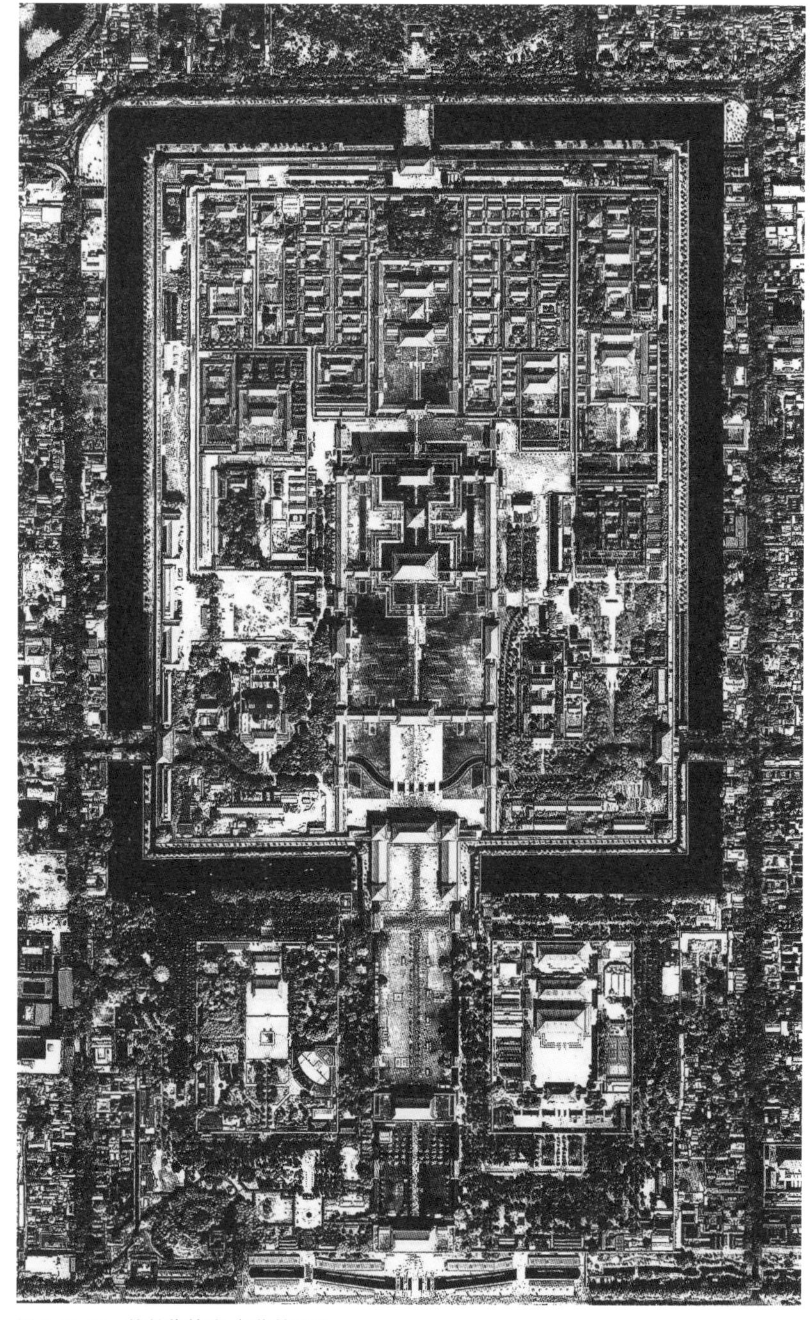

图 8-2-11　航拍紫禁城（《紫禁城》）

图 8-2-13　午门及前朝（模型）（萧默）

图 8-2-14　太和门广场（萧默）

图 8-2-15
太和门前铜狮（萧默）

图 8-2-12　紫禁城全景

图 8-2-16
太和门内天花（萧默）

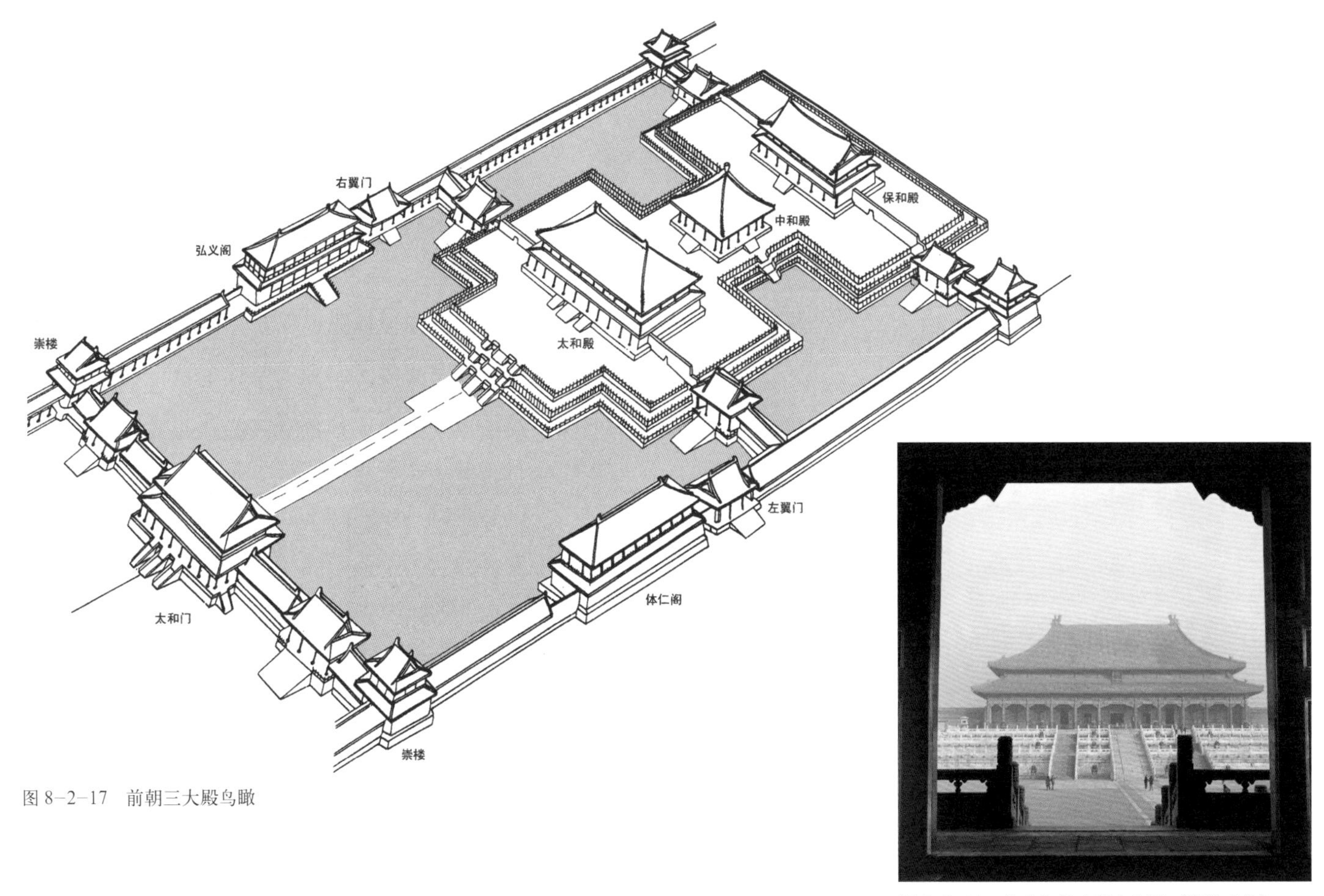

图 8-2-17　前朝三大殿鸟瞰

图 8-2-18　从太和门内望太和殿（资料光盘）

图 8-2-19
太和殿之冬（资料光盘）

图 8-2-20
太和殿（资料光盘）

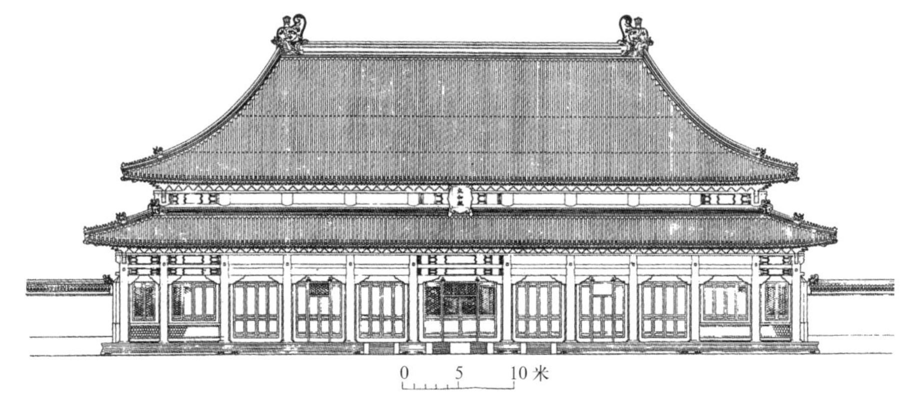

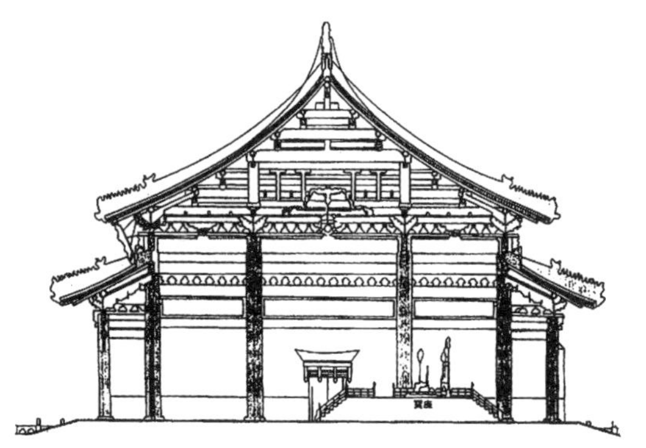

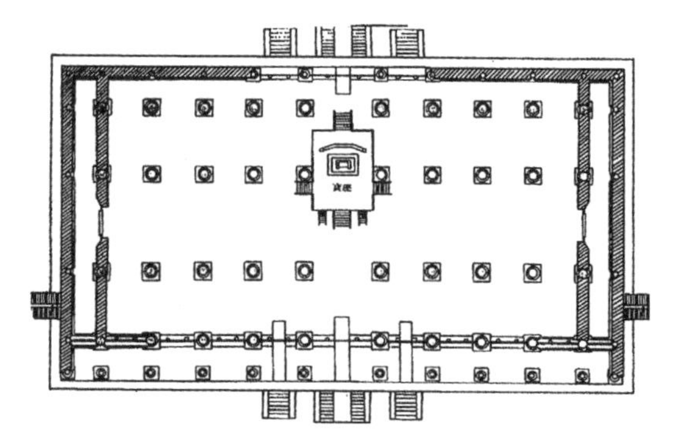

图 8–2–21　太和殿平立剖面（《中国古建筑大系》）

同宽，但深度较浅，也有东西廊庑和东北、西北两座角楼，保和殿左右还有两座门屋，由此转入后寝（图 8–2–22、图 8–2–23）。

后寝以横向的乾清门广场(称天街)为前导，本身却是一座纵长庭院，内部又分为前中后三院。前院最大，主体建筑为乾清宫大殿。中院较小，主体建筑是坤宁宫大殿，以后又在乾清宫、坤宁宫之间加建一座平面方形的交泰殿，三殿共同坐落在一个一层高的工字形石台基上，由乾清门到乾清宫有高出地面的石砌甬道。后院最小，方向横长，是进入御花园的通道。后寝的建筑和院落都比前朝小得多，院落当前朝四分之一，但平面比例与前朝相同，规制和建筑形象与前朝相似，仿佛是交响乐曲主题部的再现，与前朝呼应。在礼制上，后寝是皇帝和皇后居住的地方，所以相对于“前朝”而称“后寝”。后寝已开始有少量绿化（图 8–2–24 ～图 8–2–27)。

御花园在紫禁城中轴线北端，面阔与后寝相同，进深更小，虽名为花园，但所有建筑、道路、小池甚至花坛和栽植，都是按照规整对称的格局规划的，只有些局部的变化。因为它是在格局严整的皇宫里面的花园，又位于中轴线上，必须服从全局格调的完整，所以与中国园林特别强调的自由格局很不相同。但其中古木参天，浓荫匝地，花香袭人，波底藏鱼，毕竟还是很富于生活情趣的地方(图 8–2–28 ～图 8–2–32)。

三、系列的收束——景山　御花园以北，通过一个小广场就到了高大的神武门。出门过护城河，面对着的是景山。景山沿山脊布列五亭，五亭东西距约 320 米，中心方亭顶尖距地面高约 60 米。景山的堆筑对于全序列有重大作用，是明代宫殿建筑一个成功创造。首先，对于紫禁城来说，沿轴线而来的汹汹气势需要一个有力的结束，它的体量不能过小，但又不能是一

图 8-2-22　三大殿白石台座（萧默）

图 8-2-23　中和殿望景山（萧默）

图 8-2-24　乾清门前铜狮（萧默）

图 8-2-25　乾清宫（楼庆西）

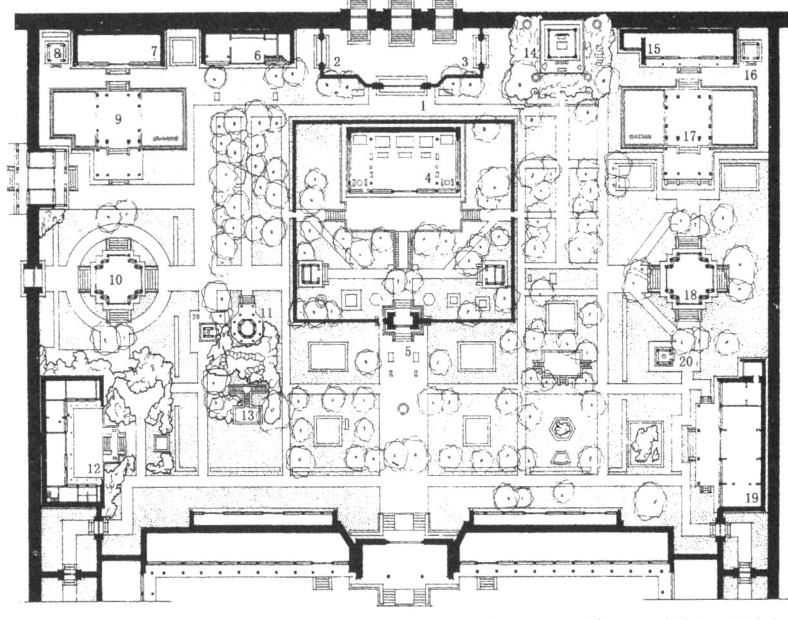

1. 承光门；2. 集福门；3. 延和门；4. 钦安殿；5. 天一门；6. 延晖阁；7. 位育斋；8. 玉翠亭；9. 澄瑞亭；10. 千秋亭；11. 四神祠；12. 养性斋；13. 鹿囿；14. 御景亭；15. 摛藻堂；16. 凝香亭；17. 浮碧亭；18. 五春亭；19. 络雪轩；20. 井亭

图 8-2-28　御花园总平面（《清代御苑撷英》）

图 8-2-26　乾清门（楼庆西）

图 8-2-27　交泰殿与坤宁宫（萧默）

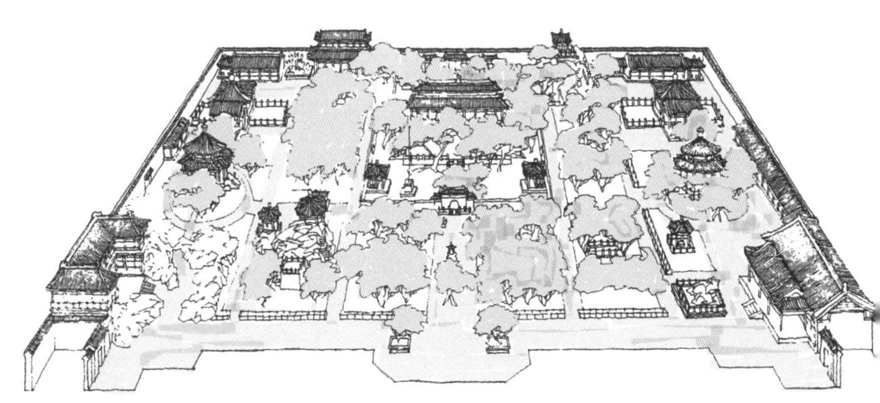

图 8-2-29　御花园鸟瞰（《清代御苑撷英》）

图 8-2-30　御花园（萧默）

图 8-2-31　御花园（《紫禁城》）

图 8-2-32　御花园御景亭（楼庆西）

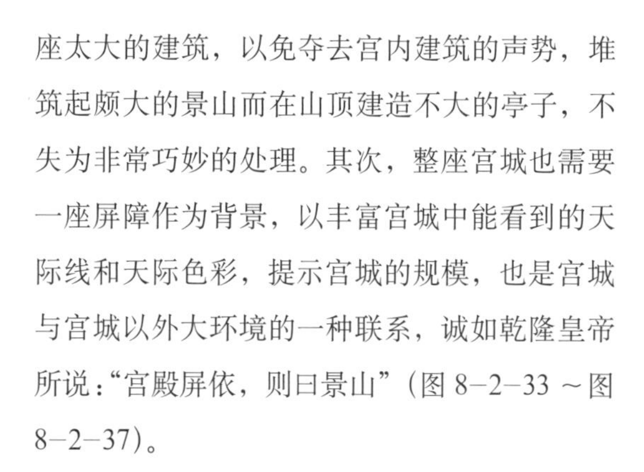

座太大的建筑，以免夺去宫内建筑的声势，堆筑起颇大的景山而在山顶建造不大的亭子，不失为非常巧妙的处理。其次，整座宫城也需要一座屏障作为背景，以丰富宫城中能看到的天际线和天际色彩，提示宫城的规模，也是宫城与宫城以外大环境的一种联系，诚如乾隆皇帝所说："宫殿屏依，则曰景山"（图 8-2-33 ～图 8-2-37）。

景山五亭的处理也颇堪品味。正中万春亭最大，方形三重檐，绿边黄琉璃瓦顶；两旁二亭较小，八角重檐，黄边绿琉璃瓦顶；最外二亭最小，圆形重檐，绿琉璃瓦顶。它们在体量、体形和色彩上都呈现了富有韵律的变化。方形、黄色，较为严肃，与宫殿的气氛、宫殿中绝大多数建筑所采用的矩形、方形平面以及普遍使用的黄琉璃瓦屋顶更易协调，所以用在从宫中经常可以看见的中央大亭上。圆形、绿色，较为灵巧，与紫禁城外的广大内苑更易融合，所以用在外侧的小亭上。二者之间又有联系和过渡，其巧思精微，独具匠心。

紫禁城的艺术成就

明代宫殿区轴线上的三节处理，有的是在前代基础上加以发展，有的则是创造，其总的艺术水平比前代有很大提高。

置于皇城正门天安门前的丁字形宫前广场和千步廊的格局，开创于北宋并为金元所继承。但宋金的丁字广场都在宫城正门之前，位于皇城正门和宫城正门之间，宫前广场只此一个。元代将它前移至皇城正门之前，位于都城正门与皇城正门之间，另在宫城正门前增加了一重

图 8-2-33　御花园北门（萧默）

图 8-2-34　神武门（萧默）

图 8-2-35　紫禁城角楼和景山（资料光盘）

图 8-2-36　从紫禁城内望景山（资料光盘）

图 8-2-37　从保和殿旁远望景山（萧默）

广场，宫殿前导的气势更大也更丰富了。明代宫城正门午门与都城（此指内城）正门正阳门之间的距离拉长到三里多，宫城正门与皇城正门之间的距离也增加了，所以在宫城正门和皇城正门之间又增加了一个端门广场，使宫前广场成为串联的三个，大大加强了它们的表现力。

宫城内的前朝后寝布局更是早已有之。据《考工记》等先秦文献，西周时已形成宫殿的所谓“五门三朝”制度。五门，即都城正门皋门，包括“左祖右社”在内的整个宫殿区的大门库门，宫殿区本身的大门雉门，雉门内的应门，宫殿前朝、后寝之间的路门。三朝指三个广场，即雉门前的外朝、应门内的治朝和路门内的燕朝。外朝以决国之大事，举行大典，治朝为国君处理一般政事的地方；燕朝为国君与亲贵日常议事之所，可以稍宽礼仪。雉门前设“两观”，即阙。唐代开始，三朝已不指广场而仅指相应的三座建筑，名称也有改变，即大朝、常朝和日朝。紫禁城明显继承了这些观念和布局方式，正阳门、天安门、作为宫阙的午门、太和门、乾清门，分别相当于皋、库、雉、应、路五门；午门城楼、太和殿和乾清宫大殿则分别相当于大朝、常朝和日朝。

宋代不称宫阙为大朝，而将前朝大殿大庆殿称为大朝，其后的紫宸殿为常朝，紫宸西的垂拱殿为日朝。因汴梁宫殿系由旧有州衙改建，不甚规整，紫宸殿与大庆殿不相直贯而稍偏向西。金中都纠正了汴宫的做法，顺中轴线直贯前朝、后寝两座宫院。元大都承续金代，元末，还可能在后寝以北增建了花园。明代继承元代有朝、寝、园的纵深三重布局。据复原研究，宋金元三代宫殿的前后两重宫院的规模都差不多，明代则将前朝部分加大，后寝部分收小，花园更小，加强了三者之间的性格对比，突出了前朝的主体地位。

又如宋金元三代通向宫城东、西华门的横街都设在前后两个宫院之间，明代则将其前移至宫城正门午门与前朝正门太和门之间，宫城东西二门（东、西华门）也随之前移，在前朝、后寝之间只有一个过渡性的乾清门广场（但仍称天街，显示了其由宋金嬗变之迹）。这一改动，加强了前朝、后寝两个部分在气势上的连贯，保证了后寝宫院生活的隐秘性，也使臣属从东、西华门进入宫城后可以由南而北直趋前朝。

至于景山之设，则是明代的首创，使空间序列更为完整。景山初名万岁山，与临濠中都万岁山同名，而后者恰在宫殿紧北，为自然山丘，人工堆筑的景山显然是它的模仿，也是背山面水风水宝地观念的体现。景山正压在元宫延春阁处，所以民间又有镇压元代“王气”之说，称之为镇山。清初万岁山改名景山，乾隆十六年于其上建造五亭。

明代宫殿建筑群前后三节，各节中又分数段，是中国古代建筑艺术群体构图的最高典范。古希腊美学家亚里士多德在《诗学》中这样论述艺术品的完整：“说完整，我是说一件具有开头、中间、结尾的事情。开头，是不需要假定任何事情在它的前面，但要有某些事情跟在它的后面；结尾，相反，必须假设在它以前有某些事情，必然的或盖然的，但后面却不需要任何事情跟着；中间，则假定前面有些事情发生而后面有些事情跟着。”他认为任何艺术品都必须运用多样统一的原则，每一个组成部分都有符合自己身份的特点，而总体又应该是一个有机统一体。北京宫殿中轴线各部分的处理都符合这一原则，但却比经过亚里士多德高度概括了的情况复杂得多了。例如，宫殿区中轴线是整座北京城中轴线的一部分，它的处理还必须与全城互相关照。又如宫殿的中轴线，在一个大节中往往又可以再分出一些小的段落，这些小段落甚至还能再细分出更低一个层次的更小段落；这些不同层级的段落，都各自具有开头、中间和结尾，对它们的处理，就既要符合于其作为低层级小段落的身份，又要层层关照到整体。例如就全北京城而言，可分为永定门至正阳门、大明门至景山、景山至钟楼等具有开头、中间、结尾的三大段。就宫殿区而言，可分为大明门至午门、午门至神武门、神武门至景山的三段。而从大明门至午门，又可再分为天安门、端门和午门三个广场；从午门至神武门，则可分为前朝、后寝和御花园。再深入一步，就前朝而言，又可有太和门广场、太和殿广场和中和、保和二殿所在的院落。如此，可以得出四个层级的三段式划分，对于某一局部，它可能是较低层级的开头或结尾，但就其较高层级而言又可能具有过渡的身份。这种多重身份，要求艺术家具有精微的审察能力和纵横捭阖驾驭全局的魄力。如太和门广场，就既是前朝三段的开头，也是前朝后寝御花园三段的前导，同时还是午门与太和殿之间的过渡。景山，是宫殿区三大段的结尾，而就全城范围而言又是宫殿区和全城后段之间的过渡。所以，对于它们的处理，就不能不综合权衡它们因在各层级中所占地位之不同而具备的全部特性。

关于各层级的三段序列处理，又有以下四种情形。一、属于较高层级的，都是前为引导，中为高潮，后为结尾，全城三段、宫殿区三段都是这样。一般来说，这种情况下的前段最长，在高潮之前进行充分的酝酿；中段较短，处理最为丰富浓郁，焦点集中；后段最短，结束时戛然而止，或略作延续。二、属于次高层级的，多依前为高潮、中为次高潮、后为结尾的顺序，如紫禁城内的前朝、后寝和御花园，前段最长，后段最短，显示三段重要程度的不同。三、属于较低层级的，也如第一种情形，以中段为高潮，如太和殿广场，其前导是太和门广场，结尾是中和、保和二殿的院落。由于太和门广场之前还有一个高一层级的很有分量的引导部分，即三个宫前广场，所以本层级的前段就不必再踵事增华，只需把上一个三段的引导气势恰当引入这一层级即可，而把最长的部分留给中段太和殿，使高潮得到更加充分的表现。四、也属于较低层级，前、后两段都是高潮，中段则是两个高潮之间的过渡，如天安门、端门和午门三个宫前广场，前段和后段较长，中段联结部分最短。总之，紫禁城的艺术序列犹如一部组织严密的交响乐，具有精微的内在逻辑。

从紫禁城的例子还可以看到，对于第二、四两种高潮在前段的情况，为了不使它们的出现太过突然，仍都设法给它们加上一个具有前导作用的处理，如天安门广场的千步廊、太和殿前的太和门广场等。

中轴两侧的布局

在群体布局中，除了中轴线的序列处理具有头等重要的意义外，对于轴线两侧建筑的布局也要给以重视。它们是轴线的烘托，古代建筑艺术箴言所谓的“万法不离中”，即此之谓。紫禁城中轴线两侧的布局大致是对称的。千步廊的东、西布置中央级衙署。在明朝，东有宗人府、吏部、户部、礼部，再东是工部和兵部；西有五军都督府，再西是锦衣衙、太常寺、通政司，更西至今复兴门内大街有刑部；大致是“列六卿于左省，建五军于右隅”，且“东边掌生，西边掌死”。清朝是八旗兵制，不设五军都督府，而在明锦衣衙的旧址上立刑部，又增设都察院、大理寺，这三个衙门称为三法司。午门广场东、西各一列屋为各部府的朝房，各衙门朝臣登朝前在此聚集。午门广场外分置“左祖右社”即太庙和社稷坛。太和门广场连东西向横路，东路路北为文华殿，与之对称在西路有武英殿，此二殿也同属前朝；沿横路再东、西去，即东华、西华二门。后寝东、西各有一纵街（称永巷），每街左右各有三座小宫院，称六宫，为妃嫔住所。东西六宫以外及其南北还有许多宫院，

① H.Blumenteld. 城市设计中的尺度及 Paul Zueker. 都市与广场 . 转引自白佐民 . 视觉分析在建筑创作中的应用 [J]. 建筑学报, 1979(3).

图 8-2-38　从太和殿望琼华岛（萧默）

图 8-2-39　紫禁城宫街（楼庆西）

图 8-2-40　西六宫之长春宫（林京）

也基本左右对称。紫禁城东北部称为外东路的地方有名为宁寿宫的一组宫院，建于清乾隆时，为乾隆作太上皇的颐养之所，其布局方式似乎是前朝后寝的缩小。宁寿宫西部是乾隆花园，但基地狭长，布局壅塞，已显出所谓“乾隆风格”在园林艺术上过于拥挤密集的颓风。此外，在城内周边和其他空地还散布有一些次要宫院、宫廷花园和供应保卫用房。城墙四角有华丽的曲尺形角楼，其形象注意到了最高处正在角端（图 8-2-38 ~图 8-2-43）。

视角、尺度与色彩

北京宫殿的艺术成就也表现在许多局部形式美的处理上，如视角的掌握、尺度和色彩的处理运用等。

1. 视角　视角的掌握，有这样一些习惯性原则，即当人与所观赏的景物的距离约等于景物的横向全宽时，这时的水平视角是 54°，正好与人眼的自然水平视野张角相近，是一个较理想的观赏位置。距离过远，次要的景物进入视野太多，主景不能突出；距离过近，则难见主景全貌。另外，当人与景物的距离约等于景物高度的三倍时，这时的垂直视角约为 18°，是观赏全景的最佳垂直角度。若距离过远，则天空露出太多，也影响主景的突出；反之，则须上下俯仰，不能舒适自然地接受景物的全貌。[①]所以，在群体布局中应该特别注意一些关键性的观赏点如门洞口、纵横轴线相交处等的观赏效果。从午门门洞出口处观看太和门及其左右两座小门，距离约 150 米，恰与景物全宽相等。太和殿体量很大，加上左右两座门屋的全宽更大，为 180 米，因而设计者加深了太和殿广场的深度；从太和门后檐柱处观看此全景的距离，大约也是 180 米。太和门广场东西尽头各有一座门屋通向东华、西华二门，形成广场的横轴，与纵轴的交点在五座金水桥中桥的北端，距太和门约 75 米，恰是太和

图 8-2-41　紫禁城乾隆花园（《清代御苑撷英》）

图 8-2-42　紫禁城角楼（林京）

图 8-2-43　紫禁城角楼

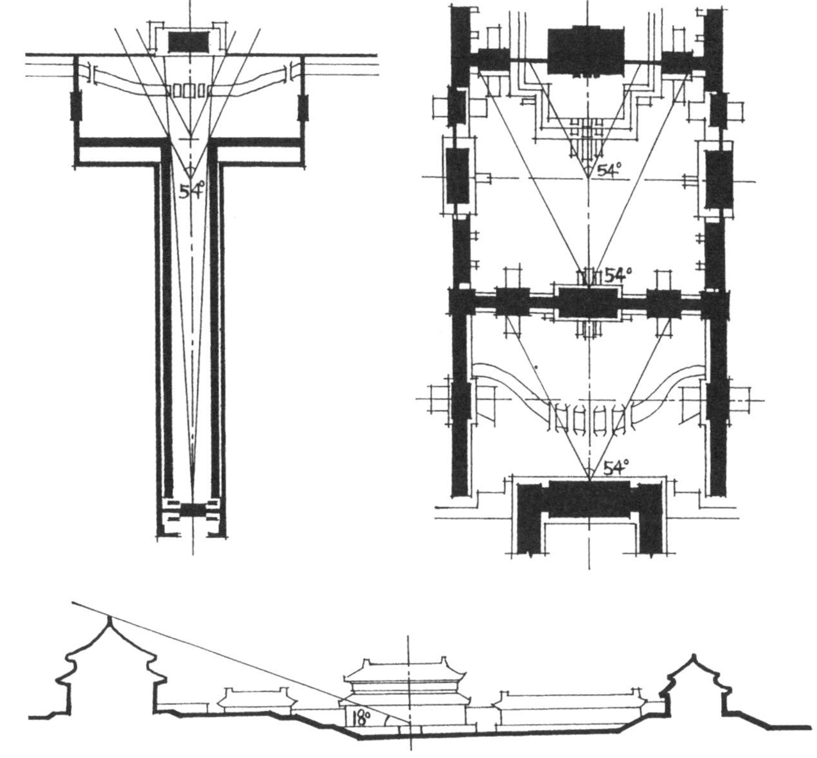

图 8-2-44　天安门、太和门和太和殿视角分析（白佐民）

门高度的三倍。太和殿广场的横轴是东西二阁中点的连线，纵横二轴的交点距太和殿中心约 115 米，也大体是太和殿连同台基高度的三倍。匠师们在设计时无疑周到地考虑过这些关键部位的视觉效果（图 8-2-44）。

2. 尺度　尺度是指建筑物与人体的大小比例关系。尺度掌握不好，会使得建筑物显得大而无当，或显得过小，两种情况一般都应避免，只有某些特殊情况才有意使用放大或缩小了的尺度。如果按照某种目的必须采用大尺度，就

图 8-2-45　太和殿当心间内（《紫禁城》）

图 8-2-46　太和殿宝座（楼庆西）

图 8-2-47　乾清宫内（萧默）

应采取措施，缓和或消除人体与建筑在尺度上的矛盾。现存太和殿是奉天殿多次毁坏后重建的，在尺度方面就作了良好的处理。太和殿是整个宫殿区的核心，象征着皇朝的最高权力，必须具有特别巨大的体量，但实际上平时并没有多少人在其中活动，也没有太多的室内陈设，显得室内过于高大空旷。为了减弱过大尺度给人的不良印象，设计者重点强调了当心间，有六根金色大柱矗立着，上空覆盖着金色藻井；下置须弥座式宝座，宝座后缘置金色屏风和御座，在宝座上及其附近集中布置陈设。当心间的光线也比较明亮，金光闪闪的大柱与殿内隐在周边暗处的深红色柱子相比，显得格外突出。人体的尺度不直接与大殿相对比，而只与大殿的局部当心间相比；宝座和御座也使用金色，细部尺度故意缩小，如栏杆和踏步等最为人熟悉的构件都比一般尺寸为小，使得在其中活动的人物并不显得渺小，取得尺度上的平衡（图 8-2-45 ~图 8-2-47）。

3. 色彩　中国建筑是色彩的建筑。色彩在显示建筑的性质、强调尊卑等级和统一群体方面起着很大的作用。紫禁城的建筑，除去少数侍卫人员居处的较小的房屋，绝大多数是金黄色琉璃瓦顶，红柱，红墙，红色装修；装修上饰以金色角叶，承以白石台座和白石栏杆，灰砖铺地，在蓝天白云和远方绿树的衬托下，显得辉煌而灿烂。并按建筑的相对重要性，分别施用高贵斑斓的和玺彩画或旋子彩画（图 8-2-48、图 8-2-49）。

同时，在最重要的建筑如太和殿的月台上，陈列诸多装饰性物品，以为衬托（图 8-2-50、图 8-2-51）。

紫禁城现存建筑，有许多仍是明代原建或在明代重建的，如端门、中和殿、保和殿等。午门在明嘉靖三十六年（1557）遭火焚，次年重建，其后可能又遭李自成军焚。现午门上有

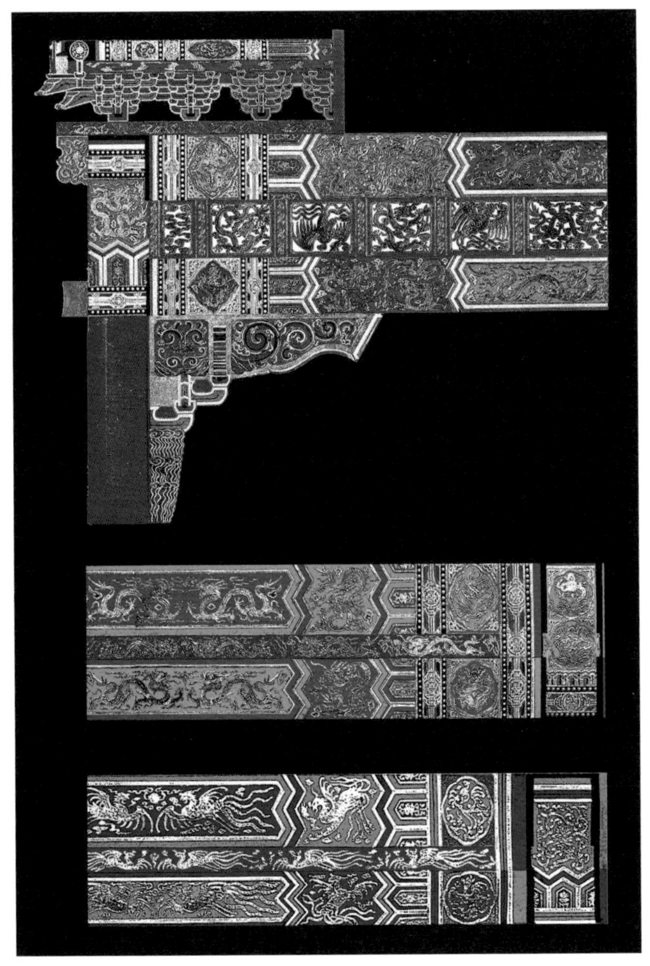

图 8-2-48 金龙和玺与凤和玺（边精一）

图 8-2-49 旋子彩画（《中国古代建筑技术史》）

图 8-2-50 太和殿前铜龟

图 8-2-51 太和殿前铜香炉

①转引自李允钰．华夏意匠[M]．香港：广角镜出版社，1984．

②参见郭华瑜，张彤．紫禁城与凡尔赛——东西方绝对君权体制下的宫殿建筑比较（未刊稿）。

③刘宝仲．沈阳城与清故宫．建筑师，第3辑，1980．

吉祥草彩画，又称“关东大草”，源于东北，随清王朝传入关内，清早期曾有少量应用，中期渐少，故现存午门可能重建于清初。其他清代重建或新建的建筑，也都能与原有风貌保持协调。承天门于清顺治八年（1417）重建，更名天安门。奉天殿重建过四次，加上原建共为五次，现存者重建于清康熙三十七年（1698）年，称太和殿，距今也有将近300年的历史了。奉天门也曾重建过三次，现称太和门，为清光绪十五年（1889）重建。

北京宫殿建筑艺术在世界上享有崇高的声誉，英国学者李约瑟在他的名著《中国的科学与文明》中谈到北京宫殿时说：“我们发觉了一系列区分起来的空间，其间又是互相贯通的……与文艺复兴时代的宫殿正好相反，例如凡尔赛宫。在那里，开放的视点是完全集中在一座单独的建筑物上，宫殿作为另外一种物品与城市分隔开来。而中国的观念是十分深远和极为复杂的，因为在一个构图中有数以百计的建筑物，而宫殿本身只不过是整个城市连同它的城墙街道等更大的有机体的一个部分而已……中国的观念同时也显出极为微妙和千变万化，它注入了一种融汇了的趣味。”他认为中国的伟大建筑的整体形式，已经成为“任何文化未能超越的有机的图案”。[①]李约瑟就北京和北京宫殿所作的论断，证明了他对中国建筑艺术的深刻理解，更证明了中国建筑艺术的感人力量。一件艺术作品，其思想的深刻性往往与它在组织结构上的复杂性成正比，人们从对于这件作品复杂性“领悟”的过程本身，就能感受到它巨大的思想涵括力，北京宫殿完全可以看作是具有世界意义的经典式艺术弘著。

巴黎凡尔赛宫建于17世纪路易十四时代，晚于紫禁城。其时，法王早已统一了全国，法国文化也笼罩着一种强烈的君权主义气息。路易十四的谋臣向他上书说：“如陛下所知，除赫赫武功外，唯建筑物最足表现君王之伟大与气概”，一时，宫殿成了法国建筑的主流，建筑文化态势与中国颇有相通之处，弥漫着一种堂堂大度的贵胄气派，称为古典主义或古典复兴。但由于中国与法国一整套文化观念的相异，二者又有着深刻的不同，比较它们的异同，是建筑文化比较研究的一个有趣课题。

凡尔赛宫对以后欧洲各国宫殿产生了很大影响，如维也纳美泉宫（Schonbrunn），德国曼海姆（Mannheim）、斯图加特（Stuttgart）、乌尔兹堡（Wurzburg）的宫殿和俄国彼得大帝建造的圣彼得堡冬宫等。以后，甚至美国华盛顿、澳大利亚堪培拉的规划和建筑，也有它的影响。[②]

紫禁城在东方同样发挥了很大作用，典型者如越南阮朝故都顺化的宫殿（1802年，也称紫禁城）、朝鲜半岛朝鲜时代李朝在汉城建造的景福宫（1867年）等。

二、沈阳宫殿

营州（今沈阳）在后金天命十年（明天启五年，1625）成为后金都城，同年建宫殿，即沈阳故宫。

皇太极时，为突出宫殿地位，加强宫、城关系，改原城四面一门中心十字大街为四面各开二门内通井字街的格局，宫殿即在井字中央方格内。沈阳宫殿坐北向南，全宫略呈横向矩形，以院墙围绕，内部可分为东、中、西三路，以中路和东路为主。[③]

宫门称大清门，在中路中轴线南端，面临南横街，门对面隔横街有小广场。广场南缘为照壁，壁北左右各有东、西奏乐亭和东、西朝房，加强了宫前的气势。这种在大门前隔横街设广场照壁的做法，早在宋金时已经多见于中原，如汾阴后土祠庙貌图碑，也常见于各地明代以后的庙观。横街东、西端各有牌坊。

大清门内中轴线上前后布置前朝后寝。前朝大殿为崇政殿，殿前左右有飞龙、翔凤二阁。后寝为一建在高 3.8 米台座上的四合院。院门作城门状，有三层城楼，名凤凰楼，是全宫最高建筑。院内布置七座殿堂。居中大殿清宁宫的内部隔为东西两部，东间较小为寝殿；西间较大，沿北西南墙三面设火炕，是萨满教师祭神之所。

东路是一纵长大院，北端建八角重檐攒尖顶亭式的大政殿，是全宫最早的建筑，殿前左右分建五座方形小殿，总平面略呈八字，称十王亭，分属左、右翼王和八旗各王。以上建筑都建于入关前的后金时期。

入关后，主要在乾隆朝，在崇政殿左右各建门屋通后寝，崇政殿后建四座配殿，后寝左右各建小院多个；此外，改中路东南角明代三官庙为太庙，其位置的选择显然仿照了北京宫殿。全宫西路原为庄亲王府，乾隆时改建，收入宫殿区内，南部是轿马场，北部有两个院落，为戏台和藏书用的文溯阁(图 8–2–52 ～图 8–2–61)。

沈阳宫殿的规模和气势都远比北京宫殿小，最大的建筑凤凰楼，覆歇山顶，其他建筑包括崇政殿在内都只是简单的硬山房屋。单体建筑的形象都依照中原传统，前朝后寝和宫门前的群体组合方式也出自中原。修建宫殿的匠人，主要来自关内，但沈阳宫殿也反映了满族和东北地区的一些特点，丰富了中国建筑艺术的内容。如建在高台上的寝宫有若城堡，防御性较强，就反映了经常处于征战中的女真部落的传统。在确定以沈阳为国都之前，作为女真或后金军政中心的赫图阿拉城即建在台地上，萨尔浒的内城建在高 70 米的山顶，界凡城和辽阳东京城也建在山巅或丘陵高处。沈阳太祖宫第二进院也在台地上。甚至早在辽金时期，东北、华北的大型建筑，下面也常有高台座。大政殿则仿自努尔哈赤原在

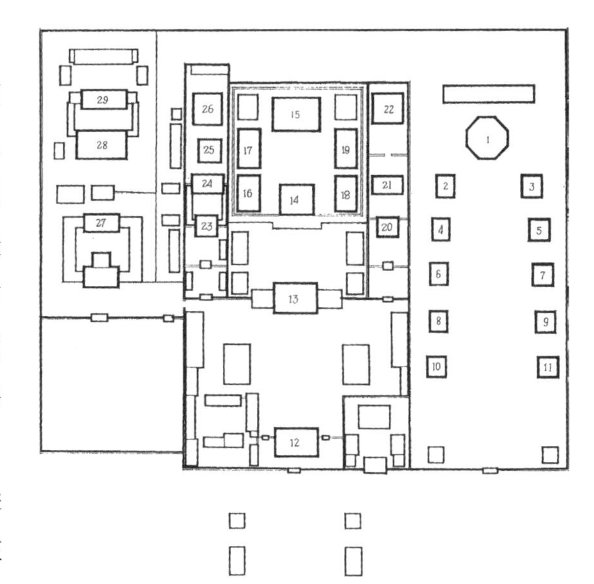

1. 大政殿；2. 右翼王亭；3. 左翼王亭；4. 正黄旗亭；5. 镶黄旗亭；6. 正红旗亭；7. 正白旗亭；8. 镶红旗亭；9. 镶白旗亭；10. 镶蓝旗亭；11. 正蓝旗亭；12. 大清门；13. 崇政殿；14. 凤凰楼；15. 清宁宫；16. 衍庆宫；17. 麟趾宫；18. 永福宫；19. 关雎宫；20. 颐和殿；21. 介祉宫；22. 敬典阁；23. 迪光殿；24. 保极宫；25. 继思斋；26. 崇谟阁；27. 嘉荫堂；28. 文溯阁；29. 仰熙斋

图 8–2–52　沈阳宫殿平面图

图 8–2–53　从沈阳故宫前牌楼东望（萧默）

图 8–2–54　崇政殿山墙琉璃饰（萧默）

图 8–2–55　沈阳故宫崇政殿（楼庆西）

图 8–2–56　文溯阁（楼庆西）

图 8–2–57　凤凰楼（萧默）

图 8–2–58　崇政殿宝座（萧默）

图 8–2–59　大政殿内（楼庆西）

图 8–2–60　大政殿和十王亭（楼庆西）

图 8–2–61　大政殿（罗哲文）

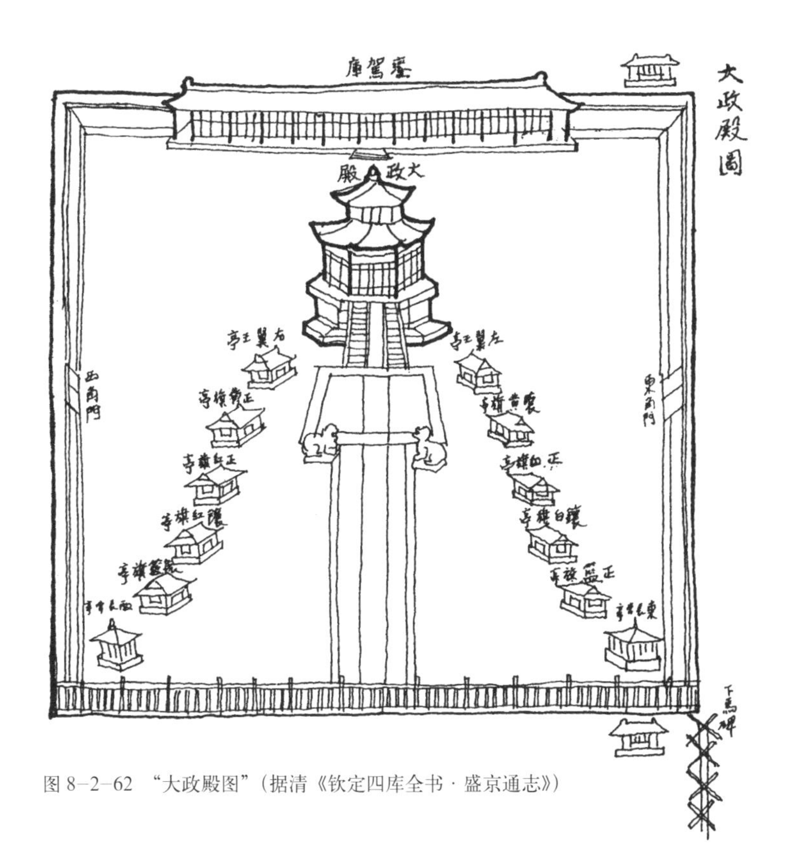

图 8-2-62 “大政殿图”（据清《钦定四库全书·盛京通志》）

图 8-2-63 沈阳宫殿柱头雀替（《中国古建筑大系》）

东京城所建的八角殿，形近帐篷，它和十王亭的布局保留了满族旷野军事会盟的幕帐排列方式，有一种众星拱月的意味。清嘉庆曾有诗咏此云：“大政踞当阳，十亭两翼张；八旗皆世胄，一室汇宗潢。”（图 8-2-62）此外，满族在进关以前就接受了藏传佛教，在沈阳宫殿中，有许多建筑细部如柱头、雀替及某些装饰，都可以看到藏传佛教建筑的影子（图 8-2-63）。

第三节　宫廷建筑师

中国古代并无“建筑师”的称呼，实际承担建筑师职责的都是工匠中的佼佼者，唐代称为都料匠。他们一方面进行规划和设计创作，另一方面多半不脱离施工实践，既负指挥之责，有时还亲执斤斧，动手操作。这些建筑师的历史大多就是一部部悲剧，他们处在社会的最底层，辛勤劳动，忍受生活的煎熬，同时又遭受封建统治者和正统的文人、史家的歧视，在人们看来，他们的卓越才智和艺术才华不过是“贱技末流”而已。他们穷年累世，薪火相传，绳绳不绝，殚精竭智，创造了足以夸示世界和后人的伟大的“人类文化纪念碑”，却连名字都难得留下几个，比起那些文人墨客，一诗一画便可“流芳百世”，事之不平，以至于斯！

在明朝的高度封建集权制度下，工匠受到更严格的控制，隶属于所谓“匠籍”，受国家直接掌握，按照规定世世代代承担工役，不得脱籍，不得从文，更不得为官，身份如同奴隶。工匠集体逃亡甚至聚众起事者在明代屡见不鲜，逃亡人数动辄数千巨万，如景泰元年（1450）“命有司逮逃匠三万四千八百有奇”（《明英宗实录》卷一九九）；十年后，天顺四年（1460）又“征天下逋逃工匠三万八千四百余人”（同上书卷三百一十七）。这样的逃亡，在明朝几乎每代都有发生。但明朝由于大规模营建尤其是宫廷营建的需要，又因许多工官的腐败无能，往往需要任用一些工匠中的杰出者主持其事，乃出

①陈绍棣．试论明代从工匠中选拔工部官吏[M]// 科技史文集·第11期．上海：科学技术出版社，1984．

②此图绢本着色，绘紫禁城正面鸟瞰全景，作风颇带匠气，恐系匠人所绘。图上方有“顾颉刚一九五三，署于苏州拙政园”的题跋，文称：“昔在北京故宫博物院见明宫城图一，万户千门，界画精整，赭黄色彩，悉象其真。天安门外立一红袍官人，形体特大，与宫殿比例不称，署其旁曰工部侍郎蒯祥……”现图题署已不清。

于皇帝的个人决定，作为一种权宜之计或特例，也提拔了一些工匠担任工官。同时，也是这些建筑艺术家的才能和杰出的作品令人无法漠视，即便史书也不能不有所提及，我们才有可能知道几位最有成就的建筑师的名字。但有关他们生平事迹的记载多不完整。

南京宫殿的设计者主要是无锡人陆贤。他还设计了南京的坛庙。由于这些功绩，他被“破格”提拔为“营缮所丞”，只不过是一个正九品的芝麻小官。中都宫殿营建者现所知为李善长、汤和及吴良等人。北京宫殿的设计者应首推蒯祥和蔡信。[①]

图 8–3–1　故宫博物院藏明画《皇城图》

图 8–3–2　蒯祥墓（萧默）

紫禁城的设计者蒯祥、蔡信

蒯祥（1397 ~ 1491），江苏吴县人，世代为木工。永乐十五年蒯祥作为成祖的扈从来到北京，当时只有二十岁，就担负了北京宫殿、坛庙、诸司、城市和陵墓的“营度”之责。永乐十八年（1420）蒯祥建成紫禁城奉天、华盖、谨身三座大殿，但仅数月，三殿被火；正统五年（1440）重建，仍是蒯祥设计。半个多世纪中，他一直是北京最重要建筑的设计者，“凡百营造，祥无不预”（黄榆《双槐岁钞》卷八），“凡殿阁楼榭，以至回廊曲宇，随手图之，无不称上意者”（皇甫录《皇明纪略》），“每宫中有所修缮……（蒯）略用尺准度，若不经意，及造成，以置原所，不差毫厘。指使群工，有违其教者，辄不称旨”（《吴县志》卷七十五）。因其才能杰出，当时即有“蒯鲁班”之称。1456年擢为工部右侍郎，复迁左侍郎，正三品，“其禄累加，至从一品”。而蒯祥“为人恭谨详实，虽处贵位，俭朴不改……既老犹自执寻引，指使工作不衰”（焦闳《国朝献征录》）。今中国历史博物馆藏有一幅明代《宫城图》，图上有蒯祥之像。[②]苏州吴中区现有蒯祥墓（图 8–3–1、图 8–3–2）。

蔡信（? ~ 1438），江苏武进人，“有巧思……永乐间，营建北京，凡天下绝艺皆征，至京悉遵信绳墨”（《武进阳湖县志》卷二十六）。他可能还参加过长陵和献陵的工程。

与他们同时工作的还有越南人阮安、松江（今上海）人杨青等，较后还有无锡人陆祥。杨青是瓦工，“善心计，凡制度崇广，材用大小，悉称旨”（《松江府志》卷四十六）。陆祥是石工，今天安门前后的华表、保和殿后长16米、宽

3 米的巨大御道石浮雕，很可能都是他主持雕造的。他还参加了明十三陵的华表、石柱、石象生、石碑的凿造。杨、陆二人也都被任命为工部侍郎。

嘉靖时期的郭文英和徐杲

嘉靖时重要的宫廷建筑师是郭文英和徐杲。郭文英（？～ 1554 稍后），陕西韩城人，木工，主要活动在嘉靖初期和中期。嘉靖时曾掀起过一阵营建热潮，“世庙钦崇醮典，……营宫孔棘，匠师济济，然擘画殿图克当帝衷者，则推郭文英焉”（《韩城县志》卷五），尤其是大建坛庙，凡太庙、历代帝王庙、朝日坛、夕月坛、方泽坛的建造及天坛的改建，都由郭文英设计。他还参加过皇史宬、沙河行宫及北京外城的工作。

徐杲（音 gao）是嘉靖中叶以后最重要的建筑师，命运也最具悲剧色彩，曾拜为工部尚书（正二品），后被罢官、下狱以至发配戍边而不知所终，其籍贯及生卒均无考，仅知其出身贫苦，以匠役被征入官而已。徐杲为木工，嘉靖三十六年（1557）前朝三大殿第二次被火，奉天门也被烧毁。皇帝以朝会之地一片火场，“观瞻不雅，急欲先立奉天门”，由徐杲操作，不数月而门复立。嘉靖三十八年（1559）开始重建三大殿，此时距三大殿第二次由蒯祥建造的时间已近 120 年，在没有准确详尽建筑图样的情况下，仅凭徐杲惊人的记忆便开工重建。嘉靖四十一年（1562），“比落成，竟不失尺寸”（《日下旧闻考》卷三十四引《明世庙识余录》）。完工以后，杲破天荒地被擢为工部尚书。徐杲“巧侔前代，而不动声色”（谢肇制《五杂俎》），“其才自加人数等”（沈德符《野获篇》），经常亲自动手操作，谦退而不以官自居。但是，维护封建等级制的王公大臣们早已对明代以来“匠作班朱紫”的现象持有异议，认为“名爵日轻，廪禄日费”，是有损所谓“国体名器”的“弊政”，多次上书要求把工匠出身的工官“悉皆斥汰，以存国体”。嘉靖一死，灾难便接踵落到了以工匠从官职位最高的徐杲身上。没有任何过失，仅仅因为是“以匠役官正卿”，徐杲即被指称为“滥名器，坏政体”的罪首，而“并宜汰黜，吏部复奏，从之”（《明穆宗实录》卷三）。杲旋被罢官，不出数月，从“闲住……考察自陈”到下狱，直至戍边。

徐杲以后，明代就再也没有工匠从官的做法了。

清代建筑世家“样式雷”

“样式雷”的先祖原籍江西南康，从明代起世为营建工匠，明末迁居江苏金陵，清初传到雷发达（1619 ～ 1693）及其堂兄雷发宣时，应募到京参与康熙八年（1669）再一次重建太和殿的工程，此后即定居北京，累世从事北京宫殿、园林、陵寝的“样式”即设计工作，至清末共传七世。雷氏家族被称为“样式雷”、“样子雷”或“样房雷”，终清之世一直是中国最负盛名的建筑设计世家。

雷发达初赴京时，太和殿正在重建，因备料不及，拆除明陵旧楠木料充任，上梁日榫卯不合，主事官于匆忙之际命发达着官衣执斧上架，斧落榫合，康熙即于现场敕授其为工部营造府长班，从此有“上有鲁班，下有长班”的赞语。雷发达长子雷金玉继为长班，主持“样式房”工作，负责圆明园设计。后期雷氏世家并不在编，只称“书办”，但工作范围仍专在皇家工程。三世、四世继续圆明园工程。四世雷家伟、雷家玺、雷家瑞三兄弟又担任了万寿山颐和园、玉泉山静明园、香山静宜园和承德避暑山庄等皇家园林的设计工作。雷家玺还设计了嘉庆昌陵（在易县西陵）。1860 年圆明园被英法联军破坏，同治年间（1862 ～ 1874）一度有重建圆明园之议，六世雷思起即承担了重新设计之责，至今留下许多烫样（模型），但并未

图 8-3-3 《乾隆万寿图》

图 8-3-4 “样式雷”绘江宁行宫图（《建筑画的构图与技法》）

图 8-3-5 清“样式雷”烫样（北京古代建筑博物馆）

实现，1900 年圆明园彻底毁于八国联军。雷思起还设计了咸丰定陵（在遵化东陵）。七世雷廷昌承担了北海、中海、南海等三海改造工程和同治惠陵（东陵）、慈安太后陵及慈禧太后陵（均在东陵）的设计。

其实雷氏家族的工作范围远不止这些，从历世所制图样和烫样，除宫殿、苑囿、陵寝外，举凡衙署、庙宇、王府、城楼、桥梁以至建筑装修和金铜陈设，甚至喜庆大典时临时支搭的楼阁点景，几乎无所不包。乾隆巡行江南时，样式雷还负责在沿途各地预办行宫点景。乾隆八十万寿节时，在北京各处及沿京城至清漪园全路建起了各式临时性点景楼台建筑，备极盛隆，雷氏也参与其事。雷家所藏《万寿盛典》即记载了此项工程（图 8-3-3）。

雷氏家族遗留给今天不少图样和烫样，有设计时用作推敲的草图（当时称粗图），也有详图（精图）；比例尺有百分之一的“一分样”、二百分之一和三百分之一的“二分样”、“三分样”；图种有平面图、总平面图、局部放大图及装修纹样大样图。平面图常将单体建筑的立面也画在上面，大样图有的与实物同大。烫样是用草板纸制成的立体建筑模型，有单体建筑也有建筑群，建筑群模型并制出树木山水环境及建筑小品，均为彩色，非常逼真，甚至屋顶可卸下以观览内部，室内装修、家具和陈设一一具备。现存烫样以同治准备重修圆明园时所作最多（图 8-3-4 ~ 图 8-3-6）。

康熙三十四年（1695）开始的最后一次太和殿重建工程则有工师梁九参加。梁九事先曾制木模型以进，“以寸准尺，以尺准丈，不逾数尺许，而四阿重屋，规模悉具”（王士禛《梁九传》），是十分之一的比例。

图 8–3–6 样式雷烫样

第四节 国家祭祀建筑

源于原始社会的自然神崇拜和祖先崇拜，至封建社会结束迄未少衰，这是中国历史上的一个特有现象。历代祭祀这些神祇和祖先及古圣先贤的建筑统称为“坛庙”，建筑史家又常称其为“礼制建筑”，是中国独有的一种建筑类型，既不同于佛教、道教和其他宗教的寺、观、神庙、教堂或礼拜寺，也不同于直接服务于人生的宫殿、衙署、园林和住宅。在有些时候，用来祭祀自然神祇的，可以被当作一种准宗教建筑，而祭祀祖先和古代圣贤的，则更多具有纪念堂的意义。

自然神中，天居首位，其次为地，再次为社（国土之神）、稷（五谷之神）、日、月、山、川、风、雨、雷、电以及农、蚕、马、蝗等神。祖先崇拜居于首位的是当今皇帝的先祖，以下是历代圣贤和帝王，如孔子、关羽、诸葛亮，以及各地尊奉的城隍和各宗族的祖先等。这些神祇和祖先的地位等次有差，祭礼的规格和礼节也各不相同。只有皇帝或其特命的代表，才能以国家的名义主持对最高神祇天、地、日、月和具有全国意义的社、稷以及最重要的名山（五岳）、大川（四渎、四海）的正式祀典，郡县只能祭祀本土本地的社稷、山川，乡村只能祭祀本村的土地。只有皇帝可以主持皇族太庙的祭祀和国家级的祭孔大典，郡县也可以祭祀孔子、其他圣贤以及本地城隍，一般家族祭祀本族祖先，而普通家庭不过在堂屋正中立“天地君亲师”牌位而已。

《论语》曰：“子不语怪力乱神”。清醒的儒学理性的思想核心，本来是关注人间秩序的和谐安定，对于虚无飘渺的神灵世界则尽量回避，当有人问到孔子神鬼之事时，他总是以机智的反问：“未能事人，焉能事鬼？”来提醒人们首先关注人事。但在古代科学发展水平和社会情况的制约下，神灵观念的产生又是必然的。早在原始社会就有了自然神崇拜和祖先崇拜，并由此发展为原始宗教。中国是一个早熟的社会，进入文明时代以后，原始的许多观念包括对自然神和祖先的崇拜被保留下来，并经过儒家按照自己的观念小心地改造与装扮，从而得到强化，即以神权和族权来烘托皇权，成为维护封建等级制的重要精神支柱。一方面是宣扬天命观，把自然按封建等级制的模式加以人格化和等级化，再通过这人格化了的自然来证明人间等级制的合理和不可变易性，给统治者戴上“君权神授”的神圣光环；另一方面又强化着维系封建秩序的另一纽带即血缘宗族关系，以至祭祀先贤圣哲的意义的着重点已不在于那些先人的本来面目，被人所看重或加以神化的只是他们合乎封建道德规范的堪为楷模的行事准则。敬天法祖，追远事今，历来为各代儒者和最高统治者所重视。孔子说：“郊社（祭祀天地社稷）之礼，所以事上帝也；宗庙之礼，所以祀其先

①此坛初建于隋，唐沿用。坛圆形，共4层，从下至上直径分别约为54米、40米、29米和20米，层高1.5米至2.3米不等。每层在12个方向各设陛，每陛12阶，其午陛（南陛）最宽。全坛皆素土夯筑而成，表面黄泥抹平并涂以白灰，无砖石包砌迹象。

对页注

①单士元．明代营造史料·天坛[J]．中国营造学社汇刊，第5卷，第3期，1935．

也。明乎郊社之礼，禘（音di，夏祭）尝（音chang，秋祭）之义，治国其如示诸掌乎？”（《中庸》）意思是，只要做好祭祀这件大事，治理国家也就不难了。所以，坛庙建筑实际是借神祇和祖先来扶持人事，这正是儒学入世精神的体现，也是坛庙建筑在以儒为本的中国历久长存的原因。

这两种崇拜的祭祀方式有所不同，一般来说是“祀于内为祖，祀于外为社”。“祖”即祖先，祭礼多在室内，名之为庙，如太庙、孔庙、关帝庙、历代帝王庙、城隍庙、四川都江堰的二郎庙等；或称为祠，如武侯祠、司马光祠、各地的先贤祠和大家族的祠堂。宋代太原的晋祠也属此类。“社”代表自然神，多为“露祭”，又称“望祭”，祭礼在室外露天举行，通常在平地上建方形或圆形层台，称为“坛”，如天坛、地坛、日坛、月坛、山川坛、社稷坛等。不少自然神被更加人化，如东岳大帝、后土娘娘、土地公公等，对它们的祭祀也常在室内，也称为庙或祠，如岱庙（祀泰山）、中岳庙（祀嵩山）、宋金山西汾阴后土祠、元代山西洪洞水神庙，以至各地的土地庙、龙王庙，等等。

图8–4–1　隋唐长安天坛遗址（《中国西部》2000年第4期）

在坛庙建筑中，坛具有更多不同于其他建筑的特点，庙和祠则大多像是宫殿、衙署、住宅的放大或缩小。

本节涉及的祭祀建筑，都是由官方主持建造的坛庙，多数属国家级，如天坛、地坛、太庙、社稷坛、曲阜孔庙等，也包括官方主持的各地文庙。至于民间祭祀建筑将在以后再行补述。

一、北京天坛

沿革

皇帝登基前或每年冬至，都要赴坛祭天告朔，古人云：“国之大者在祀，祀之大者在郊。”这里所说的“郊”即郊祀天地日月，向来是重要的祭典。东汉以来，历代祭天之所大都在都城南郊，因天属阳，南亦阳。汉唐以后祭天之礼越发隆重，谓之“有事于南郊”。1999年考古工作者在西安南郊原唐长安南墙正门明德门南二里许道东，发现了隋唐长安的天坛遗址，是北京明清天坛以前唯一的天坛实例（图8–4–1）。①明清赴天坛郊祀每年要举行三次，即正月上辛日在祈年殿举行的祈谷礼，祈祷皇天上帝保佑五谷丰登；四月吉日在圜丘举行雩礼，为百谷祈求膏雨；冬至在圜丘举行告祀礼，禀告天帝五谷业已丰登。所以，天坛最重要的建筑物就是祈年殿和圜丘坛。基于古人天圆地方的观念，祭天的坛平面大都是圆形，所以又称“圜丘”。历代地坛，都在都城北郊，夏至日奉祀，方形，故又名“方丘”或“方泽坛”。日坛在东郊，月坛在西郊，也都是方形，分别于春分、秋分日祭祀。据《金礼志》，金中都的四坛也是这样的方位。元代成宗时（1295 ~ 1307）建天坛于大都城南七里，大概就在今日天坛的位置。明初南京天地实行合祭，也不是露祭，典礼在大祀殿内举行。永乐十八年（1420）

迁都北京后，起初仍为合祭，在今天坛祈年殿的位置建大祀殿，方形。嘉靖九年（1530）才恢复天地分祭并实行露祭的方式，在大祀殿正南建圜丘，专以祭天，原大祀殿改建为三重檐的圆形大殿，改名大享殿，降为祈求丰年之所，其形式与现存祈年殿略同，只是三檐颜色不一，上檐色青象天，中檐色黄象地，下檐色绿代表万物。它们就是现北京天坛圜丘和祈年殿的前身。[①] 嘉靖时又在都城北、东、西郊分建地、日、月三坛，在天坛之西隔大道建山川坛（后改先农坛）。太庙和社稷坛早在永乐时就已建成，仿明初南京和中都之制，位于午门广场东西。清乾隆时重建天坛圜丘，尺寸比嘉靖时扩大几乎一倍，即今日之所见。乾隆十七年（1752）改大享殿为祈年殿，三檐一律作青色；后此殿被火，光绪十六年(1890)循旧制重建，遗存至今(图 8–4–2 ～图 8–4–7)。

总体布局

北京天坛基地范围极大，东西约 1700 米，南北约 1600 米，占地约达 270 公顷，相当于紫禁城的三倍还多；有两重围墙，东南、西南二角是方角，西北、东北二角是圆角，可能取意于天圆地方，是明初天地合祀规划的遗迹。内重围墙并不在外墙所围面积正中而向东偏移。圜丘与祈年殿南北取直，形成纵轴，也向东偏移，不在内墙所围面积的正中。两次偏移使轴线东移 200 余米。原先只在外墙西面开有二门，偏北的一门是正门。正门内东西大道南侧有神乐署和牺牲所；进内墙西门后，路南为斋宫，皇帝在冬至前一天在此住宿并沐浴斋戒。斋宫有两道围墙和两道护沟，戒备森严（图 8–4–8、图 8–4–9）。

圜丘在纵轴线南端，为三层白石圆台，底层直径 55 米，三层总高 5 米许，每层台四向都有踏道，台沿护以白石栏杆。圜丘有两重围墙，

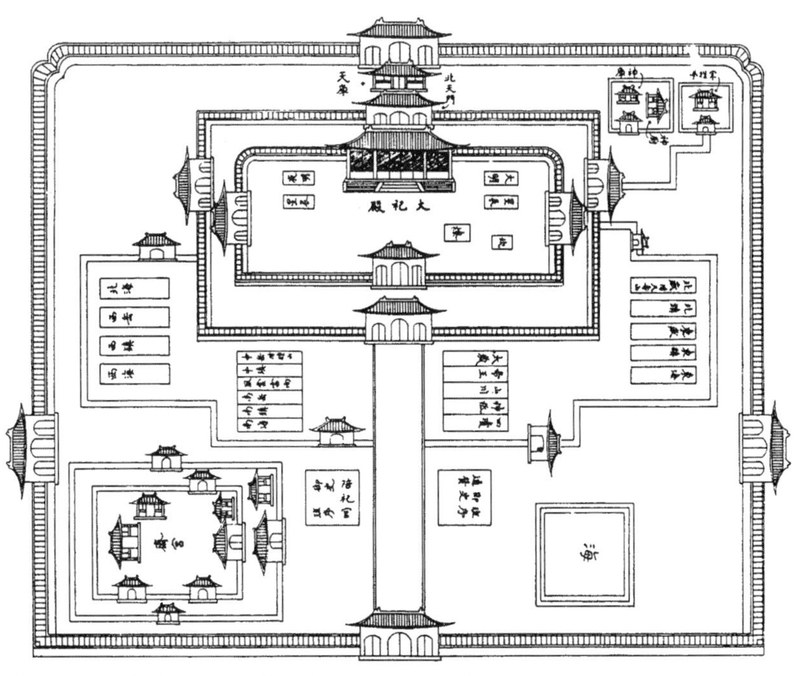

图 8–4–2　明初南京大祀坛（据明弘治《洪武京城图志》，傅熹年）

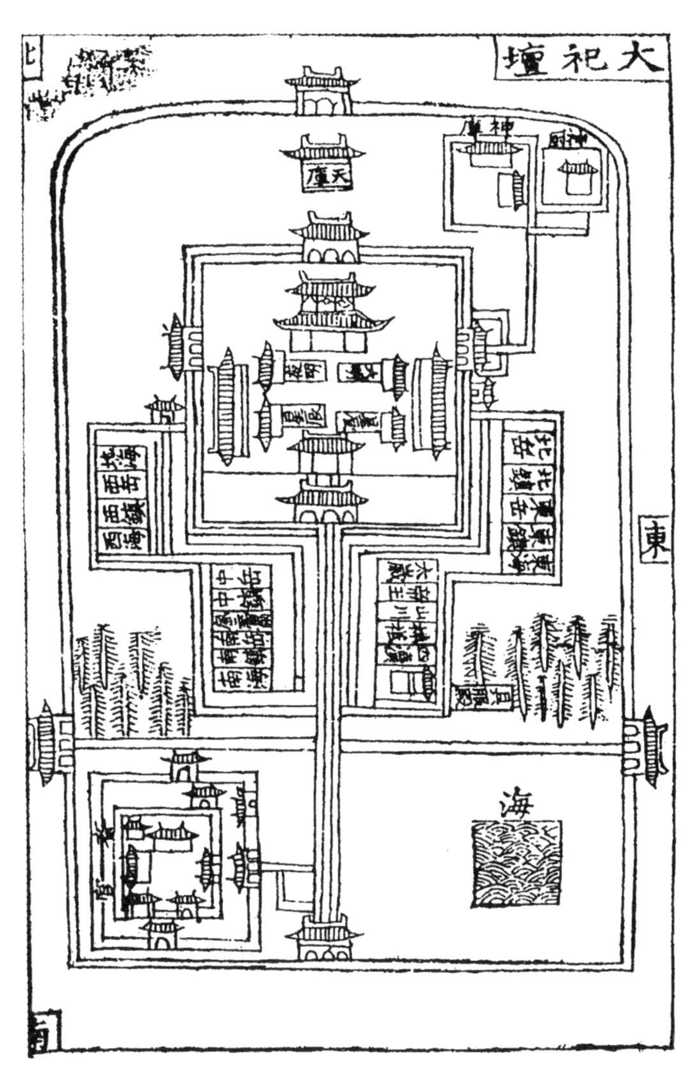

图 8–4–3　明初北京大祀殿

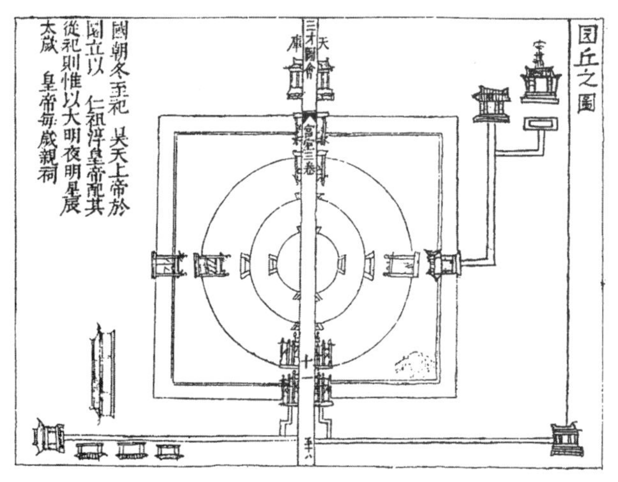

图 8-4-4 明北京“圜丘之图”（明《三才图会》）

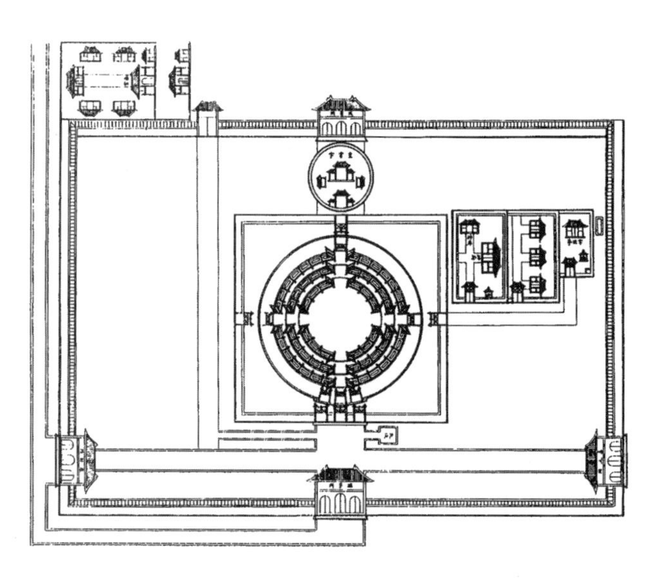

图 8-4-5 明嘉靖改建之北京“圜丘总图”（明《大明会典》）

图 8-4-6 明嘉靖皇穹宇图（明万历《大明会典》）

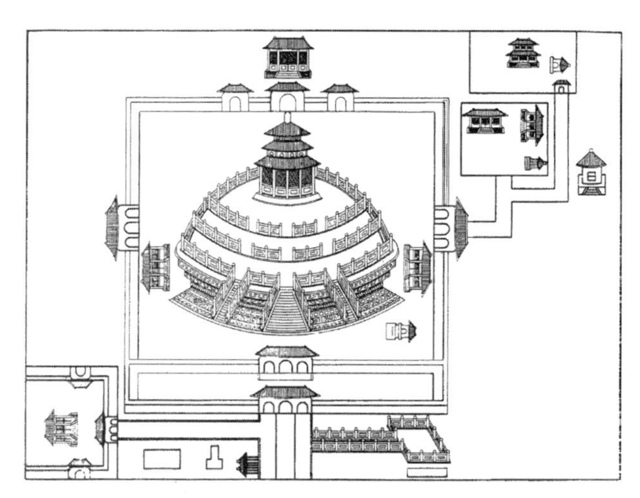

图 8-4-7 明嘉靖建大享殿（明《大明会典》）

图 8-4-8 北京天坛鸟瞰图

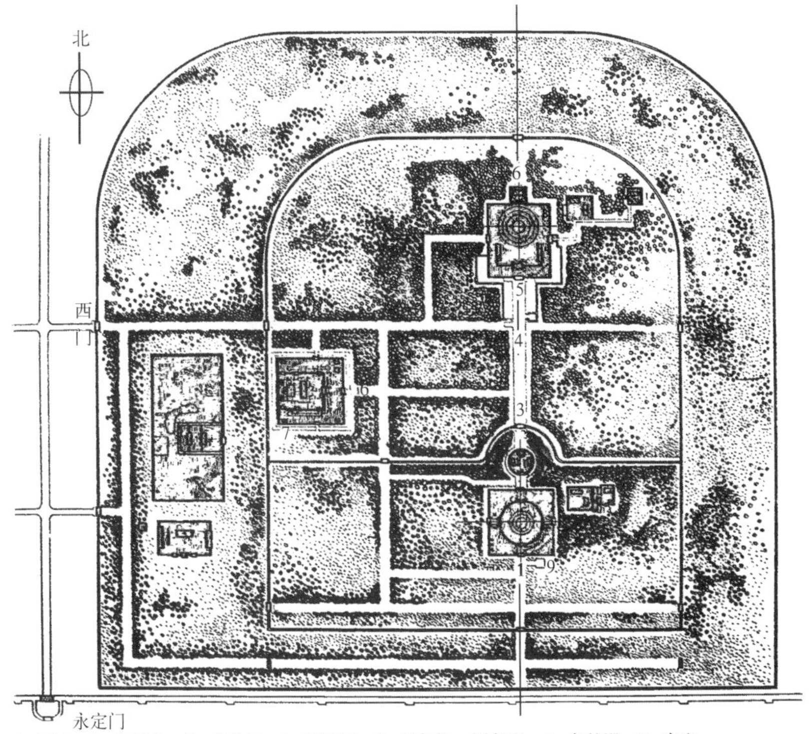

1. 圜丘；2. 皇穹宇；3. 成贞门；4. 丹陛桥；5. 祈年门、祈年殿；6. 皇乾殿；7. 斋宫

图 8–4–9　天坛总平面图（《中国古代建筑史》）

图 8–4–10　天坛建筑群

内圆外方，内、外墙四正面都有三座白石棂星门，墙身红色，覆青色琉璃瓦。在圜丘北有平时供"昊天上帝"的圆殿，名皇穹宇，坐落在一直径 63 米的圆形院落后部，殿前左右各一配殿。圆殿建在白石圆台基上，攒尖顶覆单檐蓝色琉璃瓦，上有镏金宝顶，全高约 20 米。此殿造型精美，比例适度，金顶、蓝瓦、红柱、白台，色彩瑰丽。殿内圆形藻井更是富丽，由斗栱层叠构成复杂的向心图案，既是结构的坦然显露，又是建筑装饰精品。圆院北面无门，须从南门由院外绕至院北，过成贞门后，是一条名为"丹陛桥"的南北大道。大道宽达 30 米、长约 400 米，高出左右地面约 4 米，全为砖石铺砌，没有绿化。大道北端过券门为祈年门，门内四周院墙围成方院，中轴线上是壮丽的祈年殿，殿南左右有配殿。祈年殿坐落在总高 6 米的三层白石圆台上，石台下层直径 90 米，圆殿直径约 24 米，屋顶为三重檐攒尖顶，连台总高 38 米，殿内也有极精美的圆形藻井。方院之北另有一封闭小方院，内为皇乾殿，平时用以存放神牌(图 8–4–10 ～图 8–4–21)。

图 8–4–11　皇穹宇院门（萧默）

图 8-4-12　皇穹宇院门望圆殿（孙大章）

图 8-4-14　皇穹宇藻井（孙大章）

图 8-4-13　皇穹宇（萧默）

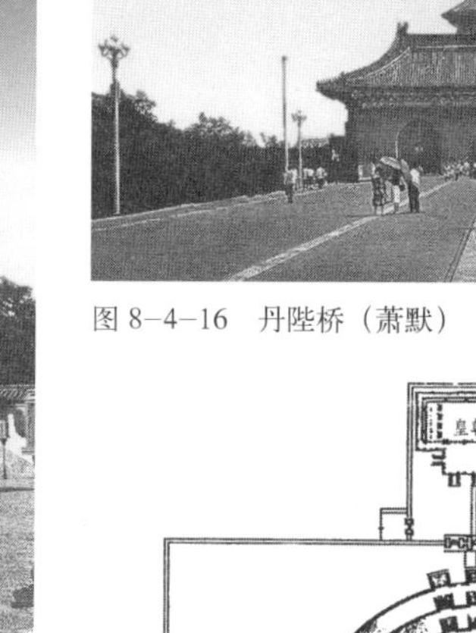

图 8-4-16　丹陛桥（萧默）

图 8-4-15　成贞门（萧默）

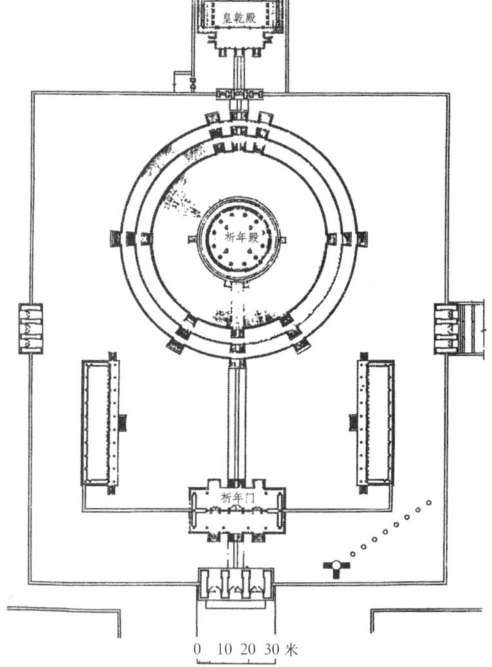

图 8-4-17　祈年门及祈年殿平面（《中国古代建筑史》）

图 8-4-18　从祈年门望祈年殿（萧默）

图 8-4-19　祈年殿（萧默）

图 8-4-20　祈年殿藻井（马炳坚等）

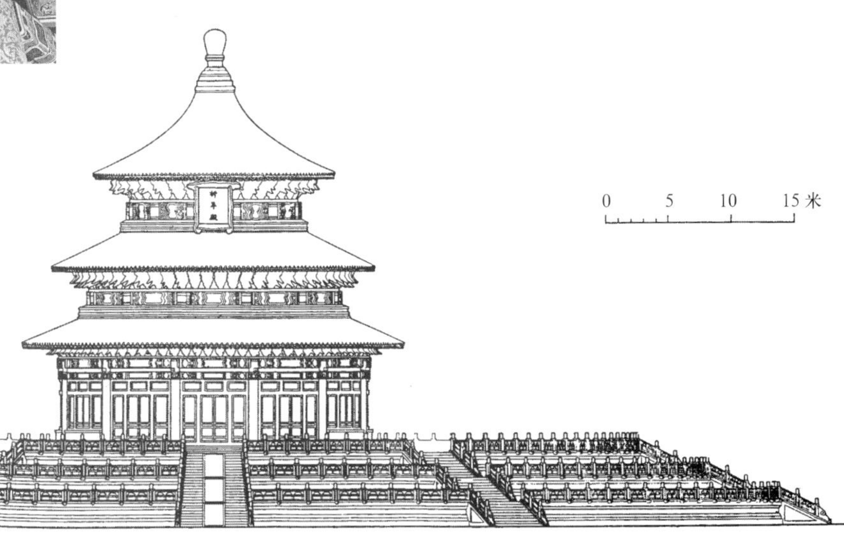

图 8-4-21　祈年殿立面（《中国古代建筑史》）

天坛艺术主题及表现手法

天坛是世界级的珍贵艺术遗产，其主题是赞颂至高无上的“天”，全部艺术手段都用来渲染天的肃穆崇高，取得了非凡的成就。

天坛总面积相当于紫禁城的三倍，建筑密度却小得多，绝大部分面积都笼罩在苍松翠柏之下，涛声盈耳，青翠满眼，创造出深邃静谧的气氛，入此境内，自觉一片肃穆之气森森而来。天坛的纵轴线东移是为了尽量加长从西门进入的距离，空间转化为时间，感情得以充分深化：人们在长长的行进过程中，似乎愈来愈远离人寰尘世，距神祇越来越近了。

圜丘通体洁白，晶莹若玉，台面平整如坻，空无一物，象征着天空的清澈明净。两重围墙都很低矮，仅高1米许，是有意采用缩小尺度的手法，借以反衬石台之高，同时又尽量不遮挡人立坛上四望的视野，视域可远及墙外树林和更远的天际，颇有高可及天的感觉。《水经注》记汉长安礼制建筑明堂辟雍说：“垣高无蔽目之照”，可见这种处理手法早已出现。围墙深重的色彩对比出石台的白，墙上的白石棂星门则以其白与石台呼应，并有助于打破长墙的单调。

丹陛桥的手法同于圜丘，人行大道上放眼所见都是大片天空和树顶，如同在空中行走。祈年殿的方院地坪也高于院外，三层白石台高出院外地面达10米，景象也很辽阔。大殿三重青色琉璃瓦顶与天空色相相近。圆顶攒尖，似已融入蓝天。所有这些，都是要造成人天相亲相近的意象。

在形式美方面，天坛的建造者们也做了许多努力。皇穹宇院落的封闭与圜丘的开阔形成对比，皇乾殿与祈年殿之间也有这种对比。轴线两端的皇穹宇与祈年殿形象相近，首尾呼应；南端的圆台圆院与北端的方院又是一种对比。两端的重点用丹陛桥联系起来，构成一个整体。此外，各建筑物的尺度、色彩和造型比例都经过仔细推敲，其主要视点处的视觉效果尤其受到重视，如透过皇穹宇的券门和透过祈年门的柱枋形成的“画框”观赏皇穹宇和祈年殿，都有极好的框景效果。人立于祈年门后檐柱处看祈年殿，视点离祈年殿中心的距离约等于祈年殿底层石台的直径，也约等于祈年殿总高的三倍，无论是水平视角和垂直视角，都处于最佳状态，且左右配殿都退出在此视野以外，从而突出了主体建筑祈年殿。

天坛还广泛运用象征和联想的手法来隐喻主题。三座主要建筑圜丘、皇穹宇和祈年殿及一些院墙都使用圆形平面，天圆地方，法天象地，发人联想。又用数字来象征与主题相关的各种意义，如“天”属阳，圜丘就大量使用阳数（奇数），阳数之极为九，台面围绕中心的一块圆石共有九圈铺石，每圈石数为九、十八、二十七……三层石台各围以四段石栏，每段栏板数目由上而下也是九、十八、二十七；此外如台阶的步数、各层石台的直径和高度，也都是九或九的倍数。祈年殿用为祈求农业丰收，所以又使用与农业节历有关的数目，如用12根外檐柱支持下檐，象征一天的十二个时辰；用十二根内柱支持中檐，象征为一年的12个月；这24根柱子又象征为一年的二十四节气；最内四根“龙金柱”支承上檐，则代表四季。联想与象征有助于标示主题，作为辅助手法，也有偶尔一用的价值。但建筑艺术的根本，还是通过实体与空间及其组合变化来造成一种氛围。

至于皇穹宇院落之不开北门，使圆院背对成贞门，交通有所阻断，气势也有所中断，也许是天坛建筑群美中不足之处，但这完全是出于礼制的要求，有其存在的缘由。在中国人的概念中，“天”是最高的神祇，皇帝称为天子，地位在天之下，中国向以南向为尊，所以皇穹宇院落是不能允许人们包括皇帝从北进入的。

《明会要》说："天子祭天，升自午陛，北向，答阳之义也"，"午"就是南，说明皇帝由南朝北行礼。

二、北京社稷坛

社为国土之神，又称五土之神，五土指国土的东西南北中五方之土；稷为五谷之神。中国向以农立国，所以社稷之祭是一个隆重的典礼。"社稷"一词又可代表国家。中国早就有社祭的观念，《考工记》已说到"左祖右社"，即将太庙置于宫之左（东），太社在宫之右（西），汉代以来大致都是这样，至明犹是。

明初南京和中都社、稷分坛而祭，洪武十年合为一坛。永乐十九年（1421）北京建成社稷坛，合祭，在午门广场西侧，与广场东侧的太庙遥遥对称。[①]在古人的观念中，社稷属阴，地位在"天"和天子之下，故皇帝行礼时面南。《明会要》说："祭社，升自子陛，南向，答阴之义也"，"子"即北方。于是，社稷坛的建筑系列系自北而南，一反中国建筑自南而北的通例。天子自午门广场的西门阙右门出，西行至社稷坛北门，再向南经享殿和拜殿，进入坛区壝墙的北棂星门，由北阶登坛（图 8–4–22 ～图 8–4–26）。

坛方形，三层，下层每边长约 20 米，三层总高不到 2 米，比天坛圜丘的规模小了很多。方坛不设栏杆，四面各出踏道，坛顶平整，铺五色土。五色即青白赤黑黄。按照古人观念，五色与五方对应，在坛顶中央先划出一个小方块，方块四角与方坛对应角之间连直线，将坛顶分为五块，再依东青、西白、南赤、北黑、中黄铺填各色土，象征普天之下莫非王土。方形壝墙四面琉璃瓦顶也按方位施用不同颜色。壝墙只有一圈，四门正中各立一座白石棂星门（图 8–4–27 ～图 8–4–29）。

社稷坛包括拜殿、享殿在内围以红墙，所

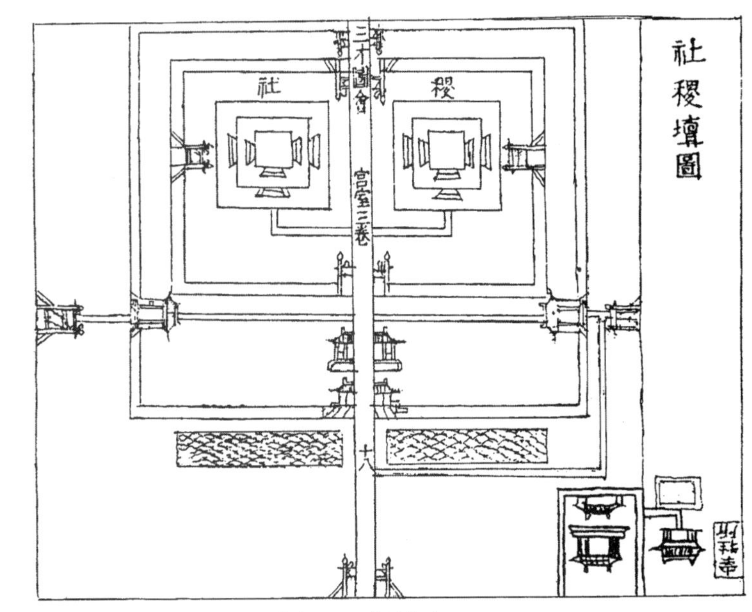

图 8–4–22　明初中都"社稷坛图"（明《三才图会》）

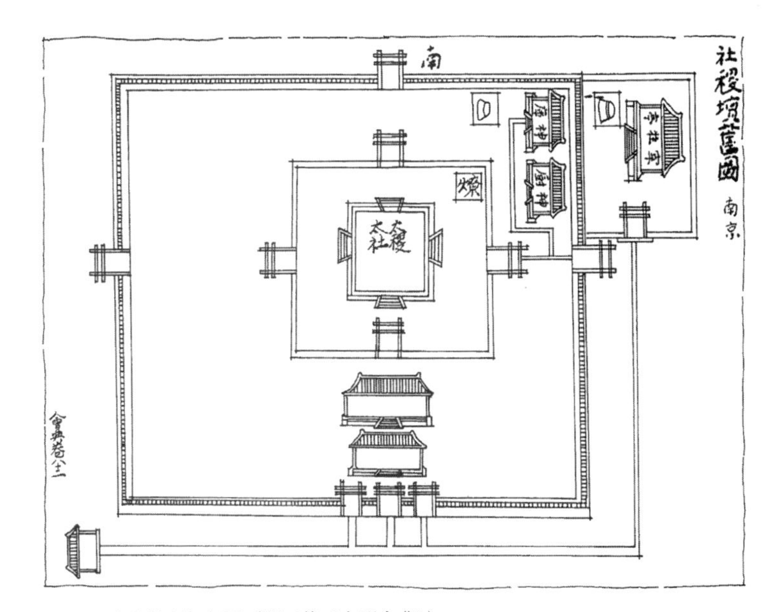

图 8–4–23　南京社稷坛旧图（明正德《大明会典》）

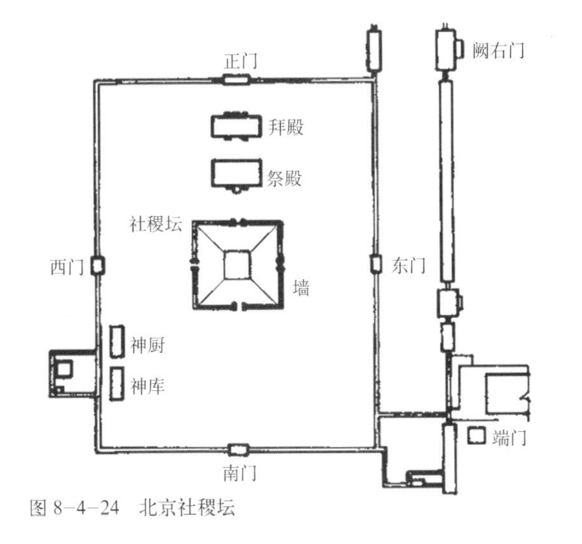

图 8–4–24　北京社稷坛

① 单士元．明代营造史料（续）· 明代社稷坛 [J]．中国营造学社汇刊，第 5 卷，第 2 期，1934．

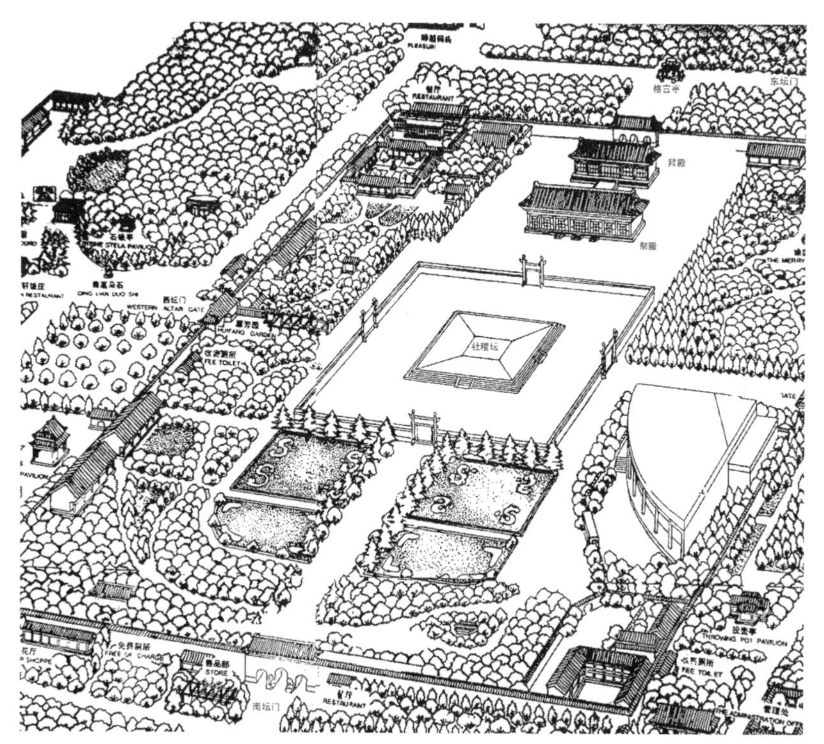

图 8-4-25　北京社稷坛鸟瞰

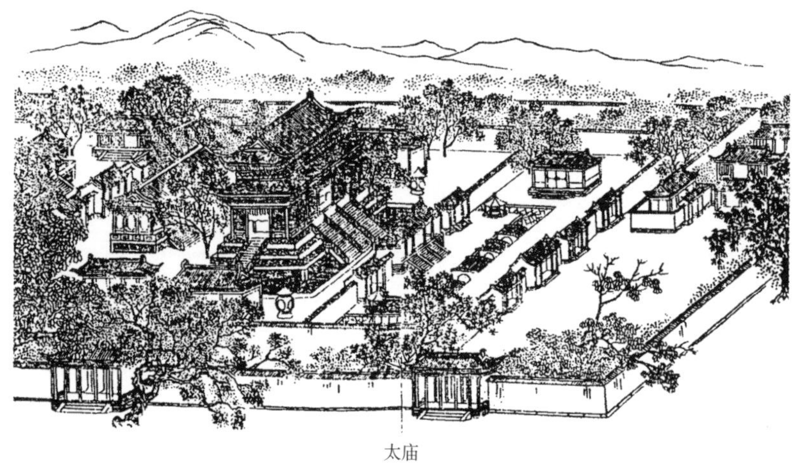

图 8-4-26　清画北京社稷坛和太庙

图 8-4-27　北京社稷坛南门（萧默）

图 8-4-28　社稷坛南门内（韦然）

图 8-4-29　社稷坛（萧默）

围面积大约只占坛区总面积四分之一强。院内没有绿化，但院外浓荫蔽天，使坛区如同一方林中空地，深密和开朗有很强对比。

除北京外，明代各封国和府县也各建社稷坛，但尺度更小，坛上只能依各地所属方位铺一色土。

三、孔庙

在封建社会，孔子受到统治阶级和全社会的极大崇敬，由官方建庙祟祀，即为孔庙，又称文庙、夫子庙或孔圣庙。若孔庙与官学结合，则称学宫。最大的孔庙在孔子家乡曲阜。

曲阜孔庙

最早的孔庙是鲁哀公在孔子逝世后第二年（元前 478）以孔子故居三间宅屋改立而成。刘邦到鲁，曾以最高礼节祭祀孔子。东汉桓帝元嘉三年（153），朝廷以国家名义在曲阜正式建立孔庙。唐开元二十七年（739），封孔子为“大成至圣先师文宣王”。以后，即使是少数民族入主中原的时代如金、元和清，朝廷对曲阜孔庙的尊崇亦未见少衰。

现存曲阜孔庙乃孔子故居旧地，即鲁曲阜城内西南部。宋时规模已很宏大，金代续有建造，明代又将当时的曲阜城从四十五里外整个迁来，以“移县城卫庙”，孔庙就在全城中轴线上。明清时孔庙曾屡次被火又屡次重建，现存者仍保存了明代的格局，其中除少数次要建筑为金元所建外，多是明代和清雍正时的遗物（图 8–4–30）。[①]

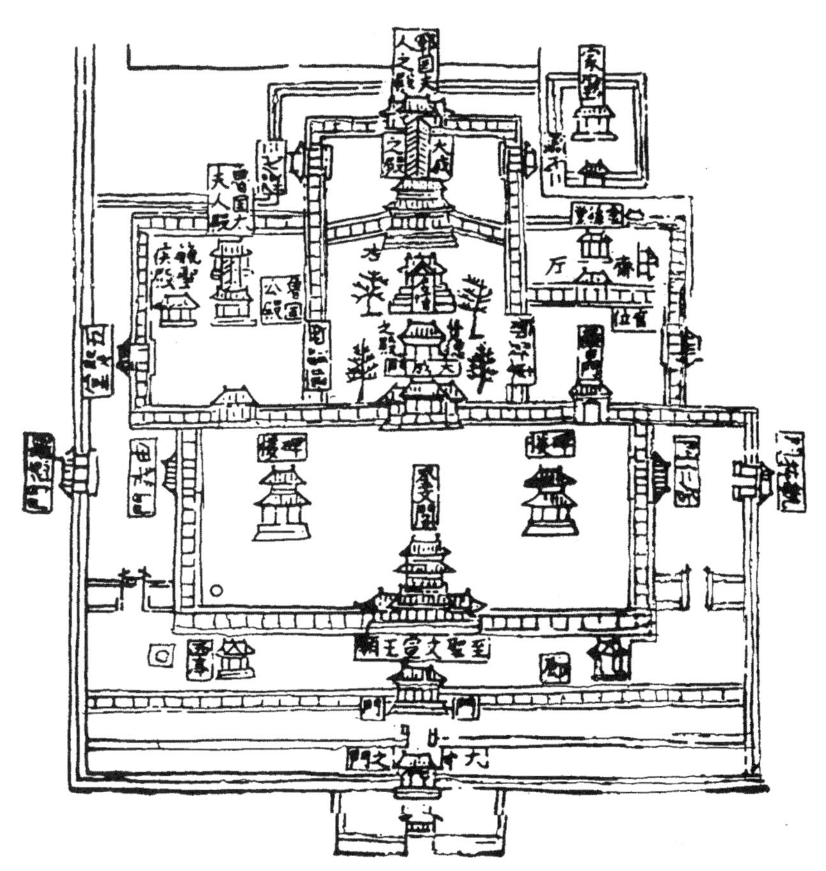

图 8–4–30 金“阙里庙志图”（《孔氏祖庭广记》）

孔庙坐北朝南，狭而深长，正门正对县城南门仰圣门。仰圣门是明代移县就庙时所建，有瓮城向南凸出，平时不开，只在皇帝遣使致祭时偶尔开启，代替一般地方孔庙门前的“万仞宫墙”。庙基宽约 140 米，南北长达 600 余米，约占全城南北深度的三分之二。在孔庙中部有东、西门和县城东西街道相接，东街上建鼓楼，在东街路北孔庙东门与鼓楼之间，紧邻孔庙有面积甚大的衍圣公府，是孔子子孙世代袭封的衍圣公衙门和府邸。

孔庙自南而北可分九进，前三进是全庙的前导部分，广植松柏，后六进是孔庙主体。庙门前有金声玉振坊，门为棂星门。孟子曾赞美孔子说：“孔子之谓集大成。集大成者，金声而玉振之也”。金声为击钟，玉振指击磬，金始而玉终，是奏乐的全过程，喻指孔门儒学一以贯之的道。棂星门的形制唐代已有，后来以此式门附会天上的灵星，意义渐转神圣，古代举行尊贵祭祀前应先祀灵星，所以棂星门在明清只有如天坛和皇陵等处才能设有，孔庙也有，示意尊孔如尊天。灵星又“主得士之庆”，与儒学培养人才也有关系。进入棂星门为第一进，很浅，中轴线上有太和元气和至圣庙两座石坊，院落东、西墙也各立一石坊，通孔庙东、西墙外的纵街。“太和元气”喻孔门之道如同天地循环往复，永存不替。第二进颇深，院落呈方形，是前导部分的主体，处理也较丰富：东西墙上各有三间小门通向纵街，在院北通入第三进的门前有一条东西向的小河和三座石桥，类似宫殿前的金水河。第三进较第二进浅，院北大中门

①梁思成．曲阜孔庙之建筑及其修葺计划[J]．中国营造学社汇刊，第 6 卷，第 1 期，1936.

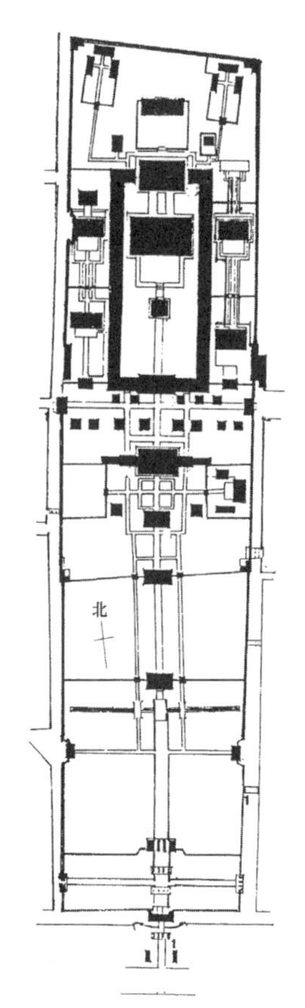

图 8-4-31　曲阜孔庙总平面（李允鉌）

左右接东西掖门和院墙，再接曲尺形角楼，表明大中门以后才是孔庙主体。第四进的主体建筑为高大的奎文阁，三层，高达 24 米，是孔庙唯一的楼阁，作藏书楼，重建于明弘治十七年（1504），为明清著名楼阁之一。奎文阁左右接门屋及执事房后的围墙，此墙向前转折形成倒凹字形，再向东、西折去，隔出东、西两个小方院，为皇帝祭孔时驻跸斋宿之所。在奎文阁与大中门之间又有一座小殿，名同文门，立各代碑刻十九通。第五进院内有东西横路通毓粹门和观德门，为连通城市东西干道的交通线。路南路北列金元以来各代碑亭 13 座。

自第六进以后孔庙分左中右三路，以中路为主。中路为一连通两进的纵长方形大院，前缘为大成门和左右掖门；中部大成殿内奉孔子塑像，是孔庙的核心建筑，面阔七间带周围廊，进深四间，覆重檐歇山顶，坐落在两层白石台上。石台前出宽大月台，是举行大祭典时列陈舞乐的地方。大成殿檐柱全为石柱，正面十柱满雕盘龙。孟子赞孔子是“集大成者”，唐代又被尊为“大成至圣先师”，宋徽宗崇宁三年（1104）“诏明文宣王殿曰大成”，从此各地孔庙庙门和主殿皆名“大成”。在殿、门之间有杏坛，环植以杏，象征为孔子讲学的地方。《庄子·渔父篇》说：“孔子游乎淄帷之林，休坐乎杏坛之上，弟子读书，孔子弦歌鼓琴。”杏坛上的建筑为重檐十字脊顶，造型甚佳。大成殿院落东西围以廊庑各 40 间，祀孔子门徒和历代大儒 156 人。大成殿后为寝殿，祀孔子之妻亓氏。相当于中路第六、七两进的深度，东路为诗礼堂、崇圣祠和家庙，祀孔子五代祖先；西路为金丝堂、启圣殿，启圣殿后又有寝殿，祀孔子父母。第八进中路为圣迹殿，院门与前部中路相通，殿内藏孔子圣迹图石刻碑数百面。东、西路各有一三合院，皆为神厨。

以上建筑，大多是黄琉璃瓦，红柱、红墙、白石栏杆，通行明清北京官式做法，工程的筹建都由朝廷主持，大成门和大成殿的盘龙石柱，更是知名（图 8-4-31 ～图 8-4-43）。

孔庙形制，若与紫禁城相比，大中门、同文门和奎文阁好似天安门、端门和午门；大成门好似太和门，门前横路连接城市也正与太和门前横路通东华、西华二门再与城市连接一样；其后大成殿一组及东西二路亦似紫禁城的中路和东西附宫。孔庙的规划和建筑等级的高贵，体现了最高统治者对儒学的重视。

地方孔庙与学宫

北齐时开始在各地建立孔庙。唐贞观四年（630）和咸亨元年（670）曾两次诏全国各地皆立孔庙，现在所见的孔庙都是明清两代的遗存。

地方孔庙常称为文庙，多建在城内，布局大致相同，由前至后中轴线上一般有照壁、棂

图 8-4-32　曲阜孔庙仰圣门（罗哲文）

图 8-4-33　孔庙金声玉振坊与棂星门（《中国古建筑大系》）

图 8-4-34　曲阜孔庙棂星门（萧默）

图 8-4-35　曲阜孔庙圣时门（萧默）

图 8-4-36　孔庙碑亭群（《中国古建筑大系》）

图 8-4-37　杏坛（《中国古建筑大系》）

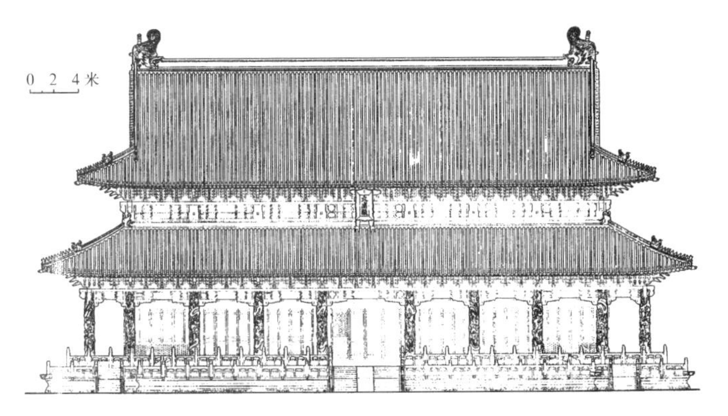

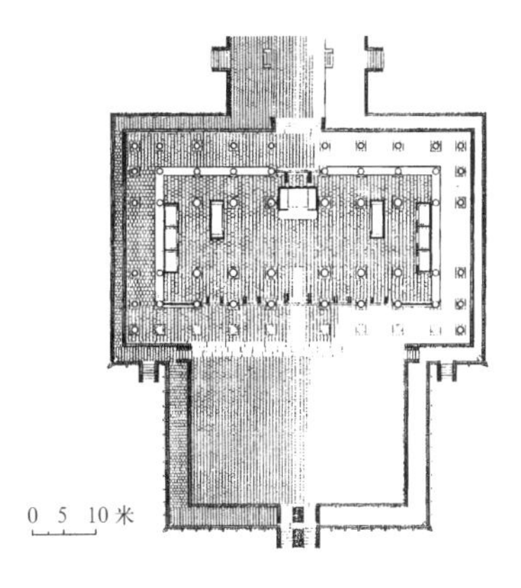

图 8-4-38　曲阜孔庙大成殿立面、平面图（《中国古建筑大系》）

图 8-4-39　孔庙大成殿（萧默）

图 8-4-40　大成殿内部（萧默）

图 8-4-43　孔庙大成门蹯龙石柱（萧默）

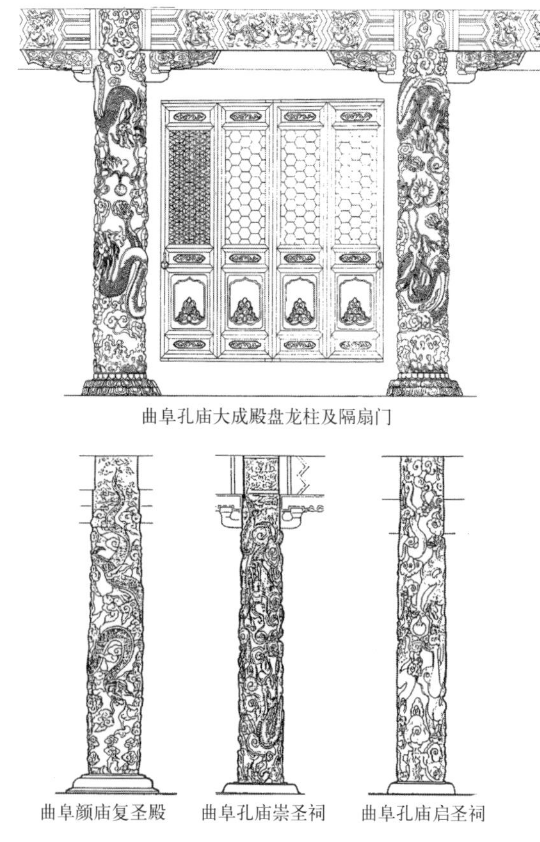

图 8-4-41　曲阜孔庙及颜庙石柱（《中国古建筑大系》、吴庆洲）

图 8-4-42　大成殿蟠龙石柱（萧默）

星门、泮池、大成门（或称戟门）、大成殿、崇圣殿等建筑。[1]

照壁一般很高大，其上大书“万仞宫墙”。子贡曾赞孔子说：“夫子之墙数仞，不得其门而入，不见宗庙之美，百官之富”，意谓“夫子之墙”虽只数仞，若不得其门，也不能深入孔学之堂奥。现以“万仞”名墙，更极言孔学之博大。明清时的棂星门一般作冲天牌楼式即柱子高出牌楼之上，也有不“冲天”的，或五间六柱，或三间四柱，或一间二柱；也有的一字并立三座，多为一间二柱，或三间四柱居中，两边并立一间二柱，甚至三座都是三间四柱的。在万仞宫墙与棂星门之间，东围礼门，西围仪门，组成一座广场，是孔庙的前区。两门旁各立“下马碑”，书刻“官员兵民人等至此下马”（图 8–4–44）。也有的将棂星门置于泮池后面。

泮音绊，《诗经 · 鲁颂 · 泮水》笺云：“泮之言半也”。《礼记 · 王制》：“大学在郊，天子曰辟雍，诸侯曰泮宫”，是说天子之学周环以水，称辟雍；诸侯之学是“半天子之学”，只能半面环水，故称泮宫。按中国风水学说，若基地前有小河横过，且河道是向外弧转的“冠带水”，则为吉地。事实上，这样的地形有利于取水与排水，向外弧转使建筑群前面有充足的场地，水流大时也只冲刷凸出的一面，不致波及建筑，所以，在宫殿、庙宇等大型建筑群前常以人工挖出这样的小河，如北京紫禁城的“金水河”。结合“泮宫”的意义，现存文庙的泮池都是一座半圆形水池，圆弧向外，跨池有一或三座小桥，文庙也因此称为泮宫。泮池又被比喻性地称为“学海”。“书山有路勤为径，学海无涯苦作舟”，提示孔门学子用心向学。泮池上的桥因此又称状元桥。泮池后为大成门，门内大成殿。崇圣殿在大成殿后，供奉孔子五世先祖；若只供孔子父母，则称启圣殿。

泮池左右的配殿常称乡贤祠和名宦祠，供奉本乡名人。大成殿东西两庑供孔门七十二贤和历代大儒。

图 8–4–44　四川崇庆文庙棂星门（萧默）

图 8–4–45　四川仁寿奎星阁（《四川古建筑》）

以上是各地文庙一般通行的布局，也有的依规模大小作各种变通处理。此外，建筑群中还常有钟楼、鼓楼、碑亭、华表等小品，对称布设在中轴两侧。有些大的文庙还有奎星楼，在中轴线上。奎星或称魁星，传为主宰文章兴衰之神。[2]各地文庙都由官方主持建修，风格庄饬整肃，大成殿常为五间重檐歇山顶，有时覆黄琉璃瓦（图 8–4–45）。

① 杨慎初. 湖南传统建筑[M]. 长沙：湖南教育出版社，1993；刘定坤《中国学宫建筑形制及空间环境探析》（打印稿）。

② 奎星又称奎宿，是中国古代天文学所称二十八宿之一。“奎主文章”之说首见于汉纬书《孝经援神契》，清顾炎武《日知录·魁》改“奎”为“魁”，魁星神像作鬼形：一足踩鳌头，喻“独占鳌头”；一手捧状元帽，另一手执笔点定中试人姓名，称“魁星点斗”。

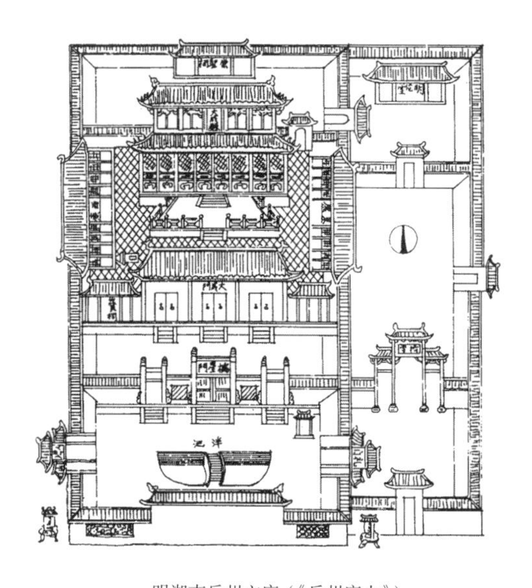

明湖南岳州文庙（《岳州府志》）

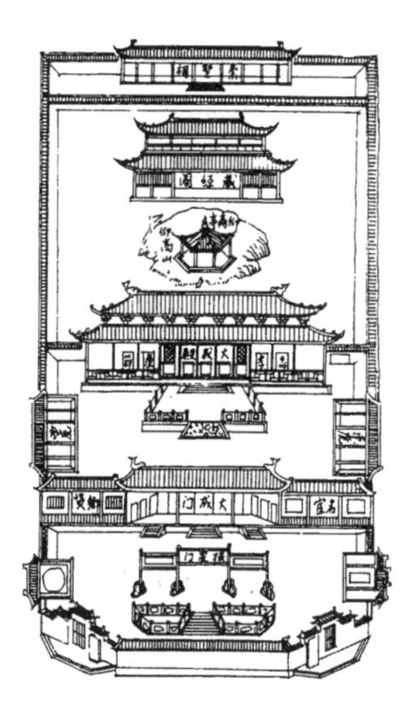

清湖南湘阴文庙（《湘阴县志》）

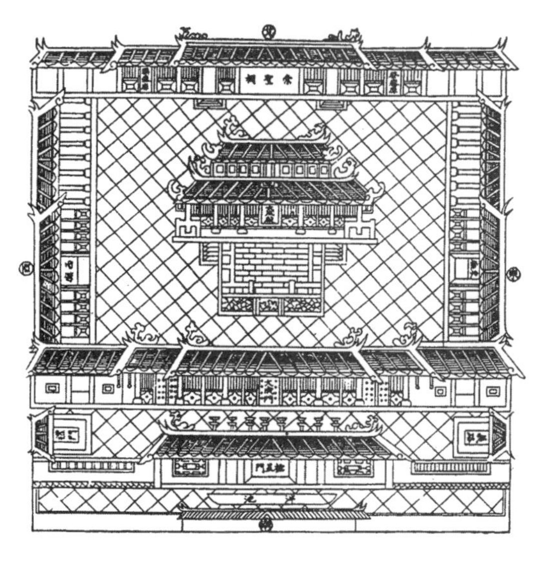

台湾新竹文庙（《台湾建筑史》）

图 8-4-46　各地方志所载各地文庙

现略举四川资中文庙（建于清道光九年，1829）和湖南岳阳、湘阴、台湾新竹等文庙为例，以概其余（图 8-4-46、图 8-4-47）。

文庙中常附有传授儒学的教学建筑，称学宫。学宫也由官方主持，称为官学。早在三国魏文帝黄初元年（220）“令鲁郡修起旧庙（孔庙），置百石卒吏以守卫之，又于其外广为屋宇，以居学者”，是最早的庙、学结合。“自唐以来，州县莫不有学，则凡学莫不有先圣之庙矣。”庙、学结合已成定制。学舍中有明伦堂，诗书堂、尊经阁（奎文阁，即藏书楼）、教谕训导署和供生员住宿的斋舍等建筑。庙学结合的布局一般为“左庙右学”，即东面为文庙，西面为学舍，其现存典型和规模最大者为北京孔庙和国子监，初建于元。国子监属天子之学，内有四周围以水的辟雍。但是现存各地文庙却并不都有学舍（图 8-4-48、图 8-4-49）。

图 8-4-47　四川资中文庙鸟瞰（《四川古建筑》）

图 8-4-48　北京孔庙大成殿（《中国古建筑大系》）

图 8-4-49　北京国子监辟雍（罗哲文）

图 8-4-50　台湾彰化学宫复原图（《台湾建筑史》，李乾朗）

台湾彰化学宫的情况稍有不同，“学”分居于“庙”的两侧；[①]雍正四年（1726）始建时只是孔庙，乾隆二十四年（1759）在孔庙两侧加建学舍，才成为学宫。以后学宫迭经毁坏重修，至今保存中路孔庙和东路明伦堂，西路在日本占领时期被拆，片瓦无存，经李乾朗据木刻图和毁前照片资料绘出复原图，大体尚可得见原状。中路孔庙自前而后有万仞宫墙、泮池、棂星门（万仞宫墙与泮池在日本占领末年被拆，棂星门作三段式硬山顶，非坊）、大成门、大成殿（附月台）和崇圣祠。大成殿前有东西庑。东路以明伦堂为主，兼有学廨。西路前部讲堂为重檐歇山顶，有月台，后院为教谕署。各单体建筑均属闽粤台流行的风格（图 8-4-50）。

学宫的选址受到特别重视，被认为是事关“地脉兴，人文焕”的大事，且多受风水之说的影响。清四川阆中知县徐继镛《移建县学宫碑记》称：“阆中县学宫旧在东城外，咸丰元年移建今所。……谓东城外商贾辐辏，居民丛杂，庙地亦低下潮湿，其气不扬……自唐以来，科举之制兴，堪舆之说亦因之而炽，谓一邑之文风，视乎风水之衰正，故学宫非得地不可。”四川大足学宫，前迎大足十景之“五脑南环”，后倚十景之“龙岗灵秀”。县志说：“五脑山秀峦业聚，中顶独高，形家呼为五脑梅花，自学宫望之，居然簇簇梅花开向棂星门外，形家谓此山之灵，代生刺史。”“龙岗山山脊折纹状若龙鳞，春秋二分望之常有云气。学宫承其脉，一水西来，三华东障，案外五峰开颜顾祖。每上永昌寨（在龙岗山上），间俯视城郭，形如蟠龙，累朝以来英贤辈出，气节森然，义士忠臣兹山主之噫！信矣。”虽属故神其说，然而其重视形势选择，也由此可见一斑。

第五节　陵墓

明朝共十六帝，有陵地两处，一在南京钟山之阳，为太祖朱元璋孝陵；一在北京之北昌平天寿山下，葬成祖朱棣以后十三帝，总称明十三陵。明朝第二个皇帝建文帝朱允炆在其叔朱棣与之争夺帝位的战争中不知所终。成祖以后十四帝，其中代宗在英宗为瓦剌所俘期间曾执政七年，年号景泰，英宗复辟后不承认他的皇帝地位，死后将他独葬在北京金山，未入“十三陵”内。此外，朱元璋上父母和三世祖以帝后封号，在家乡安徽临濠建皇陵葬父母，在江苏盱眙建祖陵葬三世祖。明世宗朱厚熜由藩王继统，也追尊父母为帝后，改建湖北钟祥原王坟

①李乾朗．台湾建筑史 [M]. 台北：雄狮美术出版社，1986.

为显陵。故，有明一代，实际共建造了十八座帝陵。

满族统治者在入关前有三处陵墓，都建于明晚期，统称“关外三陵”：一为辽宁新宾永陵，追葬后金立国者努尔哈赤的祖先，规模较小，建于明万历二十六年（1598）；一为沈阳东北的福陵，又称东陵，葬太祖努尔哈赤，建于后金天聪三年（明崇祯二年，1629）；一为沈阳西北的昭陵，又称北陵，葬太宗皇太极，建于清崇德八年（明崇祯十六年，1643）。三陵中以昭陵规模最大。清入关后有两组陵墓，在河北遵化和易县，因分在北京东西，称东陵和西陵。

陵墓与都城、宫殿、坛庙一样，在中国特别受到重视，有悠久的发展史并取得高度艺术成就，除了某些少数民族入主中原的朝代如辽、金、元以外，历代皇朝都将很大力量投入营陵活动。可以说，营造帝王陵墓，其用意并不在于对某位皇帝个人的纪念，更多的是对封建社会宗法制度的不断肯定和强化，而具有礼制化的意义，通过这种群体意识的体现，有助于巩固各皇朝的正统地位。

明代陵墓制度与从秦汉起延续到北宋的各代传统陵制有所不同，而与南宋有较多相似。北宋以前的陵墓，坟堆大都呈巨大的覆斗形，称“方上”；或是“依山为陵”，以天然孤山代替人工堆土。在坟堆或陵山周围建方墙，四向开门，为十字轴线构图。陵区又常分为上宫和下宫：在上述方墙内方上之前建祭殿，合方上一起即为上宫；下宫常在方墙以外远处，留居宫人，建死者寝殿，“事死如生”，每日侍奉死者灵魂饮食起居。南宋的临时性陵墓称“攒宫”，上宫与下宫的联系趋于密切，二者同在一条纵轴线上，下宫在前作为前导，上宫居后为主体，上宫内无坟堆，以“龟头殿”置灵柩，但上、下宫之间仍有不小的距离，此时已无横轴。明代陵墓的坟堆则改为圆形土堆，称“宝顶”，宝顶前沿纵轴多串有一系列院落，十字轴线对称构图完全成为只有纵轴线的纵深构图。顾炎武曾说：“明代之制，无车马，无宫人，不起居，不供奉”（《日知录》卷十五），加之首开明陵之端的南京孝陵和大多数北京陵墓，除宝顶前的一系列院落外，再前并无类似南宋下宫的其他院落，所以曾有人认为明清陵墓都只有上宫而无下宫。其实并非如此，这只要看看北京十三陵的庆陵和献陵就可以明白了。这两座陵墓与其他明陵有所不同，在宝顶前都只有一座院子，而在更前方远处纵轴延伸线上又有独立一院，显然仍是上宫、下宫做法，只不过孝陵等其他陵墓是将此前后分离的两处院落连在一起罢了：前部即包括祾恩殿的院落仍是下宫，每日奉祭；通向安置“方城明楼”的后院的门又称“陵寝门”，平时不开，以免打搅陵主，只在每年祭陵大典时方才开启，显示门内的后部才是陵墓本体，即上宫。这种将上宫下宫紧接在一起的做法，加强了陵墓构图的纵深层次，也更加紧凑，是一种良好的构思。明陵又改变了南宋诸攒宫不设神道的做法，恢复了在唐代和北宋在陵前神道两侧树立石象生的形制。南京孝陵首创圆形宝顶之制，可能与六朝以后南方帝王坟墓都是圆坟而无方坟之习有关。加强纵轴线当然也是南宋攒宫的传统。在宝顶前建“方城明楼”与攒宫的龟头殿也有类似之处。总之，明代陵墓是在参考了前此各代制度以后，根据自身的要求创造出来的。

北京明十三陵的群陵成团的布置方式虽远绍北宋，但其有机的组合却是明代首创，值得特别重视。在此以前，各朝各陵不论分别或成组，皆单独营建，自设神道，互不相关。十三陵采取了以成祖长陵为中心，其他各陵环成弧形并共用神道的方式，不只省减了人工，也使陵墓区的气势更为宏大了。

建于明末的先清三陵，其建筑单体和总体布局方式仍大多是中原汉族传统，但仅就陵墓布局而言，则有明显的地方色彩和民族色彩，不同于包括明代在内的历朝陵制，丰富了中国建筑艺术史的内容。在清入关以后对三陵的历次改建中，才掺进了明陵的一些手法。至于清朝关内的东陵和西陵，从陵制本身到群陵成团的规划方式都大致沿袭了明代，只是除有一条对着最早一陵的主要神道之外，又恢复了各陵单独建造神道的做法。

图 8-5-1　南京明孝陵复原鸟瞰（《明孝陵》）

一、明孝陵

孝陵始建于洪武十四年（1381），多次被破坏又多次修复增建，现已残破，[①]按明初布局，全陵可分前导和主体两大部分，前导占全长的绝大部分，由大金门、碑亭、神道和棂星门组成。由于顺应地形，前导部分的走向不与孝陵主体的轴线相直而呈之字形曲折上下，即从南向北进入大金门和碑亭，转西北通过神道，神道左右分列十二对石兽、一对石柱和四对石人，然后转向东北，绕过梅花山，最后转北进入陵门。据复原研究，主体部分是总体略呈工字形的三进院落，工字后面是宝顶，纵轴线正对钟山主峰。工字南部一横是第一、二进。第一进很浅，中轴线上为陵门和祾恩门；第二进很大，主体建筑祾恩殿基址仍存，下为三层白石基台，规模与北京太和殿及长陵祾恩殿相近。工字一竖和北部一横为石砌中轴大道和广场，通向所谓“方城明楼”。“方城”是一座方形城台，台正面相当于一般城门的位置辟券门隧道，有石阶上登，再左右转折可达台顶。台顶建平面长方形的城门楼，即为“明楼”。城台后就是巨大的宝顶，平面圆形，有圆墙为基，宝顶下为地宫（图 8-5-1、图 8-5-2）。

孝陵的系列总长约两千数百米。

①苏文轩．明孝陵[J]．文物，1976(8)．

图 8-5-2　南京明孝陵神道（罗哲文）

图 8-5-3 清代绘画明十三陵图（首都博物馆）

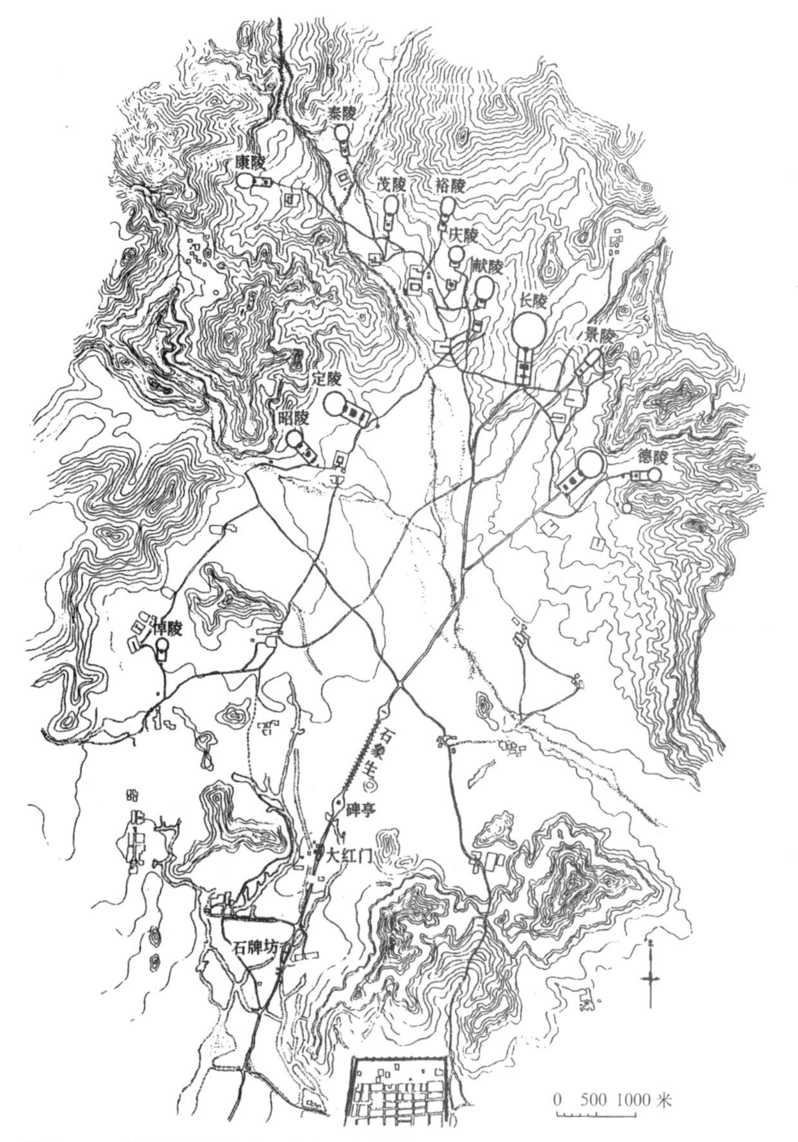

图 8-5-4 清东陵孝陵平面图（《中国古代建筑史》）

二、明十三陵

天寿山又名黄土山，在北京以北 45 公里昌平县境内，山岭逶迤相连，呈向南敞开的马蹄形，在马蹄最北中央，山麓下建明成祖长陵。长陵之南 6 公里是马蹄形敞口处，有两座东西对峙的孤立小山岗，东称蟒山，西曰虎峪，相对如阙，在二者之间建大红门，门内为神道，整个陵区即以此为起点。大红门以南直至北京都是平原。这种利用自然地形的方式，令人想起中国古代城市和其他大型建筑重视与大环境密切融合的优秀传统，与唐乾陵尤其相似。除长陵外，其余十二座陵墓都分散在马蹄形两翼，面向公共神道。明代实行帝后合葬，皇后不另建陵（图 8-5-3、图 8-5-4）。

据《日下旧闻》，“永乐初卜陵，众议欲用潭柘寺，永乐独锐意用黄土山，即此天寿山也”，看来这是朱棣亲自选定的地方。乾隆对此地也很欣赏，在《哀明陵三十韵》中写道：“北过清河桥，遥见天寿山；胜朝十三陵，错落兆其间。太行龙脉西南来，千峰后护高崔巍，昌平黄土诚福地，永乐曾从亲临视。英雄兴眼自非常，还待王（贤）廖（均卿）陈其艺……”，对朱棣的眼力十分佩服。陵墓选址独重“风水”，潭柘寺风水形势也很不错，而范围较小，独建一陵尚可，要安排后代众多陵墓就显得不足了，可能这正是朱棣改用天寿山的原因。

陵区前导

整个十三陵陵区共用一个神道为前导。从大红门开始的神道，是在长陵建成后二十余年内陆续完成的。一百多年后即嘉靖十九年（1540），又在大红门外约 1300 米处增建一座气势宏大的石牌坊，将陵区起点前推。

石牌坊为六柱五间十一楼形式。“楼”在此意为屋顶，五间上各一座，间与间之间及全坊左右外侧也都各有一座，大小相间，高低错落，轮廓丰富。牌坊通面阔达30米，与清西陵石牌坊同为中国最大的石坊，巍然屹立，比例又很稳重合度，虽然模仿木构，却也符合石材本性的权衡，是建筑小品中的杰出作品。石面上有模仿彩画构图的浮雕，很浅，毫不影响石材的整体感。大红门三券洞，是全陵区长达八十里的围墙南门，现围墙已不存。门内有碑亭，虽名为亭，却体量巨大，形象与长陵明楼差不多，尺寸却大得多，各面宽达26米，高达22米。大亭正中置巨碑，刻“大明长陵神功圣德碑”九字。亭外四角各置一白石华表，丰富了造型，更衬出碑亭的巨大，加大了对辽阔空间的控制范围。亭北石砌神道长1200米，两旁相向列石柱一对、石兽十二对、石人六对。神道北端以并列的三座石棂星门结束，门间有短墙。自此以北至长陵尚有4公里多再无设置，似画中空白，以虚代实，更加含蓄。此外，因其间有河道流过，每夏山水横流，也不便再有多少安排（图8–5–5 ~图8–5–10）。

全部前导的处理大致同于孝陵，加上石牌坊，更显丰富。路线安排也效法孝陵，不是正南北向也不是一条直线，而依地理形势权宜布置，基本呈西南—东北走向而略有转折，与长陵的正南北方向只是大致对应，以长陵正后方的天寿山主峰为对景，而略偏向马蹄形的东侧。这是因为东侧山岭较低，偏向东侧有利于通过透视效果取得东西的大致均衡，是工程主持者实地踏勘后做出的规划，在环境艺术处理上相当成功。

长陵

长陵始建于永乐七年（1409），[①]其时朱棣登基未久，北京还时时受到蒙元残余力量的威胁，元宫已拆，迁都之说也还在议而未决之中，成祖乃决意先营陵墓，以示保卫国土迁都北京的决心。

长陵大致同于孝陵的主体部分，而更为宏

图8–5–5　十三陵石牌坊（萧默）

图8–5–6　明十三陵大红门（王其亨）

图8–5–7　明十三陵大碑亭（刘大可）

图8–5–8　明十三陵神道

①刘敦桢．明长陵[J]．中国营造学社汇刊，第4卷，第2期，1933．

图 8-5-9　明十三陵石象生文臣武将

图 8-5-10　明十三陵神道棂星门

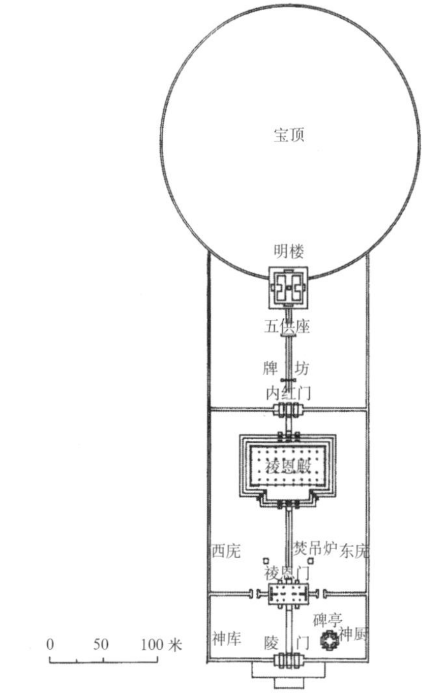

图 8-5-11　明十三陵长陵平面（《中国古建筑大系》）

敞，相当于前此“下宫”的前后三进同宽，围以高墙。陵门砖建三孔券，单层，覆单檐歇山顶。门内第一进院甚浅，东侧有一重檐歇山顶碑亭。亭内碑上原本无字，是各代帝陵常取的姿态，以示功高恩重，难以用文字表述，现碑文为清顺治关于保护长陵的上谕和乾隆、嘉庆二帝诗。院内东、西原有的神厨神库各五间现均不存。第二进院方形，略纵长，入口为祾恩门，面阔五间、进深两间，单檐歇山顶，在中柱一线开三门。祾恩门坐落在白石栏杆围绕的单层石台上，很像太和门。门左右各有一座掖门。第二进的主体建筑祾恩殿仍是永乐原物，在院落后部，面阔九间、进深五间，单层，重檐庑殿顶，形制同于太和殿。祾恩殿通面阔达 66.75 米，比太和殿还略大，但进深较浅，为 29.31 米，总面积也稍逊，在中国现存大殿中规模第二。殿下有三层绕以石栏的石台，台高低于太和殿，与大殿多少有些不称。殿内大柱 32 根全用最上等的金丝楠木整木制成，最大的四根明间柱径达 1.17 米、高 12 米。现各柱都没有彩画油漆，显露木质本色，深沉雅肃，但有的记载提及原来可能曾有髹饰。殿前左右原有配殿各 15 间，毁坏已久。殿北第三进门称内红门，也称“陵寝门”。院内轴线上有一座单间石柱木檐牌坊，称二柱门；坊北有一张石桌，上置石香炉等五个供具，称五供桌，是原来“上宫”献殿的弱化。再后为方城明楼，由方城下石券洞入，可登至城顶，与孝陵同，但方城与明楼的平面为方形，不同于孝陵的矩形。明楼每面宽 18 米，砖墙木檐重檐歇山顶，楼内砌十字券，立“大明成祖文皇帝之陵”大碑，所以明楼实际被用作碑亭。楼后为直径约 250 米的宝顶（图 8-5-11 ~ 图 8-5-17）。

这一区建筑，数量虽然不多，但处理颇为丰富。它有前后两个相连的高潮，即祾恩殿和方城明楼。前者木结构，体量横长；后者砖石

图 8-5-12　明十三陵长陵鸟瞰（高宏）

图 8-5-13　长陵祾恩殿（楼庆西）

图 8-5-14　祾恩殿内（孙大章）

图 8-5-15　长陵二柱门与方城明楼（萧默）

图 8-5-16　从内红门望二柱门（萧默）

图 8-5-17　长陵石五供

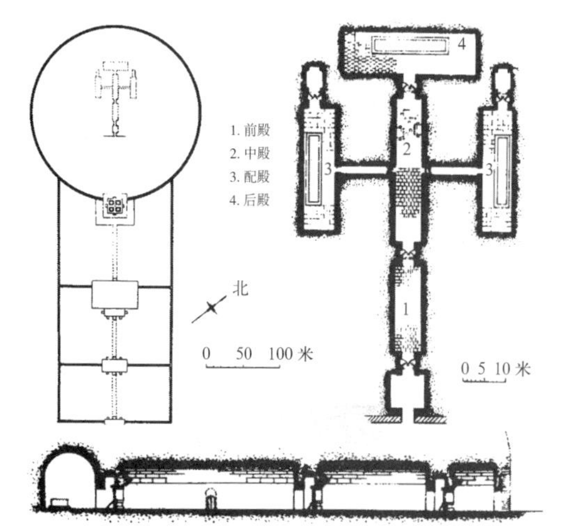

图 8–5–18　明十三陵定陵及地宫（《中国美术全集 · 建筑艺术编》）

图 8–5–19　定陵地宫石门（白佐民）

图 8–5–20　定陵地宫后券室

结构，体量竖高，作城楼形式，与前者对比鲜明，给人以深刻印象。全部建筑都是白台红墙朱柱黄瓦，一派皇家气象，在院庭内外和宝顶上满植松柏，气势萧森，有很强的纪念性格。尤其总体布局单纯简练，不过事喧哗，也是形成纪念性的重要因素。但陵门因为砖砌，出檐不能太长，造型很不成功，门前也因别无其他设置而显得单调。此类缺点以后在清东陵、西陵的建设中得到注意并加以改进。

其他十二陵与长陵布局差不多，但都比长陵小，有的小得很多，且有所简化。

定陵地宫

十三座陵墓的地宫，只有万历帝朱翊钧的定陵经过发掘，[①]其规模颇大，号称“地下宫殿”。中央是一个十字形券洞，券洞左、右、后各连接一个大券室。券洞纵向较宽而颇长，又以石门分为前中后三部，各代表一个院落：前部小而方，其前以较长的坡形墓道连接方城门洞，墓道在入棺后即封死；中部纵长；后室更长，其中设有三个雕凿精致的汉白玉石宝座（原为正中一座，左右相向各一座，现改为前后纵列），为帝后座位。左、右、后三个券室代表大殿和配殿。后券室最大，跨 9.1 米、高 9.5 米，在室后侧长台上置棺。所有券室都用白石精工砌造。各石门仿照真门雕镌，并刻出门檐斗栱，扉上浮雕石像，是明代石雕精品（图 8–5–18 ～图 8–5–20）。

在此可附带一提明显陵。显陵的墓主朱祐杬生前为兴献王，正德十四年（1519 年）死，葬于湖北钟祥松林山，始建王墓，十六年武宗驾崩，因无子嗣，遗命其堂弟“兴献王长子朱厚熜”嗣皇帝位，年号嘉靖。嘉靖通过所谓“大礼仪”的血腥争夺巩固了帝位，为进一步弘扬其昭穆之序，将其父追尊为恭睿献皇帝，嘉靖十八年（1539）亲往钟祥纯德山考察葬地，改王墓为帝陵，初名献陵，后改显陵。显陵位在山脚，与其他明陵比较，布局并无大的不同，也是按大陵门、大碑亭、神道、三座棂星门，以及陵门、祾恩门、祾恩殿、内红门、二柱门、五供桌、方城明楼和宝顶等序列组成，建筑风格也完全同于北京，只是许多门、殿已经不存了（图 8–5–21、图 8–5–22）。

① 长陵发掘委员会工作队．定陵试掘简报 [J]. 考古通讯，1958(7).

图 8-5-21　湖北钟祥明显陵从大碑亭内望神道（萧默）

图 8-5-22　湖北钟祥明显陵（萧默）

三、先清陵墓

永陵位于爱新觉罗家族“龙兴之地”赫图阿拉古城（兴京）附近，即现辽宁新宾西北启运山南麓，也叫兴京陵或四祖陵，葬有努尔哈赤的父亲塔克世、祖父、曾祖父及六世远祖等人的衣冠。乾隆《清朝文献通考·王礼》称颂永陵的祖山启运山说：“自长白山西麓一干绵亘层折至此，层峦环拱，众水朝宗，万世鸿基实肇于此。”永陵约始建于明嘉靖间，顺治入主中原后方追尊先祖为帝，顺治八年（1651）开始大规模增建，尊称永陵，再历康、雍、乾三朝，诸建筑才逐渐建成。

永陵坐北朝南，正红门小而简，只用硬山顶，门内有前院、内院和宝城院共三进院落。

前院北面，东西并列四座碑亭，分属四“帝”。亭北过启运门为内院，院北大殿名启运殿，殿前有东西配殿，此四座建筑均为面阔三间进深两间周围廊、单檐黄琉璃歇山顶，形式雷同，体量相近，对比十分不足。启运殿内横排四座暖阁，供奉四位神主牌位。阁前各陈设宝座、香案和五供。从殿后过券门为宝城院，以砖墙围合，其内两层台地上隆起多座黄土宝顶。

与清代其他帝陵比较，永陵规模很小，形制简约，后世改建时，可能是出于不忘创业之艰，刻意保存了质朴的特点（图 8-5-23 ~图 8-5-26）。

图 8-5-23　辽宁新宾永陵的四座碑亭（萧默）

图 8-5-24　新宾永陵启运门（萧默）

图 8-5-25　永陵启运殿和西配殿（萧默）

①梁思成．中国建筑史[M]//梁思成．梁思成文集·第3卷．北京：中国建筑工业出版社，1985．

图 8–5–26　永陵启运殿内（萧默）

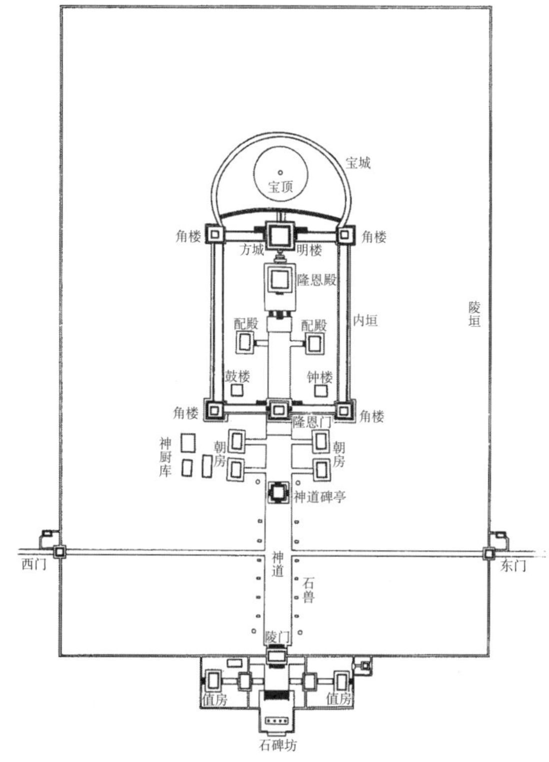

图 8–5–27　沈阳昭陵总平面图（《中国古建筑大系》）

沈阳二陵规模较大，陵墓性格很强并具有鲜明特色。二陵形制相近，都以小城堡作为陵园主体，现以昭陵为例叙述如下。①

昭陵在沈阳西北十里一座高地上，围以两重墙垣。外墙为普通院墙，南面正中辟陵门，门外正中有一座三间石牌坊，雕刻极为精致。牌坊两侧各有一小院为值房。陵门内为神道，两侧立一对华表和六对石兽，道北端过碑亭为一纵长方形小城堡，以短边向前，即陵园主体。城墙周长 460 米，墙顶可通人行，有雉堞，四角各设角楼，前后设城楼。前城楼称隆恩门，门前与碑亭之间两侧为朝房，门后东西有钟楼、鼓楼，再北两侧为东西配殿，正中是平面方形的隆恩殿。后城楼即明楼，楼后接“月牙城”，即月牙形小院，内有阶道可登至明楼；再后为四分之三圆形坟堆。在坟堆与外围北墙之间人工堆起弧形土山，称隆业山（图 8–5–27 ~ 图 8–5–31）。

昭陵的城堡最引人注意，体量不大，但采用了一些缩小尺度的手法从而夸大了建筑的体量感。如城楼实际并不高大，城门洞也很小，却将城楼建为三层，每层仅比人稍高；与之相应，小小体量的角楼也使用了复杂的十字脊歇山顶。在小体量建筑上有意采用大体量建筑的形式，这种手法就是缩小尺度，若运用合度而

图 8–5–28　沈阳昭陵石牌坊（萧默）

图 8–5–29　昭陵神功圣德碑亭（杨道明、徐庭发）

图 8-5-30　隆恩门内（萧默）

图 8-5-31　昭陵全景（北京古代建筑博物馆）

不太过分，可取得夸大建筑体量感的效果，使人产生建筑似乎比真实的体量更大的错觉，从而加强雄伟感。城楼和角楼的造型比例也很好，无虚假之感。这一手法，在沈阳宫殿凤凰楼上也可以看到。陵墓之所以采用城堡形式大约与沈阳宫殿的寝宫建在高台上的用意一样，是为了显示其防御性，反映了部落时代处于征战中的女真人习俗。这在早于昭陵几十年的福陵中更为明显。福陵的城堡造在高 20 余米的天柱山山顶，前面有一百零八步台阶，四望孤绝，防御性更强。

此外，昭陵和福陵的建筑装饰石雕也值得注意。石牌坊、隆恩殿下满布雕饰的石台基和石栏杆都非常精美，但雕饰布局并未臻于完美。昭陵和福陵的"月牙城"也为以后关内诸清陵沿用。

满族入关后对沈阳二陵有过增建，如昭陵的碑亭和明楼建于康熙间，在隆恩殿与明楼间嘉庆时增加了二柱门和石五供，都仿自明陵。但因隆恩殿以后的空间太小，显得拥挤，故增加二柱门和石五供殊无必要。

清陵注重种植松树，与明陵主要种植柏树不同。昔有诗咏昭陵云："龙蟠翠嶂郁岩峣，路夹苍松白玉桥"。

四、清东陵、清西陵

满族入关后有两处集中的帝陵区，一在北京以东 125 公里燕山南麓遵化县马兰峪附近，称东陵；一在北京西南 120 余公里易县西永宁山下，称西陵。入关后最早的两位清朝皇帝顺治和康熙葬在东陵，第三代雍正原来也在此建陵，动工后发现穴中土质不良，遂在易县另行择址，故有西陵，从此各代帝后分别葬在二陵。

东陵有帝陵五座，即顺治孝陵、康熙景陵、乾隆裕陵、咸丰定陵和同治惠陵。孝陵居中，景、裕二陵一东一西，定陵在裕陵更西远处，惠陵在景陵东南远处。清代实行如后妃先死，帝即与其合葬，后妃后死，则在帝陵附近（通常在东侧）为后妃另行建造陵寝的做法，故东陵又有孝东陵、景妃陵、景双妃陵、裕妃陵、两座定东陵（葬咸丰朝慈安、慈禧两位皇后）、定妃陵和惠妃陵。此外，在整个陵区南缘，大石坊外东侧还有一座昭西陵，葬埋辈分最高的孝庄文皇后（皇太极妃，顺治生母，顺治登基后尊其为皇太后，陵名依沈阳皇太极昭陵为准，故称昭西陵）。全部陵区共有陵寝 14 座，葬五位皇帝及皇后、妃、嫔、福晋、格格等总计 157 人。

东陵北依昌瑞山，南望金星山，东傍鲇鱼关山，西依黄花山。金星山以南更有远处烟炖、天台两山对峙，两山之间自然形成山口，称龙门口。整个陵区划分为前圈后龙两大部分。昌瑞山主峰以南称前圈，是各陵所在，总面积 48 平方公里。后龙是主峰以北的山峦绿化地带，范围之广达 2450 平方公里，地跨三县，立桩划界，严禁擅入，以维护“龙脉”。昌瑞山是燕山山脉分支，蜿蜒起伏，岗峦秀丽，气象万千。东陵的各座陵寝在昌瑞山南麓傍山起墓，顺应地势布局，每座陵寝的后面都有一座山峰，以为各陵的座山，形成“龙蟠凤翥”之势。由陵寝南望，日照阔野，平川似毯，北望则重峦如涌，万绿无际，整个陵区好似一幅美丽的山水画卷。[①]

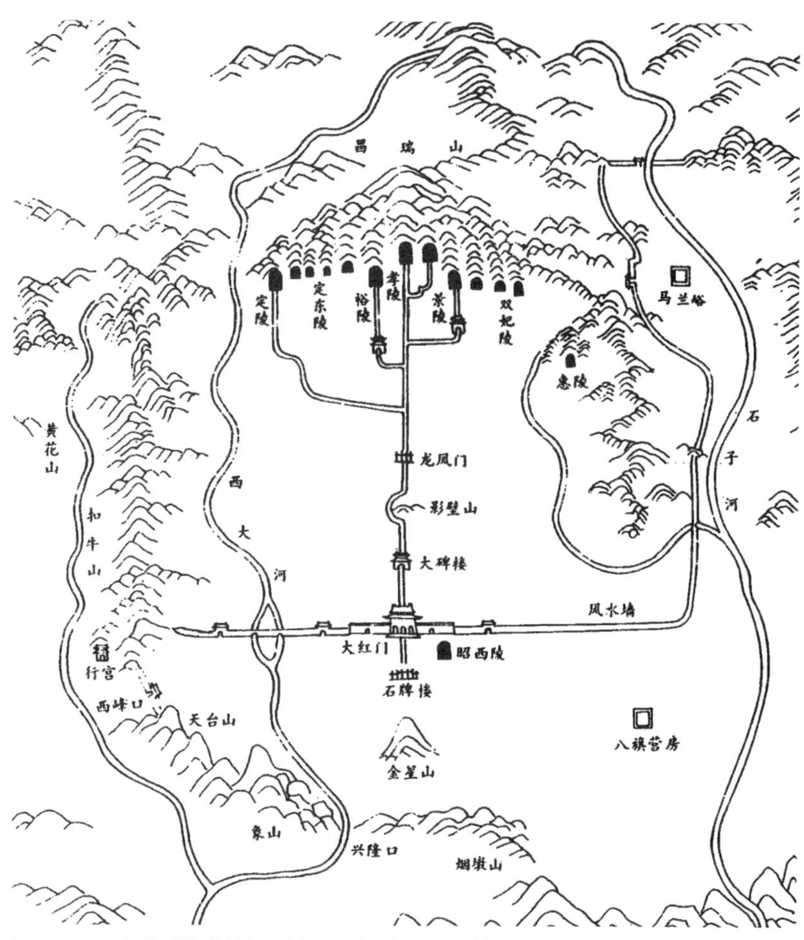

图 8-5-32　河北遵化清东陵各陵位置示意（《中国古建筑大系》）

图 8-5-33　清东陵大红门（王其亨）

东陵以顺治孝陵为中心，有一条很有气势的中轴线，从南端的金星山起到北端的孝陵地宫宝顶，长达 6 公里。更南又远发自龙门口，更北则以昌瑞山主峰为后屏。从南而北，其全部构图序列为：龙门口—金星山（朝山）—石牌坊—大红门—大碑楼—影壁山（案山，神道从西边绕过）—石象生—龙凤门（棂星门）—七孔桥—三路三孔桥—神道碑亭—隆恩门—隆恩殿—琉璃花门—二柱门—五供台—方城明楼，最后到达地宫宝顶，再一直伸展到昌瑞山主峰（座山），轴线至此得到有力的收束。从石牌坊起向北，全以砖石铺路，宽 12 米。轴线处在东鲇鱼关山、西黄花山两山之间的居中位置，自南而北基本端直，只是在大碑楼与石象生之间有一座天然小丘，神道顺小丘西侧绕行半圈，小丘成了陵前屏障，犹如建筑群前的影壁，故称影壁山。整个布局几乎完全继承了明十三陵长陵，单体建筑也与之相近。例如，石牌坊也是六柱五间十一楼，宽达 31.35 米；大红门也有三个门洞；石象生共十八对，其中异兽十二对、文臣武将各三对，等等，以及由三座石柱棂星门组成的龙凤门，都与十三陵一样。大碑楼体量比明代更大，高近 30 米。轴线后段布局也与明长陵相近，值得注意的是取消了陵门，改建为神道碑亭（因体量较小，又称小碑亭，以与大红门内的大碑楼区别），而以隆恩门兼为陵门。隆恩门前神道两侧有东西朝房和值房，门内殿前有东西配殿等作为衬托。几十座形制各异，多姿多彩的建筑，错落有致地贯串在如此之长的轴线上，层次丰富，气势

①于善浦．清东陵大观[M]．石家庄：河北人民出版社，1985．

图 8-5-34　清东陵从大红门南望昌瑞山主峰及大牌楼（萧默）

图 8-5-35　清东陵从棂星门北望昌瑞山主峰（萧默）

宏阔（图 8-5-32 ~ 图 8-5-35）。

孝陵取消了明长陵形象欠佳的砖砌三孔券陵门，又将长陵原置在陵门内东侧的碑亭改放到隆恩门前神道轴线上，是一个相当成功的处理：以碑亭和三面围合的隆恩门及东西朝房丰富了陵前内容，比起明陵大大改善了景观，增加了气势，又使镌着陵主谥号的石碑定位在中轴线上。以后清代各陵类皆如此，康熙时并在此前的沈阳昭陵前加建（图 8-5-36、图 8-5-37）。

东陵还有一个特点，即除规模最大的孝陵神道具有公共神道性质外，裕陵、景陵和定陵

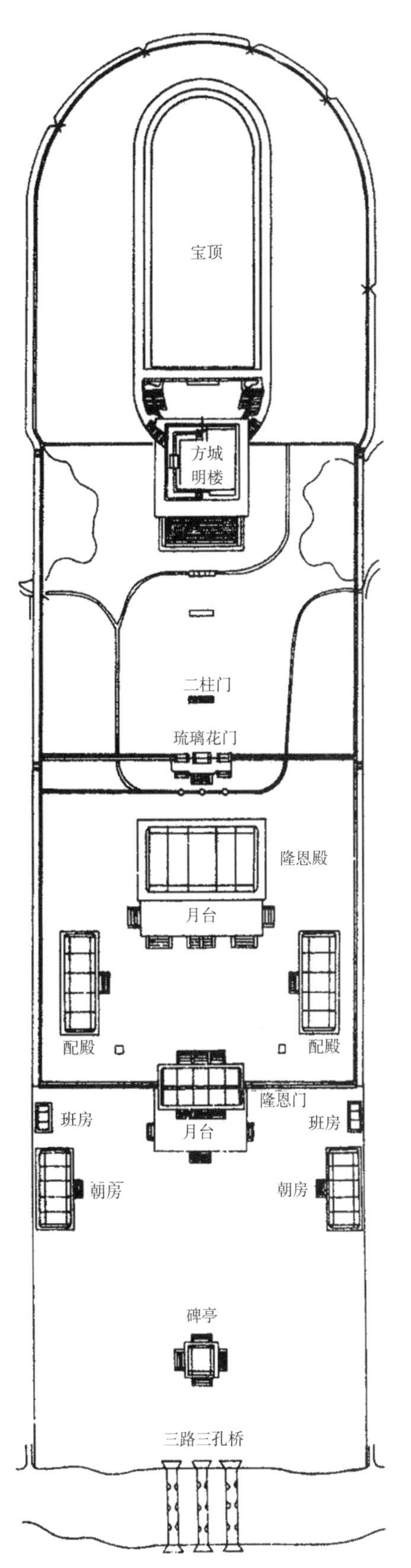

图 8-5-36　清东陵孝陵平面图（《中国古建筑大系》）

图 8-5-37　清东陵孝陵陵前广场（萧默）

图 8-5-38　河北易县清西陵泰陵石牌坊外大石桥（萧默）

图 8-5-39　易县清西陵泰陵入口广场石牌坊群（萧默）

图 8-5-40　清西陵泰陵大红门（王其亨）

都分别建有自己的神道（仅惠陵无），不似明十三陵只将长陵神道作为公共神道而各陵不再别建。但东陵裕、景、定陵各神道的设置数量都比孝陵少，规模也远为简小，后妃陵寝没有神道，仍突出了孝陵的地位。

西陵有四座帝陵，即雍正泰陵、嘉庆昌陵、道光慕陵和光绪崇陵，还有泰东陵、泰妃陵、昌西陵、昌妃陵、慕东陵和崇妃陵等后妃陵，共十陵，葬四帝及皇后、嫔妃等共 76 人。西陵地形也是北依山峦，南望平阔，各陵以泰陵为中心，昌陵、慕陵在其西南，崇陵在其东北。泰陵神道与东陵孝陵神道大体相同，但规模较小，轴线长约五里，南端由五孔石桥开始，桥北由东、北、西三座石牌坊围成广场，牌坊均为六柱五间十一楼，气魄很大。又，类似孝陵影壁山的山丘不在石象生之南而居其北，系人工堆筑，称蜘蛛山，神道从小山东麓绕过。神道两侧石象生以一对石柱开头，象生本身只有五对（图 8-5-38 ~ 图 8-5-45）。

其他三座帝陵除慕陵外均与泰陵略同，但神道设置较少而简。慕陵更无神道，也没有方城明楼（图 8-5-46）。

图 8-5-41　清西陵泰陵神道石刻狮子（刘大可）

图 8-5-42　清西陵泰陵神道南望大碑亭（萧默）

图 8-5-43　清西陵泰陵前（萧默）

图 8-5-44　清西陵泰陵琉璃花门（萧默）

图 8-5-45　清西陵泰陵方城明楼（萧默）

图 8-5-46　清西陵昌陵全景（杨道明、徐庭发）

第六节　佛寺道观

传统佛教在明代已不太兴盛，但仍在民间有广泛影响，新建了一些寺院，对唐宋以来旧有佛寺的重建或重修活动也相当频繁。如今五台山著名的两座唐代寺院南禅寺和佛光寺，除了大殿为唐建，文殊殿为金建以外，多数建筑都是明清遗物。道教在明代一度受到皇帝重视，但道教的力量从来都没有超过佛教，比起佛寺来，道观的建造更少，且明显模仿佛寺，没有更多的个性特点，甚至同一所建筑有时可以是佛寺，过后又成为道观。所以，作为建筑艺术来说，二者不妨合并起来叙述。

明清寺观大致可分为两种：一者建于城市尤其是大城市，一者建于山林佳胜之地。前者有许多是敕建的官式建筑，地形基本平坦，坐北向南，更多采用传统的沿纵深方向依中轴对称方式布置一系列院落的组合，风格严谨整饬。后者多是民间自建，密切结合所在环境的自然景色和地形起伏，方向较为灵活；主体院落虽仍多为中轴对称，但周围建筑随机布置，并采用当地民居建筑手法，有更多的创造性，风格活泼灵巧，气氛朴质亲切。

一、城市寺观

这一类寺观可举山西太原崇善寺、北京智化寺等为例。

崇善寺 在太原城内，建于明洪武十四年（1381），是太祖第三子晋恭王为纪念其母所建，为官式建筑，后被火，所剩无几，但寺内存有一幅明成化八年（1482）的总图，详尽准确地表现了当时寺院的面貌，反映了大型规整式布局佛寺的典型风格，[①]是不可多得的宝贵资料（图 8–6–1、图 8–6–2）。

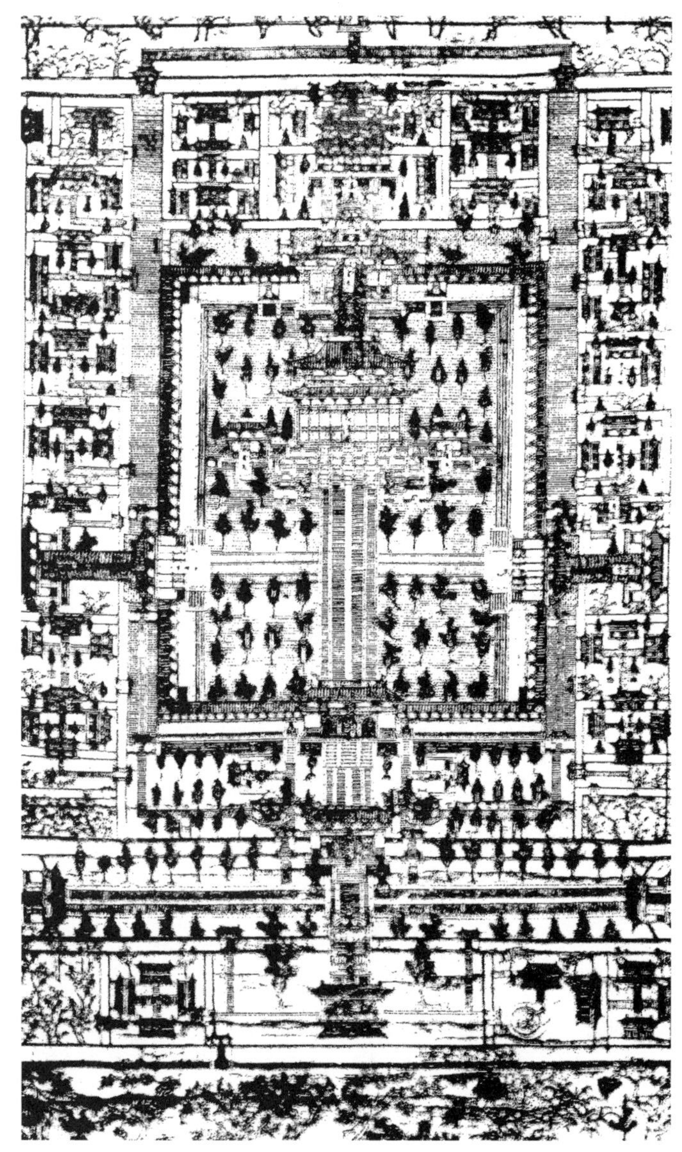

图 8–6–1 明成化八年崇善寺全图（傅熹年摹）

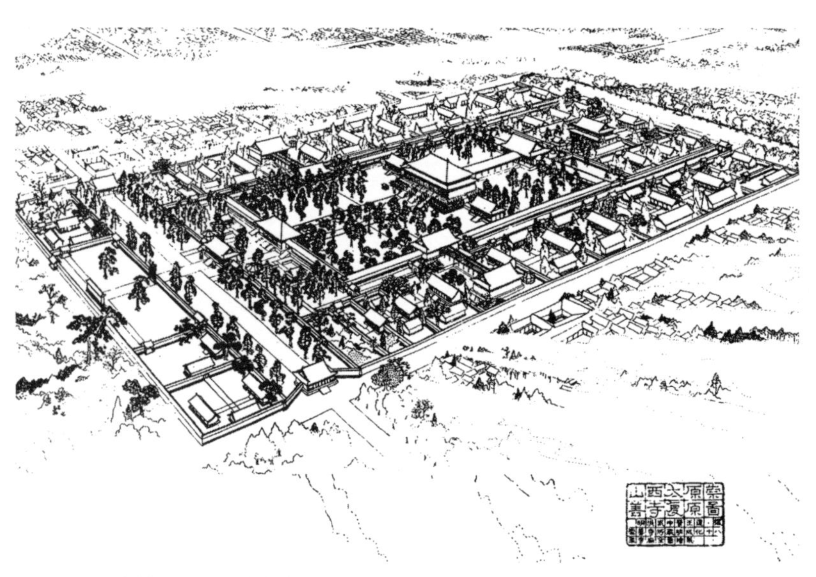

图 8–6–2 崇善寺复原鸟瞰（《中国古代建筑史》）

全寺基地平坦，外廓为方整规矩的纵深矩形，坐北向南，规模很大，据记载东西宽 290 余米、南北进深达 570 余米，面积相当于紫禁城的四分之一弱或曲阜孔庙的两倍。山门前有东西向横路，此横路穿过寺前东西院墙上的两座侧门，为城市横向干道。路南正对山门是一横院，横院北缘的棂星门与山门遥对，院南缘正中设照壁。横院东、西各有两个小方院，设仓、碾。山门前的处理方式始于宋金汾阴后土祠，与沈阳故宫几乎一样，在其他一些佛寺祠庙及衙署中也常可见到。这种处理，避免了山门直接面临城市，保持了一个安静而完整的寺前空间，也加强了总入口的气势。

山门三间，单层，门北分左中右三路而以最宽的中路为主。中路先是一横向广场，然后是一座由周廊围绕的纵长大院，院门为天王殿，五间，院内又以正殿及其左右各一朵殿分为前后二院。前院较大，方形，后院横长。正殿是全寺核心和最大建筑，在两层白石台上，台周绕砌白石栏杆，面阔九间，单层重檐庑殿顶。朵殿在台下，体量小得多，正殿与朵殿的关系就如同紫禁城太和殿及其左右门屋。正殿之前，在左右廊庑上各有配殿一所。后殿在北廊庑正中，五间单层单檐歇山顶，一道中廊将它与正殿连成工字。再北隔一横道并列三座小院，以正中院内的大悲殿为中心。大悲殿重檐歇山顶，现仍存。在整个中路的左右各有一条南北向夹道，隔夹道是东、西二路。二路完全对称，自南而北各分为九座小院，南头第一院较小，为花园，其他八院皆方院，都有建筑。第四小院的东西向轴线恰与中路正殿前的两座配殿形成的全寺横轴相重，在此小院外侧建体量稍大的歇山顶建筑，与前述配殿间也以中廊连成工字。在寺院最后是宽通全寺的大花园，经由东、西夹道与寺院前部相通。园北正中开北门，是寺院后门。

作为大型建筑组群，与敦煌壁画唐代大寺、宋刻唐·道宣《戒坛图经》插图、汾阴后土祠金刻庙貌图碑、登封中岳庙金刻图碑以及明代紫禁城、曲阜孔庙等例比较，可以看出它们的共同规律。此寺东、中、西三路之间的横向结合比曲阜孔庙甚至比紫禁城都要好，联系方便，整体感也更强。

智化寺　在北京内城东部，建于明正统九年（1444）前后，也是敕建的官式大寺，①属大太监王振所有。王振是英宗朝有名的奸宦，权重一时，对酿成“土木之变”负有很大责任。英宗被俘后，代宗即位，王振被灭族，但此寺因是敕建而免毁弃。英宗复辟后，在寺内复为王振立祠塑像。

寺为南北纵深布局，深约140米、宽约50米，后部更宽。全寺分南北二部，南部占全进深的三分之二以上，是寺之本体，为正统年间的遗物；北部正中疑即王振祠，建于天顺元年（1457）（图8–6–3～图8–6–6）。

山门前有照壁，门内寺本体分三进。第一进正中是智化门及左右接出的耳房，门前左右对峙钟楼、鼓楼。智化门是一座天王殿。按照明清佛寺通例，是在山门内东西各塑一金刚，山门后为天王殿，殿内正中置笑口迎人的弥勒，背屏后面北立护法韦陀，东西置“风、调、雨、顺”四大天王，天王殿前有东钟西鼓二楼。明清寺院前部的这种布局与唐代大有区别，唐代不设鼓楼，与钟楼相对的是藏经楼，称为经藏。二楼并非单独建筑而是以回廊转角处的角楼充任，位置也不一定在前二角，有时可在后二角。大约从宋代起佛寺中有了鼓楼，钟、鼓二楼开

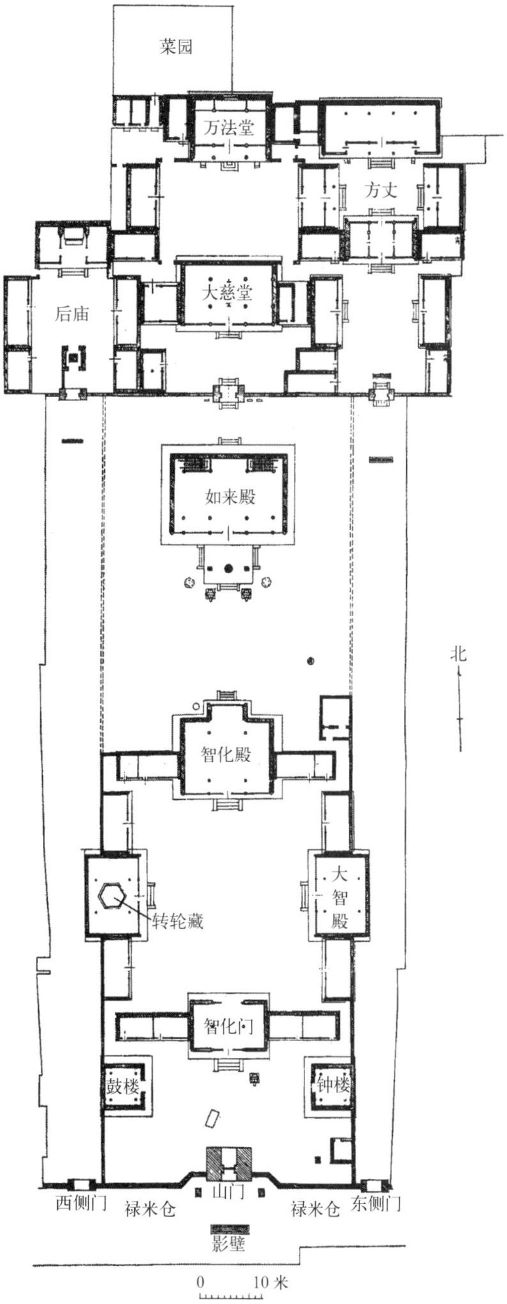

图8–6–3　北京智化寺总平面图（《刘敦桢文集》）

①刘敦桢．北平智化寺如来殿调查记[J]. 中国营造学社汇刊，第3卷，第3辑，1932.

对页注

①刘敦桢主编．中国古代建筑史[M]. 北京：中国建筑工业出版社，1984.

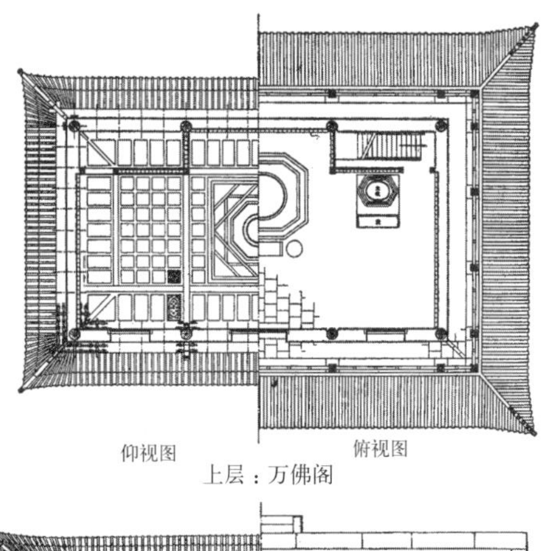

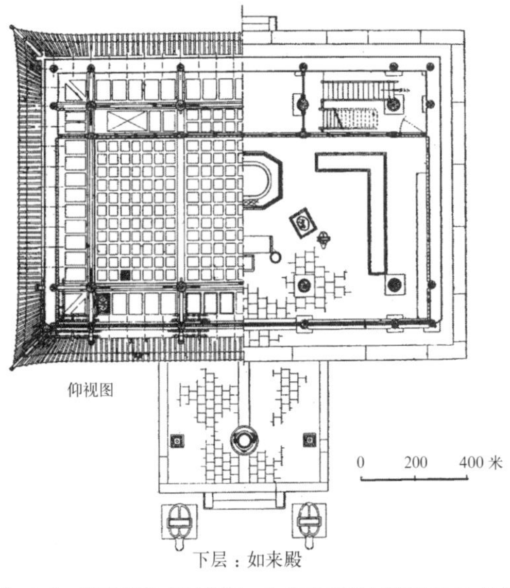

图 8-6-4　北京智化寺万佛阁、如来殿平面与仰视平面（《刘敦桢文集》）

图 8-6-5　北京智化寺全景（罗哲文）

图 8-6-6　智化寺万佛阁（刘大可）

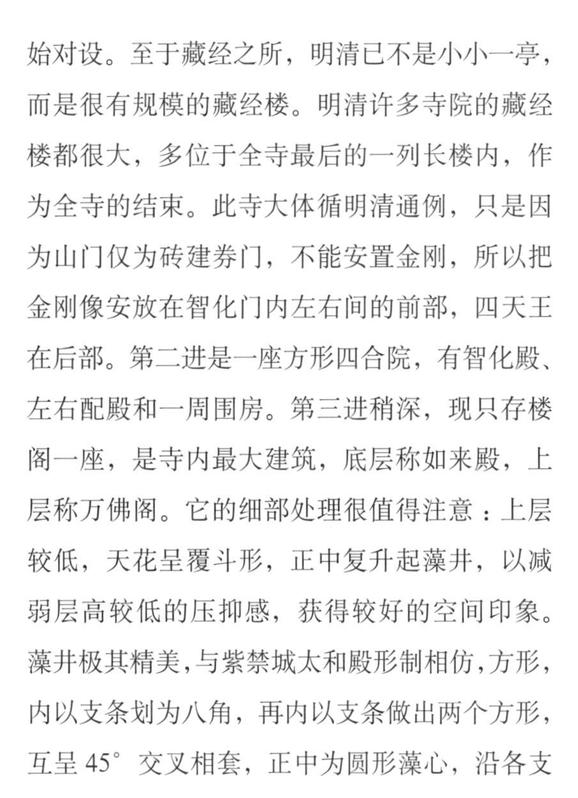

始对设。至于藏经之所，明清已不是小小一亭，而是很有规模的藏经楼。明清许多寺院的藏经楼都很大，多位于全寺最后的一列长楼内，作为全寺的结束。此寺大体循明清通例，只是因为山门仅为砖建券门，不能安置金刚，所以把金刚像安放在智化门内左右间的前部，四天王在后部。第二进是一座方形四合院，有智化殿、左右配殿和一周围房。第三进稍深，现只存楼阁一座，是寺内最大建筑，底层称如来殿，上层称万佛阁。它的细部处理很值得注意：上层较低，天花呈覆斗形，正中复升起藻井，以减弱层高较低的压抑感，获得较好的空间印象。藻井极其精美，与紫禁城太和殿形制相仿，方形，内以支条划为八角，再内以支条做出两个方形，互呈 45° 交叉相套，正中为圆形藻心，沿各支条边的侧斜面和顶板雕饰复杂图案，贴金。此藻井在 1930 到 1934 年间被盗，现藏美国纳尔逊博物馆。殿内格扇棂花也很精美，其梁架彩画保存了明代特点。

智化寺的后部没有明清寺庙常见的藏经楼，分左中右三部，规模都较小。中部两进，中门之侧有《英宗谕祭王振碑》，大约即为王振祠；左、右二路为方丈院和后庙。寺内前部及王振祠的重要殿堂用黑色琉璃瓦脊，普通灰瓦砌心，其他房屋都只用普通灰瓦。

报恩寺　在四川西北平武，系土官世袭统治地。明正统时，土官王玺赴京朝觐，请求皇帝恩准建造佛寺，招请大批建造过宫殿的北京工匠来到平武，兴造报恩寺，天顺四年（1460）竣工。平武虽地处偏远，报恩寺却具有浓厚的北京官式建筑风格，布局规整对称，从建筑单体的结构、形象，到斗栱、装修等细部，包括琉璃构件和彩画，都与北京宫殿建筑十分相像。民间传说此寺原为土官擅建的宫殿，因模仿北京逾制，遂改为佛寺。

寺院顺山坡布置，坐西面东，前低后高。登台阶为山门，面阔五间、进深两间，悬山顶，在中柱一线置门扇。山门左右接八字墙，门前分立石幢。山门之后为天王殿，歇山顶，殿前左侧有歇山顶钟楼，但右侧现无鼓楼，当时可能曾经设有。天王殿后由廊庑围成前后两进院落。前院大雄宝殿五间，左右有华严、大悲两座配殿，均三间，三座建筑都是重檐歇山顶。后院大殿称万佛阁，五间，两层，三滴水重檐歇山顶，阁前庭院左右各立一碑亭。各建筑屋顶多覆琉璃瓦，黄心绿翦边（图 8–6–7 ~ 图 8–6–9）。

报恩寺各殿室内外装修都很精美。华严殿里的转轮藏仿木构楼阁用细木雕造。大悲殿里由整根楠木雕造的观音和大雄宝殿的佛像，也都具有很高工艺水平。

碧云寺　在北京西北香山东麓，创于元，明正德中（1506 ~ 1521），太监于经在寺后高地建造生圹，后死于非命，未能葬在此处。以后宦官魏忠贤扩建此生圹及全寺，同样死于非命，亦未能入葬。但寺的基本规模，应与这两个太监的扩建有关。清乾隆十三年（1748）在此墓圹之上建造了金刚宝座塔，对原有建筑没有大的变动，所以碧云寺的殿宇和塑像，较多保存了明代面貌。

寺依山势建造，基本坐西面东，前低后高逐台上升，至寺最后的金刚宝座塔，已达山巅。

沿山路至寺前，过石桥登高阶入山门，门内再登高阶入金刚殿，殿内左右各塑一尊金刚像，也是明代遗物，艺术评价颇高。再进天王殿，殿前左右分建钟楼鼓楼，殿内原有四大天王像

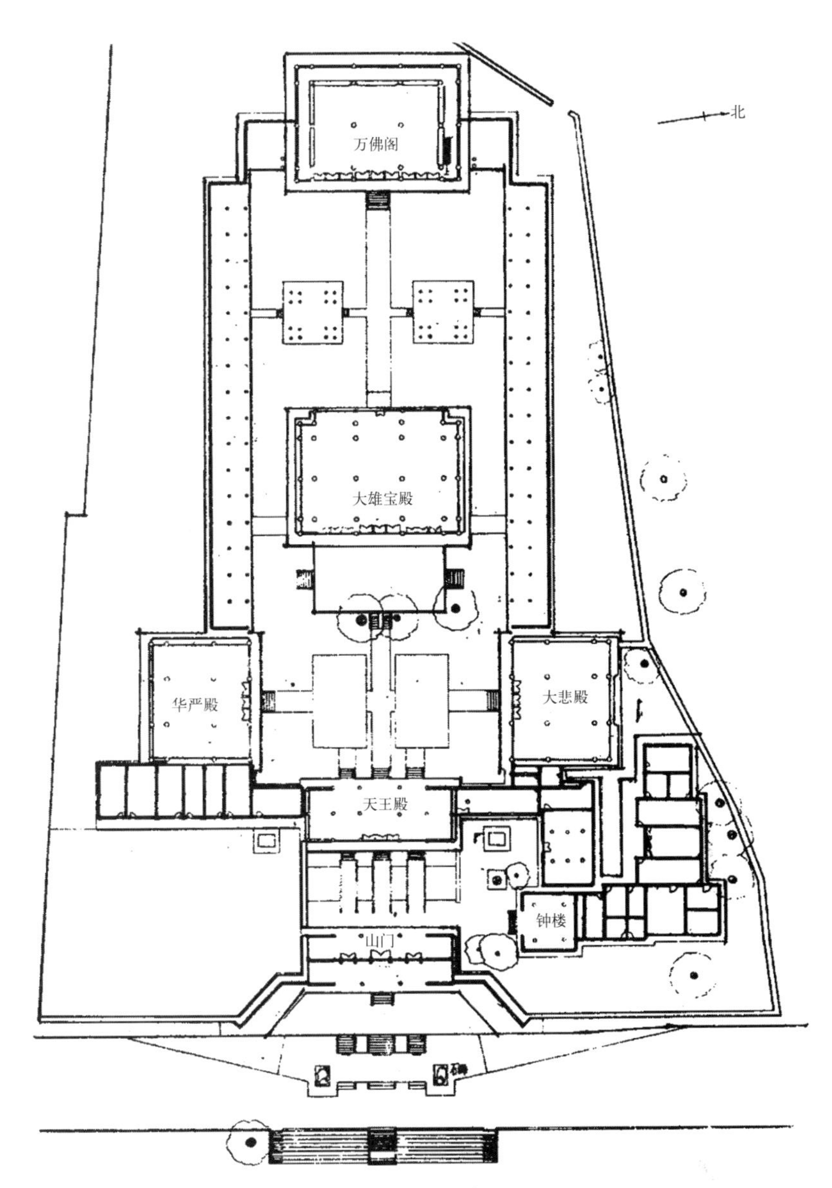

图 8–6–7　四川平武报恩寺总平面图（《四川古建筑》）

图 8–6–8　四川平武报恩寺全景（《四川古建筑》）

毁于近代，只有正中铜铸弥勒佛像仍存，也是明铸，所以现在又称弥勒殿。金刚与天王都是护法神，也同样作武人状，但二者的形象有明显不同：前者又称力士，于威猛中透出一种鲁莽，有如下级武士；后者则有如上级军官，形象更为庄严凝重。

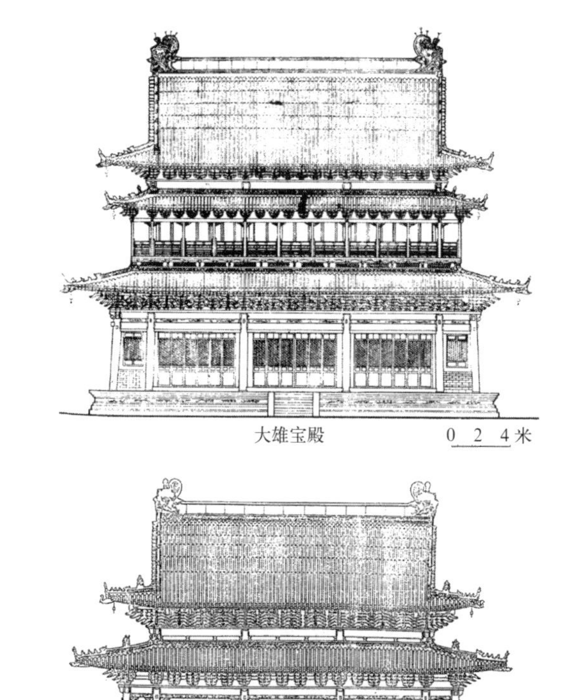

图 8–6–9 平武报恩寺建筑立面（《四川古建筑》）

天王殿后有金鱼池和大雄宝殿。大殿三间，庑殿顶。殿内正中供奉一佛二弟子及文殊、普贤菩萨，佛上藻井甚精。殿内山墙上的彩塑十分完整，塑十八罗汉和《西游记》故事。佛后扇面墙朝后也有壁塑。大殿后隔碑亭为菩萨殿，奉观音、文殊、大势至、普贤和地藏王等五大士像，东西两壁塑二十四天和福禄寿禧四星像，诸像四周有悬塑。再后小院内的后殿现名中山纪念堂，曾是中山先生停柩地。

最后的塔院是全寺高潮。前有三间三楼石牌楼，左右分列石狮。自石坊过小桥，左右各有一座重檐碑亭。再进又有石狮一对及三间七楼砖牌楼一座，最后是全寺的最高点——金刚宝座塔。金刚宝座塔是喇嘛教建筑，碧云寺的总高达 34.7 米，全是石砌。从两座牌楼仰望金刚宝座塔，都呈现了美丽的框景，可见设计时进行了垂直视角的考虑。

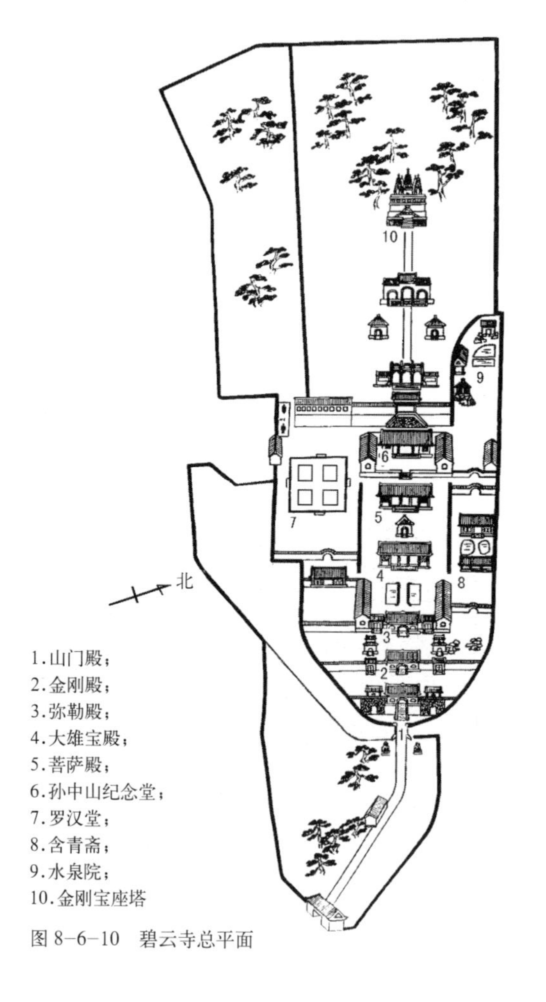

1. 山门殿；
2. 金刚殿；
3. 弥勒殿；
4. 大雄宝殿；
5. 菩萨殿；
6. 孙中山纪念堂；
7. 罗汉堂；
8. 含青斋；
9. 水泉院；
10. 金刚宝座塔

图 8–6–10 碧云寺总平面

除上述中轴线上的建筑外，右跨院仿杭州净慈寺建五百罗汉堂，平面田字形，中央耸出一亭，田字正面出轩，塑四大天王，其余三面各出抱厦一间。堂内排列罗汉 508 尊，均木制涂金。

寺左水泉院又称行宫院，有亭、轩、石台和水池，环境幽雅（图 8–6–10 ~ 图 8–6–23）。

罗汉堂、行宫院也是乾隆十三年添建的。

此外，同类佛寺还可以举北京卧佛寺、法海寺等为例，都建于明代。法海寺的壁画非常优秀，有第二莫高窟的美名（图 8–6–24 ~ 图 8–6–27）。

以上几座佛寺，现存建筑多是官式建筑，

图 8-6-11　碧云寺山门（萧默）

图 8-6-12　碧云寺金刚殿（萧默）

图 8-6-13　碧云寺金刚殿的金刚（萧默）

图8-6-14　碧云寺天王殿之弥勒(萧默)

图 8-6-15　碧云寺菩萨殿前碑亭（萧默）

图 8-6-16　碧云寺大雄宝殿（萧默）

图 8-6-17　碧云寺大雄宝殿释迦佛群像（萧默）

图 8-6-18　碧云寺大雄宝殿藻井（萧默）

图 8-6-19　碧云寺中山纪念堂（萧默）

图 8-6-20　碧云寺石牌坊（萧默）

图 8-6-21　碧云寺五百罗汉堂（萧默）

图 8-6-22　碧云寺五百罗汉塑像（萧默）

图 8-6-23　碧云寺水泉院（萧默）

图 8–6–24　卧佛寺图（碑刻）

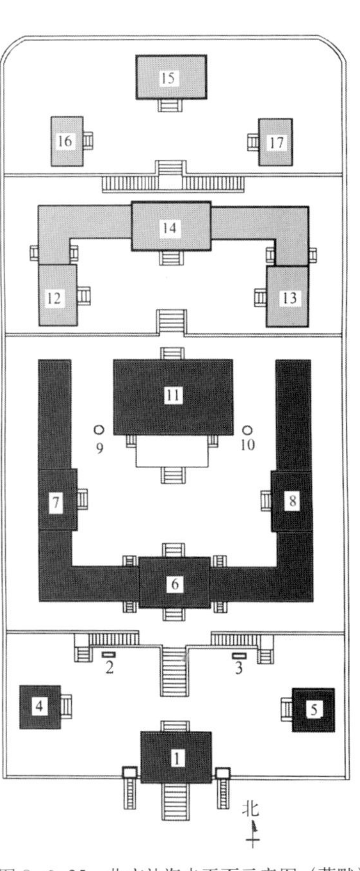

图 8–6–25　北京法海寺平面示意图（萧默）

图 8–6–26　法海寺壁画帝释天

图 8–6–27　法海寺壁画水月观音

可以看出几个特点：

1. 多分左中右三路，以中路为主。中路沿中轴线布置殿堂，主殿大雄宝殿居中，前有三门、金刚殿、天王殿为引导，后有其他殿堂为延续，最后以楼阁（藏经楼或殿阁）结束。轴线左右以钟楼、鼓楼、配殿有时再加上廊庑围合，全寺规整对称，格律精严，与下面将要介绍的山林胜境中由民间建造的佛寺之自由式布局有很大不同。在全部构图中，大雄宝殿体量最大，为全寺高潮，以后各殿依次缩小，最后再以高耸的建筑为结。建筑富于韵律变化，形成有机组合。

2. 有的寺庙有前后两个高潮，典型而处理得当者如碧云寺，设计者注意到了使前后两个高潮之间的气势贯通。

3. 城市里的多为平地，城郊或在坡地，前低后高，形成几个台地。高差更多集中于前部、后部，即山门、金刚殿、天王殿前或大殿后有高峻台阶，而争取缩小中部的高差，保证大雄宝殿前有较大平台。

4. 若可能，在山门前更有牌楼、甬道或其他建筑加强引导，典型者如卧佛寺。

与以上诸例不同，分布在广大地区尤其名山胜境中的寺观，更多的是另一种风格。

二、山林寺观

中国佛、道两教虽有不同，但都同样追求一种超脱出尘的境界。佛教的主旨是劝人出世，脱离红尘，拔除苦海，入于一种无碍无执内心清净的世界，以祈求来世福报或转生佛国。它一方面向人们讲述人间和地狱的种种苦难，另一方面则渲染净土的种种安乐和宁静。道教也宣传清净无为，超凡入圣，“致虚极，守静笃，清净为天下正”，终究以清心寡欲、不食人间烟火为最高追求。中国人又特别崇尚自然、亲近自然，这在佛、道思想中也都有体现。道家就崇信“人法地，地法天，天法道，道法自然”。这种哲学对于宗教建筑的性格有着深刻影响，即使在城市，那种平和、从容、宁静和虔诚的气氛，也是寺观艺术性格的主流，而决无西方教堂那种务在震撼人心的种种激情和迷狂，同时也决定了佛道寺观中的很大一部分，将选择在远隔闹市的深山僻地，尤其是风景佳丽的名山胜境之中。那里的深谷险壑，清泉静瀑，细雨迷雾，奇松幽兰和啼猿鸣鸟，对于在命运的旅途上遭逢不幸或时时感到人生险恶的人们来说，不失为一种有效的精神慰藉，强烈感动着善男信女们的心灵。中国的佛教虽传自印度，但中国人与印度人不同，后者的宗教和哲学所显示的那种沉入于深深忧虑之中的抽象而繁琐的思辨，在中国人这里都转成了明彻空灵而简要的人生体验。山林寺观所造成的氛围，正契合了中国人的这种心理需求。于是，在这种深沉的文化背景之下，山林寺观就成了中国宗教建筑的重要组成，具有不可忽视的美学价值。

山西五台山、四川峨眉山、浙江普陀山和安徽九华山，是中国有名的四大佛山，传说分别是文殊、普贤、观音和地藏王的道场，此外还有天台山、黄山和雁荡山。道家称他们所在的名山为“洞天福地”，有10大洞天、36小洞天、72福地之说，如四川青城山、江西龙虎山、湖北武当山、安徽白岳山以及泰、衡、华、恒、嵩等五岳，就都是有名的道山。在诸多山林中，也有既有佛寺又有道观，二者并行不悖者，所以中国才向有“名山僧占多”和“无山不僧道”的说法。它们烟寺相望，晨钟暮鼓，回响于山林，琳宫梵刹，点映乎崖谷，织成了一幅幅静美雅丽的画面，艺术性格更近于秀美淡素，与城市寺观的宏丽庄严适成互补。

这样的寺观数以千计，有的始建年代早至晋唐，但时废时兴，现存者大多是明或明以后新建或重建者。现仅就见闻所及，略以青城、峨眉、九华、五台、普陀等山为主，[①]大致从选址、布局、空间、格调和有机生成等五个方面加以综介。

全山总体规划和寺观选址

中国传统建筑，不只是尽意于一个院落、一座殿堂，乃至一栋一楹、一花一石的微观经营，同时也俯瞰万物，品察群生，精心于更大范围的宏观规划，使人工的建筑与大自然紧密融和起来，形成一个有机的环境。这个“环境”并不仅限于建筑的周围，而是放眼于全部相关区域—— 一座山、一座城、一条峡谷或一座小岛的宏观概念，或可以“大环境”名之。这是中国建筑的优秀传统之一，是中国人尊崇自然并特别擅长以辩证的观念来驾驭全局这一卓越智慧的生动表现。故古人在山林胜境中建造寺观，并不只是把它们当作一个个孤立的、静止的对象来看待，而是放眼全山，把山中所有寺观都当成是纵游全山的动态过程中的一些有机的环节。它们互相照应，组成丰富的“系列”，有抑扬，有起伏，有铺垫，有高潮，有收束，从而将看似散漫无状的各“点”串成严密的整体。其具体处理原则大约可归纳为以下几点：一、寺观均匀布点。一般来说是依照游人们——远道而来的香客、顺路一游的官宦商贾、专程寻幽探胜的文士的自然行止和心理要求来布置的，在行进过程中有观赏、休息、饮食和住宿的地方，也有不断激励其继续攀登的目标。二、布点注意主次相间，大小互见，重点突出，高潮迭起，使人在整个朝山的进程中不断得到新鲜的感受，在富有节奏和韵律的氛围变化中获得满足。三、所设之点一般都选在景观特别诱人的环境中，使人逗留时能获得更多美的享受。这里所谓的“景观”包括自然景观和人文景观两类：自然景观主要指自然景色等视觉要素，还可以包括听觉和嗅觉，诸如桂子飘香，松风馥郁，水声潺潺，鸟鸣嘤嘤，都能够成为审美的对象；人文景观包括美好的建筑形象，既是驻足停留观赏自然景色的佳处，本身也是从其他地点被人观赏的对象，即既能得景，也复成景。同时，有关的历史传说，神话典故，民俗风情以及特产工艺、佳酿、山茶、奇药等引人兴趣的因素，也具有一定的意义。所以，所谓“景观”是一个广义的概念。而在大自然的韵律中，最重要的视觉景观即风景佳胜之处，往往是近似均匀地分布着的，因而上述三点之间本就已有很好的默契。四、布点最终仍要考虑到寺观自身的实际需要，一般选择在避风向阳、近水远害的地段，多避开孤立的峰顶，常常是倚山面壑，后有山峦环抱，藏于山腹，前视景界开阔，气象舒展，并有对景遥相呼应。

四川青城山在成都附近，是道教的发祥地，以“青城天下幽”闻名于世。山最高处海拔1300余米，上山下山各约30里，行程至少需要一天。现存全山较有规模的道观共六处，就均匀分布在上山下山途中。六座道观中以古常道观和上清宫最大。前者在山腰，正当上山的中途，观中设有客寮、食堂，并有青城山特产山酒山茶；后者近山顶，是上山道路的结束，亦供食宿。圆明宫在下山道的中段，是一座中型道观，它的泡菜很是闻名。这六座道观是环境系列的重点，三组大、中型建筑群是重点中的高潮。在各观之间还均匀分布着一些小建筑点，每当一段陡阶的尽头，大抵都会有一些亭、阁、廊、桥出现，供人小憩畅观。全山道上可谓一里一亭，三里一站，十里之内必有住处（图8–6–28 ~图8–6–33）。

四川峨眉山以“峨眉天下秀”的自然景色和佛教圣地闻名，传为普贤菩萨的道场。山顶海拔3300余米，上山路途已达120余里，据说其全盛时有寺庙一百余处并有少数道观。现存寺庙十余处，也均匀分布在山道上，往往是

①李维信．四川灌县青城山风景区寺庙建筑[M]//清华大学建筑系．建筑史论文集·第5辑．北京：清华大学出版社，1981；沈庄．峨眉山建筑初探[J].建筑学报，1981(1)；李道增等．峨眉山旅游区及其建筑特色[J].建筑师，第4辑，1980；张振山．九华山建筑初探[J].同济大学学报，1979(4).

图 8-6-28　四川都江堰市青城山全景（李维信）

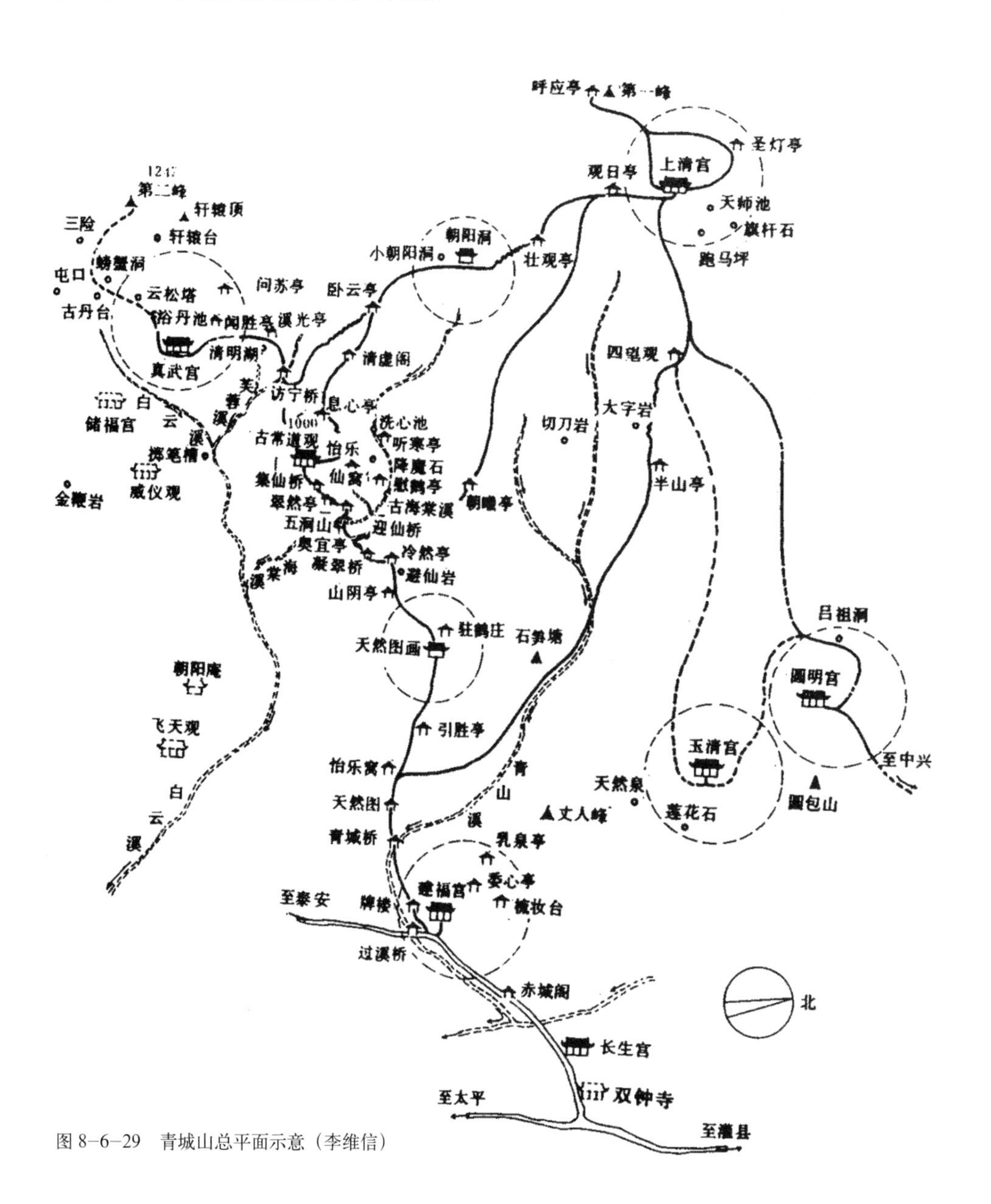

图 8-6-29　青城山总平面示意（李维信）

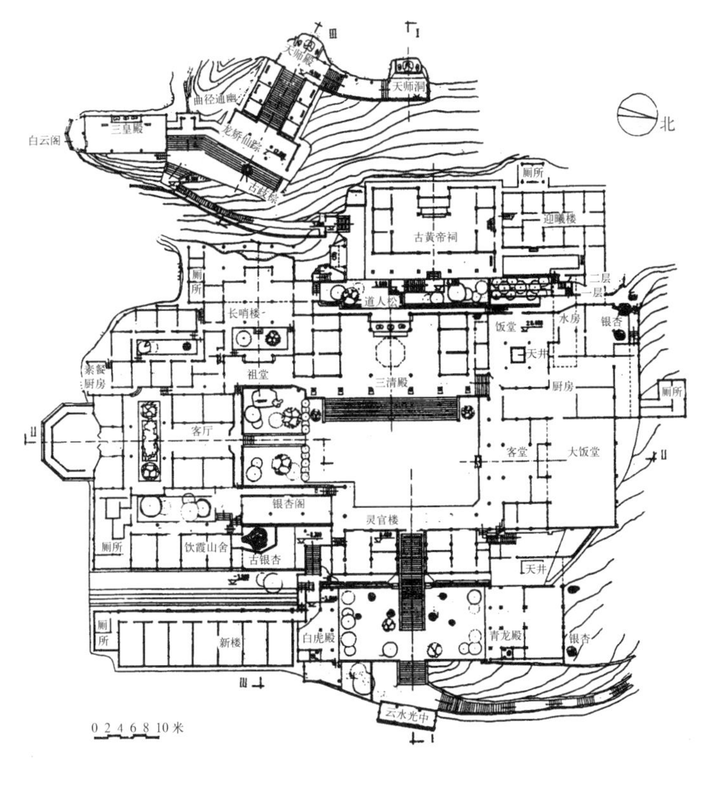

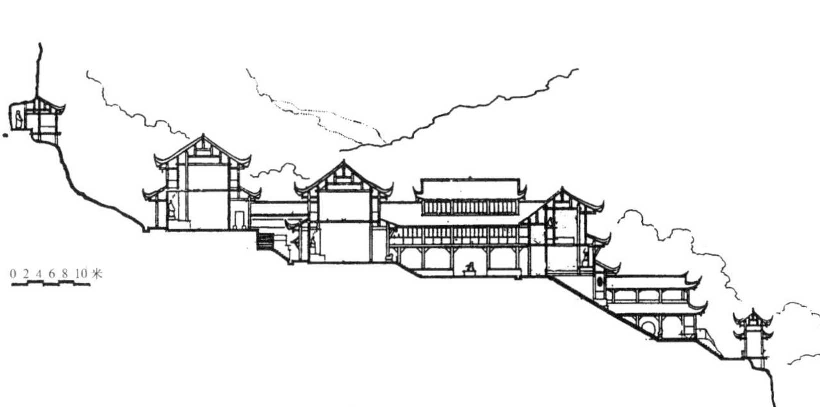

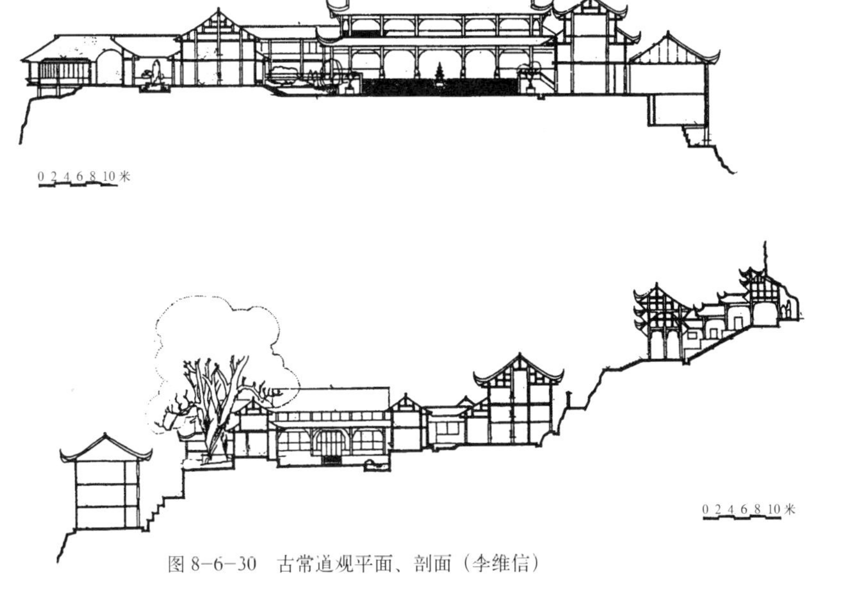

图 8-6-30 古常道观平面、剖面（李维信）

图 8-6-31 青城山古常道观三清殿（白佐民）

图 8-6-32 青城山上清宫宫门（《四川古建筑》）

图 8-6-33 四川青城山小桥、路亭（白佐民）

图 8–6–34　四川峨眉山全景（李维信）

三五里一小站，二三十里一大站，为旅人提供观照自然美和驻足的条件（图 8–6–34）。

所有这些寺观以其不同于山野自然景致的人工创作，给自然加上了人的尺度和人的情趣，成为被观赏的对象。

峨眉山清音阁一组建筑的选址十分典型。它位于名为白龙江、黑龙江两条山溪的交汇处，前临山谷，背负巨山，左右隔小溪是逶迤的山岭。由后至前，自高而低建筑了大雄宝殿、双飞亭和牛心亭。牛心亭前就是二溪交汇点，奔腾的山溪冲激着交点处的牛心石，发出巨大的声响，很远就能听见。双飞亭坐落在几条山道的交点处，西通下山道可至报国寺，东通万年寺，北面在大雄宝殿前略折向北上山，可通洪椿坪。亭很大，两层，上下完全开敞，是休息和凭眺的好地方，仿佛是在告诉人们，这里有值得流连的景色，不必匆匆而过。双飞亭下俯牛心亭，上仰大雄殿，增加了全组建筑的纵深层次（图 8–6–35、图 8–6–36）。

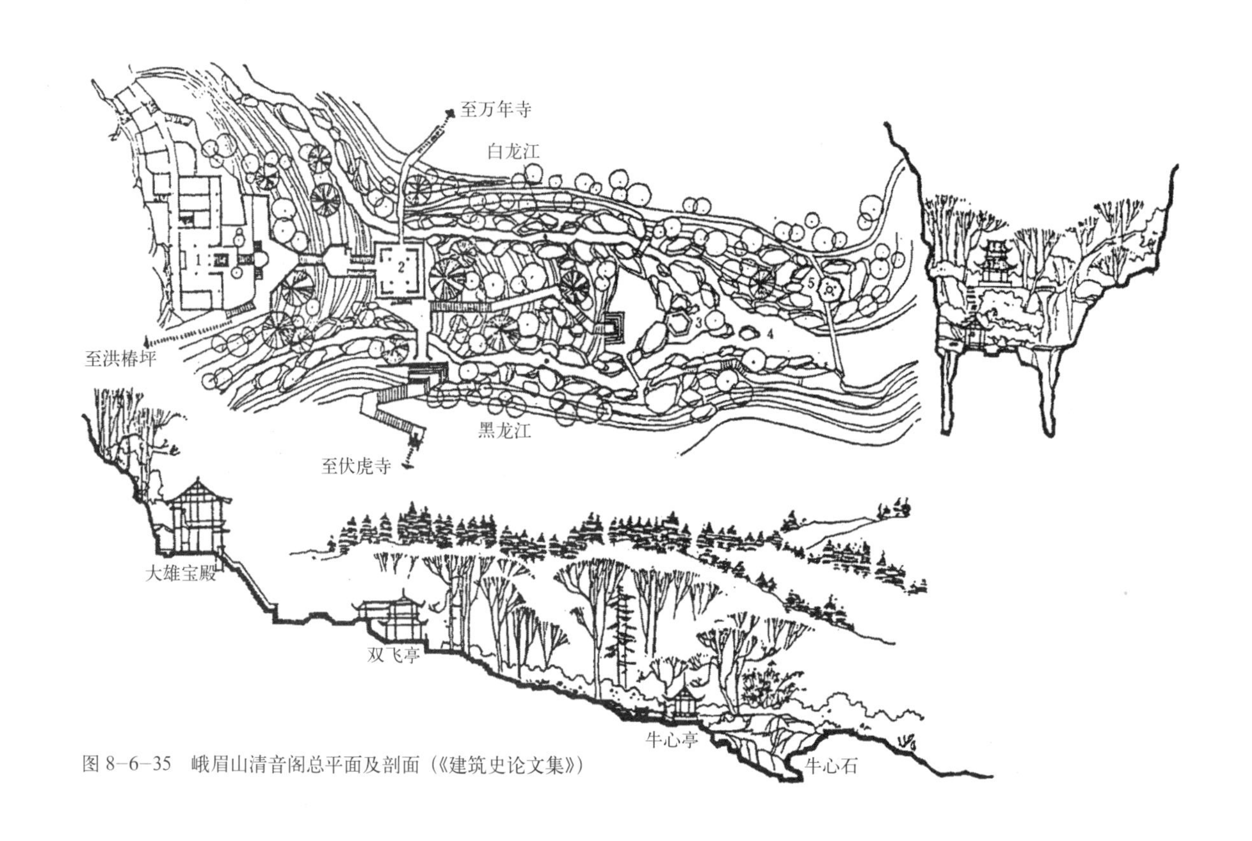

图 8–6–35　峨眉山清音阁总平面及剖面（《建筑史论文集》）

安徽白岳山（又名齐云山）为道教名山，以太素宫为山上诸观之首，选址极好。宫后倚玉屏峰，左右有钟峰、鼓峰作伴，宫前隔深壑面对香炉峰，其峰顶的亭子是太素宫的对景，按风水相地用语称为“案”。越过香炉峰极目远望，可遥见黄山三十六峰，其天都、莲花诸峰皆历历可指，即风水所谓的“朝”。有时一片烟云飘过，其霏霏凄迷之像，尤为动人（图8–6–37、图8–6–38）。

黄山也有个玉屏峰，徐霞客形容此处景色：“左天都，右莲花，背倚玉屏峰，两峰秀色俱可手擘，四顾奇峰错列，众壑纵横，真黄山绝胜处。”石涛形容这里的烟云：“漫将一砚梨花雨，泼湿黄山几段云”。更有迎客松为之近景，人称此为“黄山第一处”，正在此，恰有文殊院在焉。

四川都江堰市的伏龙观，选址与设计也非常出色。伏龙观位于岷江分流处的陡崖上，观

图 8–6–36　峨眉山清音阁牛心亭（楼庆西）

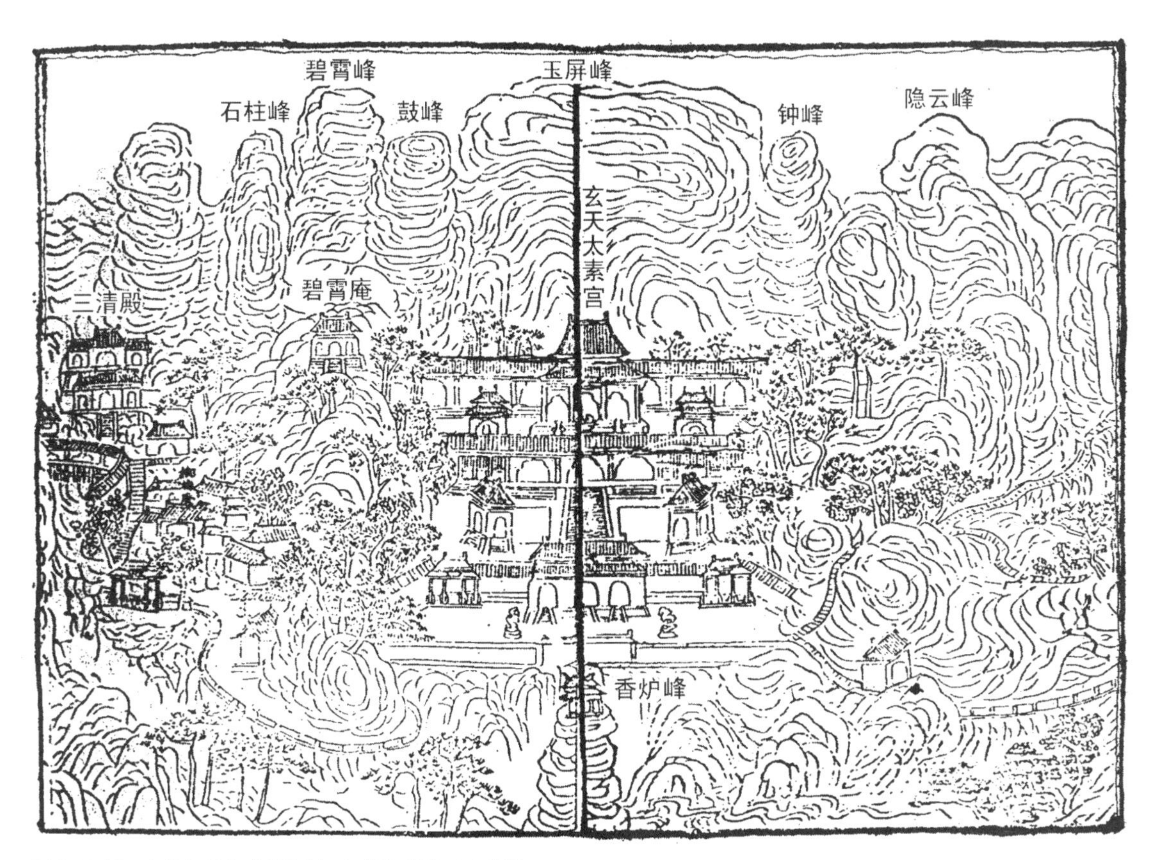

图 8–6–37　安徽白岳山（齐云山）太素宫（《齐云山志》）

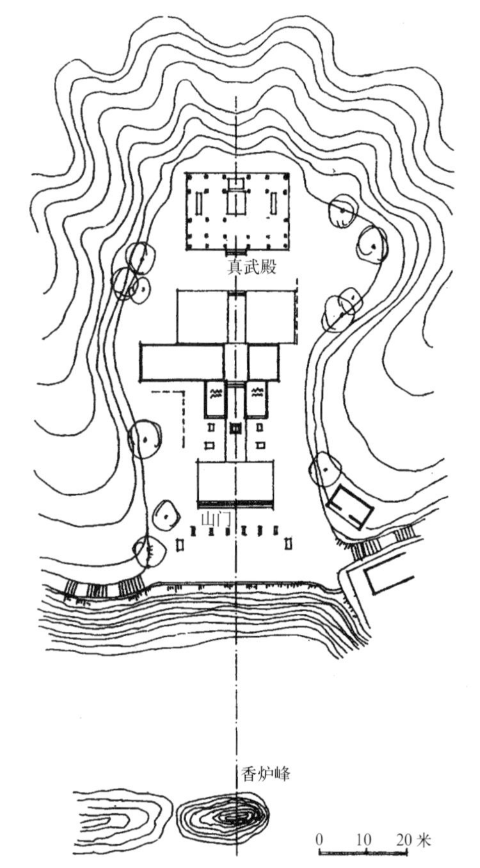

图 8–6–38　太素宫现状平面图

依地势坐西向东。观前的大台阶迎向从都江堰市来此的大道。自西奔来的岷江在伏龙观后的山崖下分为二流，北为内江，江水通过战国时凿通的石峡宝瓶口咆哮东去；南为外江，水势较为平缓。观后部俯临三江，高出江面数十米，视域开阔，可远瞰西面的安澜索桥和索桥以东岷江北岸的二王庙，因而采用开敞手法。一楼两廊都是两层，廊子全部敞开，楼的上下层也都有周围廊，楼后崖边又建了一座两层敞亭。建筑与周围环境完全融成一片，游目骋怀，最为动人。全观前低后高的地势，更加强了这种效果。前部则布置封闭小院，为后部的开敞作了铺垫，这也是“屏息而后钟鼓”的含蓄手法。观本身错落多姿的建筑轮廓也成为四周观赏的对象，为壮丽河山添色加彩（图 8–6–39 ~ 图 8–6–43）。

图 8–6–39　清光绪《四川成都水利全图》都江堰段

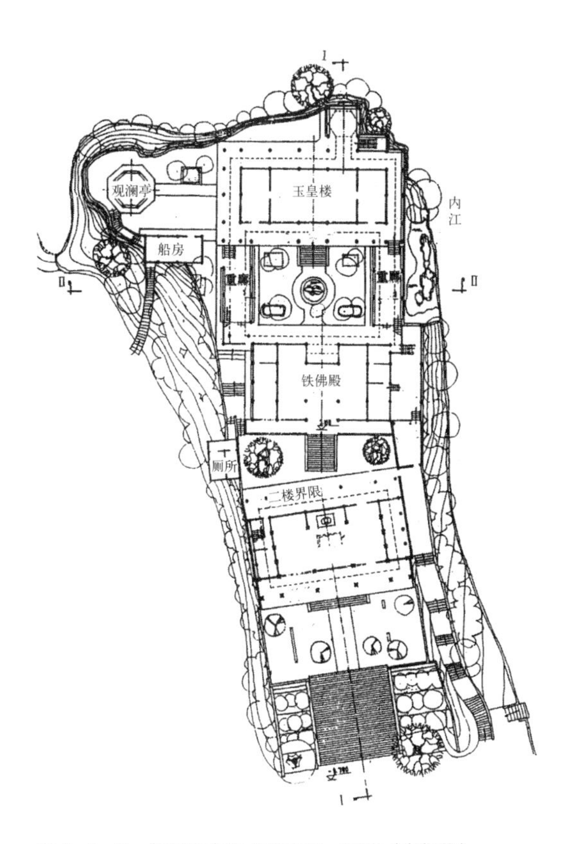

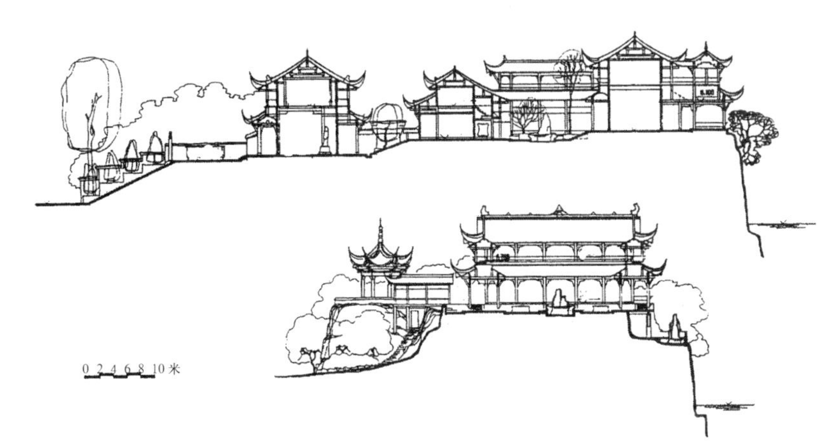

图 8-6-40　都江堰市伏龙观平面、剖面（李维信）

图 8-6-42　都江堰市伏龙观侧影（北京古代建筑博物馆）

图 8-6-41　伏龙观形势（杨莽华）

图 8-6-43　伏龙观后部（萧默）

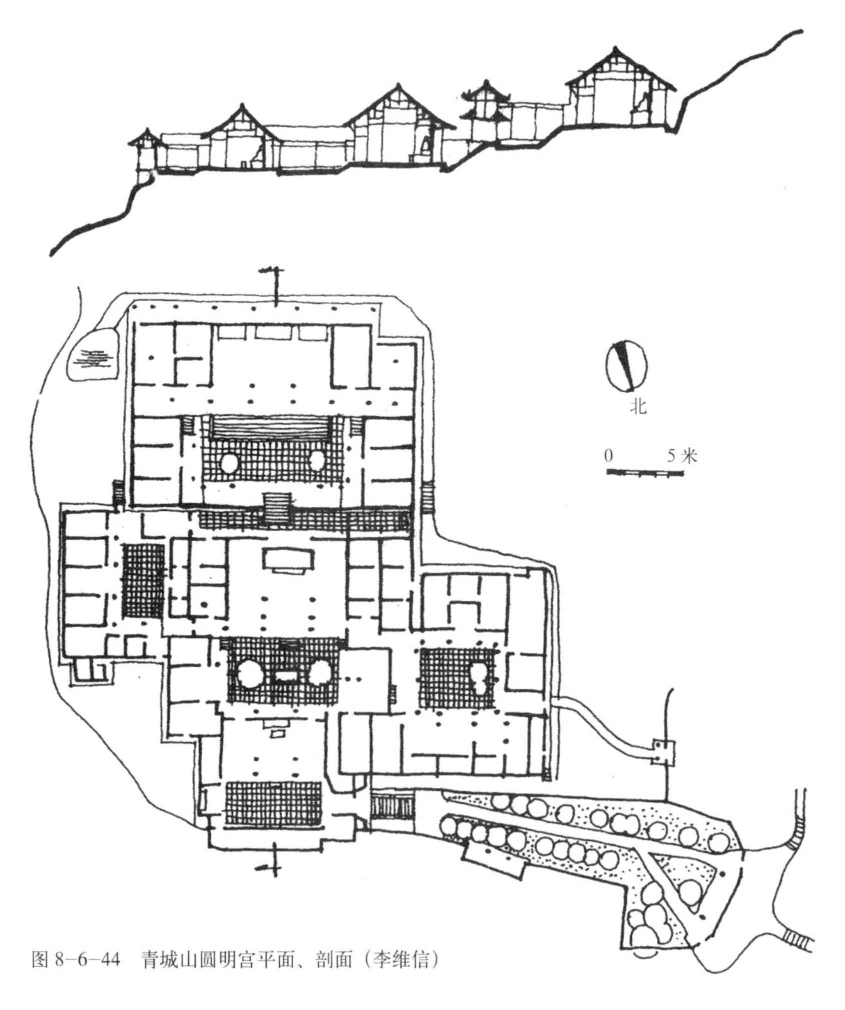

图 8-6-44　青城山圆明宫平面、剖面（李维信）

图 8-6-45　青城山圆明宫二宫门（《四川古建筑》）

顺势利导灵活布局

山林寺观与自然相融，不事矫揉，不太强求规整，大都因势利导作巧妙多变的处理，一般只在正殿一区略有轴线对称，适当突出主体，而全局布设则不拘成法，似乎顺手拈来，其实却颇费匠心。这在前举清音阁、伏龙观等例中已可见其大概，现再举数例。

青城山圆明宫南依山坡，北临沟壑，坐南向北，以前方隔沟一座小山为对景。建筑大多依等高线布置，后高前低，虽有纵轴而略有转折，顺纵轴安排的庭院和殿宇也只是大致对中。左右次要建筑如食堂、客寮等都灵活布设。最值得称道的是山门的处理，因宫前即为沟崖，故宫门不能放在纵轴前端而置于全宫的左前角（西北角），以书有“圆明宫”三字的大照壁面临山道，以突出入口，再以狭长的楠木林道引导进入宫内（图 8-6-44、图 8-6-45）。

山西五台山是中国四大佛教名山之一，传为文殊道场，山中有许多寺院，台怀镇更为集中。五台山建筑与其他诸山有所不同，因其靠近北京，属北京风格，更因明清建造的寺院大都由皇帝敕建，所以多为官式。

台怀镇的塔院寺及其北的显通寺很有特点，虽然都是坐北向南规整对称的格局，但因受风水之说的影响，结合地形，也有一些活泼生动的处理。塔院寺的北和西面高起山峰，故在东南建望海楼突兀而起。显通寺也同样，在东南也有高起的钟楼，从大环境观，都取得了总体气势的均衡；从寺院本身来说，又打破了一味对称的构图，取得活泼的效果。它们又都在从东边进入寺院的主要道路上，起了作为寺院的前奏和标志的作用。从远处眺望，以塔院寺的白塔为中心，构成轮廓起伏，变化有趣的美丽画面（图 8-6-46 ~ 图 8-6-48）。

安徽九华山传为地藏菩萨道场，现有较完整的寺庙十余处，与上举青城、峨眉二山总体

图 8-6-46　五台台怀镇的塔院寺（萧默）

图 8-6-47　塔院寺全景（萧默）

的线式布局略有不同而与五台台怀镇的相对集中相似，各寺系以山中盆地的九华街为中心。九华街是一小镇，镇上有全山最大的寺庙化城寺，四进。在离镇三五里的范围内，呈环状分布着八九座寺庙（图 8-6-49）。上禅堂是一座很小的佛寺，坐北向南，寺外东、南两面都是低地，基址紧迫。全寺只有南、北两座殿堂，二殿间围成一个矩形小院，很像当地的民居。前殿（南殿）南墙开窗，把沟壑对面一座山峰的景色纳入殿中。上禅堂的入口处理极有特色，"山门"紧贴北殿东山墙，门前空出一片不规则的小小院子，有粉墙围绕。小院东墙缺口是下山路，通向九华街；北墙缺口由台阶上达一个更小而开敞的极朴素的草亭，由亭西转，沿北殿后壁为上山道。小庙的处理完全顺应地形和道路，曲折自然，在狭小的地段上做到了从容不迫，空间丰富（图 8-6-50）。

峨眉山洗象池距上山两道交汇处不远，是继续上山的必经之地。小寺坐落在一条南北方向的山脊上，北低南高，寺门向北，迎着上山道。洗象池东望景色极佳，寺庙即将客寮集中在东侧，便于眺望开阔的山景，次要用房如食堂厨房等集中在景色不甚引人的西侧，中间则以前殿、中殿和僧寮组成两进小院。基地狭窄，各房各院依标高不同分成几级（图 8-6-51）。

图 8-6-48　显通寺东南入口钟楼（萧默）

图 8-6-49　安徽九华山化城寺全景（《中国佛寺》）

山西浑源悬空寺是另一个重要的例子，因"悬挂"在恒山峡谷坐东面西的巨大悬崖上得名。悬空寺创自北魏，现存建筑为明代重建，曾经多次重修。崖壁上附贴着三十多座楼阁殿堂，连以栈道，大多由木柱支撑，少数有砖台承托，

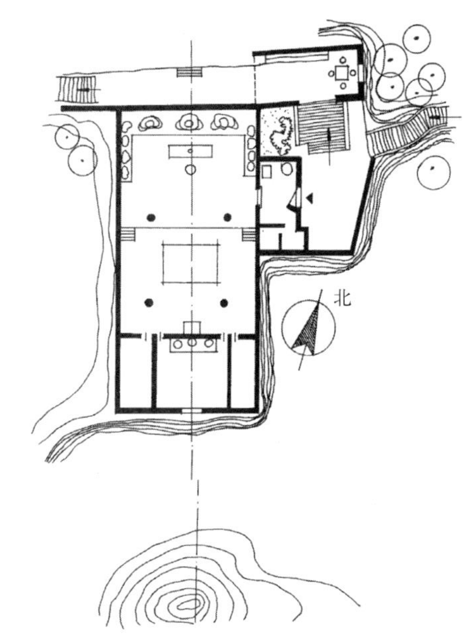

图 8–6–50　九华山上禅堂平面（汪礼清据张振山图重绘）

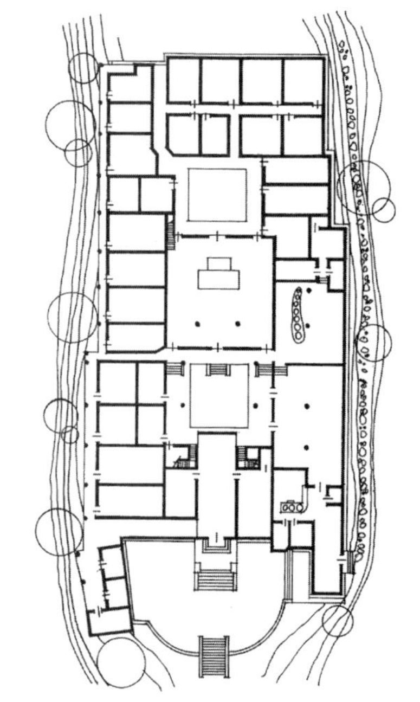
图 8–6–51　峨眉山洗象池平面（汪礼清）

图 8–6–52　山西浑源悬空寺（李志平）

与崖面垂直的水平构件后尾均插入崖内。寺院高悬在半空，惊险奇绝，故名“悬空”。自北侧筑石阶通寺门，始入尚宽，愈行愈窄，总平面呈楔形。立面则高低错落，完全自由布置，南端以一座三层楼阁作全寺的结束。悬空寺建筑有意采用缩小了的尺度，体量甚小，但总体轮廓丰富，是以其小巧奇诡与崖壁形成强烈对比而取胜。若反之一味追求宏大，在高达百余米的巨崖对比之下，必致劳而无功（图 8–6–52）。

明代著名地理学家徐霞客在崇祯六年（1633）曾游历悬空寺，他记述说：“西崖之半，层楼高悬，曲榭斜倚，望之如蜃吐重台者，悬空寺也……仰之神飞，鼓勇独登，入则楼阁高下，槛路屈曲，崖既矗削，为天下巨观，而寺之点缀，兼能尽胜。依崖结构，而不为崖石累者仅此。”（《徐霞客游记》卷二）所谓“兼能尽胜”、“而不为崖石累者”，即人工建筑与矗削为天下巨观的天然山崖之相得益彰。

江苏镇江西北长江南岸的金山寺又称江天寺，以建筑与山形轮廓错落取胜，更以山岭一塔，高耸江天之间，几十里外就可望见，极富特色。

金山原是长江中的一座小岛，初名浮玉山，唐时始名金山，清咸丰、光绪间岛南沙涨，始与南岸陆地相接。山不大，高 30 余米，但甚陡峻。山南北长，寺坐东向西，在山的西麓展开，几乎将西侧山崖全部占满，故有“金山寺包山”之说。寺内现存建筑多建于清。由西边过牌坊经山门入寺，台地上是近年重建的大殿，再上几重平台，也有殿堂错落布置，直抵崖脚。轴线南侧和西北角是方丈僧舍。沿山脊线由北而南都有亭堂楼阁，取自由式布局，轮廓起伏。北端耸起金山塔（又名慈寿塔），重建于光绪二十六年（1900），塔刹入云，翼角高标，是江南婉丽秀美的风格。塔在山脊北端山势稍低下处，与山脊南部的高起及其上的楼亭，取得不对称均衡，构图完美。金山在长江南岸，将塔置于北侧，使从辽阔的江面很远就可得见；登临塔上，亦可尽得江山之美，显然是考虑了大环境的成功设计（图 8–6–53 ~图 8–6–55）。

天人相宜空间多变

山林寺观地形复杂，基地一般不甚开敞，设计者大都尽量维护原有的地形地貌，绝不大挖大填，硬行扩出平地，而是相地度势，以势造形，使建筑顺势高低起伏，形成多变的内外空间。

一般来说，寺观的纵轴与等高线垂直，主要殿堂串连在纵轴上，建筑的长向与等高线平行，前低后高，构成几个台级院落。次要的院落在主轴左右，地面标高与附近主轴上的院落相近。

对地形的改造方法很多，主要可归结为“台”、“吊”两类。“台”是将基地修整成几个标高依次变化的平台，前后台不一定完全平行，即轴线方向可以有所转折；也不一定完全对位，即轴线前段后段可以略有错移。窄台只沿台后侧建屋，屋前是院；宽台可在前、后缘都建屋；也多有在前后台相接处建屋的，如此，若从后院看来是一层或二层，在前院看来就是二层或

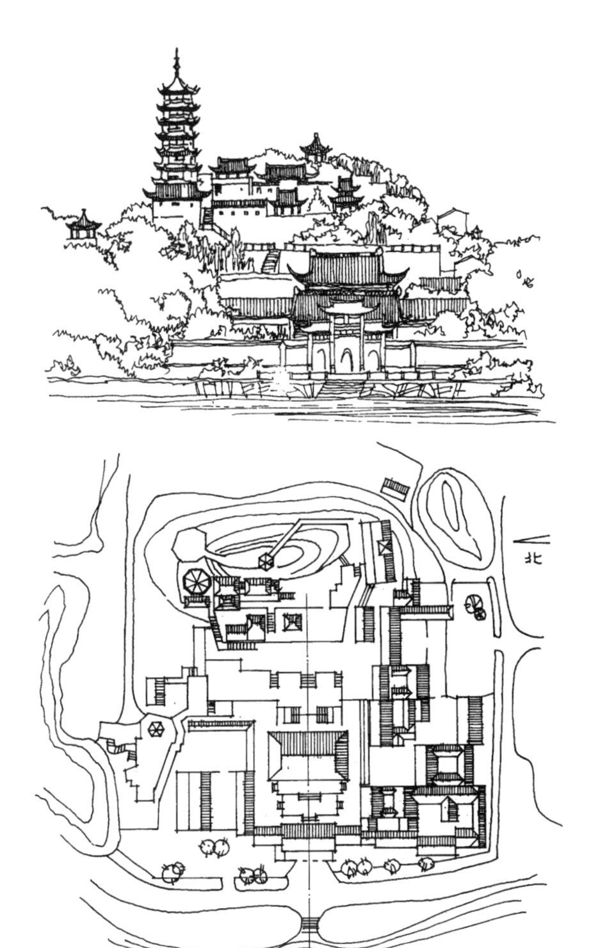

图 8–6–53　金山寺平、立面（赵玉春）

图 8–6–54　江苏镇江金山寺全景（萧默）

图 8–6–55　江苏镇江金山寺（清代版画）

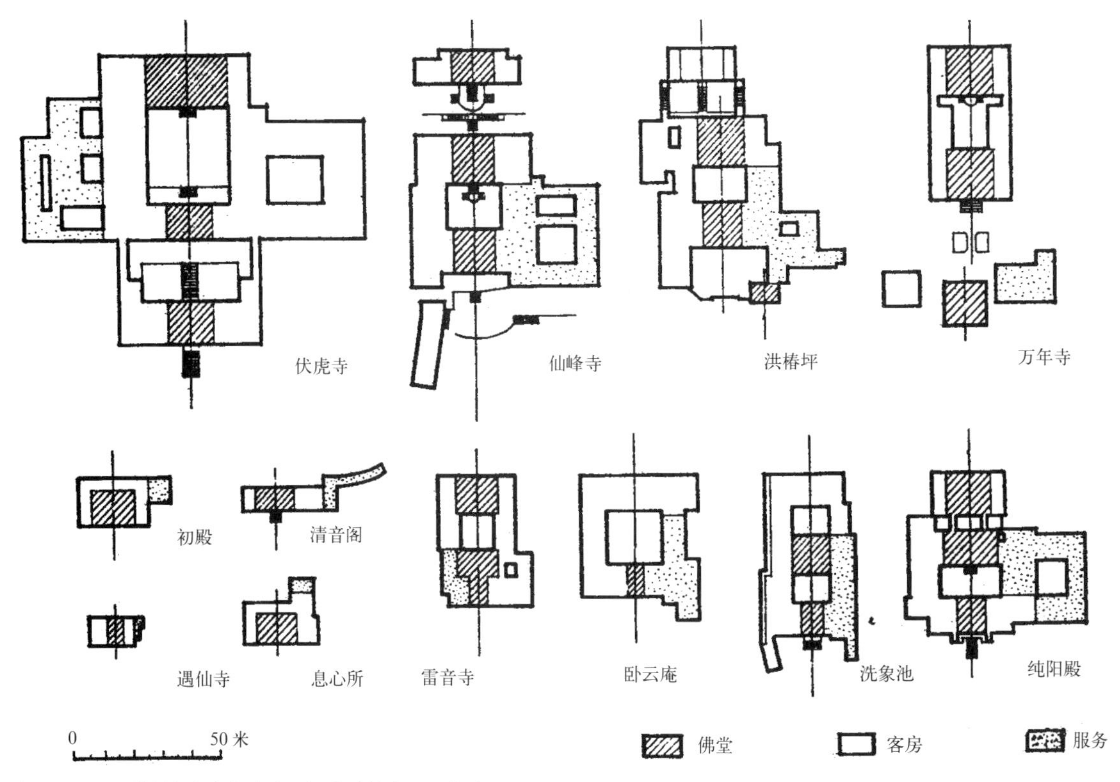

图 8-6-56　峨眉山各寺庙平面示意（《建筑史论文集》）

三层了。这样的建筑常在屋正中设室内台阶，贯连前后二院。“吊”常用在寺观外围的凌空侧，是用木或石立吊脚柱，其上横贯以枋，再铺木板为建筑的地面。

山林寺观由于基地紧张，建筑密度较高，又采用了许多办法使内外空间不致显得壅塞。如主要大殿前的庭院都要有较大进深，而把高差集中到次要殿堂所在的后院。客寮、僧舍的面积都较小，气氛封闭，有着像“家”一样宜人的尺度，而主要殿堂与山门则力求开敞。大部分殿堂朝向前面院子的一面完全敞开，不设墙；有的前后两面都敞开，前后院子的空间通过殿堂“流动”互补，扩大了空间感。台阶若设在山门内，从寺外广阔的空间到达这里，感觉上先有一个收束，进入院落后再由收而放，对比出院落似乎并不闭塞。此外，从寺观后部台地上或从楼阁上层外望，因前部的台地较低，层层递落的屋顶对视线的遮挡并不太大，寺外自然景观可以纳入寺内，也有利于使密集的建筑群取得整体的开阔感（图 8-6-56）。

在城市和平原，建筑群由于基地限制不大，庭院都较宽敞，在封闭的院墙内即可取得空间感的平衡，所以院内空间和寺外空间的联系较弱，建筑群独立性很强，宛然自足。山中寺观则相反，建筑密度较大，内庭较小，更需要寺内寺外、室内室外的空间交流。

但寺观内部一般仍以对称格局为主，而入口部分常更多表现出因地制宜灵活多变的精神，此于前举五台山塔院寺和显通寺已可见其端倪，普陀山也有几个很优秀的例子。

普陀山是浙江宁波市以东海中的一座小岛，传为观音菩萨的道场。岛形南北长，岸线多变，东南多平地沙滩，中部和西、北是山。山不高，分前山、后山，后山主峰高不过 200 余米。岛上现存多座寺庙，皆明清重建重修，较大的是普济寺、法雨寺和慧济寺。

普济寺是普陀山最大寺庙，在岛的中部，处在一个小盆地中，背负前山，坐北朝南，左右有小丘环抱，寺前低下，挖成放生池，名海印池或莲花池，横长方形，达十五亩。山门在池之北，入口虽仍作对称处理，但充分利用了大池，丰富了景观感受。入口前导自池南岸起，先是大影壁，过御碑亭北跨池为长堤，正对山门，堤上有八角亭，再北即山门前广场月台。池东、西有与堤平行的石桥各一。池东地势比西边低，在此建名为太子塔的小塔一座，与西边取得均衡。太子塔又名多宝塔，石砌，无檐，建于元代（图 8–6–57 ~图 8–6–61）。

法雨寺在岛的东岸，北、西两面皆山，地势高起；东、南两面濒海，地势低下。为使全寺高低势态得以均衡，在全寺东南部建起高大的钟楼，并以此兼为山门。入口在寺前偏东，先过石牌坊，再向北跨越架在横长水池上的石桥，进入曲折坡道。坡道两边砌墙，挡住视线，引人前行几经转折到达钟楼。从楼下南门入内再转西，通到一座颇大的广场，广场南有大照壁，北即天王殿，再北沿中轴布置五重殿宇，视线方豁然开朗（图 8–6–62 ~图 8–6–65）。

慧济寺在普陀山后山山顶北坡，但寺院轴线仍为前南后北。最南天王殿前有一座不大的广场，广场南壁是从山顶凿出的崖壁。寺的入口甬道巧妙布置在寺前广场东边一条东西向的山岭上。先以一座不大的石牌坊标示入口起点，

图 8–6–57　普陀山普济寺寺前影壁（萧默）

图 8–6–58　普济寺御碑亭和八角亭（萧默）

图 8–6–59　普济寺前院及鼓楼（萧默）

图 8–6–60　普济寺大雄宝殿（萧默）

图 8–6–61　普济寺东南太子塔（萧默）

图 8–6–62　法雨寺入口系列之一（萧默）

图 8-6-63　法雨寺入口系列之二（萧默）

图 8-6-64　法雨寺入口系列之三（萧默）

由牌坊入，向西为略弯的甬道，两边砌乱石墙遮挡视线；从甬道尽端转北步下台阶，再转西，仍为略弯甬道，继续西行，两边改砌砖墙，较高，抹灰，刷黄色，寺庙气氛渐强；从此甬道尽端再一次转北，下台阶，再转西；在第三次转北并下台阶后再转西，最后下一段台阶，方进入寺前广场。如此几经周折，浓浓渲染了“深山藏古寺”的意境。甬道的台阶共四段，三段都布置在向北的小转折处，也是一个颇具匠心的处理：使东西向的三段长甬道都保持水平，各段甬道尽头的照壁乃得以充分显现（图 8-6-66 ～图 8-6-73）。

普陀山三座主要寺院，入口处理各具特色：作为主寺的普济寺可以说基本上是暴露式，但处在盆地，于暴露中仍见含蓄；法雨寺是半露半藏式；慧济寺则是深藏不露的典型。三者的不同，除了与寺院的地位有关外，更多则取决于地形。因地制宜，天人相应，中国人常于此表现出极高的智慧。但三者仍统一显现出含蓄的基调，此又不仅此三寺为然，凡中国寺庙，以至其他建筑，与西方建筑之外在而暴露的性格相较，皆同具此基调。

九华山百岁宫基地十分狭窄，入口和全寺都依形就势，自然天成，表现了民间匠师极高水平的空间处理能力。百岁宫始建于明末，清

图 8-6-65　法雨寺侧影（萧默）

图 8-6-66　慧济寺入口系列之一（萧默）

图 8-6-67　慧济寺入口系列之二（萧默）

图 8-6-68　慧济寺入口系列之三（萧默）

图 8-6-69　慧济寺入口系列之四（萧默）

图 8-6-71　慧济寺入口系列之六（萧默）

图 8-6 70　慧济寺入口系列之五（萧默）

图 8-6-72　慧济寺入口系列之七（萧默）

图 8-6-73　慧济寺入口系列之八（萧默）

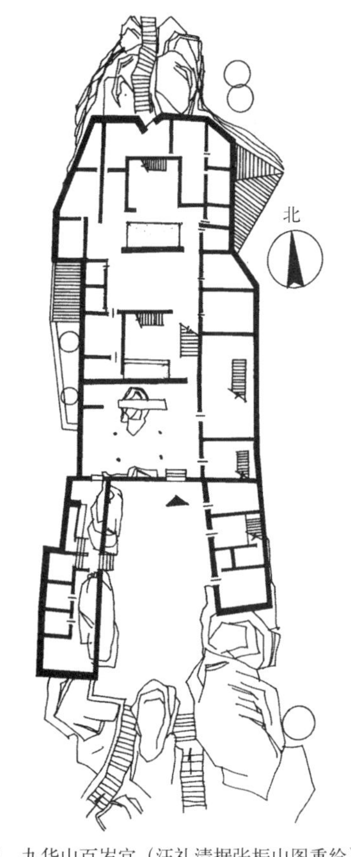

图 8–6–74　九华山百岁宫（汪礼清据张振山图重绘）

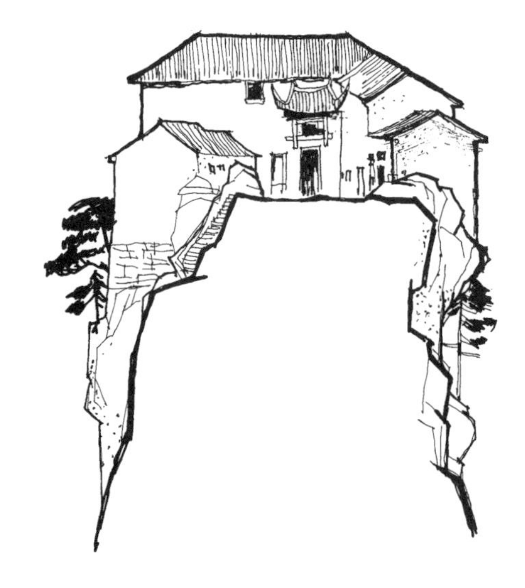

图 8–6–75　百岁宫南立面及大雄宝殿内景（汪礼清据张振山图重绘）

代多次重修，坐落在一座孤峙云海间、高达数百米、称为摩空岭的山峰峰顶，危崖壁立，形势险峻，峰下不远为九华山中心区九华街。从九华街仰望，百岁宫耸出云外，如在仙境。由九华街西循山道登岭，在到达百岁宫前不远，首见一座山亭，内奉笑口迎人的弥勒，示意为百岁宫的山门，是寺庙空间的延伸。宫位在峰顶，基地东西宽仅 20 余米，南北长仅 60 余米，在这样紧张的用地情况下，仍安置了佛殿、禅堂、戒堂、法堂、斋堂、僧舍、客堂，以及钟房、厨、库等佛寺通常必有的所有房屋，全数可达百间，同时还留出了宝贵的空地，使全寺不显闭塞拥挤。为达到这种效果，百岁宫采用了以下几个办法：一、不使建筑占满整个峰顶。寺前（南）留出一座三合院，正面大雄宝殿南墙高起，两边围合较低的附属用房，地上显一层，西为厨、库，东为钟房。东、西房沿崖构筑，实际不止一层，从三合院只见最上一层，不致使院子在三面高屋包围中显得封闭。三合院略呈梯形，北窄南宽，更减少了封闭感。人们经过一段长长的登山道之后，在此可得以稍息，并观望山景。二、大雄宝殿入口偏东，门上覆檐，以显其重要，殿前东房较短而低，西房较长而高，与殿门一起，形成不对称的均衡构图。三、寺内布局紧凑。殿内空间仍相当高大，面阔三间，每间后部都有佛龛。殿东以板壁隔出客房，从殿东北角佛龛下向北进入寺院内部，即遇一梯迎人上楼。殿后房间密集而小，围绕两个天井建造，侧屋沿崖建构，上、下都是楼，层数可为三、四、五层，安置寺庙中必设各屋，可谓应有尽有。从底层最北后门出，有下山道。四、最值得称道的是不强行平整山头，殿前西房的东墙就压在石头上面，从三合院中即可得见。大殿南墙也压在巨石上，甚至殿内也露出石顶，正中佛龛释迦、文殊、普贤三像就坐落在这块浑圆的巨石之上（图 8–6–74 ~图 8–6–76）。

图 8–6–76　安徽九华山百岁宫（姜锡祥）

图 8–6–77　四川峨眉山九峰禅院（《四大名山》）

九华山的许多寺庙，包括百岁宫和前举上禅堂在内，都具有一种可贵的纯朴天真的性格，类似民居。这些品格，常为敕建大寺所不备，虽朴拙简陋，却往往更具美学价值。

民居格调与地方风格

山林寺观的建筑工匠大多也是当地各类建筑尤其是民居的建造者，所以各地山林寺观都带有明显的民居格调和地方色彩。且山林寺观建造财力往往有限，大多属中小型规模，不能像敕建大寺那样采用昂贵的官式建筑做法。这一特点，不但体现在总平面布局上，也体现在建筑的尺度、材料、结构、色彩和造型上。建筑的尺度一般较小，接近民居，普通单层房屋的檐高不过 3 米，两层者上层高度只有 2 米许；单层殿堂檐高不超过 5 米，两层的总高也只有 7 ～ 9 米，体量比一般城市寺观小。使用的材料常是不太规整的较细的木柱、木梁、小青瓦，以木板、编笆涂泥或乱石为墙。有时还用杉皮盖顶，以带着树皮的原木作柱，这在青城山道观中可以见到许多。结构也都是地方手法，南方常见的是穿斗式，抬梁式只用于主要殿堂。色彩则大多是材料本色或略加涂饰，有时仅涂桐油或刷作黑色，与白粉墙、小青瓦屋顶对比，自然显出朴素的结构本色之美。只在较大寺观的正殿才偶尔使用小面积的彩画或琉璃瓦。建筑造型多灵巧自由，大都只用悬山屋顶，而前后两坡不一定对称，可以一面长一面短。披檐被经常采用，随时而遇，戛然而止，并不强求檐口交圈。整群建筑的屋顶常彼此相连，利于雨天通行。屋顶的搭接穿插也很巧妙机智，看似无心，细究都很合理。只有主要殿堂才使用歇山顶，与薄薄的檐口相应，檐角翘起颇高，秀美纤丽，与官式建筑平稳厚重的风格大异。总之，它们给人以山庄野舍的感受，有的外观上竟与民居无法区别。它们隐现在青山云海之中，充溢着诗情画意和淡泊无争、深蕴隽永的情趣（图 8–6–77、图 8–6–78）。

图 8–6–78　峨眉山万年寺大殿

中国民居有规整式也有自由式，南方自由式更多。山林寺观由于地形多变，更多地借鉴自由式，建于平地者则多为规整式，台湾淡水鄞山寺可为一例。

①李乾朗．台湾建筑史[M]．台北：雄狮美术出版社，1986．

图 8–6–79　台湾淡水鄞山寺（《台湾建筑史》）

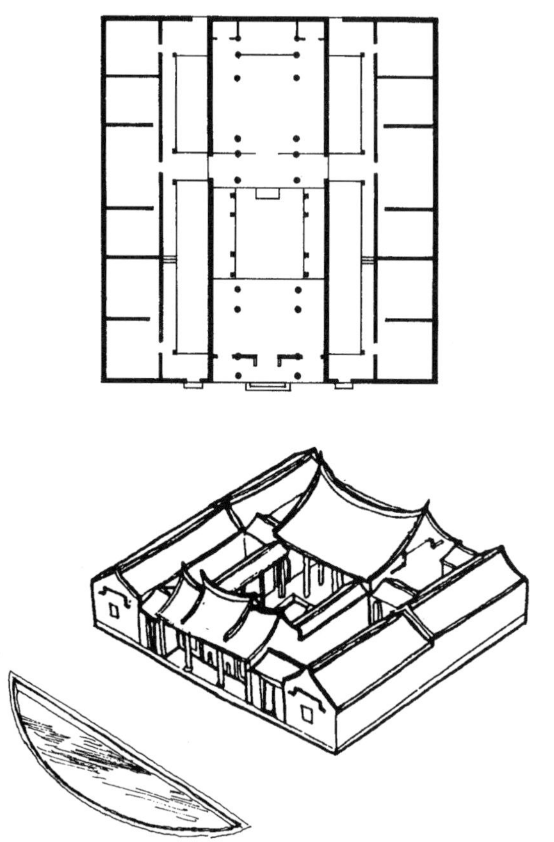

图 8–6–80　台湾淡水鄞山寺平面及鸟瞰（《台湾建筑史》）

淡水鄞山寺建于清道光二年（1822）前后，为福建汀州人士所建，供奉汀州定光古佛，后来也兼作汀州会馆，是台湾最典型的中型庙宇。①寺建于平地，背负山岭，后高前低，前面有半月形水池，植被甚好，“风水”佳胜。寺院基地方形，总宽 25 米，总深 27 米，作三路一进规整式布局。中路有前、后两座大殿，二殿之间有左右走廊联系。两外侧隔纵长天井有左、右条形屋。可以看出，鄞山寺与闽台流行的几堂几横式住宅布局几乎没有什么两样。此寺为双堂二横（“横”即左、右二路的纵向长屋，共有几条长屋即为几“横”），当地又称“两落两护龙”。下章将要介绍的台湾住宅安泰厝为“两落四护龙”，与鄞山寺的区别除多出两条“护龙”外，只是将前后二殿间的走廊换成了厢房（图 8–6–79、图 8–6–80）。

有机生长

宛然具足的城市或平原寺观，大多一次完成，建成以后，并不再向围墙以外扩张。某些建筑虽多次重修重建，大局并不因而有很多变化。而山林寺观却几乎都是在几十年或更长的时间中逐渐“生长”完成的。它们很少采用规则的围墙，似乎没有肯定的外廓，大多是先建成主要殿堂，再根据需要陆续加建。这种生长，在民居中也常可见到。但是，这种生长绝非杂乱无章，后生的部分与先前的部分以及寺外的自然，仍随时保持着合乎逻辑的联系，故称之为“有机生长”。

有机生长要求人工与多变的自然相契合，布局不必循陈法，方向不必中准绳，灵活变通，人天互应，但又要求在变通中见章法，所谓变中有法，不是绝对的自由。道家说“道法自然”。自然虽无定式，却有定法，例如山形、水势、树木、云天，虽各异形，却各自都有内在的规律。所以山林寺观的有机生长既是自由的，又是自觉的，新生长出来的部分与已完成的部分之间，应有灵巧合宜的关系；其格调、氛围、手法、形象和色调，都要与已有的部分取得协调。有机生长的过程，仿佛就像一幅正在完成的素描，任何时候都是一张和谐的画面。在这里，一切构图的法则如主从、对比、烘托、微差以至均衡，仍都在起着作用。近现代建筑理论的“有机建筑”概念常被认为是建筑艺术值得追求的高尚境界，其实与这里说的“有机生长”相当近似，中国古代建筑对此早已有过独到的见解和实践，山林寺观就是其佼佼者。

类似于山林寺观与城市寺观的差别，其实在其他建筑类型中也常对应出现着，如宫殿中的离宫苑囿与朝会大宫，住宅中的村野民居与王府邸第，城市中的屈曲小镇与规则大城，园林中的私家小筑与皇家大苑等。若以美术作品相比，其大意正可与民间美术与宫廷美术、青花紫砂与钟鼎尊彝，泼墨浅绛与青绿金碧相类。它们，都是不同文化气质的表现。

在此，我们还要注意到山林胜境中出现的敕建寺观，其建筑兼具两者之美，武当山可称为佳例。

武当山在湖北西北部丹江口市汉江之南，唐代开始出现寺观，北宋时已成道教"玄武大帝"（又称"真武大帝"）的道场。徽宗宣和年间（1119 ~ 1125）在武当山创建紫霄宫祭祀玄武，可能是武当山上首座以祭祀玄武为主的宫观。南宋对玄武的信仰已经十分普遍，武当已列入为道教七十二福地中之第九。"玄武"是北方七宿的合称，以其形似龟蛇，得名"玄武"，又为北方之神，在道教中地位崇高。宋元交兵，武当山建筑受到严重的破坏，紫霄宫亦毁，元时开始复兴。至明，成祖朱棣、英宗朱祁镇都崇奉真武大帝，武当山被封为"太岳"，位在五岳之上，武当山进入鼎盛时期。朱棣曾命督丁夫三十余万人大修武当山，嘉靖三十一年（1552）又行扩建，现存古建筑多成于此时。

武当山古建筑群分布在以天柱峰为中心的群山中，其规划原则亦如其他名山，讲求总体思维，主次分明，大小有序。建筑群的位置选择特重环境和全山的疏密有致；与其他山林寺观的一个明显区别是由于明朝皇帝的支持，其建筑都由皇家出资、策划和管理，具有敕建寺观的性质，无论是总体布局还是单体建筑，都富于皇家建筑的风貌。

紫霄宫是武当诸观中规模最大、保存最完整的组群，位在武当山东南展旗峰下，周围山峦半抱，"风水"极好，朱棣称之为"紫霄福地"。宫始建于北宋宣和间，明嘉靖三十一年（1552）扩建。中路依前低后高分为五级台地，由前至后为中通石桥的水池、宫门、左右钟鼓楼、圣文母殿、紫霄大殿及殿前的左右碑亭和配殿，最后以龙虎殿结尾。全部建筑都是官式做法，红墙孔雀蓝琉璃瓦顶。主体建筑紫霄殿规模宏大，面阔进深各五间，高 18.3 米，通面阔 30 米，深 12 米，重檐歇山顶，内奉玉皇大帝塑像。中部两翼为四合院式的道人居所。全宫建筑比例良好，造型恰当，惟前部的钟鼓楼体量似稍大（图 8–6–81 ～图 8–6–83）。

武当山主峰海拔 1612 米，独出众峰之上，四周群峰耸涌，有如万山来朝，被称为"一柱擎天"，故得名天柱峰。峰顶一带的建筑群总称太和宫，由环绕天柱峰的一圈城墙"紫禁城"、

图 8–6–81　湖北丹江武当山紫霄宫（萧默）

图 8–6–82　武当山紫霄宫宫门（萧默）

图 8-6-83　武当山紫霄宫紫霄殿（萧默）

图 8-6-84　武当山玉柱峰（萧默）

图 8-6-85　武当山玉柱峰顶金殿（萧默）

峰南铜殿和峰顶金殿等组成。“紫禁城”始建于明永乐十七年（1419），周长 345 米，条石砌成，在东、南、西、北各建一石砌城楼，象征天门。铜殿铸于元大德十一年（1307），不大，悬山顶。天柱峰极顶的金殿铜铸镏金，铸于永乐十四年（1416）。160 平方米，面阔与进深均为三间，阔 4.4 米，深 3.15 米，高 5.54 米，有斗栱，覆重檐庑殿顶。殿内后屏壁前神坛上塑真武大帝坐像及金童玉女和各神将等。但铜殿与金殿铸造工艺或许精良，却不能算得是真正的建筑（图 8-6-84、图 8-6-85）。

武当山还以风光最美倚崖而构的南岩建筑群和山下的玉虚宫遗址知名，此外，武当山还拥有道家武术、道家音乐等富有特色的文化遗产。

第七节　佛塔

明代和清代的佛塔有两个值得注意的现象。一是无论在藏蒙地区还是内地，都出现了大量的喇嘛塔，这是明清两代兴盛的藏传佛教在建筑文化上的反映；二是汉式佛塔虽然建造得不少，但艺术创造已进入衰退期，多数属模仿之作，尤其模仿宋辽，没有太多创新。明清汉式佛塔主要只有两种形式，即楼阁式和密檐式，楼阁式塔有砖造的也有砖木混合结构。各式塔的分布范围与宋辽时期相同，即密檐式塔主要分布在华北和东北，砖木混合楼阁式塔主要在江南，砖造楼阁式塔分布较广，华北和南方都有出现。有迹象可以说明，历史上遗留极少的木塔，在唐宋时代曾是建造最多的塔，但明清几乎已不再建造。历史上出现过的其他富有创造性的如华塔及窣堵波式与楼阁式塔的结合等塔型，在明清也都不再出现。虽然如此，还是有一些新动态值得注意，如琉璃塔的出现，以彩色琉璃镶满全塔，绚丽夺目。其中，南京大报恩寺塔非常巨大，山西洪洞广胜上寺飞虹塔、北京颐和园琉璃塔、河北承德须弥福寿寺琉璃塔和北京香山琉璃塔，都是很美的作品。

汉式佛塔在唐宋的高度发展以后，到宋辽已经熟化，明清已是汉地佛教的衰落期，不能给佛塔的建造注入新的生机。藏传佛教从明代起进入蓬勃发展时期，在朝廷支持下，藏传佛教建筑文化传入内地，新颖的建筑形式引起了很大兴趣，激发起匠师们的创造热情，在汉式佛塔转入衰退的同时，藏传佛教喇嘛塔却表现出勃勃生机。其单塔像一个水瓶，所以又称瓶形塔。但同为瓶式，各塔形象又颇有变化。其群塔组合则有金刚宝座塔和过街塔两种。此外，在西南如傣族地区，明清继续建造小乘佛教的佛塔，也是这个时期佛塔建筑的收获。关于藏传佛教和小乘佛教佛塔，我们将在第四编中结合各少数民族建筑文化一并介绍，本节重点仍在汉式佛塔。

图 8–7–1　北京慈寿寺塔（罗哲文）

图 8–7–2　慈寿寺塔细部（马炳坚）

图 8–7–3　荆轲塔（萧远）

图 8–7–4　河南安阳天宁寺塔（《中国古塔》）

密檐式塔

密檐式塔是中国出现最早的佛塔形式之一，从北魏至宋辽，除五代南京栖霞寺塔少数例证外，几乎所有密檐式塔都建在北方，如华北、东北和内蒙古地区，成为这些地区地方建筑风格的重要体现者。明清密檐式塔仍主要分布在华北东北，样式仿照宋辽，其中虽有造型尚可者，但几乎谈不上任何发展。

慈寿寺塔在北京西郊八里庄，可作为明清密檐式塔的代表。慈寿寺建于明万历四年（1576），原名永安万寿寺，是万历帝为其母李太后所立。寺早毁，唯塔独存。塔十三层，八角，砖砌密檐实心，高约 50 米，造型比例及雕刻安排尚佳，但形象完全模仿辽代建造的北京天宁寺塔（参见第六章），仅某些细部有异，如塔身四斜面所刻之窗为明清北京寺庙常见的半圆券窗，窗扇窗格都是明清式样（图 8–7–1、图 8–7–2）。

河北易县荆轲塔在易县西南约五里的山上，原建于辽，明万历十三年（1585）重建，八角十三层，高 24 米，造型较慈寿寺塔略瘦劲挺拔，也是对辽塔的模仿（图 8–7–3）。

河南安阳天宁寺塔建于明代，似乎有所创新，但却不太成功。塔八角五层，塔檐轮廓不是北朝或唐代圆和如梭的曲线，也不是辽代多见的上小下大的斜线，而一反通例，呈上大下小之势，致塔顶成为一颇大的平台，台周围建女墙，台上可容百人，中央立比例颇高类似瓶形塔的小塔作塔刹。全塔总高 38.65 米。一反通例的本身并无评论的价值，关键在于结果，此塔的造型并不为美，上大下小缺乏建筑逻辑的根据，塔刹与塔身的结合也相当生硬（图 8–7–4）。

图 8-7-5 辽宁千山真和尚塔（罗哲文）

图 8-7-6 昆明妙湛寺双塔之一（萧默）

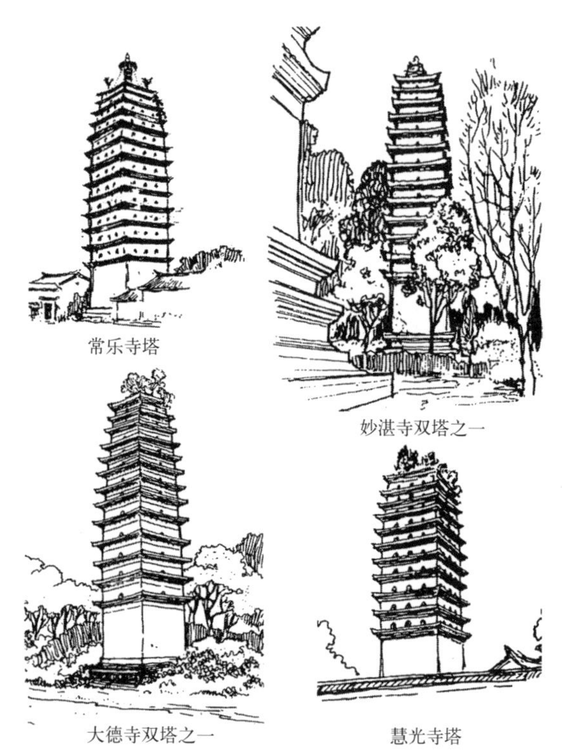

图 8-7-7 昆明方形密檐塔（《刘敦桢文集》）

图 8-7-8 云南凤仪飞来寺双塔（《刘敦桢文集》

辽宁千山真和尚塔亦模仿辽塔，密檐 9 层，平面是较为少见的六角形，建于清康熙二十年（1681）（图 8-7-5）。云南等边远省份建造了不少类似唐塔的方形密檐塔，如昆明妙湛寺双塔（明）、大德寺双塔（明）、慧光寺塔（明？）、凤仪飞来寺双塔（清）、昆明常乐寺塔（清末）等，[①]但毕竟缺少大唐的气魄，徒具形似而已。妙湛寺、大德寺、飞来寺俱为双塔，建在大殿前轴线两侧。双塔之制源于南北朝，明清时已不多见（图 8-7-6～图 8-7-8）。

①皆见刘敦桢．云南之塔幢[M]//刘敦桢．刘敦桢文集·第三卷．北京：中国建筑工业出版社，1987.

值得一提的还有一座道塔，也是密檐式，即著名的全真派道观北京白云观真人塔，建于清雍正三年（1725），八角 3 层密檐，下有扁平须弥座，通高 10 米，全石雕。其须弥座、门窗、塔檐脊饰及装饰纹样等都是地道的清代式样，刻工非常精致。塔身下部八面在圆形图案内刻八卦符号。中国道教很少建塔，此塔可谓罕见一例(图 8-7-9)。道教建筑往往模仿佛教，缺乏自身的创造。

砖石结构楼阁式塔

太原永祚寺双塔（明），八角 13 层，高约 55 米，造型四平八稳，缺乏特色。两座塔大小近似，其一塔檐连线略呈梭形，另一为斜线，它们都在寺内中轴线上，一在殿前，一在殿后，不像一般双塔两侧对峙（图 8-7-10）。

陕西泾阳崇文宝塔（明），八角 13 层，高达 79 米，是中国第二高塔，所存唐风较著，但造型略显平淡（图 8-7-11）。

河南许昌文明寺塔（明），八角 13 层，高

图 8-7-9　北京白云观真人塔（萧默）

图 8-7-10　太原永祚寺双塔（罗哲文）

图 8-7-11　陕西泾阳崇文宝塔（罗哲文）

52 米，比例过于瘦高，在出檐短促的檐下堆砌复杂斗栱，造型更不如上举三塔（图 8-7-12）。

山西永济万固寺多宝佛塔也是八角 13 层，建于明代，虽说比例瘦高，但砖砌叠涩出檐深远（下部几层挑出达 1.56 米），檐下没有复杂的斗栱，显得比较简洁轻逸，塔刹形状也比较特殊，其顶端一些部件用铜铸造，金光闪耀（图 8-7-13）。

砖木混合结构楼阁式塔

五代宋江南地区流行砖木混合结构楼阁式塔，即塔身砖砌，塔檐、斗栱和平座栏杆为木构，外观颇似木塔，而形体高挺轻扬，代表江南轻灵飘逸的一种建筑风格。明清江南地区仍流行此种塔型，模仿宋塔，没有大的发展，如扬州文峰塔、镇江金山寺塔等。

文峰塔建于明万历十年（1582），八角 7 层，底层周绕副阶，塔高约 50 米。塔身内为方形，交错重叠而上，四面开门，亦交错而上。外形和内部几乎都是北宋上海龙华塔（参见本书第六章）的翻版而略宽，与江南其他佛塔秀丽的格调相合，成为地方风格。文峰塔选址颇佳，在扬州城东南大运河一侧。运河从南而来，至塔前折向西去，塔位于弯道北岸，来往的航船很远就可望见，入夜举灯，成为航行的灯塔，也是城市的标志（图 8-7-14）。

现存金山寺塔重建于清末，八角 7 层，高约 40 米，形象与宋代江南同类塔无大差异。但据文献记载和明初日本画家雪舟所绘“金山寺图”，在金山寺崖顶原有两座塔，一左一右。清画只绘出一座（参见图 8-6-53、图 8-6-54），

图 8-7-12　河南许昌文明寺塔（罗哲文）

图 8-7-13　山西永济万固寺多宝佛塔（罗哲文）

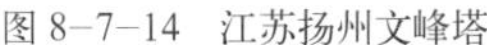

图 8-7-14　江苏扬州文峰塔

图 8-7-15　江苏镇江金山寺塔（萧默）

即现存之塔。从总体构图看，金山寺一塔比双塔好。双塔对称，反而拘谨，一塔高举，更多变化之趣，应是明代的双塔毁损后，有意只重建了其中一塔（图 8-7-15）。

清康熙、乾隆营建承德避暑山庄时，有模仿金山寺的一组小园，也称金山，耸起一阁代替佛塔，仿佛得其大意，由此看来，金山寺清初之塔早就只有一座了。

楼阁式琉璃塔

明清佛塔的最大收获应该是琉璃塔的出现了。

用于建筑的琉璃是指一种饰面材料，以陶为胎，表面敷有以铅为助熔剂的琉璃釉，依成分不同而有众多颜色。琉璃从北魏开始使用，其后一度失传，至唐恢复，宋元增多，而在明清取得重大发展。历代琉璃主要用于宫殿的屋顶，明清特别是清代将其使用范围大大扩展，如琉璃牌楼、琉璃殿、琉璃门、琉璃影壁、琉璃香炉等，甚至将琉璃贴饰于整座佛塔表面，称为琉璃塔。明代琉璃制品已有一定规范，清代工艺更有提高。至乾隆间，建筑琉璃的艺术和工艺水平达到了历史最高峰，以晋中、晋东南的工匠技术水平最高。

早在明初即建造过规模宏大的南京大报恩寺琉璃塔，惜已不存。明中叶建造了山西洪洞广胜上寺飞虹塔。清代所建琉璃塔大都与内地藏传佛教庙宇有关。

大报恩寺琉璃塔在南京聚宝门（今中华门）外长干里，从永乐十年（1412）起造，历时近二十年，到宣德六年（1431）完成。大报恩寺是永乐帝朱棣为追荐其蒙冤屈死的生母所建，特准寺内各殿可拟于宫殿。塔巍然矗立在寺内大殿后，据清嘉庆七年《江南报恩寺琉璃宝塔全图》，全高三十二丈四尺九寸四分，按明营造尺每尺合今 0.314 米计，达 102 米，十分惊人，是可以与记载中的北魏洛阳永宁寺塔（参见本书第四章）媲美的中国最高建筑之一，当时即被外人叹为世界奇迹。塔八角九层，楼阁式，内用青砖，外贴琉璃。塔身拱门用彩色琉璃砖镶出宽贴脸，充满浮塑形象，其余壁面镶白琉璃砖，每块砖中都有一尊佛像。第一层的四斜面嵌砌白石雕刻的四大天王像。各层塔檐都用彩色琉璃瓦。塔刹铁铸，镀以黄金，用金“二千两”。从刹顶垂下八条铁链，连接于屋角。链上及各层檐角悬风铃，共 152 个。此塔在 19 世纪中叶被毁，遗留下的部分琉璃雕饰件现保存在南京博物院（图 8-7-16、图 8-7-17）。

飞虹塔在山西洪洞县霍山山顶广胜上寺内，全高 47 米许，从很远就可望见。现塔建于明正德十年至嘉靖六年（1515 ~ 1527）。广胜上寺南向，塔位于山门、大殿之间带垂花门的塔院中心，楼阁式，八角 13 层，底层砖檐以下有明天启二年（1622）加建的木构围廊，廊南面正中出抱厦，上交十字脊屋顶。塔用青砖砌，通体贴以彩色琉璃面砖和琉璃瓦，各层转角处砌隅柱，柱间连阑额、普拍枋和分作三间的垂莲柱。正中一间砌门，门脸砌花饰琉璃砖带。檐下或是繁复的斗栱，或是仰莲瓣。此外，壁面上还饰以团龙、佛教人物、宝瓶、圆形或方形饰件等，均为琉璃浮塑。全塔以黄色为主，瓦顶、壁面都是黄色，装饰多是绿色或黄绿交织或杂以少量蓝色。底层塔心室内有甚大的坐佛像，顶有琉璃藻井，其余各层皆砖砌实心，但有窄小陡峻的阶道可上。塔刹好似一座金刚宝座塔，在正中塔刹主体四隅分立四座特别小的小塔，均作瓶形喇嘛塔式。刹顶有铁链八条分向各角。

全塔的比例权衡不甚出色，立面上下檐收分过急，最上层檐的直径仅及下者三分之一强，檐端连线为一斜线，较板滞，各饰件之间也稍失组织。但琉璃的质地、色彩和塑造技艺代表了山西传统琉璃工艺的最高水平（图8–7–18～图8–7–21）。

清代也建造过好几座琉璃塔，都建在北京或承德藏传佛教庙宇内，式样仍属汉式。

颐和园万寿山后山有一座藏传佛教庙宇，称须弥灵境，附近有一座琉璃塔，称多宝佛塔，建于乾隆间。多宝塔为楼阁式，八角三层，塔身较高，下两层各施重檐，顶层施三重檐，各檐下都有斗栱，全部塔面包括塔身塔檐斗栱等统为琉璃制作。色彩以黄、绿二色为主，小巧玲珑，比例修长，色彩斑斓，更像是一件工艺品（图8–7–22）。

北京香山也有一座藏传佛教宗镜大昭之庙，系乾隆四十五年（1780）为接待西藏班禅来北京祝寿而建。塔在庙后部地势最高处，最下为八角形白石须弥座，周围石栏，座上木构八角围廊，覆琉璃瓦；廊顶中央成一八角平台，可登临，也围以石栏；于平台上再起八角七层楼阁式塔，总高约40米。塔各檐轮廓上下一致，基本无收分。塔身每面一间，各砌假门一座。全塔表面饰贴琉璃，以黄、绿二色为主，即各塔门、隅柱、瓦面及宝顶均黄，塔壁和檐下琉璃斗栱皆绿。此塔下面的八角围廊颇似副阶，

图8–7–16　清画南京大报恩寺塔图

图8–7–17　大报恩寺塔构件（罗哲文）

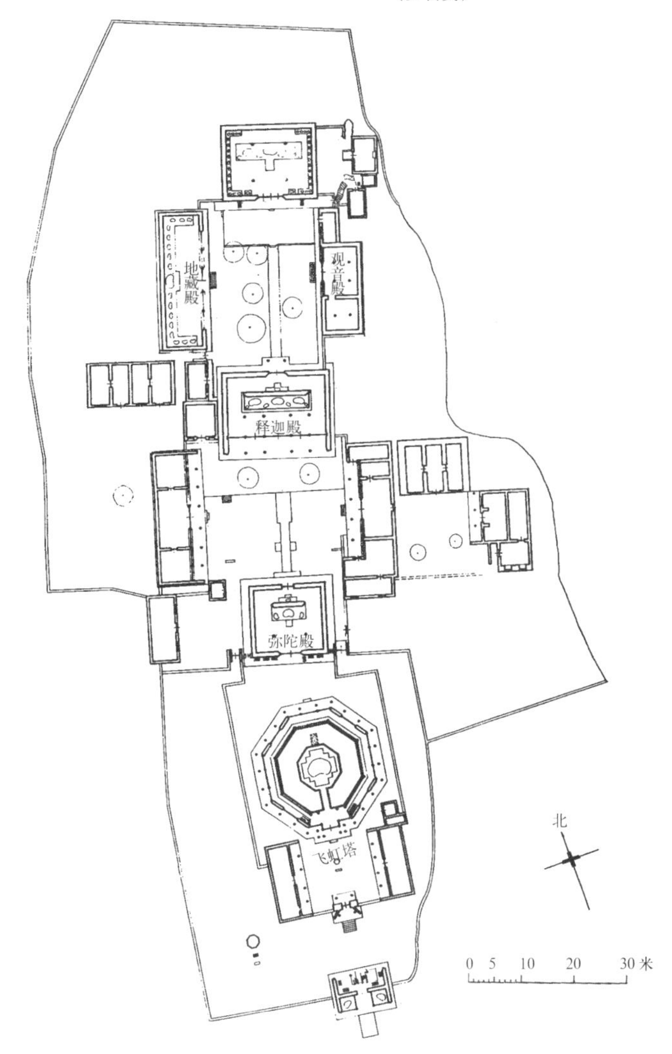

图8–7–18　山西洪洞广胜上寺总平面（《中国古代建筑史》）

图 8-7-19　广胜上寺飞虹塔（萧默）

图 8-7-20　飞虹塔下部（萧默）

图 8-7-21　广胜寺飞虹塔（罗哲文《中国古塔》）

图 8-7-22　颐和园后山琉璃塔（北京古代建筑博物馆）

图 8-7-23　北京香山宗镜大昭之庙琉璃塔（罗哲文）

但从塔扩出比一般副阶大出很多，顶上又有平台，故实为八角台。台大塔细，不甚匹配，与藏传佛教寺庙的粗犷风格也不太相称。庙现已残，独留此塔（图 8-7-23）。

在承德藏传佛教须弥福寿之庙（参见本书第十二章）后部也有一座琉璃塔，与宗镜大昭之庙的琉璃塔形式全同，修造的目的与时间也一样。

总的来说，琉璃塔虽为明清佛塔增光添彩，但除了华丽斑斓以外，并未挽回佛塔发展的颓势。

第八节　长城

据说，宇航员从月球遥望地球，所能见到的唯一人工作品就是中国的长城了。长城在中国北部，[①]蜿蜒奔腾于群山上下，是中国人民巨大意志力量的强烈显现。

长城由烽火台（烽燧、亭障）发展而来。早在元前九世纪的西周宣王时代，已开始修筑防御北方猃狁族的烽燧小城，《诗经》中的“城彼朔方”说的就是这件事。周幽王荒唐愚蠢，无端令举烽火使诸侯来救，导致失信丧国。春秋战国时，各国为互相防御，也沿边界修建烽火台。公元前 7 世纪中叶，楚国首先修造城墙，把楚秦边界上互相孤立的各个烽火台联结起来，大约是在今天的豫南、鄂北，建成了最早的长城，但遗址尚未发现。以后，各诸侯国相继仿效。诸侯国之间的长城叫做“诸侯互防长城”。北方诸国如燕、赵、秦为防御匈奴和东胡而建的长城叫做“拒胡长城”。秦始皇统一中国，以太子扶苏为监军，“命蒙恬将兵 30 万众，北击匈奴，略以河南（今河套）地……筑长城，因地形，用险制塞，起临洮，至辽东，延袤万余里”，是把燕、赵、秦三国的长城连接起来，号称已有万里。秦朝还拆去诸侯互防长城，以维护统一。以后的长城，指的主要就是北方长城。

汉朝继续大规模建造长城。武帝命霍去病击走匈奴，先将长城西延至河西走廊的酒泉，以后又延至敦煌，置玉门关和阳关，设河西四郡，

①罗哲文．长城 [M]. 北京：文物出版社，1980；乔匀．万里长城——中国历史上最伟大的防御工程 [M]//茹竞华．中国古建筑大系·10. 北京，台北：中国建筑工业出版社，光复书局，1993.

以“隔绝羌胡”，即阻断北方的匈奴和青海羌族的交往，“使南北不得交通”，保持丝绸之路的畅通。以后，长城又延伸至新疆罗布泊，并在罗布泊以西直至龟兹（今库车）置亭障。北魏、北齐都修筑过长城。隋朝曾七次修建长城，以防北方的突厥、契丹。唐朝疆域早已超出长城以外，宋的疆域则远退长城以内，所以都不曾修筑长城。金为防蒙古，主要在东北和内蒙古修建过界壕和边堡（图 8–8–1 ～图 8–8–4）。

图 8–8–1　敦煌汉代长城（罗哲文）

明朝奉行“高筑墙”的国防政策，继秦、汉之后再一次大规模修筑长城，并最后完善了一整套防御制度。此时，蒙古族统治虽已退出中原，但有明一代仍是朝廷的心腹大患。尤其定都北京，京畿以北不远就是蒙古游骑，为加强京师守备与保卫中原，从明朝洪武初直到崇祯将近三百年间，一直在修筑长城。《明史·兵志》说：“故终明之世，边防甚重。东起鸭绿，西抵嘉峪，绵亘万里，分城守御”，完成了东达辽东，西迄甘肃嘉峪关，横贯中国北部长达 11200 余华里的人类最伟大的工程。长城有时为多重，某些地段甚至有二十余重。若将多重城墙都统计在内，全长可达 14600 余里。秦、汉、明是建造长城的三个主要朝代，如将两千年间历代所筑的长城相加，估计可达十万里，足可围绕地球一圈而有余（图 8–8–5）。

图 8–8–2　甘肃汉代长城（罗哲文）

图 8–8–3　玉门关小方盘城内（罗哲文）

清朝一统全国，三百年中，对蒙古上层采用怀柔政策，完全停止了修筑长城。康熙曾有一诗咏长城云：“万里经营到海涯，纷纷调发逐浮夸；当时费尽生民力，天下何曾属尔家”，而“但留形胜壮山河”。今日长城，虽然早就失去了军事意义，其历史的和审美的意义仍将永存，成为供后人瞻仰的人间奇迹。

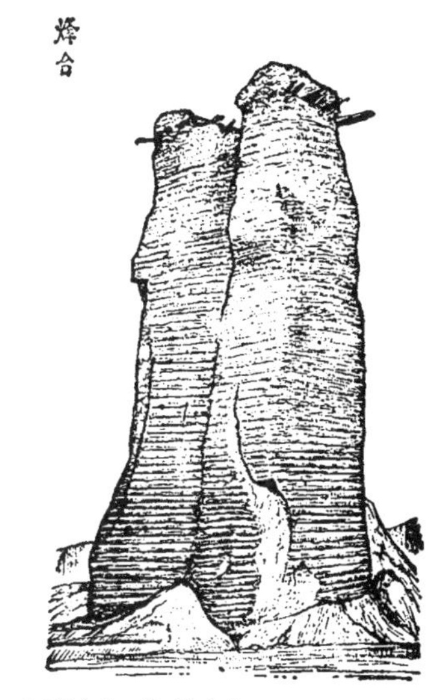

图 8–8–4　新疆库车西汉烽火台

明代有一整套长城守防制度，分长城为“九边”，下辖“十一镇”，再下为“路”和“关”，直到每座敌台和烟墩（烽火台），层层相属。九边就是全部长城的九个段落。每边一镇，又

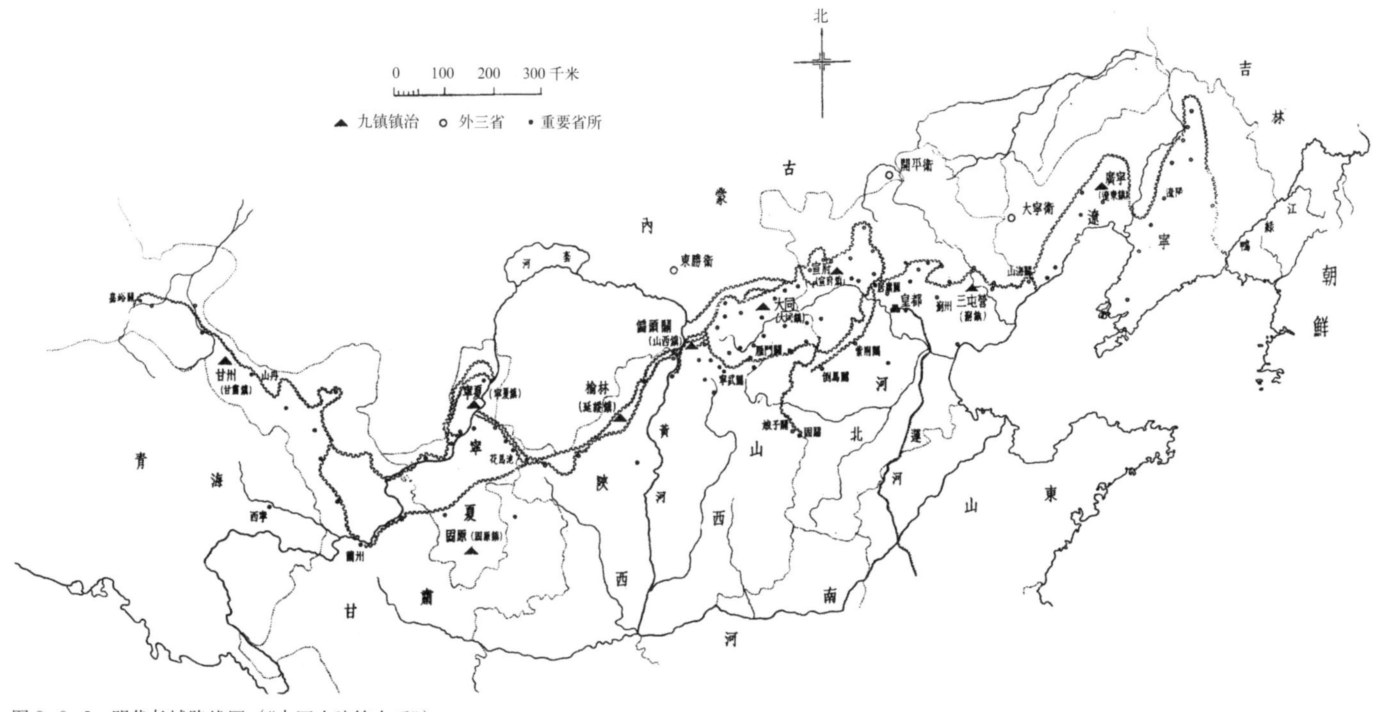

图 8-8-5 明代长城路线图（《中国古建筑大系》）

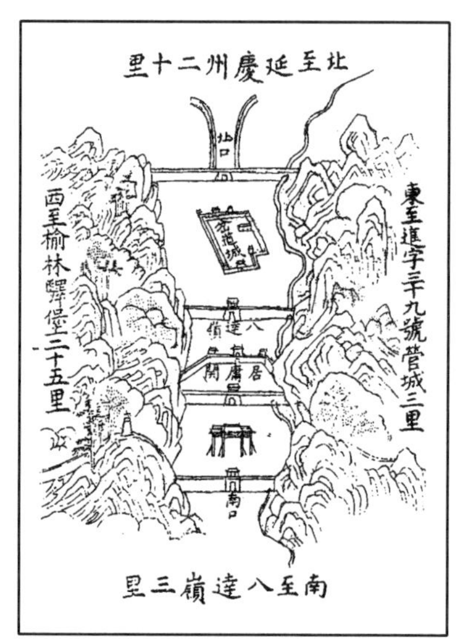

图 8-8-6 明《宣大山西三镇图说》的居庸关与灭虏城形式图

在京师北面增加二镇，合为“九边十一镇”。全部守城将士共 97 万人，按 14600 余华里计，平均每公里 130 余人。镇有镇城，都是沿边中型城市。关有关城，与长城相连，用于驻防。城上每隔几十米至百余米建敌台一座，城内城外每隔大约三里建烟墩一座（图 8-8-6、图 8-8-7）。

关城都设在长城内外交通要道处，或在高山峻岭，或在深沟峡谷，现存著名关城有山海关、嘉峪关、居庸关、古北口、雁门关等。

山海关在今河北秦皇岛市北，东临渤海，是明代除辽东以外的长城东端起点，扼守着京师东路。关城建于明洪武十四年（1381），方形，周长约 4.3 公里。城墙包砖，高达 14 米。关内有钟鼓楼。关城四向开门，各有城楼，东、西门外各有瓮城。东门城楼最为高大，东为砖墙，上开箭窗，西面露出木结构，檐下高悬“天下第一关”巨匾。东瓮城与关城相接处南北原各有一座角楼。关城东北角原也有角楼，从此北上，长城沿陡峭山崖深入燕山，再东接辽东长城，西接蓟镇长城。东南角原也有角楼，长城由此向南直抵海边老龙头，以临海城结束。关内关外的大小关城与诸多城楼、角楼和其他前哨墩台一起，共同组成严密的防御体系，构成气势壮阔的景观。在山海关关城外，南北又各挟持一座翼城，称南水关和北水关（图 8-8-8 ~ 图 8-8-10）。

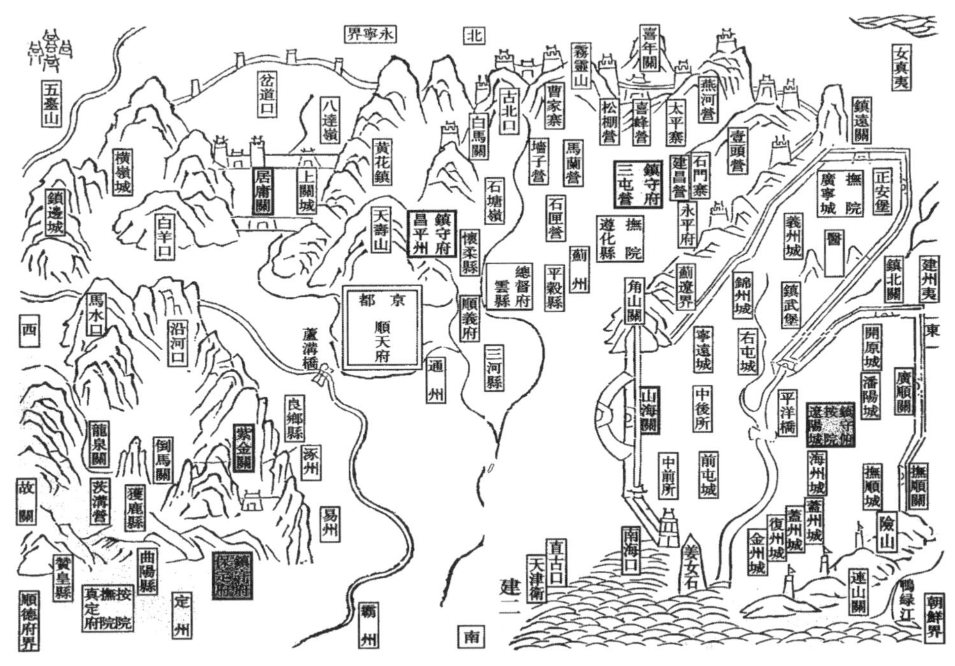

图 8-8-7　明代京津辽东长城形势

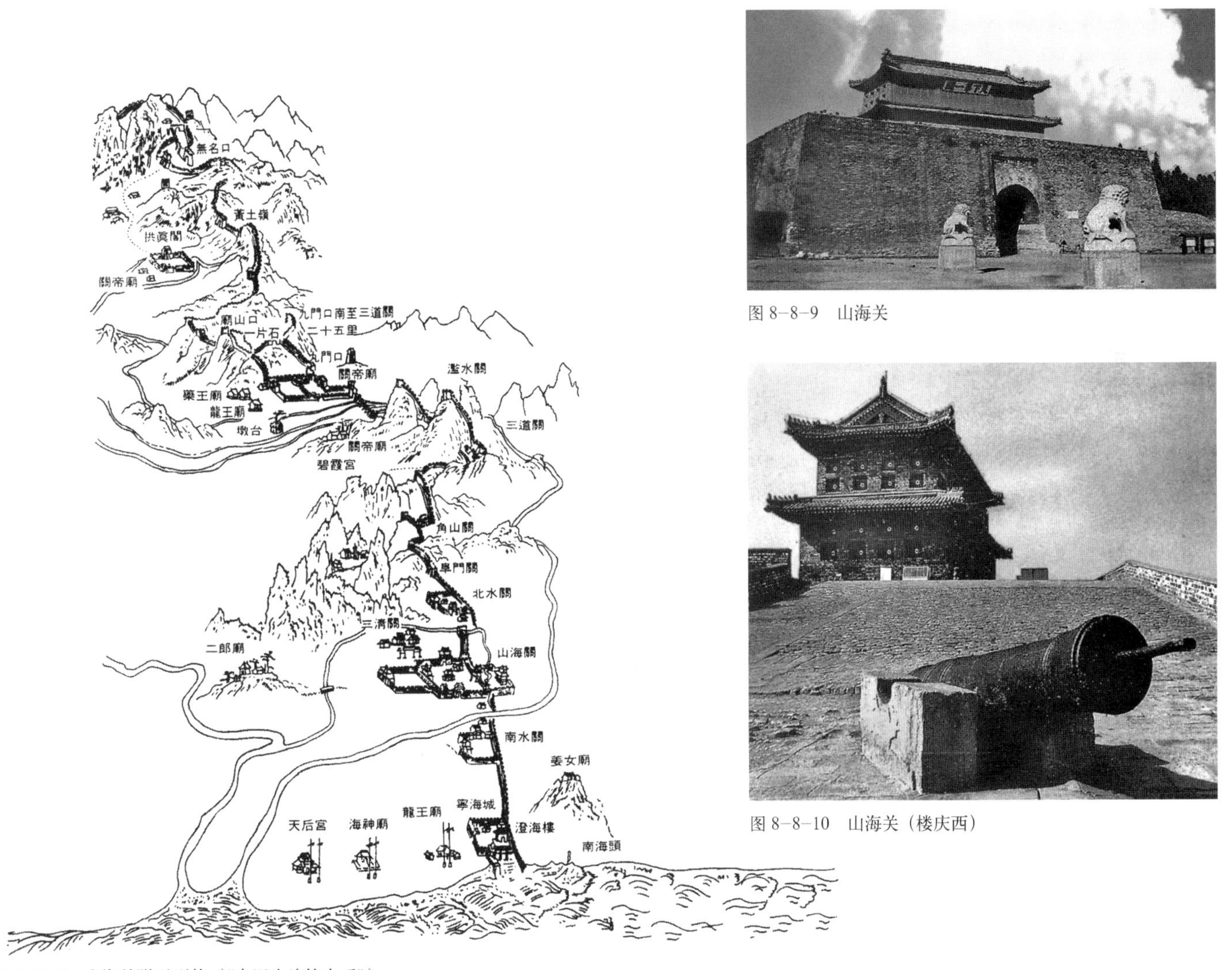

图 8-8-8　山海关附近形势（《中国古建筑大系》）

图 8-8-9　山海关

图 8-8-10　山海关（楼庆西）

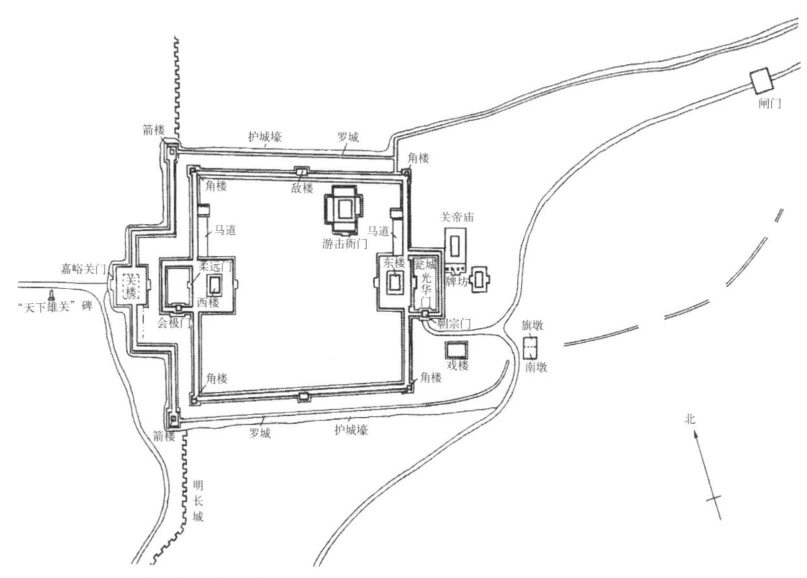

图 8–8–11　嘉峪关平面（《中国古建筑大系》）

图 8–8–12　嘉峪关全景（《中国古建筑大系》）

图 8–8–13　嘉峪关（《中国古建筑》）

嘉峪关是明长城西端终点，创建于明洪武五年（1372），位于今甘肃嘉峪关市西，正当河西走廊瓶颈地段，形势险要。关城平面见方而略呈梯形，正面朝西，周长 733 米，其中西墙较长。城内有游击衙门和营房。关城只开东、西二门。门上各有城楼，三檐，歇山，高耸于城台之上，气势雄壮，门外各有方形瓮城。城四角有角台和砖砌角楼，南北城墙正中有敌台敌楼。城墙土筑，高 11.7 米，只在城台、角台处包砖，上有砖砌雉堞。为加强西面的防御，在城西门外又加筑一道高大的包砖城墙和城门，门上原也有楼，悬“天下第一雄关”巨匾，现已非原物。城外南北两侧另筑土墙，较矮，称罗城。在关城东面广场上还有关帝庙、文昌阁、戏台等建筑。整个嘉峪关城垣围护，碉楼林立，四周是辽阔的戈壁滩，南望终年积雪的祁连山，北可遥见龙首山，气象肃穆威壮，动人心魄。当年为收复被沙俄侵占的伊犁，左宗棠率湘军西进新疆，就从这里出关远征。左宗棠过此曾赋诗云：“将军长歌出汉关，湖湘子弟满天山。”（图 8–8–11 ～图 8–8–14）。

北京居庸关是明清京师北部的重要孔道，沿着长达 25 公里的峡谷由北而南设防四重，即岔道城、居庸外镇、居庸关城和南口。居庸外镇即八达岭长城，是保卫京师最重要的一道防线。

长城城墙皆“因地形，用险制塞”，多沿着蜿蜒起伏的山脊线步步延伸，常利用山脊外侧如同陡壁的地形，山、城相依，更增险固。

明代以前长城主要用土和石筑造，明代长城在许多地段尤其东段北京附近都用城砖包砌墙身，内填土和碎石，以条石作基，最为高大坚固。北京延庆八达岭、怀柔慕田峪、密云司马台、河北滦平金山岭等，都是以险峻著称的长城段落（图 8–8–15 ～图 8–8–18）。中段黄土地带以土为主，也用砖石。西段甘宁一带的

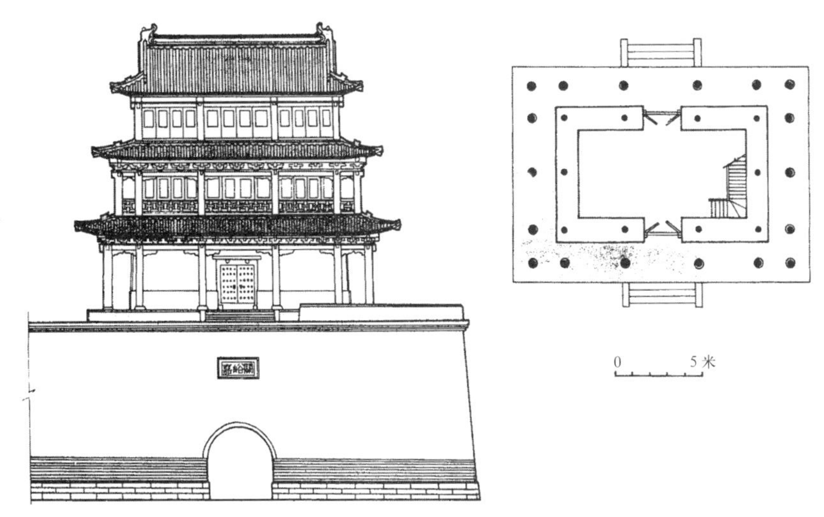

图 8-8-14　嘉峪关罗城城楼（外关门）复原（萧默）

图 8-8-15　北京长城（资料光盘）

图 8-8-16　北京长城（罗哲文）

图 8-8-17　北京长城（罗哲文）

图 8–8–18　长城残迹（资料光盘）

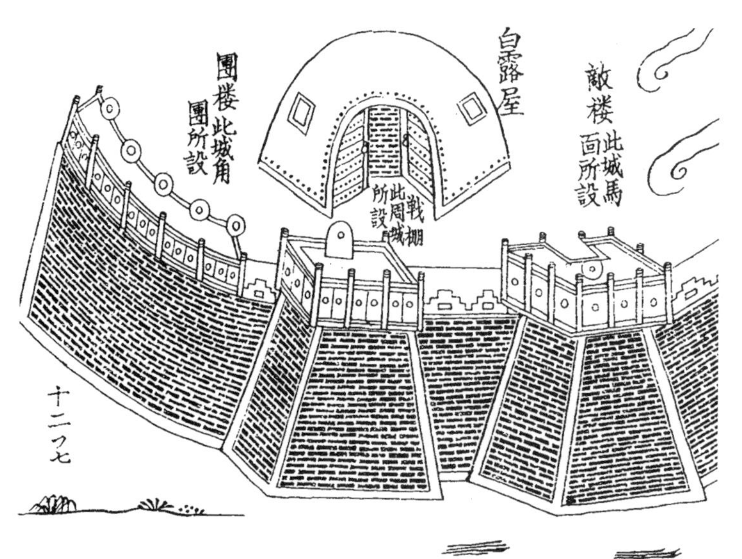

宋曾公亮《武经总要》所绘敌台

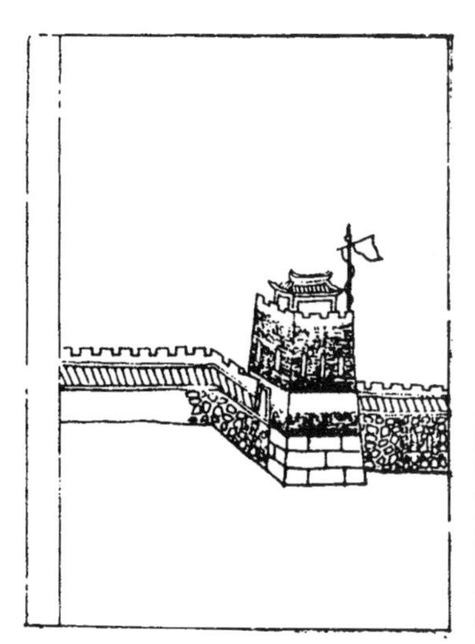

明《练兵实纪》中的敌台（明代敌台图摹自《练兵实纪》）

图 8–8–19　敌台

沙漠戈壁无土无石，则用沙砾铺砌，中夹红柳条或芦苇层以相固济。

以八达岭长城为例，都是土心砖表，断面呈梯形，底宽 6 ~ 7 米，高 7 ~ 8 米，顶宽约 5 米，墙顶用方砖铺砌或砌成台阶。墙顶外侧砌筑高 2 米的雉堞，内侧砌女墙。每隔不远在墙体内有登城的券门道。每隔约 100 米依墙砌筑内外凸出墙体、高出城墙的骑墙城台，称敌台。敌台方形，上下两层，下层驻军卒和贮藏，上层有垛口和铺房。骑墙敌台为明代以前所无。戚继光在《练兵记实杂记》中说："今建空心敌台，尽将通人马冲处堵塞。其制高三四丈不等，周围阔十二丈，有十七八丈不等者。两台相应，左右相救，骑墙而立。造台法：下筑基与边墙平，外出一丈四五尺有余，内出五尺有余。中层空豁，四面见窗。上层建楼橹（即木结构瞭望屋），环以垛口。"还有一种叫墙台，平面也凸出墙外，但高与墙平，上有铺房。金山岭长城沿陡峭山脊伸延，最为险峻，敌台保存较好（图 8–8–19 ~图 8–8–21）。

沿墙在墙外山岭高处，每隔约三里设烽火台，是长城的前哨。烽火台也称烽燧，明代多称为烟墩，为独立高台，上有房，下筑围墙，大部设在长城内侧，也有的在外侧。昼举烟，夜举火，明代又增加放炮，以报敌情。烟、火束数和炮声多少根据敌情有严格规定（图 8–8–22、图 8–8–23）。

长城在历史上起过很大作用，防范了塞北游牧人群的侵袭，以保证中原的安宁，也使得古代中西经济文化交流的丝绸之路得以畅通，促进了边关各民族的和平贸易与友好交往。

需要指出，长城的建造原是基于军事的目的，并不是有意作为一个艺术作品来创造的，但时至今天，军事上的实用功能早已不复存在，诚如康熙诗所云，"但留形胜壮山河"，只有它的美长存下来。人类的作品常有这种情形，如人所创造的初仅为实用的各种工具、实用器皿等，甚至包括原始时代的石器，今天都已转化成了美的观照对象。之所以这样，是因为人在创造它们的时候，不但是按照实用的尺度，也是按照美的尺度来进行的。人们面对像长城这样既体现了人的巨大意志力量，又具有美的形象的伟大作品，不能不为它而怦然心动。中国长城具有的重要审美价值，在今天已成为人们的共识。

长城的美属于壮美，是一种崇高的美，一种体现“天行健，君子以自强不息”的美，以雄伟、刚强、宏大、粗犷为特征，所以美学家甚至认为：“中国最伟大的美术，最壮丽的美，莫过于长城。”[1]

长城的美体现在两个方面，即人工美与自然美的高度融合及它的悲剧性。[2]

自然本来就存在着美的节奏。郭沫若说：“本来宇宙间一切事物没有一样是没有节奏的……譬如高而为山陵，低而为溪谷，陵谷相间，岭脉蜿蜒，这便是地壳上的节奏。”[3]长城踞高凭险，逶迤上下，把自然原本存在的这种节奏明显地点示出来，原来完全自在无情的自然就被赋予了人的判断，从而与人的感情息息相关。长城自身更具有美的形象，那雄伟的关城，流转若动的城墙，挺然峭拔的城楼、角楼和敌台，孤绝独出的烽火台，它们所组成的点、线、面结合的神奇构图，都转化成了美的韵律和节奏。所以，美学家又评论说：长城“宛如神奇的巨笔在北国大地上一笔挥就的气势磅礴的草书。城上的敌楼就是这草书中的顿挫，雄关就是这草书的转折，而亭障、墩、堠则是这草书中错落的散点，形成一幅结构完整的艺术巨作，是真正的‘大地艺术’”。

悲剧美是一种与崇高美相关的美学范畴。渗透着人的伟大意志、用千万人的生命堆起的长城，几千年来发生在长城边上的无数慷慨悲壮的故事，本身就是一出出伟大的悲剧。人们面对这样的对象，浮想联翩，心灵必会感到强烈的震撼。

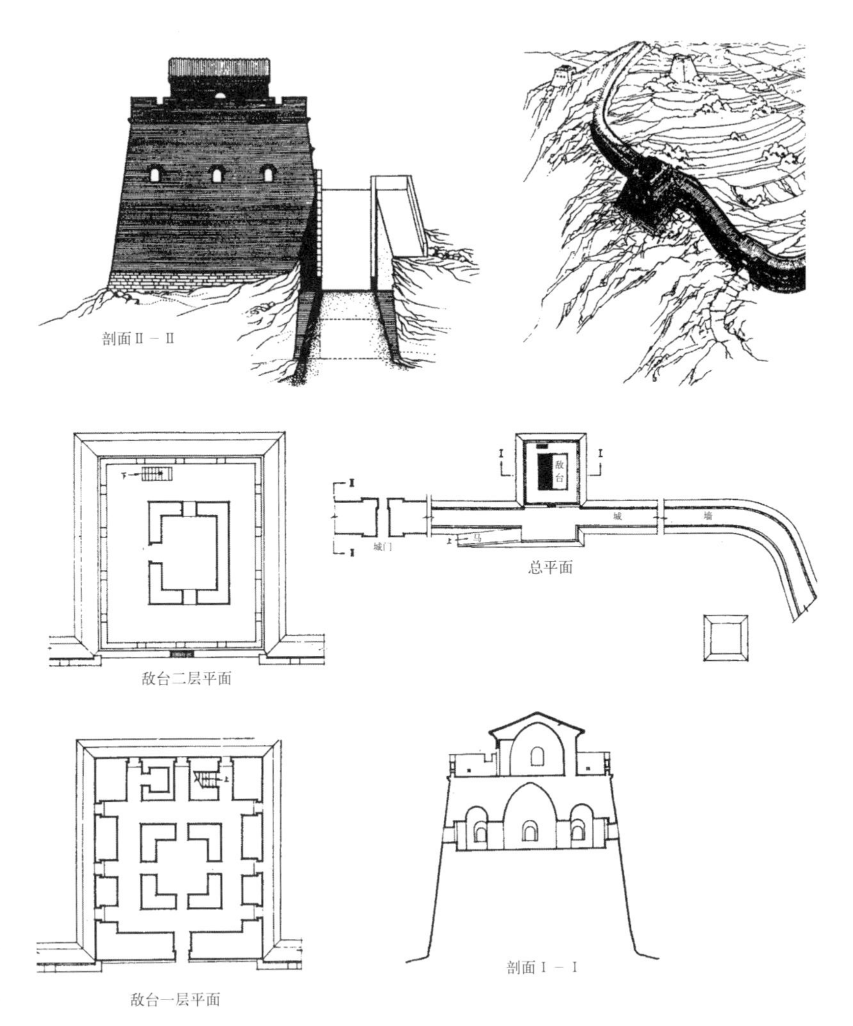

图 8–8–20　山西应县小石口附近长城敌台（《中国古代建筑史》）

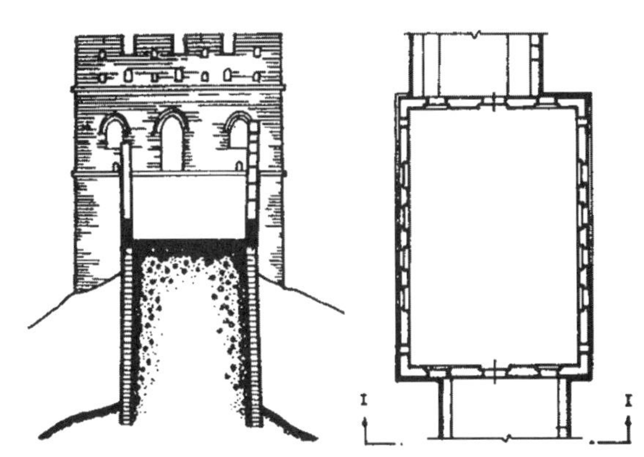
图 8–8–21　长城典型敌台（《中国古代建筑史》）

①宗白华．美学与意境[M]．北京：人民出版社，1987．
②杨辛，章启群．关于长城的美学思考[J]．北京大学学报（哲学与社会科学版），1996(2)．
③郭沫若．文艺论集[M]//郭沫若．郭沫若全集·文学编．北京：人民文学出版社，1982．

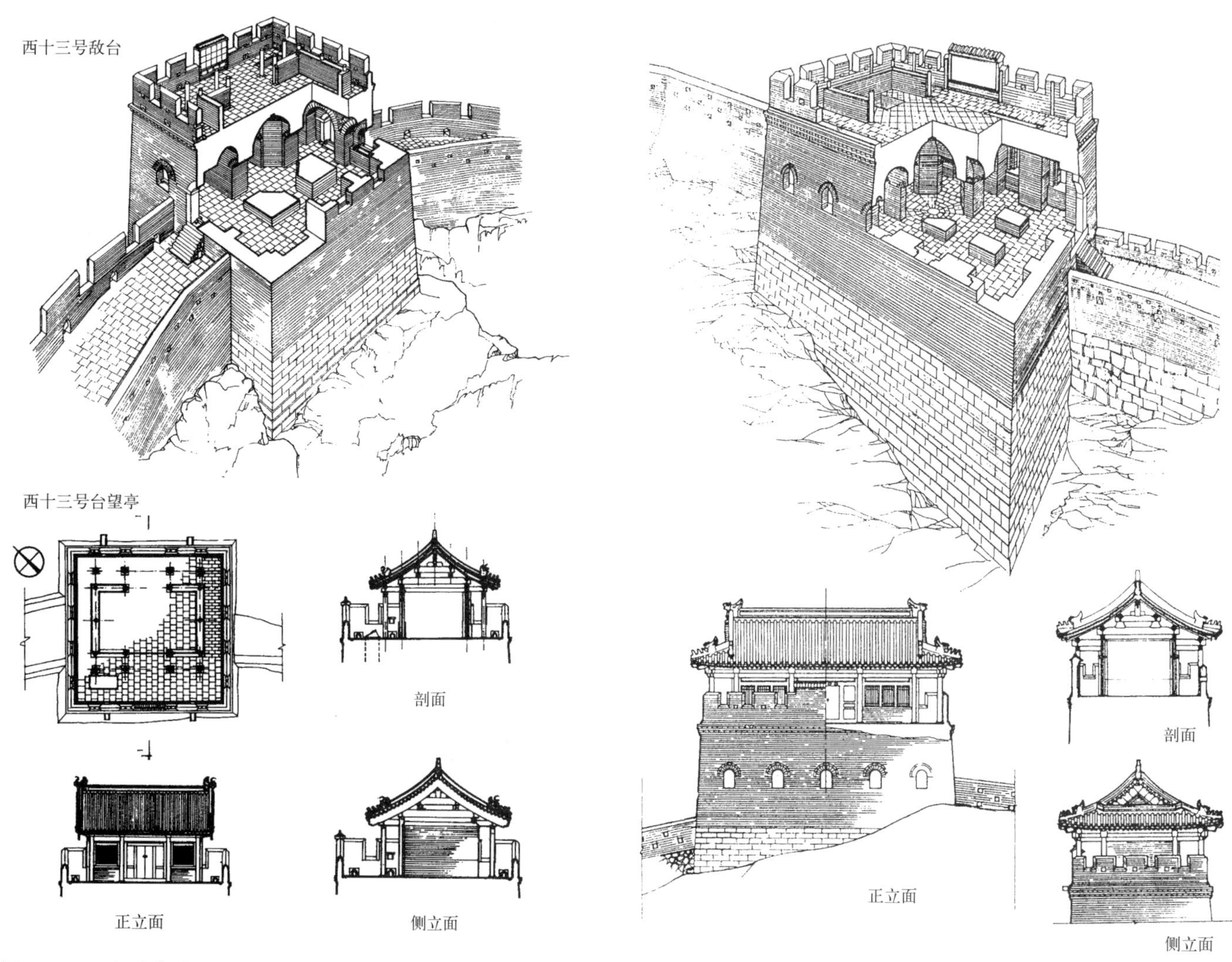

图 8-8-22　司马台长城西十三号敌台（《司马台长城》）

图 8-8-23　司马台长城东十二号敌台及台上望亭（《司马台长城》）

第九节　衙署

各地行政长官代表皇帝和中央政权行使管理职权。作为各地政权机关的“衙署”，既是他们及其幕僚吏属办理公务的地方，也是眷属和幕宾居住之所，在各地县以上城市普遍建造。

一、总述

在第六章我们已经谈到，较早的有关衙署布局的形象资料可见于各地方志，其最早的可推南宋《平江图》碑，图中的“子城”即平江府衙。子城坐北朝南，正门为南门，偏东，呈宫阙状。正门内为一廊院，正面中间置仪门，额“平江军”。再进为两重院落，前院正房为“设厅”，即大堂，是处理政务之所；后院正房称“小堂”即二堂，办理日常公事。小堂以北以一条中廊连接两排横屋，加上小堂合成一个“王”字，是郡治长官和官眷们的住所，相当于后寝。王字正中一横为“宅堂”，左右复有东西二斋。王字再北是一区花园，有水池及亭阁轩堂之设，最后在北城垣上立齐云楼，有眺望之胜。沿中轴线布置前堂后寝最后为花园，是中国古代宅第、衙署以至宫殿的通例。子城东部有各种库屋，西部面积较大，有各种有关兵、刑、田亩户口的公事房和教场、作院等（图 8-9-1）。

现存古代衙署实例甚少，大都是清代所建，近年山西省古建筑保护研究所在山西新绛发现一座元代衙署，可能是现存最早的实例了。新绛衙署为绛州府衙（“府”相当于现在的专区），中轴线前部主要建筑大体尚存，从南至北顺序为衙门、仪门、戒石坊和大堂。值得注意的是其“衙门”形如城门，下有城台，开券门，上立重檐歇山顶门楼，城台两侧为连廊。明清衙署常称其衙门为“谯楼”，定时更鼓报时，新绛之例应即其先例。

所谓“谯楼”,实即唐宋城市“子城”的遗迹。“子城”即外城（罗城）内包围衙署的小城，其大门作城楼状，称鼓角楼。元代的统治民族为游牧蒙古人，为便于征服，禁止筑城或更拆毁城墙包括子城，“明代方志记载元明令各地堕毁城垣，禁止修城，于是罗城子城毁弃殆尽，外城虽后来修复，而子城之制乃绝。”只有鼓角楼往往仍存，“后世称为谯楼，以为城市晨昏警时之用”。[①]

仪门三间，立在高台阶上，悬山顶，左右各接掖门。仪门以内地势增高，在高甬道上立戒石坊，三间。戒石坊源于北宋，原为戒石亭，内有“戒石”。从新绛之例,可见元已改亭为坊，明清也多为坊。戒石坊与大堂月台之间也有甬道。大堂面阔五间，悬山顶，前有面阔三间悬山顶抱厦，再前即月台。大堂前部中三间无柱，与抱厦空间连通，十分宽广。戒石坊与大堂之间的广场左右各有一列长屋，应为衙门各科房，即礼户吏、兵刑工六房。大堂之后的建筑已经后代改造。通观全衙，与明清衙署十分相似。但绛州府衙正堂采用斗栱，则不见于清代（图 8-9-2）。

现存比较完整的清代衙署还有七八座。清朝对衙署建筑规制有过具体规定，这些实例与

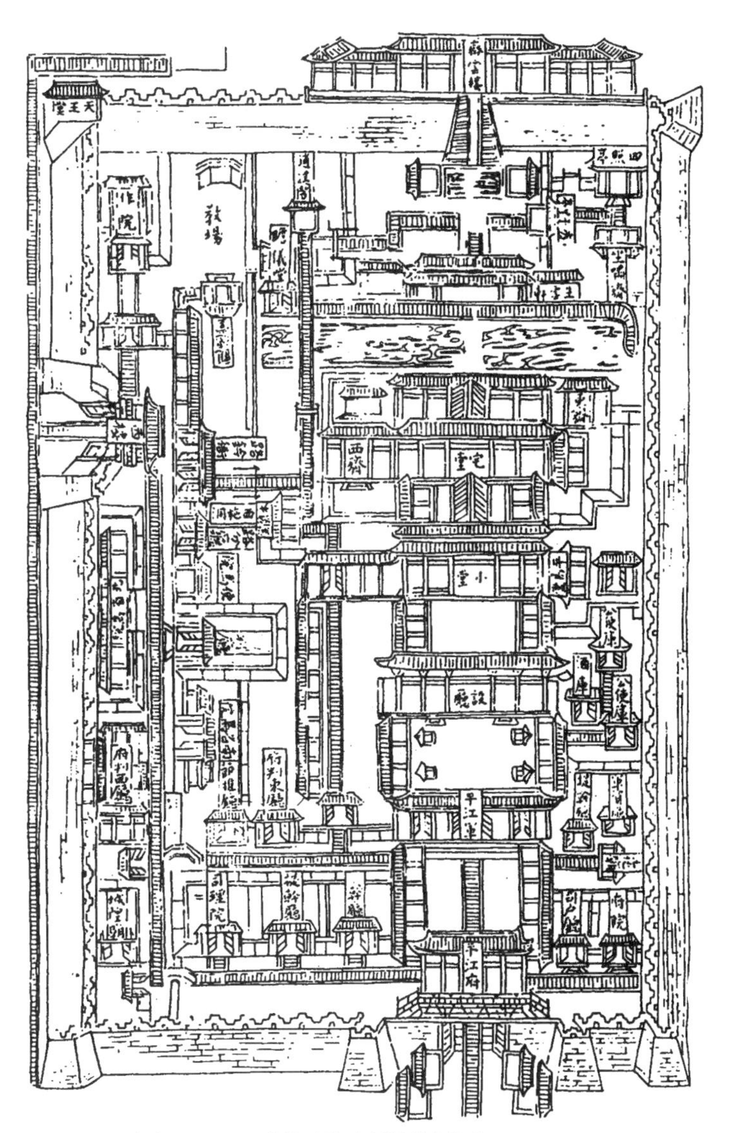

图 8-9-1　南宋《平江图》中的子城（《刘敦桢文集》）

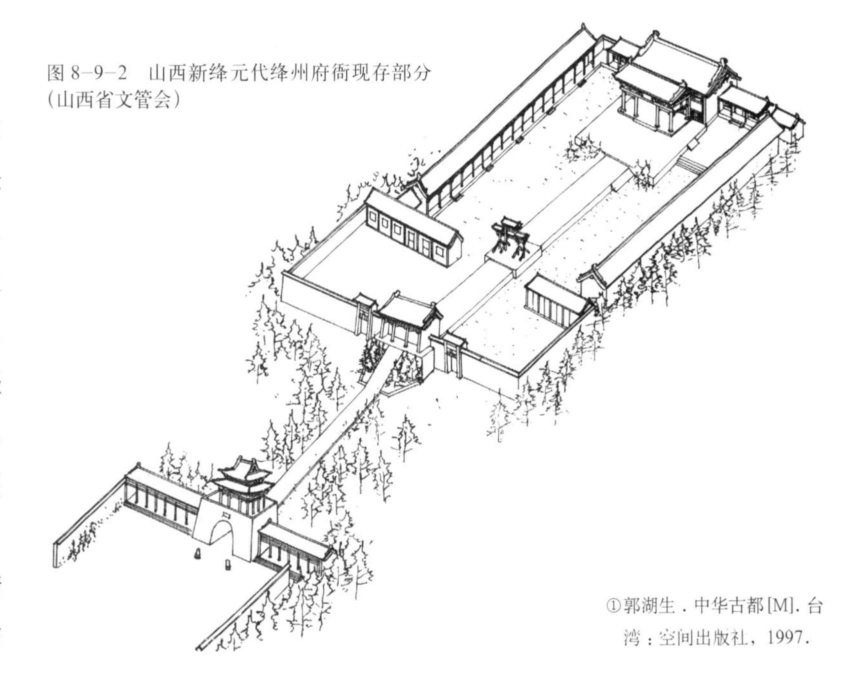
图 8-9-2　山西新绛元代绛州府衙现存部分（山西省文管会）

①郭湖生．中华古都[M]．台湾：空间出版社，1997．

之相符，反映了当时的真实情况。[1]

综合《大清会典》、《大清会典事例》、[2]各地方志和现存实例，可得知清代衙署建筑的概况，诸如：一、多置于城内近中心处，以突出其权威性；二、布局取中轴对称、前堂后寝方式，大致上似乎宫殿的缩小或第宅的放大。由于中国古代地方官吏一向“民刑不分，诸法一体”，县官“掌一县之治理，决讼断辟，劝农赈贫，讨猾除奸，兴养立教”（《清史稿·职官志》），凡一地之大小事务，无论钱粮赋税，刑讼捕讨，兴革鼎建，风俗教化等，统统在“父母官”的管辖之下，故衙署的内容比第宅复杂得多，有些项目甚至为宫殿所不具；三、具体布置往往受五行方位之说的影响，如东尊西卑、文左武右，以及东南为吉、西南为凶等影响；四、随政情繁简、吏衙设置和吏员多少的不同，各地衙署的规模和具体建筑项目有所差异；五、为显示体恤民情，标示廉政，朝廷三令五申衙署不得奢侈，故一般都比较简朴，没有过多装饰。所有的建筑小品和装饰，如牌坊、照壁、匾额、联对等，着重表现儒家规范的为官之道。

明清衙署通常按对称方式作“横三纵三”的总体布局，即坐北朝南，横向分为左中右三路，以中路为主；纵向分为前中后三段，以中段为主。以县衙为例，中路的具体布置由南向北依次为：一、照壁。面向衙门，隔街而设，壁上雕（或画）一个状类麒麟称为“犾”的怪兽。传说犾最是贪婪，喜食金银财宝，甚至妄想吞掉太阳。显示此物，以诫官吏不得贪佞；二、牌坊。在衙门外，是衙署外观最重要的标志，两侧多有石狮；三、衙门，即大门，三间带左右八字墙，所谓“衙门八字朝南开”。在衙门中柱一线明间设门扉，左右充填以墙；东间前部置鼓，古称“登闻鼓”，俗称“喊冤鼓”，告状人在此击鼓鸣冤，西间置二碑，一曰“诬告加三等”，一曰“越诉笞五十”；四、仪门，即中门，立在衙门内一般高出地面的长甬道上，左右各有小门，自此即进入纵深第二段。东小门称“人门”或“生门”，是日常进出之门；西称“鬼门”或“死门”，是死刑犯宣判后所出之门。仪门本身只在上级官员莅临或审判要案时开启，容百姓进至大堂前旁听；五、戒石坊，为一座三间四柱牌坊。坊额南刻“公生明”三字，北刻“尔俸尔禄，民脂民膏，下民易虐，上天难欺”四句。“公生明”即“公生明，廉生威”之意。“尔俸尔禄”四句出于五代后蜀孟昶戒官吏文，原二十四句，于后蜀广政四年颁布，宋赵匡胤摘以上四句，敕令各府县衙立石刻铭并护以亭，称戒石亭。明清沿袭此制，而以牌坊代替，称戒石坊；六、大堂，是全衙最重要的核心建筑。三至五间，向前开敞，前或有抱厦并月台，次间梢间前置栅栏。明间中后部在屏墙前安暖阁，内有公案；左右各列“肃静”、“回避”和标明县官品级的木牌，以及军杖等物，称为“执事”，以壮声威。大堂又称正堂、公堂，或额称“亲民堂”、“忠爱堂”，是举行典礼和重要政务活动的地方，如万寿节庆典、承接圣旨和上级公文、拜发奏折、公开审理大案和宣判。月台前左右各纵列“六房”，共六房，即东面的吏、户、礼三房和西面的兵、刑、工三房（俗有吏威兵武户富刑贵礼贫工贱之说），每房各二间。受五行方位之说的影响，中国人习惯将东方与春天、生长、祥和、文治，将西方与秋天、收获、肃杀、武功等概念联系在一起，东西相对，东尊西卑。六房之设也遵从这个观念。左右三房与大堂、戒石坊一起，构成一个围合空间。有时在左右三房之南又各接铺长房和承发房，前者“掌邮传及迎送官员等事”，后者“凡公文信札，皆在此房挂号并分发各房转办”。房的吏员统称典吏，无品级，不入流；七、宅门。从大堂屏墙左右绕过，出大堂北门有一四合院，院门即称宅门。门前左右有门吏房。门内正中设屏门，

[1] 刘鹏九．明清县衙建筑规制及建筑物功能考[J]. 历史档案，1993(1).

[2] 会典为典章制度专书，清朝会典共五部，为康、雍、乾、嘉、光几朝所修，每次所修之内容都截止到修会典时。康、雍两朝所修会典，是将典制与实行之事例编在一起，自乾隆朝修会典以后，典制与事例分别编纂。典制部分名《大清会典》，记载了修会典时的制度，在延续旧制的基础上有所增改。事例部分，乾隆朝名《大清会典则例》，嘉庆、光绪两朝名《大清会典事例》，是制度实行上的相关史事，反映了制度上的某些变化，其事例均上溯至清初。

屏门平时也不开启，遮住二堂。屏门上朝着院北的二堂挂横匾，书“天理国法人情”六字；八、二堂，院内正房，是县官退思小憩及预审之处，也审理不宜公开的案件。二堂内也设公案和一套执事，匾额常称“退思堂”或“琴治堂”。“琴治”出典于《吕氏春秋》宓子贱为单父县令时“身不下堂，鸣琴而治”的故事，以标榜以德治政，县政清简。院两侧厢房分别是县令所聘钱粮师爷和刑名师爷办事之所，各厢房有过厅通向左右二路的县丞廨和主簿廨。“师爷”们协助县令处理政务，称为幕宾，与县令是私人朋友关系，合则留，不合可以拂袖而去，虽有地位而不入流品。此种制度称为幕府，起源甚早，如《史记》所谓的“客”、“门客”、“舍人”，汉代常见的“门下吏”、“门下故吏”，都是这类“师爷”式的人物。二堂公案后也有屏门，上级官员莅临时开启，故二堂又称穿堂。二堂以后即进入纵深第三段；九、三堂。在二堂后，也是四合院，又称“正宅”、“内治”、“知县宅”或“县廨”，属县令内宅，日常接待幕友，有时也用于审断事涉风月的隐私案件。堂内常悬“清慎勤”匾。此三字出自司马昭训长吏言：“为官长当清，当慎，当勤，修此三者，何患不治乎？”宋代以来已成流行的官箴，明清皇帝更大力提倡。

此外还有三班之设，皂班站堂行刑，壮班做力差，快板分步快和马快，专管缉捕，皆为吏役，不入流，其值事之所颇不一致，多靠近中轴随宜而设。

比较完善的县衙，东西二路的布置自前而后分别是：一、纵深第一段东为寅宾馆，招待客人住宿。按五行方位，东南属巽，地位较尊而吉利。寅宾馆北为衙神庙或土地庙。西南属坤位，地位较低而凶险，设监狱和狱神庙；二、纵深第二段东为典史廨，其北为县丞廨；西为吏舍，其北有主簿廨。县丞和主簿是县衙两个主要佐官，协理县政，主管文书、仓、狱等事，

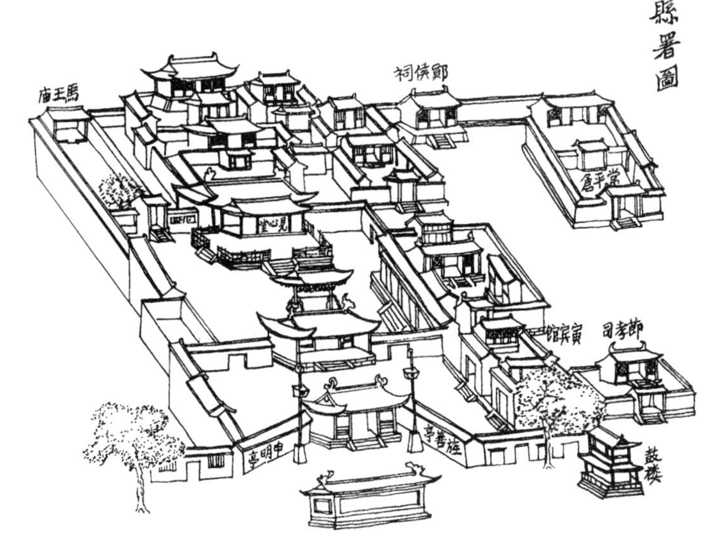

图 8–9–3　太原县署（清《太原县志》）

已入流，清代一般为正八品。典史又称县尉，为县衙属官，未入流，在清代主管缉捕监狱之事，故典史廨又常称“捕厅”或“捕衙”；三、纵深第三段在中路左右为东西花厅，是县令内眷居住的地方。此外，衙内还有如“库阁架”（档案房）、各种库房和马厩等，布设在轴线左右。

总计一县之衙，县令以下加上幕宾、佐官、属官、吏员和衙役，多超过百人。关于县衙的生活情景，在冯友兰《三松堂自序》中记其随父（其时署理湖北崇阳知县）在县衙生活的经历，有生动真切的描述。

在各地地方志书中常绘有衙署图，如《太原县志》中的太原县署，形制与上述基本相同（图 8–9–3）。

二、实例

河南内乡县衙

内乡古为郦邑，亦称菊潭，在河南南阳西。县衙始建于元，明末毁，清康熙间重建。现存建筑多为清光绪间知县章炳焘主持重修重建，中轴上的建筑基本保存完好，是难得的县衙实例遗存（图 8–9–4 ～图 8–9–10）。

内乡县衙在县城中心，面积约 2.3 公顷，与上述典型方式几乎完全相符，主要建筑如衙

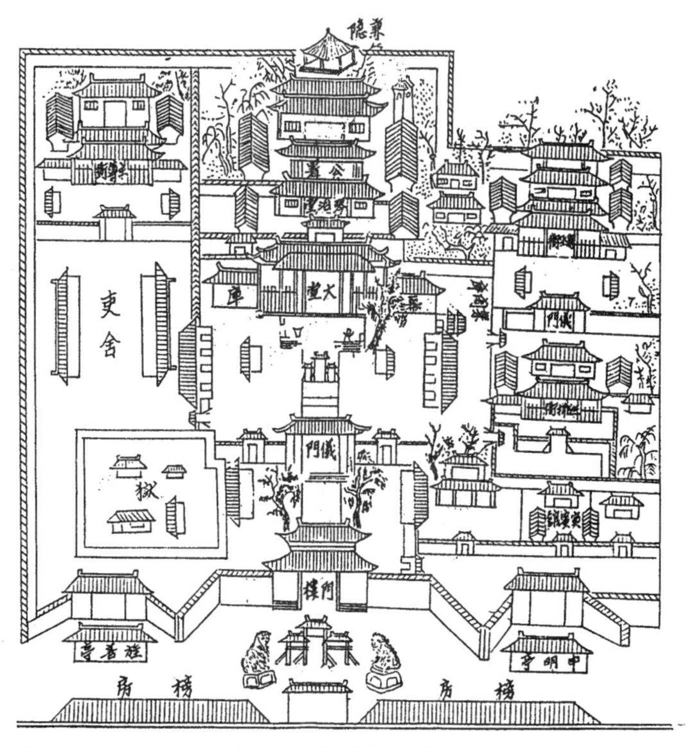

图 8–9–4　河南南阳内乡康熙县衙（据清康熙《内乡县志》，刘鹏九）

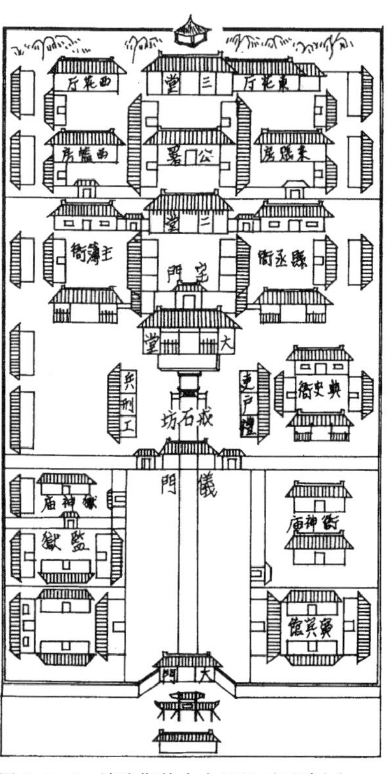

图 8–9–5　清晚期的内乡县衙（刘鹏九）

门、大堂及左右班房、二堂、三堂、东西花厅和各堂院落得到完好的保存，但照壁、仪门、戒石坊及东西路上的许多建筑已不存，监狱只存狱门，衙门口的三间牌坊即宣化坊系近年重建。据康熙《内乡县志》，称衙门为“谯楼”，兼有报时功能，但现状为三间平房，恐系光绪间所改。“楼南为外榜房凡十二间”，在照壁左右，现无存。“榜”即官府告示，榜房应即告示牌上覆以屋顶。在谯楼八字墙左右还有申明亭、旌善亭各一，应是旌表良善的地方，现也不存。据明嘉靖《邓州志》，邓州县衙也是“外为谯楼即大门，东为申明亭，西为旌善亭”，与内乡全同。但据前举《太原县志》中所绘太原县署图，虽大门两侧仍标为申明亭、旌善亭，所绘却是墙或廊，可见名实不一定相符。

图 8–9–6　河南内乡县衙衙门（萧默）

图 8–9–7　内乡县衙正堂（萧默）

明洪武曾定制“官员营造房屋……三品至五品，厅堂五间七架，梁栋檐桷青碧绘饰……六至九品，厅堂三间七架，梁栋饰以土黄”（《明史·职官志》)。清沿用此制。章炳焘重建内乡县衙时为五品，所以大堂二堂三堂都是五间。大堂的正中三间向前开敞，左右梢间隔为室。

内乡县衙各屋只是硬山顶，皆黑柱青瓦白墙，除大堂外无多彩饰，甚为简朴。衙门匾额书“内乡县署”，联曰“治菊潭一柱擎天头势重，爱黎民十年踏地脚跟牢”，是章炳焘自矜之词。衙内对联类皆自警之语，如“为政不在言多，须息息从省身克己而出；当官务持大体，思事事皆民生国计所关”；“得一官不荣，失一官不辱，莫说一官无用，地方全靠一官；吃百姓之饭，穿百姓之衣，毋道百姓可欺，自己也是百姓”等，虽不免“官样文章”，也说出了一些朴素的道理。

图 8-9-8　内乡县衙正堂内部（萧默）

图 8-9-9　内乡县衙屏门内（萧默）

江西浮梁县衙

唐元和十一年（817），因水灾，迁浮梁县于现景德镇市北浮梁县处，千余年来，浮梁向以瓷、茶为业，经济比较繁荣。白居易《琵琶行》中曾有句：“商人重利轻离别，前月浮梁买茶去”，又“浮梁子弟”义与今“纨绔子弟”同，可见唐时浮梁经济已颇知名。元时，景德镇与河南朱仙镇、湖北汉口镇、广东佛山镇齐名，称中国四大名镇。因该地瓷器常为贡品，明清以来，朝廷在此均派有监窑官，品级为二或三品，浮梁县令也多次被钦点为五品，比一般县令的七品为高，故县衙的品级也较高。

图 8-9-10　内乡县衙二堂（萧默）

现存浮梁县衙建于清道光间，距今 170 年，占地 6.45 公顷，规模较内乡大得多，是江南唯一保存完整的县级衙署，有“江南第一县衙”之称。县衙的布局和局部均与上述大同小异，但规模虽大，建筑却特别简朴，是现存所有衙署中最朴素的一座，木构件上甚至连油漆也没有，暴露出木材本色（图 8-9-11 ～图 8-9-17）。浮梁县衙曾经近年修复，影壁、大门和仪门等都是按原样重建的，天语坊（戒石坊）和东、西二路的一

图 8-9-11　江西景德镇浮梁县衙复原鸟瞰图（李新才）

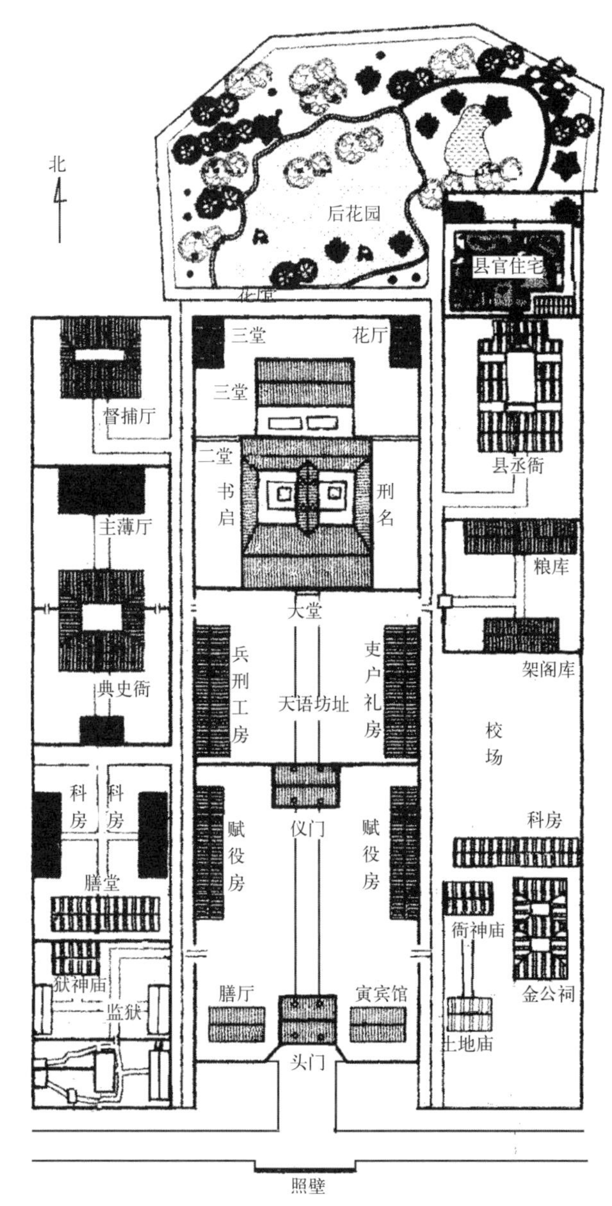

图 8-9-12　浮梁县衙平面图（萧默 改绘）

图 8-9-13　浮梁县衙大门（萧默）

图 8-9-14　浮梁县衙大堂（萧默）

图 8-9-15　浮梁县衙大堂内（萧默）

图 8-9-16　浮梁县衙二堂（萧默）

图 8-9-17　浮梁县衙三堂（萧默）

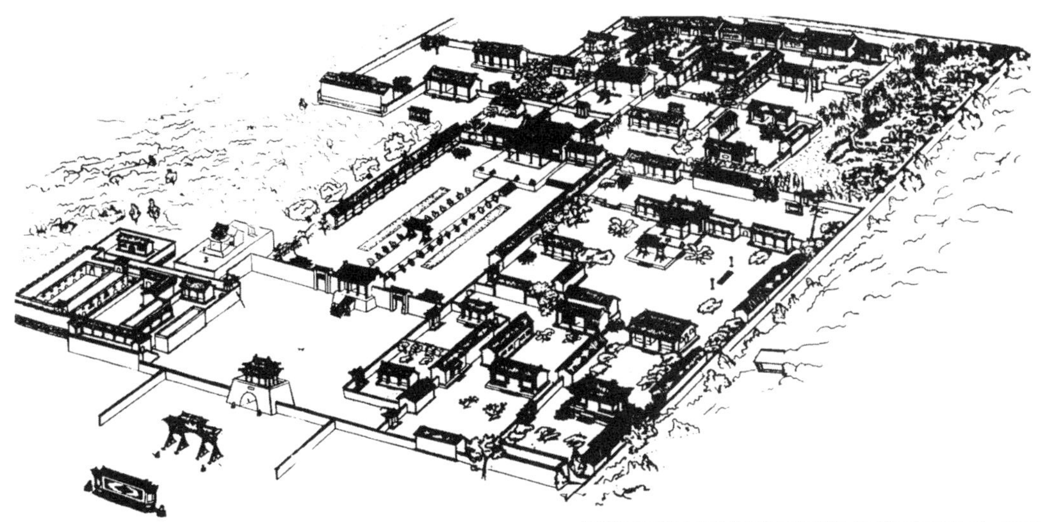

图 8-9-18　山西霍州府衙

些建筑尚未复原。在单体建筑的形象上，浮梁县衙带有徽派建筑风格，如风火山墙等。现大堂风火墙已佚，据资料，原来应该是有的。

山西霍州州衙

山西霍州州衙是现存唯一古代州级（相当于现在的县级市）衙署，始建于元大德八年（1304），至正十八年（1358）被乱兵焚毁，唯大堂存。历经修扩，至光绪十七年（1891），知州铁岭德生再度重修。全衙占地 3.85 公顷，总布局也同于前举之例，值得注意的是大门作带城墙城楼的城楼式，与山西绛州府衙一样，均是元以前鼓角楼后称谯楼的幸遗。霍州州衙的仪门也立在高台基上，仪门后的地势高起，加上谯楼，都与绛州府衙相同。从仪门到大堂之间的甬道也高于地面约一米。大堂五间，中部三间前出抱厦，既有利于使用和"以壮观瞻"，又可免于逾制之责（图 8-9-18 ~图 8-9-23）。

河北保定直隶总督署

清雍正二年（1724）朝廷确定设直隶总督一职，驻节保定，七年改建原大宁都司署为直隶总督署。总督是一省最高长官，职在"厘治军民，综制文武，察举官吏，修饬封疆"，而直隶总督

图 8-9-19　霍州府衙牌楼与谯楼（耿海珍）

图 8-9-20　霍州府衙仪门（耿海珍）

图 8-9-21　霍州府衙山西霍州府衙戒石坊（耿海珍）

①黎仁凯，衡志义，傅德元．清代直隶总督与总督署[M]．北京：中国文史出版社，1993．

图 8–9–22　霍州府衙大堂（耿海珍）

图 8–9–23　霍州大堂内部（耿海珍）

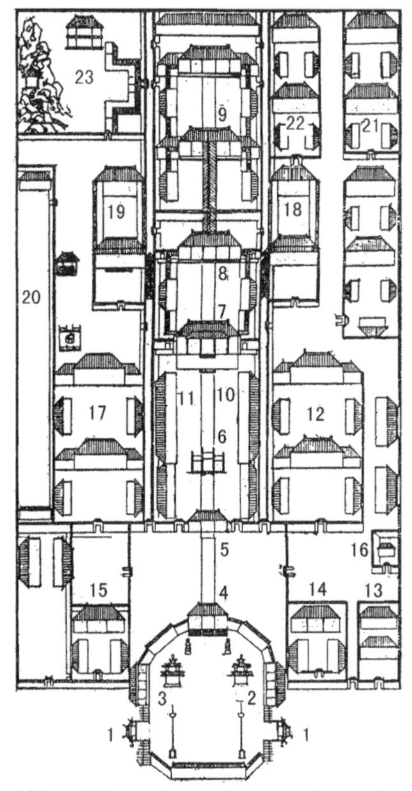

1. 辕门；2. 钟楼；3. 鼓楼；4. 大门；5. 仪门；6. 戒石坊；7. 大堂；8. 二堂；9. 官院；10. 吏、户、礼房；11. 兵、刑、工房；12. 钱粮幕；13. 武成王庙；14. 寅宾馆；15. 典史庙；16. 衙神庙；17. 刑名幕；18. 签押房；19. 办事厅；20. 西箭道；21. 胥吏房；22. 胥吏房；23. 花园

图 8–9–24　河北保定清直隶总督署（《清代直隶总督与总督署》）

居清代各省总督首席，其全称为“总督直隶等处地方提督军务粮饷管理河道兼巡抚事”，除以上职责外，又须与顺天府配合共同拱卫京畿。清末直隶总督兼任北洋大臣，复加进了兴办实业、对外通商、建立和统率北洋水师等职权，已大大超过了直隶一省，诸凡奉天、山东等沿渤海湾一带的通商和军务，都在其统辖之下。直隶总督可说是全国最高的地方行政长官，历来为中央特别重视，李鸿章、袁世凯都出任过此职。

直隶总督署基本保存完好，①位于保定城中心地带，西大街南、南大街西，坐北朝南，署前有东西向道路，署周围都是其他衙署。署门高出署前地面 1 米，全署由前至后地势逐渐增高。总督署系由大宁都司署改成，规模并不特别大，东西 130 米，南北 220 米，面积 2.86 公顷。布局与一般衙署无大差异，与内乡县衙近似，装修也颇俭约，但因品级较高，又系武将衙署，所以也有一些不同，如署门前除照壁外，增加东、西辕门各一座（作单间牌坊式），辕门北有东西班房，它们与署门一起围合成署前广场，广场上复有钟楼、鼓楼各一，石狮和旗杆各一对，署前西南还有一座炮台。这些，都加强了署前的气势，但现今都已不存。据光绪《保定府志》之《保定府图》，除总督署外，布政使司署、按察使司署也都有旗杆，直隶乡试贡院也有，可知立旗杆是省级衙署的通例。总督署一般不直接审理民刑案件，也不关押犯人，所以不设监狱。署内西南角为典史廨。总督署的内宅也较大，“宅门”后移至三堂前，三堂后复有四堂，其西有花园。钱粮幕府和刑名幕府都有独立的院落，在仪门内大堂前左右。此外，寅宾馆东有武成王庙，祀西周开国名将黄飞虎，又在署西部有箭道和小教场，为习武之处，都体现了武将衙署的特点。教场布置在西部，与《平江图》的子城同，也符合“东文西武”的观念（图 8–9–24 ～图 8–9–31）。

图 8-9-25　直隶总督署辕门（萧默）

图 8-9-26　直隶总督署衙门（萧默）

图 8-9-27　直隶总督署仪门（萧默）

图 8-9-28　直隶总督署戒石坊（萧默）

图 8-9-29　总督署戒石坊内额（萧默）

图 8-9-30　直隶总督署大堂内（萧默）

图 8-9-31　直隶总督署二堂内（萧默）

山东曲阜衍圣公府

从北宋开始，已敕封孔子长房后裔为“衍圣公”，历代相沿不替。北宋仁宗至和二年（1055）由朝廷主持，在当时曲阜城（今曲阜东十里）始建衍圣公府。明洪武十年（1377）在孔子故宅阙里附近即孔庙东侧路北重建，即现址。正德八年（1513）连曲阜城也迁到这里，孔庙和衍圣公府都被包在城中央。洪武重建时公府占地达 16 公顷，以后逐渐减小，现仍有 4.5 公顷，约当内乡县衙的两倍，规模甚大。衍圣公虽不执行政务，但位列公侯，在地方上权势极大，除管理大量“祀田”和孔姓族事外，连曲阜知县也得由他推荐，且必为孔姓族人。皇帝驾临曲阜祭孔，也由他主持接待，故衍圣公府也具有一整套衙署设置，且由朝廷主持建造，布局方式与正式衙署相似而规格更高。

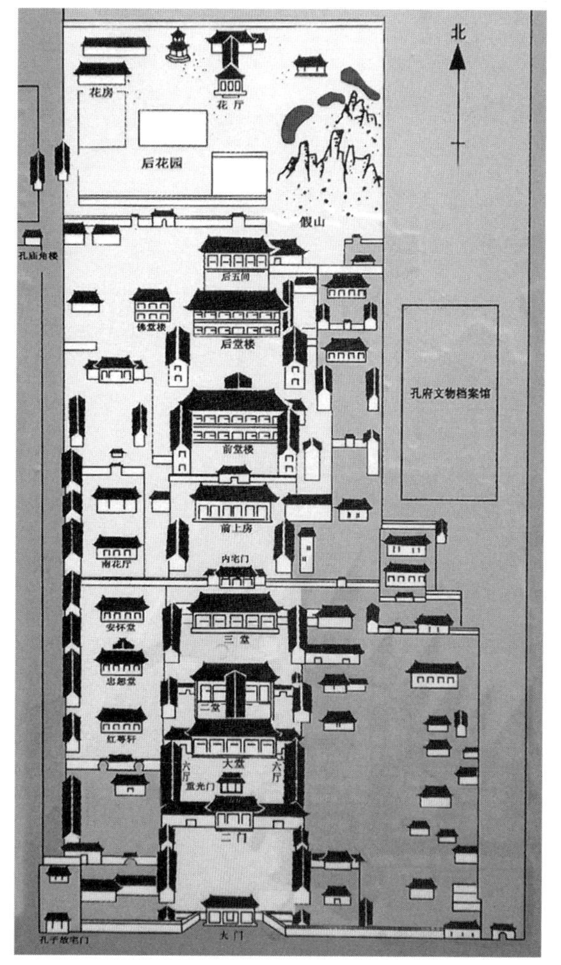

图 8-9-32　山东曲阜衍圣公府总图

公府总体呈纵长方形，也是左中右三路，前中后三段。中路最前为府门，三间带八字墙，门前有隔街照壁，门后为二门（仪门）。二门以后甬道上的重光门为牌坊式，应相当于一般衙署的戒石坊。坊门左右厢房设六厅，相当于一般衙署的六房，但称呼不同，东为知印、典籍、管勾，西为掌书、司乐、百户。再后二段为衙署、后宅，最后还有花园。衙署由三个院落组成，其正房分别为大堂、二堂和三堂。大堂五间，中三间同于一般衙署向前开敞，也设有暖阁、公案、官牌及各种仪仗。大堂、二堂之间连以中廊，形成工字殿，仍具宋元遗意。后宅是串连三个院落，宅门在三堂后前院前沿正中，三间，屏墙后壁绘麒麟。前院单层，较大；中院和后院三面房屋都是带前廊的楼房，共六座，用为居住。后院也较大。花园在最后，宽通整个三路。

东路主要是接待钦差大臣的馆舍和家庙，大致同于一般衙署寅宾馆和衙神庙的位置，此外还有厨房酒坊等服务性房屋，有碉楼高耸，称避难楼。西路有几重小院，主要是衍圣公读书吟诵的地方（图 8-9-32 ~ 图 8-9-43）。

总体而观，衍圣公府和一般衙署没有太大不同，只是因主人地位特殊，规模较大，院落甚多，具体布置有所不同。

此外，尚存的清代衙署尚有河南南阳府衙、南阳县衙及山东威海刘公岛上的北洋水师提督署。提督署建于光绪间，虽也是中轴对称的布局，但可能因其特有的性质或因建造较晚，已不同于典型的地方行政衙署，但署前建筑如照壁、牌坊式的东西辕门，及钟楼、鼓楼和旗杆等，仍与直隶总督署相同。

图 8–9–33　衍圣公府大门（萧默）

图 8–9–34　衍圣公府重光门（萧默）

图 8–9–35　衍圣公府大堂（萧默）

图 8–9–36　衍圣公府穿堂及二堂（萧默）

图 8–9–37　衍圣公府三堂（萧默）

图 8–9–38　衍圣公府内宅门（萧默）

图 8–9–39　衍圣公府内宅门内屏门背面（萧默）

图 8–9–40　衍圣公府内宅前上房（萧默）

图 8–9–41　衍圣公府前堂楼（萧默）

图 8–9–42　衍圣公府前堂楼底层当心间（萧默）

图 8–9–43　衍圣公府后堂楼（萧默）

第十节　民间公共建筑

一、总述

“民间建筑”之用语,涉及建筑的分类方法。建筑分类方法多种多样，在现代，一般是按照实际的使用功能来划分,如居住建筑、商业建筑、体育建筑、交通建筑、教育建筑、工业建筑等；对古代建筑，也可以按建筑的物质的或精神的使用功能来区分，如城市、宫殿、坛庙、寺院、宫观、佛塔、石窟、陵墓、住宅、园林、桥梁等；还可依建筑所在地域或所属民族来划分，如北方建筑、江南建筑、岭南建筑、西南建筑，或汉族与各少数民族建筑；或亦可按使用这些建筑的人群的文化性质来分类，如官方建筑、市民建筑、文人建筑或庶民建筑；若以建筑单体的形式为标准,则有殿、堂、台、阁、馆、榭、轩、斋、廊、墙、门、坊之类;以材料和结构形式为标准，则有木结构、砖石结构或砖木混合结构等；当然，也还可按历史顺序或其他诸多标准来分类。这些不同的分类方式，体现了人们观照建筑时的不同侧重。本书侧重建筑的艺术与文化层面，除依据时代顺序以体现其历史脉络外，鉴于现存宋元以前实物大都属于汉族官方建筑范畴，故主要按照使用功能来分别类型。现存古代建筑实物以明清两代最多，除了属于或大致属于官方建筑的宫殿、国家级坛庙、城市寺观和佛塔，以及可认为属于民间建筑的山林寺观以外，如民间祠祀建筑（宗祠、先贤祠、神祠）、会馆、书院、城市景观楼阁等，数量巨大，类型丰富，风格多样，有必要列出“民间公共建筑”专节，加以介绍。

我们之所以引入“民间建筑”这一概念，根本的考虑还是民间建筑与官方建筑在文化理念及艺术风格上的不同。建筑是人类文化的纪念碑，人类的各种文化理念，都在相关建筑上有其鲜明具体而丰富的表现，为帝王、文人、市民和庶民等不同人群所建造所使用的建筑，必然会显现出不同的艺术性格和面貌。大体而言，官方建筑、文人建筑、市民建筑和庶民建筑，它们的艺术性格可分别以“庄、雅、俗、朴”四个字来概括。官方建筑的庄严隆重、宏伟壮丽和华美斑斓，使它高踞于建筑艺术的最高层,以“非壮丽无以重威”的设计思想来震慑人生；文人建筑“贵精而不贵丽，贵新奇大雅，不贵纤巧烂熳”（李笠翁《一家言·居室部》），以清新典雅，明丽简洁的气质来陶冶人生；市民建筑则更多耳目之娱的趣味，以繁丽纤巧，鲜衣彩服来娱乐人生；庶民建筑则以安居乐业为其最高追求，以其朴质无华显出真实自然的风貌，并以多姿而纯朴的民风民俗所体现的融融乡情来安慰人生。与官方建筑相对应的“民间建筑”，包括了文人建筑、市民建筑与庶民建筑几种内涵，它们与官方建筑的气质差异，大体上可类比于民间美术与宫廷美术的不同。

以上只是一种总体的宏观的概括，但实际上，由于不同阶层的人们都笼罩在浓厚的传统文化的氛围中，那种以儒学为主导的宗法礼制思想和以天人合一为核心的自然观，或显或隐地渗透在几乎所有的建筑类别之中，所以，即使是民间建筑，在必要的时候，也仍然存在严肃的一端，并不永远都是温情脉脉，即使是官方建筑，有时亦不乏可亲可近的一面，并不总是威风凛凛。同时，二者在艺术手法上互相交融，也使得它们具有颇多的共通性。因此，所谓官方建筑与民间建筑，以及民间建筑中的文人、市民或庶民建筑，在很多场合并没有严格的界线。总之，对这些分类概念的认识不必绝对化，在不忽视它们之间内在差异的同时，仍不要忘记它们的共性。

可以认为，民间公共建筑的艺术性格主要

体现了文人和市民二者的整合。在不同的建筑中，二者比重也会有所不同，如宗祠、先贤祠、书院和城市景观楼阁可能更多一些文人气质，神祠和会馆则大体取决于市民的审美趣味。至于庶民建筑，则更多体现为除王府以外的各地民居，尤其是中下阶层的民居，将在下章再行叙述。

二、民间祠祀

本节所涉民间祠祀建筑主要有两种，一为祭祀家族祖先，一为祭祀先贤圣哲，前者称宗祠，后者称先贤祠。此外，还有散布各地的诸多神祠，祭祀民间信仰的各种神灵。

宗祠

宗祠又称祠堂，是家族共同祭祀祖先的地方。在封建社会，族权与神权一起，都是维护现存制度的重要支柱。秦始皇陵始建寝于侧，事死如生，日日奉祀。仿照这种做法，从汉代起“公卿贵人多建祠堂于墓所”，乃民间祠堂之始。今日尚存的汉代祠堂多为石室，如郭巨祠、武梁祠、朱鲔石室等。但这些祠堂尚未离开坟墓。宋·朱熹《家礼》谈到祠堂说：“君子将营宫室（此指住宅），先立祠堂于正寝之东。祠堂制三间或一间”，已与坟墓分开，建在宅内，属家庙性质，规模不是很大。到了明代，朝廷方“许民间皆得联宗立庙”，可以全族共建，才出现了我们现在要着重谈到的全族共有的祠堂，规模也相应扩大了。明清是祠堂大发展的时代，但主要出现在南方，北方仍多为家庙。

南方现在保存的祠堂仍很多，大多建于清代，在皖南徽州和赣北景德镇还有明代的祠堂。徽州自明代以来经济发达，人文茂盛，是全国重要经济中心之一。景德镇古称浮梁，北宋景德年间即以瓷业闻名，号称中国四大名镇之一，元代一度衰微，至明代复兴并得以进一步发展。故此二地所存明清民居和祠堂仍复不少。二地相距不甚遥远，建筑风格接近，现举徽州罗东舒祠等例为代表。

罗东舒祠在安徽黄山市徽州区（原属歙县）呈坎村。呈坎村大族罗姓先祖唐末由江西迁来，罗东舒为宋末元初人，曾修撰宗谱，对家族有所贡献。明代罗氏宗族缅怀其功，为之修祠，约在嘉靖十八年（1539）兴功，先成后寝（即今宝纶阁），“遇事中辍，困循垂七十年”，直到万历四十年（1612）二度兴工，至万历四十五年方告完成。罗东舒祠是南方规模较大也较重要的祠堂，人称“江南第一祠”，[①]虽以人名名祠，却仍属宗祠。

祠堂坐西向东，祠前临众川河，遥对灵金山，背负葛山，基地呈纵深矩形，宽约30米、深79米，自前至后由照壁、棂星门、仪门、享堂和后寝等建筑组成。照壁三面围合，在棂星门前形成狭长的祠前小广场，左、右墙上开拱形门洞。棂星门五间六柱，通贯祠堂全宽，为栅门，额枋斗栱上覆短檐，各石柱冲天出头，雕作狮子。门内又一窄长空间，南北倚墙各有一座碑亭。过此为仪门，通宽仍同棂星门，但改为面阔七间、进深两间；其明间特大，明间左右是祭祀时存放物件、食品的地方。仪门后为方阔的前庭，两侧厢房各五间，存放族规族约。正面登上月台即为享堂。月台供祭祀时陈放牺牲之用。享堂最大，通宽同棂星门，阔五间、进深四间，在此举行祭祀大典。堂内在四根后金柱之间设一排格扇门为屏壁，若开启即为屏门，但平时不开。从屏壁两侧绕行至堂后门，出为狭长的后天井，有三条石铺甬道通向后寝。后寝两层，最高，通面阔仍同前，但划为十一开间，由三个三开间加两端各一楼梯间组成。后寝底层正中供奉罗东舒牌位，楼上藏御赐珍宝、族谱家史和诗书文墨。后天井南墙有一门通向另一小院，由相对二屋加天井组成，称庶母堂，即女祠，

①李虹．徽州祠堂建筑精华宝纶阁（油印稿）；罗来平．东舒祠（油印稿）．

供奉罗氏先妣牌位。因阴阳相背之义，女祠主堂的朝向与主祠相反，坐东向西。此外，在享堂左即北侧有一条夹道，可能是举行典礼时供临时通行之用。在后寝底层最后，也有一条夹道。祠堂北邻原来还有厨房杂院，今已不存（图8–10–1 ~图 8–10–5)。

民间家族祠祀活动是民俗文化的一种载体，由罗东舒祠这一典型实例说明，家族祠堂是以享堂为中心，突出祭祀功能，前临大院，再前有层层空间引导，最后以高起的楼阁结束，序列完整，布局规整对称，虽大体同于住宅的前堂后寝，规模与体制却隆重得多。七间棂星门更是一般祠堂所少见。按古时规制，棂星门只能设在坛庙、皇陵和孔庙等处。后寝开间达十一间也很罕见，都超出了当时规制。

罗东舒祠建筑除两边厢房是向内排水的单坡顶外，都是硬山顶，以马头山墙封护。轴线上各主要建筑室内都有天花，构架为穿斗式与抬梁式的结合，即天花剖面呈人字或连续人字的“轩”，天花以下是抬梁，用月梁，雕饰精美；天花以上是不加刨削的草架穿斗。这种构架与明末成书的《园冶》所载式样相符，在江南一带十分通行。它使厅堂顶部的内界面与外界面不一定同一，以保持内部空间的完整性。后寝的细部做法尤其考究，前檐石柱方形，比例细长，海棠角，更显挺拔。殿内柱子都作梭柱，梁为

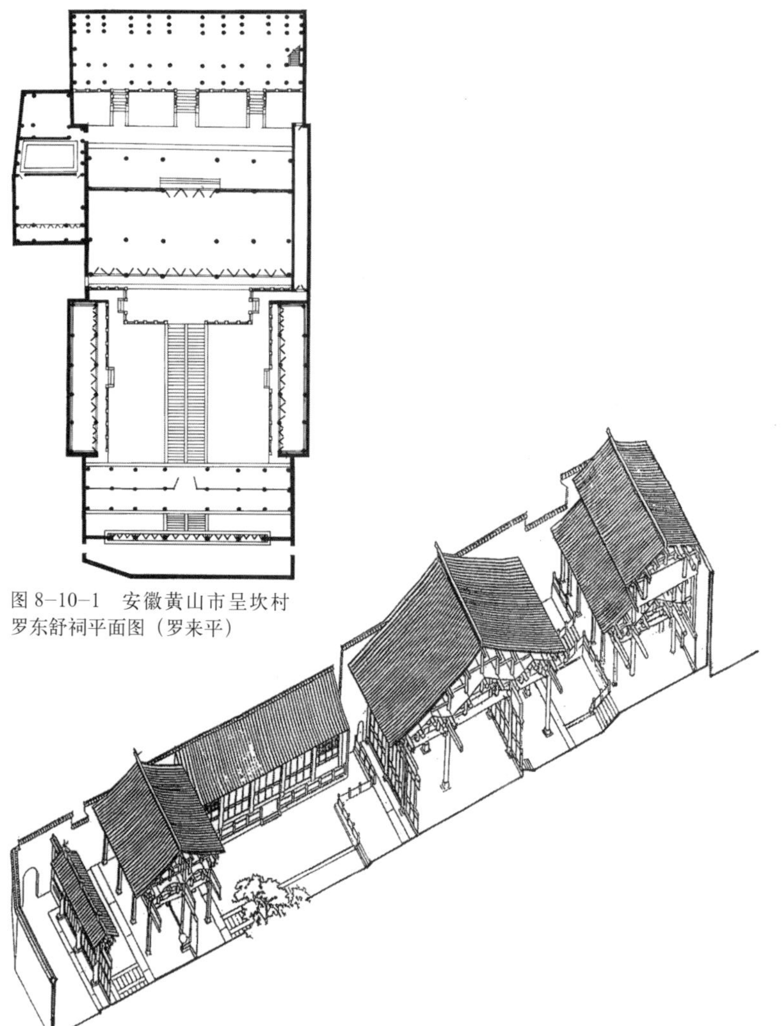

图 8–10–1　安徽黄山市呈坎村罗东舒祠平面图（罗来平）

图 8–10–2　安徽歙县罗东舒祠剖面透视图（朱光亚）

图 8–10–3　罗东舒祠棂星门（罗来平）

图 8–10–4　罗东舒祠前过街门（萧默）

图 8–10–5　罗东舒祠后寝宝纶阁（罗来平）

月梁，雀替、梁头、驼峰、叉手、蜀柱、平盘斗等构件均雕饰精美。应该特别提到的是，后寝底层梁架还留有罕见的明代包袱彩画，是建筑彩画史的珍贵遗迹。

景德镇王仲舒祠在江西景德镇市盘溪乡。[①]王仲舒为宋庆历间进士，明初后人立祠奉为族祖,以其名名祠,但仍属宗祠。祠基地纵长矩形，南向，宽约15米，包括前院长约40余米，面积只及罗东舒祠四分之一，由正门、享堂和后寝三部组成。正门前有横长前院，入口与罗东舒祠相似，也开在前院左右，在正对中轴线祠堂正门的南墙砌照壁。正门以砖雕作牌楼形式，过“倒座厅”门屋为正方形天井，以此为中心，左右为廊，后为享堂。此祠左右廊和倒座厅可能是清初重建，颇大，兼为戏台，可面向享堂演戏。明代祠堂一般没有倒座厅,只是一条前廊,说明清代以后景德镇一带祠堂的娱乐性质加强了。享堂是一座向前敞开的大空间厅屋，梁柱粗壮，为明初原建，面阔三间、进深三间，带后廊；在后部中间两根金柱之间设木屏壁，左右山墙外又各扩出一条夹室，可供典礼时通行，据说也是临时拘押违犯族规者的地方。享堂的构架与罗东舒祠相近，也是天花以上为穿斗，天花以下为抬梁，做成《园冶》所说的“前轩后架”，以保持内部空间的完整性。前轩以内的地面比前轩高起一步，进一步把享堂划分为前后两个空间。享堂后，隔着一个横向狭窄天井即为后寝，平时存放祖宗牌位。后寝也是明代原建，地面比享堂又高出数步，与罗东舒祠不同者是不作楼屋,只是平房。所有外墙都是砖砌，外不见木，砖壁上抹白灰。山墙处高起作阶级状跌落的马头山墙。墙头以青瓦覆顶,轮廓错落。内部木面上都不施油漆，全部为“清水作”，充分显示了材质之美。雕饰虽多而不觉其繁，格调清雅古朴，并具庄重肃穆之气（图8–10–6、图8–10–7）。

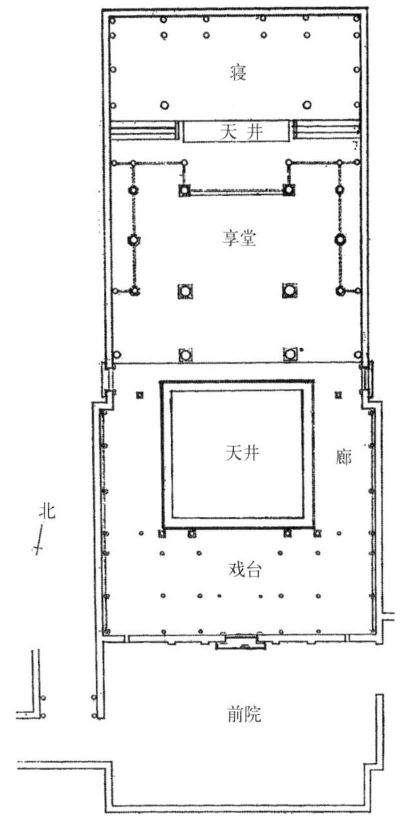

图8–10–6　江西景德镇市王仲舒祠平面图（《南京工学院学报》）

①杜顺宝．浮梁明代建筑[J].南京工学院学报．建筑学专刊，1981(2).

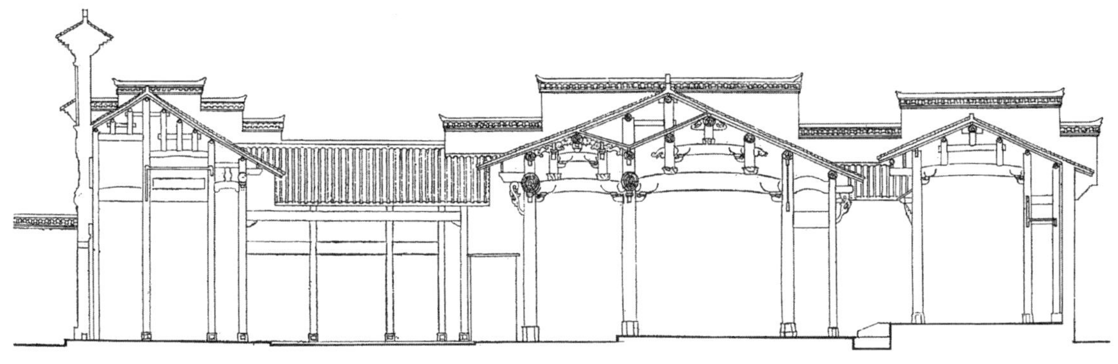
图8–10–7　王仲舒寺剖面图（《南京工学院学报》）

皖南、赣北还有一些类似上述的宗祠，全部古代徽州现存明代祠堂共有80余座，其中景德镇16座，总体风格与当地民居协调，而与北方官式建筑明显不同（图8–10–8、图8–10–9）。

其实，类似这样的祠堂，在南方各地多有存在，例如湖北秭归某小祠堂、湖南凤凰陈家祠堂等都与上述诸例大同小异，只是具有所在地的地方风格而已。凤凰是湘西苗乡重镇，明清以来驻防屯兵，汉人迁入增多，主要定居于城镇，随之也出现了祠堂（图8–10–10、图8–10–11）。

图8–10–8　黄山潜口村小祠堂（萧默）

图8–10–9　安徽歙县棠樾村祠堂（张青山）

图8–10–10　湖北秭归某祠堂享堂（萧默）

陈家祠堂建于1919年，不大，由附有耳房的戏台、享堂和厢廊围成四合院。从大门入，过戏台底层达庭院。庭院地面升高，再上高台阶至享堂。厢廊两层，可以看戏。戏台台口处理很有特点，是将歇山屋坡在台口左右断开，以斗栱升起另一屋檐，与两端屋角一起，形成仿佛"二柱三楼"的牌楼形状。庭院地面升高利于观戏。利用戏台台底为入口通道的布局，不但用在祠堂里，也广泛用于其他建筑如寺庙、会馆，清代以来已很普遍，透露出在这些建筑中市民娱乐性质的加强（图8–10–12～图8–10–14）。

广州陈家祠堂是广东著名建筑。明清时广东各地普遍建造祠堂，清·屈大均《广东新语》说："每千人之族，祠数十所。小姓单家，族人

图8–10–11　湖北秭归某祠堂前堂和侧楼（萧默）

不满百者，亦有祠数所”，可见其风之炽①。规模小的只有门厅、享堂及左右厢房围成中庭；中等规模的在享堂后增加后寝；大者如陈家祠堂，取三进三路格局。

祠堂在广州市内西部，作为全粤七十二县陈姓的合族宗祠，是广东最大的祠堂之一，建成于清光绪二十年（1894）。祠坐北朝南，其布局方式的全称应为“三进三路九堂两厢抄”。“三进”指由前至后的三列厅堂（与北方所指几座院落有异，故此之三进实即北方的二进）。“三路”指左、中、右三路，中路各厅五间，分称首进正厅、中进聚贤厅、后进正厅，左右二路厅堂都是三间。各首进正厅皆有后廊，聚贤厅为前后廊，后进正厅有前廊。“两厢抄”是指除以上九座建筑外，在最东最西还各有五座朝向中轴的厢房，全祠共有十九座房屋和六个院落。此外，在三路之间和左、右二路与厢房之间，各有纵向敞廊，共四条，称“青云廊”。以上全部建筑的基地为正方形，各边均 80 米。陈家祠堂除祭祀功能外，左右两路又作为各地子弟来省赴考读书住宿之用，所以又称陈氏书院。横贯全部首进建筑之前为入口广场，对面有长照壁，外门设在广场东、西（图 8–10–15 ～图 8–10–18）。

陈家祠堂以其建筑装饰的繁复多样著称，诸如木雕、砖雕、石雕和岭南特有的灰塑、陶塑，都有充分的运用。正面清水砖墙檐下的几幅砖雕作品更为知名。各建筑都是硬山屋顶，山墙向山尖特别高起，起着马头山墙的作用但不作阶梯状。屋脊和山墙也都是重点装饰的地方。

陈家祠堂对外以高厚砖墙封闭，内部却十分开敞，各厅堂朝向院子都安装可以完全开启甚至摘下的隔扇，通过前、后廊与院子相通，通风极好，很适宜炎热潮湿的气候。青云廊直达各屋，雨天完全不必露天穿行。屋坡陡，出檐短，利于排泄雨水，也适合抵抗台风。这些

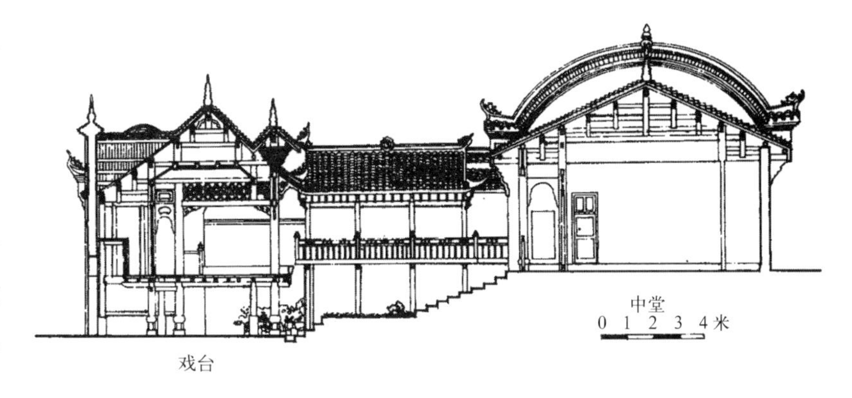

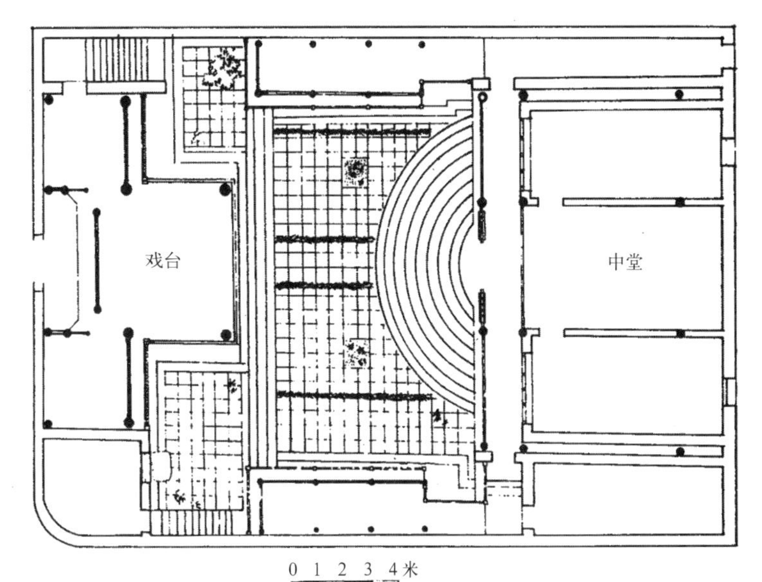

图 8–10–12　湖南凤凰陈家祠堂平、剖面图（《湖南传统建筑》）

图 8–10–13　凤凰陈家祠堂戏台（萧默）

图 8–10–14　凤凰陈家祠堂享堂（萧默）

①陆元鼎．广州陈家祠及其岭南建筑特色（打印稿）．

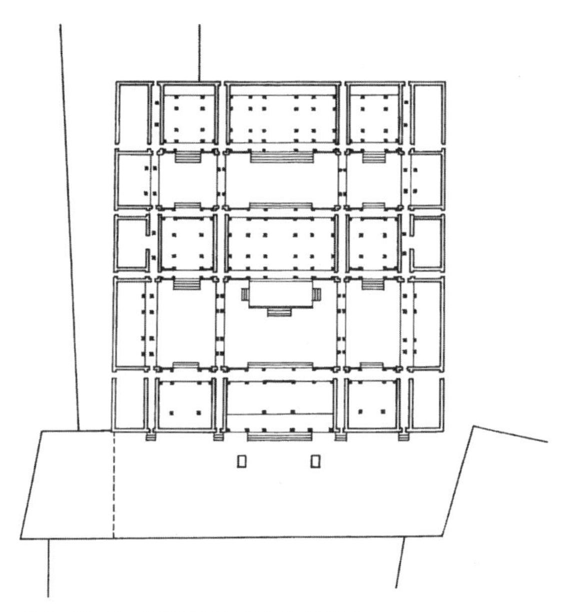

图 8–10–15　广州陈家祠堂平面（赵林）

图 8–10–16　广州陈家祠堂入口（陈绶祥）

图 8–10–17　陈家祠堂正厅（楼庆西）

图 8–10–18　陈家祠堂脊饰（陈绶祥）

也是形成陈家祠堂地方风格的因素。

陈家祠堂的布局是广东大型祠堂的典型，广东许多大型住宅也与此相似，如梅县大宅南华又庐也由三列平行条屋和条屋之间的廊道组成，建于光绪三十年（1904）。

先贤祠

先贤圣哲历来是中国人崇敬和追慕的对象，除了曲阜孔庙、各地文庙以及明代北京历代帝王庙等为官式建筑外，民间也普遍建造，所祀人物更多。如各地武庙（祀关羽，又称关帝庙），四川都江堰二王庙（祀秦国治岷有功的李冰父子）、陕西韩城司马迁祠、成都及各地的多座武侯祠（祀诸葛亮）、四川云阳张飞庙、四川眉山三苏祠（祀苏洵父子）、合肥包公祠（祀包拯）、海口五公祠（祀唐宋被贬来海南的先贤如唐李德裕、宋李纲等五人）等。这些祠庙，除各地普遍建立的文庙、武庙外，其他或建在先贤家乡，或建在与先贤事迹有关的纪念地，略同于现代的人物纪念馆，但又应时祭拜如仪，具有一定的准宗教含意。

对于先贤的祭祀，属于广义的祖先崇拜范畴，但此类先贤祠都不由家族建造，不具有宗祠那样加强宗亲血缘关系的用意，其泛家族的色彩使它们具有更多的人文文化内涵，起着强化全民族共识的作用，凝成为中国人一种强大的共通的文化心理。人们认为，被崇祀对象的诸如仁义、忠勇、智慧、坚毅等优良德行，与宗亲血缘之情一样，都应该得到加倍的重视。

在中国，三国蜀汉大将关羽俨然是忠勇正直的化身，深受民间崇敬，历代帝王也大加追谥，从侯而公而王，明代已称协天大帝。满族在入关以前就特别崇拜关羽，入关后，尊之为关圣帝君。明清以来，各地都广建关庙，与祀孔的文庙相应，又称武庙。最著名的山西运城关帝庙，建在传为关羽家乡的解州镇西关，号称为武庙之祖，据称始建于隋开皇九年（589），宋明多次扩建重修，清康熙四十一年（1720）毁于火，十余年后修复，保存至今。[①]

解州关帝庙坐北向南，规模甚大，总面积达1.8公顷，分南北两区。北区是庙本身，又分庙门及前朝、后寝三部分。庙门以端门、雉门、午门构成多层次空间。前朝中轴线上为御书楼、崇宁殿。后寝由太子殿、春秋楼及它们的左右配殿组成。南区隔街为结义园，有牌坊、君子亭、三义阁等建筑，桃林繁茂。

端门是入口前奏，为一座砖砌牌坊，三券，坊南三面围合成小院，南墙砌照壁，东西墙上开门。雉门才是正式大门，单檐歇山顶，门前东、西分置钟楼、鼓楼，与端门以城墙围合，形成门前一条横向狭长的通道。钟鼓二楼都建在城台上，方形重檐歇山，下开券洞，钟楼之东鼓楼之西又有石牌坊，为东、西入口。入雉门经午门（实为一座三间殿堂）进入前朝，穿过“山海钟灵”牌坊为御书楼。楼三间带周围廊，两层三滴水歇山顶，下层正中向前凸出一间庑殿抱厦，向后凸出歇山抱厦，形体高伟。楼后崇宁殿是关帝庙正殿，五间带周围廊，单层重檐歇山，殿内置关羽坐像。模仿曲阜孔庙，殿外一圈二十六根檐柱也是蟠龙石柱。崇宁殿以后即为后寝，通过一座小门为太子殿，左右各有配殿，均已不存。再后穿过“气肃千秋”坊为春秋楼，又称麟经阁。楼五间周围廊，两层三滴水歇山顶，下层檐下斗栱木雕繁复，从斗栱垂下垂莲短柱。上层一圈围廊柱也是垂柱虚挑，挂在檐下。楼前左右相对有刀楼、印楼，都是两层三滴水歇山十字脊顶。从崇宁殿后小门起，以一匝矮墙围绕后寝，形成一个独立的区域。在前朝后寝两区的东、西，复围以长达数十间的廊屋，使前后贯通一气。廊屋北门名后宰，东西有东华、西华二门（图8-10-19～图8-10-26）。

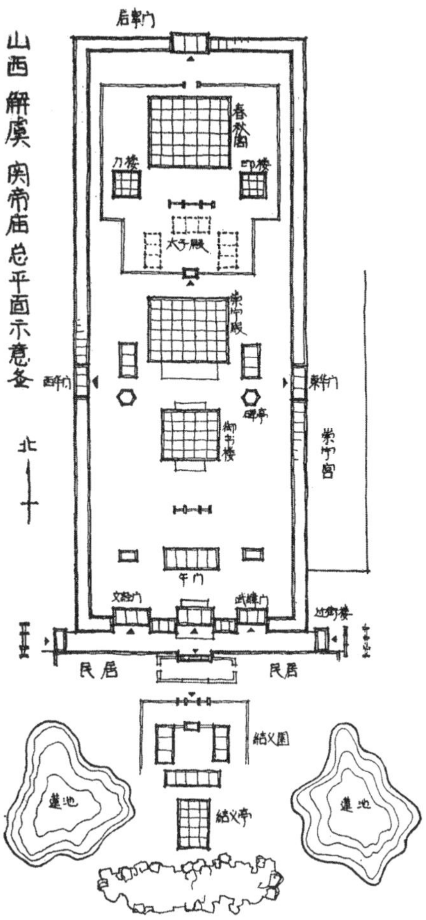

图8-10-19　解县关帝庙总平面示意（《建筑历史研究》）

图8-10-20　解州镇关帝庙端门（萧默）

图8-10-21　关帝庙雉门（萧默）

①黄明山．中国古建筑大系·礼制建筑[M]．北京，台北：中国建筑工业出版社，光复书局，1993．

图 8-10-22　关帝庙钟楼（萧默）

图 8-10-23　关帝庙御书楼

鉴于关羽被敕封为“帝”，解州关帝庙很有宫殿色彩，如庙前区串连三座门、端门雉门午门及东华西华等称谓、明确的前朝后寝分区，都是模拟宫殿。关帝庙建筑多为楼阁，多用重檐，并有大量牌坊，如钟楼鼓楼外的“万代瞻仰”坊和“威震华夏”坊、午门两侧的“忠精贯日”坊与“大义参天”坊、御书楼前的“山海钟灵”坊、春秋楼前的“气肃千秋”坊等，都加强了整体环境的气势。全庙最后以三座雄楼并峙，密集而错杂，是崇宁殿后的第二个高潮。又广泛采用琉璃瓦，以绿色为主，常在屋坡上镶出黄色菱方。总的来说，全庙规模宏巨，气势磅礴，加上各处牌坊富有阳刚意味的题名，很符合“武庙”的性格。

蜀汉丞相诸葛亮被封为武乡侯，简称武侯，作为智慧与仁爱的化身，也是深受群众敬爱的历史人物。他对于“正统攸归”的蜀汉从一不二的忠，更为历代所称颂。在他出生和活动过的地方如豫、鄂、川、陕、甘、滇等省建有多座武侯祠，最具有代表性的是成都武侯祠。

早在唐代，成都就有过武侯祠，杜甫诗句“锦官城外柏森森，丞相祠堂何处寻”即指此。但唐代的武侯祠不在现处，现祠址在成都南郊刘备惠陵东侧，本为刘备庙，却以武侯祠知名。现存建筑为清康熙十一年（1672）重建后又经过多次重修的遗存。祠坐北朝南，基地南北长约 200 余米，主体部分东西宽 60 ～ 70 米，后部花园向东向西又各扩出约 30 余米。顺南北轴线，最前是大门，门内前院左右各有碑亭一座，矗唐碑、明碑各一通；二门内廊庑围绕的方形中院是祠的主体。大殿在中院内最北端，称前殿，又称刘备殿，正面面阔七间，前有月台，平面向后凸出五间。殿内正中塑刘备像，左右置关羽、张飞像。院东廊、西廊各十间，称文臣廊和武将廊，列坐蜀汉功臣塑像，每间两身，共四十身。前殿以北地势较低，经过一个小小的台阶过院到达后院。后院也是四合院，以凸形过厅为门，从厅通过左右横廊与东、西配殿相接，配殿之

图 8-10-24　关帝庙崇宁殿（罗哲文）

图 8-10-25　气肃千秋牌坊（萧默）

图 8-10-26　春秋楼和刀楼（萧默）

北有钟鼓二楼相对。楼方形，两层，如亭，下层开敞，上层各悬钟、鼓。二楼以北再以空廊与后殿相接。后殿五间带周围廊，为诸葛亮殿，供诸葛亮像。在后院东、西、北三面围以园林，有水池山石亭廊楼桥之属，属自由式布局（图8–10–27 ～图 8–10–30）。

武侯祠很像第宅，若将塑像去掉，即可改用为居住。前殿前檐完全敞开，又似衙署的大堂。通过此例，亦表明中国建筑宫殿、寺观、祠庙、衙署和住宅等诸多类型之间，本有颇大的共通性。

武侯祠前院和中院方阔而大，建筑体量也较高较大，布局严整，全部栽植柏树。后院尺度较小，建筑体量也小，但体形比较丰富，又通过空廊和钟鼓二楼楼下的开敞布置，将花园景色引入院内，院内空间和花园空间融会贯通，性格比较活泼，间种柏树和阔叶树。花园里则栽植阔叶树、竹子和花草。由前院、中院、后院至花园，其规划格局、建筑设计和栽植品种都由严肃向活泼呈有韵律的转化。

武侯祠不是官式建筑，在结构、造型和色彩处理上都带有四川民间建筑的地方气息，如小青瓦屋面、高高起翘的屋角、白粉墙，不施彩画只刷黑色或暗红的木构架，皆朴质可喜。

秦国蜀郡郡守李冰及其子二郎曾造都江堰，分岷江水为内江、外江，造福一方，因而早在

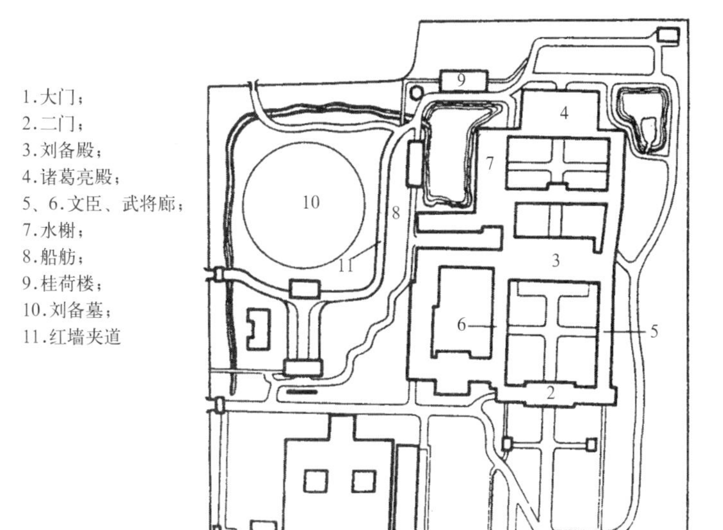

图 8–10–27　成都武侯祠平面

南北朝时期，就已建造了二王庙，常年祭祀，经清末和 20 世纪 20 年代重建重修，保存至今。庙在都江堰市西三里许，安澜索桥东、伏龙观西、岷江北岸玉垒山南麓，基本坐北向南。庙址 前低后高，高差达 50 余米，主要殿堂以对称方式布置在一条中轴线上，最南为戏楼，向北依次为李冰殿、二郎殿，最后在山坡高处有老君殿。各殿皆采取四川民间建筑做法，朴质雅洁，色彩明净宜人。客堂、茶楼、厨寮、库房等附属用房集中在东部（图 8–10–31）。

二王庙的入口处理最值得注意，是顺乎自然之佳例。庙前俯临岷江，高出江面 40 余米。沿江有东西向大道，古时是西通阿坝、东达腹

图 8–10–28　成都武侯祠大门（罗哲文）

图 8–10–29　武侯祠钟楼（邵俊仪、白佐民）

图 8–10–30　武侯祠后园（邵俊仪、白佐民）

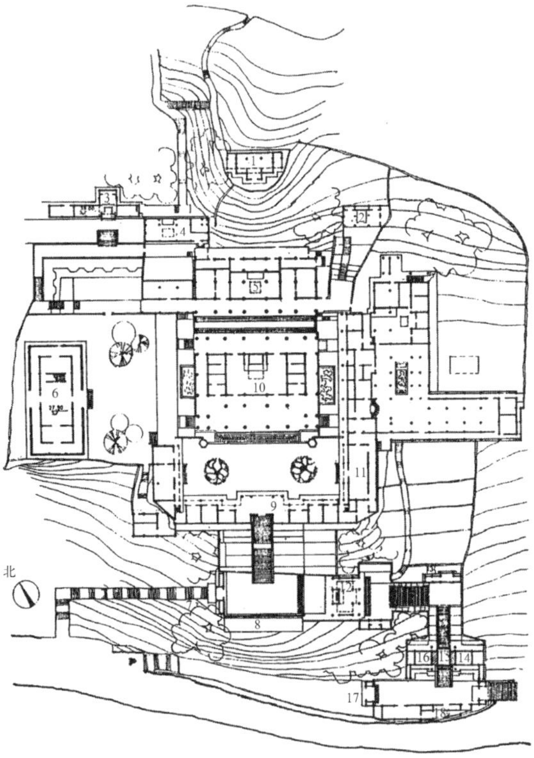

1. 老君殿；
2. 铁龙殿；
3. 圣母殿；
4. 祖堂；
5. 二郎殿；
6. 新殿；
7. 上西山门；
8. 大照壁；
9. 戏楼；
10. 李冰殿；
11. 客堂；
12. 灵官楼；
13. 观澜亭；
14. 青龙殿；
15. 乐楼；
16. 白虎殿；
17. 下西山门；
18. 照壁

图 8–10–31　四川都江堰市二王庙总平面（李维信）

地的商贸必经要道。若由大道向北直接铺砌阶道通向戏台，高差 26 米，过于陡峻也过于浅露。设计者乃依形就势，先在大道北侧另辟与大道平行的短路，向东入琉璃牌楼，迎面以另一牌楼为对景；再北转从乐楼下通过，登阶上至小平台，迎面为照壁，壁上有连廊，称观澜亭；从小平台折西继续登阶，由灵官殿底层入，即达戏台前小广场；广场南有大照壁，由此折北再登大台阶，通过戏台下层进至大殿前。如此三次转折、三次登阶，延长了入庙路程，既使阶道不致太陡，每次登阶前、后都有缓冲休息余地，同时，更以牌楼、楼阁、照壁、亭廊等建筑小品，大大丰富了景观感受。庙前建筑形式的多样，也增加庙本身的景观信息，重重叠叠，若仙山楼阁，成为伏龙观和安澜桥的重要观赏对象（图 8–10–32 ～图 8–10–38）。

神祠

还有一种祠祀建筑，所祀既非祖先也非圣贤，而是民间信仰的各类神灵，称为神祠，如火神庙、水神庙、天后宫、马神庙、娘娘庙……它们与佛寺相比，规模一般都不太大，较著名者如奉祀水神玄武大帝的广东佛山祖庙、东南沿海一带常见的天后宫等。各城镇的城隍庙与天后宫相似，似乎也可列为神祠，所祀者是历史上对本城有过突出贡献、被后人当作本城保

图 8–10–32　都江堰二王庙山门（萧默）

图 8–10–33　二王庙山门内（萧默）

图 8–10–34　二王庙乐楼内照壁（萧默）

图 8–10–35　二王庙灵官楼（萧默）

图 8-10-36　二王庙二门大台阶（萧默）

图 8-10-37　二王庙戏台（萧默）

图 8-10-38　二王庙大殿（萧默）

护神的人物，虽曾是真实存在过，却被作为神来供奉。较著名的如都江堰市城隍庙和上海市城隍庙。神祠类建筑与宗祠、先贤祠相比有一定的宗教性，更与民俗活动有更多的关联，在城镇者多由商民集资合建，若所奉祀者为各行祖师，则由同业共建，故更多体现了市民的审美趣味。

这里可以插入一句，神祠建筑的性质虽带有一定的神学意味，却不是正规意义上的宗教建筑，其称呼多为“庙”，或“祠”、“宫”，只有佛寺才可称之为寺。

广东佛山祖庙在佛山市内，是一处具有浓厚地方特色和民间风情的建筑群。[①]明清时佛山镇与河南朱仙镇、湖北汉口镇、江西景德镇齐名，合称四大名镇。朱仙、汉口是交通枢纽，商业繁荣；景德、佛山除商业外，更以陶瓷和工艺品制造业取胜。早在宋代，佛山的各种手工业已很发达，大约在元丰年间（1078 ~ 1085）建成了祖庙，以供奉各行各业的“祖师”。原庙毁于元末，明洪武五年（1372）由邑人集资重建，即今祖庙，但所祀已是玄武帝君（即真武大帝）。玄武为道教尊奉的北方之神，北属水，故又是水神。广东多水患，几乎各地都有玄武庙。佛山地处珠江下游，水患更多。祖庙又称祖堂，《佛山乡志》称：“是直以神为大父母也”，故又有邑人“奉此为祖”的说法。所以祖庙的性质颇为驳杂，既有自然神祠祀的意味，又有道教的成分，似乎又带着些祖先崇拜的意义，更是民俗游乐的场所。市民们好像并不太在意于这些区分，只要有一个聚会和沟通的场所，实际上是用来体现“自己”的存在，就可以了。

祖庙基地南北狭长，按布局可分南北两部分，二者各占其半：南部是庙前区，稍宽；北部是庙的主体，较窄。最南端是一座朝北的戏台，名万福台，台前广场可容数百人看戏，广场左右各有一列二层廊屋，为看台；广场北一座石牌坊，三间，左右间为单檐歇山，正中为重檐庑殿，坊左右各有券门。坊北为长方池，池北又一小广场。小广场左右有钟楼和鼓楼。广场以北即祖庙本体，建筑密集，分三进天井。最前正面一列通廊，廊内中路由内廊、左右廊和前殿围成一个小天井，前殿正面有抱厦。第二进与第一进类似，中殿奉铜铸玄武大帝坐像。像重达五吨，造于明景泰三年（1452），反映了“诸所铸器以佛山为良”的优越工艺水平，但形象格调并不甚高。第三进是一座横长小院，院后建庆真楼。在第一进天井左右也各有一楼，自有门通向通廊（图 8-10-39 ~图 8-10-42）。

①赵振武．岭南一组瑰丽之建筑群：佛山祖庙[J]. 南方建筑，1986(4).

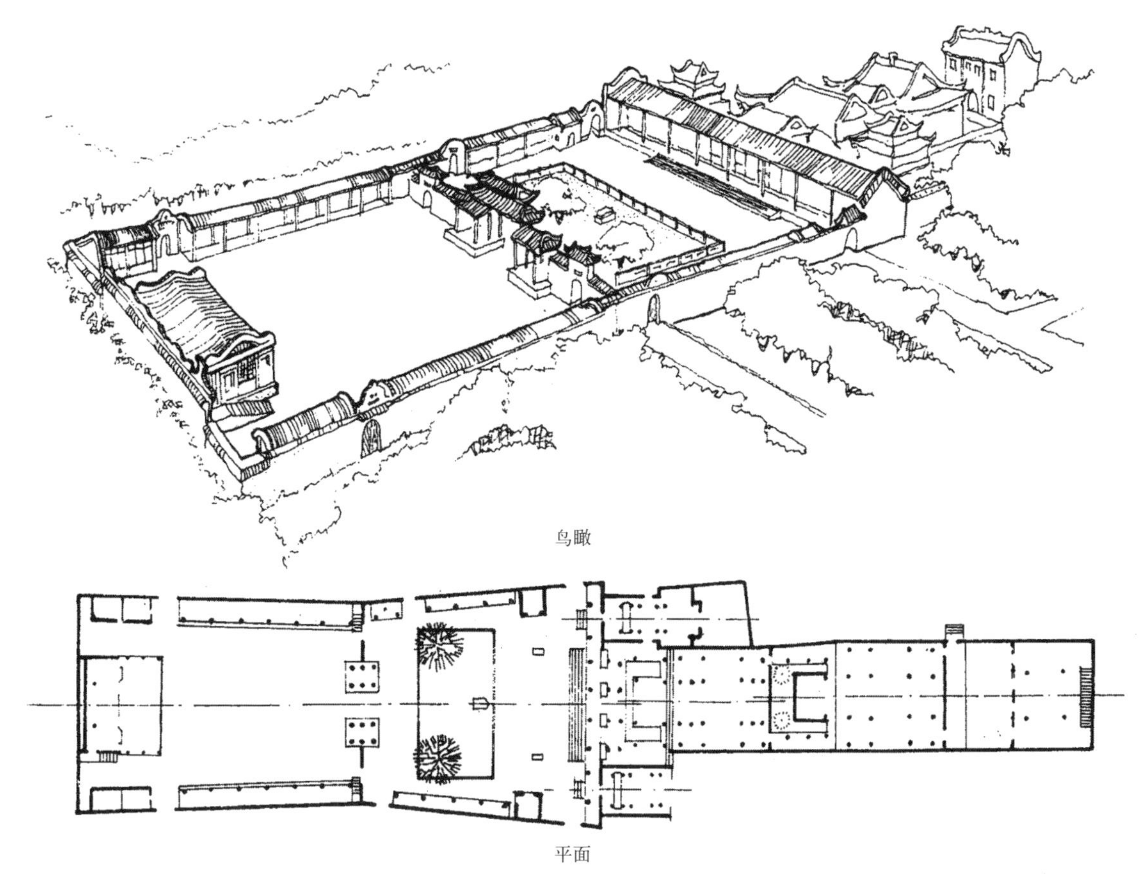

鸟瞰

平面

图 8–10–39　广东佛山祖庙（杨莽华）

图 8–10–40　佛山祖庙灵应牌坊

图 8–10–41　祖庙通廊（《中国美术全集》）

图 8–10–42　祖庙屋顶群（《中国美术全集》）

图 8-10-43　祖庙灰塑屋脊（张青山）

图 8-10-44　祖庙戏台金漆木雕（楼庆西）

祖庙的建筑装饰是岭南繁琐风格的著名代表，主要用在屋脊上，也用于墙壁、柱础石、装修挂落和陈设，手法丰富，布局繁丽，诸凡石刻、砖雕、木雕、铁铸、铜铸、陶塑、泥塑、灰塑，五花八门，应有尽有。几乎所有的屋脊都由石湾陶瓷人物拼塑而成。上百米长的屋脊，有 24 组民间流行的故事，取材于三国、封神、杨家将、说唐等演义小说，林林总总，杂然纷呈。墙壁砖雕也多是同类题材。上述雕饰已不全是明代原物，有不少是清代甚至近代的，有的砖雕上还出现了西洋洛可可式（Rococo）建筑和洋人形象。有一种金漆木雕，多用在家具陈设上，更是细密精巧：在不大的面积上运用圆雕、浮雕、透雕等手法形成许多层次和深度，再罩以金漆，在黝黑的殿堂里烁烁闪光（图 8-10-43、图 8-10-44）。

祖庙后部建筑密集而院落狭小，只能算是天井，最后又耸起楼阁，应与南方气候潮湿多雨和人口稠密、用地紧张等因素有关，民居和祠堂皆通行这种做法，再加上祖庙的装饰格调，终使建筑风格缺乏开朗肃穆和恢宏，突出的只是一种强烈的世俗味道，热烈、喧闹、繁花似锦，而流入伧俗，却也是一种文化的表现。类似祖庙的建筑装饰作风，在粤闽台各省颇为通行，前已见于广州陈家祠堂。

在此可顺便提到戏台。戏剧演出有酬神的意义，但主要是群众自娱，越到后来，这种民俗性市民文化的娱乐意义越是突出。戏台在北方出现较早，如唐长安青龙寺等许多寺院，在大回廊院里就有露天方台，演出当时的歌舞戏和参军戏。元代开始在寺外正对山门设戏台，山西还留有多座。以后则不止于寺观，凡群众聚集的地方如城隍庙、关帝庙、会馆、祠堂等也多有戏台，正对大门或大殿。有时在村镇广场上也有戏台。祖庙的戏台增建于清顺治十五年（1658），反映了市民文化的兴起。

明清以来，戏台在民间大为兴盛，例如在赣剧的发源地江西景德镇乐平县，至今尚有明清戏台超过四百座，建造在村镇广场、寺庙、会馆、祠堂或大宅院中，素有中国古戏台博物馆之称。又如四川犍为罗城镇的船形街也很有特色。镇位在山顶，主街呈梭形，在梭形最宽处建戏台，台前街道呈台级状，离戏台愈远愈高，正是看戏的好地方。台后牌坊楹联上书“罗众志以成城”，既说明镇名的由来，也传达出融融乡情。沿街都是通长的宽敞檐廊，是平时村民休憩聚谈的去处。各地戏台的立面，凡露天者大多都作牌楼式（图 8-10-45）。

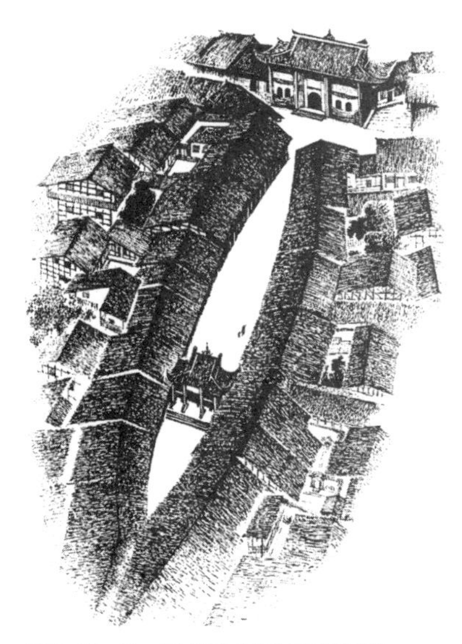

图 8-10-45　四川揵为罗城镇船形街和戏台（季富政）

图 8-10-46　泉州天后宫山门（罗哲文）

东南沿海一带常有天后宫。“天后”原实有其人，名林默娘，福建莆田人，生于宋初，曾在海上救助过不少遇难者，死后被奉为神明，广受祭祀，被宋代皇帝封为天妃。元代南粮北运，实行海漕，为祈求天妃保佑航海安全，元王朝敕令沿海各地普建天妃宫。清康熙十九年统一台湾之役，将军施琅以天妃显灵助阵，奏请进封天后，自此改称天后，又称海上圣母或妈祖。天后宫不但在福建、广东、台湾等东南沿海各地多有建设，其他沿海地区如山东烟台和天津等地也有，甚至远达海外华人聚居各埠如印尼、马来西亚、新加坡以至印度东南等地。现存比较著名的天后宫有福建莆田湄洲（传天后升天处）妈祖庙、泉州天后宫、台湾北港朝天宫、天津天后宫、烟台天后宫（又为福建会馆）等，大多经清代重建重修。

图 8-10-47　泉州天后宫前殿（罗哲文）

天津天后宫在山门广场前有戏台，山门内有前殿、后殿和藏经阁，布局与一般佛寺差不多，属北方官式风格。其他各处包括烟台在内都是岭南风格，但规模与布局都不相同。泉州天后宫有山门（门内向内为戏台）、前殿、后殿（图 8-10-46 ~图 8-10-48）。北港妈祖庙又称朝天宫，规模较大，是台湾香火最盛的祠祀。

图 8-10-48　泉州天后宫戏台屋脊饰（罗哲文）

北港朝天宫始建于康雍间，后毁于地震，1911 年重建，保存至今。[①]庙坐北向南，总平面取三进三路布局，非常规整，总宽 37.9 米、总深55.56 米。最前并列三殿，中为庙的正门“三川门”，最大；东为“龙门”，西为“虎门”。龙虎二门皆覆重檐歇山顶，三川门屋顶比较特殊，下檐为硬山，上檐为缩小了的歇山。从三座门殿分别进入，为三座院落。中院有正殿，最大，三间，硬山顶，殿前有轩，屋顶分成中高边低三段。东西二院各有拜殿。三院之间以墙分隔，墙上开八角门。第二进中院内为中殿，祀观音，左右为小殿。中殿与正殿之间设左右通廊，廊上开门通左右侧院。第三进合为一大院，后部

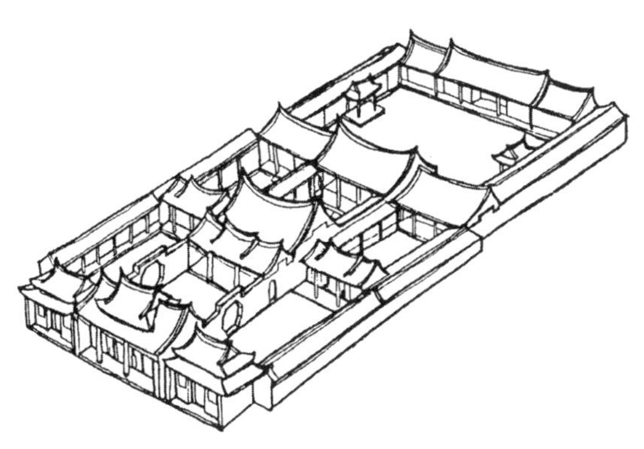

图 8-10-49　台湾北港朝天宫（妈祖庙）（《台湾传统建筑技艺》）

图 8-10-50　福建南靖张家祠堂（罗哲文）

对页注

①李乾朗．台湾建筑史[M]．台北：雄狮美术出版社，1986．

正中为后殿，祀圣父母。沿整个三进左右边皆有廊（图 8-10-49）。

朝天宫与福建、广东民间建筑风格相同，装饰作风更是地道的岭南系统。像台湾朝天宫一类建筑，其风格在福建其他包括宗祠在内的民间公共建筑中，都可以见到（图 8-10-50）。各殿屋脊两端高高翘起，脊饰体量庞大，以彩色灰泥堆塑出整本戏文，极为繁密琐细。朝天宫中殿的一对盘龙石柱也为福建各地常见。

三、会馆

明清以来，中国兴起了一种重要的民间公共建筑，即会馆，主要体现了文人文化和市民文化的整合。

“馆”字早已见用，指接待宾客的屋舍，如《诗·郑风·缁衣》云：“适子之馆兮”。接待宾客的人称“馆人”，供应宾客的饮食称“馆谷”。“馆”字又常与“驿”字连用，称“馆驿”，就是行旅驿传止宿的地方。唐时管理馆驿的官员称“馆驿使”，可见馆驿相当于今天由政府或机关设立的招待所。专门接待乡党的馆驿则称“郡邸”或“邸舍”，早在汉代的长安就已出现。其时实行由地方保举贤良方正和孝廉为官之制，入京候选暂居其中，已具有以后会馆的性质。“会”字意为集会，又指人物荟萃或团体，并引申出会合、会集、会商、会盟、会社等词，总之，都不出众人会聚共商事务的含意。“会馆”一词则最早见于明代，初指接待同乡人活动食宿的地方。明代起，随着商业交往大大增加，为了团结同乡工商业者，维护共同利益，对付本地人的欺凌，在较大城市如京城和工商口岸等地开始建立会馆，既是临时旅居之所，又是办理乡党公共事务的地方，称同乡会馆。此“同乡”亦非囿于一地，往往包括相邻、相关的地域，如两湖会馆、两广会馆、山陕会馆等。清代还有一种会馆，不以地域而以行业划分，称同业会馆，近代又称同业公会，也是为了防止外业人欺压，办理行业内部公共事务，维持业内规矩。同乡或同业会馆又往往与祠祀类建筑结合起来，如前述广州陈家祠堂和佛山祖庙，也兼有同乡或同业会馆的性质。明清时，山西与徽州、广东商业发达，形成晋商、徽商、潮商三大商帮，名闻天下，各地会馆逐渐兴盛。

会馆除旅居和办理事务外，作为具有一定共性人群的公益性建筑，也必有维系感情的功能，所以还会有戏台、大厅，供聚会宴饮；同乡会馆常有乡贤祠，以令本乡人骄傲的先贤为共同的精神核心，增进乡谊共识。为彰显本乡实力，更因工商业者炫示资本雄厚的心态，会馆建筑常不惜费用，大事铺张，较之祠堂等比较严肃沉静的性格，更具外向性，有时竟成为所在地最为显赫的建筑。会馆的建筑风格常与所在地一致，但也有专以本乡本土风格傲示他乡者，如烟台福建会馆就完全采取福建风格，而与齐鲁建筑大异，天津的广东会馆也颇具粤乡特色。

直到民国以前，会馆越来越多，清末北京外城就有上百余座。现综合各种会馆，略举数例如下。

河南社旗山陕会馆在南阳东 20 余公里。社旗又称赊旗，原属南阳，清《南阳县志》谓："……赊旗店，亦豫南巨镇也……地濒赭水，北走汴洛，南船北马，总集百货"，是山陕汴洛南通江南的要道，有"天下店，数赊店"之谚。据记载，当时全镇人口达 13 万多，有 72 条街巷。过往赊旗的商人"尤多秦晋盐茶大贾"，乃于清乾隆二十一年（1756）开始建造会馆，历经百余年扩建，至光绪十八年（1892）完成，是南阳以至豫南最宏丽的建筑群。社旗山陕会馆又称关公祠，奉祀山西先贤关羽。

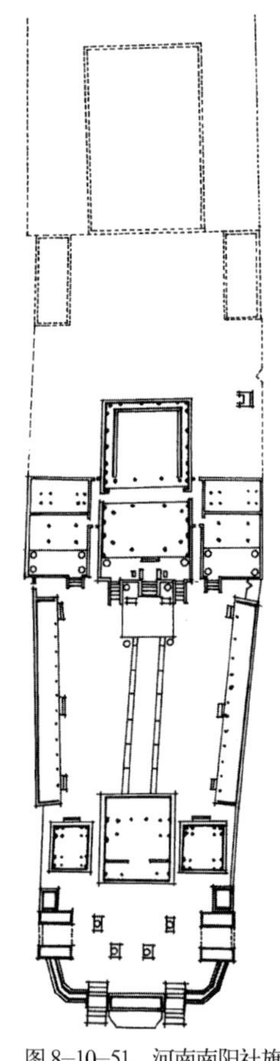
图 8–10–51　河南南阳社旗山陕会馆总平面（赵玉春）

会馆坐北向南，分前中后三进。现存部分南北长 154 米、东西宽 60 米。

前院是很有气派的入口区，由南面的照壁、东西辕门和北面的悬鉴楼及并列在楼左右的钟、鼓二楼围成，院内有高达 29 米的铁旗杆和石狮各一对。照壁全用琉璃砌造，覆黄绿琉璃瓦墙顶。南北壁面装饰繁琐的琉璃浮塑，各分三组，北壁有联赞颂关羽曰："浩气已吞吴并魏，庥光常荫晋与秦"。辕门东西相对，在砖券门洞上作单檐歇山小殿。钟、鼓二楼下层有腰檐，上为歇山。入口区的这种布置，已见于保定直隶总督署，是清代省级武职衙门的规格，但社旗会馆更为气派。悬鉴楼颇为雄伟，面阔 15 米、进深 18 米，三层三檐，高达 30 米，历 25 年于道光元年（1821）建成。楼南出廊，从门入，底层较低，为通道，过此可进入中院；二层最高，为戏楼，台口向北；三层又低，供牌位。楼的南北立面都很峻伟，尤以北立面更为动人：戏台台口立四柱，中二柱高起承小歇山顶，屋檐下置巨匾，书"悬鉴楼"三个遒劲大字；边柱上承重檐歇山；台后高耸第三层的歇山顶。各屋顶都覆以绿琉璃瓦，层层错落，比例合度，再加上钟鼓二楼的陪衬，全立面共有多达 16 个屋角，气势极为恢弘。从中院中部南望，画面总宽、总高与人眼构成的水平视角和垂直视角均属最佳。楼内的木雕也极精美。

中院很大，号称"万人庭院"，北部稍宽，全部铺以青石。东西各有厢楼 13 间，朝向院子上下有廊，廊中可以观礼看戏。院北分三路。中路在 3 米高的月台上立石坊三座，各坊石雕丰富。月台后为大拜殿，由前后二殿勾连组成，面阔 20 米、进深 40 米。前殿又称宴会殿，卷棚歇山顶。后殿内有暖阁，置关羽神牌，屋顶耸出重檐歇山，也覆绿琉璃瓦，高达 34 米，建成于光绪二十年（1892）。左、右二路衬以偏殿。

第三进以建成于乾隆四十七年（1782）的春秋楼为中心，规模之大可能不亚于前、中两进之和，但现已不存。据称春秋楼由四十八根通柱撑起，内塑关羽夜读春秋像。楼高竟达 37 米，与北京太和殿从广场地面至屋顶的高度相同。民谚谓："赊店有个春秋楼，半截还在天里头"，以状其高。楼在咸丰年间捻军起义战争中被焚（图 8–10–51 ～图 8–10–56）。

社旗山陕会馆位于镇中心一条南北大街的北端。从大街北望，悬鉴楼、钟楼、鼓楼和东西辕门，组成密集而轮廓错落多变的雄奇构图。侧立面也令人深有印象，从前至后，波磔迭起，层层加高。会馆的雄杰气势，十分贴合关公祠这一主题。据《创建春秋楼记》碑，在建造过程中，曾"运巨材于楚北，访名匠于天下"，烧制琉璃砖瓦的土料则从山西驮来。总体而言，这座会馆以特具阳刚之美的磅礴气势，仍更多保有山西建筑一派豪强之气的风韵，与佛山祖

图 8-10-52　河南南阳社旗山陕会馆远望（萧默）

图 8-10-53　社旗山陕会馆前院（萧默）

庙的繁琐俗细相比，格调实有天壤之别。

安徽亳州也有一座著名的山陕会馆。亳州是东汉名医华佗的家乡，自古即为中国三大药材集散地之一。清顺治十三年（1656），药商“王璧、朱孔颖，皆籍系西陲，东行于亳，求财谋利，连裾偕来，亟谋设会馆，以为簪盖之地”（《重修大关帝庙碑记》），始建山陕会馆，经百年逐步建成。会馆内也祀奉关羽，故也称关帝庙。

亳州山陕会馆的建筑组成与社旗会馆中部差不多，也有戏楼、钟鼓二楼、大殿和左右厢楼，但规模远小于前，布局比较紧凑，东西不到 30 米、南北约 50 米，面积仅及前者现存部分六分之一。其组合形制又与凤凰陈家祠堂相似，但规模较之稍大。会馆坐北向南，最前方的戏楼建成于康熙十五年（1676），平面凸字形，凸向院内三间为戏台，台口中二柱作垂莲柱，以减少视线遮挡，上覆高耸的歇山屋顶。戏楼底层兼为门厅，楼的两耳面阔各一间，也是歇山。钟鼓二楼紧接戏楼东西，仍为歇山。从院内观看，凸出部、两耳和钟鼓二楼的檐柱节节后退，屋顶层层低下，面阔逐渐减小，以简洁的手法取得突出中央主体的效果。这三部分朝向大门一面的檐柱在一条直线上，而以高出屋顶的砖砌牌楼门墙封护。门墙的处理和构图很有特色：正中砌牌楼，三间四柱五楼，下通拱门；两侧对称也是牌楼，均为单间二柱一楼，也开拱门，

图 8-10-54　社旗山陕会馆侧面（萧默）

图 8-10-55　社旗山陕会馆前殿（萧默）

图 8-10-56　社旗山陕会馆前殿（萧默）

图 8–10–57　安徽亳州山陕会馆（陈绶祥）

图 8–10–58　亳州山陕会馆戏楼（萧默）

图 8–10–59　苏州三晋会馆戏台（萧默）

图 8–10–60　山东聊城山陕会馆

通向钟鼓二楼的底层，三座牌楼间连以水磨砖墙。中高边低，加上墙后从中到边三次迭落的彩色琉璃屋脊，和墙前左右高达 16 米的蟠龙铁旗杆及一对石狮，形象非常华丽多变，生气勃勃。铁旗杆上有铁斗三件，悬风铃(图 8–10–57、图 8–10–58)。

戏楼以北隔庭院为大殿，分前后两部。前部明轩三间，卷棚顶；后部高大，硬山顶，两座屋顶作勾连搭相接。庭院东西两侧为楼厢，各六间，朝向院子上下都有前廊，可以看戏。

亳州山陕会馆又以砖雕、木雕的华丽多彩闻名。砖雕主要施用在门墙砖牌楼上，是清代砖雕的优秀代表作，玲珑剔透，精美丰满，构图繁富，内容多为戏曲故事，如郭子仪、长坂坡等，宜于近观。但牌楼的柱枋斗栱等穿插关系仍十分明确，并未因雕饰而破坏建筑的结构逻辑。涂彩木雕主要施用于戏台，如藻井周围透雕三国戏文十八组，柱枋雕刻垂柱、狮子、鳌鱼，台上屏风刻二龙戏珠等，全部涂彩，也是清代木雕佳作。因为有这些木雕，亳州山陕会馆又名花戏楼。

亳州已地近江南，与社旗会馆的雄奇气势相比，亳州会馆似乎更多了一种精巧玲珑的风情。

中国会馆建筑甚多，不及备举，各地较知名者尚有山东聊城山陕会馆、苏州三晋会馆……(图 8–10–59、图 8–10–60)。

值得着重提到的是北京的会馆。北京会馆也起于明代，与其他各地的会馆不同的是更多具有接待举子的功能。明清两朝，三年一次在北京举行“会试”，全国各地经各省三年一次乡试中举的举人于乡试次年齐集北京，举行全国性的选官考试，得中者在明代称进士，清代称贡士。当时全国会试兼顺天府乡试的考场在今建国门内东长安街北，称贡院，现已不存，仅留地名。会试完毕后，他们还得继续留京参加殿试，进一步评出状元、榜眼、探花和一般进士等甲次。明清两朝在北京约500年间共举行过201次会试，录取进士51624人，平均每次录取不到260名，而参加者每次都有六七千人，加上从人，可达万人以上。不中者有的还乡，三年后再来，许多较贫寒者因国家提供的“公车”费只是单程，无钱返乡，就留京复习，准备参加下一次会试。所以在不举行会试的年头，京中仍留居有不少各地举子。还有中试后在京等待分配的“候缺”官员也需要暂时留京。要解决他们的食宿，各地在京为官为商，享有名望拥有权势和财力者，出于资助本乡举子或借以提高自己在乡中名望的目的，出头兴建或购买房产，会馆也就应运而生并长盛不衰了。这种情形又可由各地在京会馆的数目可见端倪。如往往一个小县，在京却拥有一座或数座规模可观的会馆，而有的大县甚至州、府，却没有一座，这就与各地的文化发达程度有关了。如江南人文茂盛，江苏一省，明清两朝考中状元者即有66人，而西部各省，几百年中却往往一人未中。考中者多，说明赴考举子也多，朝中为官者也多，就更有必要也更有力量兴建会馆了，反之，建立会馆也难。如此的“良性循环”和“恶性循环”，乃形成这种现象。北京的会馆以这一类最多，又称“试馆”。中国人特重乡情乡谊，一入会馆，仿佛就回到了家乡，所以不因会试而入京者，往往也首选住入会馆。如遇会试年头，临时迁出，试后再搬回长住。此类会馆又称同乡会馆，多冠以地名，如歙县会馆、扬州会馆、韩城南馆、中山会馆、宜昌七邑郡馆等。也有按省建馆的，如四川会馆、全浙会馆、江苏会馆、江西会馆、安徽会馆。有的一省且不止一座，有时，相邻省份联合建馆，如两湖会馆、两广会馆、湖广会馆、山陕会馆。

北京的会馆以南城虎坊桥的湖广会馆较知名，规模较大且保存基本完好，还是国民党召开建党大会的地方(图8–10–61 ~图8–10–66)。

图8–10–61　北京湖广会馆北大门（萧默）

图8–10–62　北京湖广会馆东门（萧默）

图8–10–63　湖广会馆戏台东侧面（萧默）

图8–10–64　湖广会馆东跨院（萧默）

图 8-10-65　湖广会馆戏台（萧默）

图 8-10-66　孙中山在北京湖广会馆召开国民党建党大会

四、书院

书院是私人兴办的教育机构，与学宫之官学相应，称为私学。

儒家特别重视教育。孔子首创私家办学之风，在山东洙水、泗水之间编删诗书礼乐，讲学授徒，先后有三千弟子。以后大儒均以创办书院为己任，据传较早的书院如山东崂山康成书院成于汉末，河南嵩阳书院创于北魏太和八年。唐代开科取士，更促进了书院的发展，当时全国已有书院 17 所。[①]

“育才造士，为国之本”（唐 · 权德舆《进士策问王道》），“夫善国者，莫先育才；育才之方，莫先劝学”（宋 · 范仲淹《上时相议创制举书》），重视人才与教育，是中国文化的优良传统，对于社会的发展和稳定都起过很大作用。朝廷在兴办官学的同时，对于民间创办私学，也持鼓励的态度。宋代书院大盛，北宋的程颢、程颐、王安石、范仲淹和南宋朱熹、吕祖谦、陆九渊、王阳明等，都对此做出过贡献。特别是著名理学家朱熹，认为“为治所至，必以兴学术、明教化为先”，“为学之道，莫先穷理；穷理之要，必在于读书”（《朱文正公文集》卷十四）。在他从事教育五十余年的生涯中，不遗余力开办书院，亲建了考亭书院，又对诸如独峰、鹅湖、五峰、紫阳、白鹿洞、岳麓、石洞、瀛山等江南大小书院的修复或扩建，都起过作用。号称为中国四大书院者都成于或盛于宋：白鹿洞书院在庐山南麓五老峰下，原为唐李渤兄弟隐居养鹿处，南唐改为书院，后毁，朱熹重建并亲自主持讲学；岳麓书院在湖南长沙岳麓山下，创于开宝九年（976），朱熹也曾去讲学，有“潇湘洙泗”之誉；石鼓书院在湖南衡阳，至道三年（997）建，清代是黄宗羲讲学的地方；应天府书院在河南应天府商丘，建于大中祥符二年（1009），范仲淹曾讲学于此。

元明清三代书院继续发展，清代书院数量已大大超过学宫，南方多于北方，东部又多于西部。现存书院多是明清创建或重建的。

书院与学宫相比，除讲学比较自由，提倡自学，师生关系更为融洽，常常成为某一学派的中心外，在建筑上还有以下不同：一、学宫以文庙为主，学舍为附，有一整套祭孔礼仪所要求的建筑；书院则以学舍为主，仅以一堂供祀孔子。晚期受学宫影响，有的也在书院旁并建文庙者，但仍以书院为主。二、学宫属官方建筑，虽因分布各地难免受地方风格的影响，但整体仍保持严肃的格调；书院则属文人建筑，其主体部分虽然也讲究中轴对称，却更多一些淡雅自然的意趣。三、学宫常建在城内，书院则多选址于郊野景色佳胜之地。四、相比而言，书院更多园林景观之设。

书院多坐北向南、前低后高，典型的布局

①杨慎初主编．湖南传统建筑 · 书院 [M]. 长沙：湖南教育出版社，1993；洪铁成．书院模式与文化人的文化环境 [J]. 新建筑，1989（4）；杨慎初．书院建筑与传统文化思想 [J]. 华中建筑，1990(2).

是沿中轴线顺序布置大门、讲堂、藏书楼和先师堂，有的在大门、讲堂间增设二门。斋舍设在左右二路，为多条平行于轴线的长屋。湖南宁乡云山书院建于清同治三年（1864），是这种布局的代表。在大门外东侧有希贤堂，供奉孔子和七十二贤，并书列本县举人名氏，以为表彰（图 8–10–67、图 8–10–68）。

作为宋以来中国四大书院之一的岳麓书院，是现存重要实例。岳麓书院自北宋创立后，历南宋、元，曾多次毁于兵燹又多次重修。明成化五年（1469）重建，正德二年（1507）“以风水未美”重新规划，变更朝向，创建文庙，现存格局即成于此时。明末又毁于战火，清初重修，后又半毁于太平军役，同治七年（1868）最后形成现存面貌，1982 年部分重建，御书楼在此次重建时依旧图和记载恢复，已经是钢筋混凝土结构了。

岳麓书院在岳麓山东麓，坐西朝东，前低后高，现占地约 2 公顷。中轴线上顺次列大门、二门、讲堂和御书楼。大门前有赫曦台，台左右吹香、风雩两亭立于池中。大门、二门之间左右为斋舍，各成廊院。讲堂、御书楼之间左侧为湘水校经堂和多座先贤专祠，右侧为山长居处百泉轩及园林。全部布设非常疏阔淡雅，廊道宽阔开敞，庭院通透，灰墙黑瓦，墨柱朱梁，栗色门窗装修，仅个别构架略施彩绘，气氛极优雅闲适。所有建筑除御书楼为楼并施歇山顶外，全是单层，且多为硬山，朴素平易如民居。岳麓书院的书香趣味，也为其他多数书院所共有。但如广州陈家祠堂而兼为陈氏书院，则未免商人气稍重而士人气不足了（图 8–10–69 ～图 8–10–72）。

岳麓书院之左并列文庙，自成院落，规模不大，而红墙黄瓦，另成一格。庙与学舍的关系仍为“左庙右学”，系受到学宫的影响。

书院的选址值得特别注意。它不像文庙学

图 8–10–67　湖南宁乡云山书院图（清《宁乡县志》）

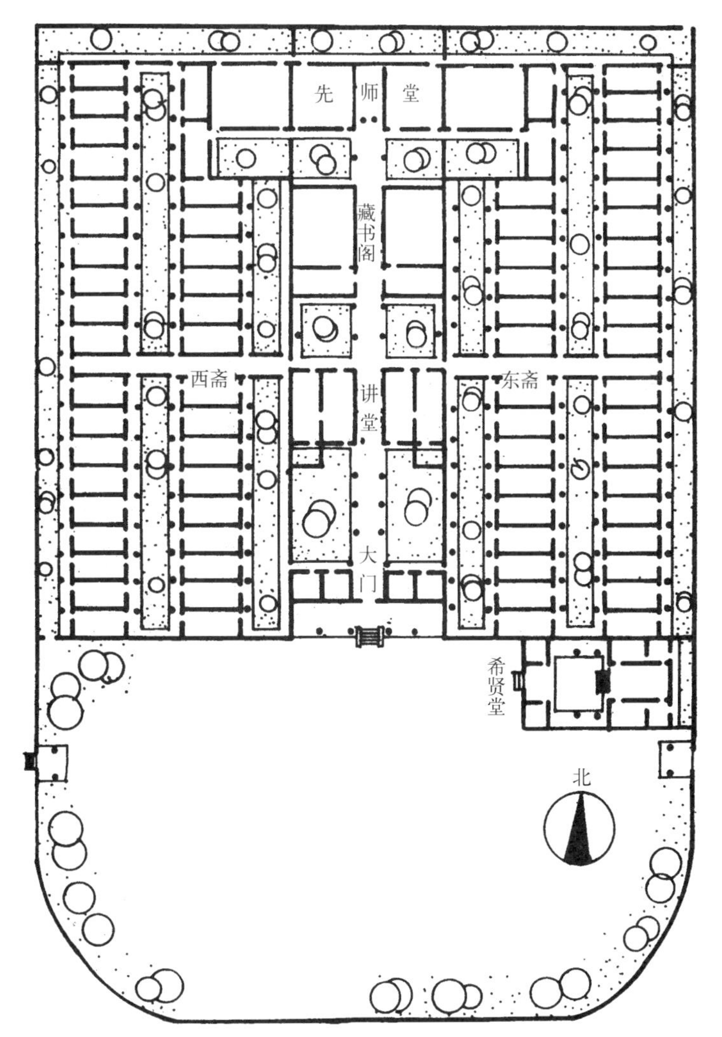

图 8–10–68　云山书院现状平面（《湖南传统建筑》）

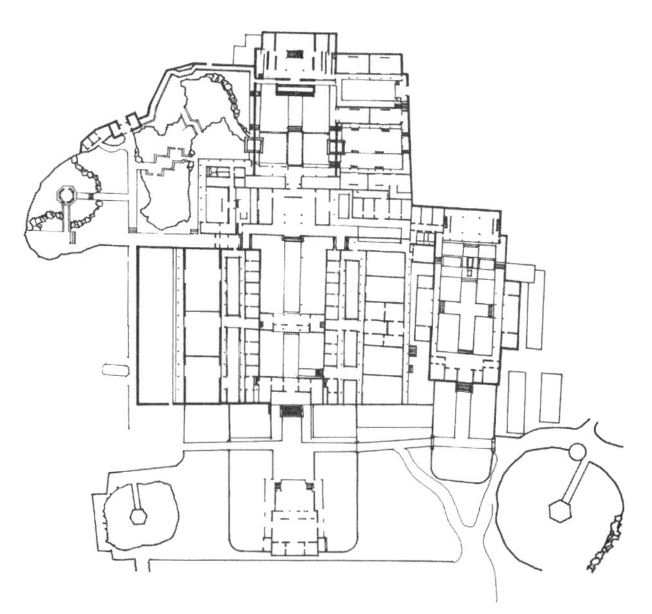
图 8-10-69　长沙岳麓书院平面（《湖南传统建筑》）

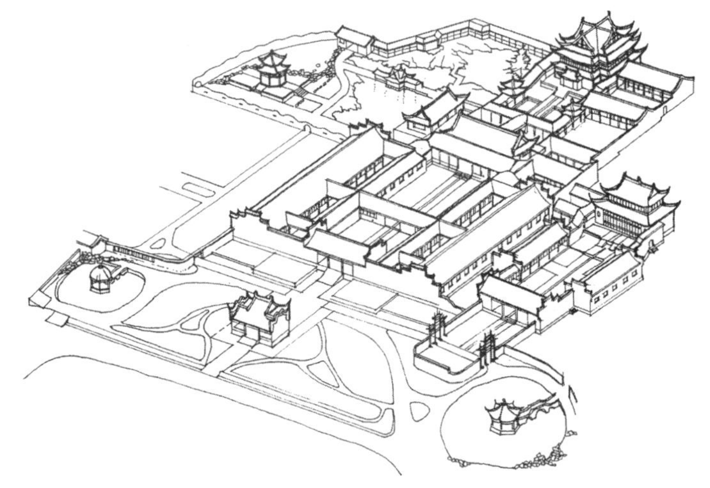
图 8-10-70　岳麓书院鸟瞰（杨莽华据《岳麓书院》重绘）

图 8-10-71　长沙岳麓书院大门（《湖南传统建筑》）

图 8-10-72　岳麓书院御书楼（萧默）

宫多在城市，有官家的显赫；也不似匿于深山的佛道寺观，以出世脱俗为本；而是以入世之心，追求身心和畅为最要，故多选址在城郊山环水绕林深草长之胜境，“无市井之喧，有泉石之胜，真群居讲学遁迹著书之所”也（朱熹《朱文正公文集》卷九九），深刻体现了中国文人既入世又脱俗的生活理想，反映出特有的一种士文化精神。这种情怀，又不只停留在物质的表面层次，而是富有其精神性的内涵。孔子说：“智者乐水，仁者乐山”，在这里，水和山都具有了一种比德的意义。孔子又说过一段关于水的话，最能说明这种精神。他说，水遍施于一切，是德；有了水万物才能生存，是仁；敢于腾身于百仞之谷，是勇；虽似绵弱而无微不往，是它的明察；能够化污秽为洁净，是它的善良；虽艰险万折而仍不改东流之初衷，是它的坚强意志……（《荀子·宥坐》）。有了这“涓涓不息”的水，“则百川学海无一不可至”矣！山则“出云风以通天地，阴阳和合，雨露之泽，万物以成，百姓以飨”（《尚书大传》卷五），无我地化育万物，是它的至仁。基于天人同构同理的理念得出的“君子比德”的美学理想还认为，“通天地之人之谓才”，即真正的人才，不但是智育的概念，更是德育和美育修养达到高度境界的标志。只有领会“天人合一”的精神，山和水才能成为他们乐之、求之而朝思暮想的对象。所以书院之选址其实是寓教化于游息之中，不能简单地只理解为气候良好，空气清洁，风景优美等等。山野郊外还常有古先贤的遗踪可寻，既可“聆清幽之胜”，又能“踵名贤之迹”，当然更是“藏修息游，砥砺文行”的佳处。除自然佳胜外，书院也很重视人文环境的建设，故“天下郡县书院，堂庑斋舍之外，必有池亭苑圃以为登眺游息之所。……而山川之佳胜，贤达之风流，每足以兴起感发其志，其为有益于人也”（《云山书院仰极台记》）。院中刊刻着名贤手迹的匾额、对联、碑石和箴语、学规、警句等，对于造就斯文之境，也起着重要作用。在岳麓书院中，就到处可见诸如“惟楚有材，于斯为盛”、“沅生芷草，澧有兰花”之类激励向学的辞句。

书院中的林木多见坚强不阿之松、柏、槐、槲，而独不见艳桃弱柳。中国古人之精于环境选择与建设，于兹亦可见一斑。

直到清末改行新政，始废书院，诏改为学堂，以后又改为学校，至今各地原有书院或学宫仍多为学校。

五、城市景观楼阁

城市景观楼阁是指建在城市或城市边缘，对全城宏观环境景观产生重大影响的公共楼阁。与宫殿寺观园林中的楼阁不同，后者附属于它所在的建筑群，只对其有限区域产生影响，城市景观楼阁则面对整座城市和城市附近的大尺度环境，具有更多环境艺术上的意义。明清两代继承唐宋以来重视楼阁景观作用的传统，继续建造。城市景观楼阁可能也会具有某种实际使用的或象征的功能，考虑到功能因素，大致可分为两类：一类适应军事防御或报时的需要，如城楼、角楼、钟楼或鼓楼。城楼、角楼与城墙结合在一起，钟楼、鼓楼布置在城市中心地带，往往就是十字干道的交点，都在城市景观的重点部位，成景作用很大；另一类含有一定的纪念或宗教内容，人文意义更强，除以其挺然峻峙的风姿成景以外，更重视得景，所以多设在城市边缘或城外可一览山河佳胜之处，或倚山，或临江，或负郭，可称为观景楼阁。前者尤其是建于都城或大城者，在严格意义上可能并不属于“民间建筑”，但仍附于此一并介绍。

城楼与角楼

城楼和城墙角楼在春秋战国之际《墨子》一书中已有较详细的记述，前此有关章节中已有介绍。值得注意的是，明清重要城市的城楼常采用所谓“三滴水”屋顶样式，即楼体两层，下层有腰檐平座，上层重檐歇山，共有三重屋檐，增加了楼的体量和气势；再是，随着火炮的使用，约从元代后期开始，各地城墙纷纷包砌砖面，城门外瓮城上的城楼（称箭楼）和角楼也多使用砖墙，墙上开射孔，形象坚实。如北京内城九门、外城七门原来都有城楼、瓮城和箭楼，内城各楼都比外城高大，内城东南、西南二角还有曲尺形角楼。与其说它们的建造只是基于军事防御的目的，不如说甚至更重要的是出于景观上的考虑，对构成城市整体环境面貌有重要作用，是长段街道的构图重心和进出城门的重要标志，丰富了全城的天际轮廓。其凛然难犯的雄伟体量充分显示了京畿重地皇权的威仪。现在北京除内城正门正阳门城楼和箭楼（现称前门）外，只保存了德胜门箭楼和内城东南角楼。

正阳门城楼和箭楼始建于明代中叶，时在正统元年（1436），由越南人太监阮安等人主持，四年完工，清康熙十八年（1679）地震后重建，1900 年又毁于八国联军，现存者为 1906 年再次重建，1916 年因展扩街道拆除瓮城城墙，但保留了箭楼。

正阳门城楼建在比城墙加宽了的城台上，木结构，两层，带周围廊，面阔九间，“三滴水”屋顶，通高达 42 米。箭楼在城楼前，下面也有城台，因瓮城城墙已拆，现在成了孤立的墩台。箭楼木结构，但外墙砖砌，外观四层两檐，即第三层上的腰檐和第四层上的单檐歇山。平面呈“凸”字形，后部凸出部分为三层，其单檐歇山屋顶与前部腰檐交圈。箭楼的窗子都是小小的方形箭窗，墙面收分显著，稳重坚实。现状箭窗上的连拱窗沿和沿城台挑出的石栏杆是 1916 年拆除瓮城时所加，有点西方作风。两座楼阁的屋顶都是灰瓦绿琉璃剪边（图 8–10–73、图 8–10–74）。

图 8–10–73　北京正阳门（楼庆西）

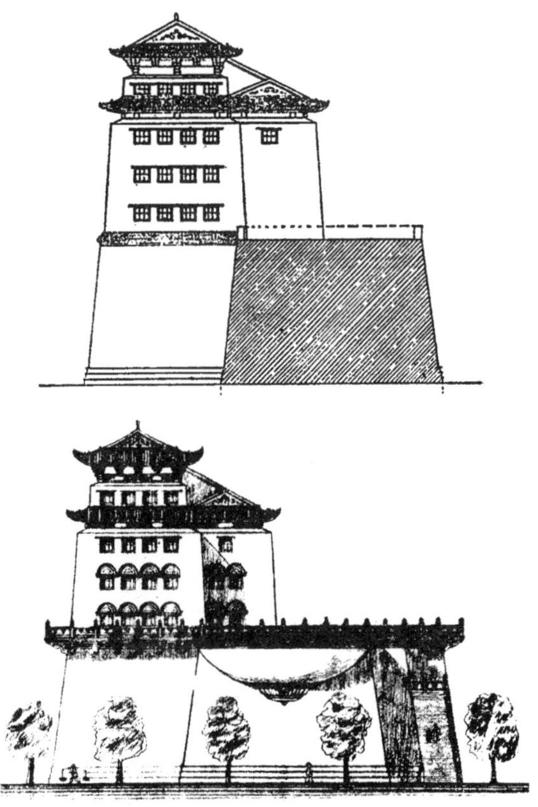

图 8–10–74　民国初年改造前后的前门侧立面图（喜仁龙）

箭楼的防御功能更强，四层，显然是为增加防守兵力，但对于造型也起了很好作用，以小尺度的箭窗对比出楼的高大，四层而只有两檐使楼形更显坚实、简洁而威严，符合其功能性格。城楼的华丽宏大的格局则充分体现了京畿正门的高贵。

北京角楼与箭楼的做法差不多，或称转角箭楼，也是四层两檐砖砌厚墙，只是平面改为转角曲尺形，角台向城外突出。城门和转角都是城墙的关键点即所谓“节点”部位，在其上建楼显然强调了节点的重要性（图 8–10–75、图 8–10–76）。

四川阆中华光楼是一座地方小城的城楼。阆中北依山峦，嘉陵江从西、南、东三面环绕流过，城南门面临江水，古时曾在江上建有浮桥，通向南岸锦屏山，山上有南津关边峰楼。华光楼即南门城楼，据传始建于唐，称南楼，明清两代屡毁屡建，改名华光，或称镇江楼，清同治十三年（1874）再次重建后保存至今。楼建在不高的城台上，宽度不大，面阔仅三间，但颇为高峻，有三层三檐，加上楼下开有圆拱城门的城台，总高达 36 米。各檐均覆绿琉璃瓦，歇山顶，正脊耸出高细的脊饰。华光楼不大而高，对比城内大片低矮民居更显突兀。楼隔江与锦屏山、边峰楼遥遥相对，构成阆中的主要环境景观，从城内城外很远处皆可观赏，江上航船

图 8–10–75　北京东南角楼（《中国古建筑大系》）

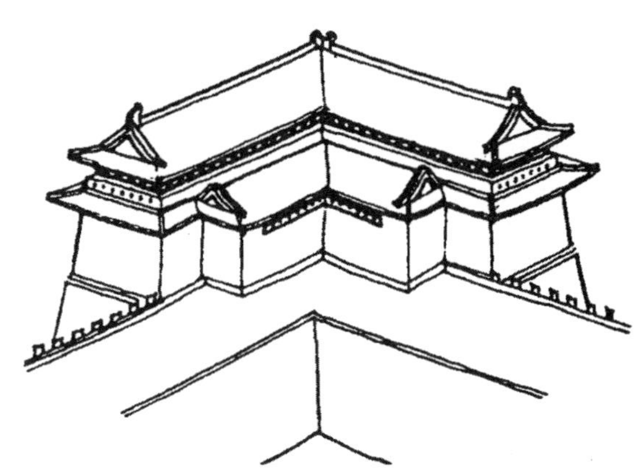

图 8–10–76　北京内城角楼（《中国古代建筑史》）

图 8-10-77　四川阆中华光楼（萧默）

图 8-10-78　湖北襄樊北门城楼（萧默）

图 8-10-79　荆州城门（萧默）

更以之为标志。亦可登楼远望，一览风光；若俯察百燧，千家万户，大片青瓦屋面，颇为动人（图 8-10-77）。

此外，还可举湖北襄樊、荆州、四川资中、湖南凤凰等古城城楼为例，以见一斑（图 8-10-78 ～图 8-10-82）。

钟楼与鼓楼

《诗经》谓“钟鼓煌煌”，《史记》记秦六国宫殿“钟鼓美人充之”，可见钟和鼓自古就是重要的乐器。钟声和鼓声也有报时或警戒的作用。东汉蔡邕《独断》云：“夜漏尽，鼓鸣则起；昼漏尽，钟鸣则息”。晨鼓暮钟，用于城市报时和警戒，至少从汉代已经开始了，如“市楼”通常都悬有大鼓，河北安平东汉熹平二年（173）墓室壁画中有耸立在市场或坞壁之上的高楼，悬鼓扬旗。隋唐城市实行里坊制，规定晨昏、宵禁都以钟声鼓声为启闭城门坊门的信号。但隋唐长安和洛阳，除寺庙有钟楼与经藏（藏经楼）对设、宫殿有钟楼与鼓楼对设外，没有专门的城市钟鼓楼，而以城楼代替。北宋取消里坊制，但仍保留了钟鼓报时的习惯。元大都仿照汉代市楼的做法，也在京城北部市肆区建造高楼，即钟楼和鼓楼。二楼在城市中轴线稍偏西，鼓楼居南，钟楼居北，二者之间有相当的距离。

图 8-10-80　四川资中东城楼（《四川古建筑》）

图 8-10-81　湖南凤凰东门城楼（萧默）

图 8-10-82　凤凰北门城楼（萧默）

① 陈从周，路秉杰．聊城光岳楼 [M]// 文物编辑委员会．文物资料丛刊·第二辑．北京：文物出版社，1978.

图 8-10-83　北京鼓楼和钟楼（高宏）

图 8-10-84　北京钟楼侧影（刘大可）

图 8-10-85　西安钟楼（《中国建筑》）

明清继承元代并进一步推广，在北京、南京和许多地方城市普遍建造钟楼和鼓楼，有时二楼合二而一，布置在城市中心重要位置。钟鼓二楼的城市景观作用毋庸赘言，位在城内，比城楼、角楼更多被人看到。钟楼、鼓楼采用楼的形式，除了加强其景观作用外，也可利用下层为共鸣腔，使声音悠扬远播。

北京的钟楼和鼓楼在城内北部中轴线上，与北京城同时完成于明永乐十八年（1420）。钟楼全砖石结构，但整体形象与木构建筑差不多：下为四方而高耸的砖台，四周围以汉白玉栏杆，台上钟楼单层，重檐歇山灰瓦绿琉璃翦边屋顶。鼓楼在钟楼南，俯临繁华的鼓楼大街，形象与北京城楼相似，下有城台，台上两层楼，“三滴水”屋顶，灰瓦心绿翦边。鼓楼体形横长，体量较大，风格华丽，与钟楼的小而竖高、风格较为素洁形成对比。它们的距离比元大都的二楼大为靠近，构成群体景观。北京从南城正门永定门起向北经箭楼、正阳门、天安门、端门、午门、紫禁城、神武门、景山，一直延伸到鼓楼和钟楼长达 7.5 公里的城市中轴线，在此做了一个有力的结束，仿佛一部气势磅礴的乐曲的两个有力的终结和弦（图 8-10-83、图 8-10-84）。

明代西安的城市干道呈十字形，钟楼初建于明洪武十七年（1384），原在现址更西处，是当时城市十字干道交点。后西安曾向东向北扩出，干道交点东移，乃于万历十年（1582）迁于现址，仍是干道交点，与北京鼓楼仅一面朝向干道不同。故西安钟楼的台体和楼身都是正方形，台内开十字券门以通人行。砖台边长 35.5 米、高 8.6 米。楼面阔进深都是三间（明间在清代另加两条小柱，有若五间），周围廊，攒尖顶，也作“三滴水”式，覆绿琉璃瓦，高 27.6 米，楼内曾悬巨钟一口。楼、台总高 36 米，造型端庄稳重，大小和高度都与当时西安街道市肆尺度相合。北面有对称的之字形登台阶道，阶侧和台顶设石栏，构图丰富（图 8-10-85）。

山东聊城光岳楼是又一座著名的城市鼓楼，与西安钟楼一样，也建在城市中心十字干道交点上。[①] 聊城城墙始筑于宋熙宁三年（1070），为土城，明洪武五年（1372）砖包城墙，七年因“严更漏而窥敌望远”建此楼，名东昌楼，嘉靖十二年（1533）取“近鲁而有光于岱岳”意，改名光岳。楼方形，外观三层四檐。第一层面阔进深都是五间，周围廊，上有腰檐。第二层面阔进深同于下层，回廊减窄，檐柱立于下层抱头梁上，覆重檐，重檐内部有一个结构暗层。第三层骤然收小，改为三间，覆十字脊歇山顶，为加长十字脊正脊而加大明间面阔。楼本身高24米。楼下砖台也是方形，每边长34米、高9.4米。四面正中各开圆拱门券，至台中心十字相交。南向拱门两侧对称各开一小拱门，西为假门，东是登楼通道，登至台顶有小轩覆盖。小轩正在东西中轴线上，面阔五间，体量较小，对比出楼的高大，且面向主要市肆东大街，对丰富构图有一定作用。清《南巡盛典图》绘有此楼，与现状相同（图8–10–86、图8–10–87）。

光岳楼屋顶形象特殊，体形轮廓较为丰富，在明清相类楼阁中建造年代较早，保存了较多宋元做法，如采用十字脊屋顶，柱子有侧脚和生起，斗栱布局较为疏朗等。

山西平遥市楼在平遥城中心南大街近北端，楼下开敞，以通行人。楼两层，平面方形，底层面阔进深各三间，颇高，上覆腰檐，腰檐上又有平座，上层覆以重檐歇山顶，也是三滴水。重檐之间拉得很开，平座亦高，使各檐斗栱完全暴露，又拔高了全楼，至脊顶高达25米，性格昂扬豪健。各层屋顶都使用黄色琉璃瓦，上檐屋顶中部用绿瓦拼成文字，南为双喜，北为寿字。市楼两层而有四条水平线，轮廓优美，比例十分和谐，高高耸立在全城民房店肆之上，与古城墙及四周城楼一起，构成城市突出的景观，号为平遥八景之首（图8–10–88、图8–10–89）。据清乾隆碑记，当时已不知其始建年，仅记在康熙二十七年（1688）和乾隆二十二年（1757）有过两次大的重修。据斗栱

图8–10–86　山东聊城光岳楼

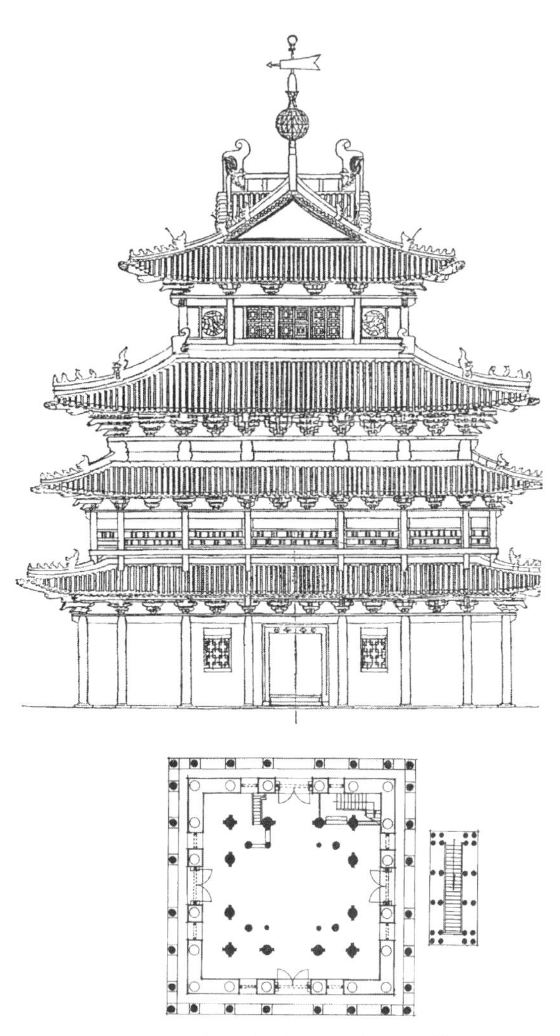

图8–10–87　山东聊城光岳楼（《文物资料丛刊》第二辑）

形制，可认为大致保存了清初的面貌。

山西介休玄神楼也建于清初康熙乾隆年间，在城内北部，是玄神庙（后称三结义庙）的一部分，楼北庙内中轴线上还有献亭和大殿。楼平面呈向南凸出的凸字形。北部是楼的主体，面阔三间附周围廊，下层廊内用砖墙封闭，仅南面正中开门，从门内通过楼的下层可进入庙内，即庙的正门。楼上层朝向庙内敞开，为戏台。凸出的南部面阔进深各三间，无周围廊，下层无墙，有东西向街道从中通过，故又称过街楼。玄神楼也是在下层腰檐上加平座，北部上层覆重檐歇山顶，南部上檐为十字歇山，下檐东、南、西三面又各凸出歇山面向前的龟头小屋顶，造型华丽，形象十分动人。各檐皆用绿琉璃瓦，脊饰丰富。玄神楼身兼庙门、戏台及城市过街楼三种身份，凸形平面使各部互相撑持，利于高楼的稳定，又增加了形体变化，处理得宜，是十分优秀的民间建筑艺术作品（图 8–10–90、图 8–10–91）。

与以上几例接近，建在城市中心的钟楼或鼓楼还可举出如河北宣化钟楼（清远楼）、宣化鼓楼（镇朔楼）、山西太谷鼓楼、甘肃酒泉鼓楼、武威鼓楼等。宣化是明长城宣府镇所在地，钟楼建于明成化十八年（1482），平面十字形（实即在矩形前后各出抱厦），覆“三滴水”十字脊顶，共有 24 个屋角，连砖台通高 24.5 米（图 8–10–92 ~图 8–10–94）。

此外，城镇中还常有过街楼，起装饰街景的作用，如北京宣武区过街楼（图 8–10–95）。

观景楼阁

人们登楼远观，荡涤胸怀，浴乎天地之间，从中获得一种精神升华的体验，此由如望海楼、见山楼、看云楼、得月楼、烟雨楼、清风楼、吸江阁、凌云阁、迎旭阁、夕照阁等等楼名也可见出。明清以来，不但重建了黄鹤楼、滕王阁、岳阳楼等“江南三大名楼”，又出现了许多新的

图 8–10–88　山西平遥市楼（许一舸）

图 8–10–89　平遥市楼剪影（许一舸）

图 8–10–90　山西介休玄神楼（萧默）

图 8–10–91　玄神楼北面戏台（萧默）

图 8-10-92 河北宣化清远楼（张青山）

图 8-10-93 宣化镇朔楼（张青山）

名楼，如山西万荣飞云楼和广西容县真武阁。

飞云楼在万荣解店镇东岳庙内，相传始建于唐，现存者建于明正德间（1506 ~ 1521）。[①] 楼外观三层，内部实为五层，总高约 23 米。下层平面正方，边长 14 米，面阔进深各五间，前方为隔扇装修，其他三面为厚墙，覆腰檐；中层下有甚高的平座，平面变为十字形，即在正方楼体每面各出一歇山抱厦；第三层也有平座，平面又恢复为正方，但在各面悬挑出一个抱厦，也是歇山，故形象与中层相似；最上再覆以一座十字脊歇山顶。各层歇山抱厦与最上十字歇山的巧妙组合，构成了飞云楼非常丰富的立面构图。楼体量不大，但有 4 层屋檐、12 个歇山面、32 个屋角，檐下和平座层叠斗栱 307 组，整座楼阁宛若万云簇拥，飞逸轻盈，以“飞云”名之，颇得其神韵。此楼木面不髹漆，通体显现木材本色，醇黄若琥珀。屋顶用青瓦及彩色琉璃脊（图 8-10-96 ~图 8-10-98）。

图 8-10-94 山西太谷鼓楼

飞云楼虽体量不大，但丰富的形象处理，在垂直和水平两个方向的多次划分，都夸大了尺度感。又因处在平原低丘地带，周围房屋都很低矮，所以仍显得巍峨壮丽，给人以难忘的印象。像飞云楼这样采用十字歇山屋顶造型繁丽的建筑，在宋元以来的绘画中出现很多，而实物保存较少，因而更具价值。

图 8-10-95 北京宣武区过街楼（北京古代建筑博物馆）

①孙大章 . 万荣飞云楼 [M]// 中国建筑理论历史研究室 . 建筑历史研究 · 第二辑 . 北京：中国建筑科学研究院建筑情报研究所 .

①梁思成．广西容县真武阁的“杠杆结构”[J]. 建筑学报,1962(7);喻维国．经略台真武阁评述[J]. 新建筑，1984(3).

图 8-10-96　山西万荣飞云楼（罗哲文）

图 8-10-97　飞云楼模型（北京中国建筑博物馆）

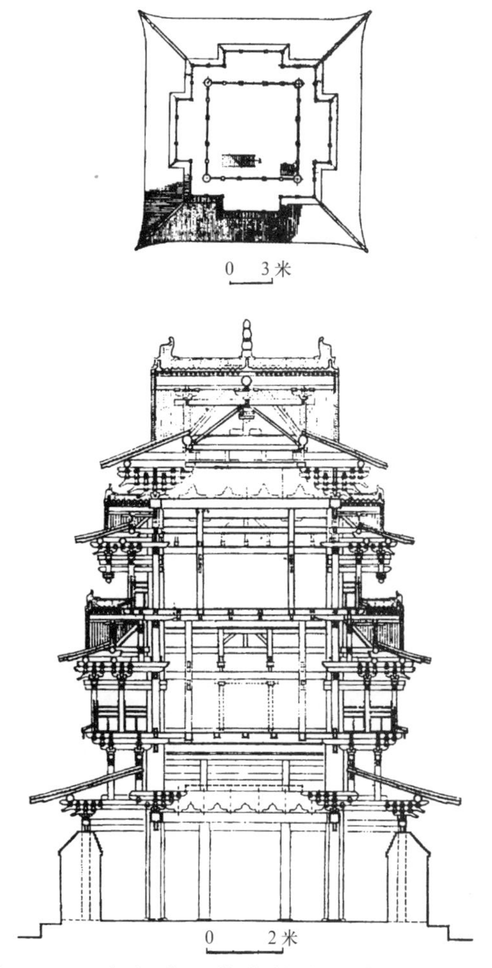

图 8-10-98　山西万荣飞云楼（《建筑史论文集》）

真武阁在广西容县城东约一里绣江岸边一座石台上。绣江由西而来，经城南流过，至此又弯转向东北而去，阁就建在弯转处的北岸。阁下石台高出地面 5 ~ 6 米，高出江面约 10 余米，是唐乾元、大历年间（758 ~ 779）元结任容州都督府容管经略使时所筑，用为操练甲兵兼瞭望,称古经略台。明万历元年(1573)“大兴工役”，“创造楼阁三层”。[①]登阁远望，越过广阔的南岸平原，东南都峤山巍然矗立，气势甚雄。阁本身高 13.2 米，加上台高近 20 米，也是周围区域观赏的对象（图 8-10-99 ~图 8-10-101）。

真武阁的柱网布设有点特殊。二、三层都是面阔三间、进深一间。但面阔的当心间特大，尽间又特小，所以在当心间增加了两条小柱，看去好似五间。在进深方向增加三条小柱，看去好似四间。底层实为在楼的四周加设一圈“副阶”，上覆腰檐。此阁不像一般楼阁副阶各檐柱与上层柱网对位（即平面柱线相对，非指上下贯通）、各角另加角柱、增为五间的做法，而仍为三间，只当心间的柱子与上层当心间柱对位，而减去与上层角柱对位的一根柱子，以取得底层柱子的均匀分布。此外，在第二层，从各角角柱向内延伸45°方向与当心间柱线对位处，为转角结构所需，各增加了一根柱子。此柱直通第三层，柱上插接正、侧两个方向的多条横向穿枋，前端通过正、侧檐柱承受两层屋檐重量，此时屋檐挑出很大，由于杠杆作用，穿枋尾部上挑，使此柱竟悬离楼面以上2～3厘米。但这是结构受力状况所造成，实在并没有多大的结构上的意义，艺术上就更谈不上有什么价值了，不值得称道，值得重视的倒是它的巨大挑檐（图8-10-100、图8-10-101）。

出檐深与柱高之比，唐佛光寺正殿为0.77：1，辽独乐寺观音阁底层为0.83：1，以后逐渐收小，清代仅为0.33：1，真武阁底层则为0.83：1，也就是说其挑檐深度比例与唐辽建筑相当，远超明清。观音阁楼层为1.43：1，真武阁二层为2.50：1，挑出深度更远。斗栱高度与檐柱之比，唐佛光寺正殿为0.50：1，明清斗栱大大缩小，一般仅为0.083：1，真武阁底层为0.41：1，第二第三两层的柱子在斗栱以下的高度更低。第二层斗栱高0.9米，第一跳栱底离楼面仅1.1米；第三层斗栱高1.1米，出跳就从楼面开始。因三重屋檐挑出很大而柱高甚低，使得真武阁不像是一座三层建筑，倒颇似一座单层建筑而有三层重

图8-10-99　广西容县“城郭”图（《容县志》）

图8-10-100　广西容县真武阁（北京古代建筑博物馆）

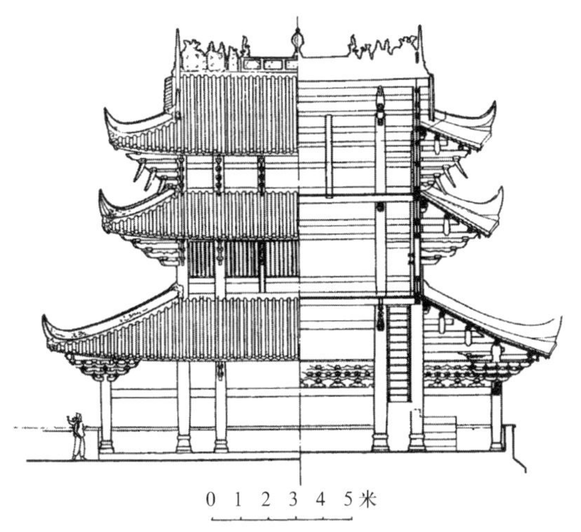

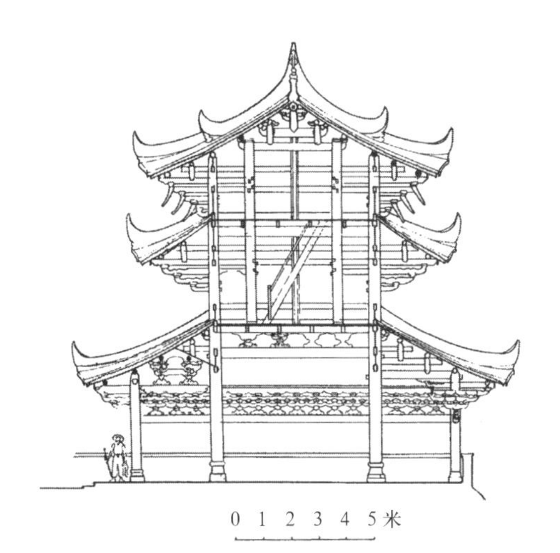

图8-10-101　容县真武阁立面及纵、横剖面图（《建筑学报》6207期）

① 刘与为 . 岳阳楼[J]. 文物，1960(3).

檐，比一般楼阁的出檐节奏加快，取得了强烈的韵律感和动势，但又较一般重檐建筑从容和层次鲜明。再加上屋坡舒缓流畅，角翘简洁平缓，给全体增加了舒展大度的气魄，格外清新飘逸，是充分表现中国建筑屋顶美的杰作。底层平面比上二层大出很多，也使轮廓更显生动。

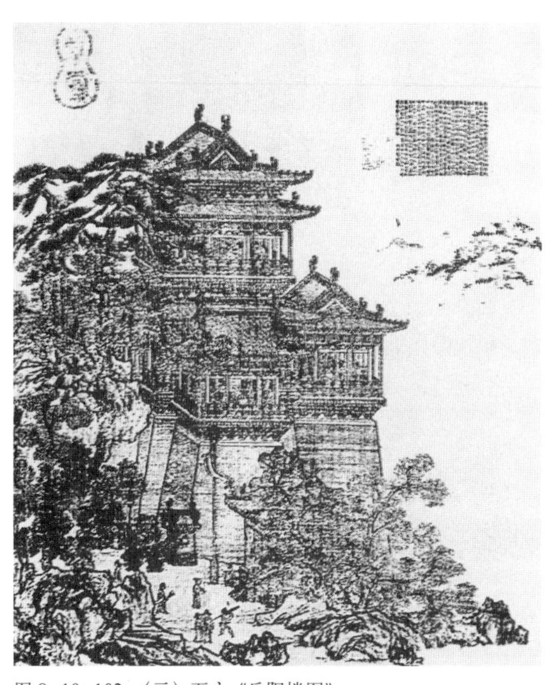

图 8–10–102 （元）夏永《岳阳楼图》

图 8–10–103 明画《岳阳楼图》

真武阁的风格与飞云楼很不一样，不以浓丽华贵取胜，而以轻灵素雅见长。全阁由坚韧的铁黎木构成，全部不加油饰，外露木面，一律显灰黑色，屋面为绿琉璃瓦镶黄脊，色调清雅柔和。在底层正面当心间设置“轩”式天花，轩下瓜柱、梁、枋加工精细，突出重点。其余室内均为彻上露明造，充分暴露结构。

真武阁木构是南方常用的穿斗架，但也可见到抬梁架的影响，如使用了穿斗结构一般不用的斗栱。只是为与穿斗相适应，斗栱采用插栱，跳头不用横栱，有如唐宋之偷心造。

湖南岳阳楼是三大名楼中年代最为久远的建筑，但范仲淹时的宋楼早已不存，元时岳阳楼可从现存元 · 夏永绘《岳阳楼图》略见一斑。画中岳阳楼矗立于城墙之上，峙临洞庭湖，隔水与郁郁君山相望。楼高两层，重檐歇山，一派“衔远山，吞长江，浩浩荡荡，横无际涯”的壮丽景象。明代岳阳楼也有图绘传世，又见于万历《三才图会》的记载：“岳阳楼其制三层，四面突轩，状如十字，面各二溜水。”知平面四向凸出，作十字形，与明画所绘相同。明清不知有过多少次的重修，清同治六年（1867）曾有大修。据碑，光绪五年“乃于原基之后加筑六丈有余，建正楼于其上。……左仙梅阁，右三醉亭，皆视旧制有加”。知现存之楼为此时重建。[①]现楼在岳阳西城墙上，坐东向西，面临洞庭湖，遥见君山。楼平面矩形，面阔三间，周围廊，17.24 米；进深三间，14.54 米；三层三檐，通高 19.72 米。屋顶为四注盔顶，是中国现存最大盔顶建筑，覆黄琉璃瓦，翼角高翘，总体形象比较一般，已大不如元、明二画所表现的气势。楼前两侧左右与楼品字并列的三醉亭和仙梅亭可能建于同治六年（图 8–10–102 ～图 8–10–107）。

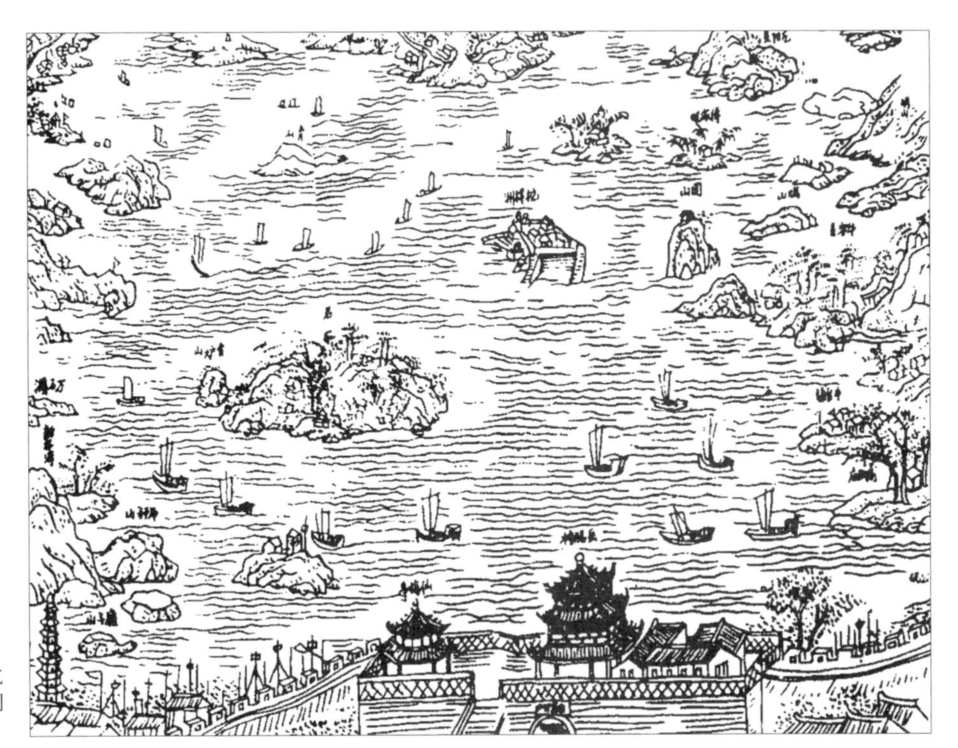

图 8-10-104　清乾隆《岳州府志》“洞庭图”中的岳阳楼

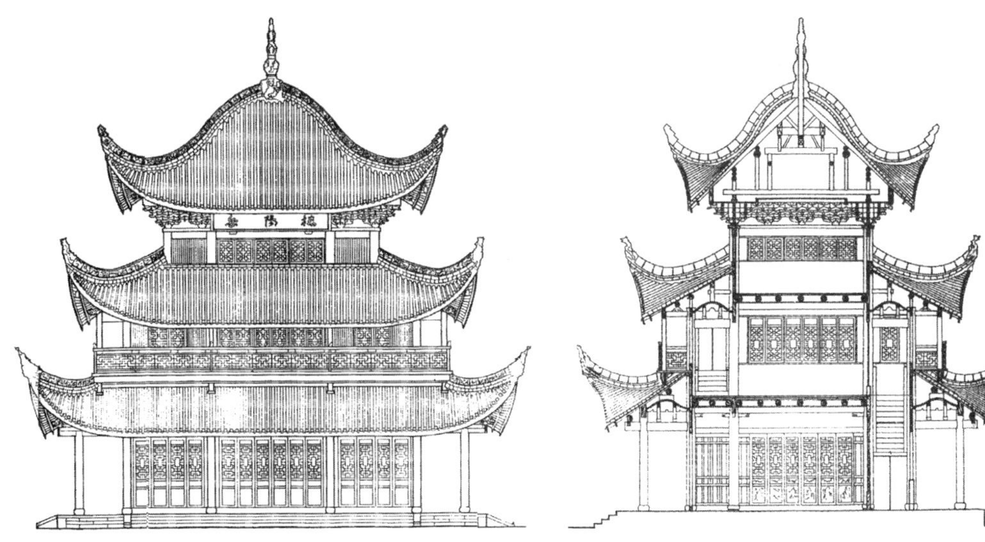

图 8-10-105　岳阳楼立面及剖面图（《湖南传统建筑》）

图 8-10-106　岳阳楼（《湖南传统建筑》）

图 8-10-107　岳阳楼全景（《湖南传统建筑》）

图 8-10-108　永乐宫壁画黄鹤楼

图 8-10-109　宋画《黄鹤楼图》（杨莽华摹）

武昌黄鹤楼唐宋时屡毁屡建，山西芮城永乐宫元代壁画中绘有一座黄鹤楼，不能确知是否元楼的写真，至清同治七年（1868）又复重建，但只存在了十几年，光绪十年（1881）最后一次被焚，只保存下来被焚前楼貌的照片。此时的黄鹤楼已经不是宋画所见的那样在高台上丛建多座建筑，取集中式平面的群楼，而是一座独立建筑，平面改为折角十字，四方而 12 角，外观高三层，每层都有腰檐，内部实为六层，下、中二檐有 12 个高高翘起的屋角，上檐四面中间凸起作牌楼样。全楼共有 44 个屋角。攒尖楼顶耸立紫铜宝顶，总高 32 米许。有一幅清代黄鹤楼画，还画出了与黄鹤楼隔江相望的汉阳晴川阁（图 8-10-108 ～图 8-10-111）。

近年以钢筋混凝土重建的黄鹤楼，大体仿自清楼，但增至五层，体量更大，位置也因避开长江大桥而有所移动。

初建于唐代的南昌滕王阁也是屡毁屡建，元人夏永也画过一幅《滕王阁图》，与宋画《滕王阁图》颇有不同，却与他所绘岳阳楼相近。近年滕王阁又以钢筋混凝土重建，基本仿宋而体量巨大（图 8-10-112、图 8-10-113）。

重建于 1912 年的青海贵德城内的玉皇阁也值得一提。[①]此阁是在高砖台上建三层楼，通高 25.5 米，体型瘦高，坐北向南，背临黄河，面朝南山，上登可一瞰全城和塞外壮丽河山。阁上楹联曰："听九曲涛声滚去，看千山云气飞来"，仿佛可见其意（图 8-10-114、图 8-10-115）。

赤嵌楼是台湾最著名的楼阁，在台南市。早在荷兰侵占台湾时，台南称普罗明尼西亚城，1653 年曾在此建有欧洲城堡式的城楼。1661 年郑成功收复台湾，曾住在楼内指挥与荷兰人作战。康熙二十二年（1683）清朝收复台湾，

明初《黄鹤楼雪景图》

清末黄鹤楼

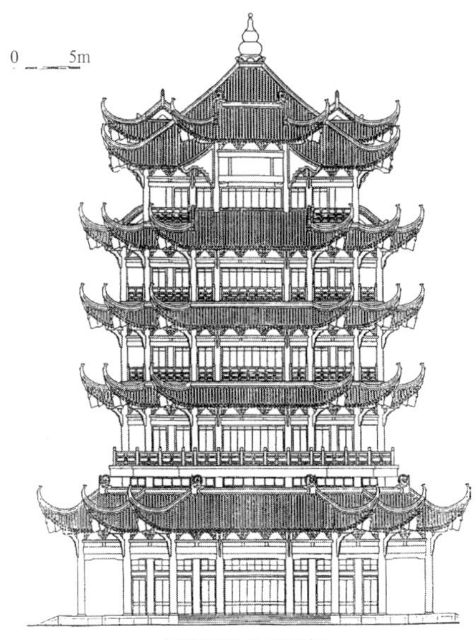

近年重建之黄鹤楼

图 8-10-110　黄鹤楼（《中国八十年代建筑艺术》）

对页注

①张君琦．贵德玉皇阁[J].古建园林技术，总 41.

图 8-10-111　清绘黄鹤楼与晴川阁（萧默）

图 8-10-112　宋画《滕王阁图》

图 8-10-113　（元）夏永《滕王阁图》

图 8-10-114　青海贵德玉皇阁（陈绶祥）

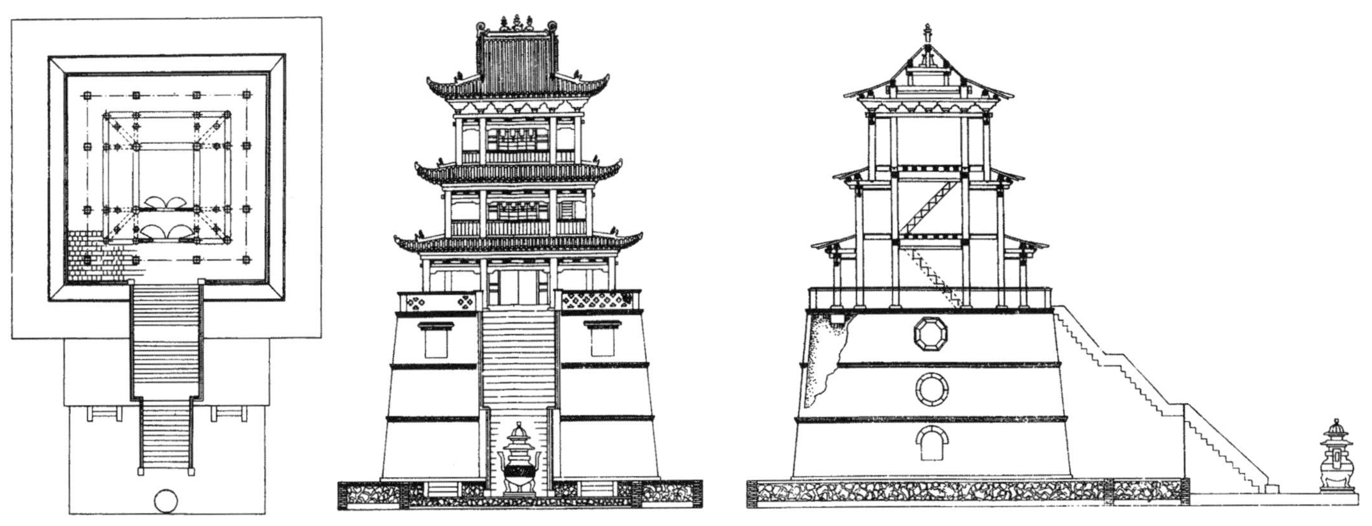

图 8-10-115 青海贵德玉皇阁（《古建园林技术》）

楼仍存。到同治、光绪年间即原楼建成二百多年以后，因原楼残破，遂拆除，整修基台，在曲折形基台上改建为闽南式建筑，计有二层楼阁三座，即文昌阁、海神庙和五子祠，合称赤嵌楼。“赤嵌”为闽语“赤墈”之音转，“墈”意为水边高崖，因楼下台基皆为红砖所砌，夕阳之下，犹如红色崖壁，故得名。现台上楼阁仅存两座，定为台湾第一等级文物（图 8-10-116）。

图 8-10-116 台湾台南赤嵌楼（《台湾建筑史》）

第九章　明清建筑（二）

小引

本章主要叙述居住建筑和园林，是与人们日常生活关系更为紧密的建筑，此外，还将介绍牌楼和桥梁，前者是一种重要的建筑小品，后者属于交通建筑。

居住建筑现在一般称为住宅。“住”字原有居、停、留之义。“宅”字上面的宝盖象屋顶，下加之“乇”通“托”，谓托身之所。住、宅二字连用，即人们日常生活起居的地方。广义的居住之所，当然也包括宫殿里的后寝或衙署中的后堂后室，本章所指为狭义，专指与宫殿、衙署等相对而言、作为一种独立建筑类型存在的住宅。与其他许多建筑类型一样，住宅也有官方与民间的风格差别，前者如享有封爵的王侯第宅，古称府邸、府第、府、甲第、宅第或第宅（本章通称王府）。《古诗十九首》第三云：“长衢罗夹巷，王侯多第宅。”《宋史·舆服志》：“私居，执政亲王曰府。”“第”的原意是等第，帝王赐宅于臣下，依其阀阅分甲乙次第，故曰第。白居易诗《伤宅》:“谁家起甲第，朱门大道边。”属于民间建筑的中下阶层住宅古代多称为民居、民宅、民家（本章通称民居)。“民居”一词最早甚至已见于三代,《周礼》疏就有“相视民居，使之得所”一语，其“民居”即指一般人民的住所。《诗经·绵》叙周先祖古公亶父建立城邑的情景说：“乃命司空，乃召司徒，俾立室家”。此“室家”原意也是住宅。《宋史·舆服志》称王府以外的住宅“余官曰宅，庶民曰家”。

住宅是出现最早的建筑类型，其数量之多，分布之广，都是首屈一指的。从建筑产生的那一天开始，任何时代、任何地方或种族，只要有人居住，可以没有其他建筑，却必定有住宅。住宅也是最基本的建筑类型，是各类型建筑的总根，其他建筑都是从这里分化生发出来的。如古之“宫室”,最早是指称所有房屋,主要就是居所，后来才分化出宫殿，秦汉后方以“宫”字专称。

王府是住宅中特殊的一类，与民居相比，带有更多的政治性即宗法的和礼制的涵意，显示着皇帝之下庶民之上层层贵族的尊荣。王府以其巨大的规模和体量、体现尊贵的规划思想和严整的布局方式，凌驾于普通民居之上。王府与宫殿有许多接近的地方，可以说是介于宫殿与民居之间的一种建筑。

民居建造的直接目的在于满足中下阶层人们日常生活起居的实际需要，是“家”的所在。相对于宫殿、寺观、佛塔、陵墓、坛庙、园林以至王府而言，人们向它提出的有关舒适和安全等的物质性功能要求，在人们向建筑提出的全部要求中所占的比重更大，更直接。所以，在建筑艺术从主要满足物质功能要求向主要满足精神功能要求的递进序列中，民居显然处在一个较低的层级。但对于人们尤其是中国人来说，“家”却是一个特别富于感情色彩的地方。家即家室，古文夫称家，妇称室，故家室又即夫妇。朱熹又说：“夫妻谓室，一家称门”。由夫妻而儿孙，上及高祖父母，下及玄孙子女，是谓九族。《尚书·尧典》说：“克明俊德，以亲九族”，凡血缘相近者，都应该亲情以睦，父慈子孝，夫唱妇随，兄友弟恭，以至宗族繁茂，乡党相看。在特别重视血缘亲情的中国，这些自古都是家庭和家族人际关系的理想模式，家庭也就成为普通人们感情寄托的中心。民居作为家的载体，当然也就充满了情感。“众鸟欣有托，吾亦爱吾庐”，所以，人们在向它提出那些物质性要求的同时，也并没有忘记向它提出适宜的精神性要求，即普遍的审美性和情感性，甚至还可能上升到表达某种思想倾向的高度，如体现尊卑之礼、长幼之序、男女之别、内外之分等宗法伦理思想。

民居又是最具地方性和民族性特点的建筑类型。各地各民族面临的物质条件和物质手段的差异，以及人文历史情况的不同，造成了民居的多样性。它所要解决的功能问题比较简单明确，受到物质的或观念的制约相对较为宽松。不少自由式民居，更是普通人的自由创造，是“没有建筑师的建筑”，比起在发展晚期已相当程式化的其他建筑类型，显得更加生动，也更有创造性，是各类型建筑中最具活力的一种。

自然质朴的性格也是民居的重要特点，都是利用当地出产的材料，密切结合气候和地形、环境等自然因素建造的。汉·刘熙《释名》说：“宅，择也，择吉处而营之也。”这里所谓“吉处”，是指最适宜居住的地方，包括物质条件也包括景观因素。人和自然在这里有最直接的亲密交往，建筑镶嵌在自然中，与自然有更多的协调，更少的对比。所以，民居尤其乡野民居，必然显出更多的自然纯朴的风貌，就像民间音乐、民间诗歌、民间美术作品一样，散发着泥土的芳香。

园林是建筑艺术的重要类型之一，其本质即在于通过对山、水、建筑、植物等所谓园林四要素，以及道路、陈设、匾联乃至禽鱼动物等的有意味的经营，将这些因素有机地构成富于情趣的饱含艺术意境的美的环境，满足人们对之提出的物质和精神要求。相对于一般建筑而言，园林的精神性品格更加突出，要求建筑艺术家更多更高的才思。

园林也有官方与民间的风格差别，称为皇家园林和私家园林。前者华丽富贵，体现了宫廷皇族的审美倾向，后者淡素秀雅，表达了文人学士的审美意趣。但二者都共同具有中国园林师法自然、崇尚自然的神韵，与欧洲的几何式园林迥然异趣。中国园林在世界园林史上占有崇高地位，现存古代作品绝大多数属于清代，为几千年中国园林的发展作了一个很好的总结，成为明清建筑艺术最重要的收获之一。

现存中国少数民族建筑，住宅占有很大比重，还有藏族的园林，绝大多数也是清代作品，将在第四编少数民族专编中加以论述。

第一节　王府

一、王侯分封制的回顾

王府之起，必先有王侯。各朝王侯分封制的不同，直接影响到王府形制之不同，因此，在论及王府之先，有必要对历代分封制略加回顾。

史家论及治国之道，必称周制和秦制。所谓周制，就是封建之制，秦制即郡县之制。“封建”即封爵建国，完备于西周，“封立亲戚，为诸侯之君，以为藩篱，屏蔽周室”（《封建论》），是将王族分封各地为诸侯，代代世袭，建立一个个附属于周王的小国。周室分封诸侯要举行授土授民礼，在天子的“大社”中按方位取土少许授予受封者，表示该方土地的享有权已归其所有，象征“普天之下莫非王土，率土之滨莫非王臣”。战国秦汉时有人据“黄帝建万国”的传说，把封建之始推原到黄帝，儒家、墨家则认为始于夏启之实行世袭，商代“子孙分封，

①贺业钜．考工记营国制度研究[M]. 北京：中国建筑工业出版社，1985；范文澜．中国通史[M]. 北京：人民出版社，1959.

以国为姓”(《史记 · 殷本纪》)，制度应已形成，西周不过是“鉴于二代”，更加增益而已。封建等级有别，建筑亦必有异，表现为数量上的“以多为贵”、体量上的“以高为贵”和面积上的“以大为贵”(《礼记 · 礼器》)。《考工记》对此有所记载。①

周朝因实行封建延续了八百余年，也因此动乱了五百余年（春秋战国），使秦始皇深切认识到：“天下共苦战斗不休，以有侯王”，“又复立国，是树兵也。而求其宁息，岂不难哉！”(《史记·秦本纪》)。为此秦代取消封建，创立郡县制，实现了中国历史上第一次大统一。

秦末，项羽又封异姓诸侯王凡十余人。汉王刘邦战胜项羽后，受诸侯王推戴做了皇帝。以后，他一面消灭异姓王，一面仍实行封建，陆续分封刘氏同姓诸王。但景帝击败七国同姓王之后，改为诸王只征收赋税，不问政，即分土不治民，可谓“封”而不“建”。

西晋也实行封建，诸王还可拥有军队。

周汉以来实行封建，诸王势力往往太盛，以致尾大不掉。唐代吸取教训，虽仍封爵，给予诸王极优厚的生活待遇，并赐给永业田，但自玄宗起，严格限制诸王势力，规定诸王不得任实职，不得与群臣交结，非至亲不得往来，使其仅“有名号而无国邑，空树官僚而无莅事”(《新唐书》)，仍然是封而不建。唐朝在长安宫城旁为十六个封王的皇子集中置宅，称十王宅或十六宅，宋代全面继承唐代做法，更进一步限制皇族权势，甚至规定王位不得世袭，子弟仕途也须经应试达到，同时也解决了因世袭久远，宗室支派繁衍造成朝廷经济负担过重的弊端。

元代疆域广大，又恢复周制，分封诸王各镇一方，掌握实权，希望起到藩篱的作用。诸王都不在京城居住。

明初也实行周制。明太祖认为，封建之制“周行之而久远，秦废之而速亡”。主张“治天下之道，必建藩屏，上卫国家，下安生灵”，“为长久之计，莫过于此”，“朕非私其亲，乃遵古先哲王之制”(《太祖实录》)，乃近沿元代，远承周汉，先后封子二十四人、侄孙一人为王，各雄踞一方，势大权重，渐成为皇权的威胁。建文有见于此，即位后开始削藩，先废周、齐、湘、代、岷五王，继而矛头指向势力最大的燕王朱棣。朱棣遂以“清君侧”为名，起兵夺取了帝位。朱棣雄才大略，也深知尾大之弊，虽在夺位之初，为消除诸王疑虑，恢复了被削的五王爵位，并改变建文不允诸王进京朝觐的做法，下诏可进京叙宗亲之谊；迁都北京后还特意兴建十王邸，为诸王进京的临时驻地。然而一旦势力巩固，便开始逐步改行秦制，先将一些驻守边塞的亲王迁封内地，夺其兵权，又渐令诸王不再掌管地方军政，故自永乐起，“有明诸藩，分封而不锡（通“赐”）土，列爵而不临民，食禄而不治事”。永乐以后相沿不改，且进一步加强限制，如亲王进京必须有皇帝恩准，连“出城省墓”都要“请而后许”，又令“二王不得相见”(《明史·诸王传》)。但永乐以后出现的另一问题是规定宗室诸子弟只能世袭为王，不许为官，又不许从事民间职业，使这一大群越来越多的“王”，终生成为坐耗国禄而无所用的废人。至隆庆、万历年间，有爵位者已达约 2.5 万人，朝廷供给不及，形成又一不稳定因素，最终还是成了政权崩溃大祸之一端。

清代的分封可说是历朝最利多弊少的制度。努尔哈赤兴兵之始即有封爵之举，“太祖高皇帝初登大宝，分封四和硕、四大贝勒”。皇太极进一步确立了制度，扩大封爵的等级和数额，较历代都多，以鼓励宗室子弟建功立业，起到了团结族人壮大族群的作用，因而能百战定天下，成功地打下江山。基于这一事实，朝廷深知“笃厚宗室”的必要，封爵便成为必然。进关后，这一基本政策没有改变。但另一方面，又总结了历代分封制的利弊，制定了更具特色的封爵办法：一、限制诸王实权，封而不建，“诸王不锡土”，“但予嘉名，不加郡国”，并不许诸王交结外官，又将全部王府建于京城天子脚下，加以监视；二、诸王并不是坐食俸禄的闲人，仍可据各人才力，遇事“内襄政本”，“外领师干”（《清史稿 · 诸王列传》），利于形成以宗室为中心的满族军政核心集团。三、为防食禄者繁衍过多，大多实行“世袭递降”制度，即以世降一等的方式承袭爵位，不同于原位世袭，也不同于宋代王位不能世袭的做法，有利于保持军政核心的相对合理数量。仅少数有特恩者可以不降，称“世袭罔替”。四、不能袭爵的子弟仍有应考受封机会，各王公勋绩卓著者也有功封的可能，甚至得到“罔替”的殊荣，世袭递降也可特恩连袭本爵。这些灵活的政策有利于鼓励宗室子弟上进，保持宗室生机。

清代封爵途径有五种：即功封、恩封、考封、袭封和追封。功封因勋绩得封；恩封以皇室近支得封；袭封即王公死后其子一人可得承袭受封，办法是由府内推荐子弟数人，不论嫡庶，但按清语（满语）、骑、步射之优劣，钦定一人承袭爵位。袭封除少数外皆递降一等，但始为亲王者降至镇国公、始为郡王者降至辅国公即不再降，以此爵永传，旁支则降至最低封爵奉恩将军传世。考封指王公后代除受袭封者外，其余诸子有娴习骑射者亦可应考受封。追封为死后得封，子孙承其泽。

清代自崇德年算起，270年间宗亲封爵仅一千多人，比起明代仅隆庆、万历两朝就有2.5万人得封是大大减少了。其中大多是袭封和追封，初封亲王只有三十八人、郡王仅二十二人。

清代还特别规定了外藩（主要指蒙古族和回族）贵族也可封爵，有八位十等。

明清两代封爵制度的不同，直接表现为两朝王侯地位的不同，也体现出两朝王府制度的区别。

二、明代王府

明代封爵八等，即亲王、郡王、镇国将军、辅国将军、奉国将军、镇国中尉、辅国中尉、奉国中尉（《明会典 · 王国礼一 · 封爵》）。

亲王府

明代封爵上的“从周礼”，反映在王府建设中，某种意义上是周代诸侯城的再现。在西周，爵封公、侯、伯、子、男五等，公、侯封地百里，伯七十里，子、男五十里。各等级诸侯的“府”实即在封地上建造的采邑城，规模各有不同。据《考工记》，天子王城方九里，公之城方七里，侯、伯之城方五里，子、男之城方三里。各级城的城墙高度和城市道路宽度也依次递减，“降杀以两，礼也”（《汉书 · 韦贤传》）。明代的亲王“府”，实际上也是一座城（也可称为“宫城”，甚或“国”）。所以，各地亲王府就像是具体而微的紫禁城。反过来，皇帝拥有的紫禁城也称为“内府”（《明会典》）。

明“亲王宫城周围三里三百九步五寸，东西一百五十丈二寸五分，南北一百九十七丈二寸五分”（《明会典》），占地约30万平方米，相当于紫禁城的十分之四。城有四门，“东曰体仁，西曰遵义，南曰端礼，北曰广智”。城外有左祖右社及诸坛，“凡王国宫城外左立宗庙，右立社稷。社稷之西，立风云雷雨山川神坛；坛西立旗纛庙”。宫城四周，包括坛、庙在内，复环以墙垣：“王城之外，周垣四门，其南曰灵星，余三门同王城门名”（《明太祖实录》）。

参酌《明会典》、《明太祖实录》所记，知亲王府中轴线上的主要建筑自前而后大致为：灵星门五间、端礼门五间、承运门五间、前殿

①张子模．明代藩封及靖江王史料萃编[M]．南宁：广西师范大学出版社，1994．

（承运殿）七间、穿堂五间、后殿（存心殿）七间。承运殿庭周回两庑，左右庑上有左、右配殿。承运殿庭后又有一组周回两庑的殿庭，内有前寝宫五间、穿堂七间、后寝宫五间。此外，宫内还有家庙、书堂、退殿、世子府各一所，以及东三所、西三所、多人房、浆糨房、净房、库房、典膳所、马房、承奉司、承奉歇房等屋。全府总共有屋八百一十余间。

明制“皇子封亲王……邸第下天子一等”（《明史·诸王》），俨然宫城模式，说明规划的主旨是发挥其政治礼制功能。所以，虽然本书按大类将其归入“住宅”，但诸多方面却与宫殿更加接近。从上述规划情况观，的确如同紫禁城的再现：灵星门、端礼门、承运门分别相当于北京皇城正门承天门（天安门）、宫城正门午门和前朝正门太和门。门内布局则为前朝后寝，朝、寝的主要殿堂均为工字殿。王城还包括宗庙和坛庙，均按“前庙后寝”方式布局。

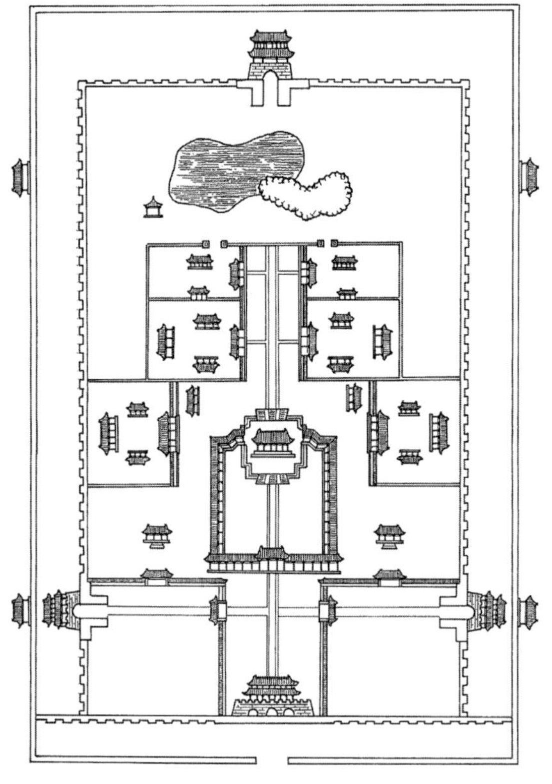

图 9–1–1 桂林明靖江王府布局示意（刘大可据《靖江王陵》重绘）

明代亲王府保存稍好的实例可以桂林靖江王府为代表。①朱元璋侄孙靖江王朱守谦，是首批被封的十亲王之一，王城建于洪武五年。“王城一座，周若干丈，下用巨石，上砌以砖，辟四门，南曰端礼，北曰广智，东曰体仁，西曰遵义。外缭以垣，各为棂星。垣左为宗庙，右为社稷。门墙内为承运门、承运殿、王宫门、王宫，南向如祖训之制。”近府还有风云雷雨山川诸坛和旗纛庙（《广西通志》）。但据现存遗址，其后寝部分似乎不是一座大院而是左右分立二座。靖江王府与其他王府的不同首在于独秀峰。独秀峰在王府后部，于平地兀然突立数十米，“山上有岩，岩下有洞”，素有“甲桂林”之誉。靖江王府选址于此，“亭馆环绕，最为丽观”，“诸亭馆皆嵌石壁间，半为飞磴”，“其下有池曰月牙，可用泛舟”。“台榭游玩之所者则有宝善堂、尊乐堂、日新堂、迎赐轩、拱秀亭、山月亭、绿竹轩、冰壶井，在王城内独秀峰左右焉”（《广西通志》、《桂海志》续、《靖江府图》）。靖江王府在今桂林城中漓江西岸，各殿虽已不存，而殿基犹在，城墙与各城门亦大体完好（图 9–1–1）。

朱元璋不提倡离宫别苑之筑，连南京和中都皇帝的宫城都不设花园，也禁止各王兴建。“凡诸王宫室，并不许有离宫别馆，及台榭游玩去处”（《明会典》）。所以诸王除王国宫城外，并无离宫，唯靖江王府擅有独秀之美。

明代王府在布局、规模、间数、城垣高度、台基高度、装饰色彩等方面均有严格规定，轻易不能逾越。《明会典》曾记载：“嘉靖二十九年，以伊王府多设门楼三层，新筑重城侵占官民房屋街道，奏准勘实于典制有违，俱行拆毁。”

但明代王府的实际情况不会完全与典制相符，应当说，典制只是上限标准，实际修建时，大都以因地制宜、量力而行为原则。《明太祖实录》卷五十四就说到：“诸王宫城宜各因其国择地。秦用陕西台治，晋用太原新城，燕用元旧内殿，楚用武昌灵竹寺基，齐用青州益都县治，潭用潭州玄妙观基”。桂林靖江王府则以元万寿殿为基。故诸王府应只是格局和重要建筑基本符合制度，其他应依实际情形有所变通。

明代王府分布各地，各地地域文化及不同的建筑材料和做法，必然也会反映在王府建设中。如现存建于洪武的山西大同代简王府九龙壁，长达45.5米、高8米，全用琉璃镶砌，具有山西特色。湖北襄阳的襄简王府影壁，长24.94米、高7米，全用青灰石料雕砌。

郡王府

郡王府规模远不如亲王府大，据《明会典》，知仅有前门楼，中门楼，前厅房及厢房，后厅房及厢房，以及厨房、库房、米仓、马房等属，间数不过四十六间，称谓也由“殿”、“宫”改称为“房”，形制当是一所大宅，显然与亲王府的宫城建制有别。郡王府以下之将军、中尉等府当更等而下之。

北京十王府

朱棣迁都北京后，为怀柔诸王，特在“永乐十五年六月，于东安门（北京皇城东门）外东南建十王邸”（《成祖实录》）；后又随诸王入朝制度的废除而逐渐废毁，至清已全然无存，只余“王府井”地名了。按地望面积相折，十王府每府面积不足亲王宫城十分之一，这是因为十王府只是诸王进京朝觐的临时住所，又处天子脚下，自当不采王城模式。

三、清代王府

清入关前规定宗室爵位九等，依次为和硕亲王、多罗郡王、多罗贝勒、固山贝子、镇国公、辅国公、镇国将军、辅国将军、奉国将军。和硕为满语，意为一方。多罗意为一部，固山意为一角。贝勒有诸侯或王的含义，贝子意为“贵族”、“天潢贵胄”，低于贝勒。入关后，顺治六年修订爵级，据《大清会典》，定为十二等，加上各种情况，实际是十二等、十八级、二十种爵位。

清代王府已绝无城的特征，规模较明代大为缩小，宗庙、坛庙也已消失或弱化，更符合“府”的意义。亲王府、郡王府及以下诸等级，规模做法的差别不像明代亲王府与郡王府那么悬殊。清代王府也不分散在全国各地，入关前集中在盛京，入关后集中于北京，做法统一，都是北方官式。

盛京王府

清朝入关前曾在盛京（沈阳）修建了一批王府，《盛京城阙图》上标绘有十二处。

崇德年间曾对盛京王府规制有过规定。据《大清会典事例》，王府分四等，即亲王府、郡王府、贝勒府和贝子府，各府规制按级递减。如中轴线上的房屋，亲王府可有四重，即大门、内门、正屋和两层的后楼，正屋两侧有厢房；郡王、贝勒取消后楼；贝子又取消内门，仅有大门、正屋及两厢。台基高度，亲王府十尺，郡王府八尺，贝勒府六尺，贝子府于平地（当不低于一尺）。亲王府的内门、正屋和厢房、郡王府的内门和正屋可使用绿琉璃瓦。亲王府的大门、后楼，郡王府的厢房，贝勒府的主要房屋可使用筒瓦。贝子府和各府普通房屋全用板瓦。

可以看出，这个时期的王府规模远不如入关后的北京王府。《盛京城阙图》所绘又简于规制，有可能只是绘图上的简化，实际究竟如何，因实例无存，现已无考。但盛京王府的台基却十分高大，如亲王府的台基高十尺，在3米以上。结合沈阳宫殿后寝部分（清宁宫）也建在高大台基之上，可知仍保留有后金时期的居住习俗（图9-1-2、图9 1 3）。

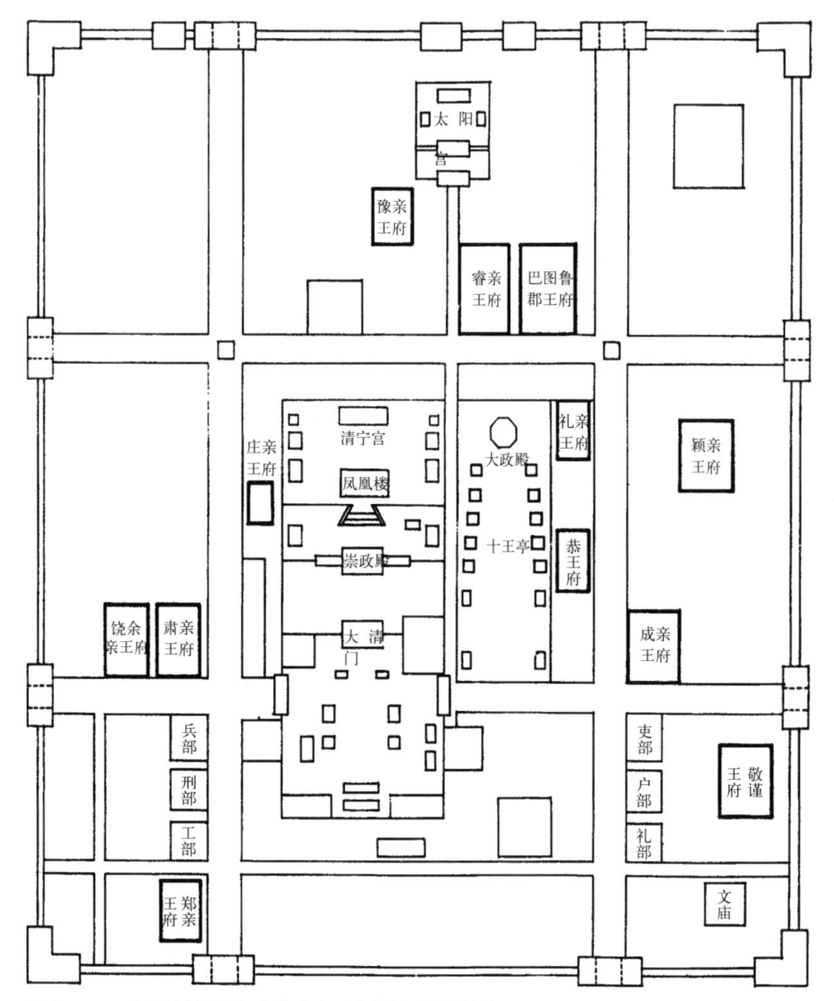

图 9-1-2 《盛京城阙图》中的盛京王府位置（于振生）

北京王府

入关后典制规定的王府制度　清入关后，王府全部集中在北京。《乾隆京城全图》上标绘的辅国公以上府第共四十二处（包括一处公主府）。据《啸亭杂录》记载，顺治至嘉庆年间，北京辅国公以上的府第有八十九处，以下者当还有不少。[①]

有关王府的建筑制度的资料主要载于《大清会典事例》(以下简称《事例》)和《大清会典》(以下简称《会典》)。此二书所载内容不尽相同，有些甚至出入甚大。关于《事例》和《会典》，乾隆曾说，“夫例可通，典不可变”，“于是区会典、则例(事例原称则例)各为之部，而辅以行”。《事例》叙述沿革和变动情况，透露出最初的信息；《会典》载入的是经康、雍、乾、嘉等朝变动后确定下来的典制，二者之间的差异反映了清代早期与中晚期王府制度的变动。

据《会典》，亲王府中轴线上共有屋五重，即正门五间（启门三）、正殿（又称银安殿）七间附两侧翼楼各九间、后殿五间、后寝七间，后楼亦七间。而据《事例》则为六重，在后殿、后寝之间多出一座寝殿。亲王府凡重要建筑如正门、殿、寝等均覆绿琉璃瓦，脊安吻兽，但禁雕刻龙首装饰。次要建筑如楼屋旁庑用筒瓦，更次者如府库仓廪厨厩等皆用板瓦。

郡王府、世子府（世子为和硕亲王嫡子经考试袭封者，爵级同于郡王）情况与亲王府略同，据《会典》也是屋五重，只是正殿及其左右翼楼、后殿、后寝和后楼都减为五间。《事例》也比《会典》多一重，多的也是寝殿。郡王府正门及殿、寝是否允许使用琉璃瓦，典制中未明确指出，但从崇德年间对盛京郡王府的规定看，应可使用。

贝勒府、长子府（长子为郡王嫡子经考试袭封者，爵级同于贝勒），《会典》和《事例》均记有屋六重，正门三间，堂屋五间。规定重要屋只用筒瓦。

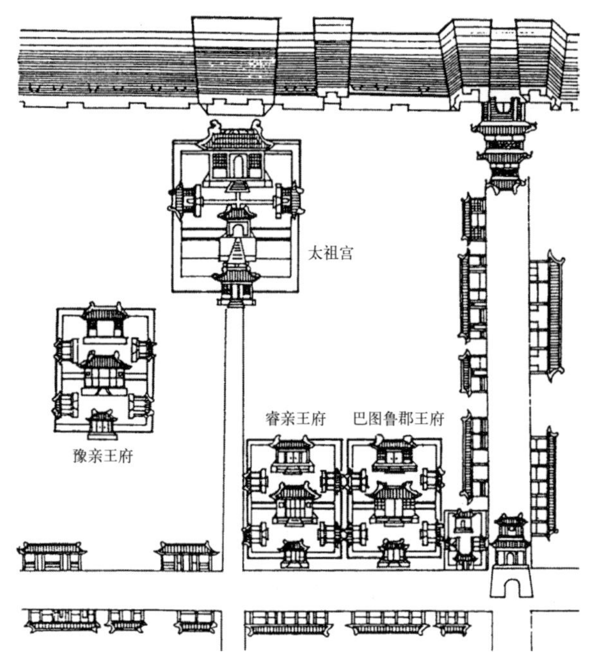

图 9-1-3 《盛京城阙图》局部

①于振生．北京王府建筑[M]// 建筑历史研究·第三辑．北京：中国建筑技术发展中心建筑历史研究所；刘之光．北京清代王府概述[M]// 北京文物与考古．北京：北京市文物局，1992；陈宗蕃．燕都丛考[M]. 北京：古籍出版社，2001.

二书述贝子府及镇国公、辅国公府都有屋五重，即正门一重，三间；堂屋四重，各广五间。

二书对各府建筑的台基高度、装饰色彩、装饰题材以至大门门钉数目等都有具体规定，皆按地位高下等级有差。

《事例》有关府制还有如下记录。

清代袭爵一般为“世袭递降”，袭爵后，品级与原府规制不相称。对此，乾隆五十七年曾予规定，原则是，府内建筑无须改建，但降至贝子以下时，府前的行马和下马桩必须撤去，“不得僭用，并交宗人府存记遵照”。行马即上马石，下马桩即拴马桩，石制或木制。在以马为主要交通工具的时代，行马和下马桩本是实用之物，但一经装点摆放，就成为府邸地位的标志。制度规定，亲王、郡王及贝勒府都可设置行马和下马桩，贝子府以下不得设。乾隆五十七年谕：“向来亲王郡王以下府第，俱有定制，载在会典。惟门首设立行马、下马桩，及高下、宽窄，远近之处，并未开载。但行马、下马桩，规制攸关。会典未有明条，难以遵循。亦应明立限制，以示等威”，经“议定”，亲王府的下马桩应高一丈，设八块行马；郡王府下马桩高九尺，设六块行马；贝勒府下马桩高八尺，设四块行马。“其安设远近，视地势宽窄，总于街衢无碍。至安设与否，仍听自便”。此等原是微枝末节，而大有作为的乾隆皇帝竟亲自过问，责成有关部门详为议定，可见对于等级的看重。

然而，无论从《乾隆京城全图》或现存实物，却找不到一处遵照《会典》或《事例》所定制度建造的典型王府，只有康熙间建造的裕亲王府与典制基本相同。现仿《乾隆京城全图》绘图的方法，拟出典型的亲王府及其他王府图，以明制度（图 9–1–4 ～图 9–1–7）。

从实例看，北京王府一般都低于制度规定，这是因为一旦僭越将遭严重处罚。《事例》曾提

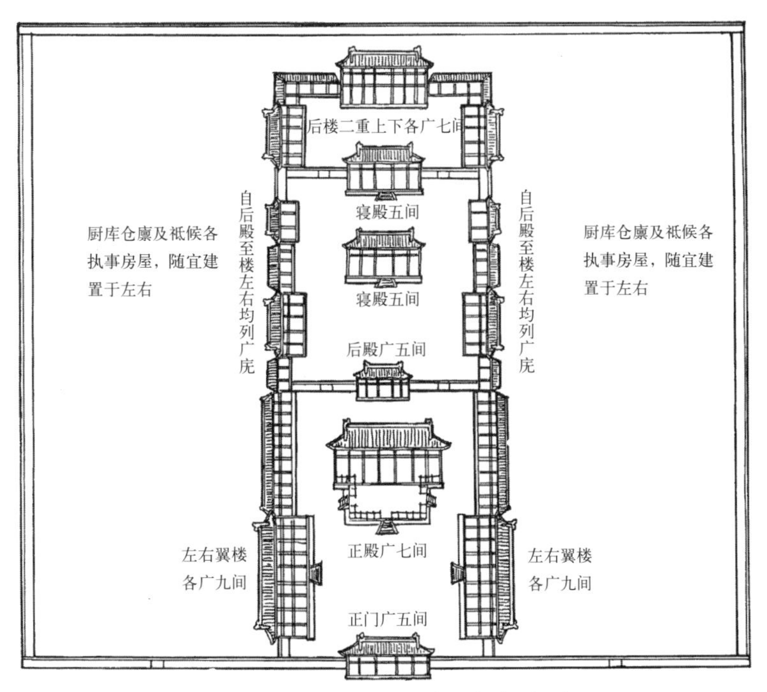

图 9–1–4　据《大清会典事例》绘制的清代标准亲王府（刘大可）

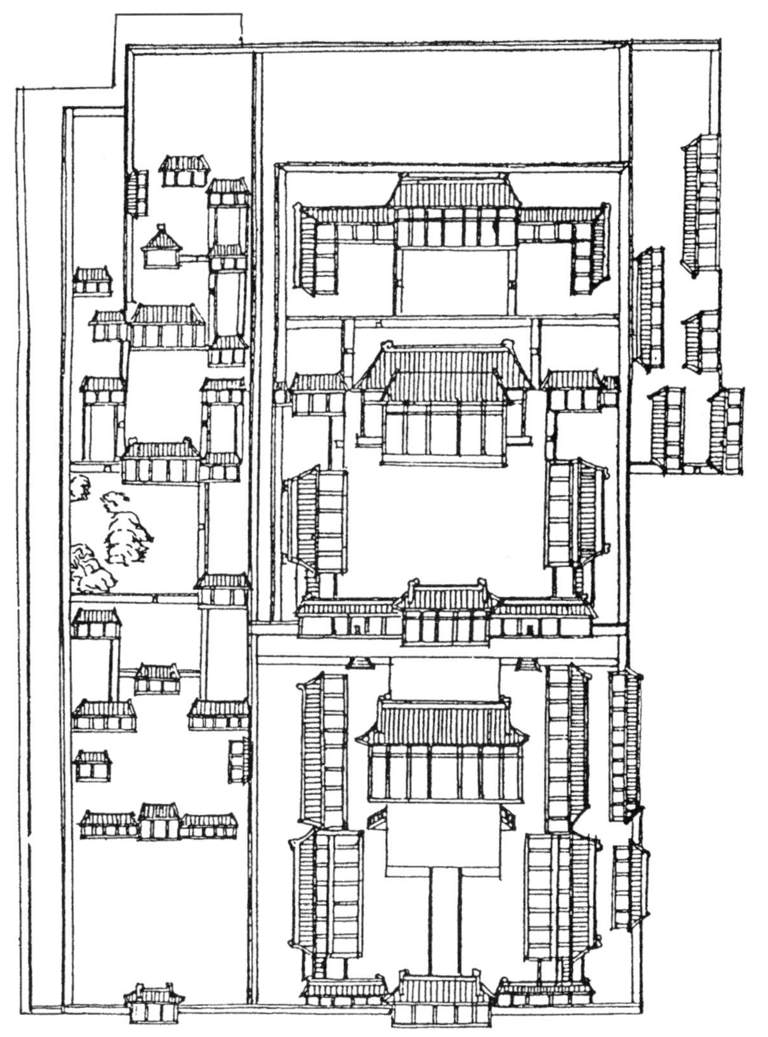
图 9–1–5　贝勒允佑府（《乾隆京城全图》）

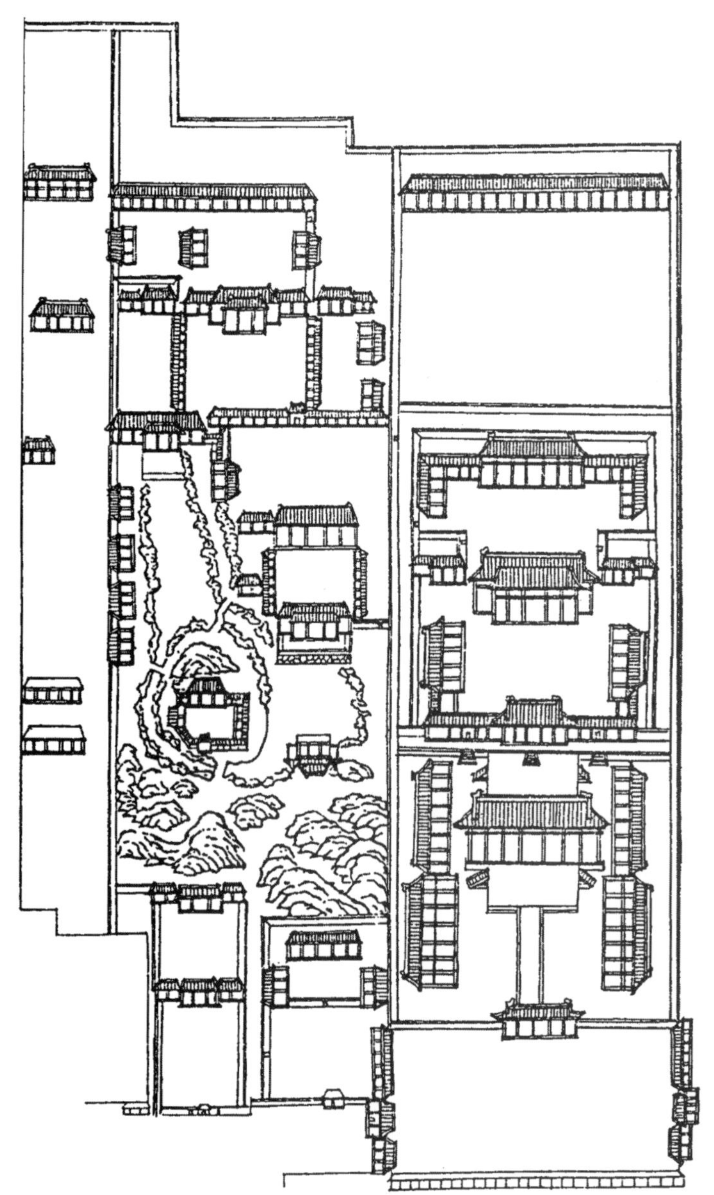

图 9-1-6　恒亲王允祺府（《乾隆京城全图》）

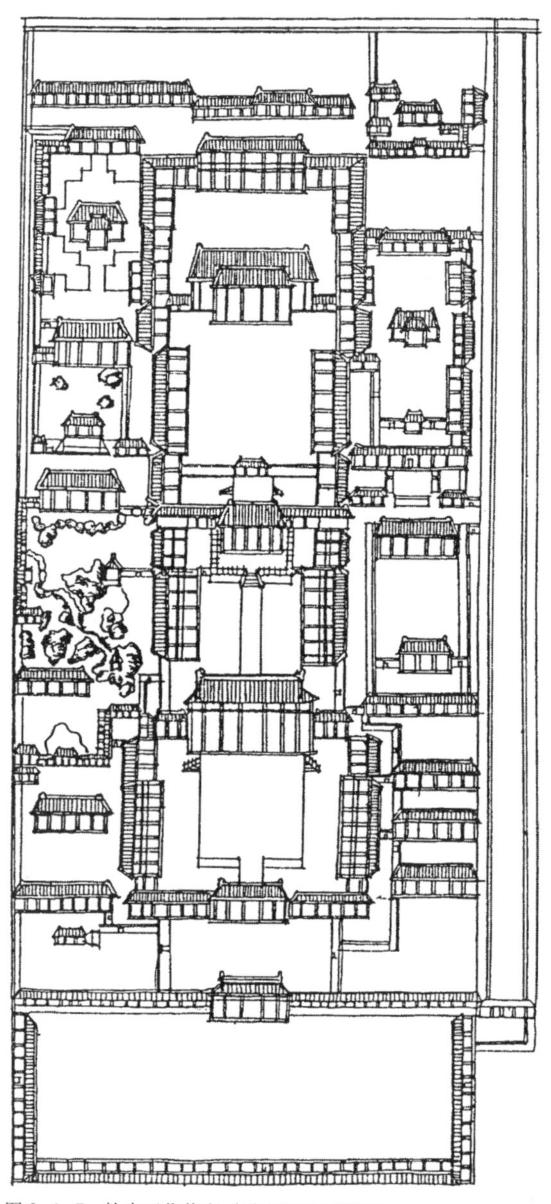

图 9-1-7　礼亲王代善府（《乾隆京城全图》）

到，“顺治初年定，王府营建悉遵定制。如基址高或多盖房屋者，皆治罪”，诸王乃故自作谦，不愿甘冒风险。只有郑亲王府因逾制遭罚，《事例》对此有所记载：“（顺治）四年，郑亲王建造王府，殿基逾制。又擅用铜狮、龟、鹤，罚银二千两。”还因此而“罢辅政”（《清史稿》）。

但典制没有提及的前庭和二门，却因实际需要，多在实例中见到。

前庭，即大门外围成的一个区域。因大门两旁都有一对狮子，此前庭又称狮子院。正对大门的一方多为影壁，或多间连房。前庭东西两侧多为辕门。辕门原为古代军寨入口，临时用两车车辕相向支搭，后引申为前庭之东西侧门，除王府外，更多用于武官衙署（如保定直隶总督署），以至其他建筑（如河南南阳社旗山陕会馆），以壮观瞻。辕门两侧建体量稍小的朝房，与南北相接，是王府事务机构和仪卫人员所在地。朝房之设，在《乾隆京城全图》和现存实例都可得到印证。有时前庭更加开敞，仅在南侧设影壁，东、西不再建房，需要时，用栅栏（“闲管木”）临时挡住行人。或东西建朝房，南面开敞。前庭大大加强了王府的气势，摆出王者的威风。王府大门多临街，所以前庭实际已占有了街道面积，行人至此只得绕行。乾隆五十七年规定，“诸王、公主之园居，俱不准建盖朝房，以示限制”。

现存实例还表现出许多典制未提及的做法，大概是被朝廷认可的，现择要如下。

皇子即使受封为贝勒、贝子，其府邸依然允许按照亲王府、郡王府制度修建，不受限制。

典制只规定了主要一路建筑，其他院落未见详述。大多数王府其实不止一路，而有二路或三路，因地而定。主路也不一定就是中路或者不完全居中。跨院房屋布局或为四合院，或更加自由，“随宜建置”。北京王府大多有花园，规模大小不同，可说是无园不成府，大而仍有迹可考的现存三十余处。花园位置随宜，或在主路旁或在其后，或择地另建。

崇德时盛京各级王府规定都有内门，但入关后的典制却未提及，实际上北京王府多有。内门主要具有礼仪性，又称仪门。仪门左右常设“阿斯门”。“阿斯门”，满语，即旁门，又称掖门、角门、雁翅门，供平时通行。遇重要活动或贵客到来，才将仪门打开。有时大门两边也设阿斯门，供出入跨院用。

《事例》记王府“外周围墙”。从实例，一般在王府东、西、北三侧尤其北侧，都有高大完整的围墙，高达 4.5 米以上，砌用城砖，墙顶常用筒瓦。南面大门两侧和卡在房屋之间的墙较矮，一般在 3 米以下，以与门屋相应并突出门屋，砌用小砖。南面距大门两侧较远又将房屋围在院内的墙也较高。

从实例看，正殿前普遍设有月台，而绝少设置在翼楼前。后殿之前也常有月台，且常与正殿台基相接。有时，正门或仪门后面、寝殿或其他建筑前面也有月台。除月台外，还常有高出地面的甬道丹陛桥，一般在正门（或仪门）至正殿间及正殿与后殿间。

从实例又可知有些王府有神殿或家庙的建置。神殿以一殿聚合群神，意会群刹，殿内供奉佛祖、观音、关帝及满族信奉的纽欢台吉和武笃本贝子诸神。神殿位置不固定，所在院内东面立神杆，高丈余，上置盛祭品的容器，满人称索罗杆，俗称“祖宗杆子”，保留了满族文化传统。家庙又称“影堂”，一般仅一组院落甚至一座殿堂，位置也不十分固定，环境颇具礼仪气氛，如前出月台，迎面有影壁等。

马房又称马号。满人素重骑射，王府自然格外重视马房，有的规模已远非一般理解的马厩，甚至有的占房百余间，或另地建造，或与鹿禽合养。

典制没有提及斗栱，由现存实例知亲王府、郡王府可置斗栱，多见于主路的正门、仪门、银安殿、后殿和后寝，也见于翼楼、配殿。银安殿斗栱可至五踩（即出两跳）、七踩（出三跳）。

屋顶形式也是建筑等级的重要标志，典制也未提及。实际情况是绝不得使用最尊贵的庑殿顶（《乾隆京城全图》中所绘梯形屋顶应均为硬山而非庑殿）。贝勒以上府邸的银安殿大多为歇山。正门、仪门、后殿、神殿、寝殿可为歇山也可为硬山。后楼、翼楼多为硬山，也有个别歇山。其他更次要的房屋均为硬山。贝子府以下各屋多仅为硬山。各府银安殿前常有的抱厦多作悬山。

清代北京王府现存者尚有十余处之多，现介绍保存较好而具代表性者如下。

1. 顺承郡王府。第一位顺承郡王是太祖努尔哈赤次子礼亲王代善之孙勒克德浑。代善协助太祖创建基业，功盖天下，崇德元年以军功封礼亲王，世袭罔替，位居最尊贵的所谓“八大铁帽子王”之首。但勒克德浑之兄因罪被革职夺爵处死。顺治五年，勒克德浑以平定南明，招降李自成余部之功封顺承郡王，世袭罔替，成为八大铁帽子王之最年轻者，府即建于此时，在西城锦什坊街东侧。1917年郡王后代将此府卖给张作霖为大元帅府，现迁至朝阳公园东南隅。

府分左中右三路，中路中轴线上有屋五重，与《会典》所定郡王府制同，仅间数较少（但比《事例》的六重少了一重）。由前至后为正门五间、银安殿五间（及东西翼楼各五间）、后殿三间（及东西配殿五间）、寝殿五间（及东西配殿五间），最后以后楼及旁庑（现不存）结束。朝、寝、楼区划清楚，翼楼、配殿对称规整。但因地形限制，中路未完全居中。中路需宽55米，而全府东西总宽仅120余米，若中路居中东西平分，则左右二路院落过窄。故采取满足东路，减小西路的做法。此类现象在清王府中屡见不鲜（图9-1-8）。

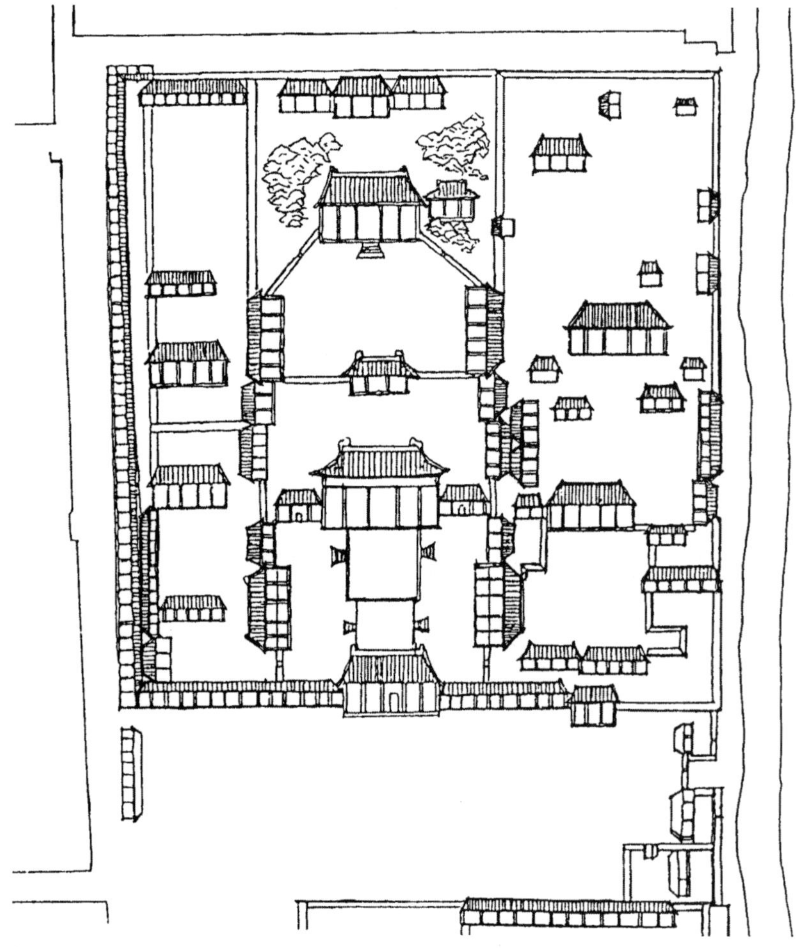

图9-1-8　顺承郡王勒克德浑府（刘大可据《乾隆京城全图》及现状绘）

明、清两代都重视主要建筑的台基高度。顺承郡王府除翼楼外，主要建筑的台基都高于《会典》规定，但低于《事例》，如银安殿台基高《会典》规定为三尺五寸，《事例》为八尺，实际四尺二寸。翼楼台基东为三尺九寸，西低下二寸，二者不完全相等，可能与风水观念有关：东为青龙，西为白虎，青龙应高于白虎，谓之龙抬头。北京也常有东房柱子略高于西房的做法。

顺承郡王府的墙面从城砖到小砖，从讲究的磨砖对缝到简单的糙砖糙砌，砌筑质量差别明显，中路优于跨院，正面优于侧面，侧面优于背面。中路主要用大砖，跨院用小砖。反映出王府建筑既追求气派，但又财力不足，远不及皇宫甚至不及富商的情况。此或即工匠所云“活儿糙规矩不能糙”（制度、规矩优先，工艺、材料量力而行）。

虽然典制允许郡王府用绿琉璃瓦，但顺承郡王府中路建筑通为筒瓦，东、西跨院绝大部分为合瓦，只有家庙仍为筒瓦。从瓦料为清初原物的情况看，应系初建原貌。

残存的部分油漆彩画表明原状与典制基本相符。结合别处王府情况，清代王府的油漆彩画是最能与制度相符的部分了。

2. 醇亲王府（北府）。奕譞为道光第七子，同治间晋醇亲王，王府最初在西城太平湖，同治死后，由奕譞之子继承皇位，称光绪。按清例，皇帝出生地为“潜龙邸”，皇帝即位后不应再为府邸，故慈禧将什刹后海北岸乾隆朝原成亲王府赏给，光绪十五年迁入，称北府，旧府称南府。北府康熙朝最早是大学士明珠宅，当时已辟有花园，乾隆后期明珠获罪，乾隆将其赐给成亲王永瑆，按亲王府制度进行了改建。成亲王传至同治间已降为贝子，故慈禧将其重新分配，原有布局没有大的改变。光绪仍无子，死后以第二代醇亲王载沣子溥仪为帝，年号宣统，载沣封为摄政王，故醇亲王府又称摄政王府。此时北府又成了“潜龙邸”，按例又须迁出，本拟在中海集灵囿另建新府，因清廷倾覆未果。

清代王府产权不归诸王，属皇帝产业，故可按当时各王等级，由皇帝随宜收回或“赏给”。

醇亲王府除中路外，东西两侧又各有两路，西路之西为府园，东路之东为马号。中路最前为前庭，南以五开间硬山大房（作前门）与大门相对，东、西各设三开间辕门一座。大门两侧墙间开东、西阿斯门。大门前置石狮一对，整个前庭环境规整严肃，在清代王府中较有代表性。前庭北依次有正门五间、银安殿七间附东西翼楼各五间、后殿三间（用做寝殿门）、寝殿五间、后罩楼七间。寝殿及后楼都是四合院。西院以最西一路为主，由体量较小的几组四合院组成，是主要居住的地方。东路建筑较少，主要为家祠、佛堂等。在王府东墙外所建的马号面积很大，分东西两个院落（图 9-1-9）。

醇亲王府的改建在乾隆朝，与《大清会典》对照，主要殿堂的建置均合乎制度，但后殿、翼楼、后寝的间数有所减少。彩画为王府常见的形式，即后人所称的“旋子加苏画”。醇亲王府的正门和大殿为歇山顶，施五踩斗栱，余屋均硬山。中路自正门起主要建筑的屋顶均覆绿琉璃瓦。

3. 恭亲王府。初为乾隆宠臣文华殿大学士、有清最大贪吏和珅的宅第，在北京西城区前海西街。[①]和珅虽非皇室，但以其权势和财力之盛，其宅第之规模不亚于王府，三路院的格局当时已经形成。嘉庆四年和珅被“加恩赐令自尽”，宅被籍没，转赐嘉庆同母兄弟永璘为庆亲王府，将大殿屋面换成绿琉璃瓦。但和珅之子是乾隆幼女和孝公主的“额驸”，仍允同住此宅，是一宅二主。道光三年公主死，才全归永璘。咸丰二年，永璘之孙已“递降”至辅国将军，此府乃改赐咸丰之弟恭亲王奕訢，成为恭亲王府。同治时，奕訢将府后民宅圈进府内，建成为萃锦园，是对王府的最大改造。民国后，恭亲王后人将府抵押给西什库天主堂，后归辅仁大学。

府分府邸、花园和马号三部分。府邸占地 3.1 公顷，对称三路。中路前庭（已不存）东西院墙上设辕门；大门三间，前置石狮一对；仪门五间，两旁设随墙的阿斯门；仪门以北为

① 单士元．恭王府沿革考略 [J]. 辅仁大学校刊，1938，7（1，2）．

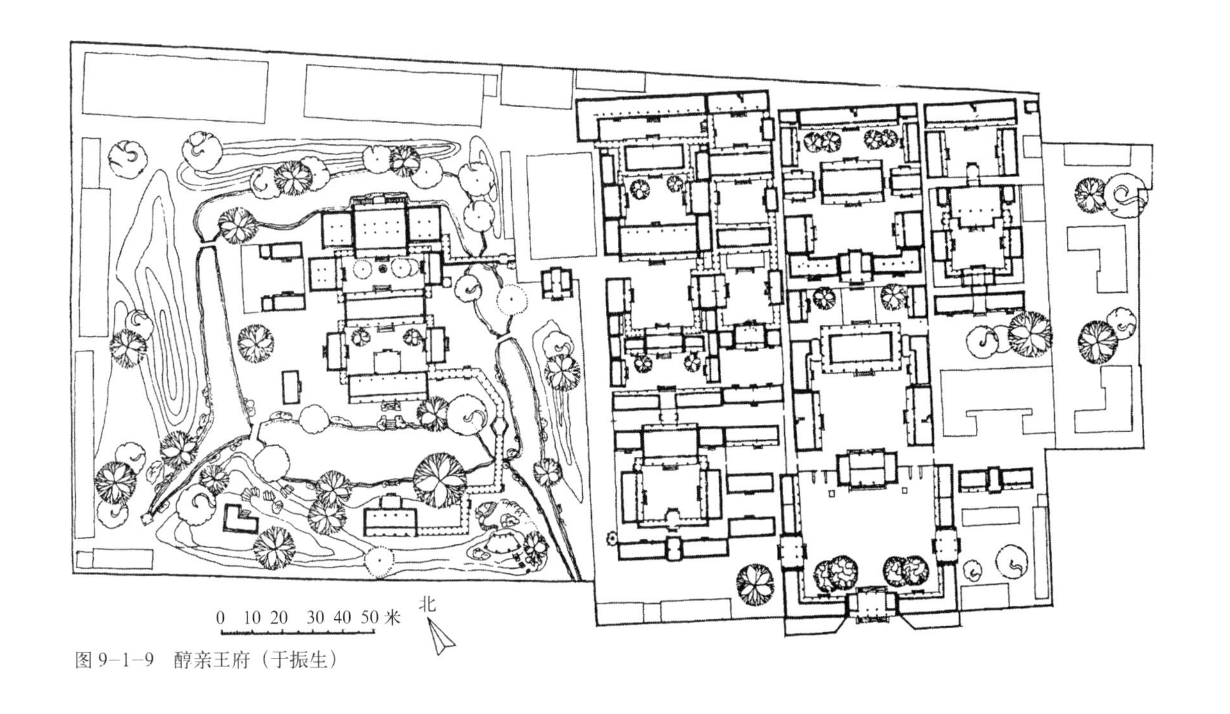

图 9-1-9 醇亲王府（于振生）

银安殿及东西配殿（现皆不存）；其后地势低下1米许，有面积颇大的后寝嘉乐堂及东西配殿。东路为两进院落。西路也是两进，其前进正殿称葆光室，后进称天香庭院，院门设垂花门。院内正殿称锡晋斋，又称楠木厅，内装修全用楠木，四周设跑马廊，极为精致，是和珅所建。和珅二十大罪，其中即有建筑逾制："……所盖楠木房屋，僭侈逾制，其多宝格及隔断式样，皆仿照宁寿宫（在紫禁城）制度，其园寓点缀竟与圆明园蓬岛瑶台无异，不知是何肺肠。"（《仁宗实录》）和珅在府中又妄用皇宫才得使用的镏金铜缸等禁物。在三路院落的后部建有通贯三路长达160米的后罩转角楼，达四十七间（号称九十九间半）。楼底层正中设穿堂门通向花园，楼前院内两边有假山（现不存），从山间梯级可通楼上。恭亲王府虽属亲王府，但因是大臣私邸改建，所以不如按典制建造的亲王府那么开阔和气派，如没有翼楼和后殿，所有建筑均无斗栱，台基不高大，且无月台，主要建筑的间数也都少于亲王府制，正殿和正门的柱高面阔等尺度也小于同类王府，建筑密度较大等，但通长的后罩楼却大大超过规定的七间，花园也具有相当规模。马号在府外东南现郭沫若纪念馆址，占地也很大（图9–1–10～图9–1–14）。

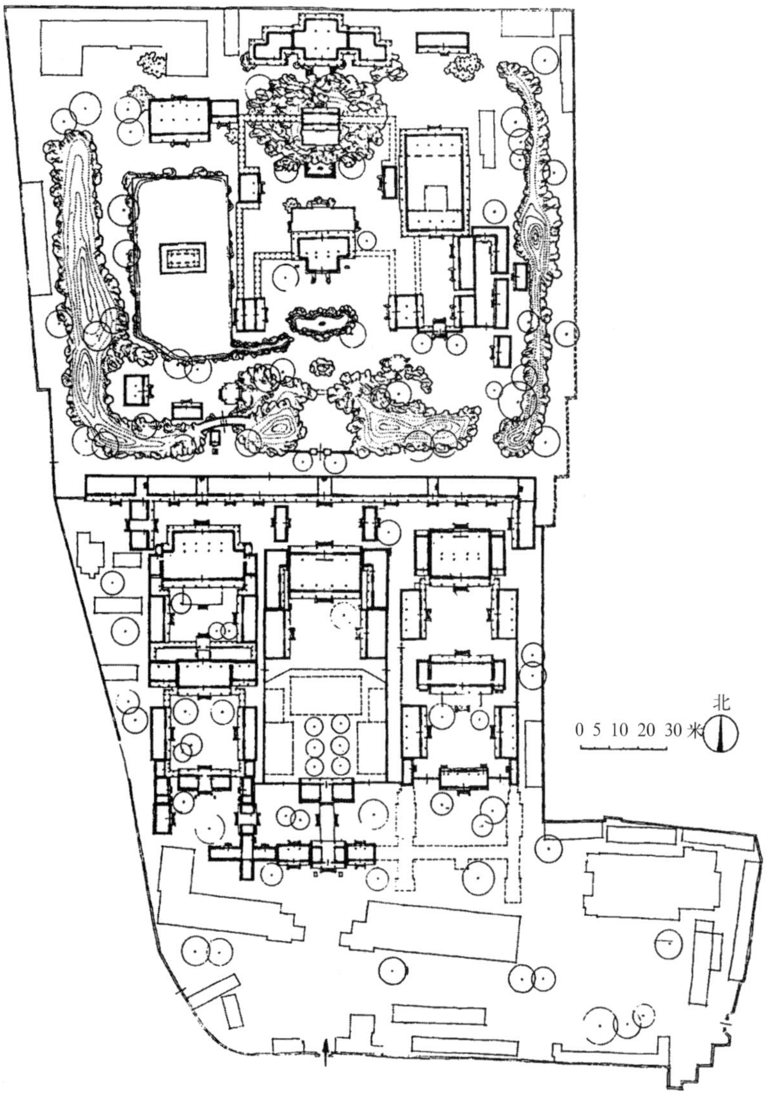

图9–1–10　恭亲王府（于振生）

清代王府建筑艺术特色　清代北京王府甚多，平面无一重复，但都有一个核心格局，面积往往仅占全府的七分之一到三分之一，却是王府特点的主要体现者，为"前堂后寝"（或称"前堂后室"，类似宫殿的"前朝后寝"）的纵向院落序列。前堂是治事临政，接见宾客，进行府内重大礼制活动的场所，为序列的最高潮。后寝是主人及主要眷属生活起居之所，深幽私密。主路空间组合颇有独到之处，主要表现在楼的安排上。王府普遍在单层的银安殿两侧建两层翼楼，每层都不高，两层总高稍低于正殿。正殿坐落在高大台基上，前面还常有月台或丹陛桥，进深最大，屋顶较高，体量最崇。配殿进深较浅，若只是平房，人立在月台或丹陛桥上将感到萎缩而缺乏气势，建为楼房，恰好能解决这一问题。依风水之说，正殿为"主山"，东、西要有二山"护龙"，才是佳势，故在不加大配殿体量的情况下，建楼是最佳选择。典制还规定居于主路最后的建筑也要以楼结束，多数王府也确是如此。依风水之说，后楼是"主山"后的"靠山"，屏风聚气。后楼左右复有旁庑，更加强了屏蔽的感觉。北京普通四合院民居也常在此建成多间连房，称后罩房，也是同样的意思。

以多为贵、以大为贵、以高为贵，历来体现着建筑等级的高下。发端于周王城与诸侯采邑城的规划，至清代王府建设，文脉仍历历可寻。但清代建筑已完全程式化，开间与柱高及进深的比例皆有则例可循，一栋房屋一旦明确了功能和间数，其大其高就已定型。因此，典制规定就只集中在“以多为贵”上。清代王府建筑的总间数大大少于皇宫又大大多于民居，正是它的表现。以大型王府为例，总间数往往不足皇宫的十分之一，却又大约是一座大型四合院民居的十倍。王府台基之高虽不及皇宫，但也远非四合院民居可比，更加上民居所没有的月台和丹陛桥，更显出王公之尊。

王府毕竟是居住建筑，较之宫殿，当更注意环境的舒适与合宜。府中附园因而成为王府的又一特点，几乎每府必园，而且很多府邸以园胜而名噪于时。民居则仅少数有园。以王府花园规模之大、造园手法之精，论价值应居北京私家园林的前列。

王府的装修装饰，在官方风格之中，带有某些民间文化的意味。王府建筑的屋顶，使用了基本上为官方建筑独揽的琉璃瓦，还有大式建筑常用的筒瓦，也有民居只能使用的合瓦（板瓦）。三种瓦面并用，是在别类建筑中很少见到的。王府油饰也很特别，梁柱门窗以铁红和黑色为主，与皇宫以银朱（大红）、铁红为主，衙署多用黑色，民居以铁红、绿色为主都不相同。红、黑二色几乎成了王府油饰的代表色。彩画也颇有特色，在宫廷艺术与民间艺术之间左右逢源，无论是《事例》“绘画五色云龙及各色花草”的结合，还是《会典》“中梁饰金”与“旁绘五彩杂花”的结合，都是宫廷少见、民居无寻的画法。明代就有“（王府）四门城楼饰以青绿点金”，“（王府）宫殿……中画蟠螭，饰以金，边画八吉祥花”（《明会典》）的做法，说明这种被后人称为“旋子加苏画”的形式，从明至清

图 9–1–11　北京恭王府二门（萧默）

图 9–1–12　恭王府西路后院（“天香庭院”）（萧默）

图 9–1–13　恭王府后楼（萧默）

图 9–1–14　恭王府萃锦园西池（萧默）

①本节主要参考资料：汪之力主编[M]. 中国传统民居建筑．济南：山东科学技术出版社，1989；中国建筑技术发展中心建筑历史研究所．浙江民居[M]. 北京：中国建筑工业出版社，1984；王翠兰，陈谋德．云南民居[M]. 北京：中国建筑工业出版社，1986. 高钤明，王乃香，陈瑜．福建民居[M]. 北京：中国建筑工业出版社，1987.

一直是王府彩画的定式。前人常感其难于归类，其实不妨迳称之为“王府彩画”，也无不可。

王府的木装修也表现出包容性的特点，从宫殿特有的菱花隔扇，庙宇常见的正搭斜交或正搭正交，到民间最普遍的步步锦，都可在王府见到。但王府对式样的选择却显得很有节制，不过十余种而已，又以步步锦最为常用。同一王府中，包括花园，所用式样不过三、五种而已。

在石雕、砖雕、木雕装饰方面常有上乘之作，尤其是室内木雕，许多王府都设有豪华精美的花罩、碧纱橱和博古架，甚至可拟于皇宫。家具也特别讲究。室内墙壁、顶棚等处也有与皇宫相似的做法，如墙壁采用绘画、装护墙板、裱糊锦缎、裱糊银花纸等，内檐隔扇用裱糊纱绢，顶棚为木顶、海漫天花或井口天花。豪华的装饰与大式建筑特有的室内大空间的结合，更渲染出一派豪门气象。

第二节　民居

中国传统民居多种多样，有必要加以分类。分类的标准也有不同，按照不同的衡量尺度，可以分成十几二十种甚至数十种之多。可以说，中国民居的这种多样性，在世界建筑史中也是一个难得的现象。鉴于本书侧重建筑的文化与艺术层面及本书的通史性质，除某些少数民族民居将在第四编结合各族文化再行专述外，对汉族民居（以及与汉族民居接近的如回族、土家族民居等）在此不拟划分过细，只着重于布局方式，并兼顾地域性，大致分为以下六种：即北方院落民居、南方院落民居、南方天井民居、岭南客家集团民居、南方自由式民居和西北窑洞民居。除自由式民居外皆属规整式。①

图 9–2–1　山西芮城永乐宫纯阳殿元代壁画四合院（罗哲文）

一、北方院落民居

院落式民居普遍采取规整式布局，是中国传统民居的主流，其总的特点是以院落（或天井）为核心，依外实内虚中轴对称格局规整地布置各种用房。

总述

院落在中国出现很早，陕西岐山凤雏村就有“有可能在武王灭商以前”的先周宫室（或宗庙）完整而十分成熟的两进四合院遗址。汉代民居规整式院落布局已很普遍，在明器和画像中所见极多。在隋展子虔《游春图》以及后来的壁画和卷轴画如敦煌唐宋壁画、唐《江山楼阁图》、《湖亭游骑图》，宋《清明上河图》、《文姬归汉图》、《中兴祯应图》、《千里江山图》、《四景山水图》以及永乐宫纯阳殿元代壁画中，院落民居也可不断见到（图 9–2–1）。其中多数是前后串连二院。前院横长，是宅外到后院的过渡；后院方阔，是住宅的主体。大门和中门大都开在中轴线上。《清明上河图》中的一例大门开在全宅前左角，与北京现存明清四合院住宅完全一样。由白居易诗《伤宅》，知贵族大第常有“垒垒六七堂”者，一堂一进，是多进院落，规模应十分巨大。《千里江山图》中的民居都处在山野中，有的以配房围合成院，有的仅以篱墙围护，其核心部分多为工字形平面（参见第三、五、六章）。北京雍和宫和后英房曾发现过元代住宅遗址，后英房的主房也是工字形（图9–2–2、图9–2–3）。到了明清，规整式院落民居得到更普及而充分的发展，在出土的明代明器中就有完整的院落（图9–2–4）。

图9–2–2　北京后英房元代住宅复原（傅熹年）

从明清规整式民居实例，可见到它们的一些主要特点：一、中轴对称向心凝聚的格局。较重要的房屋如厅堂等总是贯穿在中轴线上，次要房屋如卧室等居于中轴两侧，称厢房，全宅均齐对称，主次分明，井然有序。规整式民居有明显的宗法礼制气息，中轴线上位居全宅中心的主要厅堂称堂屋，地位最崇，其中供奉“天地君亲师”牌位，举行家庭礼仪，接待尊贵宾客，其他房屋依其与“堂”的相对位置显出不同的重要性，安排居住尊卑长幼亲疏不同的成员。“中正无邪，礼之质也”，这种几乎贯通中国所有建筑的礼制精神，在民居中有更细微的表现。二、内部开敞的院落（或天井）。规整式民居至少都有一个院落，多见四面围合建筑，称四合院，若三面围合，则称三合院。稍大型的民居有两个或三个院落，其中必有一个为主院，组成一个较完善的单元。各院一般为纵向串连，有几个院子就称为几进。更大型的则由许多相同或类似的单元，依前后纵联或左右横联的方式，或再加一些附属小院，组成大片建筑群体。这种大型民居，通常也总有一个位于全群中轴线上的核心单元。院落中常莳花植树，涵养着一片融融生机。在中国建筑，院落不仅被民居大量采用，在其他类型建筑中也广为通行。三、外部封闭的宅墙。各房屋都朝向院落开窗，院外除了宅门，完全被院墙或屋墙包围，很少或完全不开孔洞，独门独户，封闭而严实。

图9–2–3　雍和宫元大都四合院遗址

这种内部开敞为院落、外部封闭为墙的民居格局，可以说是封闭与开放这两种矛盾心理明智的融合：一方面，自给自足的封建家庭需要保持与外部世界的某种隔绝，以避免自然和

图9–2–4　出土明代院落明器（《人类文明史图鉴》）

社会的不测，常保生活的平安宁静和私密；一方面，根源于农业生产方式的一种深刻心态，又使得中国人特别乐于亲近自然，愿意在家中时时看到天、地、花草和树木。家又称为“家庭”，此中颇有深意，一个家，是需要一个可以与自然时时对话的庭院的。两种相反心态的均衡，正是中国传统民居特别盛行的外实内虚院落布局的根据。《黄帝宅经》之序开宗明义就说：“夫宅者，乃是阴阳之枢纽，人伦之轨模。非夫博物明贤，未能悟斯道也。”“阴阳”谓天地内外开合，“人伦”辨尊卑长幼亲疏，这一段话，可以作为中国民居文化简明精当的概括。

其实，上述民居的许多特点，都可以与中国其他建筑类型互通。

北方规整式民居广泛采用四合院或三合院，故以院落式名之。基地一般坐北朝南，沿纵轴排列多重院落；多为平房，以北房为主房，朝向院落，以利纳入阳光和避免北风。北方院落民居与南方天井民居比较，院落一般较大，但随着各地气候条件的不同，院落的形状也有不同。

图 9–2–5　北京四合院（模型）（萧岚）

北京四合院

北方规整式民居以北京四合院民居水平最高，也最为典型，是中国汉族传统民居的优秀代表。北京四合院规模小的只有一院，多数有前（外）后（内）二院。外院横长，大门开在前左角即东南角，进入大门迎面在外院东厢房的南山墙上筑砖影壁一座，与大门组成一个小小的过渡空间，由此西转进入外院。宅门之西正对民居中轴的南房称“倒座”，作客房，外院还有男仆室及厨、厕；由外院通过一座垂花门式的中门进入方阔的内院，即全宅主院。北面正房称“堂”，大多为三间，遵守着明清朝廷“庶民庐舍不过三间五架，不许用斗栱、饰彩色”的规定。正房开间和进深尺寸都较厢房为大，故体量最大。正房左右接出耳房，居尊者长辈。耳房前有小小角院，十分安静，所以也常用作书房。这种一正两耳的布局称作“纱帽翅”。正房前院子两侧各建厢房，其前沿不越正房山墙，所以院落宽度适中，空间感觉甚好。厢房是后辈居室。正房、厢房朝向院子都有前廊，用“抄手游廊”把垂花门与这三座房屋的前廊连接起来，可以沿廊走通，不必经过露天。廊边常设坐凳栏杆，可在廊内坐赏院中花树。所有房屋都采用青瓦硬山顶。正房之后有时有一长排“后照房”，或作居室，或为杂屋。较大的民居可以在堂后再接出一座四合院，以居内眷。或更在全宅一侧接出另外一组四合院，也有的在一侧接出宅园（图 9–2–5 ～图 9–2–8）。

开在前左角的民居大门称“青龙门”，按后天八卦，北为坎，东南为巽，故宅门的此种布局称坎宅巽门，依风水观念认为是吉利的。实际上，宅门不设在中轴线上，使得从宅外进入必先通过一个小小过院，有利于保持民居的私密性和增加空间变化（只有王府的宅门才放在中轴线上，认为以王侯之尊，即使不作坎宅巽门也可以免除外邪的侵害）。其他地区，不论南

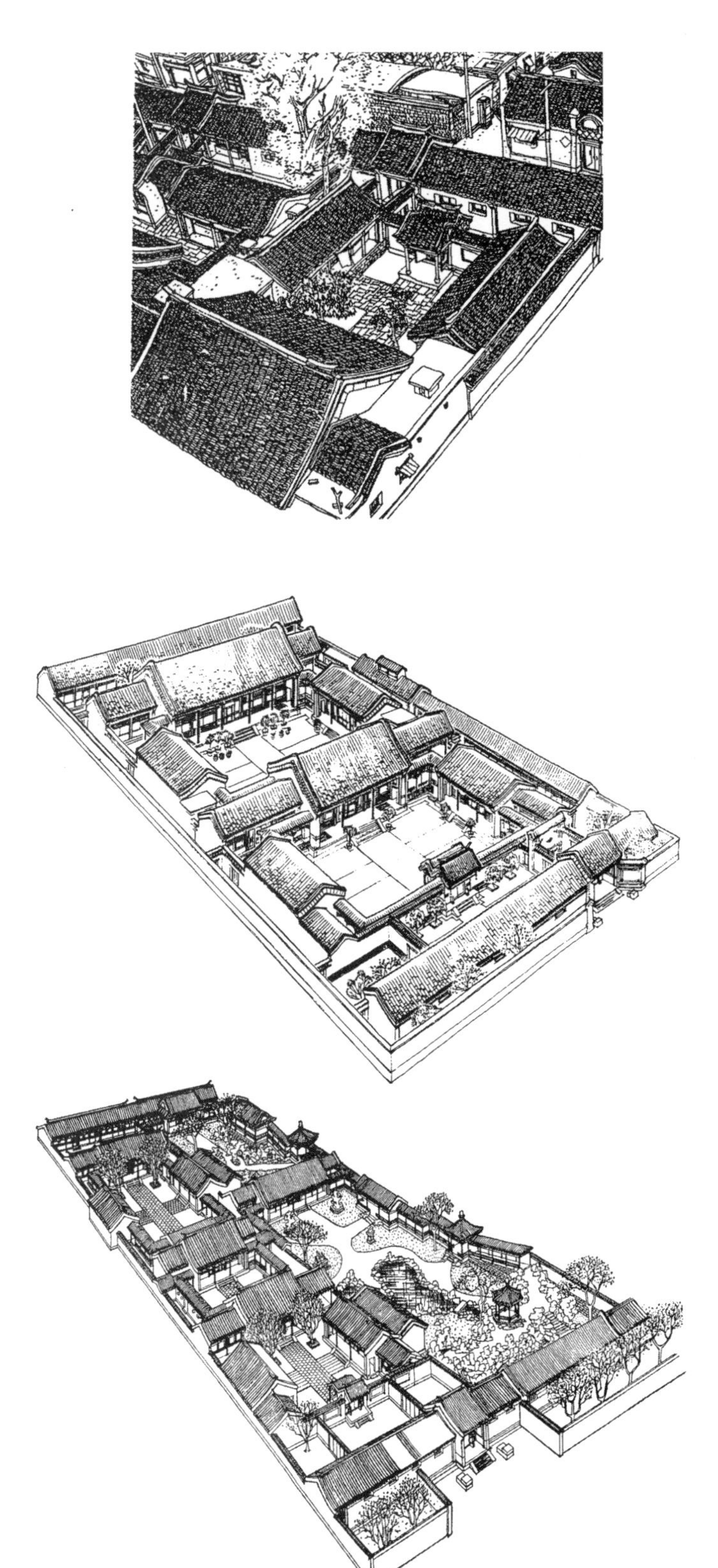

图 9-2-6 典型的和带花园的北京四合院住宅（王其钧、王其明、于振生）

图 9-2-7 北京四合院（陈绶祥）

图 9-2-8 北京四合院（白皓）

图 9–2–9　四合院宅门（王其钧）

图 9–2–10　垂花门（模型）

北，在一般民居中，坎宅巽门也十分通行。宅门都是一间，按大小和规格又有数种：如广亮大门等级最高，进深大，门扇安在中柱一线，前后各有一个空间，前部空间两侧设守门人条凳，额枋下有雀替；金柱大门较小，门扇前移在金柱（即老檐柱）一线，门前空间也较小；蛮子门更小，门扇更前移，安在外檐柱一线，门前没有空间。以上三种都用在官宦人家。再小的是如意门，有的面阔只及半间，门扇也在外檐柱，用在虽非官宦而相当殷富的人家。最小的是墙门，没有进深，门上有小屋顶，或模仿西洋建筑砌通天柱（图 9–2–9）。

从外院进入内院的中门，通常是一座称为垂花门的小门屋，施悬山“勾连搭”顶（即前后两个双坡顶相接），造型玲珑，相当华丽，预示过此即进入内宅，丰富了内外二院的景观。在垂花门后檐柱处常设门扇，称屏门，作用类同仪门，平时关闭，人由门前左右廊道绕入，遇大事或贵客莅临方才开启。以中门间隔内外，不仅保持了内院的安静，同时也含有宗法礼制的意义。敦煌唐代壁画宅院中已绘出了中门，南宋一部生活百科全书式的著作《事林广记》说：“凡为宫室（此指宅院），必辨内外……男治外事，女治内事，男子昼无故不处私室，妇人无故不窥中门”，“女仆无故不出中门，有故出中门亦必拥蔽其面”，可见中门历来是区别内

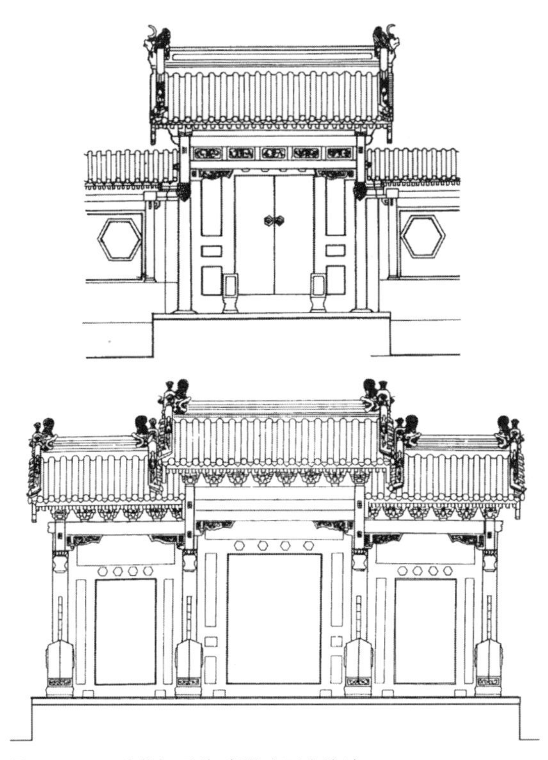

图 9–2–11　垂花门两种（《北京四合院》）

图 9–2–12　垂花门（刘大可）

图 9–2–13　四合院垂花门（刘大可）

外所必需（图 9–2–10 ~图 9–2–13）。

北京四合院亲切宁静，有浓厚的生活气息，庭院方阔，尺度合宜，院中莳花置石，一般种植海棠树，列石榴盆景，以大缸养金鱼，寓意吉利，是十分理想的室外生活空间，好比一座露天的大起居室，把天地拉近人心，最为人们所钟情。遇婚丧大事可在院内临时搭建大棚，以待宾客。抄手游廊把庭院分成几个大小空间，但分而不隔，互相渗透，增加了层次的虚实映衬和光影对比，也使得庭院更符合人的日常生活尺度，家庭成员在这里得到交流，为创造亲切的生活情趣起了很大作用。京西爨底下村古时正当京晋交通要道，现在还留存有比较早的四合院，院落和建筑单体都较小（图 9–2–14、图 9–2–15）。

北京四合院庭院比例方阔，是为冬季多纳阳光。冀南和晋陕豫等地，夏季西晒严重，院子变成南北窄长，以减少阳光。西北甘肃、青海，风沙很大，院墙加高，称为“庄窠”。东北土地

图 9–2–14　京西爨底下村（《北京古山村爨底下》）

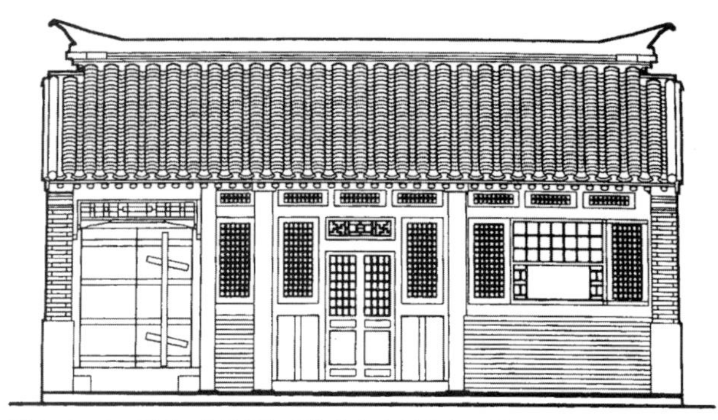
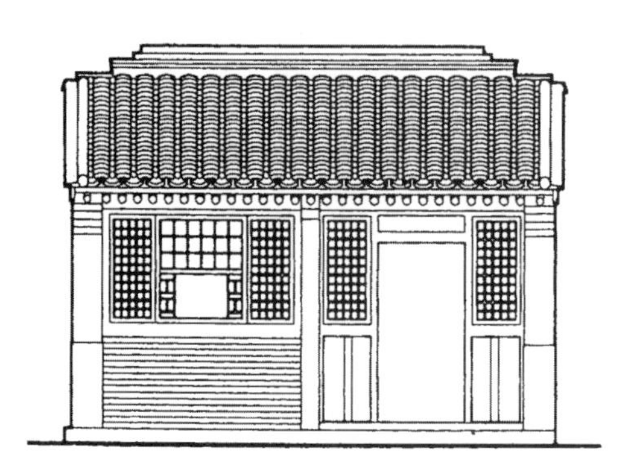

图 9-2-15　爨底下村民居（《北京古山村爨底下》）

辽阔而气候寒冷，为更多接纳阳光，院子常十分宽大，宅墙内空地甚多。此外，还有其他一些地方性区别，现略举数例以为概括。

华北西北院落民居

如果说政治中心北京的四合院是一种官宦住宅文化的代表，那么山西的大宅就算得上是一种官商住宅文化的典型了。从明代起直到清末，中国封建商业较前更为发达，逐渐形成了几大商派，如晋商、徽商、潮商等，又以晋商、徽商力量更为雄厚。晋商主要指晋中一带的商人，有时也包括与其业务联系密切的陕西，除在各地兴建如晋陕会馆、山陕会馆外，在家乡也兴起了建造大宅之风，有名的如襄汾丁村民居，祁县乔家大院、渠家大院，太谷曹家大院，灵石王家大院等。晋商大多以勤俭起家，世代相续，传之既久，积累了丰富的商贸经验，除经营一般贸易外，主要从事如钱庄、票号等金融事业和典当业，甚至包揽了与俄国和外蒙的经济活动。发家以后，为取得政治上的保护，又通过捐官或资助朝廷的途径买取功名，也有的经考举出身，商儒结合，实力非常雄厚。山西大宅就是在这种背景下产生的，因远离京畿，受官家的制约较少，又几代同居，规模常十分巨大，后院多为楼房，屋顶单坡向内，四面高墙峻起，与北京四合院比较儒雅典丽的风格相比，格调更为豪放，也是山西地方文化的反映。

山西襄汾丁村现存明清民居四十余处，保存比较完好。典型的格局为日字形平面，从南到北沿中轴线顺序布置门房、大厅和后楼，两院均有东西厢房。门房有前廊，三间四柱，很神气，并有阁楼。大厅体量最大，三间，前后廊，内部彻上露明造，显示精美的梁架。前后二院的厢房都是两层，但上层甚低，仅作储藏用，夏日还有隔热作用，檐高都不超过正厅和后楼，且东厢较西厢略高一些。东为上，兄东弟西，体现长幼之序，也寓有风水之说“龙抬头”之意。东西厢房不等高的做法除北京、山西外，在其他地方如陕西也多有所见，不免过于拘执。厢房的后墙与大厅、后楼的两端山墙取齐，所以前后二院都是纵长窄院。厢房都是三间，为不使院子过于狭窄，厢房的进深都较小，故结构虽为三间，内部却隔为二室，隔墙居中，门在隔墙两边，以保持室内足够的面积和良好比例。后楼或三层或二层。第十七号院后楼为两层，棂窗雕饰颇为精美，并使用了一般不得使用的斗栱。

北京四合院宽与深之比接近1：1，越往南院子比例越长，河北和山西南部大致在0.5～0.3：1左右，甚至还有的窄至0.2：1，就成了一条窄巷了。丁村民居院子比例约为0.5：1，空间感尚可满意。窄院有利于夏日利用西厢房遮挡西晒，使院子常处阴影之中。

丁村民居也有将大门设在前左角者，此时大门为一间，并常为两层，下开券门，上出敞楼（图 9-2-16～图 9-2-21）。

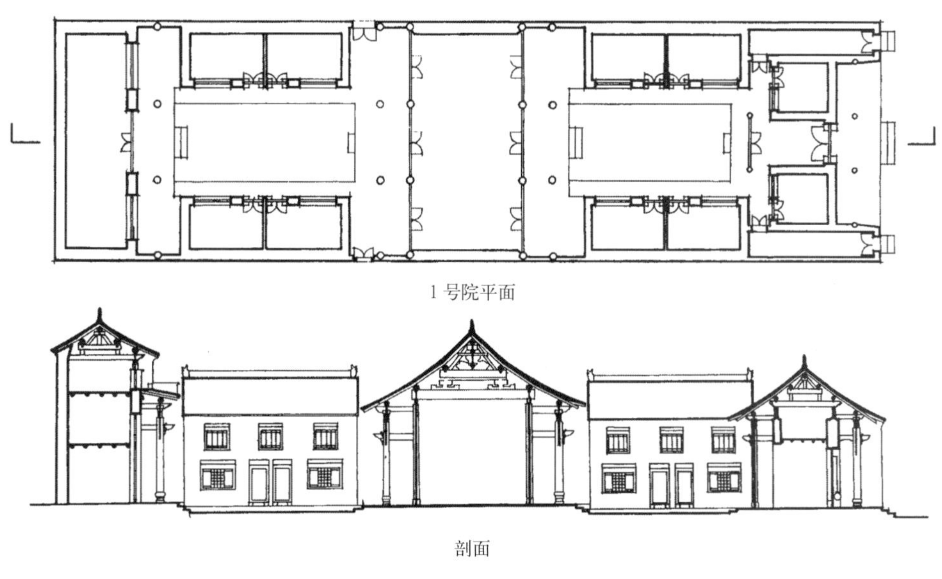

图 9–2–16　山西襄汾丁村典型住宅（《中国传统民居建筑》）

图 9–2–17　丁村某宅大门（萧默）

祁县乔家堡村的乔家大院是晋中著名大宅，从清初开始建造，以后分期扩建，由五座主宅加上若干偏院组成。北面的两座主宅较大，均三进，南面三座为两进，南北之间以东西向石铺甬道相连，总入口大门开在甬道东端，甬道西端为家庙。南方常见的全族性的宗祠在北方较少，而多为家庙。全宅大小近二十个院子，全是纵长方形。各宅后房都是楼，二层，楼上有前廊，廊内全为木装修，彩饰华丽，楼下则为砖砌实墙，上下有良好的虚实繁简对比。厢房均为平房，衬托出正房的气势，较北京四合院更多一种晋地文化的豪阔气象。厢房以单坡屋顶朝向院内，故各宅向外一面都是封闭的高厚砖墙，沿建筑群周边墙上砌垛口，可巡行，并有更楼守望，气概森严似一座城堡，防御性很强，故又名乔家堡子。乔家大院长长的入口甬道稍嫌单调，是其不足之处（图 9–2–22 ～图 9–2–30）。

渠家大院与乔家大院近似，也由南北几座宅院组成大片，但在居住用的宅院群东，又有兼作票号、当铺的院子。从南面临街大门入，先进前院，再直接向北即为营业用的东院，从

图 9–2–18　丁村某宅内门（萧默）

图 9–2–19　丁村某宅院门（萧默）

图 9–2–20　丁村第 17 号院正厅（萧默）

图 9　2　21　丁村 17 号院后楼（萧默）

图 9–2–22　山西祁县乔家大院总平面及剖面（《中国传统民居建筑》）

图 9–2–23　乔家大院一号院院前（萧默）

图 9–2–24　乔家大院甬道（萧默）

图 9–2–25　乔家大院家庙（萧默）

图 9–2–26　乔家大院一号院中厅（萧默）

图 9-2-27　乔家大院一号院后院（萧默）

图 9-2-28　乔家大院一号院后楼（萧默）

图 9-2-29　乔家大院某院院门背面（萧默）

图 9-2-30　乔家大院屋顶（萧默）

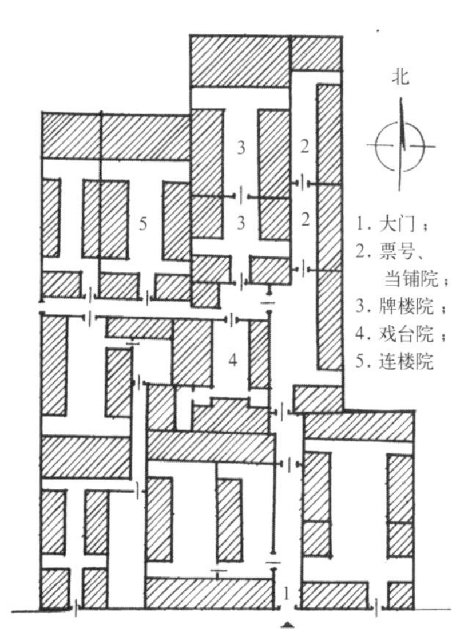

图 9–2–31　山西祁县渠家大院总平面（萧默）

图 9–2–32　山西渠家大院大门（萧默）

图 9–2–33　渠家大院二门（萧默）

图 9–2–34　渠家大院东院院门（萧默）

图 9–2–35　渠家大院东院后楼（萧默）

图 9–2–36　渠家大院牌楼院门（萧默）

前院转向西经甬道可进入各居住宅院。宅院中的牌楼院因相当于中门的一座精美牌楼得名，不但使用了在北京住宅中绝对不准使用的斗栱，且出跳多达五次（宋称“八铺作”，清称“十一踩”），大约是出跳五次斗栱的仅存实例了（图 9–2–31 ～图 9–2–38）。

太谷曹家大院（三多堂）也由多达五六个宅院组成，与乔家、渠家相近，都是通过东西向甬道把南北并列的各院联系起来。各宅都是两进院落，建平房或二层楼。最北依崖高起一列三、四层楼，以厚砖包砌，有事时可以固守。

灵石王家是晋中官、商大族，在清代建造了总面积达 15 万平方米的多处大宅，其中在静升村即占地 4.5 万平方米，称王家大院。有东西两处，均建在约八九米高的台地上，北傍高坡，南望开阔，中间相隔一沟。沟西称红门堡，建于乾隆年间，是一座由厚达二丈的高大土墙围护的矩形堡院，东西 105 米、南北 180 米、面积 18900 平方米。只开南门，内有一纵四横共五条街巷，巷间有多达二十七座宅院，均二进。沟东称高家崖堡，建于嘉庆十年（1805），也是一座堡院，但形状不甚规整，面积 11728 平方米，堡内各宅规模更大，建筑艺术水平更高。

高家崖堡是王氏第十七世孙汝聪、汝成兄弟合建，分住西、东并立的凝瑞居、敦厚宅，二宅之东均各附厨院和课读幼年子弟的书塾院，凝瑞居之西还有供成年子弟读书的小院、花园和亭子。整个以上区域之北已在高坡之上，隔小巷从西至东有三座长院，是护院家丁的住所。家丁之首则住在全堡东北的镖头院，其南有场院。全堡利用台地南缘的陡崖为墙，以南门为正门，入门后在东西向甬道上正对主院有三座砖雕影壁和诸多石拴马桩，十分气派。东门在堡东南角，在高大的堡墙上建门楼，门上额“寅

图 9–2–37　渠家大院牌楼院（萧默）

图 9–2–38　渠家牌楼院后楼（萧默）

图 9–2–39　王家大院高家崖堡东门（萧默）

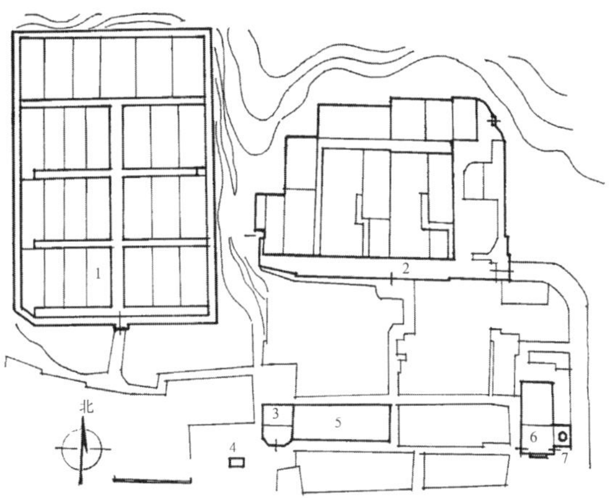

1. 红门堡；2. 高家崖堡；3. 王家祠堂；4. 戏台；
5. 当铺院；6. 文庙；7. 魁星楼

图 9–2–40　山西灵石王家大院（红门堡、高家崖堡）总平面（灵石中国民居艺术馆供稿，萧默重绘）

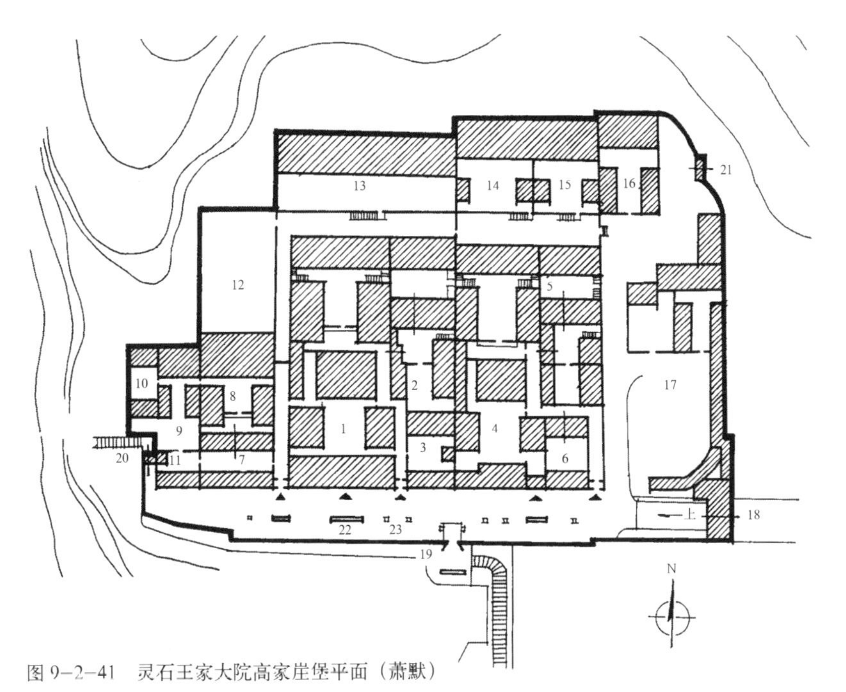

1. 凝瑞居；
2. 厨院；
3. 养正书塾；
4. 敦厚宅；
5. 厨院；
6. 三元书馆；
7. 桂馨书院；
8. 叠翠轩；
9. 兰芳居；
10. 精舍；
11. 亭；
12. 花园；
13. 西围院；
14. 中围院；
15. 东围院；
16. 镖头院；
17. 场院；
18. 东门；
19. 南门；
20. 西南门；
21. 东北门；
22. 影壁；
23. 拴马桩

图 9–2–41　灵石王家大院高家崖堡平面（萧默）

图 9–2–42　王家大院凝瑞居大门（萧默）

图 9–2–43　王家大院凝瑞居前院（萧默）

图 9–2–44　凝瑞居后院中门（萧默）

图 9–2–45　从敦厚宅后楼南望（萧默）

宾”二字，门内有斜道通上台地（图 9–2–39 ~ 图 9–2–41）。西门在西南角，通向红门堡。

凝瑞居和敦厚宅均两进，前进平房为前堂；后进为后室。后进两厢是下为箍窑上为木结构房屋的二层楼，正面是高大的箍窑，窑上平顶以后又有房（图 9–2–42 ~ 图 9–2–45）。所谓“箍窑”，是模仿土窑以砖箍砌的窑洞房，山西自平遥以南所见甚多。

在二堡之南，平地上还有王氏宗祠、戏台、当铺院、文庙、魁星楼和文笔塔等建筑。整个建筑群倚坡而筑，居高临下，视野开阔，其规模之大、景观之富、配置之齐全得体、雕饰之繁丽，都超过晋中其他三座大院。

晋南大宅则以晋城所谓“皇城相府”最大也最知名，是康熙朝文渊阁大学士、历任四部尚书陈廷敬的府邸。全宅共 16 院，依山就势，外围城堡，覆盖十万平方米（图 9–2–46、图 9–2–47）

类似晋中民居这种内为狭长纵院、四周围以单坡顶、外观特别高峻封闭的宅院，在陕西一带也颇多见，典型实例如韩城党家村。不过陕西许多民居使用土坯墙，外抹麦秸泥，墙上横以两三层薄瓦带以保护墙面。阳光下，金色麦秸在黄澄澄的土墙上闪闪发亮，质朴无华（图 9–2–48 ~ 图 9–2–51）。

单坡向内的屋顶，不论地域南北，在中国民居中都十分通行，除了有利于安全外，也有观念上的因素。“水”在中国人的观念中代表财，所有雨水都流向院内，所谓四水归堂，寓意财不外流。

甘青宁一带，气候比较高寒，院落平面又较为方正。

临夏白宅的主人为回族，但住宅布局与汉族没有太多差别。全宅以两所四合院东西并列组成，分居兄弟，西宅之南和东宅东北各有杂务院。两宅之间，利用东宅西厢房南山墙前的

图 9-2-46　晋城“皇城”大门（萧默）

图 9-2-47　晋城“皇城”内部某院（萧默）

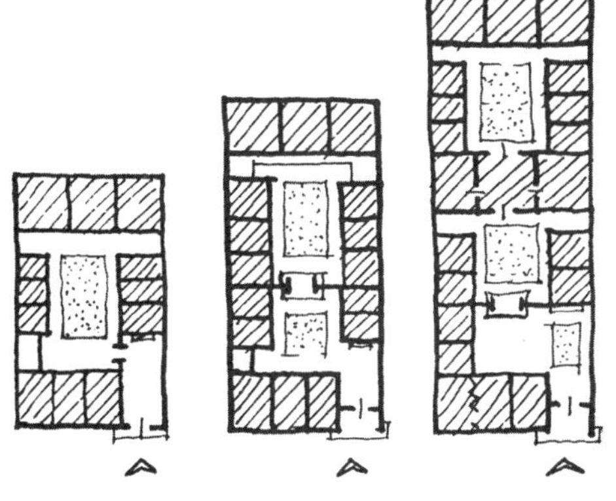

图 9-2-48　陕西四合院住宅组合方式（《陕西民居》）

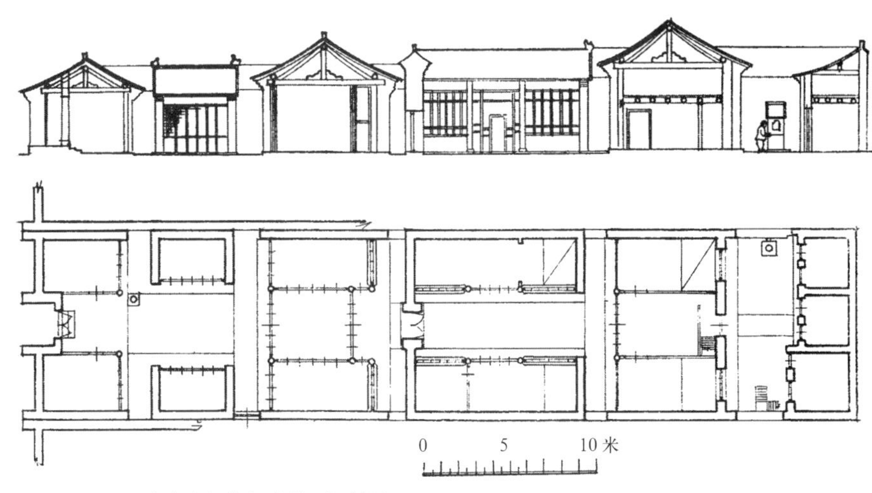

图 9-2-49　西安书院门某宅（《陕西民居》）

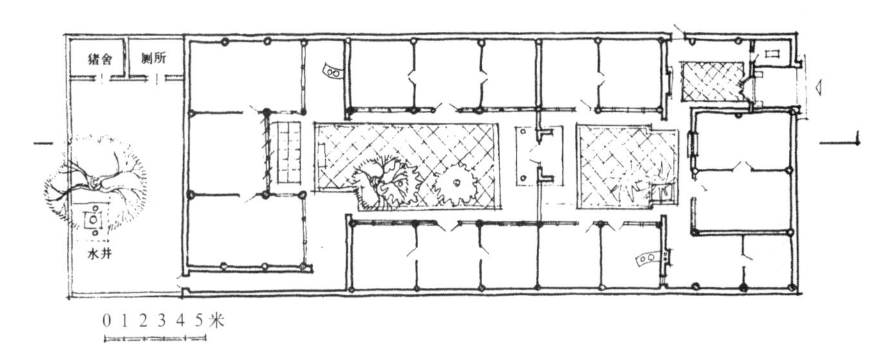

图 9-2-50　陕西城固某宅（《陕西民居》）

图 9-2-51　陕西乡村民居

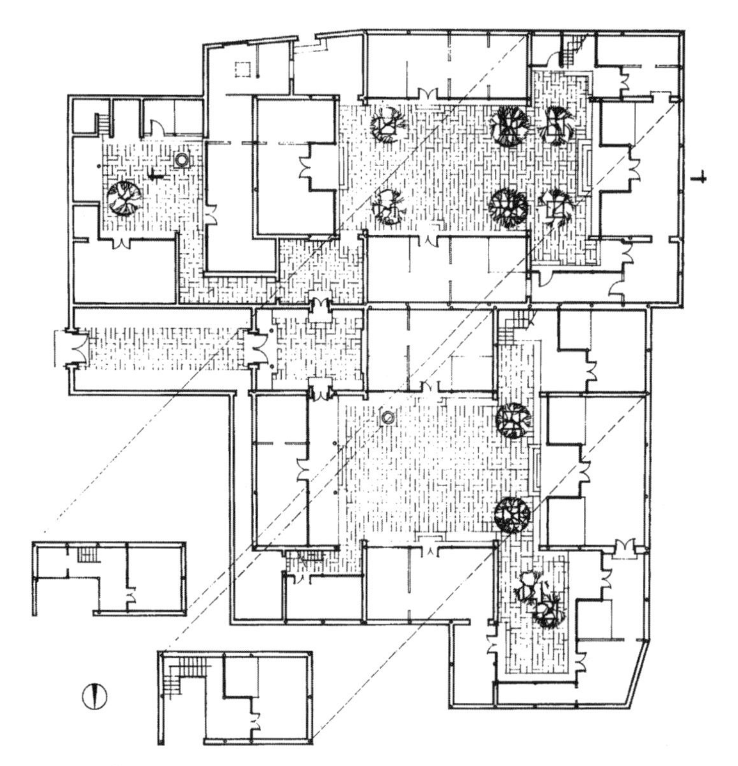

图 9-2-52　甘肃临夏白宅平面（《中国传统民居建筑》）

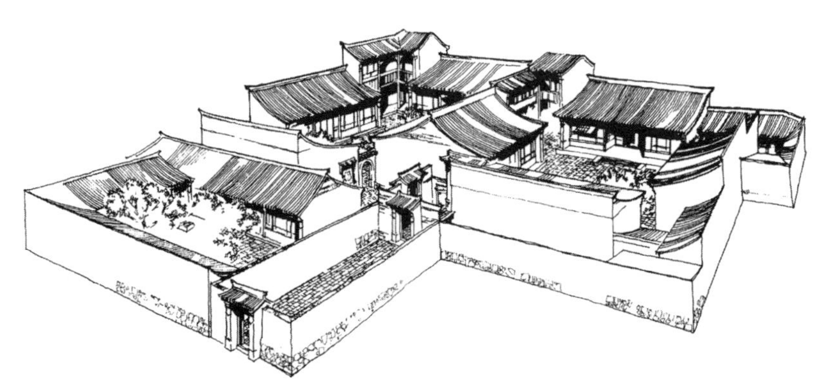

图 9-2-53　白宅鸟瞰（《中国传统民居建筑》）

图 9-2-54　甘肃临夏白宅

空间为过院，以联系二宅，山墙上砌砖影壁，大门在过院南，大门、二门之间连以甬道，处理颇为成功。二宅西北都凸起转角小楼，丰富了宅内景观，可能也有风水上的考虑（图 9-2-52 ～图 9-2-54）。

马步芳是民国西北回族军政要人，临夏马宅是甘肃规模最大的民居。全宅由居于西南的前院、西北的后院、东北的主院和东南的花园四部分组成（花园现已不存）。前院用为接待，在前院东南角有狭长的入口过院，类似于上述白宅，在过院北墙即后院东厢房的南山墙上迎面砌照壁。后院居住亲属。主院最大，居住主人和家眷。主院正房五间，高达三层，东西接耳房两层，其规模在西北很为少见；南房也是两层，南房之东再接出一楼，周围廊，主人可方便的由此进入花园。此宅最富特点的是在以上四部之间的中心位置安排了一所三面围以廊、北面为精雕影壁的长方形过院，院四角各设一门，分通四部，既是全宅的交通枢纽，又极大丰富了空间构图（图 9-2-55 ～图 9-2-59）。

甘肃东部和青海还有一种“庄窠”式民居，其特点是以高高的厚土墙包成方院，院内沿墙建土木结构平顶房，四合或三合，也有的呈曲尺形。平顶低于外墙，必要时人可立于屋顶上借墙为掩体抵抗外敌，通常在大门附近临墙建土楼，以供瞭望。此种民居的防御性很强，不但抗御外敌，也防御风沙，每当大风沙扬，皆从院顶流过，院内仍然平静，对于历来战争频繁和多风沙的地区来说十分合宜。庄窠可能起源甚早。早在汉代，西北驻军的烽燧亭障，即与此大同小异。在酒泉魏晋壁画墓中，也画有此类建筑，题记为“坞”。在敦煌石窟五代和北宋壁画中也有表现。敦煌将此类建筑称为“堡子”，有时很大，居住几十上百户，俨然一座小城（图 9-2-60、图 9-2-61）。

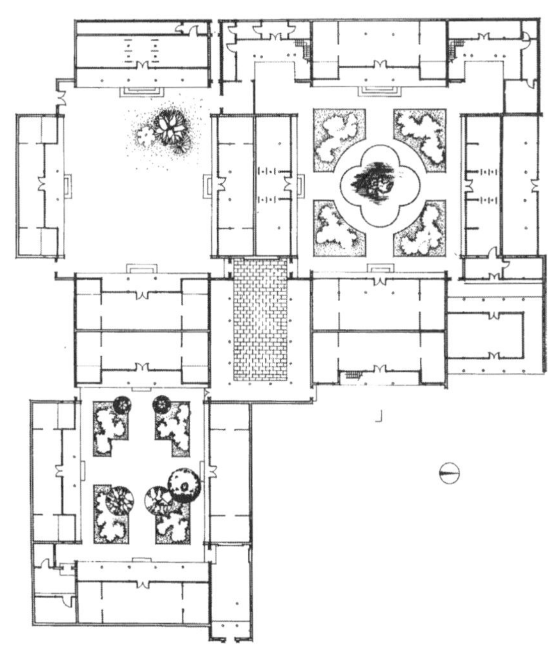

图 9–2–55　甘肃临夏马步芳宅平面（《中国传统民居建筑》）

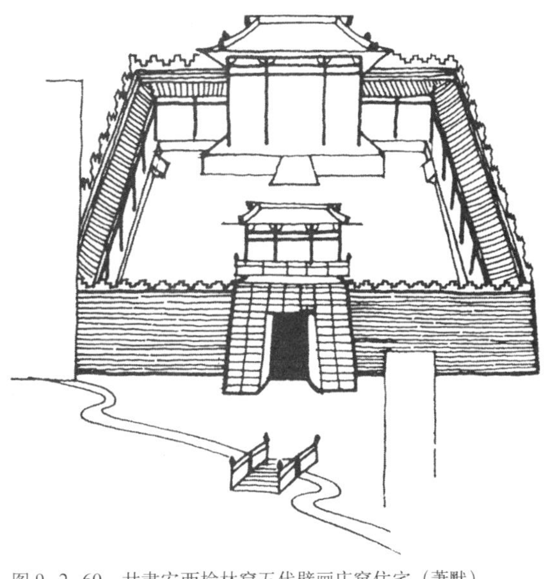

图 9–2–60　甘肃安西榆林窟五代壁画庄窠住宅（萧默）

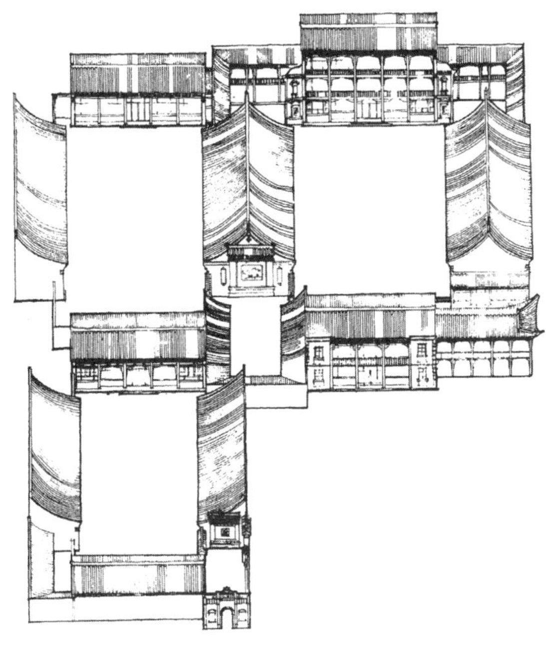

图 9–2–56　马步芳宅鸟瞰示意（《中国传统民居建筑》）

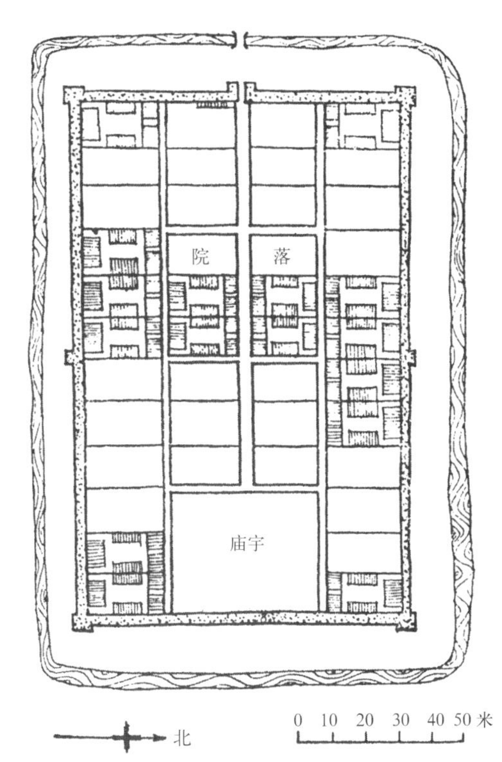

图 9–2–61　敦煌某村堡总平面（《中国古代建筑史》）

图 9–2–57　甘肃马步芳宅主院（张青山）

图 9–2–58　马步芳宅后院（张青山）

图 9–2–59　马步芳宅过院影壁（张青山）

二、南方院落民居

南方院落民居仍以四合院为主，规整对称，布局原则与北方大同小异，但建筑单体的外形与北方有别，如多使用马头墙，结构较为轻巧，形式较为多变，楼房也较多。大型民居则多围绕中心四合院向左、右和后方发展，形成很大的院落组群。总之，南方院落民居较北方同类民居更为多样化。现分举数例以为概括。

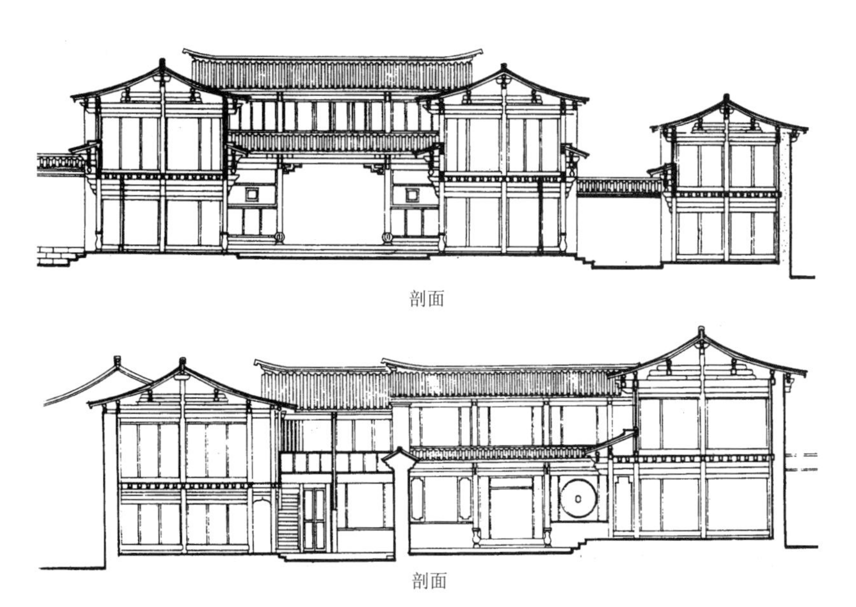

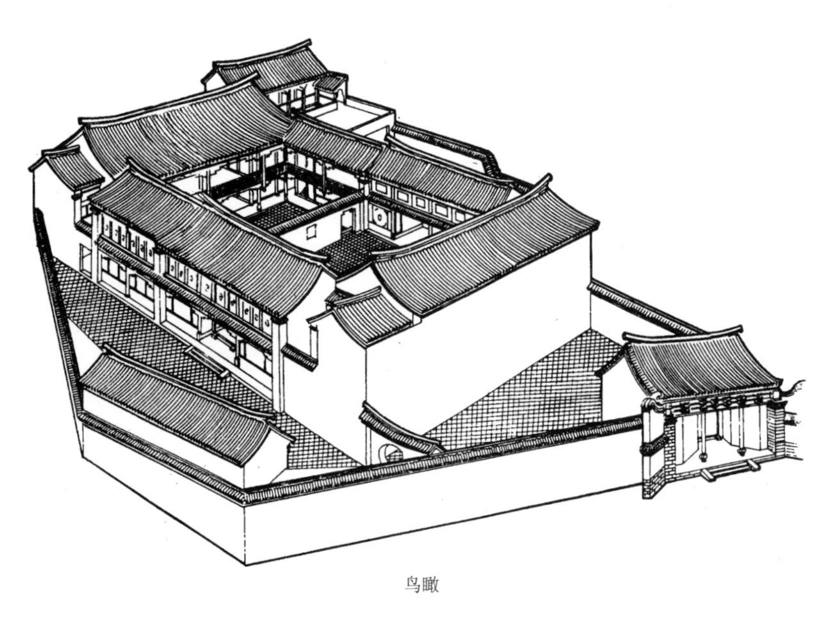

图 9–2–62　云南石屏某宅（《中国传统民居建筑》）

中小型院落民居

南方中小型院落民居有一个或两个院落，形式多样，在总的规整格局中，显出不同的面貌。

云南石屏虽远处边地，但接受中原文化的影响十分显著，素有“文献名区”之称，民居结体基本与中原相同，又具有自身特点。石屏民居往往以对称均齐的基本单元为中心，再根据地形环境和自身要求，向纵横两个方面自由生发，总体不求对称，相当生动。如某宅以两个相向的三合院为中心，均齐对称，中隔以墙，墙上有门。各屋都是楼房，前后楼并有耳房构成小天井。前院较大，可称为主院，堂即设在其中正房。除以上中心部分外不再要求对称。全宅大门即根据街道走向设在堂的后面，斜向，有很气派的门屋；入门后几经转折，进入不规则形的侧院，再在主院厢楼下进入主院。与主院相对的内院居住内眷，内院左侧的偏院后屋可能用为书房，面临不大的花园。各屋都是硬山顶，不用马头墙。全宅空间变化丰富，木结构轻巧玲珑，披檐穿插多趣（图 9–2–62）。

云南建水一宅，基地呈梯形，围绕一座典型的方形四合院有许多小院，空间划分极好，如入口小院、倒座房南侧的独立小院及东部三角形地段的几个小院等（图 9–2–63）。

阆中在四川北部，先秦为巴人之都，秦以后置为郡县，由于地扼陕甘通向川鄂滇的要道，成为西南军事和交通重镇，与中原联系紧密，使阆中的文化受中原文化影响颇深。因而阆中民居与四川其他地区民居较为自由的作风不尽相同，却与北方院落民居作风接近，总体布局一般相当规整。但房屋被连成一体，挑檐下均可走通，避免雨天的不便，结构采用穿斗梁架，外观也颇富轻巧意味，仍显出四川建筑的风格。阆中谢宅由前后三院组成，布局甚为规整。大门在正中，有门屋，二门相当于北京四合院的垂花门，两门之间为前庭，无屋，植花木，是

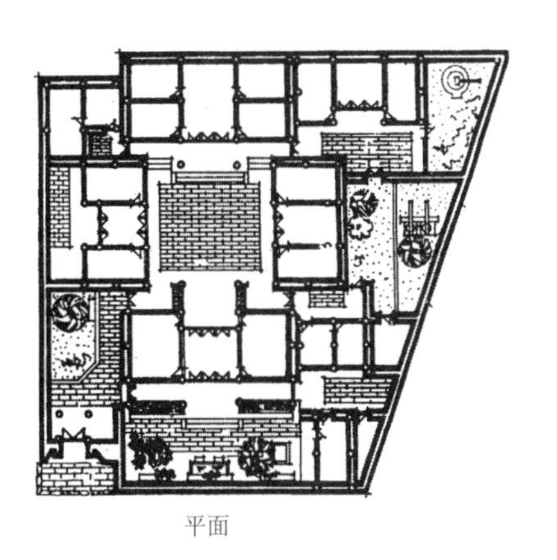

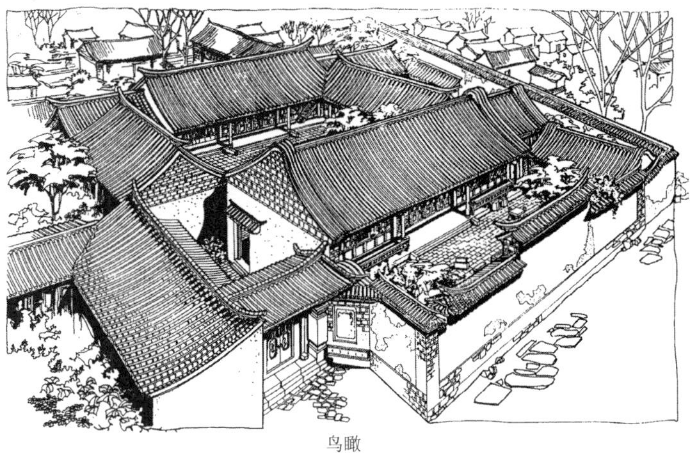

图 9-2-63　云南建水某宅平面及鸟瞰（《中国传统民居建筑》）

为过渡。二门内的三合院大而方正，为主院，正房三间带两耳房，正中一间为堂，其他房间及厢房均作居室。通过堂屋进入的横长后院，用于厨厕杂务（图 9-2-64）。

四川峨眉山徐宅，寓变化于规整之中，结合乡野自然山景，不设院墙，更为生动。徐宅在峨眉山山腰万年寺旁，是一座山间别墅，四周青峦叠翠，秀色可餐，环境极为清幽。宅坐东向西，宅门在南，有小门屋，门外为登山石梯路。入门登阶，西转可进入宅前部开敞的三合院，向东即进入主院。三合院正中一屋可待客可览景，前砌堡坎，下临矮墙小园。左右二屋前伸，利用地形建为两层，上层与主院平，作书房，三面都有美人靠；下层开敞，堆柴草。主院方整，仍是一正两厢格局，较封闭，屋顶连成一片，四周皆是檐廊，雨天无虞。主院北侧附一东西长条形天井杂务院。天井院东即全宅东北角，耸起一座小楼，楼上四围皆挑出为廊，更是点睛之笔，登临凭眺可尽得峨眉秀色，不负大好山河，且丰富了全宅构图。徐宅使用轻巧的穿斗结构，屋坡合度，出檐深远，玲珑素雅而气质文秀（图 9-2-65）。

浙江东阳及其附近地区的“十三间头”民居，通常由正房三间和左右厢房各五间共十三间组成三合院，都是楼房，院内砌精美石板。各楼

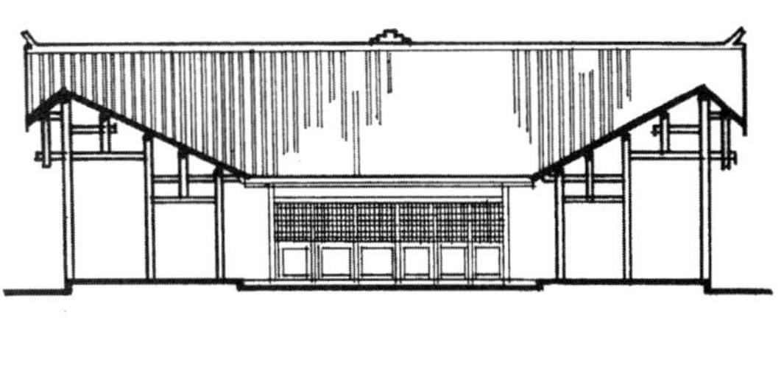

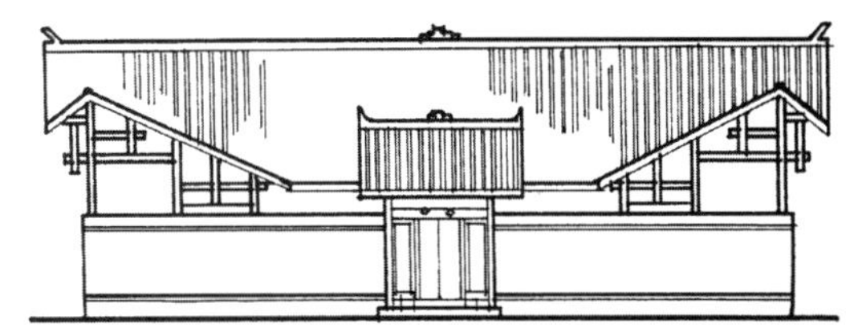

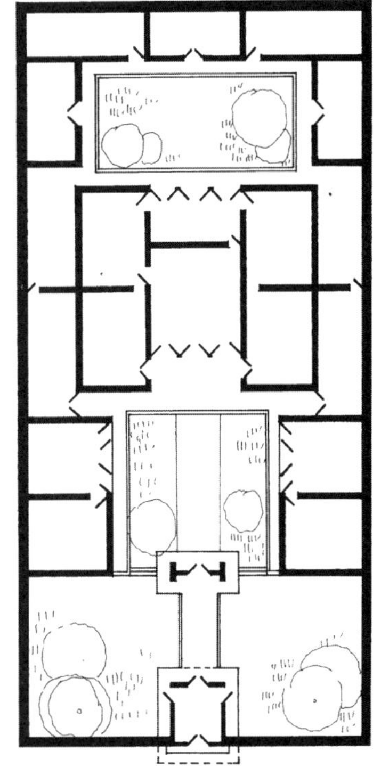

图 9-2-64　四川阆中谢宅（《阆中古建筑》）

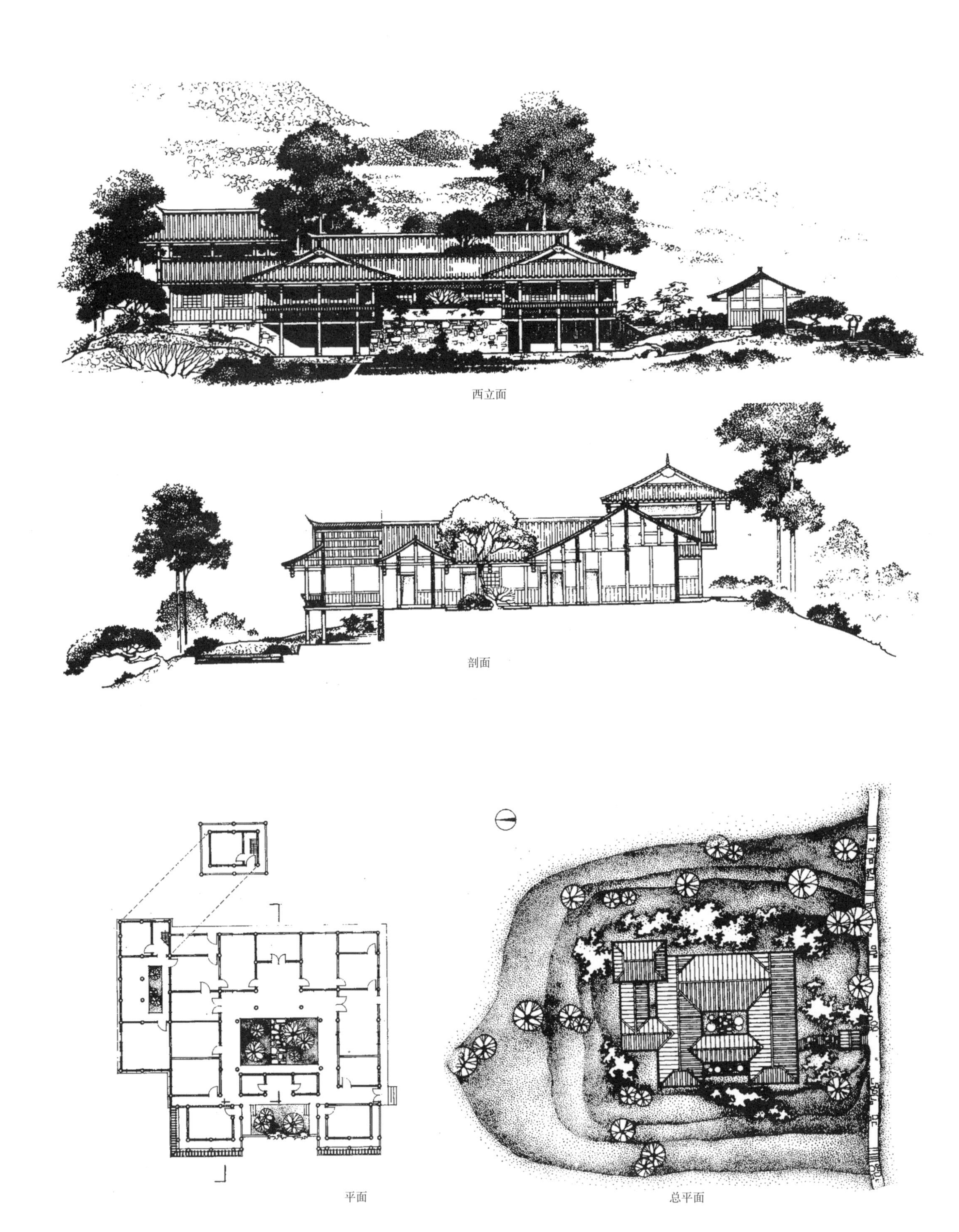

图 9–2–65　四川峨眉徐宅（《中国传统民居建筑》）

图 9-2-66　浙江东阳水阁庄叶宅三合院住宅透视（《浙江民居》）

底层向内一面都有前廊，上覆腰檐，正房左右山墙与厢房前廊围成两个狭长天井。三座楼都是硬山顶，两端均有马头山墙。三合院前有墙，正中开门，左右廊通向院外也各有门。此种布局非常规整，简单而明确，院落宽大开朗，给人以舒展大度堂堂正正之感。水阁庄叶宅、虎鹿镇石板门堂和白坦乡吴宅(务本堂)是其典型。吴宅前沿是门屋，立面中部高起，又有前后两个十三间头串连，左右隔巷又各两个，总共六个十三间头，共为大宅。东阳是明清著名的木雕之乡，木雕通常施在柱头、檐廊等处，异常精美（图 9-2-66 ~ 图 9-2-68）。

福建涵江林宅也是三合院，组合类似浙江的十三间头。大门上建方亭，形式活泼（图 9-2-69）。

湘西鄂西是土家族聚居地区，约有六十余万人。清康熙时土家已接受“改土归流”，生活习俗和文化与汉族已很接近，通用汉语文。简单的土家族民居只是一座三间平房，或只在平房一端前伸为楼，平面呈“L”形。典型的土家族民居为平房五间，在平房两端都伸出楼房，成为三合院，但一般不设院墙，可以湘西永顺王村某宅为代表。此宅在平台后建正房，最中为堂屋，两旁为居室，再旁为厨厕。正房左右前伸为楼，底层地面比平台低，用为贮藏；楼面比平台高，用作书房、客房或闺房，并有外廊。

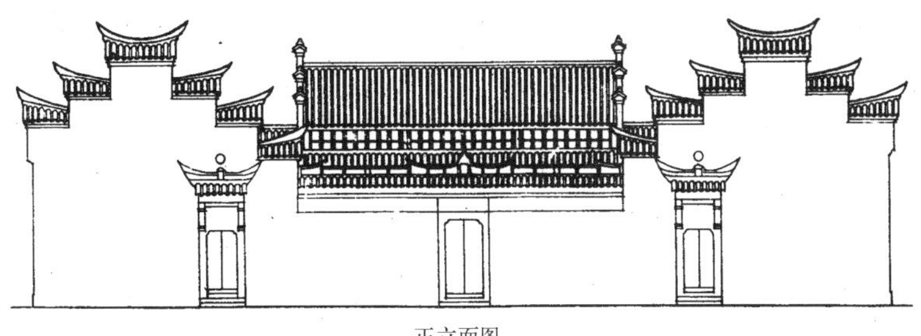

正立面图

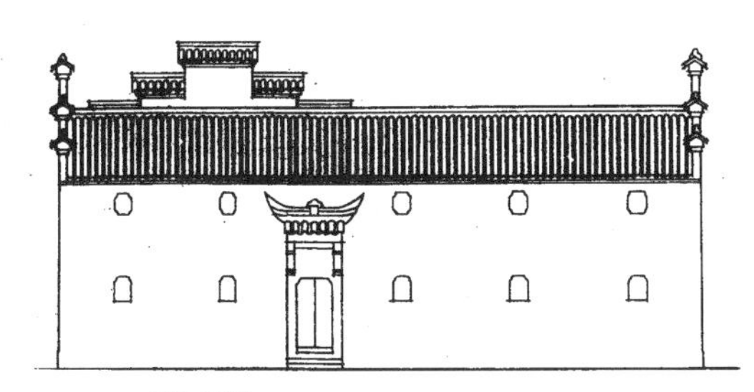

侧立面图

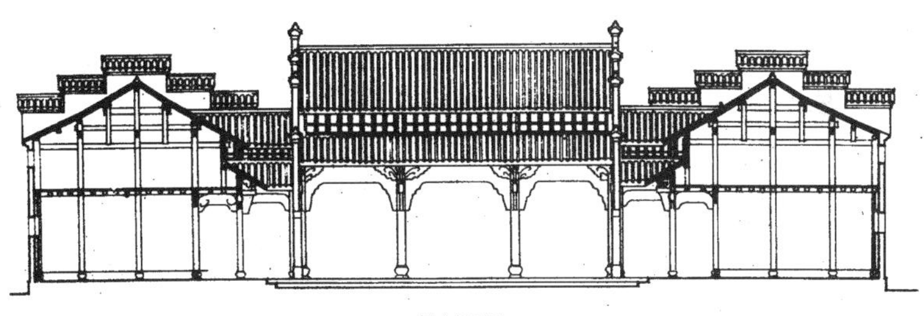

横剖面图

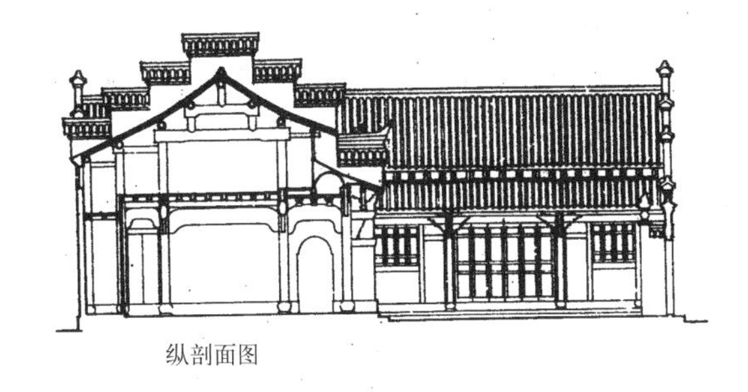

纵剖面图

叶宅底层平面图　　二层平面图

图 9-2-67　叶宅平、立、剖面图（《中国传统民居建筑》）

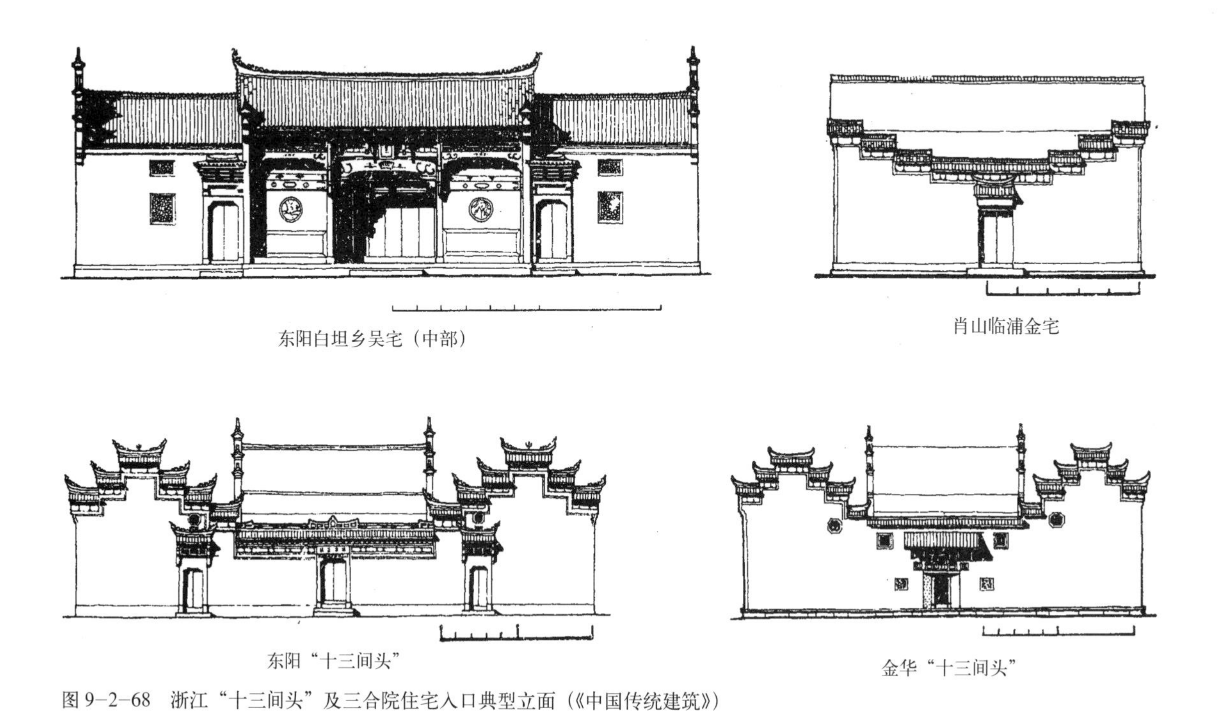

图 9–2–68　浙江“十三间头”及三合院住宅入口典型立面（《中国传统建筑》）

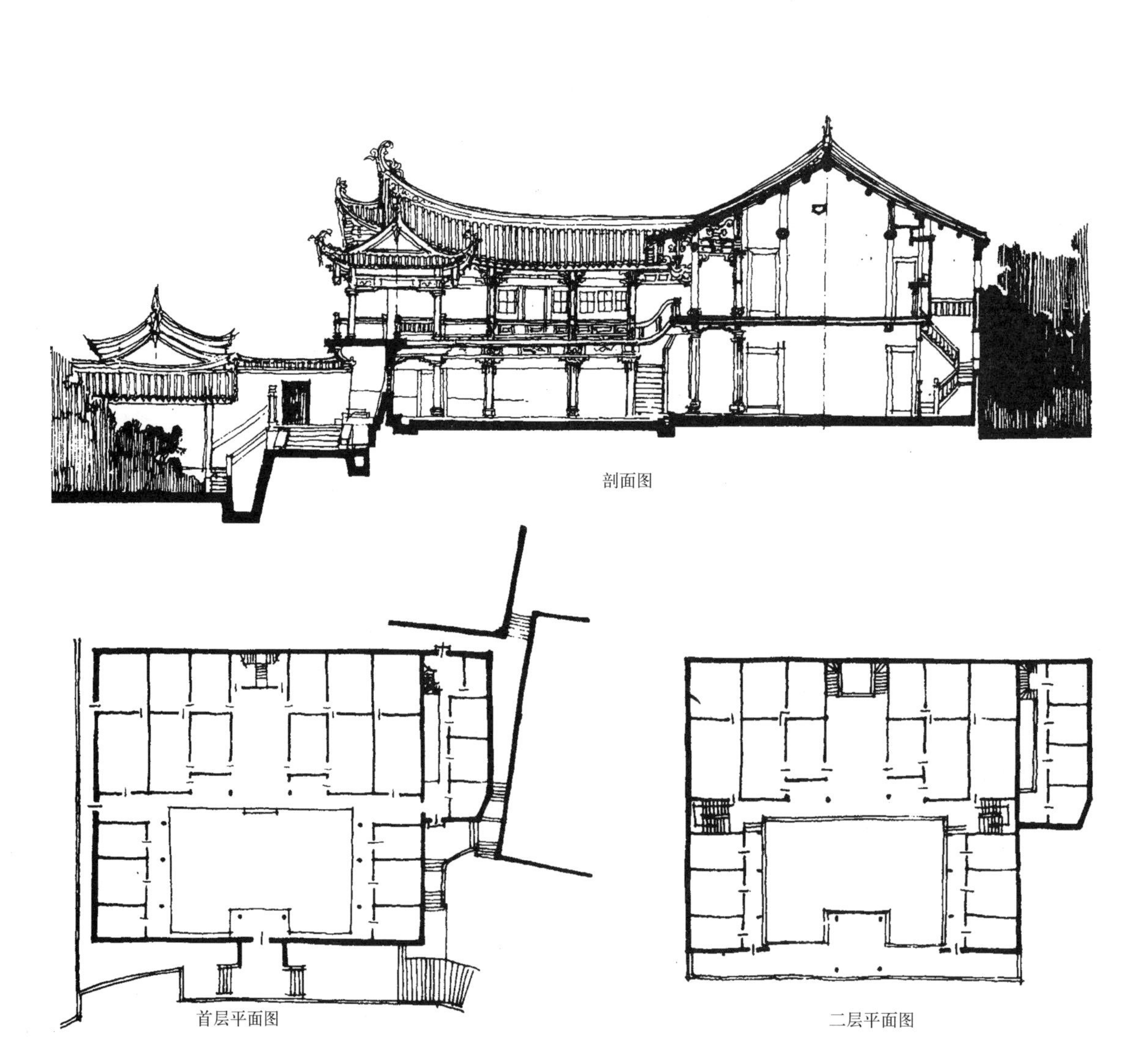

图 9–2–69　福建涵江林宅（《福建民居》）

厢楼屋顶不高出正房。土家民居的结构多用满瓜满枋的穿斗架，即所有瓜柱（直接承托檩子的小柱）皆直通而下至最下横枋，而横枋极密，多者可达十余条。构架仍保留有举折、生起、侧脚等较古老的做法。正房为悬山顶，厢楼为歇山，由屋内伸出弧形上挑的挑枋，支承起翘的屋角（图 9–2–70、图 9–2–71）。

只有少数规模较大的民居才由多个合院组成。鄂西某宅较大，由一个方正的三合院主院和两侧条形侧院组成，前有独立门屋和横长前院，右前角竖石砌碉楼一座。主院正房单层，两厢为楼（图 9–2–72、图 9–2–73）。

大型院落民居

南方大型院落民居由多个院落组合而成，在江苏、浙江及湖南、江西、广东、福建所见甚多，台湾也有遗存，均为富家所用。这些地区，在魏晋尤其宋代以来，由于中原衣冠南渡，受中原传统文化熏陶日深，再结合南方环境，化而为大宅，形成了既保持传统气息，又较北方的厚重朴拙更为清新自然的风格。此类大宅的典型布局多分为左中右三路，中路由多进院落组成，左右隔纵院为纵向条屋，对称谨严。有的大宅规模十分巨大，除中轴一路外，已不完全对称。还有一些拥有附宅园林，在宅内各小院中也堆石种花，称为庭园。庭院深深，细雨霏霏，花影扶疏，清风飘香，格调甚为高雅。

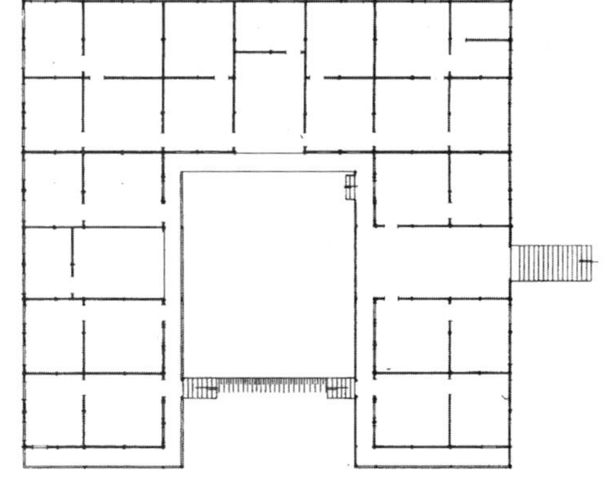

图 9–2–70　鄂西某土家族三合院住宅（辛克靖）

图 9–2–71　湘西王村土家族三合房（萧默）

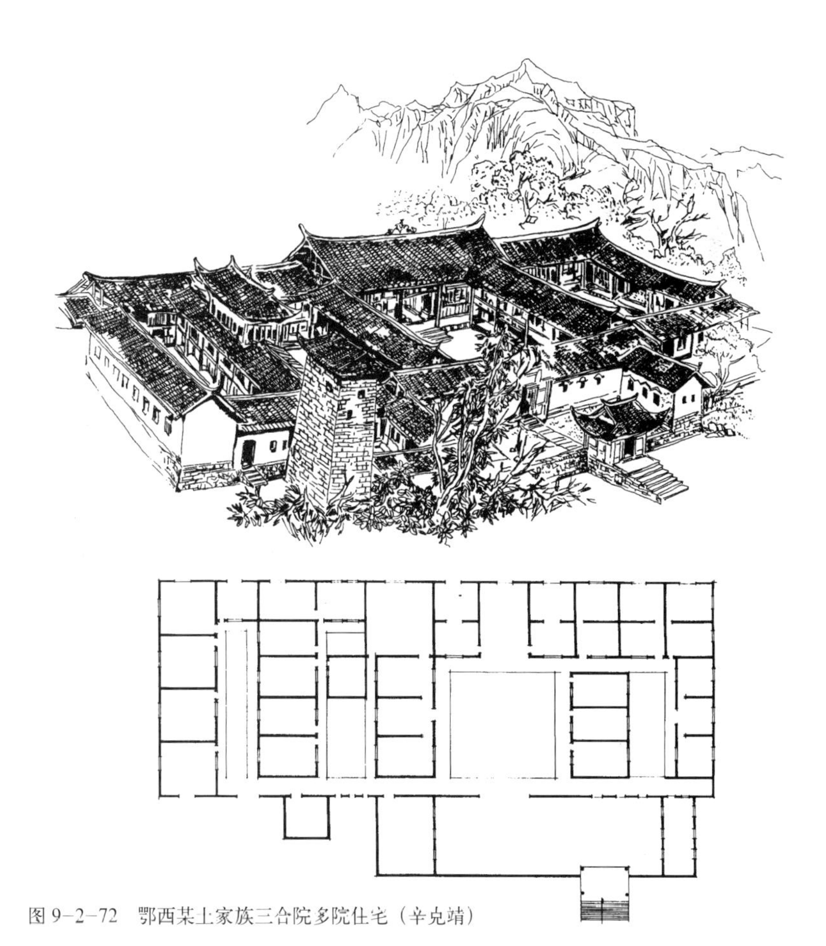

图 9–2–72　鄂西某土家族三合院多院住宅（辛克靖）

图 9-2-73　湘西鄂西土家族三合院住宅数例（辛克靖）

浙江长兴王宅，约建于清道光、咸丰年间（19世纪中），形态较为典型。从楼层平面分析，全宅中部是由一个山字形平面的前楼和一个Π字形的后楼联接组成，前附横长前院，宅门在前院正中。左右二路隔纵长侧院各建条形屋一座，单层。前楼下层中央三间为堂，左右各一间可能是客房，前院也随之以墙分隔为三，缓和了前院的狭长感，也使客房有了专属自己的小院。前楼的山字形状使堂后左右各有了一个小天井，增强了堂屋的光照，也享受了穿堂风的凉爽，颇有创造性。这样，其实只由两列横屋组成的简单布局却有了大小六个天井和院落，空间大大丰富了。堂后置屏，隔断了视线，内宅的私密性得以保证。前楼上层和整个后楼都是居室。左右二部安排客房、仆室及厨厕贮藏等屋，它们与前堂后宅各有廊道相通，相机使用，前后左右互不干扰。纵院两端各设边门，共四座。王宅粉墙青瓦，宅门上加砖雕门楼，覆青瓦，硬山砌马头山墙，色调和形象清丽典雅。长兴在浙江西北部，邻近徽州，可以看出，它的风格与下面将要介绍的徽派建筑颇有相近之处（图9–2–74）。

浙江义乌“八面厅”建成于清嘉庆十八年（1813），中部由呈日字形平面的三组横屋组成，前两座为单层厅堂，后横屋为楼；左右二路各附两组朝向中部的“Π”形平面三合院，前组较大。全体完全规整对称。宅的正立面十分神气，中部五开间，左右接侧屋的马头山墙，为“横向五段”式构图。墙下的边门上有瓦檐，也很隆重。义乌邻近东阳，受到享有盛名的东阳木雕的直接影响，“八面厅”的木雕非常精彩，砖雕和石雕也颇不俗（图9–2–75～图9–2–79）。

此宅现存部分之前隔横长院曾有一列花厅，厅前更有花园，现均已不存。

类似以上二例的住宅在浙江很多，如东阳的“含华佩实”宅和邵宅，正面构图都是横向五段式，中央为大门，左右各有一座边门，分别通向左、中、右三路（图9–2–80、图9–2–81）。

福建泉州亭店阿苗宅和晋江庄宅都很典型。阿苗宅在左、右二路前部两座横向屋之间各加卷棚顶，连接二屋好似工字（图9–2–82、图9–2–83）。

浙江义乌“后草院”建于乾隆间，由几个中小型宅院组成一群，居于中心的主院称“义牲堂”，东面类似前后两个“十三间头”，西侧隔纵长天井加一条屋（图9–2–84）。“后草院”

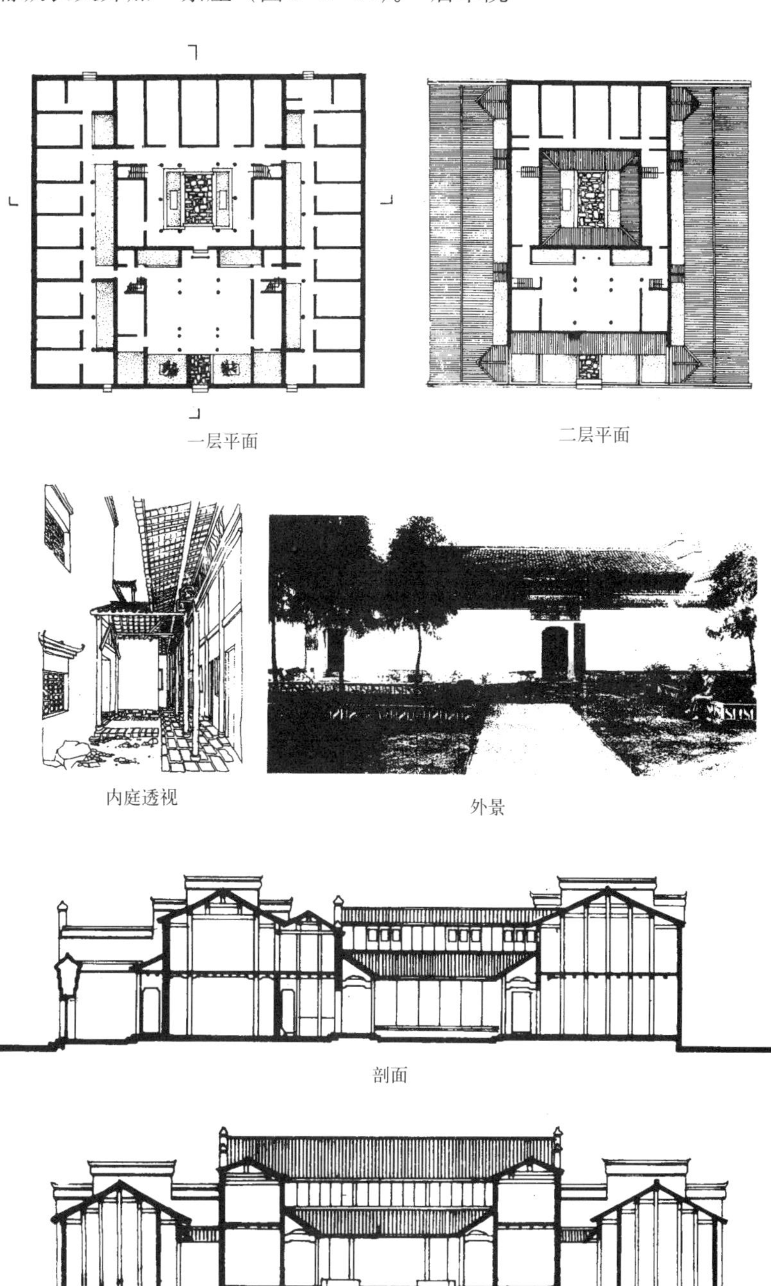

图9–2–74　浙江长兴王宅（《中国传统民居建筑》）

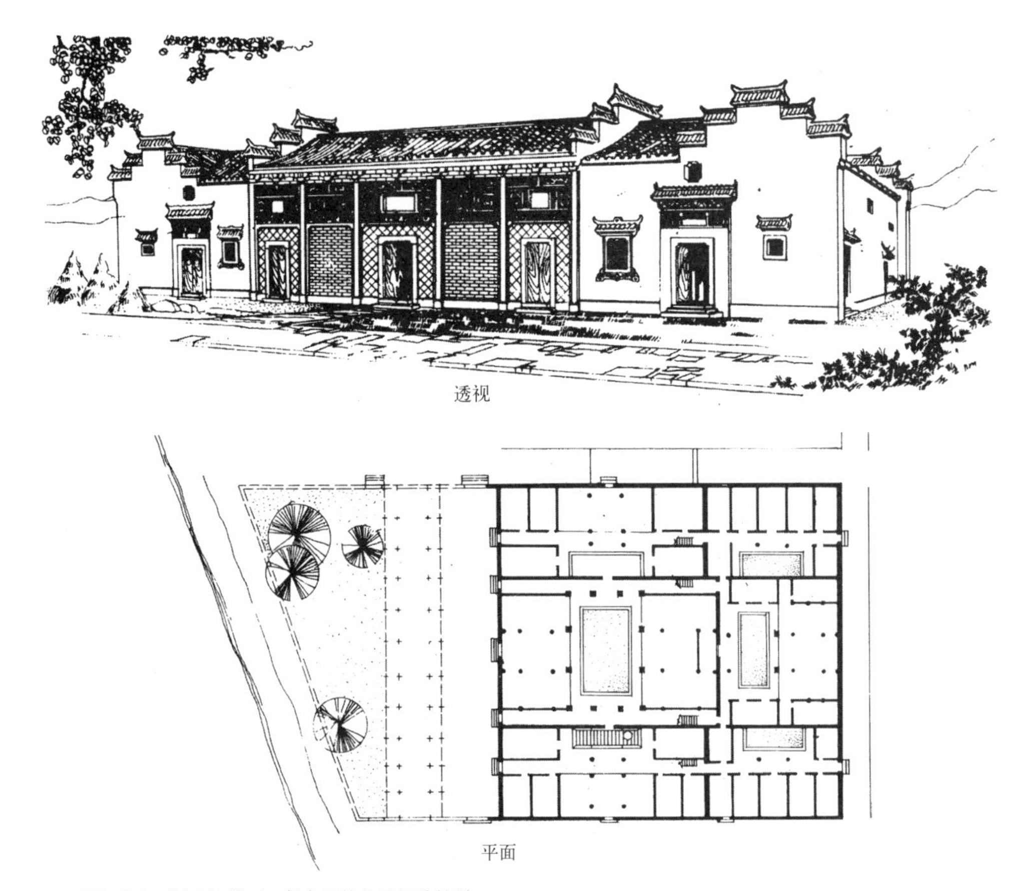

图 9–2–75　浙江义乌“八面厅”宅（《中国传统民居建筑》）

图 9–2–76　义乌“八面厅”（萧默）

图 9–2–77　义乌“八面厅”前厅（萧默）

图 9–2–78　“八面厅”前院侧屋（萧默）

图 9–2–79　“八面厅”后厅（萧默）

图 9–2–80　东阳含华佩实宅（萧默）

图 9–2–81　东阳邵宅（萧默）

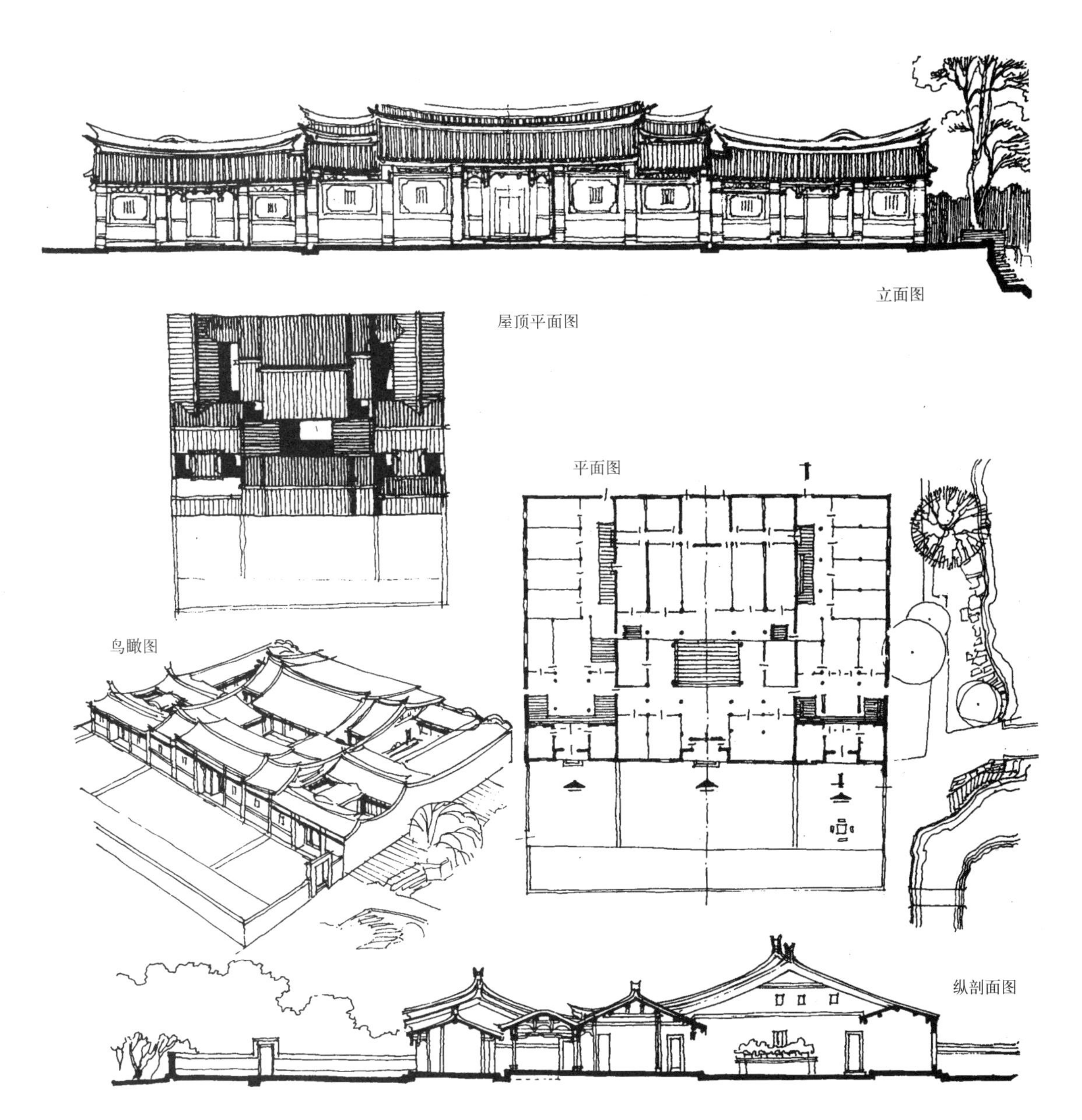

图 9–2–82　福建泉州亭店阿苗宅（《福建民居》）

村的环境构图处理十分丰富，值得注意。

台北安泰厝是台北地区优秀民居之一，约建于清道光三年（1823）。[1]全宅也分三部，中部为四合院，左右为纵向三合院，都是平房，前后二排房与纵轴垂直，左右四条房与纵轴平行，当地称为“两落四护龙”。中部前屋正中小三间为门屋，前墙两次折转凹入，形成“吞口”前廊。门屋左右各两间耳房，连门屋共七间，耳房与外墙之间设内廊。隔着横向院落，后屋全宽与前屋同，但改为五间，正中为向前开敞的堂，左右和两侧各两间厢房都是居室。次要居室和厨房都在两列纵屋。纵院以廊隔为前后二部，分称日井、月井、龙池、虎池，消除了纵院的狭长感。正立面构图也是横向五段，而中段颇长，中段屋顶又分为中高边低三段。门屋前廊平面凹折有致，既划分了立面，也加强了宅门的地位。屋坡的凹曲和生起及屋脊的生起都很明显，保持了中原较古老的作风。安泰厝因城市道路穿过，现已拆除，但构件仍存，有待易地恢复。台北林宅的风格与安泰厝一样，平面格局也皆与福建相近（图 9–2–85 ~图 9–2–87）。

台湾建筑，包括民居及文庙、佛寺等，都与福建同一风格，除上举屋坡和屋脊做法外，还有如广泛采用红砖红瓦，木雕繁复，灰塑华丽等特点。实际上，除属于百越族系聚居于山地的少数民族即原住民外，绝大多数的台湾居民都是几百年间从大陆迁居去的，尤以福建最多。

图 9–2–83　福建晋江庄宅鸟瞰（《福建民居》）

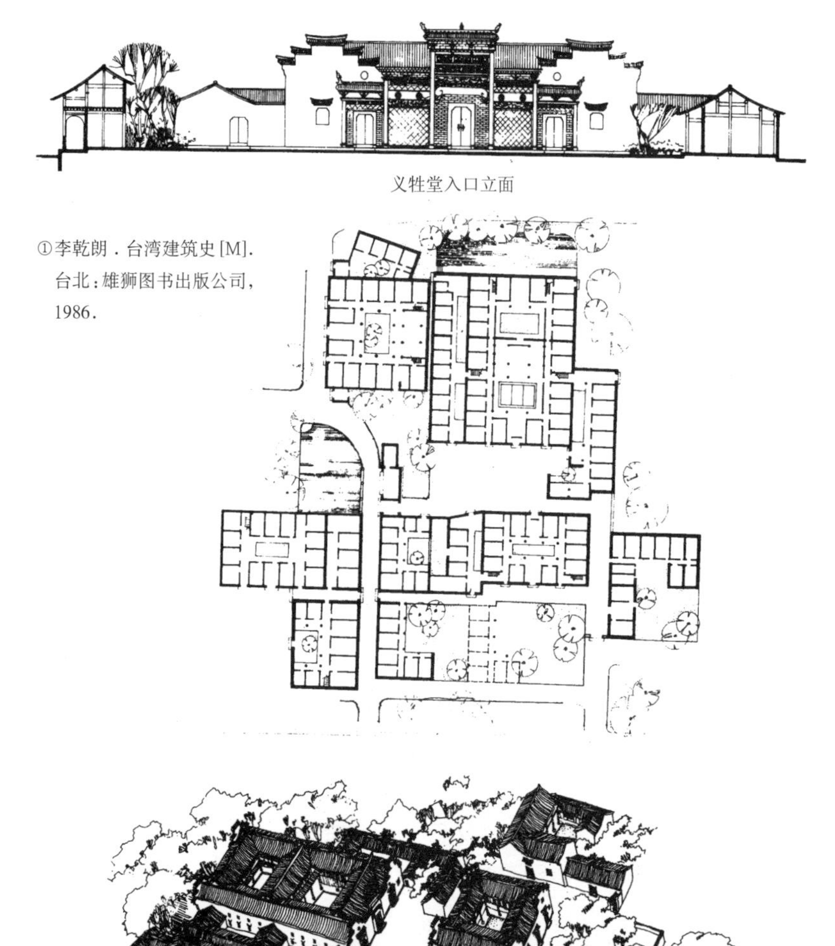

义牲堂入口立面

图 9–2–84　浙江义乌“后草院”住宅群（《中国传统民居建筑》）

图 9–2–85　台北安泰厝鸟瞰（《台湾建筑史》）

①李乾朗．台湾建筑史 [M]. 台北：雄狮图书出版公司，1986.

三、南方天井民居

古以八家为井，“井”字早就引申为乡里或家宅。“天井”在古文中又指天花板，也泛指四周高中央低下之地，以后引申至民居，其实也是一种院落，只是各面房屋多是楼房，包围的露天空间甚小而高。

南方炎热多雨而潮湿，多山地丘陵，人稠地窄，住宅布局紧凑，密集而多楼房，所以中小民居的布局都很重视防晒通风，也注意防火，由此产生天井民居。其基本单元是以颇小的横长方形天井为核心，四面或左右后三面围以楼房，阳光自然射入较少；狭高的天井也起着拔风的作用，有利通风；民居的正房即堂屋向前方天井完全开敞，可见天日，实际上天井已成了起居的空间；民居四面都向天井排水，所谓四水归堂，再由地沟排出宅外，不影响邻宅；外围常耸起封火山墙（马头墙），可防止火势蔓延。由于天井院的这许多优点，使它在南方特别盛行。

中小型天井民居

中小型天井民居在皖南赣北古称徽州的地区最为盛行，水平也最高，[①]现即以此为代表介绍如下。徽州小型民居的基本单元由一个天井构成，房屋四面或三面围绕天井，总平面呈“口”形或“П”形；若正房后又加后天井，布局即成“凵”形或“H”形，堂屋充满穿堂风，更加凉爽。或在后天井后部又有楼房，布局即呈日字形或“冂”形。有时以两幢或多幢宅院横向组合成较大住宅，隔墙上有门相通。厢楼进深较小时只作为空廊，进深大的则可作居室。四合天井院的宅门常开在正中，门内倒座楼下层作门厅，有迎门屏墙，楼上可以和左右厢连通。三合天井院正面只是院墙，没有倒座楼。宅门如开在前左角，入门后左转即进入天井，与北京四合院前左角大门内的空间作用相同。也有视地形而开在左墙前部，未见有开在前右角者。正房屋顶是双坡硬山，其他三面房屋都是朝向天井的单坡（图 9–2–88 ～图 9–2–93）。

图 9–2–86　台北安泰厝（《台湾建筑史》）

图 9–2–87　台北林宅（《台湾建筑史》）

图 9–2–88　安徽歙县村落（萧默）

图 9–2–89　徽州民居建筑群

①汪国瑜．徽州民居建筑风格初探[J]．建筑师，第 9 辑，1981；张仲一，曹见宾，傅高杰，杜修均．徽州明代住宅[M]．北京：中国建筑工业出版社，1957.

①歙县建设委员会．徽州传统民居浅谈（油印稿）．

图 9-2-90　徽州某民居

徽州在西周以前属《禹贡》所说的扬州，“春秋属吴，吴亡属越，越亡属楚”（《元和郡县图志》卷二十五）。秦汉时称黟歙，三国称新都，晋与南朝称新安，隋称歙州，宋改徽州，明清沿之，辖境当今皖南黄山市（屯溪）、歙县、黟县、休宁、祁门、绩溪和江西婺源等新安江上游地区。而就其建筑风格的影响来说，徽州建筑应也包括太平、石台及江西景德镇等邻近地域。

徽州多山地丘陵，“地狭人稠，力耕所出，不足以供，往往仰给四方”，于是转而注重土产和手工业。东晋南朝时南迁到徽州的北方世家又带来了经商的本领，徽人乃利用新安江航运之利，开始发展商业。明中叶至有清一代，徽商最负盛名，操纵了长江中下游的金融，有“无徽不成镇”和徽人“十室九商”之谚。明人谢肇淛在《五杂俎》中说：“富室之称雄者，江南则推新安，江北则推山右（山西）”。徽商致富后即返乡大筑宅院、祠堂和书院，大大推动了建筑的发展。徽州与山西也有不同，前者的文化气息更浓，文化素养更高。早在东晋，南迁的衣冠世家已带来了北方较高的文化，此后南迁士人不断，徽州风俗已由质趋文，至南宋，“俗益向文雅”。[①]明清徽人又主要在江南经商，而江南苏扬一带正是人文茂盛之区，徽商得此陶冶，致富后仍向往文化，力勉子弟读书，商而好儒，儒而则官，官、商、儒三位一体，是故历代徽州人才辈出，在全国都有很大影响。包括徽州建筑在内，徽州的文化还反映在诸如徽剧徽调、新安画派、徽派印章、徽州版画、徽州三雕（木雕、砖雕、石雕）、徽派盆景等艺术种类以至徽派菜系和新安理学、新安医学等学术，皆独擅一时而影响久远。徽班进京更产生了京剧。所谓文房四宝的湖笔、徽墨、宣纸、歙砚，也都出在徽州及其附近。在这种文化气息特别强烈的熏染下，徽派建筑的文人气息颇为浓重，与江南建筑互为表里，皆以清素淡雅为尚，而与晋中大宅的豪健格调有异。因徽州

图 9-2-91　徽州民居内景（萧默）

图 9-2-92　徽州民居内景

图 9-2-93　徽州民居内景

建筑的独特成就和实物保存之丰富，现已享誉学界，称为"徽派建筑"。现举其数例并略析如下。

现存徽派民居多属清代，歙县西溪南村吴宅（"老屋角"）建于明，可作为明宅的代表。宅已残，坐南朝北，宅门在中轴线上，门内由屏门左右进入天井。此宅原为二进，现只存第一进。内部以横长天井为核心，四周建楼，正房五间，正中一间开间较大，前沿完全开敞，称堂。堂前有通阔三间的前廊，加强了堂的开豁之势和气派。东西厢为廊，设楼梯，其他房间都是居室或厨房。值得注意的是此宅楼层较底层为高，楼上梁架雕饰十分华丽，显然主要使用房间是在楼上，底层只用作厨房、贮藏或次要卧室。这种布局，与清代民居以底层为主颇为不同，相信保留了较古老的方式。老屋角的正房为悬山顶，也是徽州早期民居的特点（图9–2–94）。

先秦徽州先后隶属吴、越和楚，其实吴国和越国的主要居民都属百越，楚虽亡之，以后又归于秦的一统，三国时的吴国并曾对其大加征伐，但越族之众并未全部消失，[①]日后与汉族融合，他们的一些习俗必有所保留。越族盛行干阑居，有理由认为，上例以楼上为主要居住层的居住习俗，正是干阑居的厥遗，透露出此类民居是南方原有的干阑居与北方传来的院落式民居的融合。明代以后，干阑的痕迹更少，底层加高，楼层减低，楼上只用为贮藏和次要居室，楼上梁架的装饰也被取消，而转往楼下，是以地居为主。只是楼上朝向天井的一面常做成挑出的"美人靠"栏杆，是木雕重点施用的部位之一。实际上，每当夏日，楼上颇为闷热，主要居住移往楼下，以楼为隔热层，是合理的发展。

景德镇桃墅村汪会黄宅，建于明末，是十

①叶沐．新安人歌舞离别之辞和徽商的起源 [J]．徽学通讯，1988(1)．

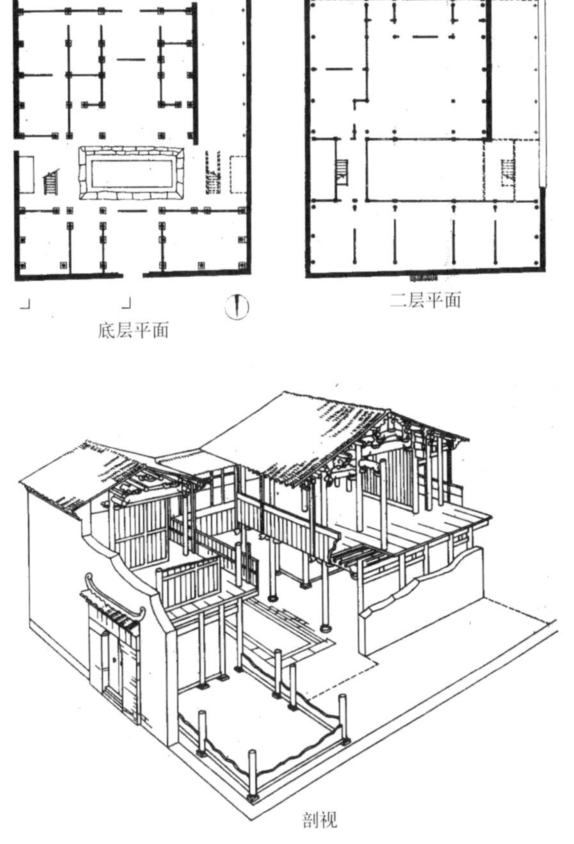

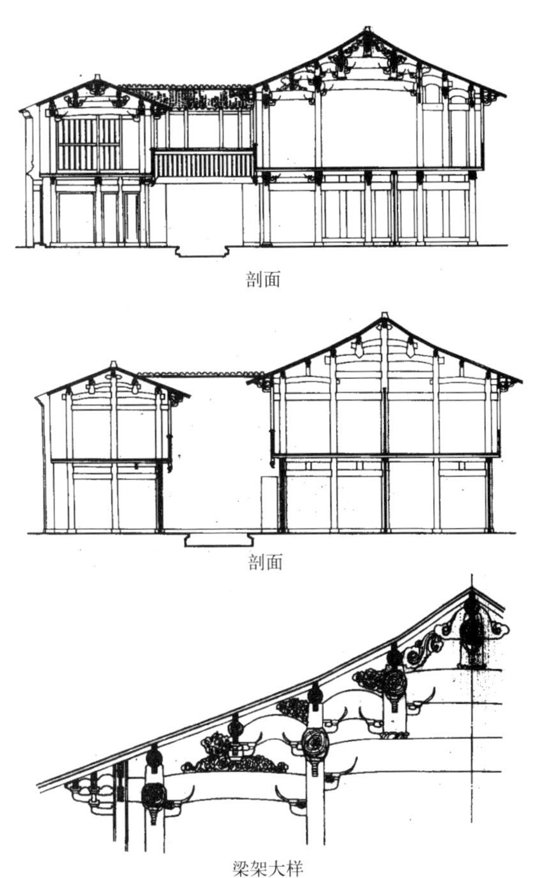

图 9–2–94　安徽歙县西溪南村"老屋角"（《中国传统民居建筑》）

图 9-2-95　景德镇汪会黄宅

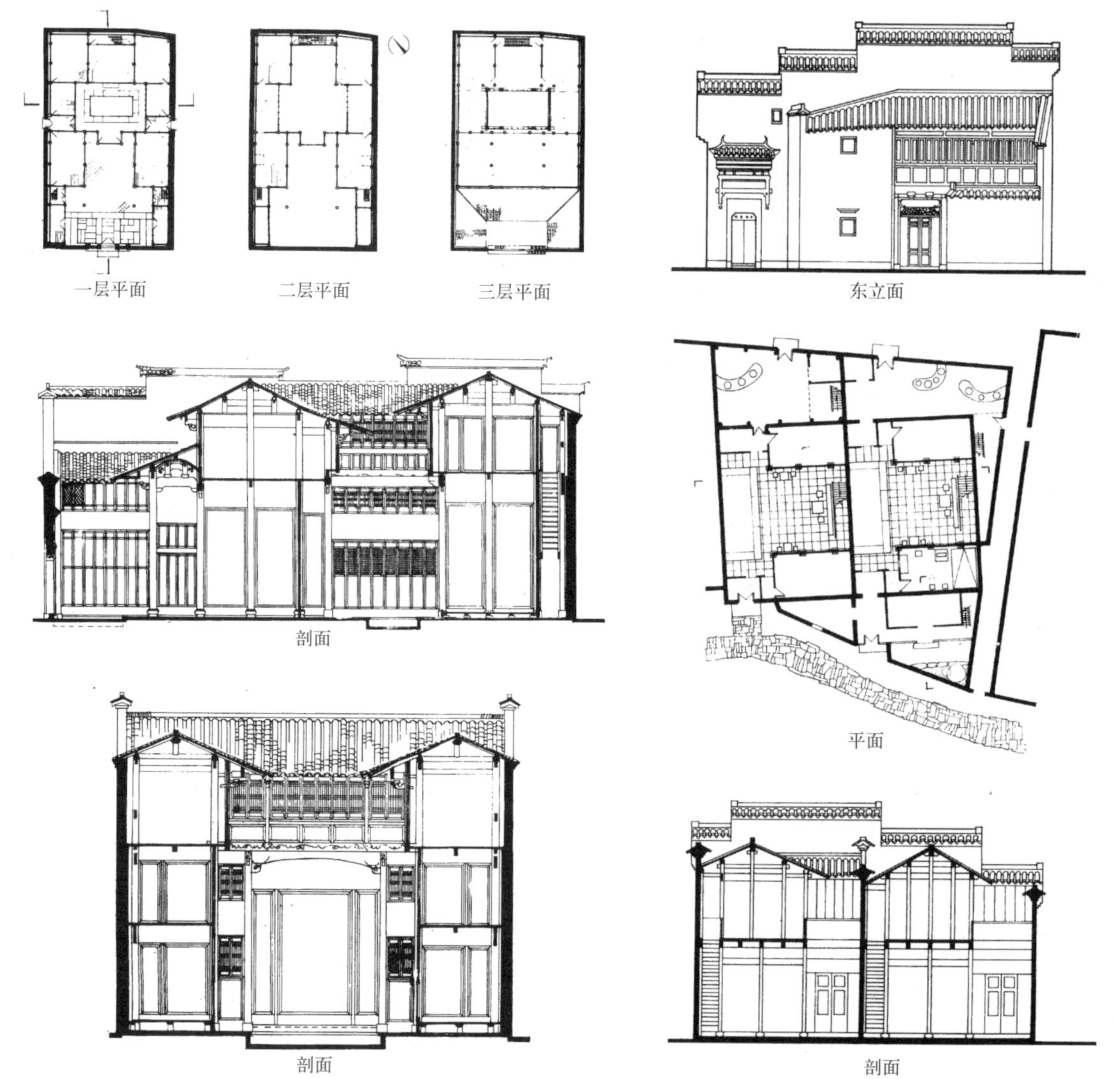

图 9-2-96　江西景德镇桃墅村汪会黄宅（《中国传统民居建筑》）

图 9-2-97　安徽黟县碧山村吴宅（《中国传统民居建筑》）

分难见的三层民居。门向西南，开在中轴线上，无门屋。全宅由两进三合天井串连组成，前进左右厢为廊，两层，正房高三层，但底层之堂通高两层，向天井敞开。后进左右厢为房，三层，正房与前进正房同。虽然后进厢房第三层仍比下两层高，但两座通高两层的堂屋非常高敞开豁，已呈地居为主之势。堂屋面阔三间，但前堂左右被左右厢廊挡住，不能完整显露，而立面仍有显三间的前廊，表现出气派。汪宅已全用硬山屋顶，并使用了高出屋顶的叠落式马头山墙（图 9-2-95、图 9-2-96）。

黟县碧山村吴宅，由两座典型的三合天井院前后相连组成，住兄弟两家。两宅规模相近，皆坐北向南，宅门都在东面，进宅门后为天井，右转为堂屋，楼梯设在堂屋屏墙后。由巷道和邻宅限定的基地为不规则形，但二宅的天井院仍是规整的，只是在规整的宅墙和基地边界，灵活建造了不规则平面的厨房等附属房间，尤以北宅宅门以北的书房处理较好。书房两层，下层临向极小的三角院，上层为大片隔扇窗，高临三角小院院墙之上，可一览山光村色。二宅主立面在东，由于书房及其屋顶，再加上随两宅正屋高度起伏有致的马头山墙，形成生动而明快近乎完美的立面构图（图 9-2-97）。

徽派民居讲究人坐堂中正好可仰见一线天空，夏天太阳角较高时阳光不射入堂内，冬日太阳角较低时阳光仍可进入天井，故前墙或前屋不能太高，应与底层额枋高度有合适的关系。吴宅的南宅前墙较低，符合这个要求；北宅前墙因须高出南宅后檐，而天井并未加深，故天空露出较少。

歙县北岸村吴宅，有一座主宅及其他附属部分，因处在田野，基地比较方正。主宅居中，坐北朝南，为两进天井院，东部接出花园、书楼和厨房院，西部接出一个杂务院和一个朝东的天井院，全宅外观丰富多变。根据需要和可能，徽派大型民居常可由许多基本天井院拼合而成，扩为大宅（图 9-2-98、图 9-2-99）。

景德镇桃墅汪明月宅是在一座典型的天井院左右各加了一条长屋（图 9-2-100）。

徽派民居外观简洁利落，无过多装饰，只在重点部位如大门处作一些处理。门上可添加精致的雕砖覆瓦门檐，有的还做出附墙砖雕牌楼。门扇在木基层上贴水磨方砖或铁皮，以圆头铁钉固定。宅内全用木材，通常用穿斗木屋架，梁、柱和额枋的交接点、美人靠下面的垂花柱，以及门窗隔扇栏杆装修等，都是木雕重点装饰部位。一般木面无油漆也无彩画，仅素面或涂素油露木纹而已。徽州著名的“三雕”用在民居上的大都只是木雕和砖雕，祠堂或其他大型建筑以及石牌坊才加用石雕。

中国农村民居，除注目于居宅本身的合理与美化外，也很注重村落内外环境的经营，此于前举浙江义乌后草院村图已可见一斑，徽州也有比较著名的实例，如歙县棠樾村、唐模村，黟县宏村、西递村等。棠樾村以其村口多至六座石牌坊组成气势宏大的进村景观知名。牌坊上镌刻文字，表彰先人的高尚德行。唐模村的入村系列也颇丰富，村外颇远处有一座楼阁，以此为标志引人入村，沿途有牌坊、祠堂和园

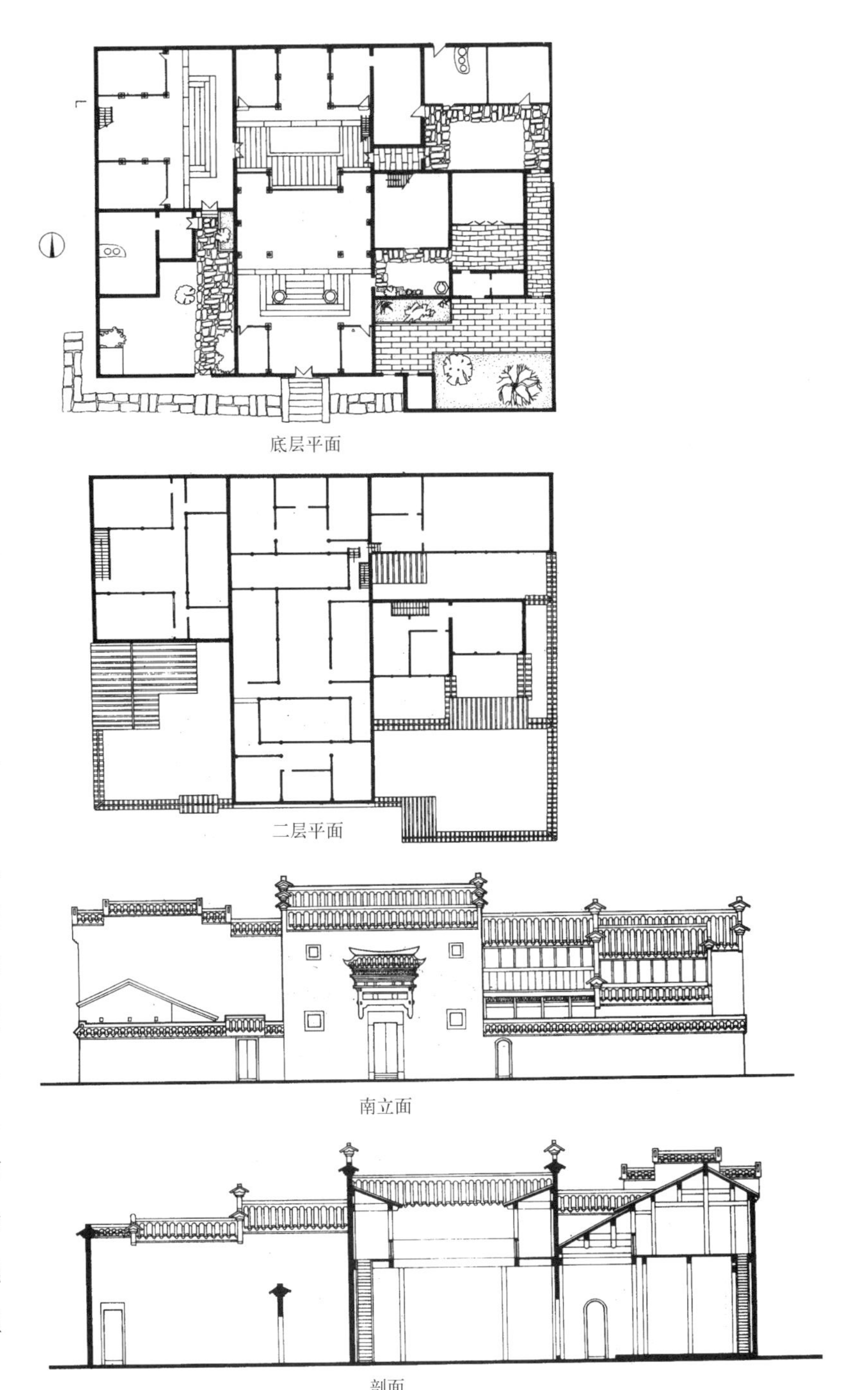

图 9-2-98 安徽歙县北岸村吴宅（《中国传统民居建筑》）

图 9-2-99 北岸村吴宅

林。[1]宏村则以村边和村中的两片池塘来丰富景观，村中的池塘名月沼。西递村入村道路两侧原也有一系列石牌坊，现在只保存下来一座。其他村落自然发展形成的村景，也皆富变化之趣（图 9–2–101 ~ 图 9–2–113）。

① 张文起．徽州明清村落的平面布局和空间结构 [R]. 中国传统建筑园林研究会第七次会议论文，1994.

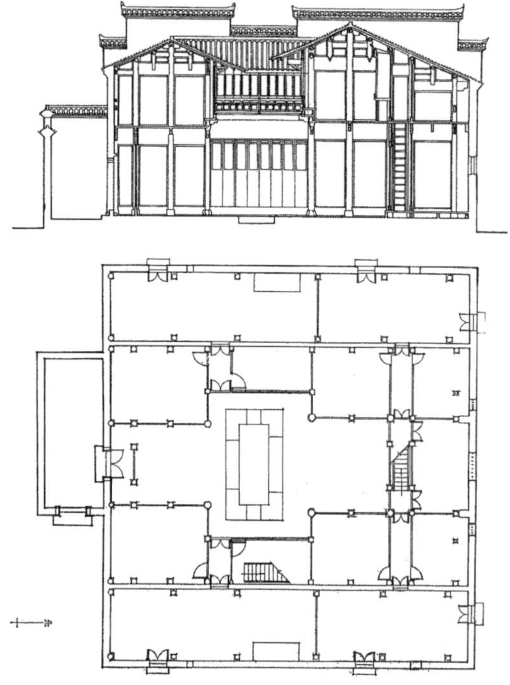

图 9–2–100　景德镇桃墅汪明月宅（《中国传统民居建筑》）

图 9–2–101　安徽棠樾村牌坊群

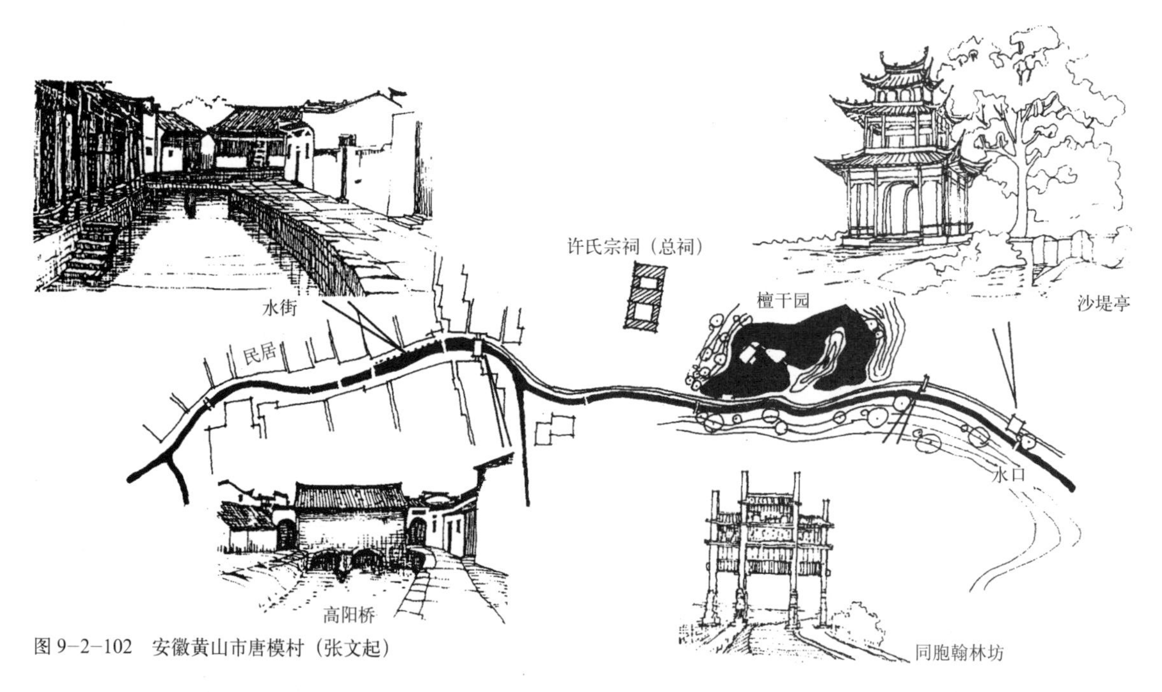

图 9–2–102　安徽黄山市唐模村（张文起）

图 9–2–103　歙县唐模村驻马亭

图 9–2–104　唐模村水口檀干园

图 9–2–105　唐模水街廊棚

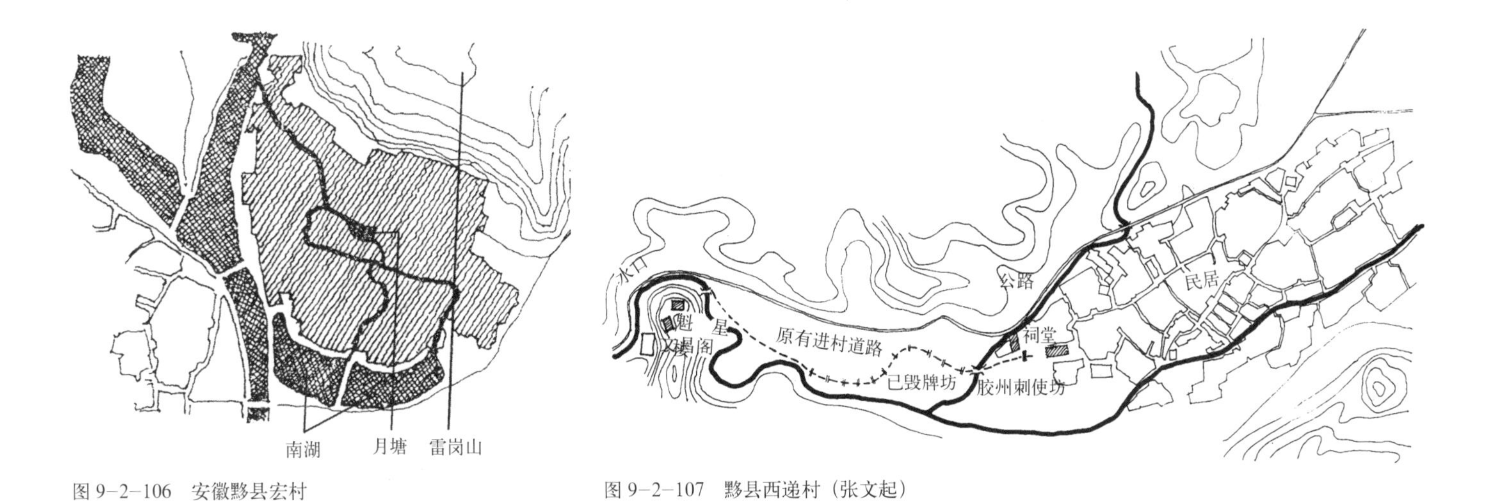

图 9-2-106　安徽黟县宏村

图 9-2-107　黟县西递村（张文起）

图 9-2-108　宏村南湖

图 9-2-109　安徽黟县宏村月沼

图 9-2-110　西递后边溪

图 9-2-111　西递狭窄的巷弄

图 9-2-112　西递狭窄的巷弄

图 9-2 113　徽州村落街景（萧默）

徽州民居的马头山墙又称封火山墙，约始于明弘治末年（16世纪初，明中叶），以后即为徽派民居山墙的主要形式，并传到南方各地，十分通行，成为天井式民居及其他南方建筑的一大造型特色。正房的马头山墙与厢屋的后墙组成了极富变化趣味的宅院侧墙，墙上不开窗或只开极小的窗。墙头都高出于屋顶以上，利于防火，同时更丰富了建筑的形式感：厢房后墙低而平直，正房山墙高起，轮廓可以自由处理，一般都作阶梯状。若有倒座楼，也是高起的封火山墙，若更有后楼，又再一次高起。匠师们颇注意各高起部分之间以及它们和平段之间的造型关系，一般都掌握得相当得体。封火山墙变化丰富，有一阶、二阶、三阶之分，各阶的平段在徽州多是水平直线。空斗砖墙墙面用白灰粉刷，墙头覆以青瓦两坡墙檐；白墙青瓦，明朗而雅素（图9–2–114～图9–2–116）。也有的不用马头山墙，只作普通硬山墙，但在墙头砌出似搏风板的样式，是悬山顶的形式遗存。

图9–2–114　徽州地区马头山墙（《中国传统民居建筑》）

中小型天井式民居分布极广，由皖赣苏浙而两湖两广及川滇，是南方规整民居的主要类型。其做法与徽州大同小异，但许多地区只是一层，在某些局部上也有所不同，如于马头山墙的平段墙端做出角翘，马头山墙也可能是曲线，或曲直并用，或在曲线马头山墙正中再特别高起等等，不一而足。同一座宅院往往出现好几种样式。有时墙面为清水砖面，只在接近墙头部位以白灰粉刷。也有的不用马

图9–2–115　徽州村落街景（萧默）

图9–2–116　徽派建筑外观

图 9-2-117　浙江兰溪诸葛村

图 9-2-118　湖北秭归民居（萧默）

图 9-2-119　湖北秭归民居（萧默）

头山墙。有的雕饰较少或雕饰风格有别（图 9-2-117 ～图 9-2-121）。

云南俗称“一颗印”的民居其实也是小天井式。徽州天井民居外形已方方如印，在云南，则径以“一颗印”称之。“一颗印”民居流行在滇中昆明一带，主要居住者为汉族和部分同汉族杂居的彝族。一般皆坐北朝南，典型者为正房三间左右厢房各两间的三合天井院，正房、厢房都是楼房，上下层之间朝向天井都有披檐。当地称厢房为耳房，故此种布局又称为“三间两耳”。正房、厢房的上下屋檐在转角处互相交错，简化了转角结构。正房一堂二室，堂屋朝向天井或开敞或设隔扇门；厢房底层用于厨房和贮藏。两座楼梯对称设在正房厢房交接处。楼上是卧室和贮藏。与徽州清代民居的较大不同是屋顶皆为悬山，不用马头山墙，楼层较底层稍高，大约与徽州明代民居的特点相近。天井则呈方形。前墙中部较低，三面围楼上下屋檐呈外高内低之势，故进入阳光较多，适于云南海拔较高、气温稍低的需要。宅门开在前墙正中低下处，有简单的小门楼。正房进深较厢房大，故体量也较大，侧立面有高低起伏。外墙多为夯土或土坯砌，抹泥，墙脚为石，朴质而单纯。全宅基地刚好为正方形，的确方方似印。从设计角度视之，一颗印民居各部做法和尺寸都相当成熟而定型，应有较古老的发展历史（图 9-2-122）。

图 9-2-120　湖北秭归民居（萧默）

图 9-2-121　四川马头山墙（季富政）

图 9-2-122　云南昆明“一颗印”（《云南民居》）

① 杨慎初．湖南传统建筑[M]．长沙：湖南教育出版社，1993．

一颗印民居很少有多宅合成一大宅的例子，但也有若干变体，如“三间一耳”，即正房三间，两边的“耳房”只有一间，天井横长；或仅一侧有厢房，呈曲尺形。曲尺形平面民居仍以院墙围成方形。

湖南凤凰县下河街周宅，建于清代，中心横向天井四面皆楼。后楼进深最大，前楼较小，只作为走廊的左右厢楼进深更小。厢楼上层与前后楼向天井一面的廊道一起，组成可以走通的“跑马廊”。前后楼皆两坡顶，厢楼为单坡，所有檐线和脊线皆平齐，后楼局部用了马头墙。周宅天井较为宽大，但四面皆楼，空间感仍以竖高为主，可认为是介于天井与院落之间。院内布置花石，宅外全为青砖高墙，不开窗。湘西凤凰为汉苗杂居地区，乡间建筑以苗族风格为主，城内建筑多为汉族风格，周宅即其一例（图9–2–123）。

大型天井民居

由众多天井院集合组成大型天井民居。上述徽派建筑即有以多达十几个相似的天井院合成的大宅。除此以外，还可以湖南岳阳张谷英村各宅作为代表。

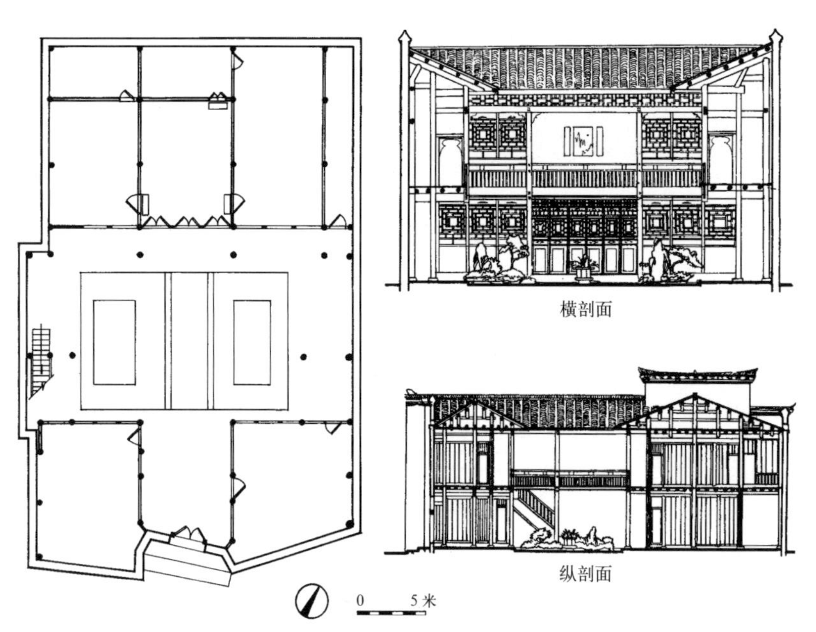

图 9–2–123 湖南凤凰下河街周宅（《湖南传统建筑》）

张谷英，明末清初人。张氏祖先原籍江西，明洪武间迁来岳阳，现已繁衍到七千人，分片聚族而居，其中在张谷英村者二千人。张谷英村始建于明万历年间，明清不断扩建，有多座大宅，风格大体相同，均由多个天井合成，全村共有大小天井二百零八个。各宅都是单层，布局多采取在一条很长的纵轴线上布置数条与纵轴正交的横轴、每横轴各串连几个天井的方式，每个天井的后面都是堂。全宅居住张氏家族的一个大支，各横轴居住大支下的一个分支，各堂及堂前两厢即为此分支的一个家庭。可想其最初的住房分配，必是依辈分及长幼条分缕析，序列而居，实现了古时令人称羡的四世同堂或五世共居。这种众多天井的有条理的组合，可谓“井井兮其有理也”（《荀子·儒效》）。此住屋之“理”，也正是礼法之“礼”，故理、礼一也。

上新屋是其中较小的一座。宅门面向西南，门前小溪上架桥，门内为全宅共用大门厅和左右天井，再内在纵轴上顺序排列三进天井院，可住三个家庭。由纵轴伸出两条横轴，每横轴左右各建一宅，前横轴上的宅较小，每侧可住两家；后横轴上的宅较大，每侧亦住两家。全宅共有十五个天井，十二座堂屋，可住十一家。各堂屋后侧都有屏墙，左右分别开门，以联系与分割内外。走遍全宅，雨不湿衣，日不曝顶。纵、横各宅之间有巷道相隔，使用上互不干扰，也利于防止火势蔓延。屋顶为悬山或筑有马头山墙的硬山（图9–2–124）。①

四、岭南客家集团民居

总述

中国历史上曾发生过两次汉族大迁徙，都是自中原而华南，一次是西晋末至东晋，一次是北宋末至南宋，全是因为战乱。其时北方战争长年不息，汉人尤其望族大姓被迫大举南移，至两宋之交，有的已辗转定居于当时还颇为落后的闽粤赣三省交界地带。他们多是以家族为单位进行集体流亡，定居于新地区后仍保持原来的家族组织，聚族而居。他们及后裔始终重视自己的汉族身份和作为望族大姓的文化正统地位，动辄“以郡望自矜”，虽已定居新地，仍长期认为是客居他乡，是故自称“客家”，以别“华夷高下”。直到今天，他们也仍以其独具特色的文化、风俗、生活习惯和较多保存中原古音的语音，以及相对集中的分布地区，保持着特殊的客家文化。客家集团式民居就是客家文化最具特色的表现。

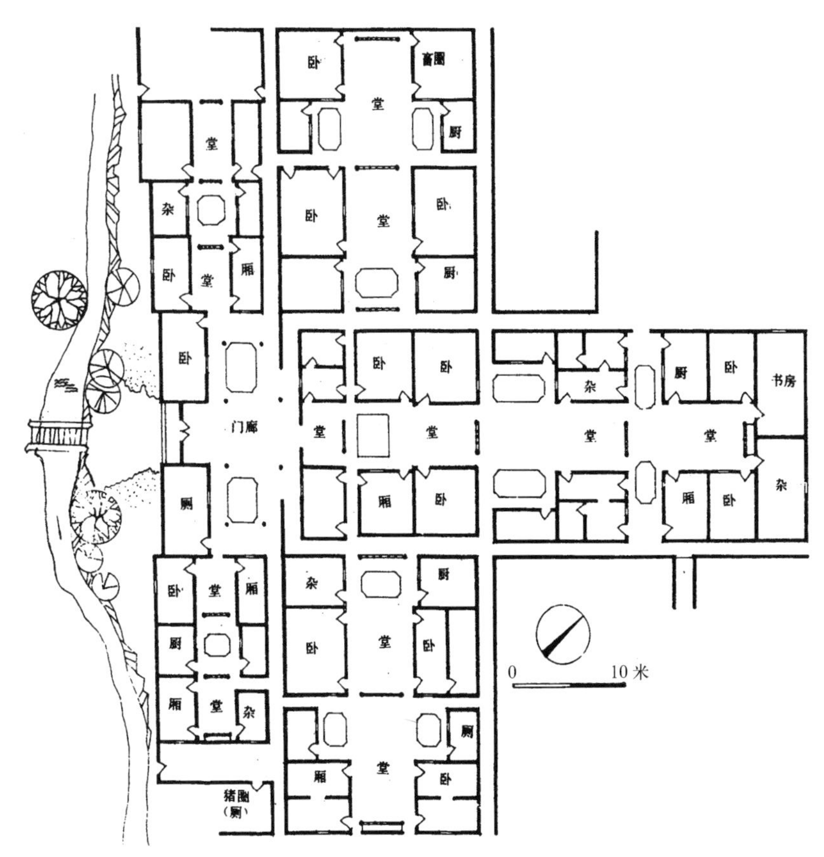

图 9–2–124　湖南岳阳张谷英村上新屋（《湖南传统建筑》）

图 9–2–125　福建南靖张家祠堂（罗哲文）

据估计，现在客家人约五千万，其中有四千五百万人在国内，除闽粤赣三省外，在湖南、广西、台湾也有分布。客家“慎终追远”，恪守南迁前的文化传统，心态比较保守，如特别遵行儒礼，看重族望门阀，崇拜祖先，珍视家族团结，重视修撰族谱，共耕族田（在客家地区，属于全家族的“公田”约占全部农田百分之四十），重土爱国以及重视风水等等。可以说，礼制观念、家族观念和风水观念是客家文化的三大支柱。福建漳州南靖有一座客家祠堂，门前树立许多石柱，以缅怀族内有功名的祖先，是客家文化心态很好的写照（图 9–2–125）。但客家人同时又颇有开拓精神，不惜远航海外，成为华侨中的一支重要力量，可谓有华侨的地方必有客家。而在客家逐渐形成的同时，中原文化却发生了许多变化，更多融合了北方诸民族的文化因素。所以说，偏处一隅的客家文化，反倒更多体现了晋唐中原汉族文化的原貌。①

客家的居住形态，可认为与东汉中期至魏晋中原盛行的聚族而居的“坞壁”有颇大关系。“聚族而居”，原是汉族的传统习惯，但多数只是以村落形式出现（各地保持至今的村名如某家湾、某家屯、某家庄等，仍到处可见），较少采用四面围起一组大建筑的坞壁方式。因此，坞壁和客家集团式民居之间的渊源关系是值得注意的。

“坞”字最早见于西汉，与障、塞、烽燧等词同时出现，意义也相近，原来都指边塞用于屯

①余英．客家建筑文化研究（汕印稿）[R]. 1994.

① 萧默．敦煌建筑研究[M]. 北京：文物出版社，1989.

兵的小型城堡。从东汉中期开始，中原战乱频仍，数百年来动乱不安，特别是黄巾起义及汉末军阀连年争战，以后北方少数民族相继逐鹿中原，各地豪族遂拥持部曲家兵，纷纷筑坞自保，于是在中原以至西北、西南，甚至远达五岭内外，坞壁之筑大兴。在坞壁内聚全族共守，“烟火连接，比屋而居”，此可由有关文献及同时期的遗存如建筑明器、画像砖、青瓷魂瓶而得到丰富、生动的反映。在敦煌石窟十六国至北朝的壁画中也有表现。[①]当北方世家大族集体南迁时，“百姓流亡，所在屯聚”，仍然保持了这种居住的方式，这应该就是客家集团式民居的缘起。

客家集团式民居有多种形式，大约可归结为五凤楼、围屋、方楼和圆楼四种，方楼和圆楼又合称土楼。总的形式特点可概括为规模巨大、围合严密、向心对称。

五凤楼和围屋多见于客家人占居民多数的平原地区，布局向平面扩张，防御性相对不太强。山区则多采用竖向发展的方楼或圆楼，防御性特强。在山高林密地带，客家人为求安全，“唯恨所居之不远，所藏之不密”，因而格外重视防卫。况且山区地狭，为了取得更多的耕地，更需要居住密度极高的方楼或圆楼。现各以实例简介如下。

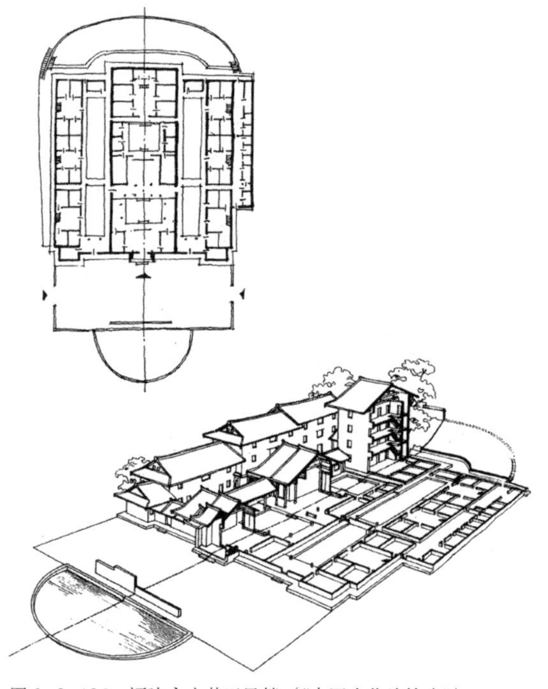
图 9–2–126　福建永定某五凤楼（《中国古代建筑史》）

五凤楼

五凤楼的典型布局系沿中轴线前后顺置下堂、中堂和主楼，合称三堂。下堂和中堂都是单层。下堂中央即门厅。中堂为大厅，较下堂体量高大，是家族聚会典礼之所。后楼大多为三、四层，有时五层，底层正中为祖堂，供祖先牌位，左右及以上各层为各家居室。三堂之间隔以天井，前天井左右各有厢厅，并有通道通向横屋。所谓横屋，即与中轴平行的条形长屋，分置在全宅中轴主体左右，隔着称为“横坪”的长院。横屋也是各家居室，由前至后，层数递增，最后与主楼高度接近。这样以主楼为重心，两横楼如大鸟之翼左右拱卫，舒展若凤凰展翅，故称“五凤楼”。

五凤楼式大宅常选择在前低后高的山脚地带，前有方坪，隔照壁有半圆形鱼塘，后设半圆凉院，是风水所重视的理想地形。鱼塘和凉院则是轴线前面的开端和后部的终结。前低后高的地形加上前低后高的建筑，更衬出整群建筑的气势。屋顶多为歇山式，屋坡舒缓，檐端平直，明显保留着汉唐风格。全宅各建筑外墙都是坚厚土墙，外观端庄稳重，朴实而组合丰富，潭潭大厦，颇雄伟可观，充分展现了客家人的自重自豪心态。

五凤楼以闽西南最多，永定高陂乡大堂脚村王氏文翼堂是其杰出代表。其门楼微有角翘，因祖先曾官居大夫，故门额大书“大夫第”，类似布局并门楼也有角翘的其他五凤楼，也常称为大夫第（图 9–2–126 ~图 9–2–128）。

五凤楼式大宅，前后有几重房屋，即称几“堂”；左右有几条横屋，就称为几“横”；一般皆如上例所示，都是“三堂二横”，又简称“三堂屋”。较小者也有“双堂二横”的。

图 9-2-127　福建永定文翼堂——客家五凤楼（张青山）

图 9-2-128　福建永定福裕楼

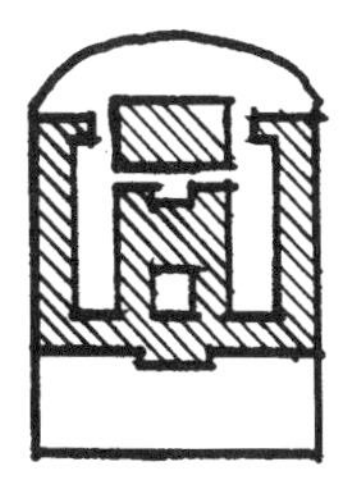

三堂二横

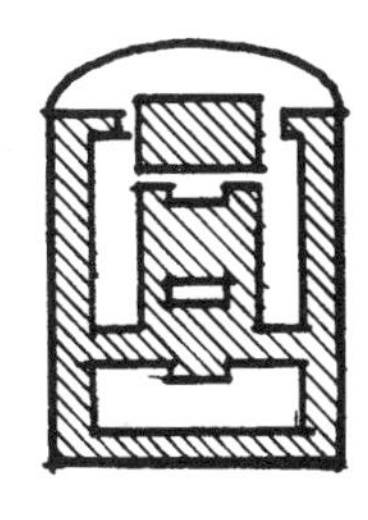

三堂二横加倒座

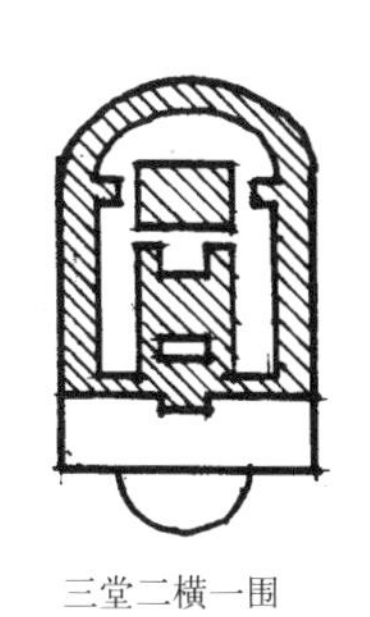

三堂二横一围

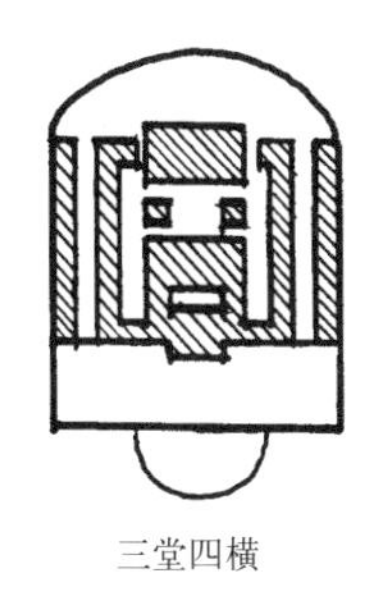

三堂四横

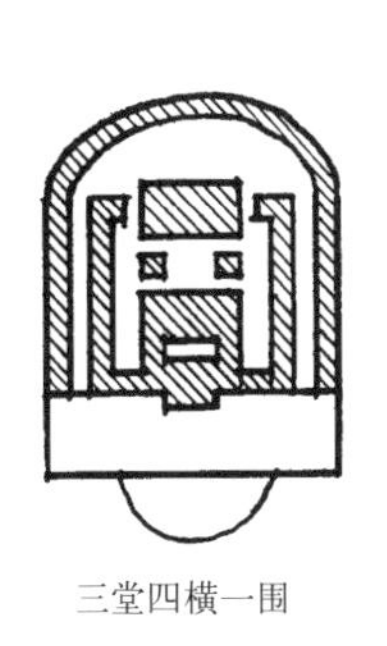

三堂四横一围

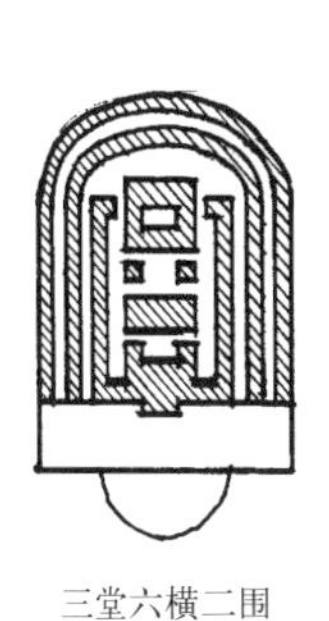

三堂六横二围

图 9-2-129　客家集团式围龙屋堂、横组合形式（萧默）

围屋

围屋多分布在粤北，福建也有。在号称客家之都的广东梅县，到处可见围屋，“有村必有围，无围不成村”。围屋与五凤楼相似，也是以“三堂”为中心，左右加横屋。二者的主要区别有二：一是围屋在后堂之后增加长通整个宅宽的“围”屋，从一围、二围最多可到六围。“围”以半圆形的居多，全宅前方后圆，又特称为“围龙屋”。也有条形的，全宅呈方形。其具体组合有“三堂二横一围”、“三堂四横二围”等。围屋多仅用为杂物间和畜圈、厕所等，居于宅后，比较卫生。二是围屋式大宅各屋多为单层，较少用楼房。

围屋不大重视方位，但与五凤楼一样，也很重视地形，前低后高，前面也有广场和半圆形鱼塘（图 9-2-129 ~图 9-2-132）。

梅县还有一种纵列式大宅，应是围屋的变体。其特点是取消原来平行于轴线的“横屋”，而改成多座与轴线垂直、与三堂平行的条屋。诸平行条屋之间以廊屋联系。建于光绪三十年

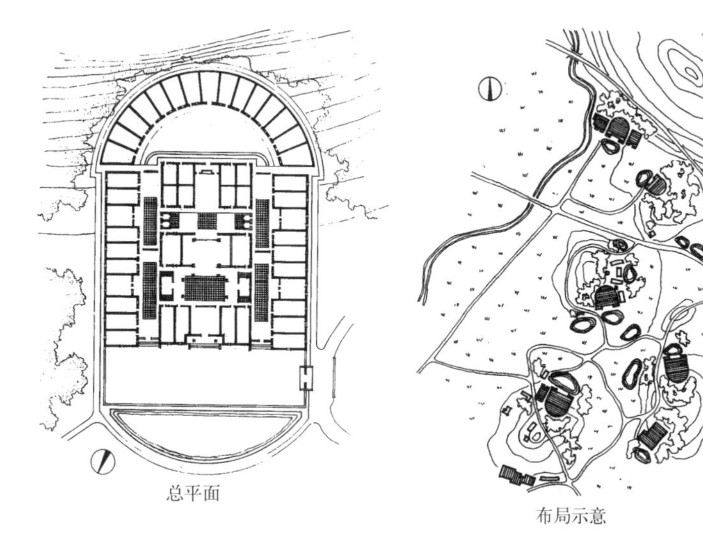

侧立面

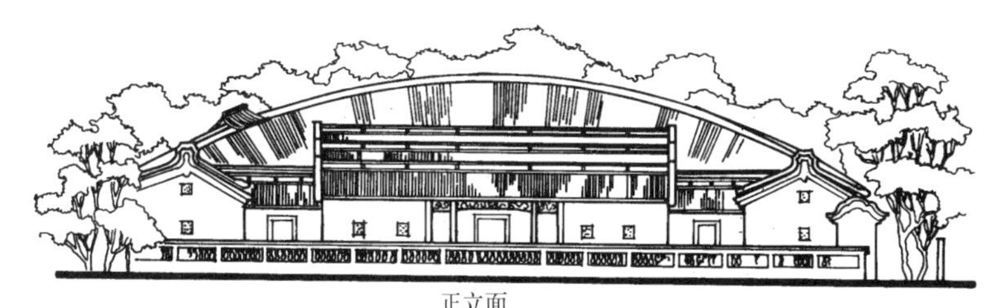

正立面

图 9-2-130　广东梅县围龙屋（《中国传统民居》）

图 9–2–131　广东梅县某围屋

图 9–2–132　围屋内部

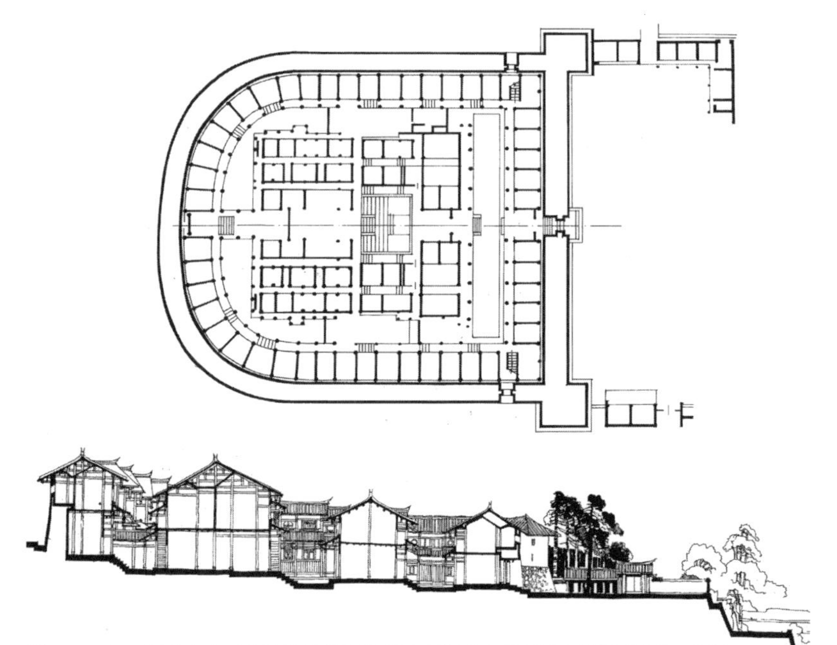

图 9–2–133　福建永安西华池某围龙屋总平面及纵剖面（赵林据《福建民居》重绘）

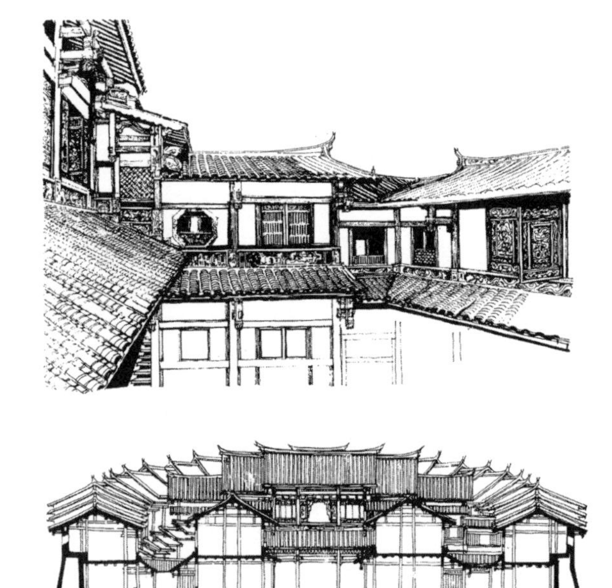

图 9–2–134　西华池围龙屋庭院一角及横剖面（《福建民居》）

（1904）的南华又庐是其典型代表。其实，广州陈家祠堂（陈氏书院）也是这种布局。

福建永安西华池宅，平面组合应属围屋，外观又具有土楼的特点（图 9–2–133、图 9–2–134）。

方楼

方楼和圆楼都称“土楼”，是一种全封闭的大型民居，其共通特点是以一圈高达二至五层的楼房围成巨宅，内部或没有建筑，为中心院，祖堂一般设在楼房底层与宅院正门正对的中轴线上；或再有平房围成第二圈，甚至再围第三、四圈的，祖堂设在最里圈中轴线上。祖堂是祭祖和举行家族会议及婚丧大礼的地方。全宅土木结构，版筑夯土墙承重。外圈土墙特厚，常可达 2 米以上，墙脚护以石。夯土技术自古即为北方汉族所熟悉，在南方土楼中更发展到极高水平。一、二层是厨房、杂物间和谷仓，对外不开窗或只开极小的射孔，三层以上才住人，开窗，也可凭窗射击，有很强的防卫性。宅门上方常设水槽，遇敌火攻可注水救灾。

在福建西南和江西南部的山区土楼较多，仅福建龙岩适中镇，三层以上的大土楼最多时竟达三百六十二座，现存仍有二百六十二座。现存最早土楼福建永定源昌楼已有五百多年的历史。土楼以方楼居多（图 9–2–135、图 9–2–136）。

图 9–2–135　土楼群

图 9–2–136　方楼

土楼

永定遗经楼在方楼中气势最大、设计最为杰出，相传建于清嘉庆十一年（1806），后楼五层，其他三面围以四层楼，方约 45 米。方院内再建平房三合院，以中轴线上的祖堂及堂前天井为核心。后楼分三个居住单元，各有楼梯；其他三面围楼为内通廊式，使用公共楼梯，在通廊可时时看到祖堂，强化着人们的家族观念。由于四周高楼对祖堂的围绕，土楼的向心性较五凤楼或围屋更强。对外则封闭森严，底层开窗极小，宽仅 20 厘米，往上各层有韵律地逐渐加宽。楼前附有前院，由平房和小楼组成，仍依中轴对称方式布置，围成两个小四合院和两座曲尺院，它们与外门门屋一起，形成倒“T”字形广场。整个前院用于设置学堂和其他公用建筑。全宅共有房间二百八十五间（图 9–2–137）。

遗经楼严格中轴对称，特别规整。由前至后，从倒 T 形的一横通过一竖，再进入主院，最后进到祖堂天井，空间感逐渐收紧，强调了祖堂的神圣地位。全宅前低后高，以前院的小建筑衬托出主院的雄伟，对比强烈。主院正门上方有挑台，可资瞭望，也丰富了立面构图。主院各楼均覆歇山顶，前院门屋及其左右也是歇山，转角处屋顶交叉。墙面全涂白灰，白墙、青瓦，与黝黑的木面形成简洁明快的对比。

奎聚楼也是一座方楼，立面构图变化较多

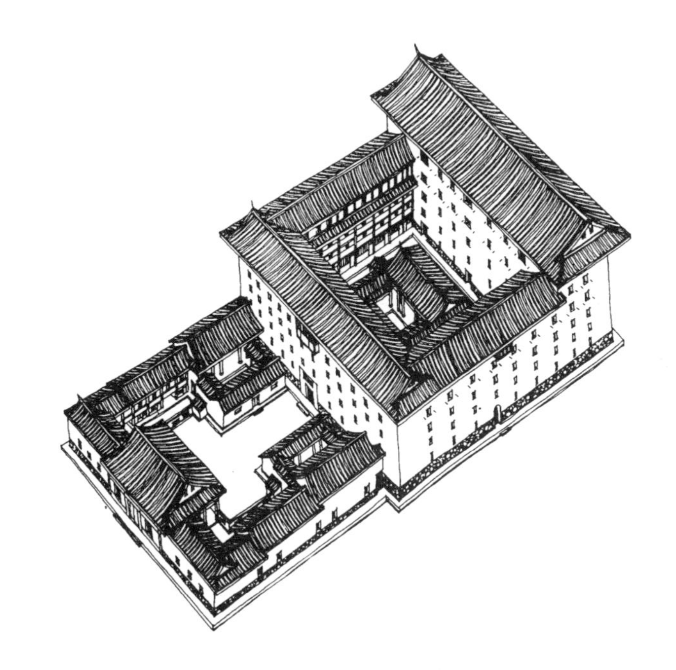

底层平面

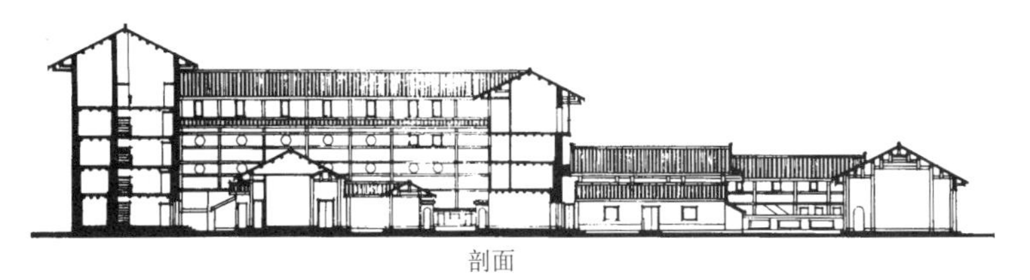
剖面

图 9–2–137　福建永定“遗经楼”（《中国传统民居》）

图 9–2–138　福建奎聚楼

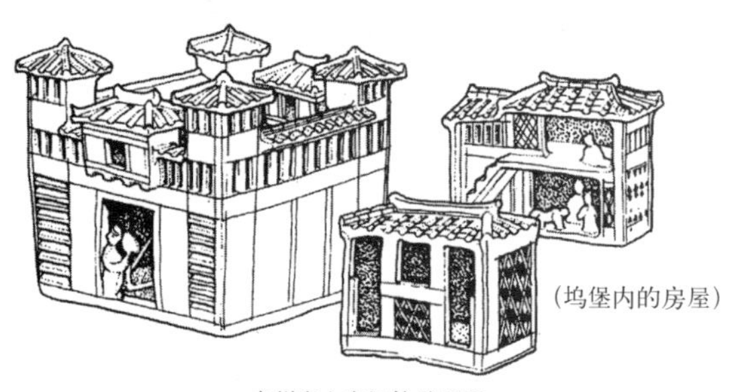

广州出土东汉坞壁明器

赣南土围

赣南土围

图 9–2–139　东汉坞壁与“围子”

图 9–2–140　江西龙南燕翼围内剖 (赵林据《中国传统民居》改绘)

(图 9–2–138)。

土楼在赣南又称围子或土围，现存还有两三百座，从二层到四层的都有，方形的占绝大多数。赣南方楼多在四角建角楼，覆悬山或歇山顶，如龙南的新围、定南的排土围等。在宋人陈规《守城录》中曾经提到：“城身，旧制多是四方，攻城者往往先务攻角，以其易为力也”，说明转角处最易遭到攻击，角楼当是为解决这个问题而设，加强了转角处的防卫，并可侧射攀攻之敌。角楼至迟战国已经出现，在汉明器坞壁中更为常见，与此类方楼比较，可明显见其传承之迹。赣南方楼的内部布局与其他土楼略同，即或为大院，或有一圈或多圈内围，仍以祖堂天井为核心 (图 9–2–139、图 9–2–140)。

圆楼

圆楼和方楼差不多，只是整体为圆形。圆楼之筑，可能主要出于加强防卫的目的。早在宋代,对于城垣的守卫,除建造马面和角楼之外，还曾出现将转角处筑成弧形的办法，谓之“角团”、“敌团”或“团敌”，北宋曾公亮所著《武经总要》对此有所记载，朝廷还颁发过《敌楼马面团敌法式》，加以推广，但终因其不能侧击敌人的缺点，不如角楼和马面有利，实际上在城垣并未通行，以后归于消失。客家圆楼却将其强化，全宅平面成为圆形，完全消灭了转角，亦不失为防卫之一法。

圆楼以闽西南最多，仅南靖一县即有五百余座。福建各地圆楼常请永定人主持建造，永定的圆楼建筑质量也较高，故有人认为圆楼是永定人的发明，但永定圆楼并不太多，最知名的是承启楼。

承启楼建于康熙四十八年 (1709)，由四环加祖堂天井组成。外环四层，外径 63 米，六十二间加大小门厅三间、公共楼梯间四间，为内通廊式，各层向内皆有披檐。向外除第四层开窗，第三层偶尔有窗外，均为厚实土墙。二环以里皆平房，其中二、三环皆屋，四环为圆廊，在四环所围圆院里有祖堂。永定振成楼也是著名的圆楼，与承启楼相近（图 9–2–141 ～图 9–2–145）。

福建华安二宜楼的设计最为完美。二宜楼建于清乾隆三十五年（1770），由内外两圈包围中央圆院构成。外圈直径 71.2 米，四层；内环一层。全楼布局的最大特点也是其卓越之处，是在内、外环之间连有十六座放射状厢屋，将全宅分成十六个单元。其中三个单元是正门和两个侧门，一个是公共祖堂，均有公共楼梯。其余十二个连同外环四层，构成为相对独立的居住单元。单元有大有小，最大的一个占外环五间，最小的一个三间，其他十个均为四间。由中央圆院进入内环，即为各单元门厅，门厅左右各为厨房和贮藏，天井左右为饭厅和连廊，廊中设梯。外环四层全为居室，第四层正中有较大厅堂，设各家庭神主牌位。各层向内均有通廊。第四层外墙以里设环绕全楼的通道，外墙开小的射击窗口，遇事可集中壮丁据以守卫，下三层都不开窗。此宅既保持了客家重视家族的传统，又考虑了各家庭的相对独立性，两者结合恰到好处，真可当得起“二宜”之称了（图 9–2–146）。

岭南地区直径逾 70 米的圆楼有六座，规模最大的为福建平和的丰作厥宁楼，建于康熙年间，直径达 81 米，可居住约四百户，一千八百人。最小的是永定如兴楼，直径仅 11 米。客家

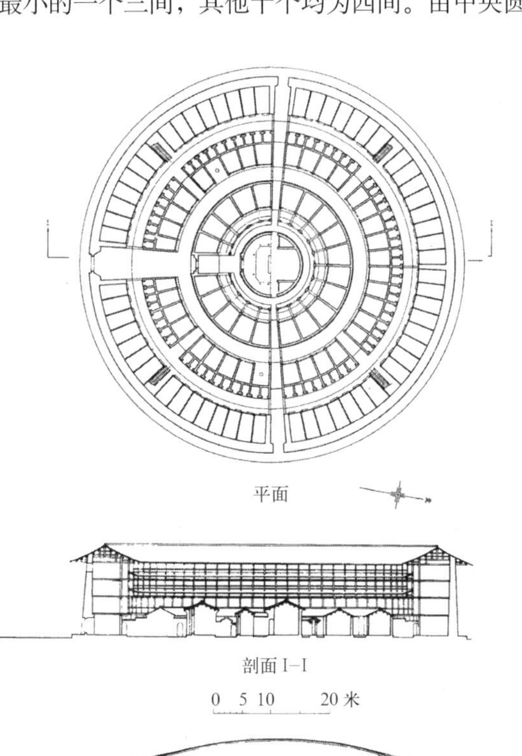

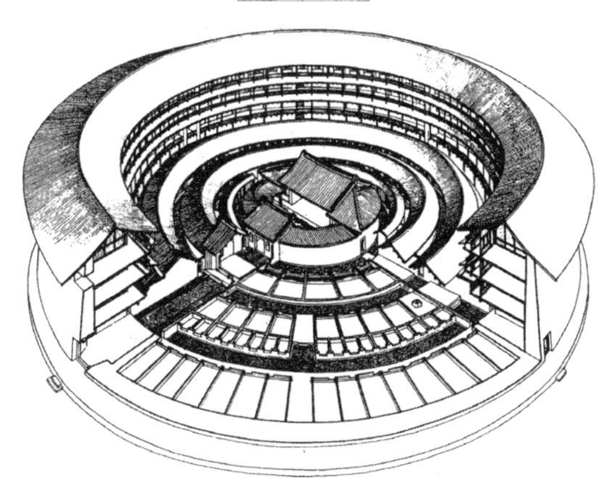

图 9–2–141　福建永定承启楼（《中国古代建筑史》）

图 9–2–142　福建永定承启楼

图 9–2–143　承启楼内部（张青山）

图 9–2–144　福建永定振成楼

图 9–2–145　承启楼内部（张青山）

①汪之力．浙江民居采风[J]．建筑学报,1962(7);尚廓．民居——新建筑创作的重要借鉴[M]．建筑历史与理论，第1辑，1980；中国建筑技术发展中心建筑历史研究所．浙江民居[M]．北京：中国建筑工业出版社，1984.

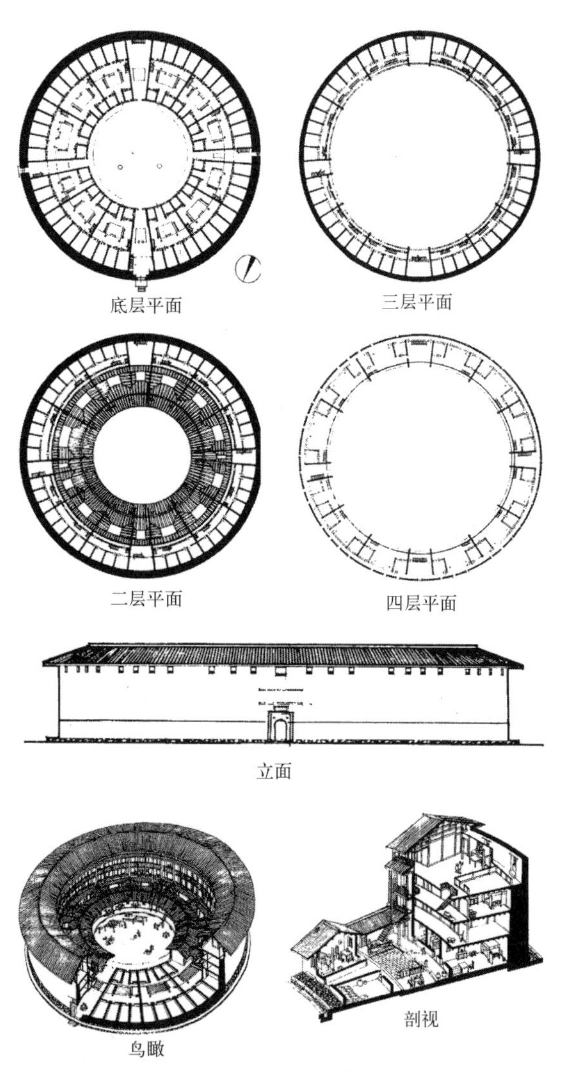

图 9–2–146　福建华安二宜楼（《中国传统民居》）

土楼也有椭圆形、半圆形和八角形者。八角形又称为八卦楼。

五、南方自由式民居

自由式民居不采用院落形式，总体和单体的组合都十分自由，主要分布在南方乡野和小城镇，[①]在唐画《江山楼阁图》和宋画《清明上河图》、《千里江山图》中都有不少表现。《清明上河图》所绘农宅比较低小简陋，有的完全以茅草葺顶，有的一宅之中同时出现瓦顶和茅顶，皆为自由式。

自由式民居多为中下阶层所用，一般规模很小，主人常为小工商业主，但也可生长组合为较具规模甚至大宅者。由于主人经济力量有限，故特别重视空间的合理利用，注意店面、作坊、居室和附属用房之间的方便联系，以及与地形地势和周围环境的巧妙协调，设计思想近乎“功能主义”，而不特别强调礼法制度；一切在其他民居中特别重视的尊卑上下亲疏的区分，在这里都不太受到重视。但它们仍然追求造型的完美，而且因为摆脱了礼制的约束，思想解放，组合灵活，似全无成法，而更加多样。

现仅就此类民居的主要构图手法，略述其造型特点：一、多数是在平面和屋顶都相连的建筑上施展多样手法，创造出内部上下左右都可走通的丰富空间，外向则开敞显露，多不用院墙，与自然融成一体。二、形式自由，不求规整对称，或屋坡前小后大；或楼房与平房毗连；或屋顶上部分高出为阁楼；或在外墙某处局部挑出悬楼，上覆披檐。平面有一字形、曲尺形，或各种无以名状的不规则形状。内部常在屋顶下铺板为阁楼，阁楼或在前坡、后坡，或在中部。地面随基地标高的不同，不同室有高有低，同室也可不在同一平面，或房屋一面和另一面的层数不同。总之，与规整式民居比较，处理一无成见，完全依据现场情况而定，极尽变化之妙。三、形式、手法上的变化多是使用穿斗式木构架完成的，只需做一些简单的处理，便可巧变万端，显示了轻灵简朴的民间穿斗架的极具灵活性。如进深的增加只需要添加排架立柱和延伸立柱上的横梁，增加排架数目；高低的变化可由柱高的不同来实现；悬楼的挑出只需加长水平构件。墙也比较灵活，内墙在构架间设置或不设，外墙可以局部后退，也可随水平构件的外挑而局部前移。门窗的位置和大小也很自由。四、所用材料都是土生土长的最易得最经济的产品，以小青瓦或茅草铺顶，以小青砖、编笆抹灰、木板、乱石、块石或泥土筑墙。木不加彩，墙圬而已，随宜而用，形成了色彩、肌理、质感的自然对比。墙面上自然暴露木结构，显出其结构穿插之美，另有一种单纯天真的趣味。

这些丰富的变化皆非故作姿态，而是内在功能纯真的外部表现，是内容与形式坦率而完美的结合，体现了健康的建筑设计思想。

西方早期现代建筑理论特别强调功能、材料和结构的坦率外露，认为是衡量建筑美的重要标尺。著名的现代建筑大师勒·柯布西耶在1926年还具体提出了诸如自由平面、自由立面、下层局部或部分悬空、框架结构等主张。这些观点有相当大的合理性，对欧洲曾经盛行的学院派复古主义和折中主义起了很大冲击作用，而中国古代的自由式民居，虽然与西方现代建筑的背景大异，却已经用独特的中国方式，体现了与前者相当一致的建筑观念。对自由式民居的艺术价值不可低估，它们是中国建筑最具活力的部分之一，对于现代的创作，仍具有借鉴意义。

此类民居实例丰富，不胜枚举，只能略择数例。

浙江绍兴东浦镇某宅，坐北向南，跨一南北流向的小河。入口偏东向南，内有一组三开间房屋，正中为堂，左右各为居室和灶间，堂后有梯；楼上东端有两间卧室，西端为三间跨河敞厅。敞厅南向，以大片隔扇门连通长廊，凭廊可俯瞰河上行船。河西底层为贮藏室，室南以台阶通小河。紧邻宅北有小石拱桥过往行人。立面底层为砖墙或石墙抹灰，白色；楼上栏杆隔扇外墙皆木，有通廊，可髹漆。楼上楼下一虚一实，对比强烈。全宅仅为一栋硬山屋，可谓简单至极，然而功能合理，布局简洁，并与环境巧妙融合，形象虚实开合有致，颇堪寻味（图9–2–147）。

浙江吴兴甘棠桥范宅是一所木工家宅，规模很小，坐北向南，分前后二部。前部面阔仅一间，屋顶前坡大后坡小，正脊靠后。底层临街为店面和货间，靠后为厨房，在货间一侧设梯通阁楼；阁楼作卧室，西侧悬出挑楼，以扩大面积。后部两开间，西间前部作生活间，位居全宅核心，单层，向西斜下单坡顶，后有小天井和两间杂屋，并设后门；东间是屋脊呈丁字形的小楼，上下都是卧室。后部平面向东转折，隔小菜园与东面三间木工作坊呈环抱之势。由厨房向东有门通作坊。此宅特别注重空间的经济利用，如阁楼前部空间甚低，不便使用，于是只在此处设一低床，屋顶宽度只到床头为止，未占满全部面阔。为了保证店面和货间的宽度，另在底层西侧加附檐。又为增加阁楼面积，在脊下最高处西侧加挑楼。如此，既使空间使用

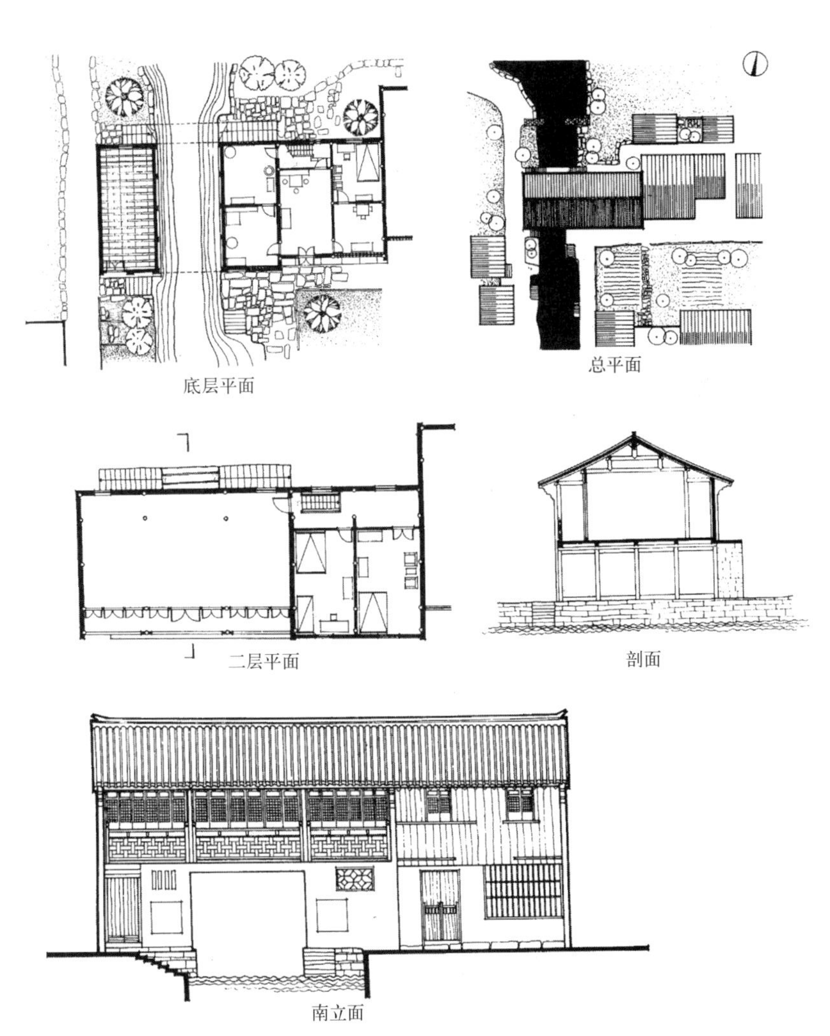

图9–2–147　浙江绍兴东浦镇某宅（《中国传统民居》）

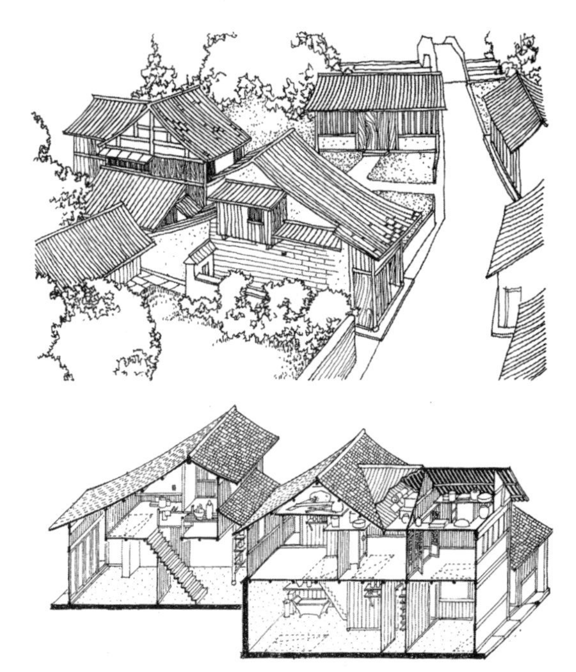

图 9-2-148　浙江吴兴甘棠桥范宅（《浙江民居》）

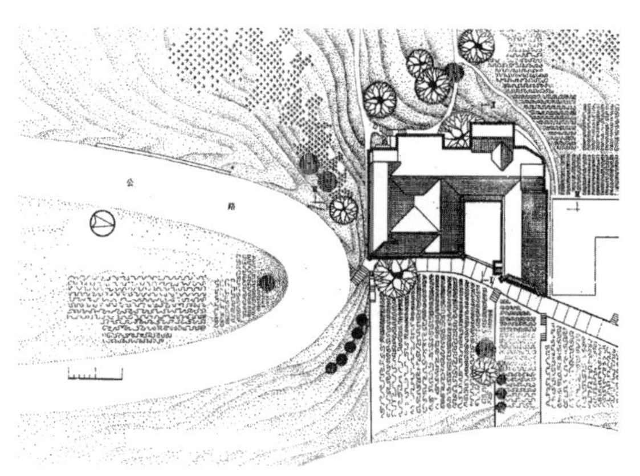

图 9-2-149　浙江黄岩黄土岭虞宅总平面（《中国古代建筑史》）

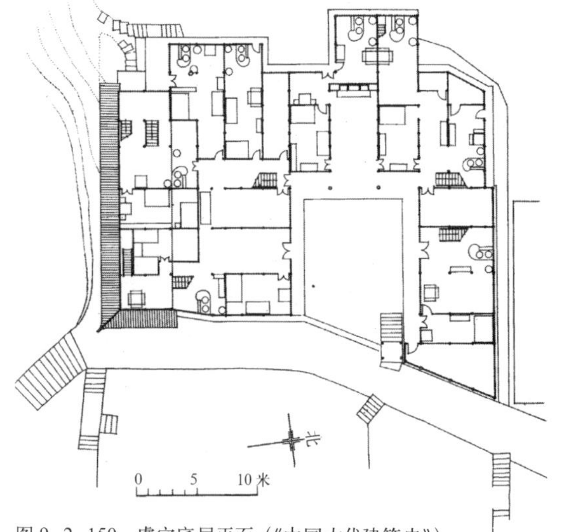

图 9-2-150　虞宅底层平面（《中国古代建筑史》）

极为经济，又丰富了立体构图。又如，生活间面积较大，空间应较高，于是做成单坡顶，屋顶直伸到东间山墙窗台下。为防热，厨房也应较高，同样用了单坡顶。如此，既保证了高度，也增加了空间和体形变化之趣。总之，可以见出，这样的民居完全不讲求规整对称，是从生活的实际需要出发，在物力财力都十分有限的条件下，力求创造出既经济合理，又颇具错综变化之美的作品，看似无心无法，实则是充满智慧的创造成果，其设计思想与手法都值得特别加以赞扬（图 9-2-148）。

也有在三合院等规整民居的基础上，结合自由式民居手法，发展生长为颇具规模的大宅的情况。浙江黄岩黄土岭虞宅是其著名代表。

虞宅建在一处坡地上，挖高填低平整为台地，原宅为较规整的三合院，坐西向东，正房三间，厢房北侧三间，南侧四间。正房、厢房均为二层楼房，有腰檐，厢房尽端为歇山顶，屋角起翘。三合院东侧有台阶和宅门。以后逐渐生长，如在西北转角处加建楼房，局部耸起为三层。正房后（西）底层另加多个厨房。在南侧厢房之南，利用山坡扩大为台地，建三层楼：底层较原屋底层低下一层，有腰檐，二层、三层及屋顶分别与原屋底层、二层及屋顶平。如此形成的大宅，规模宏大，屋顶错落，形体丰富多变（图 9-2-149 ～图 9-2-151）。

中国民居往往有这种情形，原来多数是规整式布局，后来随着家庭成员的增加而逐步“生长”。生长的部分可能仍取规整式，也可能根据地形地势等实际情况采取自由式。无论如何，生长的部分与原有部分之间，都应该有着合体共生的有机关系，或称之为“有机生长”。原有部分成为整个建筑的核心部分。关于有机生长，我们在前章有关名山胜境的寺观节中已有所接触，它们可能正是从此类民居得到营养的。

自由式民居特别在南方所见极多，尤其江

南水乡，结合曲水桥影，组合成景色极富情趣的村镇，嘉兴乌镇、嘉善西塘、苏州周庄和同里，有水乡四镇之称，现仅以数图略示概貌。江西婺源属徽派建筑，其李坑村有一条小溪穿过，也很富水乡特色。村头由廊桥、石坊、亭子和大树组成进村系列，村中偏后，在丁字形溪流交汇处，用一座公共大亭、一座石桥和一些轮廓错落而高起的楼屋，围合成小广场，构成村中的公共聚会中心。美丽的传统村镇，在各地都可以随时遇到。只要认真的体会和发现，美

图 9–2–151　虞宅外景（《中国古代建筑史》）

就围绕在人们的周围（图 9–2–152 ~ 图 9–2–168）。西南许多少数民族民居，应该说也属于自由式，将在第四编有关章节中再行介绍。

图 9–2–152　江南自由式民居（《浙江民居》）

图 9–2–153　浙江民居（《浙江民居》）

图 9–2–154　嘉兴乌镇（萧默）

图 9–2–155　乌镇廊棚（萧默）

图 9–2–156　乌镇过街楼（萧默）

图 9–2–157　嘉善西塘（萧默）

图 9–2–158　西塘水街转角楼（萧默）

图 9–2–159　苏州周庄双桥（萧默）

图 9–2–160　周庄河街（萧默）

图 9–2–161　苏州同里小桥（萧默）

图 9–2–162　四川自贡民居

图 9–2–163　湖南凤凰吊脚楼（萧默）

图 9–2–164　湖南王村（萧默）

图 9–2–165　婺源李坑村（萧默）

图 9–2–166　婺源李坑村中心广场（萧默）

图 9–2–167　四川民居（季富政）

图 9–2–168　四川民居（季富政）

六、西北窑洞民居

窑洞是一种特殊的“建筑”。在第一章已经谈到，至迟在新石器时代晚期，就已出现了窑洞。1987 年，在宁夏海原菜园村就发现过四千多年以前的窑洞居住遗址，在总共十三座居址中，窑洞占到八座，其他五座是半穴居。根据对保存较好的遗迹进行复原研究，这些窑洞都是向黄土山崖掘进径 4 ~ 6 米、平面近圆形、呈穹隆顶。[①]此外，大约与之同期，窑洞式居址在甘肃、山西和内蒙古也有发现。有理由认为，窑洞自出现时起，就一直为人们所使用，并有所发展，如洞顶由穹窿形发展成筒拱，只是历代窑洞多已无存。现存最早的窑洞在陕西宝鸡，掘于元代，距今近七百年，据说道士张三丰曾住于此。现在仍然使用窑洞的地方与古代一样，仍在西北、华北，如陇东、陕北、晋西南、豫北等地，此外还有新疆吐鲁番地区，使用人数达四千万。有些县的民居，百分之八十以上都是窑洞。

这些地区均属黄土高原，厚可达 100 ~ 200 米、结理坚实、极难渗水、直立性极佳的黄土，为窑洞提供了很好的发展条件。同时，这里气候干燥少雨，冬季寒冷，木材缺少，于是，冬暖夏凉、十分经济的窑洞，获得了发展与延续的契机。[②]

窑洞虽然是一种比较简单的“建筑”，但在人们的长期创造中，仍产生了多种形式，大致有崖窑、地窑和箍窑三种。

崖窑即沿直立土崖横向挖掘的窑洞，每洞宽 3 ~ 4 米、深 5 ~ 9 米，直壁高度约 2 米余至 3 米余，窑顶掘成半圆或略呈长圆的筒拱。窑洞可向纵深发展，有的甚至深达 20 米，分为前后二室。窑内常于侧壁再掘小龛存物。并列各窑的间距约 2.5 ~ 3 米，可由隧洞内部相通。窑顶以上应有充分厚度，最少 3 米，以防塌顶。窑面一般用砖砌成门券以保护土壁，或更加砌短檐，也有在窑内整砌砖券的。若崖壁甚高，也可窑上加窑，称为天窑。上下窑之间内部可掘出阶道相连。或上窑比下窑退进，下窑上部即成为上窑的前院。有许多崖窑在窑前加建普通房屋或箍窑，以土墙围成院落（图 9–2–169、图 9–2–170）。

地窑是在平地掘出方形或矩形地坑，形成地院，在地坑各壁再横向掘窑，地院入口掘坡道。人在平地，只能看见地院树梢，不见房屋，谓之“进村不见村”。地院内各窑布局仿佛一般院落式民居，也有正房厢房。在缺少天然崖壁的地方较多采用地窑的形式（图 9–2–171 ~ 图 9–2–178）。

箍窑不是真正的窑洞，它是以砖或土坯在平地上仿窑洞形状箍砌的建筑。箍窑可为单层，

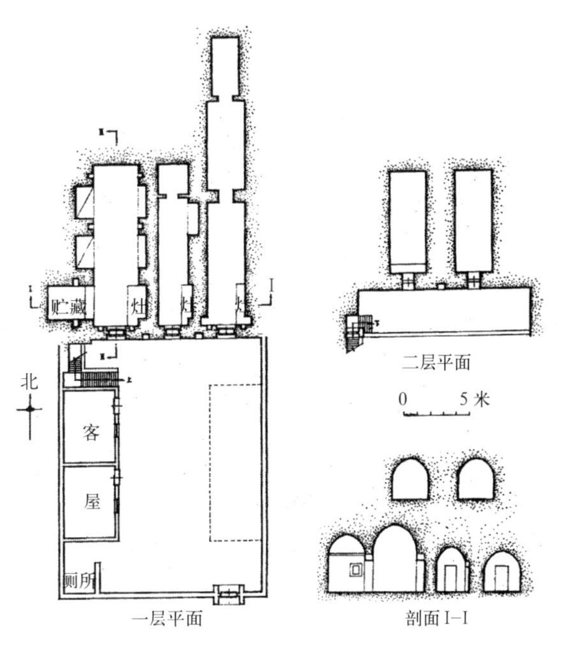

图 9–2–169 崖窑（《中国古代建筑史》）

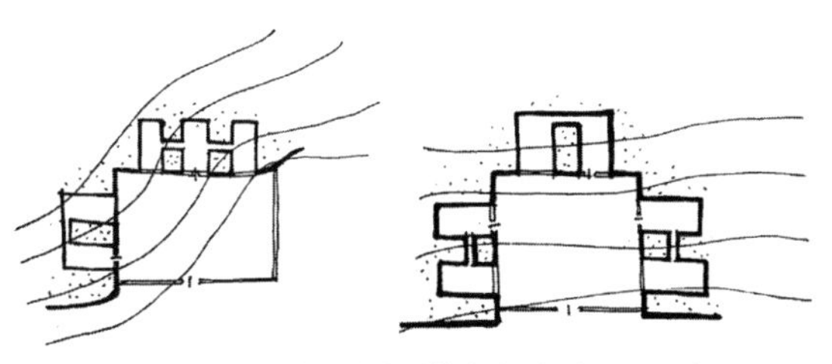
图 9–2 170 沿两面或三面布置的崖窑（《陕西民居》）

①李文杰．宁夏菜园窑洞式建筑遗迹初探及同文杨鸿勋撰第五节复原探讨 [M]// 中国考古学会．中国考古学会第七次年会论文集．北京：文物出版社，1989．

②荆其敏．覆土建筑 [M]．天津：天津科学技术出版社，1988；张璧田，刘振亚．陕西民居 [M]．北京：中国建筑工业出版社，1993．

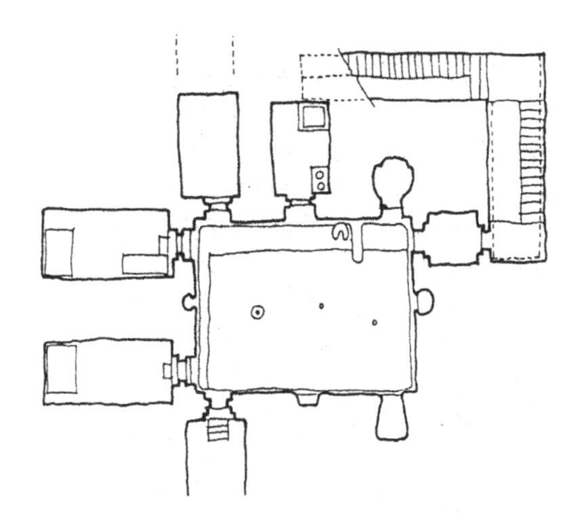

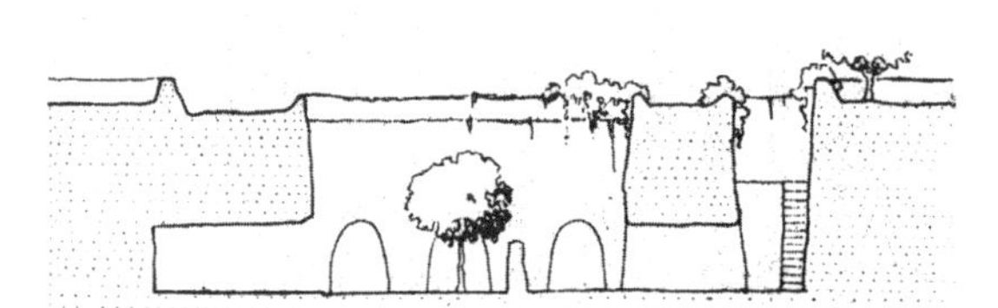

图 9–2–171　西北窑洞地窑院（《覆土建筑》）

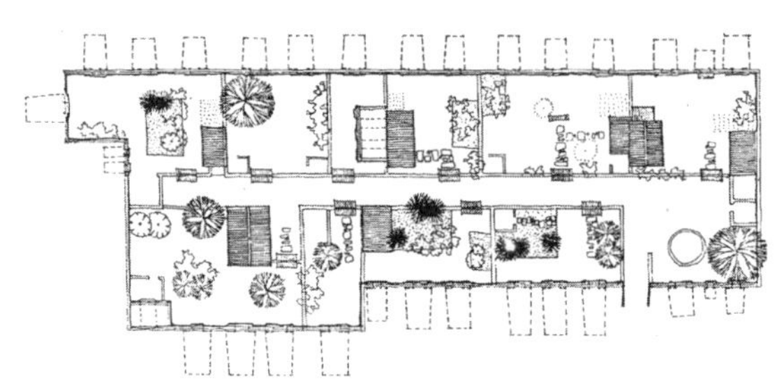

图 9–2–175　地窑院群（《覆土建筑》）

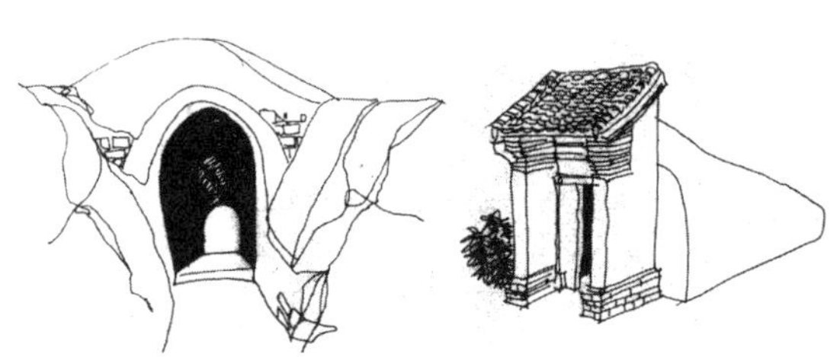

图 9–2–176　地窑院入口（《覆土建筑》）

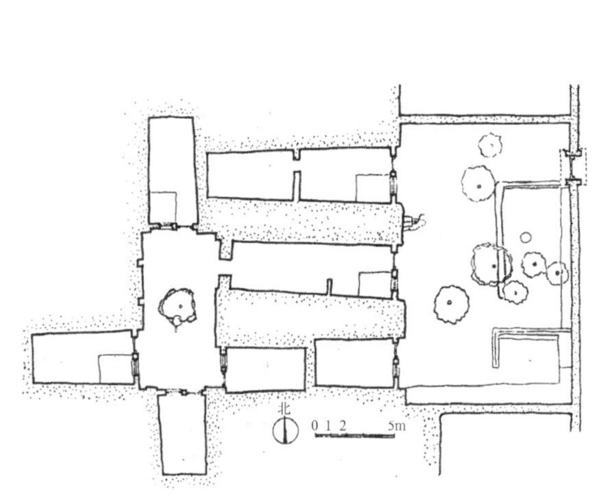

图 9–2–177　附有外院的地窑院（《陕西民居》）

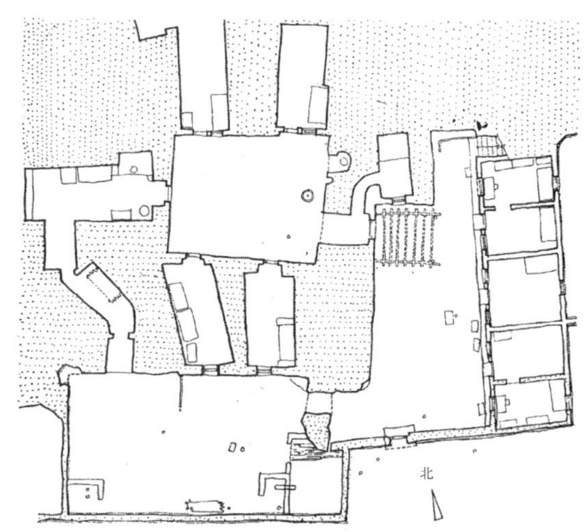

图 9–2–178　附有地面建筑和外院的地窑院（《覆土建筑》）

图 9–2–172　地窑院（萧默）

图 9–2–173　地窑院（萧默）

图 9–2–174　窑洞内部（萧默）

也可建成为楼。若上层也是箍窑即称“窑上窑”。若上层是木结构房屋则称“窑上房”。箍窑可与崖窑或与木结构房屋组成合院。山西平遥县城内有大片箍窑宅院，其单层箍窑常为平顶，也可覆两坡顶，或再加建木结构外廊，精雕细刻(图9–2–179 ~图9–2–185)。

图9–2–179　筑成阶梯状的多层箍窑(《覆土建筑》)

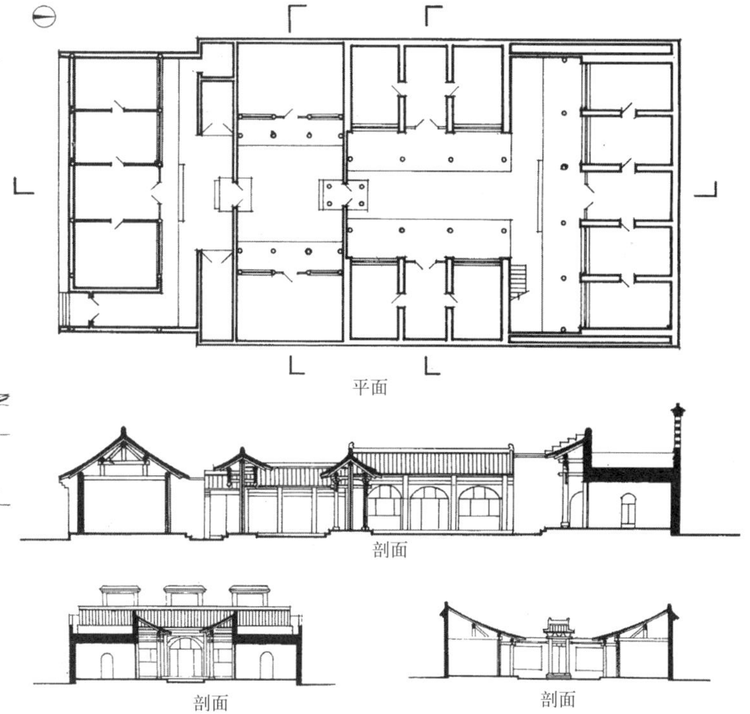

图9–2–184　平遥正房和厢房都是箍窑的四合院(《中国传统民居》)

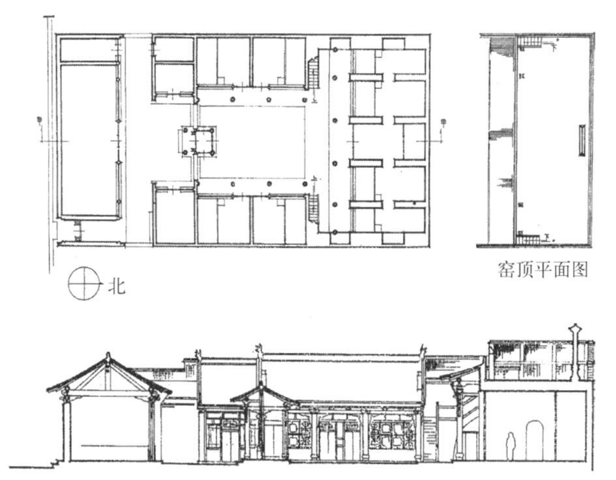

图9–2–180　山西平遥正房是箍窑的四合院(《中国历史研究》)

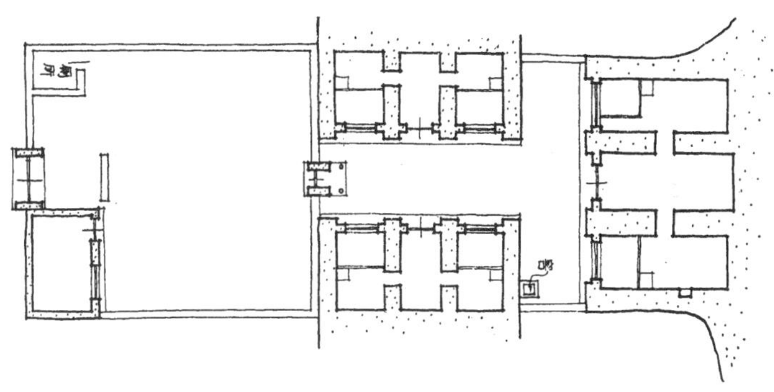

图9–2–185　平遥正房为崖窑厢房为箍窑的四合院(《建筑历史研究》)

图9 2 181　山西平遥箍窑院(萧默)

图9–2–182　平遥箍窑拱窗(萧默)

图9–2–183　平遥箍窑院(萧默)

新疆吐鲁番气候炎热，常在半地下箍窑上加建密梁平顶房屋，或更结合地窑做法，院子从平地掘出。此种民居起源甚早，吐鲁番唐代交河故城和高昌故城就有下穴上室，挖地作室的遗迹。交河城内还有较完整的地坑院和院周围的窑洞。明代文献称："其地有城廓田畜，每盛暑，人皆穴地而居。"(《裔乘·西北夷》卷八)

第三节　园林

明清园林是中国古典园林的总结，遗存至今的古代园林以清代的为最多，反映了古典园林熟化期的水平。中国园林的基本艺术性格，在这个时期体现得最为完整鲜明，是明清建筑艺术史最重要的收获之一。[①]

①本节主要参考资料：刘敦桢．苏州古典园林[M]．北京：中国建筑工业出版社，1979；陈从周．园林谈丛[M]．上海：文化出版社，1980；罗哲文．园林谈往[J]．文物，1957(6)；周维权．中国古典园林史[M]．北京：清华大学出版社，1990；王毅．园林与中国文化[M]．上海：上海人民出版社，1990．

一、总述

与其他园林体系例如欧洲园林或伊斯兰园林比较，中国园林有以下几个显著的特点：一、重视自然美。自然美主要由山、水和植物构成，其构成并无定式，不遵循机械的法则，随机变化，自然天成。中国园林也以山、水、植物作为基本的构图要素，虽有人力在原有地形地貌上的加工，甚至可能全由人工造成，但追求"有若自然"的情趣，以满足人们亲近自然的感情。建筑也是园林的基本要素，总体来说，园林中的建筑不追求过于人工化的规整格局，而是效法郊野的路亭水榭、旅桥村楼，顺应自然，与山水密切融合，建筑美与自然美相得益彰。二、追求曲折多变。大自然本身就是变化多趣的，中国园林师法自然，必然追求多变的自由式构图。但自然虽无定式，却有定法，所以，中国园林追求的"自由"并不是绝对的，其中自有严格的章法，只不过非几何之法而是自然之法罢了，其惨淡经营，甚至比之规整式构图需要更多的才思。中国园林是在自然之法浸染下的人工再创造，是自然的典型化，因此比自然本身更概括、更典型、更高，也更美。它与西方那种"强迫自然接受均称的法则"(17世纪凡尔赛花园的建造者、法国古典主义造园艺术创始人勒瑙特亥语）的造园理论所强调的对称的格局、笔直的道路、规则的花坛和水池、好像地毯图案那样的草地和剪成几何形体的树木，是截然不同的两个体系。三、崇尚意境。中国园林艺术家们创造一个有若自然而高于自然的美丽环境，不仅停留在形式美的阶段，而是进一步通过这显现于外的景，表达出内蕴之情。所以园林的创作与欣赏是一个深层的充满感情的过程。创作时应以情入景，欣赏则触景生情，这情景交融的氛围，就是所谓意境。人们在园林中漫游，由景物的序列变换，触发出自己的审美经验，对于对象给以再创造与再评价，从而得到丰富的艺术享受。暗香盈袖，月色满庭，表达了对于闲适生活的向往；岸芷汀花，纤桥野亭，体现了远离尘嚣的出世情怀；水光浮影，悬岩危峰，暗示了山林隐逸，寄老林泉，清高出世的追求。这些，都是文人学士标榜的生活理想。至于皇家园林，在寄情山林的同时，又通过集锦手法，"移天缩地于君怀"，满足于大一统的得意；或是朱柱碧瓦，显示出皇家的富贵；或是一池三岛，向往于海外仙山的幻想。中国园林确实蕴涵着无限的诗情画意。总之，中国园林创作的高下成败，最终的关键在于创作者文化素养和审美情趣的高下文野，高者意境充盈而含蓄，低者不免贫乏而浅俗，绝不仅是匠家掇石引水的功夫而已。园林的意境要通过总体布局和局部设计来引出，同时也借助联想寓意和匾额楹联，使主题得以点示，意境更加深化。

中国园林经过三代的发轫，秦汉和隋唐两次皇家园林建设高潮，魏晋士人园的出现和唐代的继续，两宋更以士人园、诗意园、写意园为特征的私家园林大发展，在元代的相对沉寂以后，到明清进入总结阶段。其中，清代的皇家园林与私家园林更值得注意，前者现存实例都在北京及其附近一带，后者多集中在江南，成就也最高。它们既体现了皇家和文人审美趣味的不同，同时也反映了地方风格的不同，一般分别以“北方皇家园林”和“江南私家园林”二词称之。

二、发展概况

在元代，由于诸多原因，作为“雅文化”在建筑上的主要体现者的园林，无论是私家还是皇家，一时都处于停顿状态，社会文化主要是俗文化的天下。一直到明代前期，仍继续着这种情况。

朱元璋出身草莱，得天下后，以巩固国防和政权为要务，对于园林之筑持谨慎态度。他在洪武八年（1375）曾说：“但求安固，不事华饰，使吾后世子孙宗以为法。至于台榭苑囿之作，劳民财以为游观之乐，朕不为之。”（《太祖实录》）朱元璋身自为范，在南京和中都凤阳的宫城中都不设花园。《明会典·祖训》和《明史·舆服志》中也载有他禁止诸皇子造园事。永乐迁都北京后，也只在紫禁城内后部规划了御花园，西北部置建福宫花园，紫禁城北置万岁山（清初改名景山）而已，此外，就是以元大都皇城内的太液池（今北海、中海）为西苑。直到迁都三四十年以后即天顺间（1457 ~ 1464）才开始改造和丰富西苑，并开拓南海，奠定了如今北京三海的格局。有明一代，始终没有更多皇家园林的建造。

可能是受到朝廷不提倡的影响，更主要的也许是经济尚待恢复的原因，明初的私家园林也同样不甚发达。一直到明中叶以后，私家园林才以江南为中心迅速发展起来。这一发展的势头一直持续到清末。清初以来，康熙、乾隆两位皇帝的六下江南，一定程度上也促成了以北京为中心的皇家园林的大兴盛。可以说，从明中叶到盛清，是中国园林继秦汉、唐宋两次高潮以后的第三次发展高潮，其进程与中国建筑的整体发展基本同步。盛清以后直到清末，皇家园林已停止建造，私家园林虽然继续，风格也有所变化，已渐显萎靡之态，是中国古典园林的尾声。现存中国园林，几乎全部都是明清尤其是清代的遗留。

早在隋代开通南北大运河，扬州因适当江、河交汇处，成为漕运中心，已是花团锦簇之地、温柔富贵之乡。隋炀帝曾在此大营离宫江都宫，著名的迷楼也在扬州。隋唐扬州的盐、铁、手工业和商业都相当发达，唐诗“腰缠十万贯，骑鹤下扬州”、“十年一觉扬州梦，赢得青楼薄幸名”、“故人西辞黄鹤楼，烟花三月下扬州”等句，都透露出它的繁荣。宋元运河淤塞，漕运改从海道，扬州一度呈现衰落。明永乐重修运河，扬州迅即恢复为漕运和两淮盐运中心，徽、赣、两湖商人云集。尤以徽商实力雄厚，发迹以后，除在家乡大建住宅祠堂园林外，在扬州当然也有园林别墅的修筑。康熙、乾隆多次南巡都到过扬州，更推动了园林的发展，故盛清时代扬州曾有“园林之盛，甲于天下”的美誉。道光以后因盐业衰落，织造和商业中心苏州方后来居上，乃独擅“园林城市”之名。

除江南外，私家园林在全国各地都有分布，比较著名的如北京、岭南等地。北京是明清显贵、官僚和文人集聚之地，但私家园林保存至今的不多，水平也不及江南，著称者如建于清同治年的恭亲王府萃锦园，风格与皇家园林中的中型“园中之园”相似，而水平远不及后者。岭南地区早在秦代南越和十六国南汉时，就有宫苑出现，但以后的情况缺少记载，实物亦无从考证，这里所说的“岭南园林”，是指清代以后随着地方经济的高涨发展起来的，皆完成于同治以后至清末，属古典园林晚期作品。其中比较著名的，若与江南园林相较，也只能算是小型，园主多为商人或拥兵者，具有某些地方风格，而往往显得琐细伧俗。岭南园林有时号称与江南私园、华北皇园并列为三，其实艺术价值远在其他二者之下。

中国皇家园林，两宋、元、明都没有很突出的成就，能与秦汉、隋唐两个高峰媲美的，只有盛清在北京及其附近地区掀起的又一高峰。

清代满族统治者来自东北，惯于大草原骑射奔突的生活，据有北京以后，虽拥有明代宫殿和西苑，却并不习惯这种相对拘束的天地，一旦全国政权稳定，经济开始繁荣，便忙着出游，目的地便是江南，谓之南巡。康熙和乾隆都各有六次南巡。他们在全面接受了汉传统文化以后，托庇于秦汉、隋唐皇家园林之余荫，向往于优游山水的适意，意图以盛大的皇园作为“盛世”的标志，乃掀起了以北京为中心的大建皇家园林的高潮。北京西北郊有“三山五园”之称，即香山静宜园、玉泉山静明园、万寿山清漪园（后改名颐和园）以及圆明园（包括圆明、长春、万春三园）、畅春园等，承德则有避暑山庄，都成于康乾盛世。在这些园林中，除了体现皇园特有的宏大富贵以外，又大量吸收了江南高度发达的私家园林造园手法。从汉代起开始出现的私家园林，曾向早已发展起来的皇家苑囿取法，到了盛清，以文人园林为主要特征的私家园林，艺术上已占尽优势，皇家园林反过来要向私家园林取法了。康熙南巡时就曾延聘江南文士叶洮和造园家张然进京，参与畅春园等皇园规划设计事宜，首次把江南私家园林艺术引入北京，也把文人意趣带进宫廷。我们知道，早在明初，南方建筑大匠就对包括北京宫殿、坛庙、陵墓在内的北京建筑艺术做出过很大贡献，此时更及于园林，很类似于戏剧史的徽班进京，而为时更早。乾隆对艺术包括园林和建筑艺术都有很大兴趣，也有深厚的汉传统文化修养和一定的艺术鉴赏功力，六下江南，均命随行画师图绘各地名景名园，“携图以归”，作为皇园建设的参考。从康熙十六年（1677）扩建香山行宫（以后发展为静宜园）起，到乾隆五十五年（1790）避暑山庄建成止，百余年间，皇家园林建设规模是宋元明所未曾有过的，乾隆甚至还自认为“较之汉唐离宫别苑，有过之无不及也”（《避暑山庄后序》）。

三、艺术风格

明清园林风格的演变，我们将主要通过私家园林加以阐述，它们仍属士人园或称文人园。

魏晋以降，私家园林已通行小园，以缩移模写小中见大的手法来表现自然风致，写意成分增多，奠定了以后包括明清私园的发展方向。宋代私园可以士人园、诗意园、写意园三词概括，分别指明了造园主旨、创作方法和具体手法。

艺术乃人心之外化，文人的心态体现于园林即为士人园，于绘画则为文人画，二者相互影响。文人画从北宋开始萌生，苏轼提出“文人画”的概念，主张“诗画本一体，天工与清新”，十分强调画中应饱含士人的修养和主观意趣，主张清新雅洁的画风，排斥俗艳。米元章创泼墨山水，“点滴烟云，草草而成，而不失天真”，“意似便已”，自题为“墨戏”。迨至元代，不少文人采取回避政治的态度，日与诗酒禅道山林为伍，寄情遣兴，文人画乃大发展并完全成熟，以黄公望、吴镇、倪瓒（云林）、王蒙合称“元四家”为代表的文人画家独擅画坛，形成一代之风。倪云林(1306 ~ 1374)曾宗承董源、荆浩、关仝、李成，而自创“逸笔草草，不求形似”、“聊写胸中逸气耳”的画风，虽画面清寂，而意境深远。由于文人山水画的成熟，又有不少文人画家能出心匠之巧，将胸中丘壑入园，影响了元明私园的风格，故有人直呼曰“画家园”。[①]明代以后，私家园林的风格变化大致可以盛清作一分界，其前其后可分为两个阶段。

明至盛清

此时私家园林仍延续士人园的路子，可说是士人园大普及而达峰顶的时期。文震亨说："吾侪纵不能栖崖谷追绮园之踪，而混迹市廛，要须门庭雅洁，宝庐清靓，亭台具旷士之怀，斋阁有幽人之致。又当种佳木怪箨，陈金石图书，令居之者忘忧，寓之者忘归，游之者忘倦。"（《长物志》）所谓“旷士之怀”、“幽人之致”，正表明了私园的士人园性质。可以想见，明清园林也必会受到同时代文人画的影响。实际上，明清的著名造园叠山艺术家，差不多都以画家之法通于园林，当时舆论也都标榜以画理画本入园。《园冶》论掇山，说是“时遵图画”。张岱记某园："肆后精舍半间，列盆池小景，木石点缀，笔笔皆云林、大痴"（《鲁去谷传》，《琅环文集》卷四）。叶燮说："南涧西崖皆黄石坡，高者为石壁，仿黄子久画"（《海盐张氏涉园记》）。董其昌则说："幸有草堂、辋川诸粉本……盖公之园可画，而余家之画可园"（《兔柴记》）。此类记述，举不胜举。此时有成就的造园家，虽不必就是绘画名家，却往往通于画理，所以论者常有园林即“立体之画”的说法。但要造出这“立体之画”却非易事，属于专门之学，单纯只是画家并不能成就。李渔《一家言》说："且磊石成山，另是一种学问，别是一番智巧。尽有丘壑填胸、烟云绕笔之韵士，命之画水题山，顷刻千岩万壑，及倩磊斋头片石，其技立穷，似向盲人问道者。从来叠山名手俱无能诗善绘之人，见其随举一石，颠倒置之，无不苍古成文，迂回入画。”到了明末清初，出了好几位优秀的造园家，以计成与张南垣最为知名，在园林艺术上都做出了极大贡献。计成以文人画士身份掌握了叠山技术而成名家，并著有论园专著。张南垣出身匠工，努力提高自己的素养，而至能诗会画，更能全面主持园林的规划设计。现即以此二人为例，略见明末清初的造园思想。

计成，字无否，江苏吴江人，生于明万历十年（1582），会画，曾漫游北方及两湖，后定居镇江，因偶为人叠山，“睹观者俱称‘俨然佳山也’”，遂钻研造园技艺，为人造园。崇祯四年（1631）《园冶》书成，七年问世，留下了中国最重要的一部园林艺术专著，在艺术史和美学史上都有可贵的价值。

《园冶》三卷，以四六骈体成文，先列造园总论，再分节述园林各要素的构成原则和具体手法，其精髓可归结为总论部分的两句话：一曰“虽由人作，宛自天开”，二曰“巧于因借，精在体宜”。前一句道出了中国园林崇尚自然美的基本特性，说明人工和造化之间的辩证关系。这一思想贯穿全书，如“掇山”一节云："有真为假，做假成真"，意在以自然真山真水的构成法则来经营人工山水，而使之具有真山真水的动人意趣。作者用了“真”、“假”二字，假并非虚假，意指人工所为，是以自然山水为本的创造，不是简单的模仿，而是一个艺术再现的过程。“宛”字意为相似，相似并非等同，也是这个意思。后一句话强调造园的具体构成方法："因者：随基势高下，体形之端正"，即园中的处理要以所在地形地貌之高下正欹为根据；“借者：园虽别内外，得景则无拘远近”，“俗则屏之，嘉则收之”，说明这一处理还要考虑它周围远近的环境。如此构成，方能造出既得体又合宜的美丽环境，全园也才是一个有机构成的艺术精品。

计成对于园林的设计工作非常重视。他

①曹汛．略论我国古代园林叠山艺术的发展演变[M]．建筑历史与理论，第1辑，1980．

①曹汛．略论我国古代园林叠山艺术的发展演变[M]．建筑历史与理论，第1辑，1980．

说，一般建筑的成败，设计者的作用占到十分之七，工匠的作用只占到十分之三，而园林的设计工作“犹须什九，而用匠什一”，要求更高的才思。

张南垣，名涟，上海华亭人，生于明万历十五年（1587年），“少写人物，兼通山水，能以意叠石为假山，悉仿营邱、北苑、大痴画法为之”（阮葵生《茶余客话》卷九）。“君性好佳山水，每遇名胜，辄徘徊不忍去。少时学画，为倪云林、黄子久笔法，四方争以金币来购。君治园林有巧思，一石一树一亭一沼，经君指画，即成奇趣，虽在尘嚣中，如入岩谷。诸公贵人皆延翁为上客，东南名园大抵多翁所构也。”（戴名世《张翁家传》）吴伟业写其绝技云：“每创手之日，乱石林立，或卧或欹，君踌躇四顾，正岭侧峰，横支竖理，皆默识在心，借成众手。尝高坐一室，与客谈笑，呼役夫曰：‘某树下某石置某处’，目不转视，手不再指，若金在冶，不假斧凿。”（《张南垣传》）可见其盛名。

张南垣对造园的最大贡献在于叠山艺术的发展。

石头用于园林造山，早在汉代已经出现，往往十里九坂，尺度很大。只能是土多石少。唐宋继之，仍土多石少，而尺度缩小，重意而不重形，符合文人意趣。但也有以石为主者，常缩摹大山整体，以小见大，如见真山。明清一般园林，规模较唐宋前大大缩小，其中土山坡脚漫缓，占地较多，石山则可陡然壁立，占地较少，故以石为主缩摹大山整体的叠山增多。叠山在造园中占很重要的地位，叠山家称为“山子”，往往就是造园的主持人，甚至成为造园家的同义词。但若过于胶着这种叠山方法，往往使假山过于琐细簇缩，有失简远之旨。张南垣则另出机杼，主张堆筑“平岗小坂”、“陵阜陂坨”，仿佛截取大山一角，给人以“处于大山之麓”，“截溪断谷，私此数石者，为吾有也”的感觉，而联想到大山整体，开创了叠山艺术的新流派。[①]从明清尤其是明至清前期的叠山作品中，有采用南垣之法者，确实比较平实真切，较之过于细碎的假山，水平高出远甚。

张南垣之子张然，字陶庵，继承乃父家传，也是清初著名造园家，曾应聘到北京为皇家和王公大人造园。

此外，李渔的《一家言》、文震亨的《长物志》及其他一些著作也都谈到园林。

李渔，字笠翁，浙江钱塘人，生于明万历三十九年（1611），戏剧小说绘画造园皆负盛名，晚年定居北京，自作芥子园。李渔自称“生平有两绝技，一则辨审音乐，一则置造园亭”。《一家言》又名《闲情偶寄》，其第九卷即专论建筑和造园。李渔主张“宁雅勿俗”，说“主人雅而取工，则工且雅者至矣；主人俗而容拙，则拙而俗者来矣”。其“山石”节尤多精辟之论，主张“贵自然”，提倡土多于石，“既减人工，又省物力，且有天然委曲之妙”。推崇以少胜多、平实简淡的园林风格，反对矫饰。

文震亨是明代著名文人画家文徵明的曾孙，江苏吴县人，生于明万历十三年（1585），著《长物志》十二卷，其中四卷与园林有关。他对于园林和建筑，主张“宁古勿时，宁朴勿巧，宁俭勿俗”，把文人的“雅”作为创作的最高原则。《长物志》中还有关于花木、水石、禽鱼的论述。

这个时期的园林都重视多留空地，不使壅塞，“凡园圃立基，定厅堂为主，先乎取景，妙在朝南……筑垣须广，空地多存”（《园冶》）。

布局则须曲折错综，虚实相间，散聚得所，对比成趣：“如端方中须寻曲折，到曲折处还定端方。相间得宜，错综为妙”（《园冶》）。“设若左有茂林，右必留旷野以疏之；前有芳塘，后须筑台榭以实之；外有曲径，内当又叠奇石以邃之。”（清·陈扶摇《花镜》）“开园有妙诀，惟子可与语：譬如行三军，奇正易其所；又如补与攻，良医中脏腑。实者运以虚，散者欲其聚。”（《祁彪佳集》卷三）“若夫园亭楼阁，套室回廊，垒石成山，栽花取势，又在大中见小，小中见大，虚中有实，实中有虚。……大中见小者，散漫处植易长之竹，编易茂之梅以屏之。小中见大者，窄院之墙宜凹凸其形，饰以绿色，引以藤蔓，嵌大石，凿字作碑记形，推窗如临石壁，便觉峻峭无穷。虚中有实者，或山穷水尽处，一折而豁然开朗；或轩阁设厨处，一开而可通别院。实中有虚者，开门于不通之院，映以竹石，如有实无也；设矮栏于墙头，如上有月台，而实虚也。”（沈复《浮生六记》卷二）

对于细部处理，也皆处处用心，虽“一花、一竹、一石皆适其宜，审度再三；不宜，虽美必弃”（郑元勋《影园自记》）。

成于明至清初的私家园林实例虽然不多或迭经后代改动，但从仍较多保存当时风格的实例如无锡寄畅园，以及各种著作中叙述的主张，可知盛清以前园林风格仍较多地保存着两宋遗意，即以高雅、疏朗、简淡为要，建筑不多，意境隽永，与盛清以后有别。

盛清以后

乾隆朝号称盛世，经济繁荣，人口增长，工商业在经过清初一段不太长时间的消沉后，又以新的活力全面高涨，城市生活活跃，商人地位提高。故乾隆以降的约一百年间，园林包括私园和皇园得以大大发展，可以说，现存中国古典园林实例，绝大多数皆建于或最后完成于这个时期。但是，此时造园活动虽十分活跃，与明至清初相比，理论总结却有不足。

这个时期的文化呈现出殊途同归的两种现象，一方面是富商巨贾仰慕根基深厚的传统文化，或纯为附庸风雅而效法士流；另一方面则是文人士流的市民化，与往日的清高脱俗之旨相离渐远。两种倾向之合流，结果是一样的，即在亦儒亦商的市民阶层力量日益壮大的同时，为园林提供了强大的经济后盾，促进了园林的建设，同时也促成了园林文化之书卷气与市井气的合流。而从总体来说，它们仍基本遵循着两宋以来士人园的路子，仍可纳入士人园的范畴。同时，又由于城市用地日益紧张，园林也有小型化的倾向，至于有以“残粒园”、“壶隐园”、“芥子园”、“勺园”、“半亩园”等命名者，所谓“壶中天地”、“芥子纳须弥”等等，很大程度上是不得已而为之的了。

与前代相比，这个时期的园林规模较小，功能较多，因而建筑较密，空间感较为壅塞，假山石多土少，风格日益世俗化，而处理更为精致，显示出晚期园林的特点。

园林之世俗化也反映在功能上，园林不再只是供文人韵士寄托情怀，诗酒自娱，长啸低吟，陶冶性情的地方，更加进了如享乐、宴客、部分居住等世俗内容，甚至炫耀财富，争奇斗胜。园林与住宅的关系更加密切，住宅就布置在园的前面或一侧，某些住宅的功能也加入园中。功能的增加使建筑的类型和数量也较前增加多，在面积较小的园中发展了主要以建筑来围合空间的构图方法，与前此主要以山林围合空间有别，建筑和景物的密度都增大了。

要在比较狭小的空间里维持和完善各景观因素之间的平衡，是一种难度极大的艺术，需要更多的技巧，于是所有前已发轫的成景得景手法诸如借景、对景、漏景、框景、障景、隔景等，都在此时发展到极其精致的地步。空间形态的变化、包括厅堂、轩榭、亭、廊、桥、墙、门、台、漏窗和各个细部在内的建筑造型，以及山容水态、花木种植和建筑与山、水、花木的相对位置，都倍加推敲，穷尽曲折变化之妙，园林技艺至此已达登峰造极的水平。

“为堂为亭，为台为沼，每转一境界，辄自有丘壑。”（祁彪佳《越中园亭记》）金陵某园之山，

“周幅不过五十丈，而举足殆里许”（王世贞《游金陵诸园记》）。叶夔记某园山，“峰拔坪起二十余尺……西上五折”。

这一态势，也与乾隆以来所谓“乾隆风格”的社会审美风气完全同步，精致纤巧，装饰繁富，日益堆砌造作，烦细而琐屑。只要看一看乾隆以后的陶瓷、雕塑、漆器、玉器、珐琅、家具等众多艺术门类，还有九层套叠的象牙球所显现的“洛可可情结”，这一点就更为清晰了。

其实这一倾向早在乾隆以前甚至明代即已出现，所谓附庸风雅，故意造作，为艺术之大忌。明代人范濂就说过：“尤可怪者，如快皂偶得居止，好整一小憩，以木板装铺，庭蓄盆鱼杂卉，内则细桌拂麈，号称‘书房’，竟不知皂快所读何书也。”（《云间据目抄》），即为附庸风雅之一例。所以李渔才那样的大声疾呼“宁雅勿俗”，对一味标榜富丽加以抨击。他说：“凡人止好富丽者，非好富丽，因其不能创异标新，舍富丽无所见长，只得以此塞责。”（《一家言》）计成也说：“历来墙垣，凭匠作雕琢花鸟仙兽，以为巧制。”他认为这种办法，在庭园中不见其佳，也不可用于建筑，“雀巢可憎，积草如萝，去之不尽，扣之则废，无可奈何者，市俗村愚之所为也，高明而慎之”（《园冶》）。

所以，在技术高度熟化的同时，也就孕育着一种危机，即炫奇斗巧，以显示财富为务，流入匠气与伧俗，自与文人园林原来追求的高远雅淡远离。这种倾向的促成者大都是一些不学无术而日掷百金的纨绔子弟。大约与李渔同时，有一位叫东鲁古狂生的人在《醉醒石》中描写过这样一位人物：“他每日兴工动作，起厅造楼，开池筑山。弄了几时，高台小榭，曲径幽蹊，也齐整了。一个不合意，重新又拆又造，没个宁日。况有了厅楼，就要厅楼的妆点；书房，书房的妆点；园亭，园亭的妆点。桌椅屏风，大小高低，各处成样。金漆黑漆，湘竹大理，各自成色。还有字画玩器花觚鼎炉、盆景花竹，都任人脱骗，要妆个风流文雅公子。”张岱所记的一个“燕客”，也是同样人物，“先是辛未，以住宅之西有奇石，鸠数百人开掘洗刷，搜出石壁数丈，巉峭可喜。人言石壁之下，得有深潭映之尤妙，遂于其下掘方池数亩。石不受锸，则使石工凿之，深至丈余，蓄水澄靛。人又有言亭池固佳，恨花木不得即大耳。燕客则遍寻古梅、果子松、滇茶、梨花等树，必选极高极大者，拆其墙垣，以数十人舁至，种之。种不得活，数日枯槁，则又移大树补之。始极蓊郁可爱，数日之后，仅堪供炊”（《五异人传》，《琅环文集》卷五）。李斗《扬州画舫录》记某园一味追求曲折奇巧，“折愈深，室愈小”，“游其间者，如蚁穿九曲珠”。苏州狮子林是著名园林，倪云林曾为之画过园图，后世便误传此园是他的手笔。此时的狮子林还是一座寺观园林，“密竹鸟啼邃，清池云影间”，尚为清幽之境。以后改成私园，乃大起叠山，奇石罗列，“盘据蜿蜒，占全园之半”，俗不可及。沈复《浮生六记》曾记此曰：“其在城中最著名之狮子林，虽曰云林手笔……然以大势观之，竟同乱堆煤渣，积以苔藓，穿以蚁穴，全无山林气势。以余管窥所及，不知其妙。”梁章鉅《浪迹续谈》也有同样意见：“客有招余重游狮子林者，余笑谢之。盖余于吴郡园林，最嫌狮子林之逼仄，殊闷人意。”优秀的苏州拙政园也未能完全脱俗，在清末最后形成的面目远比明中叶建园之初更为壅塞。

皇家园林也出现相类情形，如乾隆时在紫禁城宁寿宫建造的花园，俗称“乾隆花园”，其后部全用石头堆叠的假山充满了本已不大的空间，更加以建筑体量太大，全体并无“处江湖之远”的意趣。光绪重修和增建的颐和园，较之初时的清漪园，建筑也大大增加了密度，尤其前山东部，墙高巷窄，几乎没有多少空隙之地。

对以上现象，我们只是进行如实的描述，无意简单地将之归于“衰颓”、“没落”甚至“退化”之类词语中去，或一味扼腕于汉唐雄风的丧失。现象的存在必有它实际的文化上的原因。盛清以后园林总体风格的变化，是乃时代风习所使然，并不取决于某些人智能和性灵的高下。实际上，清代园林已不可能再有“十里九坂”或“尽占一坊之地”的气势，也早已脱离了汉唐的粗放，其精致、细腻为汉唐远远不及，比起前代，仍然是发展而不是退化，其总体成就，实在并不像前面引文透露的那么令人颓丧。实际上，现存清代园林实例，大部分仍都是中国古典园林的经典性作品，是我们的宝贵遗产，虽然它们不可免地会带有一个时代的印痕。

这些作品，即使其中最优秀者，也不可能完全满足于现今时代的要求，但决不能因此就去责怪古人，因为那样不符合历史主义。在这里，恩格斯对黑格尔做了重要的补充：“在发展的过程中，以前的一切现实的东西都会成为不现实的，都会丧失自己的必然性、自己存在的权力、自己的合理性。”当代的新园林文化，只能由当代人自己来创造，这个创造，并不是一味诋讥古人就可以达到的，相反，它却应当建立在古人智慧的基础之上。

下面，将分别介绍私家园林和皇家园林的实例。由此，我们会更深切地感受到明清园林的价值。

四、江南私家园林

与江南经济发达，人文茂盛，以及有利的自然条件有关，明清私家园林以江南的成就最高，特点也最鲜明。明清两代，江南经济冠于全国，朝廷赋税的三分之二皆取于此。江南园林在乾嘉间以扬州为中心，咸同间渐转至苏州，江南其他地区如南京、无锡、常州、上海、杭州、嘉兴、海宁等地，也皆园林荟萃之区（图9-3-1）。

江南私家园林与北方皇家园林相比，有以下几个特点：一、规模较小，曲折有致。江南私园一般只有几亩至十几亩，大者也不过五六十亩，小者仅一亩半亩而已，故有“一拳代山，一勺代水”之喻。造园家的主要构思是“小中见大”，即在有限的范围内运用含蓄、扬抑、曲折、暗示等手法来启动人的主观再创造，造成一种似乎深邃不尽的景境，扩大人们对于实际空间的感受，仿佛延展了园林的实际范围。整座园林开合多变，处处有令人流连的景观，时时有使人难忘的变换。人们在其中漫游，获得了大量蕴含着情感的美的信息，情绪随之而起丰富的变化，忘却了有限，似乎自己已融合进自然的广阔天地中去了。园林设计要求尽量延长人在园中流连的时间。如果说北京午门广场加长纵深距离和天坛加长从入口到丹陛桥的距离，是化空间为时间，以充分激化人的感情的话，那么，园林中的这种处理就是化时间为空间，同样深化了人的感情。二、“有水园亭活”（司马光《小圃睡起》）。私家园林的构成方法，大多都离不开水，并以水面为中心，四周散布

图9-3-1 江南水乡风光

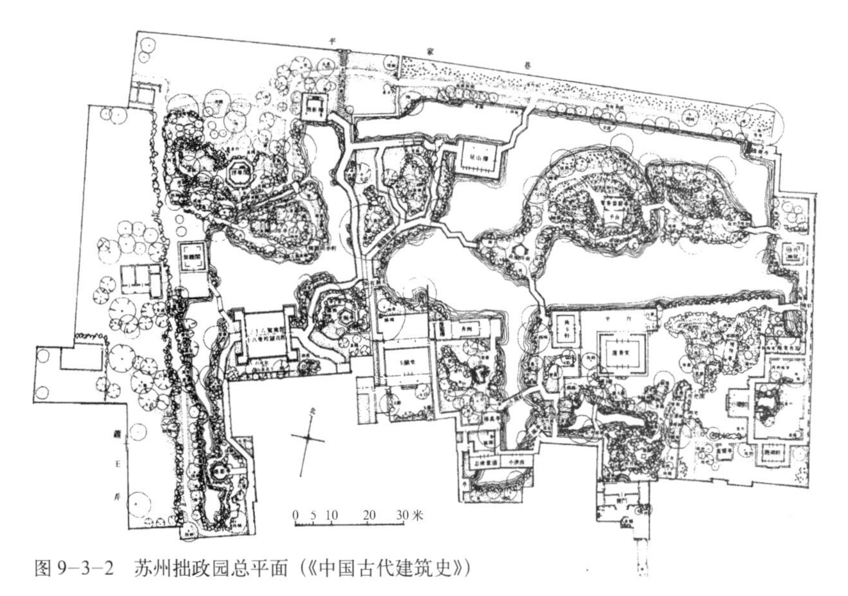

图 9-3-2　苏州拙政园总平面（《中国古代建筑史》）

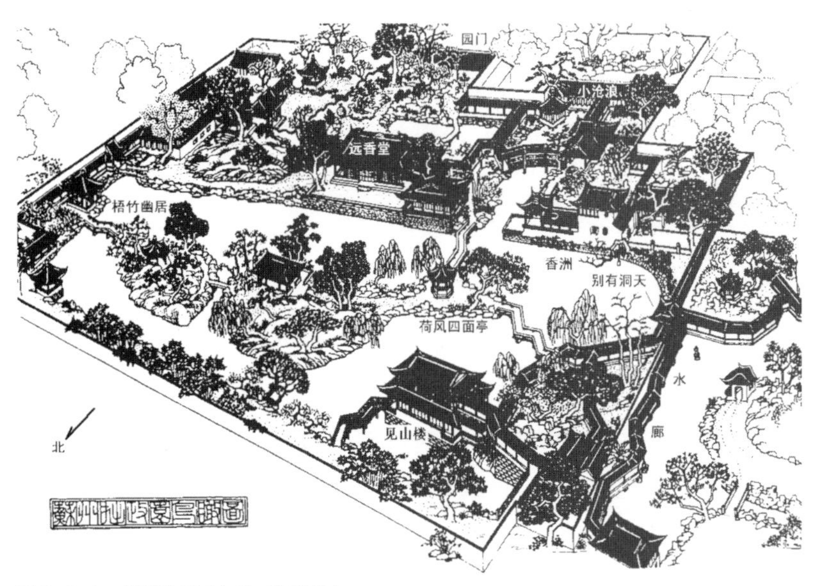

图 9-3-3　苏州拙政园鸟瞰（杨鸿勋）

图 9-3-4　拙政园别有洞天半亭（资料光盘）

建筑。构成一个个景点，几个景点围合而成景区。景点、景区之间互相对比呼应，而成全园。三、园主都是官僚（或退隐官僚）而兼地主或富商，在以修身养性、闲适自娱为园林主要功能的同时，又加进了如享乐、宴客等其他功能。四、园主多具有较高文化修养，不少人是文人学士出身，能诗会画，善于品评，他们自有一套士大夫的价值观和品鉴标准，以清高风雅，淡素脱俗为生活的或至少是精神生活的最高追求。园林的风格也以此为上，充溢着浓厚的书卷气。若以绘画作比，江南私家园林应更近于南宗山水。

拙政园　在苏州城内北部，始建于明正德四年（1509），距今已近五百年。御史王献臣初建园时引晋·潘岳《闲居赋》“筑室种树……池沼足以渔钓……灌园鬻蔬，以供朝夕之膳，是亦拙者之为政也”，自比“拙者”，以排遣他从政的失意，寄意归隐之情。王友文征明曾为此园作记及绘图三十一幅，现仍存。据文氏《拙政园记》及《拙政园图》，知明代的拙政园实在是十分的简疏，唯一楼一堂六亭二轩而已，也没有现在池中的两座小岛，正接续着两宋简淡的遗风。园曾多次易主，兴废相继，现存园貌主要形成于清末。

拙政园全园分东、中、西三部，占地六十二亩，在苏州属大型园林。园东部早废，旧园只存中、西二部而以中部为主。中部略呈横向矩形，水面较多，约占三分之二的面积，居中，横长，水中堆出东西两座山岛，山上各有一亭，又用小桥和堤分水面为数块。在水池西北、西南方向和东南角伸出几条小水湾，岸线弯曲自然，有源源不尽之意。南岸留出较多陆地，建筑主要集中于此，接近园南的住宅，便于使用。由宅入园的园门就开在园南墙中部。水池东、西岸也有少量建筑，北岸距北墙很近，没有建筑（图 9-3-2 ~图 9-3-7）。

图 9–3–5　拙政园香洲（萧默）

图 9–3–6　拙政园水廊（萧默）

图 9–3–7　拙政园与谁同坐轩

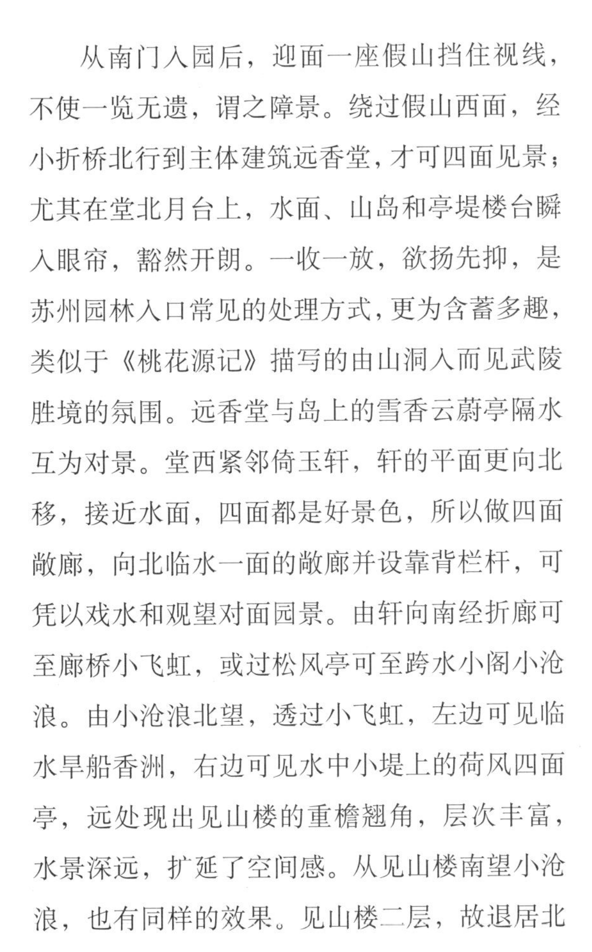

从南门入园后，迎面一座假山挡住视线，不使一览无遗，谓之障景。绕过假山西面，经小折桥北行到主体建筑远香堂，才可四面见景；尤其在堂北月台上，水面、山岛和亭堤楼台瞬入眼帘，豁然开朗。一收一放，欲扬先抑，是苏州园林入口常见的处理方式，更为含蓄多趣，类似于《桃花源记》描写的由山洞入而见武陵胜境的氛围。远香堂与岛上的雪香云蔚亭隔水互为对景。堂西紧邻倚玉轩，轩的平面更向北移，接近水面，四面都是好景色，所以做四面敞廊，向北临水一面的敞廊并设靠背栏杆，可凭以戏水和观望对面园景。由轩向南经折廊可至廊桥小飞虹，或过松风亭可至跨水小阁小沧浪。由小沧浪北望，透过小飞虹，左边可见临水旱船香洲，右边可见水中小堤上的荷风四面亭，远处现出见山楼的重檐翘角，层次丰富，水景深远，扩延了空间感。从见山楼南望小沧浪，也有同样的效果。见山楼二层，故退居北部稍远，不致对水面造成压抑，同时降低楼层高度，又使体形横长。香洲如舫，前部临水，建筑也较低，最前的“甲板”更低临水面，可收降低视点增加水面深远的效果。香洲后部为楼，可登临一览水中二岛三亭。香洲本身造型极好，既有“舟”的意味，又不违建筑规律，轮廓丰富，体态玲珑，是周围各观景点欣赏的对象。香洲之西有玉兰堂，堂南有一专属的僻静小院，植湖石数块、玉兰一株。过堂沿廊北行至半亭别有洞天。由半亭东望，透达纵深水面遥见东岸方亭梧竹幽居，南岸建筑迭起，北面树石隐映，形成景色对比，水中的荷风四面亭和低近水面的折桥更增加了景观层次，拓伸了景深，谓之隔景，使人有江南水乡漫漫的感受。半亭西壁有一月洞门，过门可达西园，门上匾曰“别有洞天”，恰好道出了游人此时的感受。由半亭顺折廊北去可至西北角的见山楼。登楼望园，波光点点，柳丝依依，亭阁争辉，

疑入画图。北眺则见城偎市廛，历历入目。水池里的荷风四面亭在二桥一堤相汇的交点上，平面六角，角翘高举。它的位置特别重要，不但是环顾四周景色的佳处，也是周围各景点近观的对象和远观的衬托，同园林中的多处建筑一样，既能得景又复成景。因为它主要是近观的对象，所以体量小，体形丰富。它和东岛上的北山亭体量都很小，也是为了衬托山势。西岛山势较大，山上的雪香云蔚亭又是远香堂的主要对景，所以体量稍大。雪香云蔚亭的体形横长，与同是横长的山形有很好的默契。二岛南岸以石为主，石矶低落水面，组合丰富；北岸以土为主，植苇树柳，有村郊野趣。由水池东岸梧竹幽居亭西望，透过水池亭阁，在树梢之上可遥见远处的苏州北寺塔（报恩寺塔），将塔景“借”入园内，是借景佳例。园的东南角有一园中之园，名枇杷园。枇杷园与水池之间堆起土山，起二者之间的隔景作用，并与水中二岛取得呼应。土山上有绣绮亭，与远香堂及岛上二亭互为对景。

园西部自别有洞天进，也有曲水回抱。水南的十八曼陀罗花馆和三十六鸳鸯馆实为一座建筑而内部分为南北二厅，北厅宜于夏秋，可隔水观看假山上的亭阁与谁同坐轩，水中有鸳鸯游嬉；南厅宜于冬春，面对小院中的山茶（又名曼陀罗花）。但这座建筑体量过大，与山池尺度不合。西园的东部，水面折成南北纵长，南北两端分置一亭一楼，也互成对景。南端小亭在小山上，从中园也可看见，故名宜两亭。此水东岸紧接中园西墙，在此置南北向临水折廊，处理最为上乘。长廊跨水，下承石墩，水面探入廊下，感到幽曲无尽。廊平面随墙而行微有曲折，竖向也自然起伏。廊、墙之间更空出一角小院，有几点怪石，数竿细竹，一枝芭蕉，映衬在白粉墙上，似竹石小品立轴，显出无尽的画意。类似这样的处理在苏州园林随处可见，初似淡淡无心，实为艺术家才思精微的表现。

网师园　在苏州城内东南，始建于乾隆间，园主宋宗元，园名寓渔隐之意，此后几经易手，现存园貌大半是乾隆六十年（1795）富商瞿姓所属时之旧，距今也有二百年了。园面积八亩许，属苏州中型园，但布局精妙，是苏州中小型园林之最佳胜者。园东邻园主住宅，二者之间有数处门道可通，以园东南角额曰“网师小筑”的小门为主要园门。

入门一短廊西接小山丛桂轩，轩的南、西两面是小院，幽曲深闭，桂香满庭；轩北以黄石叠成名为“云岗”的假山挡住北向视线；只有从轩西折廊迤北，通至轻灵小巧的濯缨水阁，才湖光潋滟，顿觉开朗。这种在中国园林中惯用的欲扬先抑的手法，在拙政园中已见。

网师园水池居中，基本方形，面积甚小，但岸石低临，进退迂回，复于石下仿波浪冲蚀的意象向内伸进。临水建筑也尽量低近水面，在池的东南、西北二角伸出溪湾。这些处理，都开扩了景境，使小小一池仿佛竟有浩漫之意。由濯缨水阁傍西墙北行，有廊渐高，登至一亭，亭也仅高出水面1米许，但与其他体量均小的建筑相比，仍有登高一览的效果。亭额“月到风来”，皓月当空，清风徐徐，弄皱一池春水，正是此亭的意境。亭北跨水湾，过折桥，可通向一苍松翠柏怪石嶙峋之区，体量较大的看松读画轩北离水岸，隐在松柏之后。轩东的集虚斋为楼，也远离水池。斋南竹外一枝轩以廊向水，空巧通透。此轩东端南接射鸭廊，再接射鸭水阁。此阁实为一座半亭，以美丽的歇山面朝向水池，阁背贴在住宅后堂的山墙上。阁和廊的临水面都有靠背栏杆。射鸭水阁、月到风来亭与濯缨水阁呈品字相望，组成沿池三角形观景点，互相得景成景。由月到风来亭之北有小门通向西院，为一附属小院，置书房。自此门洞回望射鸭水阁，画面十分美丽。以门洞作框，是谓框

图 9-3-8　苏州网师园月到风来亭

图 9-3-9　苏州网师园（杨鸿勋）

景。苏州园林非常注意门洞、窗洞的框景效果，几乎从每个门洞和敞窗中望出去，都会遇到迷人的景观。射鸭水阁的歇山面和阁后住宅硬山山墙的关系处理极好：阁不能再向南移，以免两个屋顶山尖正对的尴尬；也不能再向北去，使得两座建筑的屋顶北坡线相混。现在的位置恰到好处，只从山墙中线略略偏北，并不过分。水阁冲破了庞大山墙的板滞，阁南堆起一丛山石，石旁种植小树疏竹，山墙上开了两方假漏窗，漏窗上横列一条披檐，平衡了以山墙为背景的画面构图，又进一步破除了整个宅院西墙的呆笨感（图 9-3-8 ～图 9-3-12）。

园内及园东住宅如撷秀楼等，各室内部装修都十分精巧雅洁。

沧浪亭　在苏州城内南部，是苏州现存诸园始造历史最久者，原为五代吴越国吴军节度使孙承佑别墅，北宋时由苏舜钦购得，临水建沧浪亭，因以名园，并作《沧浪亭记》；后几经易主，先后归北宋宰相章淳和南宋韩世忠所有。元明时园废，改作佛庵，清康熙时又归巡抚宋荦，

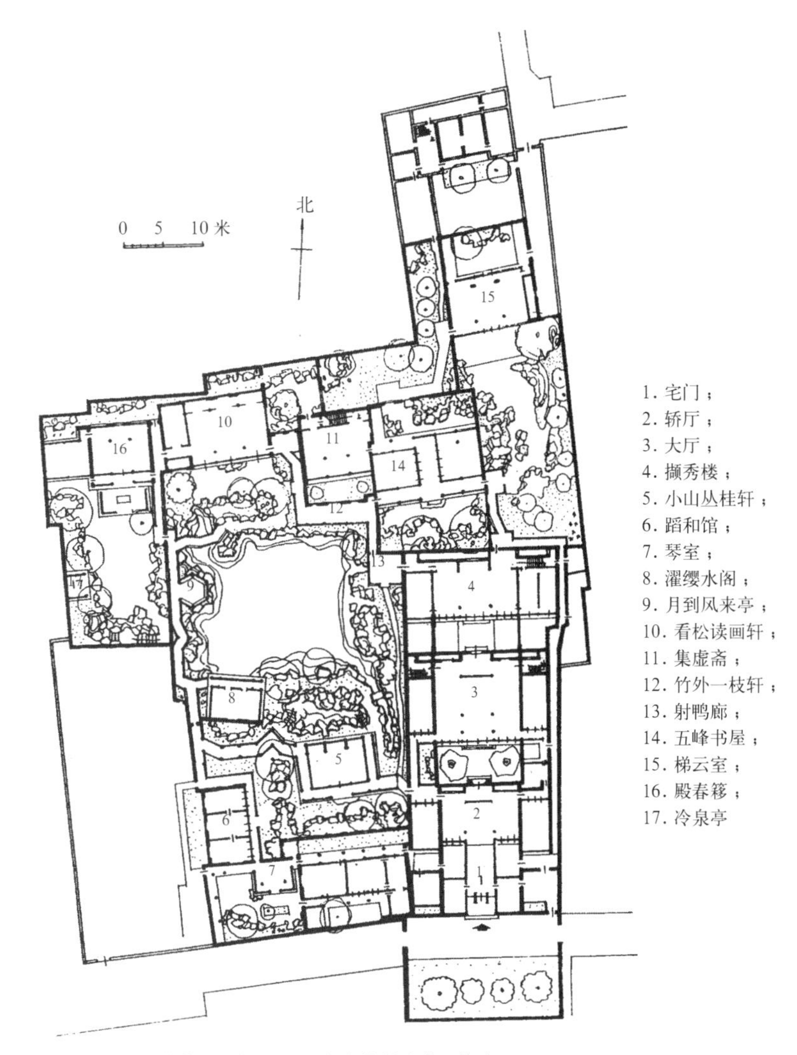

图 9-3-10　江苏苏州网师园总平面（《苏州古典园林》）

图 9–3–11 网师园射鸭水阁（萧默）

图 9–3–12 网师园叠石池岸（萧默）

图 9–3–13 苏州清《沧浪亭图》刻石

移沧浪亭于园内山上。咸丰间园又有毁，同治十二年（1873）再兴，现存即多成于此时。全园面积十六亩半（图 9–3–13）。

此园坐南朝北，构图的最大特点是园内少水，中央实以山阜，建筑环山布置，而园北紧临河池，规划者充分利用这一条件，将园外水景纳入构思，以补园内少水之憾。从北面渡石桥过门屋入园，面对山丘西脚，略作遮挡。山丘石土相间，林木森郁，其巅居东，上有石柱方亭，即沧浪亭。门东山北有曲折有致的长段复廊（即深两间，两面开敞，中为墙的长廊）颇见精彩：内侧行见山色，外侧临水，可流连园外水景。廊两端的“面水轩”和小亭“观鱼处”，皆是观水佳处。廊墙上的漏窗则景通山水，联结内外。若由对岸观园，复廊一带，又构成美好景色，观鱼处的四角攒尖屋顶提示出此景的起点。此段建筑原仅有面水轩，以后加建复廊，丰富了园景（图 9–3–14 ～图 9–3–17）。

北门内沿西廊向南有小院，院墙表面嵌多幅历史人物故事砖雕。其东侧为清香馆和五百名贤祠，建于道光七年（1827），木壁上线刻历代名人像数百方。祠南有厅屋翠玲珑和看山楼，东为明道堂庭院。明道堂是园中最大建筑，格局严整，环境清幽。

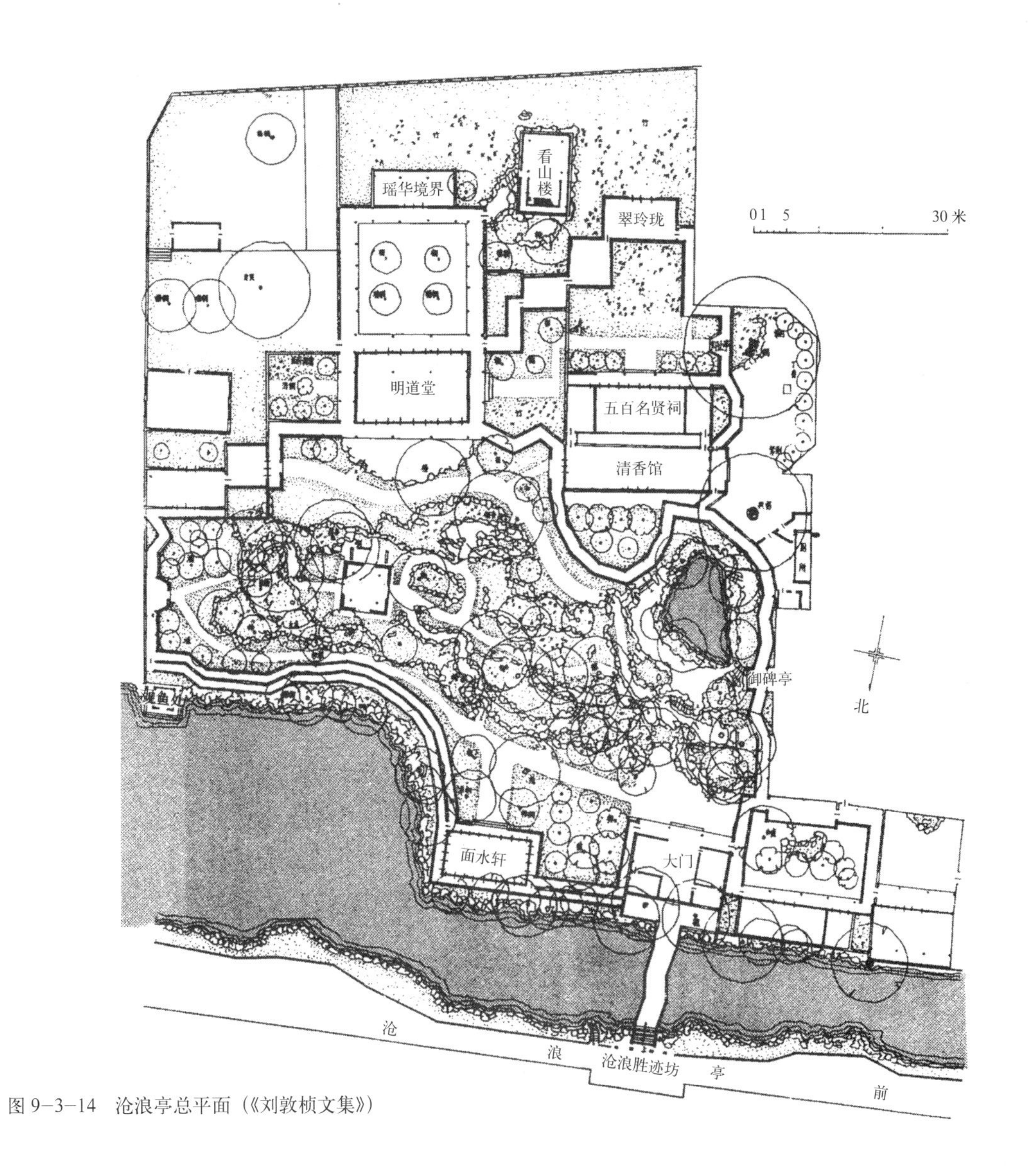

图 9–3–14 沧浪亭总平面（《刘敦桢文集》）

图 9–3–15 清康熙时沧浪亭北面景象及现状（杨鸿勋）

图 9-3-16　苏州沧浪亭北面（萧默）

图 9-3-17　沧浪亭园中之沧浪亭（萧默）

图 9-3-18　戈裕良画像（萧默）

图 9-3-19　苏州环秀山庄假山（萧默）

此园以园内外景色结合取胜，水宽山紧，园内山体似觉过大，所留隙地局促，园南一带，建筑密度也较大，全园不够开旷，是其缺陷，显出晚清园林的通病。

环秀山庄　在苏州城内北部，成于乾隆、嘉庆时代，极小，仅约一亩，而以假山最为知名。假山在园内北部，其南为一方平地，再南为厅堂。山下有水，山水结合，形成曲折回环的水湾，宛然湖岛相依，而以小桥与平地相连。此假山在园林中应属中型，但高也只有数米，面积仅约半亩，却集中了山岭、峭壁、峡谷、溪涧、岩洞、飞桥和穿插山间的磴道，远观脉理起伏浑然天成，近赏山路上下步移景异，宛如真山，尽显咫尺山林之境。山路从西南小桥入，沿水东行北转入洞，由洞中登磴道东北出至山顶，再向南绕西而北再东入山顶之亭，极尽曲折。此山出自乾嘉时江南杰出的叠山名家常州人戈裕良之手。戈裕良叠山不用条石筑造山洞洞顶，而利用起拱原理，"只将大小石钩带联络"，使"入山洞者如置身桂粤"，"如真山洞壑一般"（图 9-3-18 ～图 9-3-21）。

留园　苏州著名园林之一，明代原为徐泰东园，清嘉庆三年（1798）刘恕重建，称寒碧

图 9-3-20　环秀山庄假山（萧默）

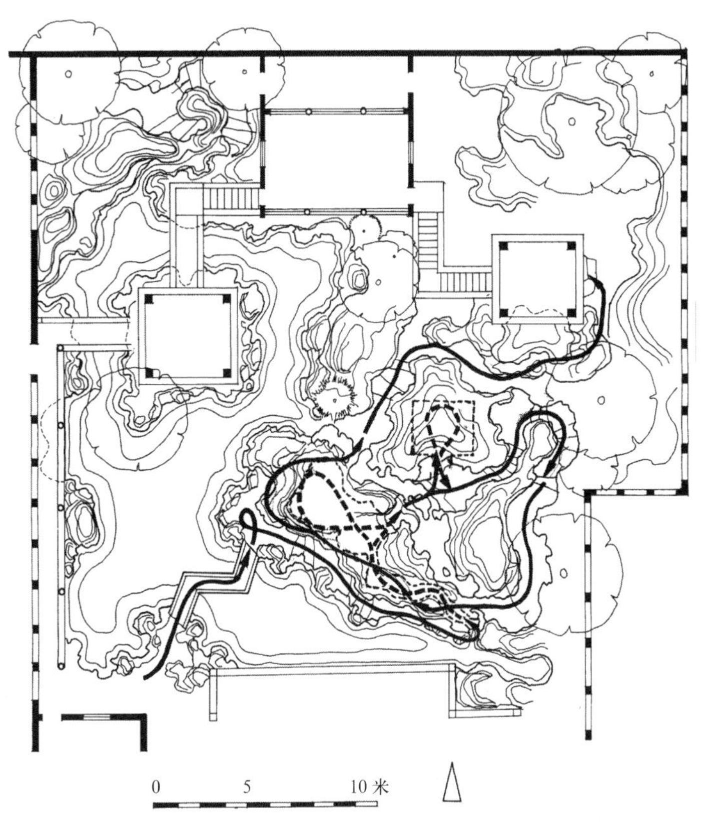

图 9-3-21　苏州环秀山庄后部平面及叠山穿行路线（汪礼清重绘）

山庄，又称刘园，晚清光绪间拓建，经过太平天国战争侥幸存留下来，遂改名留园。全园包围在住宅的西北两面，宅西有专门入园的通道。临街园门在通道南端，平淡朴素。入门后北行，要经过许多小天井，曲曲折折走过长达 50 多米的路程，再经过古木交柯小院和绿荫亭，先通过漏窗，再通过开敞性更大的框窗，将主景逐渐显露，最后才豁然开朗，是又一个成功构筑了含蓄意境的佳例。

园的西部是主景区，西面、北面以假山为主，逶迤起伏；东面、南面以建筑为主，东有曲溪楼，南面自东而西为古木交柯、绿荫、明瑟楼和涵碧山房，大小高下，体量、体形丰富多变。其间虚以水池、小岛和折桥。园东过大厅五峰仙馆和揖峰轩为林泉耆宿之馆，馆内木装修和家具是江南典型风格的代表。馆北在小水池中立着称为冠云峰的假山，突出危峰屹立的意境，是苏州最有名的独石。相传为宋代花石纲的遗物，当年采运过程中落下太湖，以后移来园中（图 9-3-22 ~图 9-3-26）。

退思园　晚清光绪间安徽兵备道任兰生因咎获贬，回归故里苏州同里镇建造此园，以求韬晦。全园一字展开，中为庭，东为园，西为宅。

园地虽小，而古木掩映，山水毕具，亭楼参差，精致而玲珑。建筑都紧贴水面，故又有贴水园之称。退思草堂是园内主体，座北向南，前有月台贴临水面。对面偏西之石舫名闹红一舸，是观鱼佳处。堂、舸之间的水芗榭适成二者过渡，也是东园的入口。远处之山亭退居一角，增加了全园轮廓的起伏。草堂对面则有天桥围合。各景点既可成景，又能得景，颇费巧思。

草堂东南眠云亭高起，下层外包湖石。亭前临湖小径砌叠极佳，岸线曲折进退，水面探入石下，仿太湖水冲石岸之意，自然有致（图 9-3-27、图 9-3-28）。

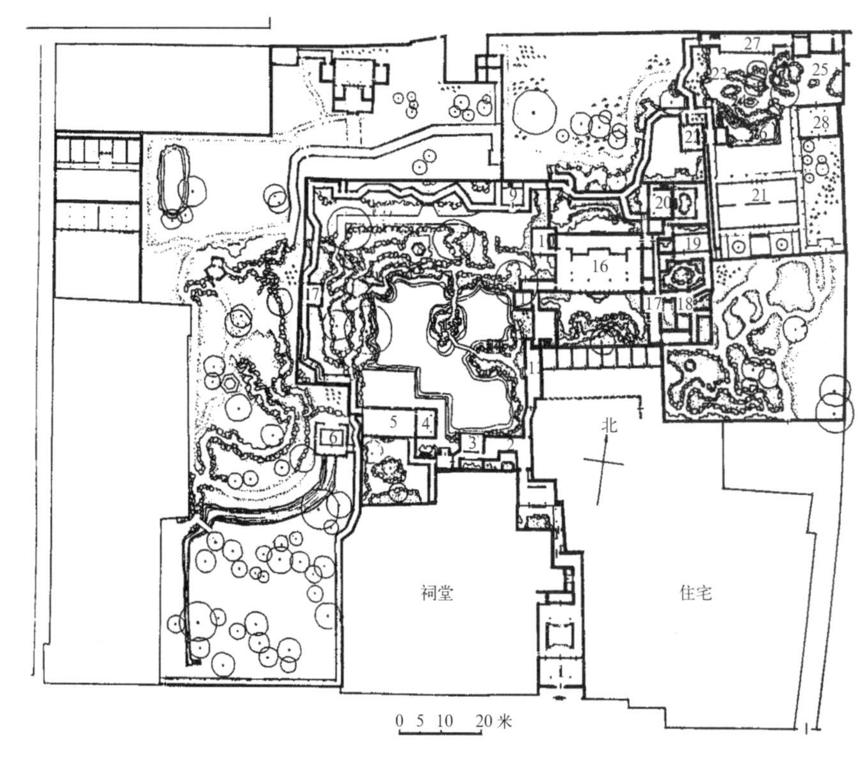

1. 大门；
2. 古木交柯；
3. 绿荫；
4. 明瑟楼；
5. 涵碧山房；
6. 活泼泼地；
7. 闻木樨香轩；
8. 可亭；
9. 远翠阁；
10. 汲古得修绠；
11. 清风池馆；
12. 西楼；
13. 曲溪楼；
14. 濠濮亭；
15. 小蓬莱；
16. 五峰仙馆；
17. 鹤所；
18. 石林小屋；
19. 揖峰轩；
20. 还我读书处；
21. 林泉耆硕之馆；
22. 佳晴喜雨快雪之亭；
23. 岫云峰；
24. 冠云峰；
25. 瑞云峰；
26. 浣云池；
27. 冠云楼；
28. 贮云庵

图 9–3–22　苏州留园总平面（《苏州古典园林》）

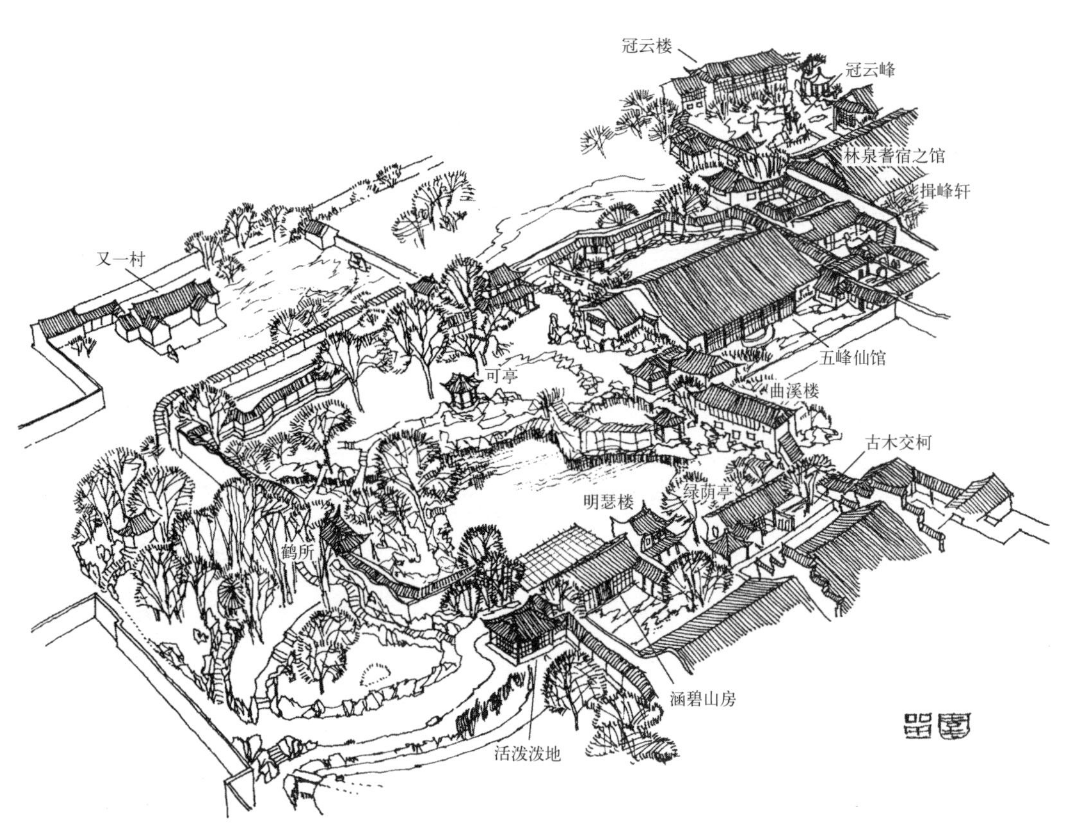

图 9–3–23　留园鸟瞰（李文佐图，赵玉春重绘）

图 9-3-24　苏州留园（苏州园林台历）

图 9-3-25　留园曲溪楼（苏州园林台历）

图 9-3-26　留园冠云峰（苏州园林台历）

图 9-3-27　同里退思园从天桥望退思草堂和闹红一舸（萧默）

图 9-3-28　退思园眠云亭下湖岸（萧默）

图 9–3–29　杭州胡雪岩故居（萧默）

图 9–3–30　胡雪岩园（萧默）

杭州胡雪岩故居芝园　胡雪岩，杭州人，晚清同治间富甲一时的红顶商人，宅园一体，建于同治十一年（1872），总面积 10.8 亩。园称芝园，在全宅一端，假山内有全国最大的人工溶洞。胡雪岩“家素贫，年弱冠，入钱肆习贾事，以诚谨闻”。但发家之后，卷入官商勾结，终于在李鸿章与左宗棠争夺政治权力的斗争中成为牺牲品，死于忧惧，园宅易主，渐破败。1999 年据沈理源 1920 年测绘的图纸开始重修，基本再现了原始风貌（图 9–3–29、图 9–3–30）。朱镕基对此园曾题词曰：“胡雪岩故居见雕梁砖刻重楼叠嶂，极江南园林之妙，尽吴越文化之巧，富埒王侯，财倾半壁。古云富不过三代，以红顶商人之老谋深算，竟不过十载，骄奢淫靡忘乎所以有以致之可不戒乎。”

以苏州园林为代表的江南园林色彩一般都很淡素，小青瓦屋顶，高高的屋角，不施彩画，黑色、栗壳色或棕色的柱子和梁架，衬托在白粉墙上，配以山石水面和随季节变换色彩的花树，好似水墨浅绛，十分赏心悦目。至于掇山理水、铺地筑垣、建筑装修和室内陈设，以及树木饲禽，都有一套独到的处理（图 9–3–31、图 9–3–32）。

寄畅园　在无锡西郊，始建于明正德年间（1506 ～ 1510），旧名“风谷行窝”，为户部尚书秦金别墅，隆庆间改现名。清咸丰十年（1860），园毁于兵火，现园中建筑多为以后重建，总面积约十五亩，但园的布局仍保留了较多明代风貌，大致可作为难得的明代园林规划的代表。

寄畅园西依惠山，东南望锡山，依形就势，成功地将两山风光引入园中。其西部假山，取惠山黄石叠掇，高不过 4 ～ 5 米，而轮廓起伏，主次有序，大势正似惠山的延续。山上栽植藤萝灌木，气势磅礴。山中悬岩夹壁间有幽深山谷，蜿蜒谷路，引惠山泉作溪水跌落，水音叮咚似八音齐奏，空谷回响，称八音涧。峰回路转，正疑无路间，忽见一侧现出小亭，引人登至山顶。此山在康熙时曾由著名叠山家张南垣之侄张钺重加堆筑，也是叠山佳作。

东部水景为园中主景，水面南北长呈不规则形，中部东西两岸分别有知鱼槛和鹤步滩凸于池中，池北端又有两座小桥，将水池加以分隔，使之若断若继，层次丰富，景象曲折幽深。在水池北端嘉树堂前平台东南望，可遥见锡山山顶龙光塔影，画面中的其他景点如知鱼槛和廊、塔一起，组成有机的完美画面构图。从池之东岸隔水西望，透过西岸假山上的林翳，也可遥见惠山。如此，均扩大了园内景深，是中国古典园林借景手法的范例。嘉树堂原为环翠楼，登楼远望，景界当更辽阔（图 9–3–33 ～图 9–3–38）。

全园建筑较少，布置疏朗得当，剪裁得体，

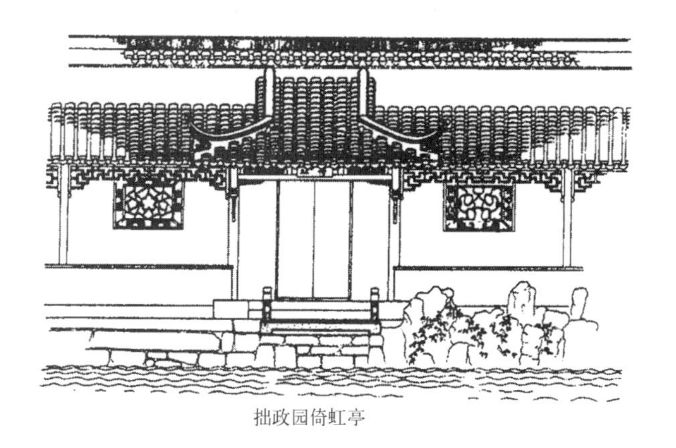
拙政园倚虹亭

怡园小沧浪亭

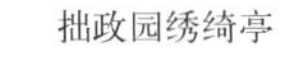
拙政园绣绮亭

拙政园塔影亭

图 9-3-31　江南园林中的亭子（《中国古建筑大系》）

倒影水中，颇多情趣；而树木丛密，自然风光浓郁，野趣横生，正是明代园林遗意。康熙、乾隆都曾驻跸此园。乾隆咏此园云：“独爱兹园胜，偏多野兴长”。

个园　在扬州城内北部，园主为一盐商，建于清嘉庆二十三年（1818），占地约九亩，因园中多竹，故名。

从园南两幢宅院之间的夹巷入园，进到园门以前就有几株白色笋状立石置于浓绿竹丛之中，写出春意盈盈的生机，称作春山。入园后，迎面有小假山为屏，绕小山北行至主体建筑桂花厅，厅北一湾水池，池北为一横置长楼，池东、西都是高达 6 ～ 7 米的假山。西侧假山以剔透玲珑的灰色湖石叠成，水通岩洞，洞悬钟乳，透出炎炎夏日中的一丝清凉，是为夏山。池东假山全以黄石叠成，脉理浑厚刚健，石色黄红，像是金秋时节的满山红叶，谓之秋山。秋山山中有深壑幽谷，奥洞悬岩，山路交叉盘旋，似不知所终，是江南叠山精品。园东南一角有“透风漏月”厅，是冬居围炉坐谈之所。厅南丛置几株宣石，石顶晶莹雪白，仿佛皑皑白雪，则为冬山。此四山以夏、秋二山为主，春、冬二“山”其实只是散置数石，作为主山的前奏或尾声。中国古代画论总结四季山色云：“春山淡怡而如笑，夏山苍翠而如滴，秋山明净而如妆，冬山惨淡而如睡”，又说“春山宜游，夏山宜看，秋山宜登，冬山宜居”，所述仿佛于个园四山一一切合。个园素以四季山色为假山知名，虽无从证明是否当初造园者有意为之，就实际效果言，很难说是无意的偶合(图 9-3-39 ～图 9-3-42)。

园林的铺地，式样丰富多彩。由于铺地承受的荷载小、磨损小，在地基、承重层等方面的结构就很简单。其主要功能是于游览时提供方便，在舒适和美观方面有很高的要求。园林的铺地逐渐成为一项专门的技术，历代的能工巧匠用自己的智慧和劳动创造了这个专门的工艺，并使之成为丰富园林艺术的一个组成部分。

一般房屋内多铺方砖，走廊地面除偶用方砖外，多以侧砖构成各种简朴的几何图形。室外露天地面往往结合环境采用多种形式，如踏步、庭院、道路和山坡蹬道等，有的用规整的条石、侧砖，有的用不规划的湖石、石板、卵石以及碎砖、碎瓦、碎瓷片、碎缸片等废料相配合，组成图案精美、色彩丰富的各种地纹。室外庭院铺地的图案式样，例如纯用砖瓦的图案有间方、斗纹等；以砖瓦为图案界线，镶以各色卵石及碎瓷片，图案有套八方等；以卵石与瓦混砌的有芝花等。其中以各色卵石铺地较多，花纹形如织锦，颇为美观。

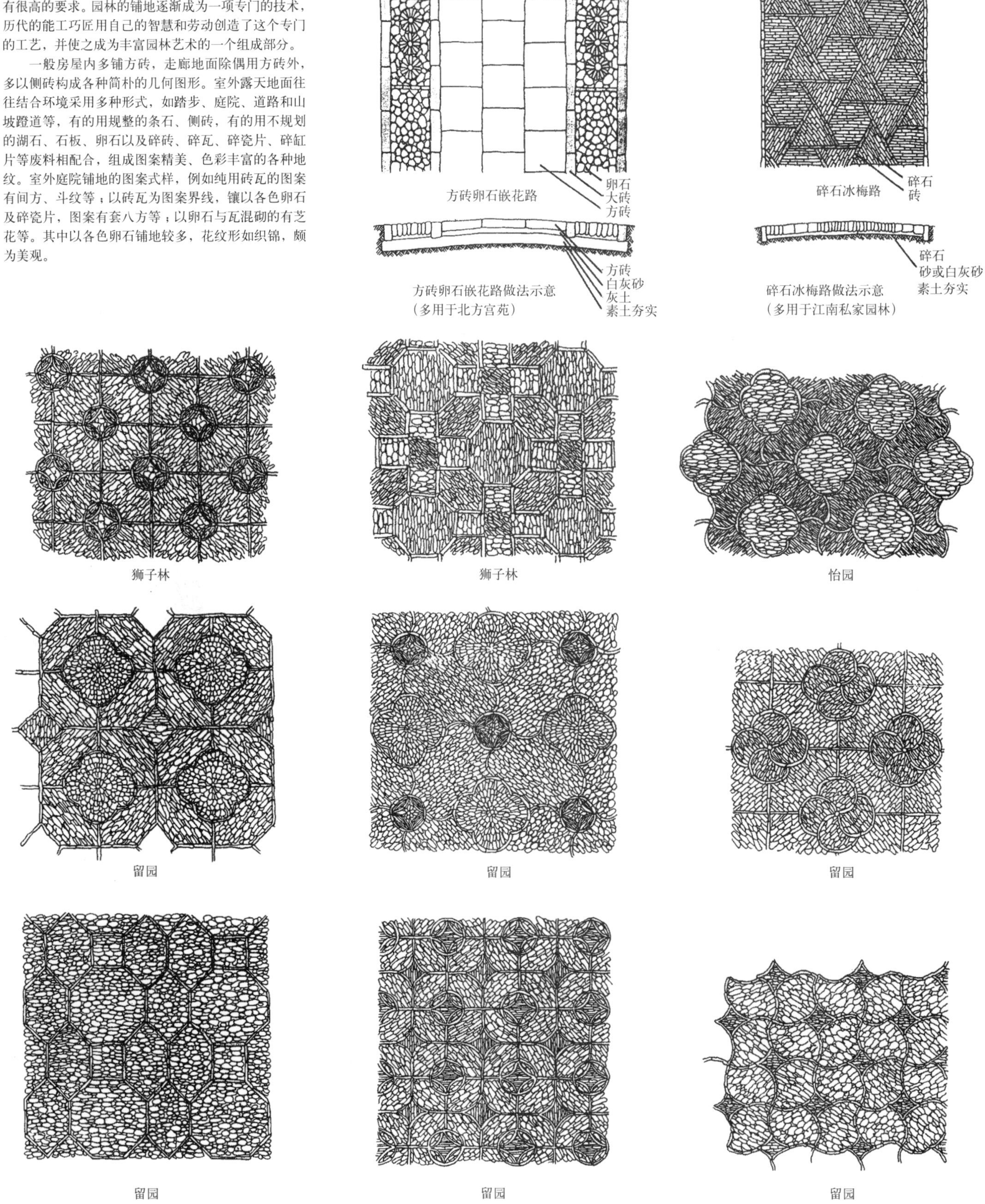

图 9-3-32　江南园林铺地（《中国古建筑大系》）

图 9–3–33　清《南巡盛典》绘江苏无锡锡山、惠山形势

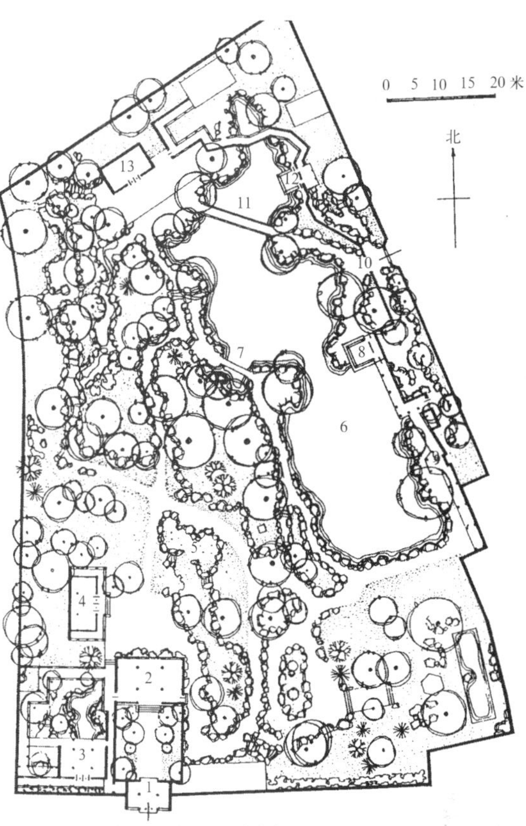

1. 大门；2. 双孝祠；3. 秉礼堂；4. 含贞斋；5. 九狮台；6. 锦汇漪；7. 鹤步滩；8. 知鱼槛；9. 郁盘亭；10. 清响月洞；11. 七星桥；12. 涵碧亭；13. 嘉树堂

图 9–3–36　寄畅园总平面（《中国古典园林史》）

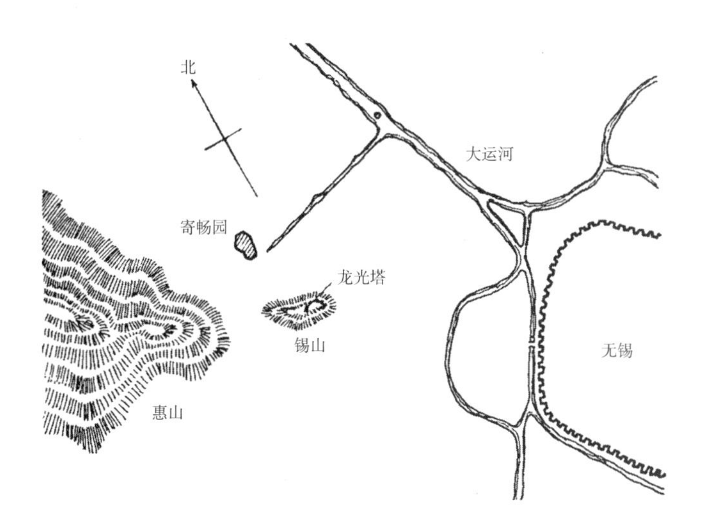

图 9–3–34　寄畅园位置图（《中国古典园林史》）

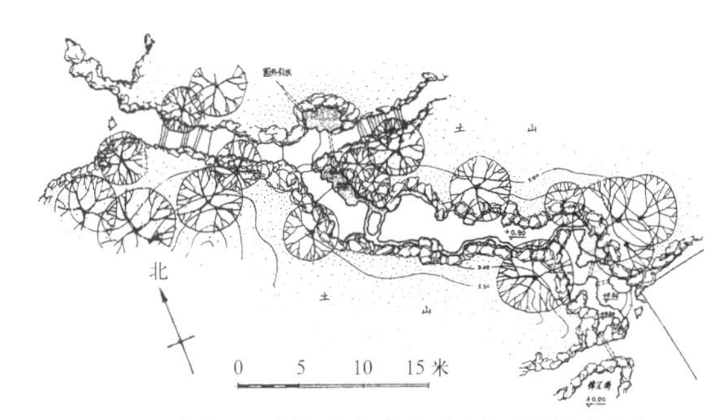

图 9–3–37　寄畅园八音涧平面（《中国古代建筑技术史》）

图 9–3–35　《南巡盛典》寄畅园图

图 9–3–38　无锡寄畅园（萧默）

图 9–3–39　扬州个园春山（萧默）

图 9–3–41　个园夏山（萧默）

图 9–3–42　个园秋山（萧默）

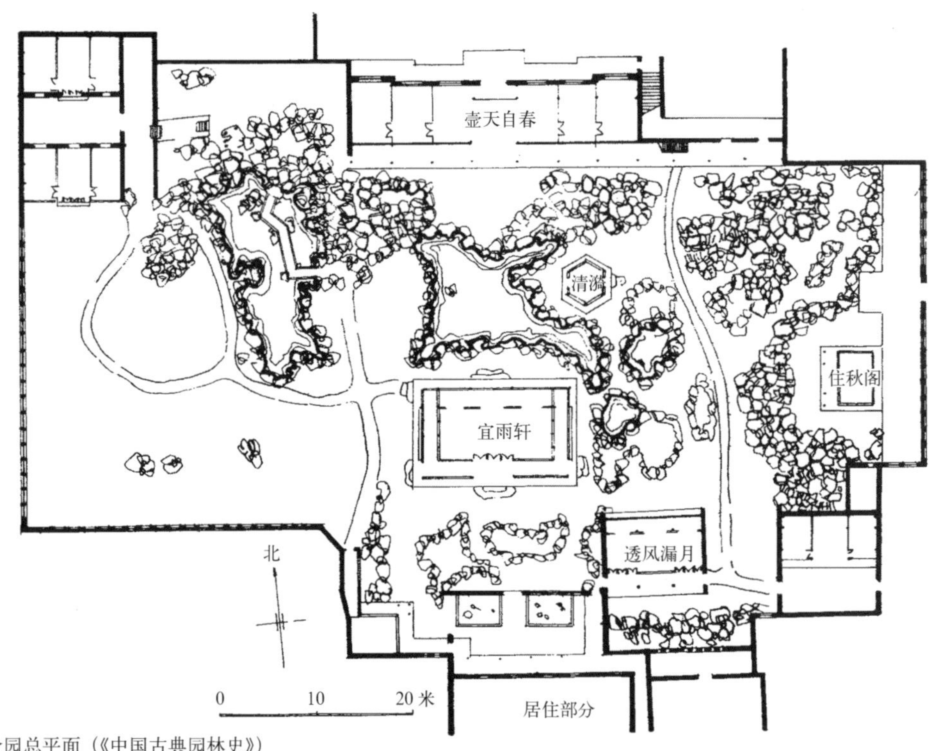

图 9–3–40　江苏扬州个园总平面（《中国古典园林史》）

个园池北长楼面阔七间，虽西端被夏山略略遮挡，仍然体量过大，使全园略显压抑，仍不免晚清园林之弊。

寄啸山庄　在扬州城内南部，又称何园，主要是光绪时在前园旧址上扩建完成。主景区在西部，大致呈横长矩形，西端向南弯出。园以水池为中心，北面一连串高低错落的楼屋是主体建筑，供主人起居，东、南两面都是二层楼廊，池西一面叠假山，显得四面高围，天地不够宽豁，但水中偏东有一座造型美丽的水心小亭，起着重要的成景作用，顿时丰富了景观。亭后（东）楼廊的下层为白粉墙，成为它简洁的背景。亭以凌波曲桥连通岸上，划分了水面。亭上可观鱼、赏月，也可演戏，优美的乐声经过水面反射，更加清越动人（图 9–3–43 ~ 图 9–3–45）。

图 9–3–43　扬州寄啸山庄水心亭（萧默）

图 9–3–44　寄啸山庄叠山（萧默）

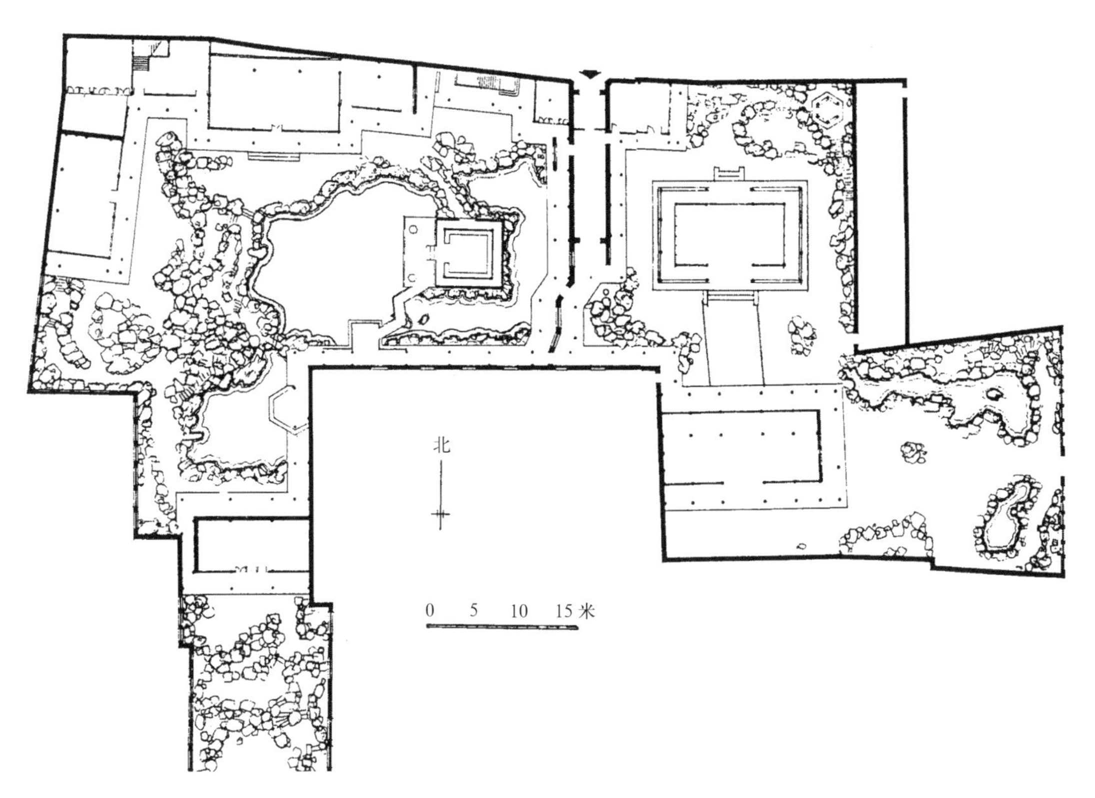

图 9–3–45　扬州寄啸山庄总平面（《江南园林志》）

由康熙乾隆两朝，扬州园林遍布坊巷，更向城外发展，城西、城北尤其是城西北沿狭长曲折的水面瘦西湖直到蜀岗大明寺一带，迤逦十余里，“两岸花柳全依水，一路楼台直到山”，数十座园亭相望，成就了历史上少见的一条带形园林群。道光以后，由于江南经济中心的转移，扬州园林已趋衰落，瘦西湖也已“楼台荒废难留客，林木飘零不禁樵”了。此数十座园林绝大多数已经不存，所幸瘦西湖中心区即小金山一带仍保存完好，成为公共园林。

瘦西湖　所谓“瘦西湖”其实并不是湖，而是一条宽窄相间的河道，由于两岸多有园林，遂以更富诗意的“湖”称之。小金山是湖中之岛，湖在此处呈东西向，岛居东端。在岛北向西凸入水中筑一段长堤。堤尽端建小亭名吹亭，方形重檐攒尖顶，与更西美丽的五亭桥和白塔隔湖成景。从亭中外望，桥和塔恰好镶嵌在两个圆洞门内，构成框景。五亭桥建于乾隆二十二年（1757），造型奇妙，在夕阳的背景下，越发显出秀丽而丰美的剪影。白塔也建于乾隆时，属法海寺，为瓶式喇嘛塔（图 9–3–46 ~图 9–3–48）。

瘦西湖一区，无大山大水，而河湖洲屿相继，岗阜小有起伏，亭台玲珑，柳丝依依，桨声如泣，箫鼓相闻，风情旖旎甜美。

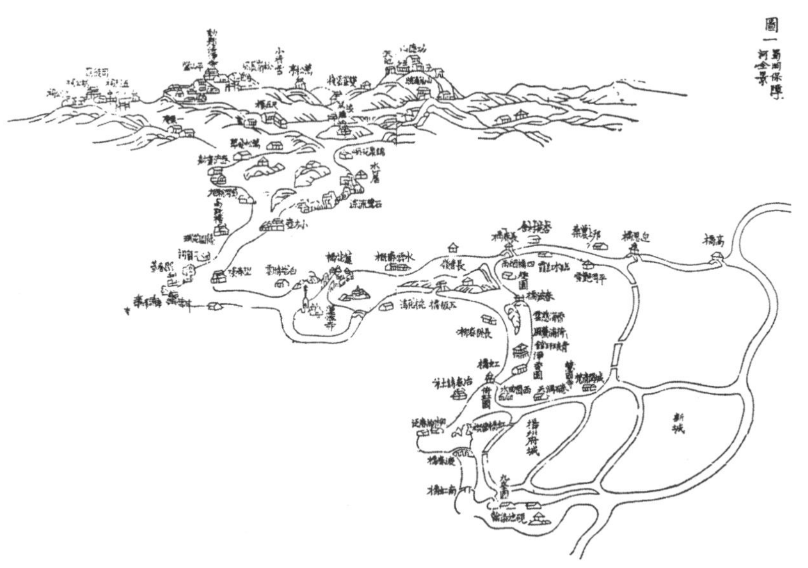

图 9–3–46　清《平山堂图志》绘扬州瘦西湖全景

五、岭南园林

岭南园林现存经调查者约四五十座，其代表作有号称粤中“四大名园”的清晖园、余荫山房、可园和梁园。这所谓“四大”，其实规模都不大，即使与江南私园相比，也只能算得上小型园林。它们都完成于同治以后至清末，多为商人或军阀所建。其总的特征除规模甚小外，建筑甚为密集，园中水池不作自然曲折，均为规则几何形，假山也仅是丛置数石或堆叠壁山而已。装修则与岭南其他建筑相同，无非木雕砖雕，陶塑灰塑，金漆彩绘之类，风格繁琐。同时，因清初以来与海外商业交往的发展，园中甚多西洋影响，除几何形水池外，又如拱券门窗、巴洛克柱头、彩色或雕花玻璃、釉面彩砖之类，皆是。

余荫山房　在番禺南村，建于同治五年（1866），面积仅三亩，园主为商人。园门设在全园西南角，经园门向北，过门厅、小院，右转经月洞门，迎面照壁有壁塑，再左折经“冷巷”及二门入园，小小的空间内颇有曲折，处理尚佳。园本身分东西二院，先入者为较小的西院。西院以北面的深柳堂为主体厅堂，装修精致，南北建筑相对成轴，两者之间为方形水池。池东一条游廊，隔断东西空间，中间拱起廊桥，

图 9–3–47　扬州瘦西湖吹亭（萧默）

图 9–3–48　瘦西湖五亭桥暮色（萧默）

造型亦佳。东院以八角形水池为中心，池西有小河过廊桥与西池相通，二池构成东西向轴线。此种轴线构图和水面的几何形状，显然可见西洋的影响。八角池中的八角亭称玲珑水榭，体量过大，其实并不玲珑。东院东北有小方亭和半圆的半亭各一座，西北另有桥、廊，可北通祠堂，或曲折通达西院。其余空地散置英石，栽植花木。英石产于英德，皱褶甚密。岭南湿润温热，一年四季树木葱茏。深柳堂前左右各一株花树，盛开时节，红花如雨，正合二门门联"余地三弓红雨足，荫天一角绿云深"之意。

东院之南有一独立庭园，称愉园，为主人日常起居读书之所。此"园"极其紧凑，主要建筑是位于中心的两层厅屋，称"船厅"，厅左右有天井，前方有小池，池前边逼近园墙，其间有小拱桥（图 9–3–49 ～图 9–3–51）。

总体而论，与江南私园和华北皇园相比，岭南园林的水平远在二者之下。

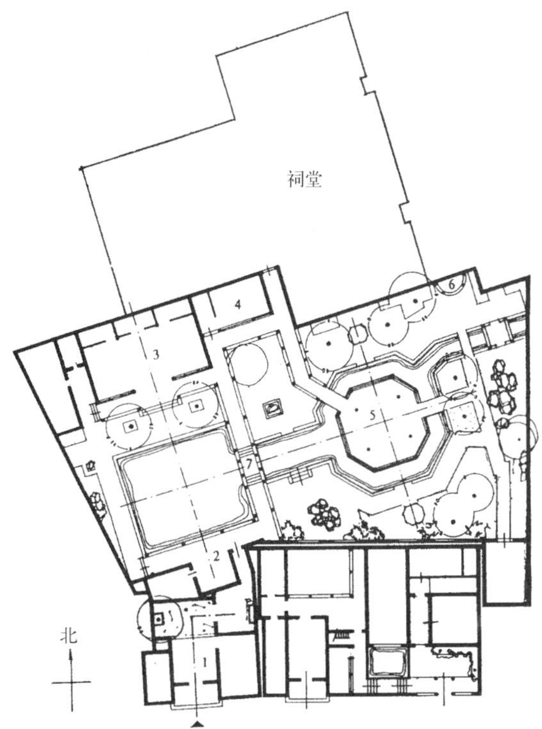

1. 园门；2. 临池别馆；3. 深柳堂；4. 榄核厅；5. 玲珑水榭；6. 南薰亭；7. 浣红跨绿桥

图 9–3–49　广东番禺余荫山房总平面（《中国古典园林史》）

图 9–3–50　番禺余荫山房浣红跨绿桥（萧默）

图 9–3–51　余荫山房由深柳堂望临池别馆（萧默）

六、皇家园林

盛清康乾时代，在北京西北郊建成了称为"三山五园"的大片皇家园林群，以圆明园规模最大。但是，包括圆明园在内的北京园林在 1860 年英法联军、1900 年八国联军两次侵略战争中受到了严重的破坏。圆明园完全被毁。清漪园又经重修，还比较完整，即今颐和园。在承德保存着离宫避暑山庄，规模也相当大（图 9–3–52）。

与私家园林相比，皇家园林有以下几个主要特点：一、规模都很大，以真山真水为造园要素，其损低益高，开池造山等人力加工，就更加注意与原有地形地貌的密切配合，选址更显得重要，造园手法近于写实。如避暑山庄，周围 40 公里，面积达八千多亩，园内有平原区、湖泊区和山峦区。其中山峦区占去全园五分之四的面积，山高都在几十米以上。圆明园、颐和园也动辄五千余亩，比起私家园林只有十几二十亩，假山高度不过 5 ～ 8 米，显然是大得多了。尺度的差异是决定皇园造园手法与私园不同的重要因素之一。而以苏州园林为代表的私园规模远不及皇园，又多居闹市，掇山通泉全为人工，以师法自然、写其真趣的手法，使人仿佛置身于真林泉中，重在写意。二、在皇家园林里几乎都有宫殿，集中的宫殿区常在园林入口处，用于听政，供居住用的殿堂则散布在园内，故皇家园林的功能内容和活动规模，都比私家园林丰富和盛大得多。三、皇家园林的艺术风格与私家园林也有明显差异，虽然没有正式宫殿那样庄严隆重，仍十分富丽华彩，飞丹流金，一片皇家气象。若以绘画作比，或可拟于北宗金碧。此外，北方建筑都较凝重平实，与江南的清秀灵巧不同，北方皇家园林受地方风格影响，也具有同样的倾向，与上述皇家气象恰可并行不悖。

但不论皇园私园，写实写意，这“天然”二字实在是二者共同遵行的基本原则，是从不被忽视的。皇家园林仍运用了一整套中国园林构图手法，如对景、借景、隔景、透景等等，其起承转合，含蓄委婉的精神，皆息息相通。清代的皇家园林更是有意地向私家园林学习，皇园中许多局部或园中小园，甚至是对江南私家园林大意的模仿。

颐和园　在北京西北 10 余公里，全园面积超过五千亩，主体由山、湖二部组成，万寿山居北，横向，高 60 米，昆明湖居南。元明时在万寿山南麓已有佛寺，清代扩建改造，成为皇家园林。乾隆十五年（1750）曾展拓湖面东部，使原来正对万寿山中部的东岸线退至山东麓部位，山和湖的关系结合得更加自然[①]。展拓后的昆明湖呈北宽南窄的倒三角形，水面辽阔，面积约占全园四分之三。此时园名清漪。咸丰十年（1860）毁于英法联军，光绪十五年（1889）重修，并改今名，二十六年（1900）又遭八国联军极大破坏，1903 年复重修，基本保持原建面貌。园外西面是西山、玉泉山重峦叠嶂，北面是平原，远望也是山岭，东南二面都是平原田畴。园内有自然山水，园外有崇山可倚，环境甚佳（图 9–3–53 ～图 9–3–56）。

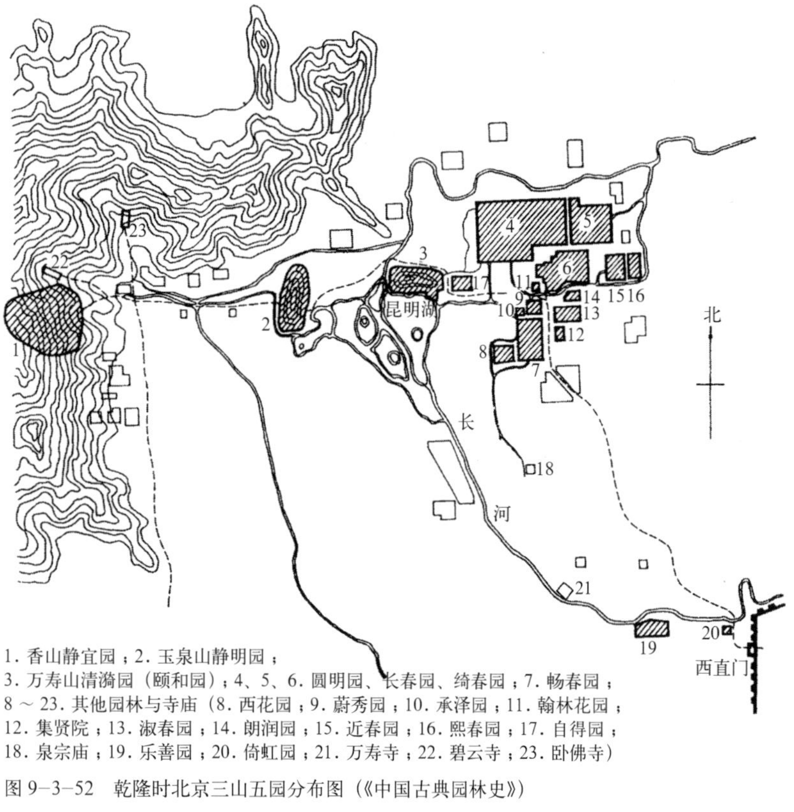

①周维权．颐和园的前山前湖 [M]// 清华大学建筑系．建筑史论文集·第 5 辑．北京：清华大学出版社，1981.

1. 香山静宜园；2. 玉泉山静明园；
3. 万寿山清漪园（颐和园）；4、5、6. 圆明园、长春园、绮春园；7. 畅春园；
8 ～ 23. 其他园林与寺庙（8. 西花园；9. 蔚秀园；10. 承泽园；11. 翰林花园；12. 集贤院；13. 淑春园；14. 朗润园；15. 近春园；16. 熙春园；17. 自得园；18. 泉宗庙；19. 乐善园；20. 倚虹园；21. 万寿寺；22. 碧云寺；23. 卧佛寺）

图 9–3–52　乾隆时北京三山五园分布图（《中国古典园林史》）

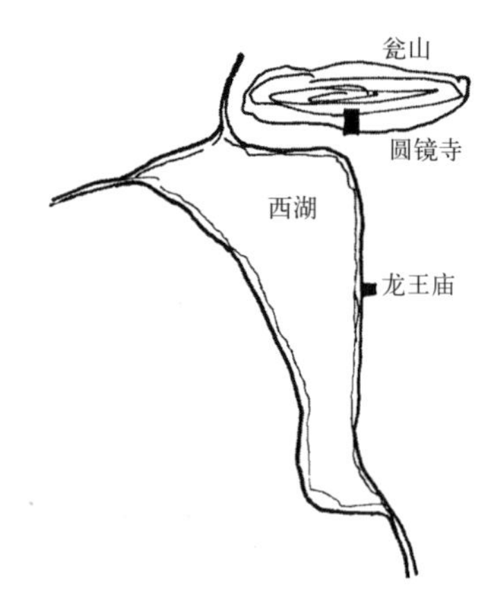

图 9–3–53　瓮山与瓮山泊原有地貌（周维权）

图 9-3-54　颐和园鸟瞰（挂历）

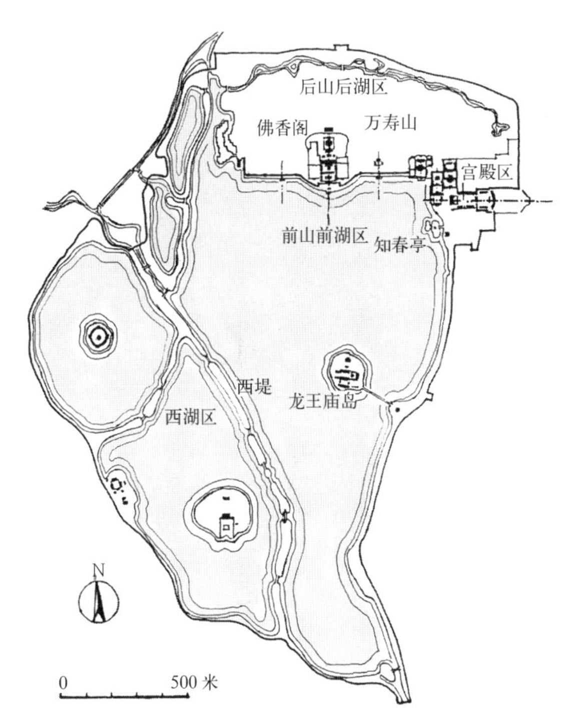

图 9-3-55　颐和园总平面（萧默）

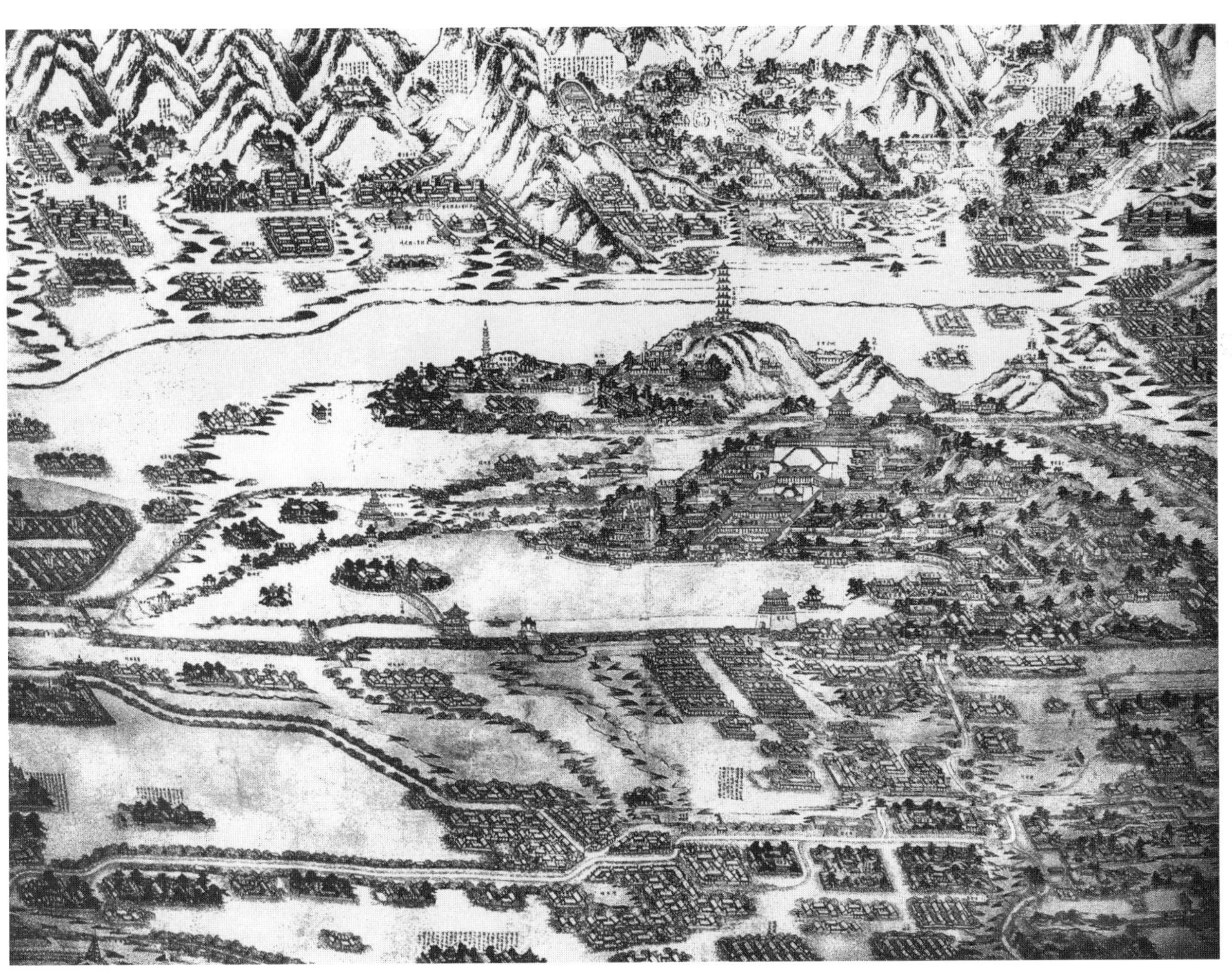

图 9-3-56　清代绘画清漪园及西山图

图 9-3-57　颐和园仁寿门

图 9-3-58　从颐和园昆明湖东岸望佛香阁（《中国建筑》）

图 9-3-59　颐和园前山前湖区全景（萧默）

图 9-3-60　颐和园万寿山（《中国古建筑大系》）

颐和园可分为宫殿区、前山前湖区、西湖区和后湖区四大景区，性格各有不同。

主要园门东宫门在昆明湖东北角，正当湖、山交接处。门东路北即圆明园，再折向东南可至北京城。入园后先是建筑集中的宫殿区，臣属可就近觐见，不必深入园内。此宫殿区仍取严谨对称的殿庭格局，但较之紫禁城的严肃气氛已轻松很多，建筑尺度也不太大，正殿名仁寿，只是青瓦卷棚歇山顶，院内又植树立石。正如紫禁城里的御花园是宫殿里的园林，要与全宫取得协调一样，它是园林里的宫殿，格调应与全园协调。

在宫殿区看不到湖光山色，要绕过仁寿殿，通过一条曲折遮掩的小道，或绕行殿右小道趋近湖边，进入前山前湖区，气氛才倏然一变。前泛平湖，目极远山，左侧知春亭隐映于岛上树石之间，右侧壮丽的佛香阁雄踞于万寿山前山之腹，视野十分辽阔，心情为之一振。远处玉泉山的塔影被借入园内，近处岸边的一排乔木又起了透景作用，增加了层次，加深了园林的空间感。这第一印象，就给人以戏剧性的强烈感受（图 9-3-57 ~图 9-3-61）。

万寿山体形比较平实，缺乏变化，但在南山坡耸起体量高大的佛香阁，与阁北的琉璃殿众香界一起，打破了呆滞的山体轮廓。佛香阁下有高台座，不在山巅而起于山腹，既强调了它与昆明湖的密切联系，更显示出它与山的亲和关系。试想，若将阁移至山顶，建筑与山、水的关系立刻就失衡了。此园在乾隆初改建时，原拟在现佛香阁的位置建造一座八角九层琉璃砖塔，但进行到第八层将要成功之际，皇帝忽以“京师西北不宜建塔”为由下令拆毁，易为四层八角楼阁，这在艺术上是一个很高明的决定。九层高塔体型瘦高，必与平稳的山形对比过大，不相协调，又与玉泉山体形类同的“玉峰塔影”相重复；改为体形宽厚的楼阁，恰好可以避免这一局面，且楼阁体量较大，足以承担全园构图中心的重任，控制全局，可谓三全其美。若无此阁，则应了陆游诗句“正欠雄楼并杰观，奇峰秀岭待弹压”，不足为景了。现存此阁系1903年重建，保存了乾隆时的原貌（图9-3-62～图9-3-67）。

在佛香阁前方，轴线上有密集的佛寺建筑群，如众星拱月，簇拥有情，气象万千。众香界则是纵轴系列的结束。轴线前端湖岸向湖中

图9-3-61 颐和园西堤、玉带桥和玉泉山塔（萧默）

图9-3-63 建成后的佛香阁建筑群（周维权）

图9-3-62 原建的大报恩延寿寺的延寿塔（周维权）

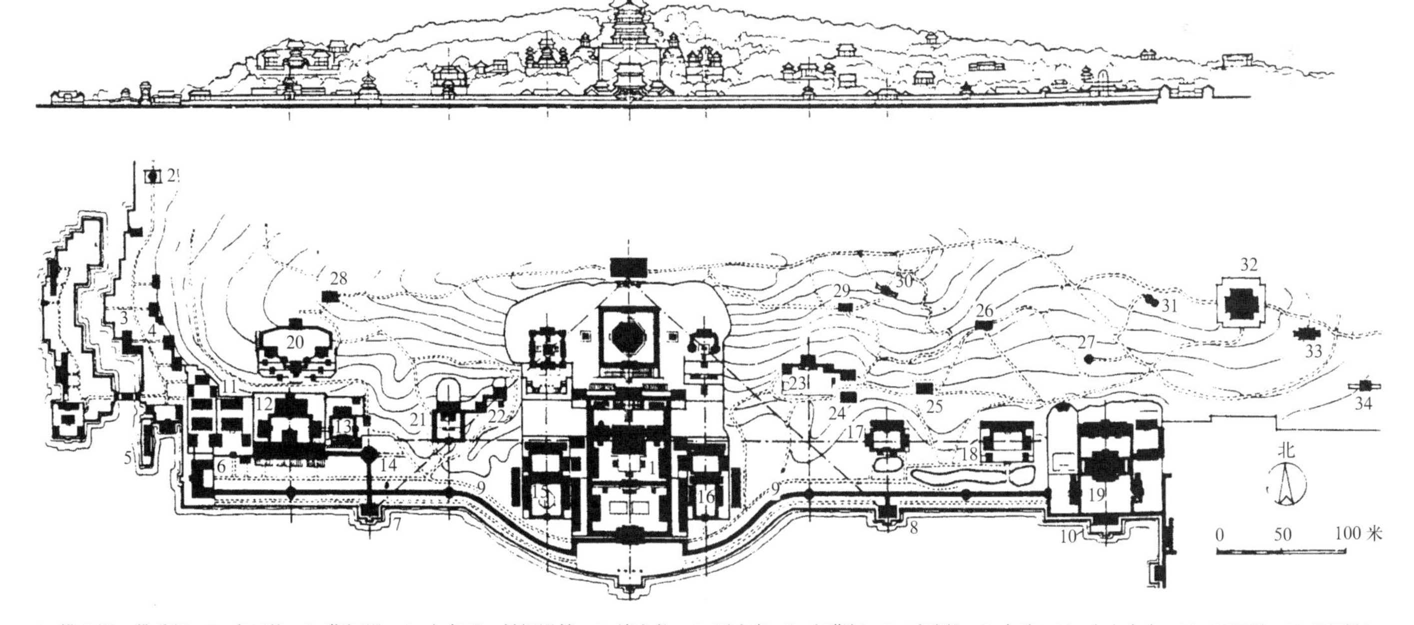

1. 排云殿、佛香阁；2. 宿云檐；3. 临河殿；4. 小青天、斜门殿等；5. 清宴舫；6. 石丈亭；7. 鱼藻轩；8. 对鸥舫；9. 长廊；10. 水木自亲；11. 西四所；12. 听鹂馆；13. 贵寿无极；14. 山色湖光共一楼；15. 清华轩；16. 介寿堂；17. 无尽意轩；18. 养云轩；19. 乐寿堂；20. 画中游；21. 云松巢；22. 邵窝；23. 写秋轩；24. 圆朗斋；25. 意迟云在；26. 福荫轩；27. 含新亭；28. 湖山真意；29. 重翠亭；30. 千峰彩翠；31. 荟亭；32. 景福阁；33. 自在庄；34. 赤城霞起

图9-3-64 颐和园前山立面、平面（周维权）

图 9–3–65　佛香阁与众香界

图 9–3–66　颐和园众香界（《中国古建筑大系》）

图 9–3–67　万寿山山顶：左为佛香阁，右为须弥福寿

凸出，在此建牌楼一座，进一步强调了阁的主体地位。佛香阁区域前面几个院落的建筑布局可谓外实内虚，阁本身所在的方形大台四沿建回廊，围成一座方院，则是外虚内实。山南麓还分布着一些用于居住的小宫院、用于游观的亭台楼阁和小园。在山脚与湖岸之间，与岸线平行，建造了东西长达 700 米的长廊，把山麓的众多小建筑群联系起来，又是人行的通道。长廊每隔一段凸起一座亭子，由亭又通过短廊与岸边水榭相连。长廊在靠近佛香阁组群轴线处向内弯转，与凸出的岸线之间形成一个广场，立大牌坊，称排云坊。这些，都避免了长廊可能会出现的单调，廊中凸起的亭子，恰似旋律中的重音，给长廊赋予了节奏（图 9–3–68 ～图 9–3–74）。

沿长廊西行至尽端，可见一石舫，与私家园林的石舫（旱船）相比，规模颇大，而符合大园的尺度。舫上楼舱是石建西洋巴洛克式建筑。这样的形式在圆明园“西洋楼”景区多见，由在宫廷供职的西洋画师设计，是乾隆猎奇心理的表现。以后，这种做法在城市商肆中多有模仿，被称为“乾隆风格”（图 9–3–75）。

图 9–3–68　从佛香阁前南望龙王庙岛

图 9–3–69　颐和园万寿山前的长廊（萧默）

图 9–3–70　颐和园万寿山碑

图 9–3–71　排云坊（萧默）

图 9–3–72　颐和园铜亭

图 9–3–73　颐和园“画中游”

图 9–3–74　从长廊水榭望西山（萧默）

图 9–3–75　颐和园石舫（萧默）

由佛香阁大台座南眺，可尽览湖区景色。正南偏东湖中有一大岛名龙王庙，是乾隆东扩湖面时特意留出的。岛上树木葱茏，楼亭隐现，是佛香阁的极好对景。岛上面北的涵虚堂是岛的主体建筑，与前山互相得景，地位重要，但体量嫌小，使岛的立体轮廓显得不够丰富。其实这里最初原是一座三层楼阁，名望蟾阁，那时效果一定会好得多。龙王庙岛东连十七孔桥。桥石砌，本身造型颇佳，但与岛相比体量嫌大。昆明湖北宽南窄，由佛香阁南望，远处变窄了的湖面增加了透视感，使湖面显得比实际更为深远。龙王庙以南的凤凰墩是一座很小的岛，隔着龙王庙；愈远愈小，也加强了这种错觉，愈使水面弥远。

湖东岸较平淡，有铜牛一尊，与湖西北名为“耕织图”的建筑群遥对，寓意牛郎织女的故事。耕织图一组景区现已不存，原地也已划在现园以外。东岸北部近岸有小岛，上建知春亭，是侧望佛香阁的最好观景点（图 9–3–76 ~ 图 9–3–80）。

颐和园前山前湖区性格开朗宏阔，真山真水，大笔触，大场面，大境界，建筑施以华丽彩画，佛香阁建筑群用黄琉璃瓦顶，风格浓丽富贵。

在湖的西部仿杭州西湖筑西堤，堤上有多座小桥（图 9–3–81 ~图 9–3–83）。堤西隔出水面二处，即西湖区，建筑不多，有村野疏阔之气。

图 9–3–76　颐和园十七孔桥（高宏）

图 9–3–77　颐和园龙王庙涵虚堂

图 9–3–78　颐和园铜牛（萧默）

图 9–3–79　颐和园知春亭旁之文昌阁

图 9–3–80　从知春亭岛望昆明湖

图 9–3–81　颐和园西湖

图 9–3–82　颐和园西堤桥（《中国古建筑大系》）

图 9–3–83　颐和园荇桥（《中国古建筑大系》）

二湖内各有一岛，与龙王庙岛一起，构成一池三神山的传统皇苑布局。玉带桥是西堤六桥之一，皇帝从昆明湖乘船到玉泉山需过此桥，建于乾隆十五年（1750），颇有南方石桥的意味，显然模仿了苏杭绍兴一带的单孔石桥，而且有更多的艺术加工，是石桥中的优秀作品。桥用洁白的汉白玉石和青白石琢成，拱券比例极大，尖券而略圆，为蛋壳券。桥顶轻薄如带，高拱若虹，至桥端以反曲线与陆地相接，极为优美，被称为“美的曲线”。纯白的石桥映衬在绿树碧波之中，色彩明净，高大的桥身与远方的玉泉山塔一起，构成园内西部一处重要景观（图 9–3–84）。

由石舫迤北绕过万寿山西麓，再转东就是后山后湖景区。所谓后山就是万寿山北坡。后湖实为一串小湖，水面忽大忽小，相连而为弯曲河道，夹岸幽谷浓荫，性格与前山前湖截然

图 9–3–84　颐和园西堤上的玉带桥（《中国古建筑大系》）

图 9–3–85　颐和园后湖（萧默）

不同。后湖中部两岸仿苏州水街建成店铺，有江南镇埠风味。万寿山北坡山腹有一藏汉混合式的藏传佛教寺庙，名“须弥灵境”。至后湖东端，水经一溪流入一池，池周有殿堂亭桥，自成一院，名谐趣园，意拟无锡寄畅园，仅意会而已，其中轴线呼应，布局精妙，颇堪体味。谐趣园与宫殿区之间有大戏台，名德和园。宫殿与万寿山东麓之间，因多次增建，致密度过大，处处可见高墙夹巷（图 9–3–85 ~图 9–3–92）。

圆明园　清代北京最大的皇园，由三座毗邻的园林组成，三园呈倒品字形。“圆明园”三字原仅指西北的一座，清初规模甚小，康熙四十八年（1709）赐给皇子雍正，雍正三年（1725）开始扩建，乾隆继之，至乾隆九年（1744）基本完成。其东为长春园，建于乾隆十四年至十六年（1749 ~ 1751）。二者之间的南方为万春园，乾隆三十七年由几个小园合并而成，嘉

图 9–3–86　颐和园后湖

图 9–3–89　谐趣园（楼庆西）

图 9–3–90　谐趣园从饮绿亭望涵远堂

图 9–3–87　颐和园后湖苏州街（萧默）

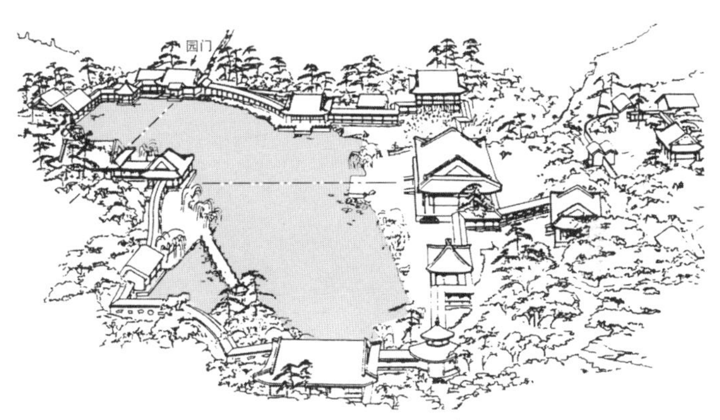

图 9–3–88　谐趣园鸟瞰（冯仲平）

图 9–3–91　颐和园谐趣园知鱼桥

图 9–3–92　颐和园德和园大戏台（罗哲文）

庆十四年（1809）又加扩展。建成后的三园占地约350余公顷（五千三百亩），在清代北京三山五园中规模最大，当然无法与汉唐动辄延绵百里的宫苑相比，但更为精致完美，可谓合度，后者毋宁说是大而无当了。

全部三园区域内无山，系人工就平地沼泽开挖成湖，积土为岛为堤为阜。全园以水景为主，共有大小湖面三十余处，大者如“圆明园”东部的福海，600米见方，中者边长200余米，小者40～100米。水面约占全园一半，岗阜都不大，最高不过10米上下，但回环围合逶迤连绵，构成了一个个半封闭的小空间，结合湖面河溪，山重水复，迷离无尽，境界丰富多变。除宫殿区外，全园整体作依山就水自由式布局，各处散布着许多自成格局的小园和楼台亭榭等游观建筑，还有诸如寺庙、家祠、宅第、市肆、戏台、书院、山村等属共一百五十多组，构成众多景区。全园共有建筑一百二十多组，总建筑面积约16万平方米，与紫禁城相当。据皇帝题咏，有“圆明园四十景”、“长春园三十景”、“万春园三十景”之称，实际景点应不止此数（图9–3–93～图9–3–97）。

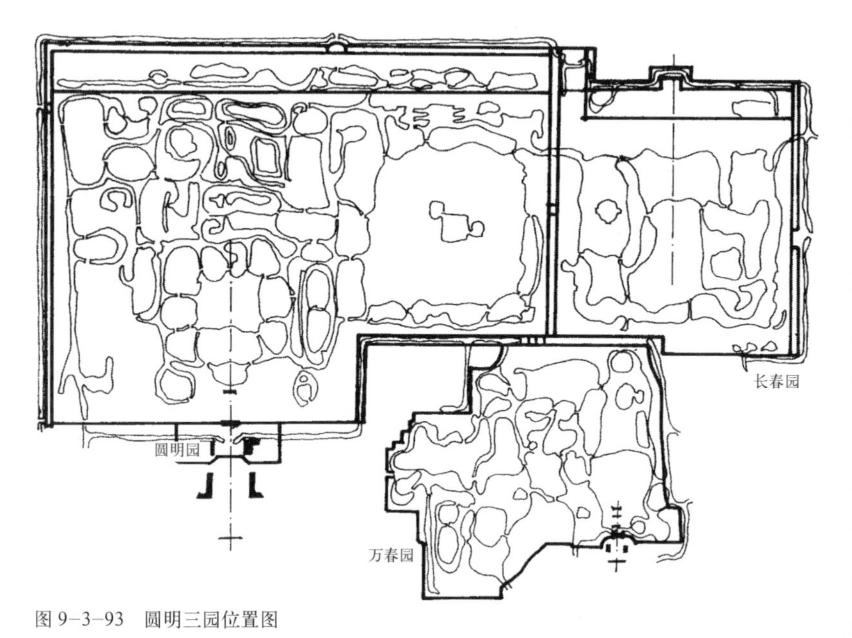

图9–3–93　圆明三园位置图

图9–3–94　圆明园鸟瞰图

宫殿区在“圆明园”西部南缘中央，面向由北京来的大道，所占面积不大，有明确对称轴线。“正大光明”是入宫后第一座大殿，为朝会之区。其东“勤政亲贤”是乾隆“日于此披省章奏，召对臣工”的地方。其北隔前湖为“九州清宴”景区，最大，帝后日常居住游息于此，前后皆湖，雍正、道光皆崩于此区临向后湖的九州清宴殿内。九州清宴的西面为一四面环水的幽静所在，名“茹古涵今”，乾隆题曰：“……牙签万轴，漱芳润，撷菁华。不薄今人爱古人，少陵斯言，实获我心。”是皇帝读书看画的地方。茹古涵今之南乃“迎奉皇太后为膳寝之所”，名“长春仙馆”（图9–3–98、图9–3–99）。

后湖基本方形，沿岸九岛环列，每岛为一处景点，取意禹贡九州，喻普天之下莫非王土。

“万方安和”在后湖区西北，有一南北长小湖，湖北水中筑“卍”（音万）字平面连屋，以湖南文昌阁为对景（图9–3–100、图9–3–101）。

“武陵春色”在“万方安和”北，从桃源洞入循溪而北，可遇一较大水面，复转向西又是小溪，寻路于四围山环之境方可入“桃源深

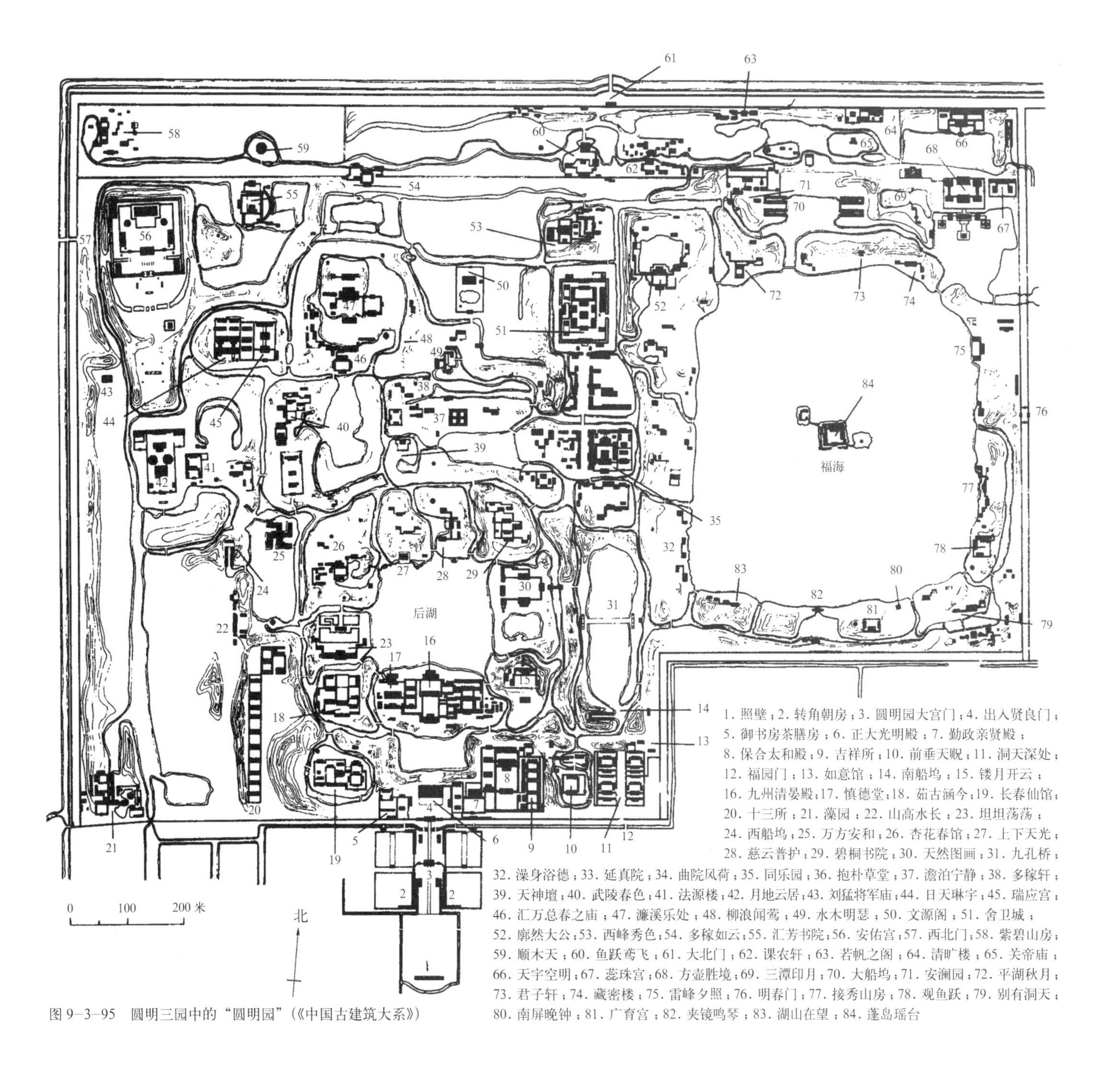

图 9–3–95　圆明三园中的“圆明园”（《中国古建筑大系》）

境”。乾隆述此曰：“循溪流而北，复谷环抱，山桃万株，参错林麓间……复岫回环一水通”。这是追拟《桃花源记》的意境（图 9–3–102、图 9–3–103）。

“天然图画”在后湖东北岸，为一东西向长方小院，南面天然图画殿前带抱厦，面向小池，院西连建多座高楼，面向后湖。乾隆题曰“……西为高楼，折而南，翼以重榭，远近胜概历历奔越，殆非荆关笔墨能到。”可见是为观赏远近风景而设。此楼设置极好，近临后湖，可一览湖周包括宫殿区的景色，又可借湖为近景远餐西山秀色，诚如乾隆诗句“岿然西峰列屏障，眺吟底用劳行迈。”（图 9–3–104、图 9–3–105）

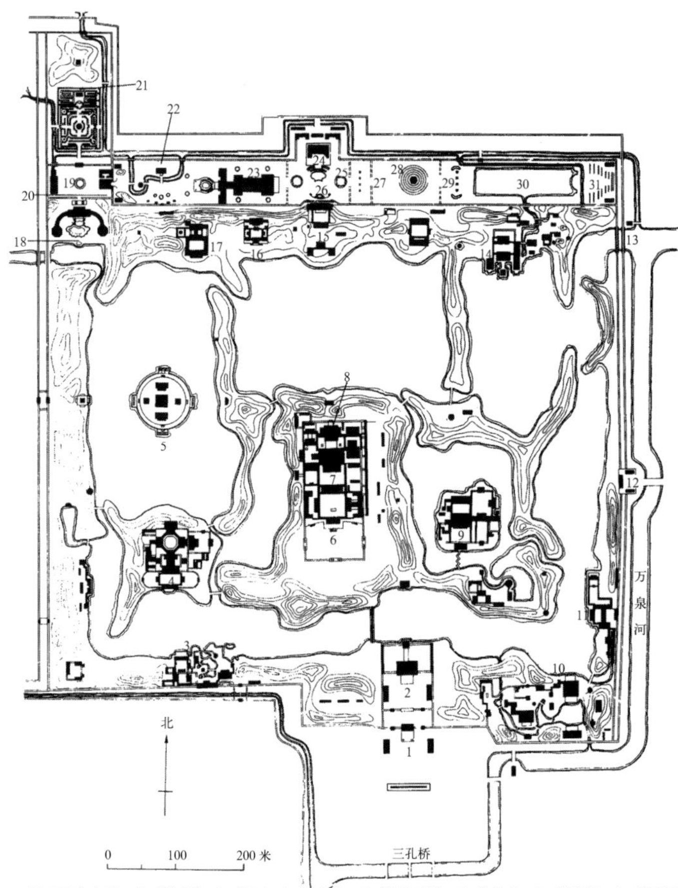

1. 长春园大宫门；2. 澹怀堂；3. 倩园；4. 思永斋；5. 海岳开襟；6. 含经堂；7. 淳化阁；8. 蕴真斋；9. 玉玲珑馆；10. 茹园；11. 鉴园；12. 大东门；13. 七孔闸；14. 狮子林；15. 泽兰掌；16. 宝相寺；17. 法慧寺；18. 谐奇趣；19. 蓄水楼；20. 养雀笼；21. 万花阵；22. 方外观；23. 海晏堂；24. 远瀛观；25. 大水法；26. 观水法；27. 线法山正门；28. 线法山；29. 螺丝牌楼；30. 方河；31. 线法墙

图 9–3–96 圆明园中的长春园（《中国古建筑大系》）

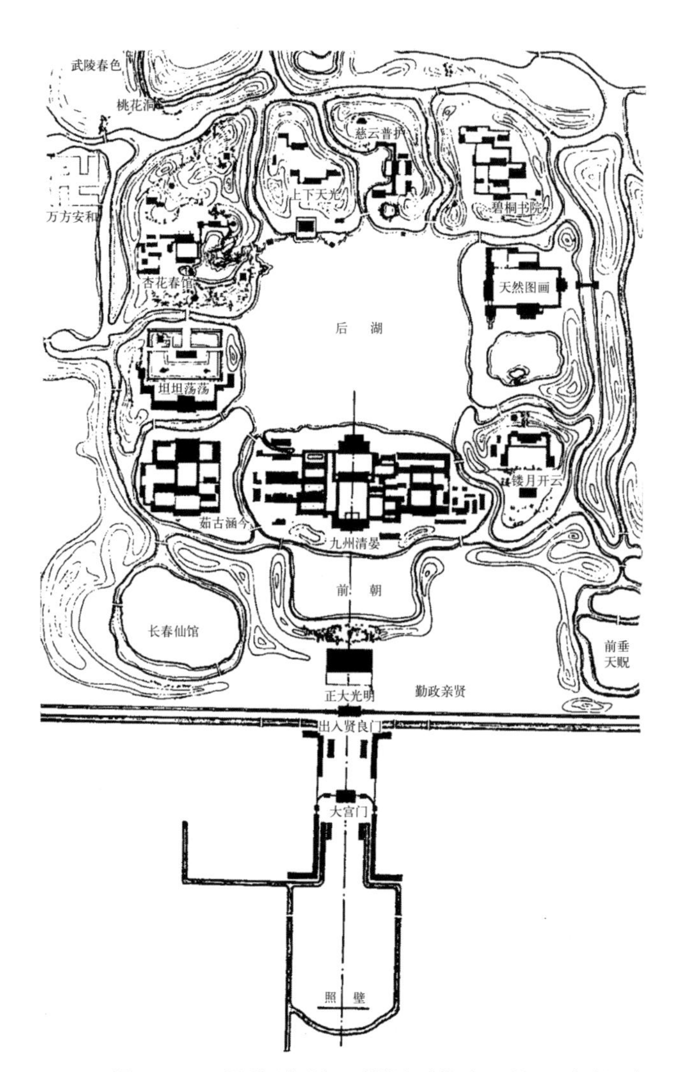

图 9–3–98 圆明园大宫门、前湖与后湖（《圆明园四十咏图》）

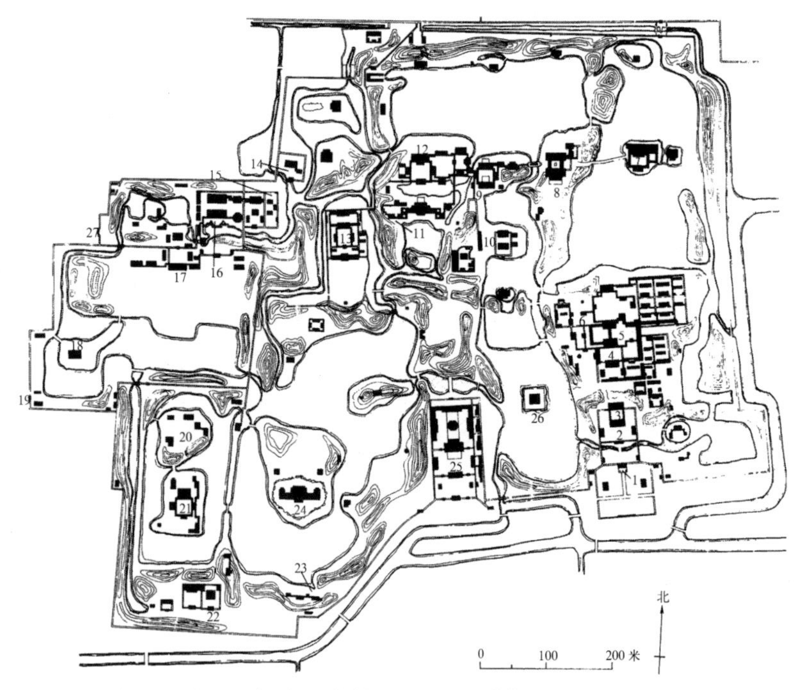

1. 万春园大宫门；2. 迎晖堂；3. 中和堂；4. 集禧堂；5. 敷春堂；6. 蔚藻堂；7. 凤麟洲；8. 涵秋馆；9. 展诗应律；10. 庄严法界；11. 生冬室；12. 春泽斋；13. 四宜书屋；14. 知乐轩；15. 延寿寺；16. 清夏堂；17. 含辉楼；18. 招凉榭；19. 运料门；20. 绿满轩；21. 畅和堂；22. 河神庙；23. 点景房；24. 澄心堂；25. 正觉寺；26. 鉴碧亭；27. 西爽村门

图 9–3–97 圆明园中的万春园（《中国古建筑大系》）

图 9–3–99 圆明园“正大光明”景点（《圆明园四十景图咏》）

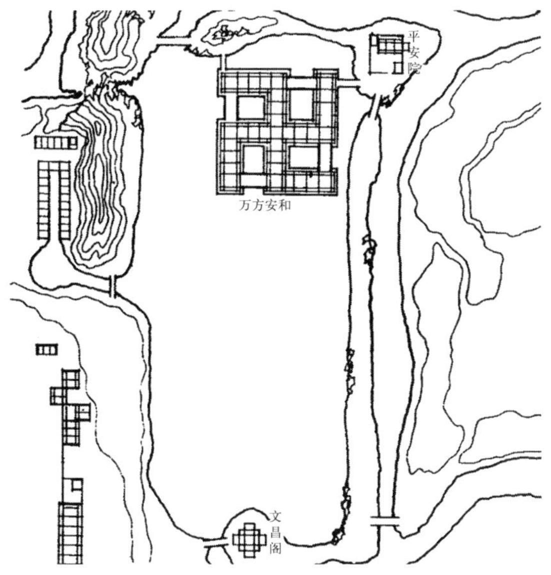

图 9-3-100　圆明园“万方安和”景点（《圆明园四十景图咏》）

图 9-3-101　圆明园“万方安和”景点（《圆明园四十景图咏》）

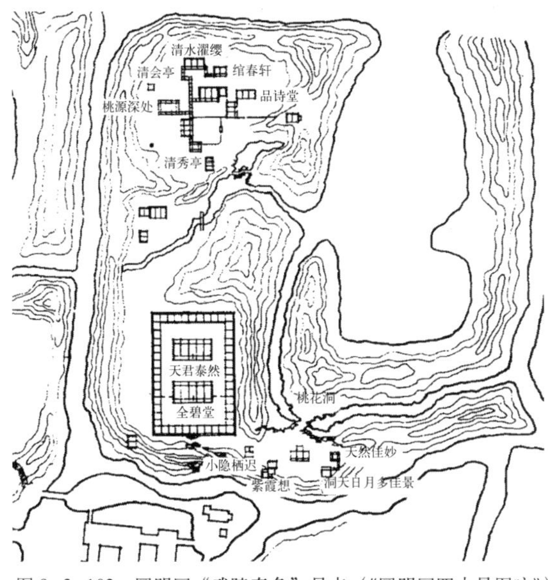

图 9-3-102　圆明园“武陵春色”景点（《圆明园四十景图咏》）

图 9-3-103　圆明园“武陵春色”景点（《圆明园四十景图咏》）

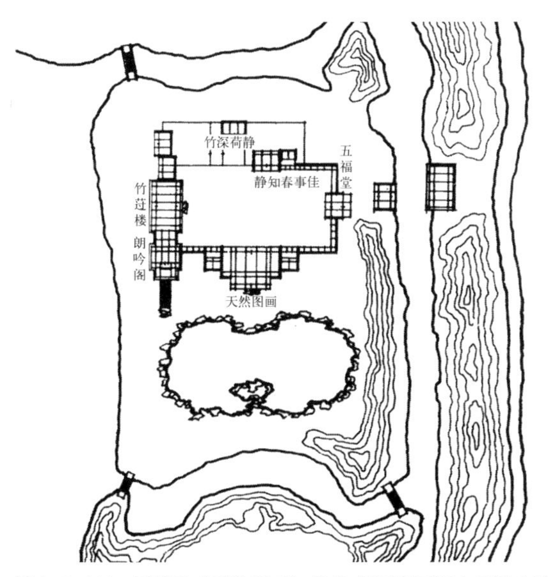

图 9-3-104　圆明园“天然图画”景点（《圆明园四十景图咏》）

图 9-3-105　圆明园“天然图画”景点（《圆明园四十景图咏》）

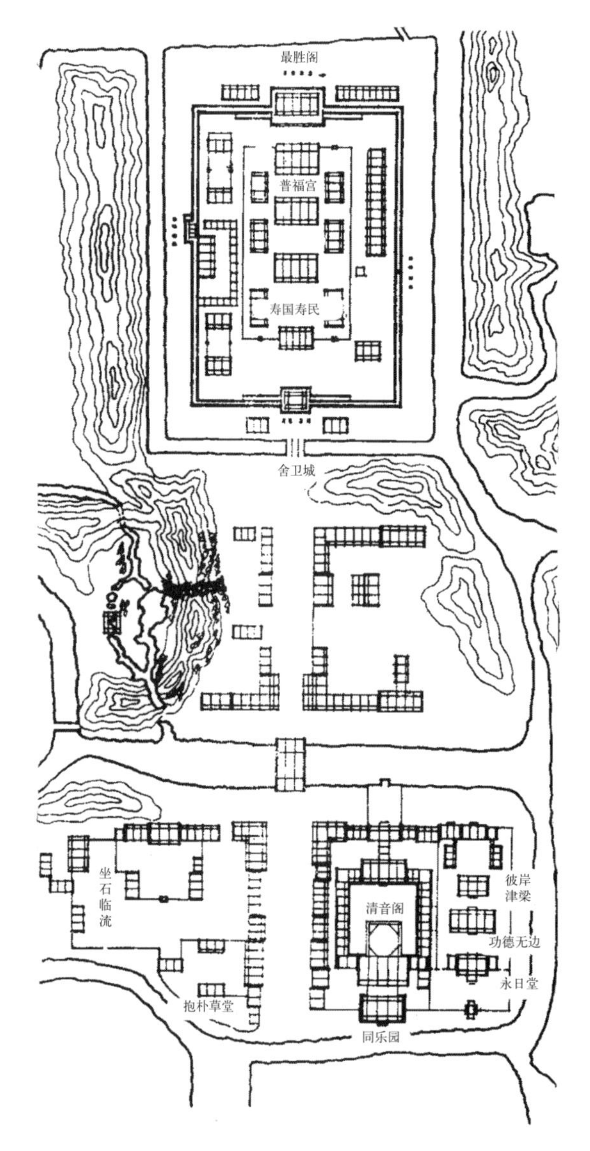

图 9–3–106　圆明园“舍卫城”（《圆明园四十景图咏》）

“舍卫城”在“圆明园”东北，有城墙城门，内为佛寺。城南门有关厢街道，跨小桥后东西各一园，西园简素，东园内有戏台清音阁，称同乐园（图 9–3–106）。

“西峰秀色”在舍卫城北一座东西横长的小湖东岸，西峰秀色殿临湖，西隔纵深水面也可遥见西山，乾隆称赞此殿“轩楹洞达，面临翠巘，西山爽气在我襟袖”，又咏曰：“……西窗正对西山启，遥接峣峰等尺咫。……山腰兰若云遮半，一声清磬风吹断。”

福海在后湖东，是全园最大湖面。“接秀山房”在福海东岸，得名于“户接西山秀”的创意，也是览观西山胜景佳处。建筑皆面西，“隔岸数峰逞秀，朝岚霏青，返照添紫，气象万千，真目不暇赏情不周玩也”（图 9–3–107、图 9–3–108）。

福海东北角湖岸凹入成一小湖面，小湖北岸景点“方壶胜境”颇有特点。最前一座亭阁植在水心，背后五座楼阁以折廊连接，对称地布置在水中，最后又有六座楼阁组成方院。全体都是楼阁，气势宏大，而凌波特起，仿海中“方壶”仙山楼阁（图 9–3–109、图 9–3–110）。

图 9–3–107　圆明园“接秀山房”（《圆明园四十景图咏》）

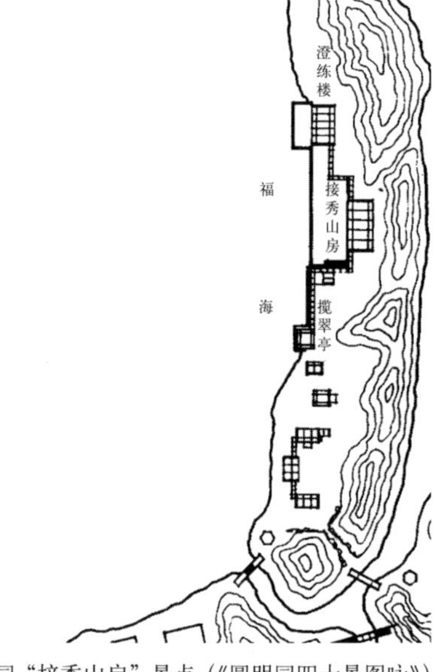

图 9–3–108　圆明园“接秀山房”景点（《圆明园四十景图咏》）

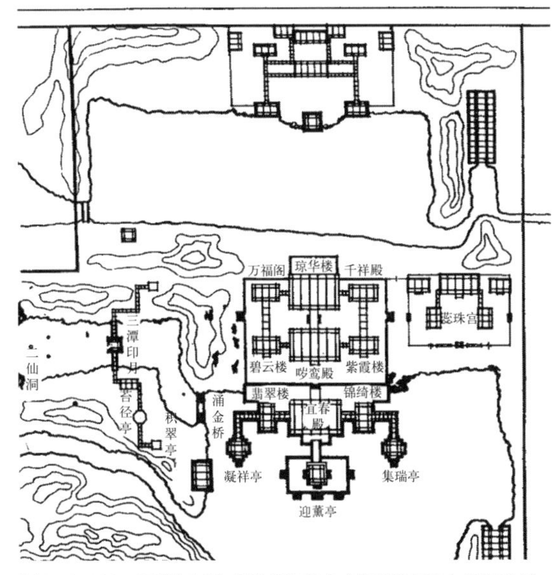

图 9–3–109　圆明园“方壶胜境”景点（《圆明园四十景图咏》）

图 9–3–110　圆明园“方壶胜境”（《圆明园四十景图咏》）

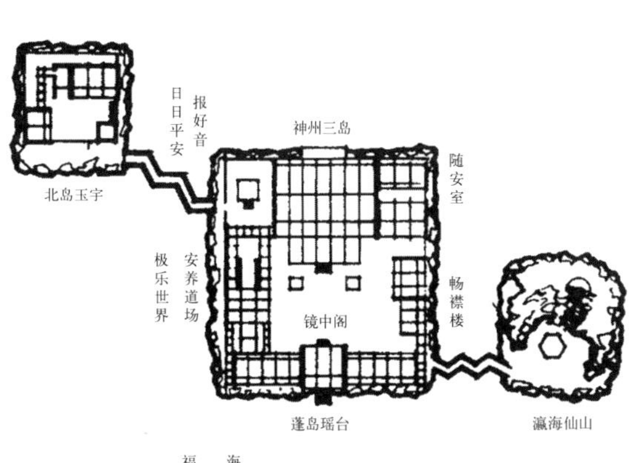

图 9–3–111　圆明园“蓬岛瑶台”景点（《圆明园四十景图咏》）

图 9–3–112　圆明园“蓬岛瑶台”（《圆明园四十景图咏》）

“蓬岛瑶台”在福海中，又称蓬莱洲，为大小三岛错列，象征海上神山。“福海中作三岛，仿李思训画意，为仙山楼阁之状”，但体量过小（图 9–3–111、图 9–3–112）。

还有一处特殊景区，即“西洋楼”，在全园西北、长春园北缘一条东西狭长地带，由几组欧洲巴洛克风格石建筑和喷泉雕像等组成，是在当时任宫廷之职的西洋传教士兼画家的指导下完成的，由中国匠人建造，故其中也掺有一些中国式的做法，在石刻装饰纹样中更多。建筑的格调不太高，是乾隆猎奇心理的表现，称为“乾隆风格”。受其影响，“乾隆风格”不仅见于北京各园，还形成了北京和外地的许多所谓“新式”店面。这一组建筑也同样遭到毁坏，只余遗迹，有铜版画传世（图 9–3–113 ~ 图 9–3–116）。

圆明园景点甚多，不可尽记，其总的特点似可归纳为：一、以水景为主，水面多分散，无大水，亦无大山，没有作为全园构图中心的主体建筑，不同于颐和园之有昆明湖、万寿山、佛香阁。二、全园除宫殿区采中轴对称格局外，整体为散点自由布局，无明确游观路线，胜景

图 9–3–113　铜版画圆明园远瀛观

图 9–3–114　铜版画圆明园海宴堂西

图 9–3–115　铜版画圆明园大水法

图 9–3–116　圆明园远瀛观遗迹（楼庆西）

随时而遇，更富天然趣味，可谓之集锦式。三、各景点多有仿江南之作，如福海沿岸有仿杭州的西湖十景；也有的仿文人画士意境，如取意于《桃花源记》的“武陵春色”；福海中的三岛“蓬岛瑶台”则取自东海三神山的神话。“谁道江南风景佳，移天缩地在君怀”，这种创作方法，除了丰富意境外，也表现了得意于四海统一的皇家心态。四、除少数宫殿庙宇外，大多数建筑都较为素朴精雅，以点示山林野趣，不似宫殿的富丽堂皇。

圆明园是中国皇家园林中的杰出作品，被欧洲人称为“万园之园”（Garden of gardens），在两次毁于外国侵略军之手后，现仅存遗迹和当时部分图纸、模型（图 9–3–117）。

避暑山庄　在河北承德市北，建于康熙四十二年至乾隆五十五年（1703 ~ 1790），面积达 560 公顷，其中约十分之八是峰谷起伏的山峦区，在园内西部；湖泊区和平原区各占约十分之一，分别在园东部的南、北；宫殿区占地甚少，在园南端山、湖之间（图 9–3–118、图 9–3–119）。

园正门名丽正门，在正宫之南。正宫共九进，依前朝后寝布局，是皇帝理政和居住之所。正宫之东松鹤斋七进，居后妃；斋北院庭称万壑松风。此外，更东还有东宫，面对德汇门，已毁（图 9–3–120、图 9–3–121）。

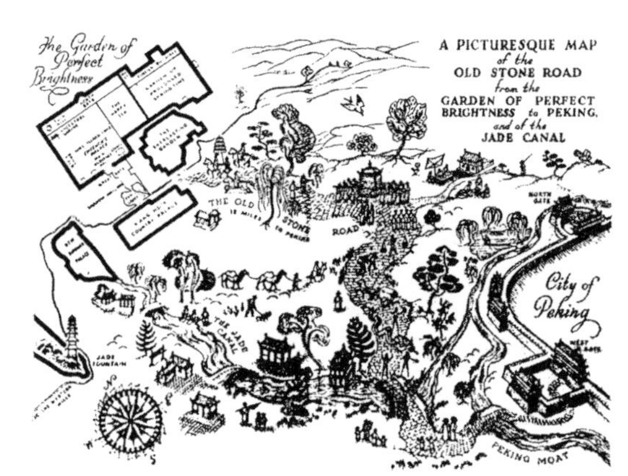

图 9–3–117　19 世纪一幅西方插图，其 Garden of perfect brightness（完美乐园）即圆明园

图 9-3-118 承德避暑山庄总平面（《承德古建筑》）

图 9-3-119 承德避暑山庄全景图（《承德古建筑》）

湖泊区是园林主要景点所在，在大小水面中有许多岛屿，以堤、桥相连，岸线逶迤多变，步移景异，富江南水乡情趣。建筑布置在岛上或岸侧，依据地形，各自成组，总体为分散式布局。重要组群如湖中一大一小两座岛上的“如意洲”和“月色江声”，都是重重院落组合，独立而完整，是宴饮之所；烟雨楼在如意洲北一座更小的岛上，只有一桥与洲相连，仿嘉兴南湖烟雨楼之意，作开敞式布局，可四望湖山景色；金山在湖东岸，仿镇江金山寺寺后建塔的布置，在塔的相应位置建高阁；水心榭在湖泊区南部，是由三座桥亭串连而成的长桥。此外尚有其他景点数十余处（图 9-3-122 ~图 9-3-128）。

图 9-3-120 避暑山庄丽正门（资料光盘）

图 9-3-121 避暑山庄宫门（《承德古建筑》）

平原区富塞北草原风光，有大片草地和林地，广植白杨，驯养鹿群，表演赛马和摔跤，林中空地建蒙古包。在平原区北部建一高塔。

山峦区的三条山谷自西北向东南伸向以上各区，山内原有数十座小园、寺庙，遗迹犹存（图9-3-129、图9-3-130）。

按乾隆诗句，避暑山庄的特点之一可归结为“自然天成就地势，不待人力假虚设”，各区皆就原有地形因势利导，互相衬托；二曰“无刻桷丹楹之费，喜林泉抱素之怀”，各建筑皆追求素雅简淡，与皇宫和近畿的皇家园林有别；三曰“谁道江南风景佳，移天缩地在君怀”，大量借鉴江南塞北风光和建筑入园。除前已举者，如园墙有若长城，也是借意之一。又在园林以外东、北、建有称为“外八庙”的十二座藏汉混合式喇嘛庙，加上棒槌峰等自然景色，都是山庄的借景。

北海　北海在北京城内紫禁城西，辽金以来都是皇家园林。湖中二岛，北岛（今琼华岛）较大，辽在此建有称为瑶屿的离宫，相传宫内有广寒殿。金代继续大力营建，扩充湖面，岛上建大宁宫。宫中有从汴梁皇家园林艮岳运来的大量太湖石，是今北京各公园太湖石的来源。元代即因其地景观之胜，围绕它建造大都。北岛元时称万岁山，山半布置殿宇亭室，引水汲至山顶再导入山腰石刻龙嘴中仰喷而出；山上山下遍植花木，列置太湖石，又畜奇禽异兽。全山“峰峦隐瑛，松桧隆郁，秀若天成”（《辍耕录》）。马可波罗谓此山木石建筑俱绿，称为“绿岛”。

清初顺治间在琼华岛原辽建广寒殿旧址建成称为白塔的喇嘛塔，成为北海的主题性点景建筑，更丰富了北京迷人的天际线。塔南永安寺为一系列对称布局的院落，白塔正处在寺的中轴线上。现存北海建筑，大多建于清乾隆间。

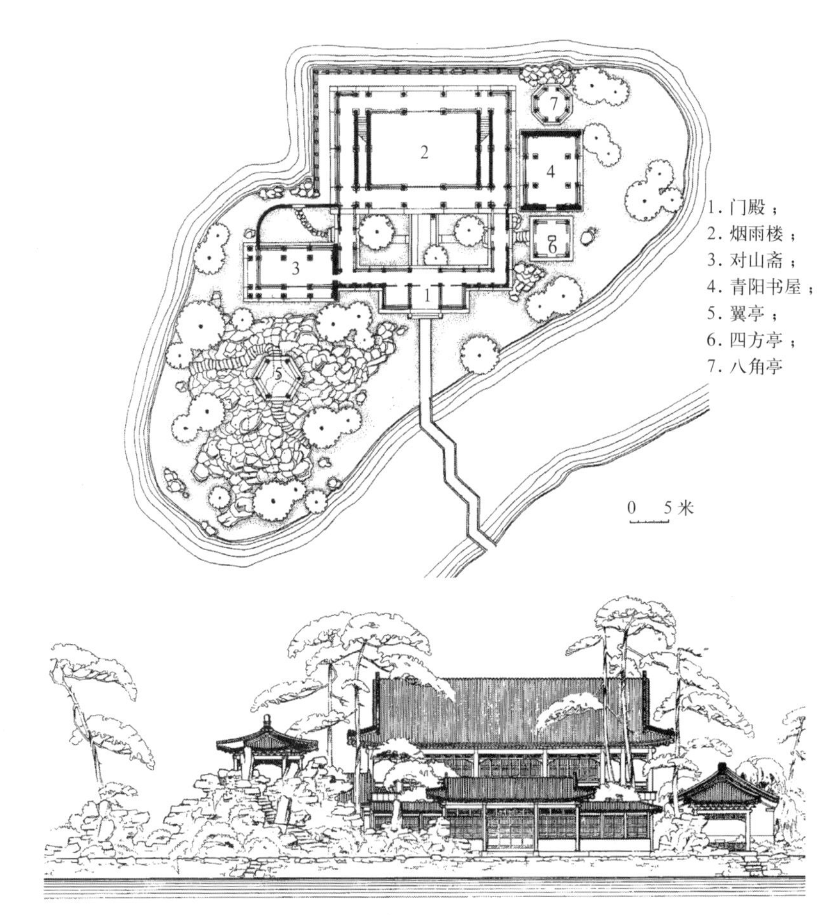

图 9-3-122　避暑山庄烟雨楼平面、立面（《承德古建筑》）

图 9-3-123　避暑山庄烟雨楼侧面（《承德古建筑》）

图 9–3–124　避暑山庄烟雨楼正面（《承德古建筑》）

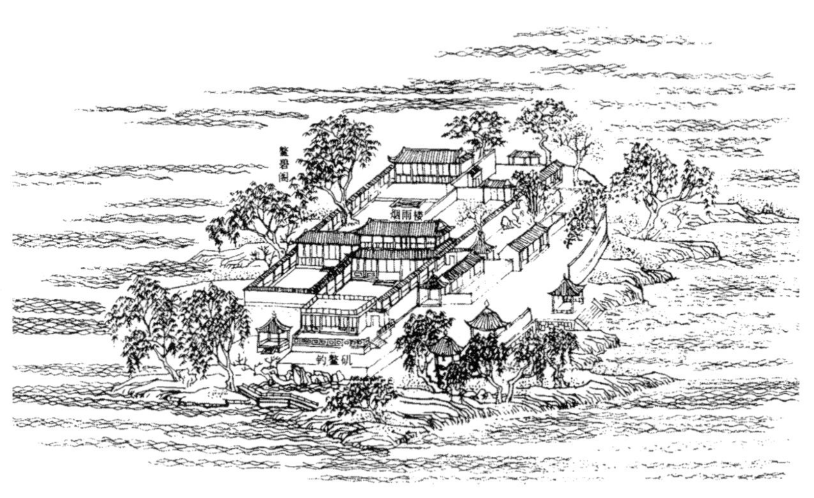

图 9–3–125　清《南巡盛典》绘嘉兴烟雨楼

图 9–3–126　避暑山庄金山

图 9–3–127　避暑山庄水心榭

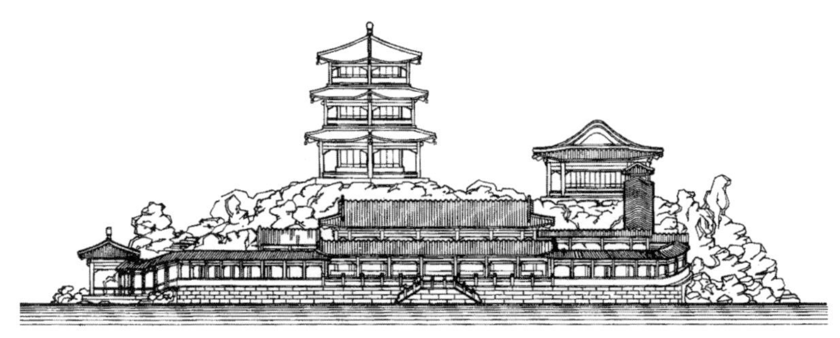

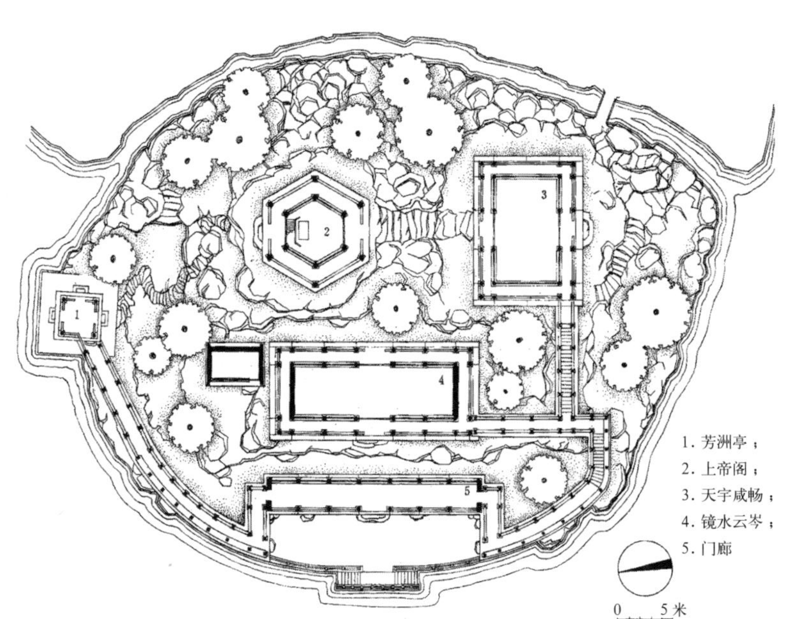

图 9–3–128　避暑山庄金山（《承德古建筑》）

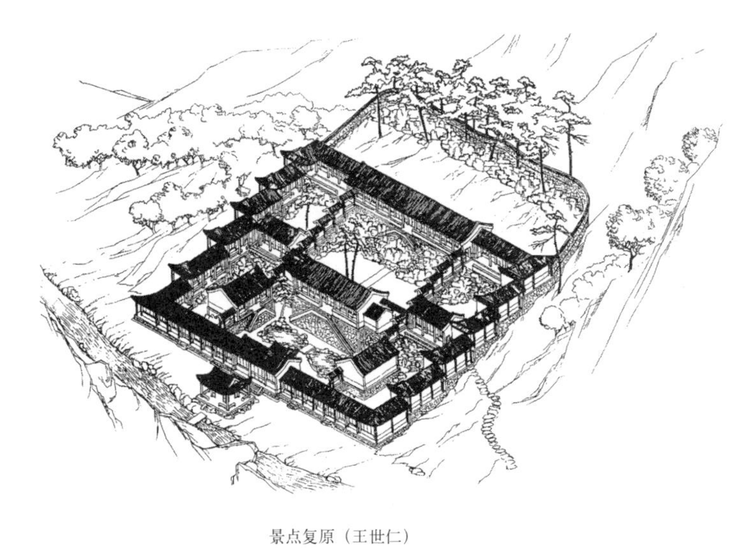

景点复原（王世仁）

清《古今图书集成》所绘梨花伴月

图 9–3–129　避暑山庄梨花伴月景点

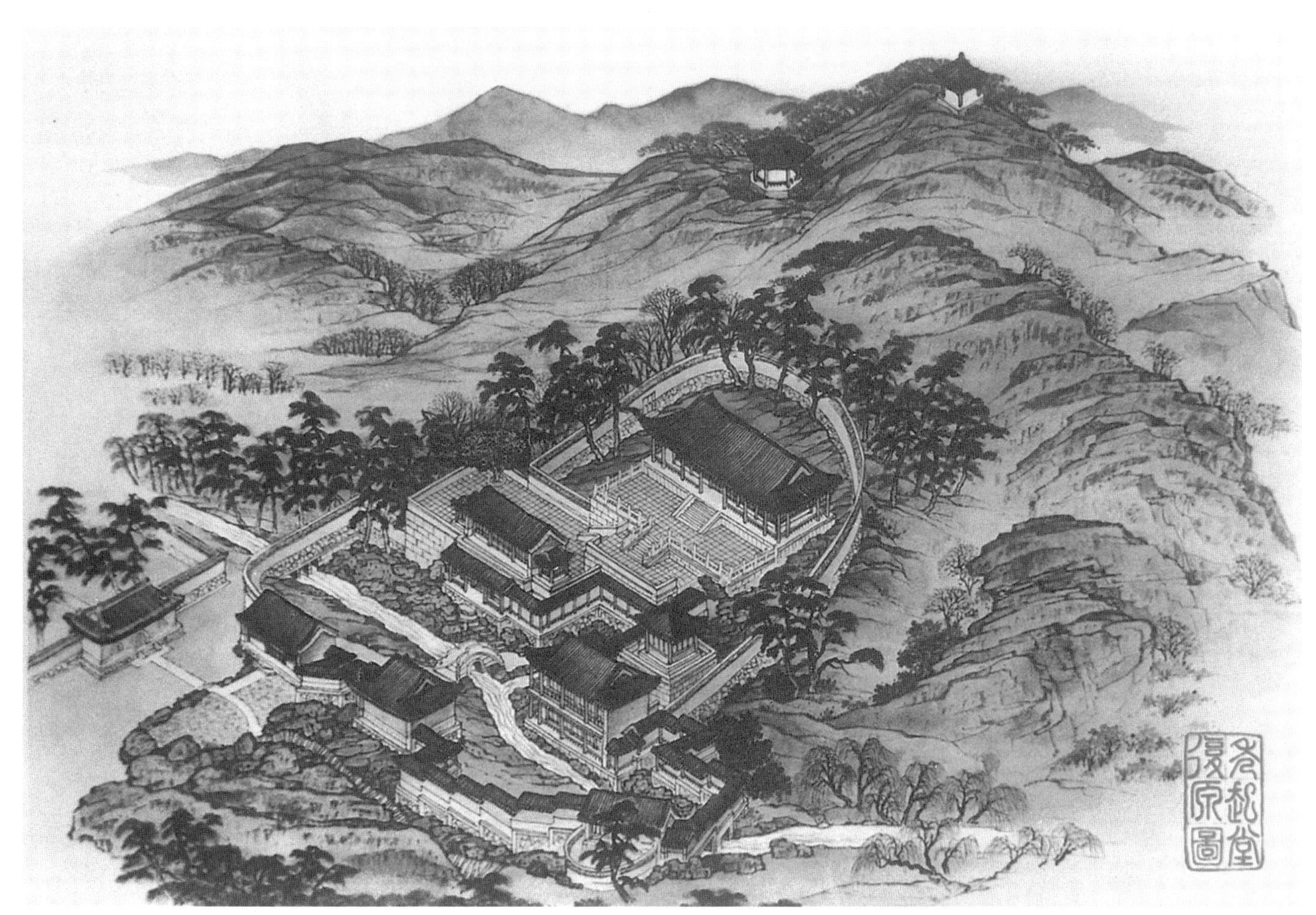

图 9–3–130　避暑山庄山峦区秀起堂（《承德古建筑》）

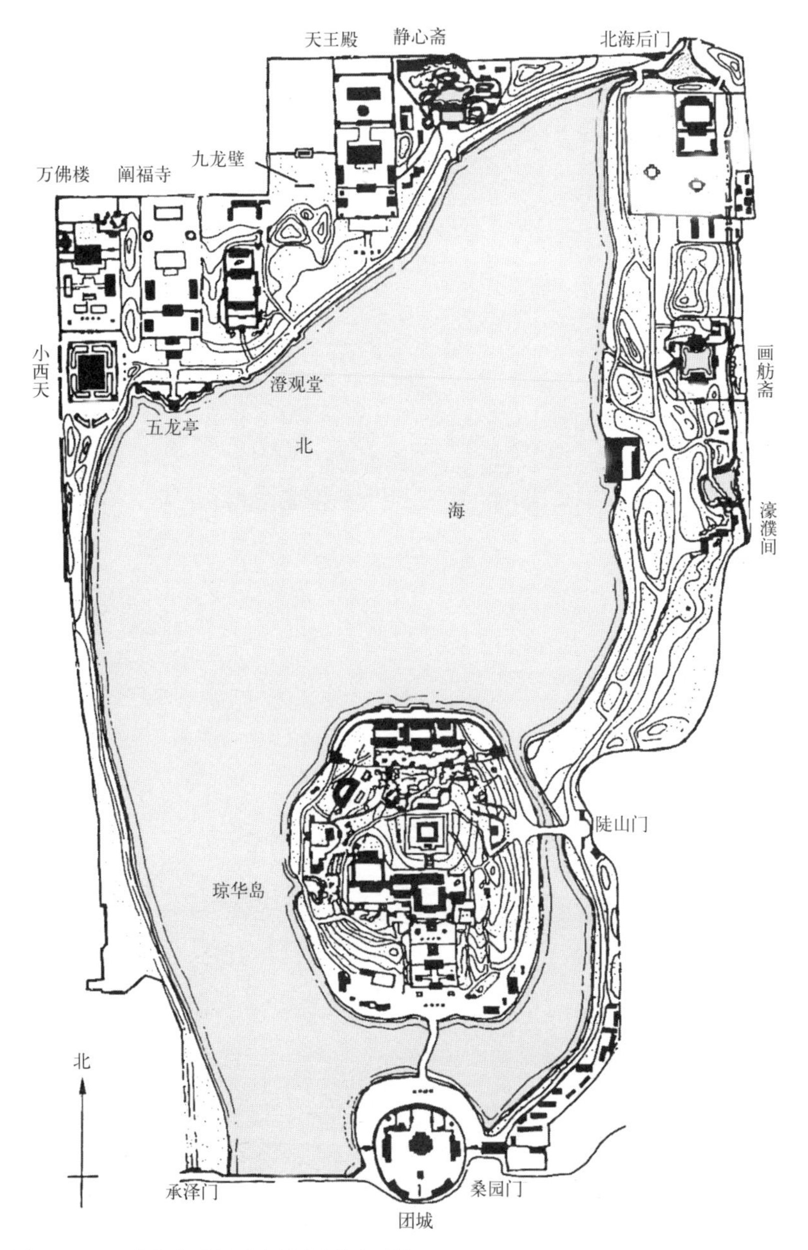

图 9-3-131　北海总平面（《中国古建筑大系》）

图 9-3-132　清画《燕京八景图》中的“琼岛春阴”

南、北二岛间以堆云积翠石桥相连，平面呈之字转折，北段是琼华岛中轴线的延长线，南段是团城中轴线的延长线，是一个有意味的处理。桥两端有大牌坊。

琼华岛圆形，以山顶白塔为中心交集纵横两道轴线，岛上建筑即依此两条轴线布置。北坡面向广大湖面，临水建造两层的“延楼”，是观水佳处，平面呈弧形，东西两端各以城门样小楼结束。延楼内有一组三座厅堂小院。岛东坡面临的水面很小，以植物为主，富山林野趣，也有几座远观景山的观景建筑。东坡偏北有乾隆手书“琼岛春阴”石碑。岛西坡是岛上仅次于中轴线的重点经营所在，南望可见南岛（团城[①]），北、西望可见广大湖面，建筑较多。位在东西轴线上以甘露殿为主的一处小院，西边伸出码头。在白塔西邻以庆霄楼为主的一座南北向小院，院前伸出大月台，此楼及月台，都是观赏团城及三海全景，也是冬日观赏冰嬉的最好地方。

总之，琼华岛虽有十字轴线，使各景点增强了联系，但主要仍依所处环境和远近上下景观的不同灵活布局，遵循了中国式自然园林的造园法则（图 9-3-131 ～图 9-3-137）。

北海东岸地势较狭，布置了濠濮间和画舫斋两处景点，均隐在山石之后。濠濮间系在水上架一石砌折桥，北端入口处置小石坊，南端以一轩结束（图 9-3-138）。画舫斋在濠濮间北，是一处四边为殿，中间全是水面的四合小院。更北的先蚕坛，是后妃示意性“亲蚕”的地方。

北海北岸的五龙亭，由五座方亭组成，是南望琼华岛的最好地方，此外，还有一些其他景点，如小西天、九龙壁、静心斋等（图 9-3-139 ～图 9-3-141）。

静心斋初名镜清斋，是一座园中之园，颇小而相当精致，完成于乾隆二十三年（1758），为太子读书处，光绪时易今名[②]。全园东西

①团城，实为一临近水岸的高地，不是岛，因囿于古人一池三神山的传统观念，将三海内之瀛台、团城和琼华岛都作为岛对待。

②胡绍学、徐莹光．北海静心斋的园林艺术．《建筑学报》1962．第 7 期 [J].

图 9-3-133　北海琼华岛

图 9-3-134　北海琼华岛南面（萧默）

图 9-3-135　北海琼华岛北面

图 9-3-136　琼华岛北岸的双层“延楼”（萧默）

图 9-3-137　北海琼岛春阴碑（萧默）

图 9-3-138　北海濠濮间石桥北端（萧默）

图 9-3-139　从北海五龙亭南望白塔（孙大章）

图 9-3-140　北海小西天琉璃牌楼

图 9-3-141　北京北海九龙壁（刘大可）

宽约 110 米，南北不过 70 米，面积不到十一亩。园坐北向南，面临北海广大水面。由三间门屋入前院，东西为廊，北为主体建筑镜清斋，规整对称，院内全是水面。斋以北空间忽然放大，东西横长，为山池院，南水北山，沿边布置建筑。石山由平地起造，高约 9 米，西北山峦高处建叠翠楼，向东向南都有爬山长廊与其他建筑相通，山南水中有形象美丽的跨水小轩沁泉廊。前院左右又各有一座小院，均采自由布局，院中都有水池，与山池院的大池相通。其东院有韵琴斋、抱素书屋，与附近的罨画轩、焙茶坞一起，构成为一琴棋书画之区。西院当时可能布置附属建筑（图 9-3-142 ～图 9-3-146）。

静心斋称得上是清代皇家园林园中之园的代表作。全园有明确的中轴线，性格比江南私家园林庄重。前院完全规整，也较狭小封闭，从广大而自由的园外空间进入，明显感到是一种收缩，是到达较大较自由的山池院之前的过渡。山池院虽较自由，但仍有轴线，沁泉廊即位于前院轴线延长线上，左右布置一桥一亭，桥低亭高，对称峙立，仍然是一种过渡，此后才是完全自由的格局。从外而内，空间从自由至规整，再由基本规整转入完全自由，收放有序，过渡自然。山池院内宏大而气势磅礴的山峦连成一片，成为水池和沁泉廊的背景。山用北湖石叠成。峰峦起伏，路回洞转，古树枯藤，皆大家手笔，自然天成，是北京诸园叠山佳作。沁泉廊横跨水上，水面复向左右前后蜿蜒，以多座小桥和廊道分隔，更探入石下，委婉含蓄。院中诸建筑如罨画轩之与枕峦亭、抱素书屋之与叠翠楼，因地势之高下，皆可通过沁泉廊为中景而遥相对望，隔而不断，层次深远。从静心斋向北凸出的抱厦中望沁泉廊的画面也极好，视角为最佳范围。

乾隆云："室之有高下，犹山之有曲折、水之有波澜（活水），故水无波澜不致清，山无曲折不致灵，室无高下不致情。然室不能自为高下，故因山以构室者，其趣恒佳。"（《御制塔山西面记》）室之高下、山之曲折、水之波澜，尽在静心斋中。

乾隆间还建有其他一些小园，也是园中之园，如北京香山见心斋。香山有林泉之胜，无车马之喧，辽金以来，逐渐成为园林荟萃的胜地，元明继之，清康熙更大力营建行宫。乾隆时，

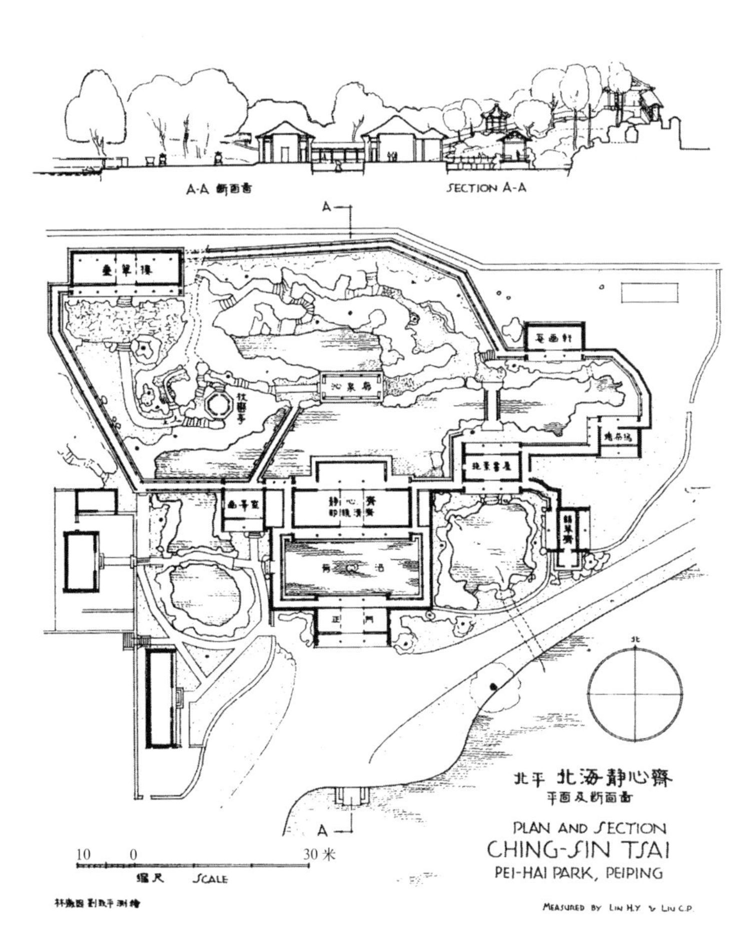

图 9–3–142 北海静心斋（《梁思成文集》）

图 9–3–143 静心斋沁泉廊（楼庆西）

图 9–3–144 北海静心斋小石桥（萧默）

图 9–3–145 北海静心斋山池院（楼庆西）

图 9–3–146 北海静心斋爬山廊

①萧默．此山深处有佳园——谈香山见心斋的园林艺术[J]. 美术史论，1982(1).

香山作为皇家园林，号称有二十八景，合称静宜园。乾隆“朝夕是临，与群臣咨政要而养民瘼如圆明园也”（《钦定日下旧闻考·御制静宜园记》）。静宜园总面积140公顷，是山岳园林。

见心斋 是北京西北香山东麓静宜园中一座独立小园，在昭庙北、碧云寺南，坐西面东，分两次建成。大约在乾隆十年（1745）先建成中部以正凝堂为中心的三合院和堂北书斋畅风楼，堂前（东）有水池，由乾隆《题正凝堂》诗“山池弗易致”，知小池可能由人工挖成。五六十年后的嘉庆间，才在堂、池之间加建了题称为“见心斋”的小轩，完成全园建设。①咸丰、光绪英法联军和八国联军两役，静宜园罹侵略军兵燹，见心斋因偏处一隅而得保全。

见心斋范围为不规则形，纵横各约70米，面积约七亩，以真山为园，前低后高，高差约8～9米。园外左右后三面山岭环抱，造园者乃顺乎自然，巧为规划，前部就低为池，后部依高作山，假山石几乎都集中在后部。全园外墙几乎都是圆曲的，这是因为园周围都是山林，墙线可依地势自由布设；不像城市园林，四周都是他人屋舍，受到很大限制。见心斋分四个景区。最前为水池区，有卵圆形水池，东绕曲廊，廊中突起东亭，西建小轩“见心斋”，斋北一楼。水池区性格开敞华丽，是主要游观中心。厅堂区即正凝堂院，取轴线对称格式，较规整，用于宴宾休息。斋馆区是畅风楼所在的侧院，有单独出入口，安静简素。山林区从东南经南面绕至最西，对水池、厅堂二区呈回合嵌抱之势，气氛幽曲深密。全园分区合理，各区性格对比鲜明，又统一在一个总体的园林氛围之中（图9-3-147～图9-3-149）。

图9-3-147　清画北京香山见心斋

图9-3-148　见心斋廊亭（萧默）

图9-3-149　见心斋园内主景（萧默）

见心斋虽属皇家园林，但在很多方面都与私家园林相同：一、含蓄。一般说来，以水池为中心的主要游观区不宜设在园林最前部，以致暴露过早，缺乏含蓄的意趣，诚如《红楼梦》中贾政所言："一进来，园中所有之景悉入目中，更有何趣呢？"但见心斋因地就势，水池区不得不在最前面，因之进行了巧妙的处理：园门不设在东亭处，而在东北、东南二角，均不与水池直通。尤其从东南门的入园路线设计得更为精彩，要迭经转折，步步引导，层层展开，直到经过曲廊抵达东亭处，才能得见主景，欲扬先抑，含蓄多情。二、重视成景得景。从东亭西望的全园主景由小轩与北楼构成。小轩单层，横长，居前；北楼二层，以歇山面向前，体型竖高，退后；二者以低矮折廊相连，全体构成在不对称中求均衡，轮廓线丰富多变。东亭不与小轩正对而略偏向北，是为避免正对的尴尬，也考虑了北楼在主景中的作用。在这个画面北侧可见到北厅和弧转的爬山廊，南侧可见正凝堂南厢房东山墙上凸出的半亭，远处正凝堂的屋顶、树冠和远山更丰富了画面。主景的全宽与东亭至主景的距离大致相等，主景的高度约为东亭至主景距离的三分之一到二分之一。这样，从东亭欣赏主景的水平视角和垂直视角均处于最佳状态。"亭者，停也"，是说置亭的地方应该有可供驻足欣赏的美好景色，见心斋的东亭正处在欣赏主景的最佳位置。对于西岸来说，东亭则成为对景，其轮廓凸起，打破了长段曲廊的单调。两岸互相成景得景。其实成景得景之理也不限于亭，大凡园林建筑，应务令其得景，同时尽量使自己也成为可供欣赏的美景，各景之间，回环交织。三、曲折。按直线距离本来很近的两处，却非要绕上一些弯子几经曲折才能到达，是园林小中见大的重要手法。如从东北园门入，先达北厅，北厅与小轩之间本可直接建小桥通达，但若处处如此近捷，必无情趣可言，若绕行东廊，且行且游，步移景异，无形中扩大了空间感受。另一条路更加曲折，即从北厅向西经爬山廊登至北楼，绕楼廊一周，在楼西寻梯下楼，再几经曲折，通过折廊才能到达小轩。这一条路，上楼、下楼，由明到暗，再由暗到明，行程五倍于二处的直线距离，可谓穷曲折之能事了。

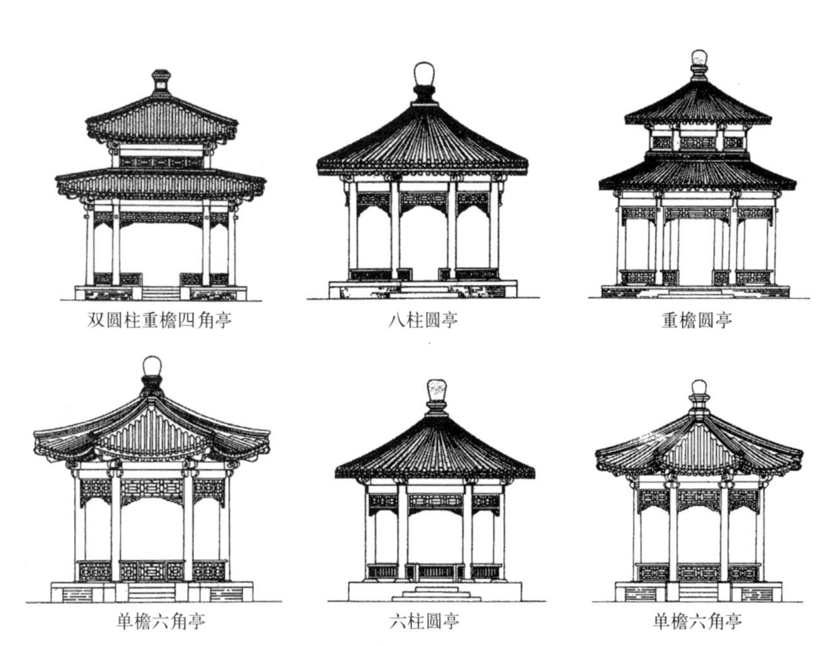

图 9–3–150　北方园林中的亭子（《中国古建筑大系》）

见心斋也具有北方皇园的一些特点，除各建筑皆为北方官式做法外，总平面具有较强的轴线。此轴线由正凝堂三合院前伸，及于小轩。更南略偏北到达东亭；更北略偏南到达后部大亭。

华北皇家园林建筑包括小品性建筑如亭子等的造型，亦如华北其他建筑一样，风格比较端庄凝重，屋角起翘平缓而厚重（图 9–3–150）。

七、欧洲人对中国园林的评价

中国园林在世界上享有崇高地位，早在唐宋时已传入日本，对日本所谓寝殿造住宅和佛寺的净土园林产生过直接影响。禅宗思想传入日本后，又促成了极富日本特色的"枯山水"

园林的产生。清代，《园冶》的手抄本也传入日本，题曰《夺天工》，继续影响日本园林的创造。

欧洲人之知道中国园林，大约可上溯到元代的马可波罗。他在江南见到过南宋建造的园林，说那里"有世界最美丽而最堪娱乐之园囿，世界良果充满其中，并有喷泉及湖沼，湖中充满鱼类"。他还描述过元大都的太液池。

17 世纪以后，有关中国园林的消息传到欧洲，先是英国，然后又在法国和其他国家引起惊叹，[1]被誉为世界园林之母。1685 年，英国一位著名学者和政治家坦伯尔写过一篇文章，他说："还可以有另外一种完全不规则形的花园，它们可能比任何其他形式的都更美；不过，它们所在的地段必须有非常好的自然条件，同时，又需要一个在人工修饰方面富有想象力和判断力的伟大民族。"他承认这种园林是他"从在中国住过的人那儿听来的……在我们这儿，房屋和种植的美，都主要表现在一定的比例、对称和整齐划一上；我们的道路和我们的树木一棵挨一棵地排成行列，间隔准确。中国人要讥笑这种植树的方法。他们说，一个会数数到一百的小孩子，就能把树种成直线，一棵对着一棵……中国人运用极其丰富的想象力来造成十分美丽夺目的形象，但是，不用那种肤浅地就看得出来的规则和配置各部分的方法"。坦伯尔还写道："中国的花园如同大自然的一个单元"。此时，欧洲所流行的园林，正像凡尔赛花园（建于 1662 ~ 1690）的建造者、法国古典主义造园艺术的创始人勒瑙特亥所说的，要"强迫自然接受均称的法则"（图 9-3-151）。黑格尔对中国园林精神也有一定了解，他认为中国园林不是一般意义的"建筑"，而"是一种绘画，让自然事物保持自然形状，力图摹仿自由的大自然。它把凡是自然风景中能令人心旷神怡的东西集中在一起，形成一个整体，例如岩石和它的生糙自然的体积，山谷，树林，草坪，蜿蜒的小溪，堤岸上气氛活跃的大河流，平静的湖边长着花木，一泻直下的瀑布之类。中国的园林艺术早就这样把整片自然风景包括湖，岛，河，假山，远景等等都纳到园子里"。他把中国园林比作是一种"绘画"，具有再现自然的性质，而不是不再现任何东西，只抽象地表现出一种氛围的"建筑"，是十分中肯而深刻的见解。他认为，"最彻底地运用建筑原则"的是法国园林，"它们照例接近高大的宫殿，树木是栽成有规律的行列，形成林荫大道，修剪得很整齐，围墙也是用修剪整齐的篱笆来造成的，这样就把大自然改造成为一座露天的广厦"。[2] 歌德则用诗一样的语言称赞中国人，他说："在他们那里，一切都比我们这里更明朗，更纯洁，也更合乎道德。在他们那里，一切都是可以理解的，平易近人的，没有强烈的情欲和飞腾动荡的诗兴。""他们还

①参见窦武．中国造园艺术在欧洲的影响[M]// 清华大学建筑系．建筑史论文集·第三辑．北京：清华大学出版社，1979．

②黑格尔．美学·第三卷[M]．朱光潜译．北京：商务印书馆，1981．

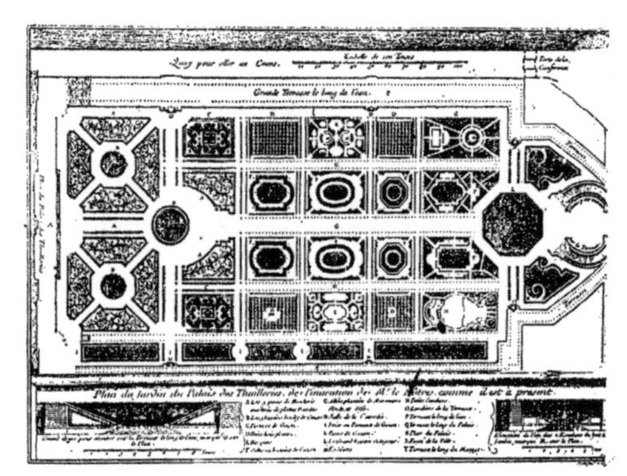

法国土伊里花园

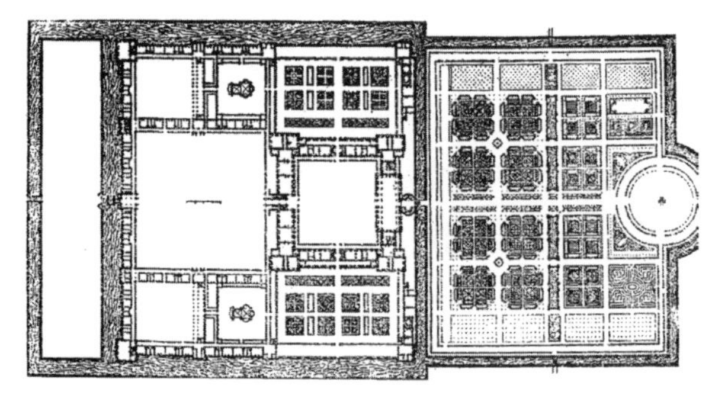

法国夏勒瓦尔府邸花园

图 9-3-151　欧洲典型的几何式园林布局（《建筑史论文集》）

有一个特点，人和大自然是生活在一起的，你经常听到金鱼在池子里跳跃，鸟儿在枝头歌唱不停，白天总是阳光灿烂，夜晚也是月白风清。月亮是经常谈到的，只是月亮不改变自然风景，它和太阳一样明亮。"[①] 这里谈的，很大程度都是指的中国园林。

18 世纪初在清宫当了十三年画师的意大利教士马笃礼曾游历过畅春园，也到过避暑山庄绘制三十六景图，他回忆说："畅春园以及我在中国见过的其他乡间别墅，都同欧洲的大异其趣。"在欧洲，"人们追求以艺术排斥自然，铲平山丘，干涸湖泊，砍伐树木，把道路修成直线一条，花许多钱建造喷泉，把花卉种得成行成列。而中国人相反，他们通过艺术模仿自然。因此，在他们的花园里，人工的山丘形成复杂的地形，许多小径在里面穿来穿去"。

耶稣会传教士法国画家王致诚曾在清廷如意馆作画，参与绘制圆明园四十景图。1743 年，他给巴黎写信说，在中国园林里，"人们所要表现的是天然朴野的农村，而不是一所按照对称和比例的规则严谨地安排过的宫殿。……道路是蜿蜒曲折的……不同于欧洲那种笔直的美丽的林荫道。……水渠富有野趣，两岸的天然石块或进或退，……不同于欧洲的用方整的石块按墨线砌成的边岸。"游廊"不取直线，有无数转折，忽隐灌木丛后，忽现假山石前，间或绕小池而行，其美无与伦比"。

一位法国神父还这样赞美中国园林："那儿一切都很朴素，但自有一种中国式的雅洁，……这是这个民族的天才。"

随着欣赏与赞叹，继之而来的便是模仿。在欧洲，首先从英国开始，18 世纪中叶，一种所谓自然风致园兴起了，后来传到法国，称为英中式园林。有时，英国人又在自然风致园的基础上增加一些中国式的题材和手法，如挖湖、叠山、凿洞，建造多少有点类似中国式的塔、亭、榭、拱桥和楼阁等建筑，甚至还有孔庙，称为图画式花园。例如 1730 年伦敦郊外的植物园，即今皇家植物园，其设计意境，除模仿中国园林的自然式布局外，还建造了中国式的宝塔和桥梁。这种园林同样传到法国、意大利、瑞典和其他欧洲国家，仅巴黎一地，就建起了"中国式"风景园约二十处。但不久以后欧洲人就发现，要造起一座如真正中国园林那样水平的园林是多么的困难。

苏格兰人钱伯斯（1723 ~ 1796）曾到过中国广州，参观了一些园林，并且从一个叫李嘉的中国人那里了解过造园艺术，晚年曾任英国宫廷总建筑师。广东园林算不上中国最好的园林，但仍然引起了他无比的赞赏。钱伯斯在好几本书里都描写过中国园林，已不只是浅层的外在形象的描述，只及于"自然式"的表象，而是对中国的园林精神有了较深的体会。他说："花园里的景色应该同一般的自然景色有所区别"，不应该"以酷肖自然作为评断完美的一种尺度。"中国人"虽然处处师法自然，但并不摒除人为。相反地有时加入很多劳力。他们说：自然不过是供给我们工作对象，如花草木石，不同的安排，会有不同的情趣"。"中国人的花园布局是杰出的，他们在那上面表现出来的趣味，是英国长期追求而没有达到的"。"中国人的另一种技巧是，用树木或者其他中间物把花园的某一部分隐蔽起来。它们挑逗起游客的好奇心：他想走近去看一看，而走近之后，由于看到完全没有预料到的景色或者同原来想寻找的景色完全相反的景色而大大觉得意外。湖的尽端经常是掩蔽起来的，为的是让人去驰骋想象。这样的方法被用在所有中国花园里"。钱伯斯反对当时在英国流行的浅薄的自然风致园，他提醒说："布置中国式花园的艺术是极其困难的，对于智能平平的人来说几乎是完全办不到的……在中国，不像在意大利和法国那样，每

①爱克曼．歌德谈话录[M]．朱光潜译．北京：人民文学出版社，1978．

① 姚成祖．营造法原[M]．张至刚增编，刘敦桢校阅．北京：中国建筑工业出版社，1959．

一个不学无术的建筑师都是一个造园家……在中国，造园是一种专门的职业，需要广博的才能；只有很少的人才能达到化境。"

第四节　牌楼

总述

明清时代各地相当盛行的牌楼，是最重要的一种建筑小品，类似西方凯旋门之类建筑，主要起标志性或纪念性作用。其起源也的确与"门"有关，实际上，它正是从古代里坊门发展而来的。牌楼又称牌坊，即透露了与里坊门的关系。

汉唐城市实行里坊制。里坊是城市居住区单位，即大城里以大街分划的一座座小城，四围有墙，墙上开门，在汉代多称为闾里，魏晋以后因其约一里见方，故更多称为里坊。店肆居宅都在坊墙以内，坊门晨启暮闭，夜间不能自由出入。自北宋汴梁起，因商业经济的发展，商店遍布全城，夜市成为必要，里坊制已不可能实行，终于废除，店肆和居宅直接面向大街。此后很长时间，虽早已不再建造坊墙，而"坊"名往往仍存，用作各居住地段的名称，在街市建造坊门，牌匾上榜书坊名。从南宋《平江图》碑上，我们已可看见许多坊门，比较简单，即在二柱间贯通横木，上覆被称为"楼檐"的屋檐，类似于今所称"二柱一间一楼"牌坊，立在纵横街道相交处。宋路秉《乘轺录》记辽南京"幽州城凡二十有八坊，坊有门楼"，知也建造坊门，门上有楼檐。金中都有六十二坊，元大都也分全城为坊，应都建有坊门。

明中叶以后，源自坊门的牌坊正式出现，并愈益向复杂、高大的方向发展，多四柱三间并有楼檐，因此，清中叶以后更多地被称为"牌楼"，以后两种称呼一直并存，"牌楼亦云牌坊"（刘敦桢《牌楼算例》）。若细致区分，则应将有楼檐的称为牌楼，否则为牌坊，"牌坊较牌楼简单，虽亦四柱冲天，但柱间只有绦环华版，上面没有斗栱楼檐遮盖"（梁思成《店面简说》）。但北方民间均习称牌楼，江南则通称牌坊，即使有楼檐，也称"有楼牌坊"或"牌楼牌坊"，无楼檐则称"无楼牌坊"。[①]本章则通称牌楼。

牌楼或牌坊的形制发轫甚早，应与古之衡门、乌头门、棂星门等有关。甲骨文的"门"字即为两柱间有横木，下立双扇门扉。古横、衡通，故称"衡门"，是最古老的一种大门。历代因其为"古制"而倍加推崇，又发展出乌头门和棂星门。乌头门其实与衡门没有太大区别，也是二木间横穿一木，下有门扇，"上不施屋"，即没有屋檐（《洛阳伽蓝记》），其"柱端安瓦筒，墨染，号乌头染"（《册府元龟》），故名。据《营造法式》，乌头门又名"阀阅"。阀指功绩，阅指资历，合则指称豪门世家，唐宋指权贵住所的大门，含有旌表的意思。《唐六典》规定，只有六品以上才能使用乌头门。棂星门也与衡门基本相同，棂星汉代原称"灵星"，祭天前应先祭灵星，至宋天圣六年，筑郊台外垣，始置灵星门。宋景定年间开始移用于孔庙，示意尊孔如尊天。后人以灵星与孔子无涉，又见门形如窗棂，遂改灵为棂（清·袁枚《随园随笔》）。所以，乌头门与棂星门可以说是结构与形象相似而用途有别，前者用在权贵住所，有旌表意；后者用在如陵寝、坛庙、孔庙或宫苑等重要场所，有尊崇意（图9–4–1、图9–4–2）。元明以后，棂星门之称仍有，乌头门渐佚。

至于里坊门，从《平江图》所见，原则上也同衡门差不多，只因平时须通行大量人流，且左右无墙，所以不设门扇。里坊门也可具旌表意：里门古又称闾，若士有"嘉德懿行，特旨旌表"，在他居住的里坊门上榜书其事，谓之"表闾"（图9–4–3）。

从衡门而乌头门、棂星门、里坊门，形制

已稍为复杂，但都只一间，需要时可并列三座，每座仍只一间。到了明清的牌坊或牌楼（包括称为棂星门者），才开始大事踵华。

牌楼以两柱形成的一“间”为基本单元，可以组合几个单元，如“三间四柱”、“五间六柱”等。柱间横以额枋，可为一根也可为上下两根。若为两根，在上下两根间镶牌板或透空花板。透空花板既增其华丽，又减少了风力。有两根额枋是牌楼从乌头门转化出来的关键性步骤。有时额枋伸出柱外，承挑悬空的垂莲柱，更与乌头门有别。在每间额枋的中段，又常再竖立两根短柱，称高拱柱。高拱柱间仍横贯额枋，再次形成框架，框架间和框架两侧为形象创作提供了新的天地。可以说，使牌楼得以从乌头门、棂星门脱胎出来，除了覆以屋檐以外，最富创造性的一举就是高拱柱的出现。牌楼上的屋盖即楼檐，被斗栱托起，简称为“楼”。每段屋盖随位置的不同而有“主楼”、“次楼”、“边楼”、“夹楼”之分。夹楼即正对柱顶的“楼”。各“楼”顶高度常循主、次、夹、边的次序依次降低。同一部位的“楼”，多为一重，但店铺牌楼或某些民间式样有重檐或三重檐的。在木牌楼的屋盖下面多撑以铁杆，称“大挺钩”，又称“擎”，俗称“霸王杠”。“楼”的多寡与间数不一定对应，如同是“一间二柱”牌楼，可有“二柱一楼”和“二柱三楼”之分；同是“三间四柱”，可有“四柱三楼”、“四柱七楼”和“四柱九楼”之别（图9–4–4、图9–4–5）。

牌楼柱子出头者特称“冲天牌楼”，遍布京城街坊而绝少见于宫苑。在出头的柱顶覆陶瓦“云罐”，俗称毗卢帽，是乌头门乃至衡门的遗痕。若是冲天牌楼，就没有夹楼。

牌楼的平面可作“一”字状，有时靠前后扶持立柱的“戗杆”增强稳固性（砖、石牌楼不用）。但也有偶作“⌒”状或“>—<”状甚或“＝”状者，虽结构更加合理，造型也更丰富，

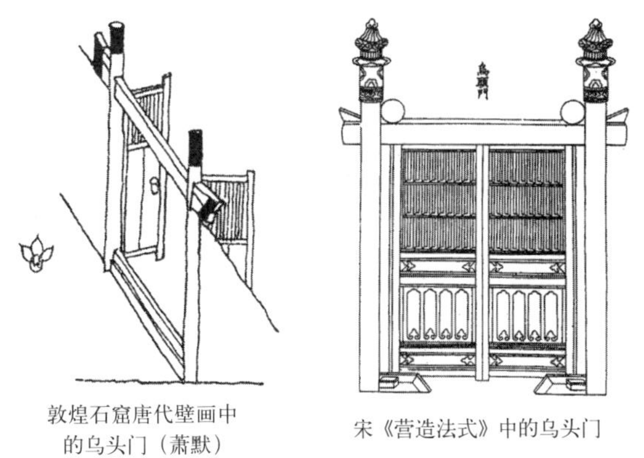

敦煌石窟唐代壁画中的乌头门（萧默）

宋《营造法式》中的乌头门

山西岩山寺金代壁画乌头门（傅熹年）

图9–4–1　乌头门

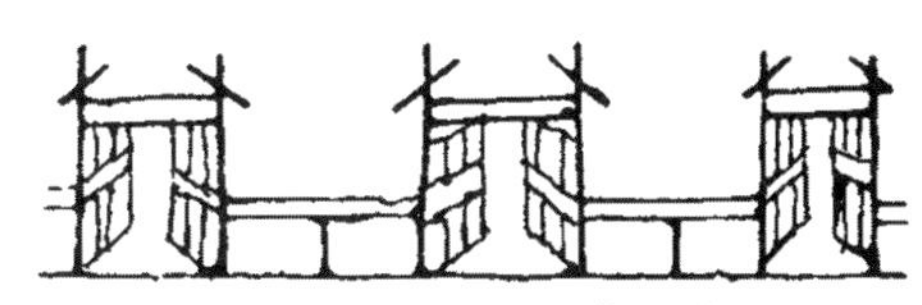

南宋刻平江天庆观前的棂星门

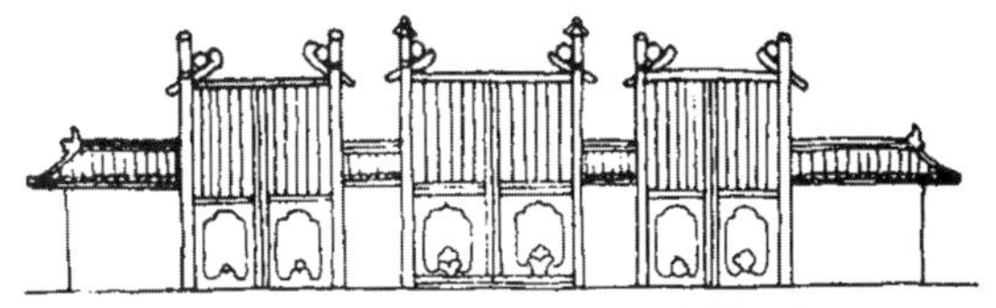

金刻《后土祠庙貌图》碑刻后土祠前的棂星门

图9–4–2　棂星门（《中国古代建筑史》）

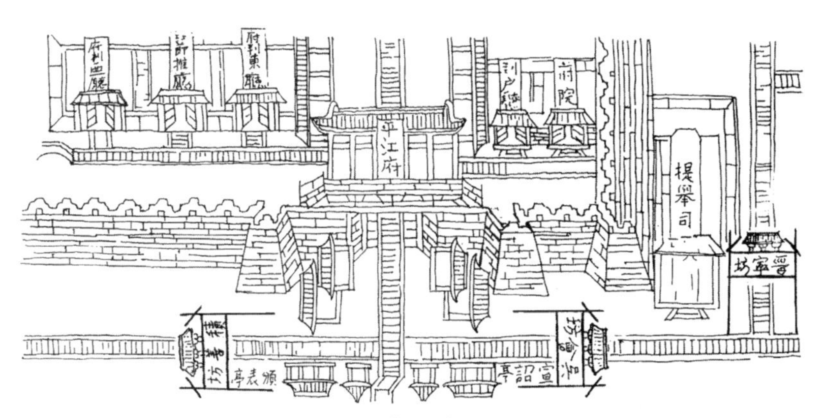

图9–4–3　里坊门：《平江图》碑平江府前的里坊门

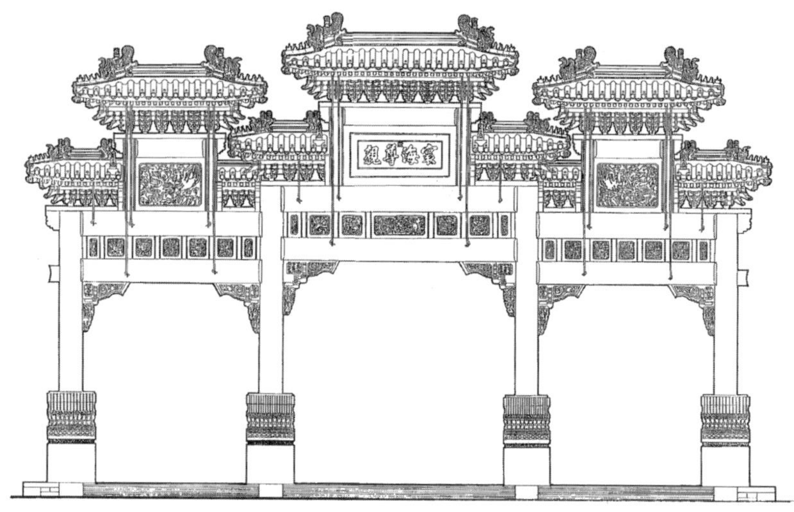

图 9-4-4　北京清代官式三间四柱七楼木牌楼（刘大可）

图 9-4-5　北京帝王庙前望阜成门（已不存）

却稍失牌楼所特有的那种险绝的意味。为求稳固,木牌楼的立柱总要深埋地下,柱下段箍以“夹杆石”。夹杆石露明部分雕以纹饰，是牌楼的一个重点装饰部位。

牌楼常可不遵循一般建筑通用的规矩。如民间建筑一般不准使用斗栱，独牌楼可以使用。有斗栱的建筑例以空当坐中，牌楼则可斗栱坐中。一般建筑明、次、梢间斗栱出跳数均相同，而牌楼的边楼常比夹楼多出一跳，次楼常比边楼再多一跳，正楼可与次楼相同也可再增一跳，各楼出檐深度也随之不同。除了重要的殿堂，一般建筑的斗栱大多只出到两跳为止，牌楼却常出至三跳、四跳乃至五跳（如晋中渠家大院院内牌楼的斗栱即出跳五次）。所有对常规的打破，都是为了寻求自身的美，大都是以比较小的构件尺度结合比较繁密的构图韵律，造成牌楼更加高大的错觉。

如果按材料来区分，有木牌楼、石牌楼、砖牌楼和琉璃牌楼等多种。实际上，琉璃牌楼只是外观为琉璃，内部其实是砖或木。不论哪种,全都采用仿木结构形式。虽如此,毕竟琉璃、石材、青砖和木材的色彩、质感都不相同，仍然形成了各有差异的形象和性格。如陵寝常用石牌楼,通体青白,适合形成圣洁、肃穆的气氛,又以石料的坚实质感表达出永恒的意义，这是木牌楼难以替代的。寺庙前的琉璃牌楼，以琉璃特有的陆离华彩，给人以超凡入圣的感受。

木牌楼

牌楼以木制者最多，北京自明代起就在主要街道上建造，加上用于宫苑、坛庙、店铺的，总数当逾千座。现存木牌楼实例不胜枚举，较著名者如颐和园东宫门、排云殿，北海永安寺、“堆云积翠”、“金鳌玉蝀”和白塔东侧，雍和宫前，福佑寺，大高玄殿，地坛门外，白云观，国子监等处。以前北京还有“东四牌楼”、“西四牌楼”和前门“五牌楼”等著名的牌楼群，此外还有数以百计的街坊牌楼和店铺牌楼，现在多数已经拆除。明清在北京以外各地建造的木牌楼也很多，著名的如太原晋祠对越坊、纯阳宫，和顺县城，霍县州署，襄汾丁村民居，大同华严寺大雄宝殿，五台山菩萨顶、塔院寺、碧山寺，解州关帝庙，西安华觉巷清真寺，吉林市“天下第一江山”，沈阳黄寺，济南千佛山，邹县孟庙，曲阜孔庙“道冠古今”和“德侔天地”，汤阴岳庙，阆中巴巴寺，灌县玉磊山，东阳卢宅，昆明圆通寺以及苏州、太原、代县、榆次等地文庙的牌楼式棂星门等。木牌楼的使用，显然城市多于乡野，而绝少用于陵墓。有时，寺庙的山门或大殿正面或做成牌楼样，以壮观瞻（图 9-4-6 ~图 9-4-12）。

图 9-4-6　北京国子监街牌坊（马炳坚）

图 9-4-7　天津天后宫牌楼（萧默）

图 9-4-8　山西襄汾丁村住宅内牌坊（萧默）

图 9-4-9　山西代县文庙棂星门

图 9-4-10　昆明金马碧鸡坊（萧默）

图 9-4-11　四川大足圣寿寺牌楼（《四川古建筑》）

图 9-4-12　四川荣经太湖寺观（《四川古建筑》）

石牌楼

石牌楼乡野多于城市，尤盛行于陵墓，或精雕细刻，或朴实无华，风格差异之大超过别类，造型也最为丰富。基于石材的特性，石牌楼常不做楼檐，往往在石额枋上冠以“火焰”装饰，称“火焰牌楼”。又多将夹杆石改为抱鼓石。著名的石牌楼作品如北京碧云寺、明十三陵、颐和园、玉泉山、西黄寺，遵化清东陵，易县清西陵，灵寿县付氏坊，北镇李成梁坊，兴城祖氏兄弟坊，沈阳昭陵正红门、福陵，歙县许国石坊、棠樾石坊群，和顺县城，五台山龙泉寺，原平阳武朱氏坊，曲阜孔庙、孔林、颜庙及周公庙诸坊，泰山诸坊，泰安岱庙，长清“灵岩胜境”，华阴西岳庙，嵩山少林寺，武当山玄岳门，肇庆龙母祖庙，建水“洙泗渊源”，剑川金华山，宾川鸡足山，广汉文庙，灌县青城山，南京明孝陵，湖州南当刘氏家庙，湖州小莲庄石坊群，遵义龙坑，等等。其中许国石坊的平面呈矩形，系合前后各一座三间四柱石坊而成（图 9–4–13 ~ 图 9–4–22）。

明清还有一批使用木额枋的石牌楼，主要用为陵墓方城明楼前的“二柱门”，如明十三陵各陵和清东陵的裕陵、景陵、定陵、惠陵等处，是木牌楼的特例。

图 9–4–13 北京十三陵石牌坊（萧默）

图 9–4–14 歙县棠樾村石牌楼群（刘大可）

图 9–4–15 西递村胶州刺史坊（刘大可）

图 9–4–16 歙县城内许国石坊（萧默）

图 9-4-17　山西某地石牌楼（刘大可）

图 9-4-18　山西五台龙泉寺石牌楼（刘大可）

图 9-4-19　山东泰安岱庙入口牌坊（刘大可）

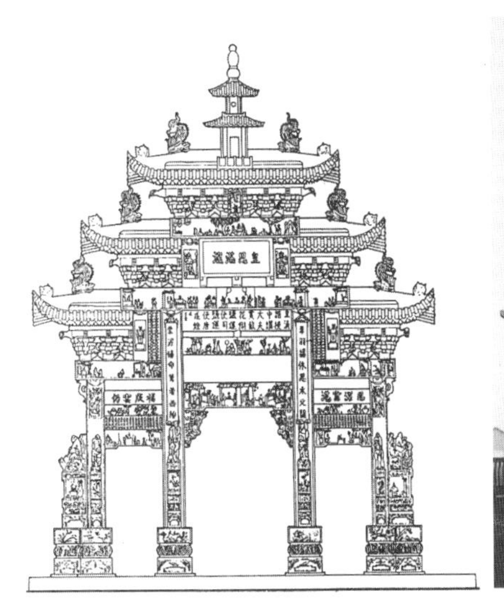

图 9-4-20　湖南的两座石牌坊（《湖南传统建筑》）

图 9-4-21　安徽某地石牌楼（刘大可）

图 9-4-22　东岳庙前琉璃牌楼（萧默）

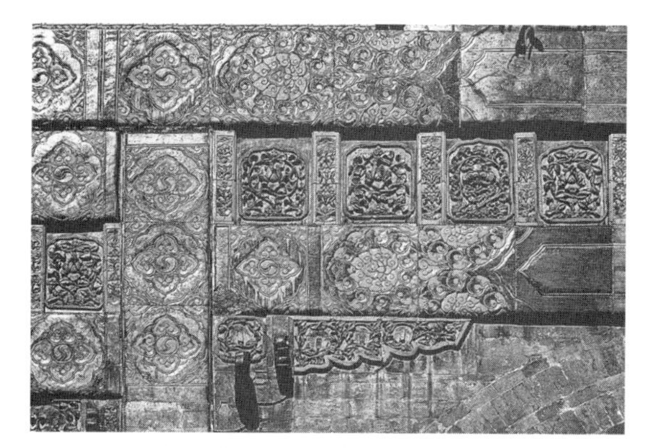

图 9-4-23　琉璃牌楼仿木构件（刘大可）

图 9-4-24　香山卧佛寺琉璃牌楼（萧默）

图 9-4-25　襄樊米公祠石牌坊式大门（萧默）

图 9-4-26　承德普陀宗乘之庙牌楼（萧默）

琉璃牌楼

琉璃牌楼很少，官式只见于北京和承德两地，仅九处，即承德普陀宗乘之庙、须弥福寿之庙，北京卧佛寺、颐和园众香界、香山昭庙、北海小西天、北海天王殿、国子监辟雍及东岳庙，都是“三间四柱七楼”。除东岳庙的建于明嘉靖外，都建于清乾隆间，从一个侧面说明后者是琉璃艺术最辉煌的年代。东岳庙牌楼两侧柱子为青绿色石，中间二柱和券墙都是城砖，色彩效果不甚强烈，显然处于探索时期。建于乾隆的皆以厚墙为体，设券洞，墙面抹饰红灰，较青砖色彩鲜艳，墙下增加白石须弥座，券洞也改用雕刻华丽的白石。柱子和梁一样，都用琉璃贴面，用红墙白石的鲜明色彩与华丽耀眼的琉璃对比，造型手法和风格却更加统一。此外，紫禁城里的琉璃花门和随墙牌楼门也常用琉璃制作（图 9-4-23 ~图 9-4-26）。

民间琉璃牌楼可能只有山西介休真武庙尚存一座，体量甚小，亦无券墙，柱梁琉璃以黄、绿、蓝色为主，间以黑、白、绛、紫、赭，色彩十分丰富，是民间琉璃艺人的技艺结晶。

砖牌楼

砖牌楼用青砖砌造，色彩本不甚鲜艳，虽曾在开封相国寺有所尝试，但终未能发展，而转向与房屋大门或窗罩的结合，清代已成普遍现象，尤以南方民居和祠堂庙宇所常用，在景德镇、婺源、东阳、苏州、大理、湖南和四川一些地方所见甚多，个别并施以粉刷。安徽亳州山陕会馆、湖北襄樊米公祠、宜昌长江南岸的黄陵庙、四川奉节白帝城刘备庙和湖南洞口杨氏宗祠，都有很好的例子。北方也使用砖牌楼，如山西襄汾、河南巩县等。此类砖牌楼大约有两种方式：一种下半部与普通砖墙无异，而在大门上加建牌楼样的门罩，有如牌楼的正楼、次楼，作“一高二低”形式，柱为垂柱，不落地。用做窗罩时一般也不落地。另一种在墙上贴附整座砖牌楼，有落地柱（图 9–4–27 ～图 9–4–31）。

牌楼以其形体之险绝、装饰及色彩之绚丽、琉璃之灿烂、雕刻之华美和斗栱飞檐之精巧，以及具有特别感染作用的“通过感”，给人以深刻印象。牌楼在明清以后被广泛使用，如用在寺观或礼制建筑等大型建筑组群之前，以导引环境，烘托相应的气氛；用在陵墓，为全陵的起点或神道的终点；用在城镇主要街道或集市，作为区域标识；用在皇家园林，恰如其分地起到丰富园景的作用。只是极少用于私家园林和皇宫，可能对于前者，牌楼体量过于高大，对于后者，体量又嫌不足。牌楼也常标立于店铺门前，以北京最为常见，形成特殊的商业气氛。店铺牌楼绝大多数都是“冲天牌楼”，常为重檐楼屋，更为华丽，能够增加高度，以加强广告作用，但限于体制，只用青筒瓦而从不使用琉璃（图 9–4–32）。牌楼还可置于桥前，或为纪念某事、表彰某人而立，“扩祠宇以敬宗耀族，树牌坊以传世显荣”，如功德坊、状元坊、烈女坊、贞节坊、忠孝坊等，与古之乌头门或用于旌表的里坊门意义相同。用作宅门者如上举青砖牌楼。与短墙结合而成的墙门，多出现在帝王陵墓或重要的礼制、祭祀建筑中，如天坛圜丘围墙各面、明清陵墓神道后的三座门等，也可以说是采用了牌楼形式的棂星门。有的与围墙结合作随墙门，即在围墙的券门之上琉璃墙顶以下附墙砌造，柱子为“垂莲柱”，在北京和沈阳宫殿常见。上述之外，也常于庆典、婚丧时在门前、街口临时支搭简易牌楼，一般以杉篙扎缚，形式须与活动内容相应：如丧事须用苇席制成额枋和楼檐，称素牌楼；喜庆事应扎彩布彩绸和各色纸花，称“彩牌楼”；偶尔也有用鲜花扎成的，称“花牌楼”；或用松枝扎成，称“松塔牌楼”。

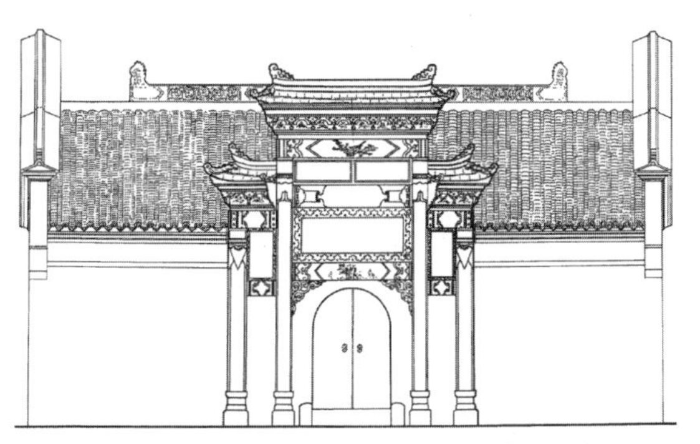

图 9–4–27　湖北巴东地藏殿砖砌牌楼式大门（刘大可）

图 9–4–28　湖南某祠堂砖牌楼式正面（《湖南传统建筑》）

图 9–4–29　宜昌黄陵庙砖牌楼式庙门（萧默）

图 9–4–30　襄樊米公祠砖牌楼式二门（萧默）

图 9–4–31　江西流坑村牌楼式宅门

图 9–4–32　冲天牌楼式店面

第五节　桥梁

总述

比起其他建筑类型来，桥梁有更为明确单纯的实用要求，技术性也更强。一般来说，在物质与精神的递进阶梯中，桥梁本属于物质性更强精神性较弱的层级。但即使这样，桥梁仍然是广义建筑艺术关注的对象，它所显现的以技术美为主的美学特性，对于美化生活，妆点江山，具有很重要的意义。诸如通衢要道上大跨桥梁显示的气势，乡野小桥透出的朴质；北方桥梁的舒缓平实，南方桥梁的高拱如虹；石桥的坚实凝重，木桥的简洁轻盈；廊桥的丰富多变，平桥的流畅便捷等，都给人以美的感染。在这里，桥梁所主要体现的功能美、材料美、结构美、施工工艺的美等技术美的因素，以及环境美等，都可以成为美的观照对象。①

同时，也不能忽视在某些情况下，桥梁与建筑群或环境的结合，还可能上升到一定的狭义艺术美的高度，烘托出某种精神文化涵义。例如，位于紫禁城天安门前的五座石拱桥，正对着五个门洞，中间一座最大，其他四座依次缩小，与天安门及周围环境如华表、石狮等一起，构成宫殿入口，共同烘托出这一皇权建筑的气势。又如，北京国子监辟雍周环以水，四面各一小桥；各地文庙前部都有泮池，池上也有小桥，是以此种特殊构图来烘托此类建筑的神圣性。寺庙前部也常有小桥，同样标示了建筑的重要性。园林里的桥梁更是要求与景观有机组合，对造型美的要求更高，与其他园林景观一起，共同渲染出园林的气质；石板小桥低近水面，对比出水面之大；或多用拱桥，曲柔有致；或平面多折，步移景异等。以上这些桥梁都早已超出了单纯实用的意义，与其说是交通设施，还不如说是景观小品，它们的美，除了技术美以外，就更多具备了狭义艺术美的特性。

①本节主要参考资料：茅以升．中国古桥技术史[M]. 北京：北京出版社，1986；唐寰澄．中国古代桥梁[M]. 北京：文物出版社，1987.

桥梁按材料分类主要有石桥和木桥两种，按跨数有单跨与多跨之别，按形式可有拱桥和梁桥。拱桥都是石桥，但也有个别木构，如北宋《清明上河图》显示的汴梁虹桥，称为叠梁拱桥；梁桥又有平梁与悬臂梁之别。在所有桥的桥面上都可建造廊亭，称为廊桥，构成特别美丽的形象。叠梁拱桥在明清仍有出现，有些与悬臂梁结合，并大都是廊桥，是桥梁中一种少见却颇有艺术品位的特殊类型。总之，桥梁的形式组合相当多样，以满足不同场合下的不同需要。

桥梁又多有附属小品建筑，如桥头常立牌坊，著名的像北京北海琼华岛前的“堆云积翠”坊和“金鳌玉蝀”坊。华表、经幢和小石塔也常用于桥梁，如苏州宝带桥、泉州五里桥和洛阳桥等。

留存至今的古代桥梁大多是明清所建或重建，分布全国各地，现按本书所侧重，归类为石拱桥、石拱廊桥、石构梁式廊桥、木悬臂梁式廊桥、木叠梁拱式廊桥等五种，分别介绍如下。

石拱桥

石拱桥以巨石砌成拱券以通水，南方北方都有，占桥梁的大多数。南方河道较窄，而水量较大，河中行船，桥上运输以肩挑为主，故拱跨不需太大而拱背较高；北方正好相反，河道较宽而水量不大，河中常不行船，桥上以车马运输为主，故跨度较大，拱背不需或不能太高而桥面平缓。由此形成南方拱桥曲柔空灵、北方拱桥平实稳重的风格，正与地方风物相合（图 9–5–1、图 9–5–2）。

绍兴阮社桥，单拱，建于清同治间（1862 ～ 1874），长 20 米、宽 2.5 米。拱形大于半圆，似马蹄形，是长江三角洲一带通行的拱形。此桥造型简练，只在桥顶置石栏，上施简单的浮雕（图 9–5–3）。

苏州阊门外枫桥镇的枫桥，也是单孔，始建于唐，因诗人张继《枫桥夜泊》诗闻名于世，现桥为清同治六年（1867）重建。桥长 26 米、高 7 米，半圆拱券。桥头有一关城，作城楼式，与桥构成起伏轮廓。像枫桥这样的石拱桥，在南方十分普遍（图 9–5–4 ～图 9–5–6）。

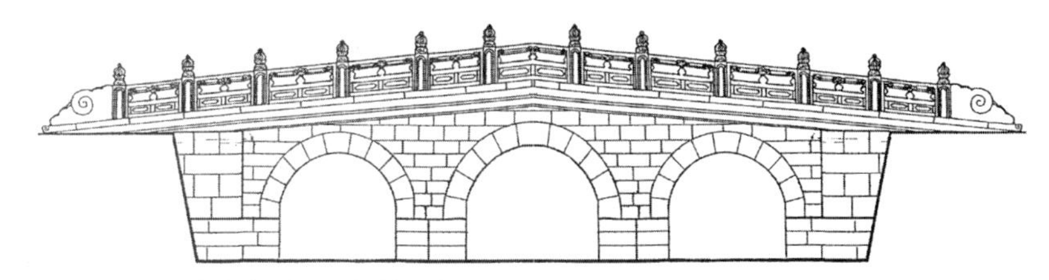

图 9–5–1　北京官式石拱桥（刘大可）

图 9–5–2　颐和园十七孔桥（《中国古代建筑技术史》）

图 9–5–3　浙江绍兴阮社桥（萧默）

图 9–5–4　苏州枫桥（萧默）

图 9–5–5　江苏西塘拱桥（萧默）

图 9–5–6　浙江乌镇老桥（萧默）

图 9–5–7　余姚通济桥（萧默）

浙江余姚通济桥为多拱石桥，跨姚江上，宋代初创时为石墩木悬臂梁桥，元至正三年（1323）改建为三孔石拱桥，中拱高大，构造雄伟，号称浙东第一桥。余姚有南北二城，隔河相望，桥北正对余姚北城南门，现仍存城楼（图 9–5–7）。

余姚茗溪桥，建于明代，是三孔石桥，尺度较大，气势宏壮。三孔都作半圆券，桥面顺三孔高度中间高两边低呈缓和的抛物线，拱脚石砌尖头桥墩，墩上又砌卵圆小孔，是敞肩石桥做法。在大拱间开辟的小拱对造型起了很大作用，使二拱之间不显沉重壅塞，增加了大小相间的节奏感。桥空多实少，于宏壮中又透出轻盈，与南方水乡建筑的风貌相得。杭州拱宸桥与茗溪桥同一风格（图 9–5–8、图 9–5–9）。

云南丽江黑龙潭桥为五孔石拱桥，建于清乾隆间。桥中高边低，桥拱不大，全桥空少实多，风格接近于北方。此桥与桥头的三层方亭和远处玉龙雪山融为一体，为丽江重要景点（图 9–5–10）。

苏州宝带桥，在运河西侧澹台湖口，是一座历史悠久的大桥，唐元和初（816 ~ 819）刺史王仲舒捐宝带创建，故名。宋元明不断重修重建，现桥为清同治十一年（1872）重建。桥长达 400 米，五十三孔，中间三孔较高以通大船，桥头有小石塔为点缀。此桥也是纤桥，运河纤夫往来于上（图 9–5–11）。

图 9–5–8　浙江余姚茗溪桥（赵玉春）

石拱廊桥

在桥面上建造木构建筑如廊道亭阁等，统称为廊桥，在南方所见较多。桥廊可供行人稍息，或设小肆供应食饮，乡野此类廊桥又多供设神佛，具有浓厚的民俗乡情（图 9–5–12、图 9–5–13）。

万寿桥，在湖北咸宁南川石鼓山村东，建年不详。桥三跨半圆石拱，上建一列简单廊屋，朴素平实，亲切宜人（图 9–5–14）。

扬州五亭桥是一座著名石拱廊桥，在瘦西湖园林区内，为清乾隆二十二年（1757）扬州盐商为迎奉乾隆驾临而建。桥在莲性寺北，“寺址水周四面，形如莲花，后有土埂”（清《重建法海寺记》），桥即在此土埂上，所以又名莲花桥。桥两端各有斜阶上登，阶下各一半拱。桥上平面呈工字形，工字正中置重檐方亭，高于四翼单檐方亭之上，沿各亭周边置坐凳栏杆，两端各两座方亭之间有廊相连。太平天国时亭廊被焚，光绪时重建。石桥中心券洞跨度最大，“四翼”下各有彼此相通的三个较小券洞。桥连阶道共长 55 米，沿石桥周边有石砌栏板。此桥的造型意义显然大于其实用意义，结合周围的白塔、莲性寺、小金山和吹台的园林景色，构成一优美景区，是小金山的对景（图 9–5–15）。

图 9–5–9　杭州拱宸桥

图 9–5–10　云南丽江黑龙潭桥（萧默）

图 9–5–11　江苏苏州宝带桥

图 9–5–12　四川某石拱廊桥（季富政）

图 9–5–13　湘西永顺某石拱廊桥（辛克靖）

图 9–5–14　湖北咸宁万寿桥

图 9–5–15　江苏扬州五亭桥（萧默）

图 9–5–16　承德避暑山庄水心榭（萧默）

石构梁式廊桥

在石造梁桥上也可建造廊道，所见实例多在园林中，起丰富景观的作用。

承德避暑山庄水心榭，建于清康熙四十八年（1709 年），在山庄湖泊区东南两片湖泊之间，跨水为石堤，堤间有多跨石砌梁桥，上列亭榭三座，中间一座矩形，两边各一方亭，都是重檐屋顶。桥头两端各有木构单间三楼冲天牌楼一座。此桥最成功之处是桥上建筑与整体环境的良好关系，如堤、桥甚长而不高，低临水面，仿佛三座亭榭的基座。亭榭尺度不大，屋顶高度大致相平，轮廓虽有起伏而整体平实合度，没有大起大落，与园林要求的宁静致远的格调十分相得。选址也很好，从两面湖上和全园许多地方都可望见，大大丰富了园景（图 9–5–16）。

北京颐和园荇桥是一座十分美丽的小桥，在园内西北部前湖后湖之间。先建两座石墩，上架平梁，梁上建矩形重檐盝顶亭一座，两端阶道斜下。亭的边柱坐落在桥墩上，与桥构成有机联系。桥墩两端各一石狮，面向小亭，更加强了亭、桥的联系。亭两侧栏杆木制，与亭的用材相同，阶道两侧的栏杆则为石制。在园内西堤还有多座小桥，其中有的与荇桥相类（图 9–5–17、图 9–5–18）。西堤之设仿自杭州西湖苏堤，苏堤是宋苏子瞻守杭时所造，其上也有六桥，也各覆桥亭。

苏州拙政园小飞虹，是私家园林的著名小桥，也是苏州诸园唯一廊桥，建于明嘉靖间。桥三跨，平梁，中孔较大且略高，边梁稍斜下。桥上建廊三间，两头并延伸出去，屋顶轮廊也顺应石梁走势，中高边低和缓转折。桥映水中，成为美丽的画面。此桥不着重突出自己，而更着意于隔景透景作用，十分得体合度（图9–5–19）。

木悬臂梁式廊桥

悬臂梁式桥是由两岸斜向上方伸出多层悬臂梁，每层都较下层更向前伸，到中央再平置木梁相接。悬臂梁桥较适用于谷深水急不宜建造桥墩桥柱的情况，多见于甘肃、四川西部、西藏和云南、贵州等省（图9–5–20）。

兰州握桥，又名卧桥或西津桥，在兰州城西，始建于明永乐中（1403 ~ 1424），清嘉庆二年（1797）和光绪三十年（1904）两次重建，1952年因拓宽道路而被拆除。此桥由两岸斜向伸出叠梁各五层，中接平梁，昔人形容曰“叠木横空,穹窿特起”。桥全长27米、净跨22.5米、宽4.6米。桥上廊屋正中三间，左右斜下各四间。廊屋立柱下延，夹在木梁侧面，所以廊屋之建也有结构上的意义，其梁架像一个个框架，加强了全桥结构的整体性。桥下两侧封以木板，以保护悬臂梁。桥两端各建门楼,既强调了入口，同时起了镇压悬臂梁尾的作用（图9–5–21）。

木桥较轻，在木桥上建造廊屋，正可以用来镇压，使不易冲毁；木材易朽，廊屋可以遮风避雨，使桥梁得到保护。握桥不仅以其“穹窿特起”的造型气势，也以其结构需要与造型的有机配合而成杰作。

类似握桥的悬臂式结构很早就有，本书宋辽章中曾引南北朝史料《沙州记》：“吐谷浑于河上作桥，谓之河厉，长百五十步，两岸垒石作基陛，节节相次，大木更相镇压，两边俱来，相去三丈，并大材，以板横次之，施钩栏，甚严饰。”显然就是悬臂梁桥。

握桥现虽不存，但兰州兴龙山还有一座云龙桥，与握桥相似，而规模较小，始建于清乾隆二十八年（1763），迄光绪二十六年（1900）

图9–5–17　颐和园西堤桥（《中国古建筑大系》）

图9–5–18　颐和园荇桥（萧默）

图9–5–19　苏州拙政园小飞虹（罗哲文）

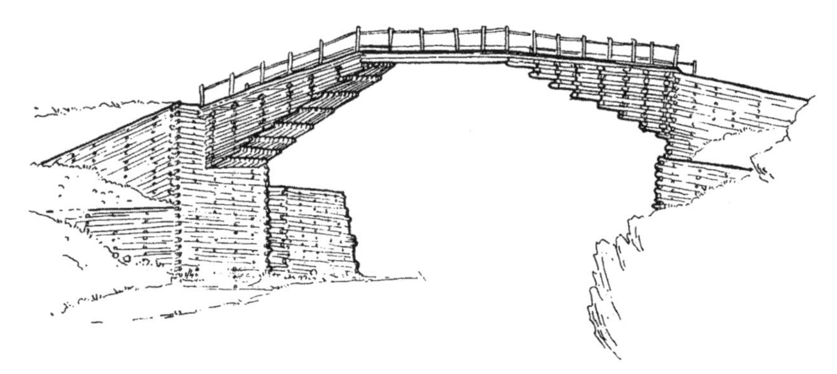

图 9–5–20　青海木里悬臂梁桥（《刘敦桢文集》）

图 9–5–21　兰州握桥示意图

图 9–5–22　兰州兴龙山云龙桥（张青山）

图 9–5–23　湖南新宁某石墩悬臂梁廊桥（《刘敦桢文集》）

四次重建，现存之桥外观虽仍原状，可惜仅存其表，而把最值得保存的悬臂梁改成钢筋混凝土拱结构了（图 9–5–22）。

还有一种石墩双向悬臂梁桥，是在河中以巨石垒墩，从墩上向左右各平伸多层悬臂梁，再接各跨中央横梁。就像天平一样，悬梁左右自行平衡。此种桥梁在黔桂侗族地区十分多见，湘、闽等省也有（图 9–5–23 ～图 9–5–25），其最著名者为广西三江侗程阳桥，将在本书西南少数民族建筑章中再行补述。

木叠梁拱式廊桥

所谓叠梁拱，即北宋《清明上河图》中汴梁虹桥所采用的结构。虹桥有两组拱骨，互相交错，此组拱骨的端点互为彼组拱骨的中点，在此组的各端点下（即彼组的各中点上）插入横向梁木，以铁箍互相固济，而成全桥，总体形状若拱。

叠梁拱可能是从悬臂梁式桥发展来的，二者都是木结构，桥下无柱，都以多根大木并排横联构成。明清时叠梁拱结构仍在使用，有些且与悬臂式结构共存，如甘肃渭源灞凌桥，是其最佳的例证。

灞陵桥在甘肃渭源城南清源河上，始建于明洪武间（1368 ～ 1398），现桥经 1919 年改建。桥全长约 40 米，不计两个桥头门屋，净跨约 30 米，从两岸以悬臂梁四次伸出，至中央改为叠梁拱，飞越 12 米。叠梁拱的两组梁各三折，此组梁的端点坐落在彼组梁的梁背，与虹桥结构相同。据说灞陵桥改建时曾仿照兰州握桥，但它与握桥之纯悬臂梁结构有所不同，且桥上十三间廊屋的轮廓呈非常圆和的反向曲线，桥下轮廓也是这样，较握桥的折线更加温婉多情。桥廊加上桥下护板，两端较厚并连接门屋砖墙，坚实而稳重；中央较薄而凌于半空，轻灵而飘逸，拱起如虹，非常动人，可称杰作（图 9–5–26 ～图 9–5–28）。

图 9-5-24　福建某石墩悬臂梁桥

图 9-5-25　福建某石墩悬臂梁桥内部

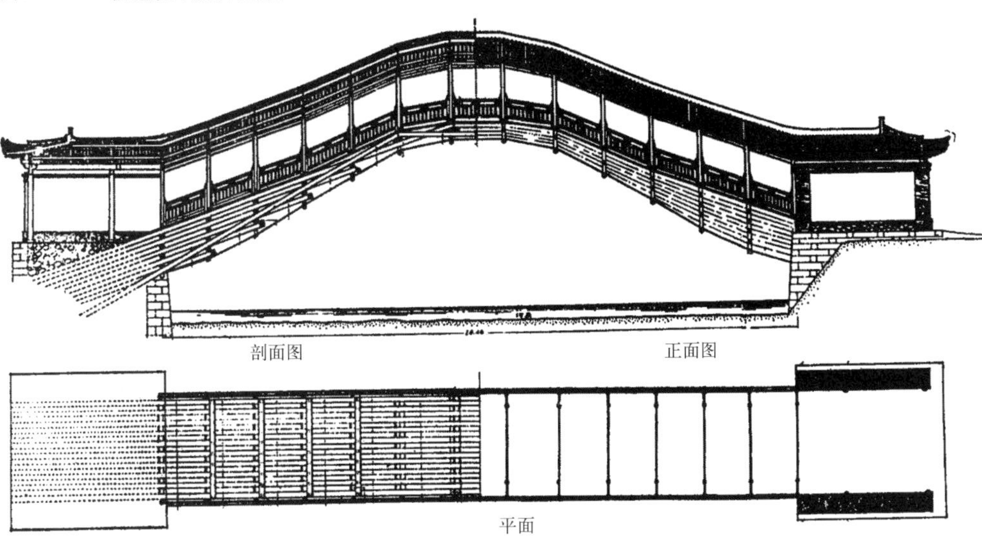

图 9-5-26　甘肃渭源灞陵桥——木叠梁拱式廊桥（孙儒涧）

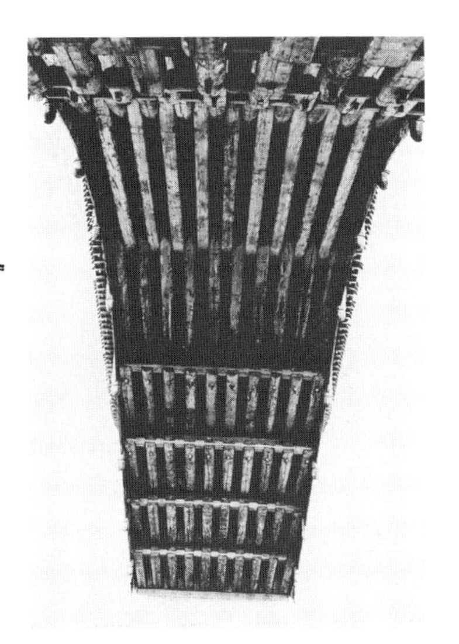

图 9-5-27　灞陵桥桥底（张青山）

图 9-5-28　甘肃渭源灞陵桥（张青山）

图 9–5–29　浙江泰顺泗溪下桥（杨道明、徐庭发）

图 9–5–30　浙江处州咏归桥（《处州廊桥》）

图 9–5–31　处州兰溪桥（《处州廊桥》）

图 9–5–32　湖南通道回龙桥（《中国民居》）

叠梁拱桥在浙江、福建以及湖南等省也有发现，见于报道的如浙江泰顺仙居桥（1673 重建）、云和梅崇桥（1802）、泰顺营岗店桥、泰顺泗溪东桥（1827 重建）和泗溪下桥（1847 重建）、青田怀仁桥、处州咏归桥、处州兰溪桥及福建屏南溪坪桥、湖南通道回龙桥等。这些桥多是纯粹的叠梁拱桥，而且比汴梁虹桥有了更多改进，桥面平坦，桥上都有廊屋，与灞陵桥相比，虽轮廓秀美上有所不及，却可免登阶之劳，便利通行（图 9–5–29 ～图 9–5–32）。

浙江云和梅崇桥由三个系统的杆件合成拱骨。第一系统的纵向（即跨度方向）杆件共九排，每排三根长杆，组成边斜中平的折线，交接处插入横梁侧面卯孔内，斜杆底脚插入两端地脚横梁卯孔。第二系统纵向为五根短杆，交接处插入本系统的横梁卯孔，两端斜杆底脚插入本系统的地脚横梁，两端各八排，正中九排。正中的兼为桥面梁。不计地脚横梁，第一系统有两根横梁，第二系统有四根，这些横梁都相互搁置在另一系统的纵杆上，组成叠梁拱架。第三系统为两端的桥面梁，水平放置，每端各九根。每梁各有四个支点，由桥中向桥端顺序为：第二系统中部横梁卯孔、第一系统横梁梁背、第三系统横梁梁背（此梁下另有短柱将力量下传到第二系统横梁梁背）、端柱排架。最后，在桥面纵杆上再建造桥廊，廊下挂鱼鳞板保护构架。此外，为了加强整体性，又在两端设交叉斜撑（图 9–5–33）。

可以看出，汴梁虹桥之后，叠梁拱结构有了较大改进，如纵杆不再搁置在横梁背上，而是插入横梁侧面卯孔内，结合更加紧密；第二系统比第一系统增加了两根纵杆和两根横梁，使第一系统的中间纵杆承受的不是正中一根横梁而是左右两根，减少了此杆的弯矩；在两端增设了交叉斜撑，使全部都由平行杆件组成的构架有了斜向制约；最后，又增加了第三系统即桥面纵杆，桥面超脱了拱架的限制，可以保持水平。

浙闽的叠梁拱式廊桥，很可能起源于北方的叠梁拱结构，随宋室南渡而传入，积累了几百年的经验，达到了炉火纯青的程度。叠梁拱结构为中国所独有，其思路之周详、穿插之巧妙、布局之精审，显示了古人的惊人智慧，创造了可以称绝的结构之美。此种符合材料本性的结构美，以及功能美、材料美和施工工艺之美，都是建筑美的重要组成。

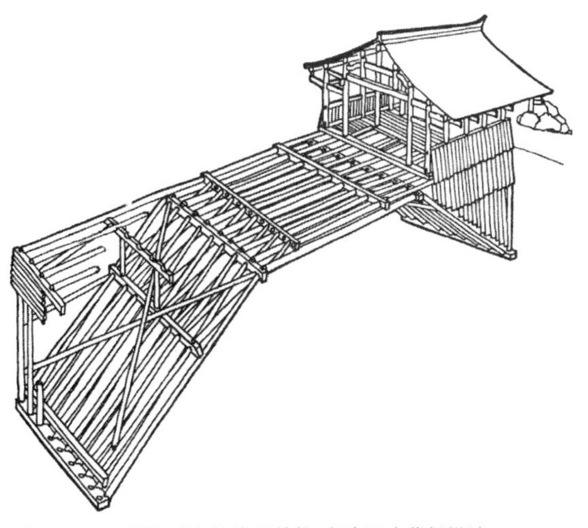

图 9–5–33　浙江云和梅崇桥结构（《中国古代桥梁》）

第十章　明清建筑（三）

小引

明清是建筑装饰艺术取得重大发展并最终成熟的时代，各种装饰，不但类型齐全，品种多样，纹饰丰富，而且工艺水平极高，有一整套十分规矩的构图套路和精细严格的操作规程。明清遗留的建筑数量甚多，其中居于主导地位的是由官方主持或按照官方规则建造的，同时也有大量民间作品。后者的类型之全、地域之广，较之前代有着无可比拟的涵盖面。官式与民间在建筑装饰的形象、色彩及风格上都有明显不同，而以官式建筑的成就更大。

所谓官式建筑，是指明清两代以都城北京为中心，主要流行在华北地区的建筑。“官式”一词既含有官方的，又含有行业公认的、标准化和定型化的意思。既指符合或接近朝廷颁行的建筑规范的建筑式样和风格，也包括那些未见于官方规定但一直为京城地区匠师奉为圭臬的习惯做法。既包括在其流行区域建造的宫殿、坛庙、寺观、王府、皇家园林这样一些主要由皇家主持的工程，也包括直接受其影响的民居和店铺。官式建筑不但在华北流行，随着“敕建”活动和工匠的流动，其风格可影响到北方大部分地区以至南方的部分地区。官式建筑是在明清两代数百年营建都城和宫殿的活动中，继承唐、宋的优良传统，并融汇以山西和江南为主的各地区优秀手法，形成的一套最成熟、水平最高的完整体系，成为明清两代中国建筑艺术的典型代表和最高成就的体现。其相沿成习的具体做法，较完整地记录在清雍正十二年(1734)由工部颁行的《工程做法则例》和另一些具体工程的“做法”、“则例”及民间秘本中，但主要还是靠京城地区的匠师具体把握，并以口传心授的方式进一步流传和演进。

与各地民间建筑相比，官式建筑所具的端庄大度、严谨整饬和华贵典雅的总体风格，不但体现在建筑群的总体布局和单体建筑造型上，也特别体现在具有严密体系的各种装饰做法和色彩的处理上。但是，受当时高度发达的工艺美术的直接影响，可能还部分由于乾隆以来西方巴洛克、洛可可等建筑装饰风格的波及，明清特别是清代的官式建筑装饰，更多了一种繁密、精巧和细腻的作风。

鉴于官式与民间建筑的差异，对两者的装饰和色彩有必要分别加以说明。

明清官式建筑装饰与色彩处理，可分木装修、雕饰（石雕、木雕、砖雕）、彩画、油饰，以及在重要建筑中使用的琉璃装饰等五大类别。本章共六节，前五节分述官式的五大类，最后一节综合概述民间作品。

第一节　木装修（裱糊附）

宋代的小木作至明清改称装修木作，简称装修作。清代工部颁行的许多工程则例对于装修的用料、用工都有详细规定。事实上，清代所称的“装修作”仅指由装修木作完成的工作，本书所称的“木装修”，则往往是由木作、装修作、小器作、雕銮作、锭铰作、铁作等共同完成的工作。

明、清官式建筑的装修有以下几个明显特点：一、等级分明。在中央集权统治更为强化的明清两代，尤其在官式建筑中，等级观念格外森严，不但体现在建筑群总体规划上，也反映在建筑的位置、规模、形式、色彩等诸多方面，装修也不例外。宫殿坛庙寺观和各级王府甚至一般民居的装修都等第有差，不能逾越，以至如大门门钉的多寡都有严格规定。宫殿等级最高，门钉数也最多，可达“纵横各九”；亲王府“纵九横七”，郡王、贝勒、贝子府“减亲王七分之二”，镇国公、辅国公则“铁钉纵横皆七”，“侯以下递减至五”（《清会典》卷五十八）。又如，菱花隔扇只能用于大式建筑（一般指有斗栱的高级建筑），禁止在小式（无斗栱的建筑）中使用。二、不同的建筑类型如宫殿、坛庙、寺观、王府与民居、店铺的装修风格差别明显。同一类型如宫殿、王府，其主体区与生活区、园林区也有差别，前者装修华丽尊贵，后者则较为轻松活泼。三、室内、外有别，如室内隔扇一般不施菱花，用料较细，构件更小，工艺更精。院内外也有别，如临街的门窗不做“灯笼框”隔扇。四、与地方建筑的装修风格有较大区别。明清时期，地方建筑装修式样非常丰富，各种式样和纹样数以千计，而官式建筑在选择和借鉴方面一直表现得相当冷静和谨慎，始终保持着自身端庄、严谨、华贵的独立作风。

大略而言，装修可分外檐装修与内檐装修两大类，前者作为室外装饰并用以分隔室内室外，如外门、外窗、栏杆及楣子、挂檐板等，后者只用于室内，作进一步划分空间和装饰之用，如罩类、隔扇、天花、护墙板等。

裱糊是使用纸和锦、绢等类软材料糊在门窗等类木装修或天花、墙壁上的一种工艺，匠人口诀所谓“瓦木扎（绑扎脚手架、彩棚等）石土，油漆彩画糊”，将“糊”列为建筑八大工种之一。据清工部《工程做法则例》及其他文献，官式建筑的裱糊所用纸张就不止六十五种，宫殿、王府用作裱糊的锦、缎、纱、绫、绢、布等至少也超过四十一种，仅此也可反映当时工艺上的讲究。

以下按装修的部位，分别介绍如下。装修中的雕饰，将在有关木雕的章节中专门论述。

一、外檐装修

门

门有板门和隔扇门两种。前者用于建筑群的外门如城门、院门。后者用在单体建筑上，如殿门、房门。

板门是一种较严实的门，安设在与柱、枋连接的竖向抱框和横向的槛围成的空格内，又有实榻门、棋盘门、撒带门、屏门之分。实榻门一般用于城门、宫门。棋盘门用作王府或大型宅院的大门。撒带门常用作小型宅院的院门或屋门。屏门多设在四合院住宅垂花门后侧，平时不开启，好像一座木影壁（图10-1-1、图10-1-2）。

隔扇门是一种较空透的门，使用最多，既用于殿堂，也用于一般房屋。门扇先用木条制成骨架，再由两根竖向边梃和四至六根横向抹头组成。小式建筑多为四根抹头，将全扇分成

图10-1-1　棋盘门（恪靖公主府）（刘大可）

图10-1-2　撒带门（住宅大门）（刘大可）

图 10–1–3　隔扇门（北海承光殿）（刘大可）

图 10–1–4　隔扇门（戒台寺）（刘大可）

图 10–1–5　隔扇门及帘架（刘大可，徐磊）

隔扇心、绦环板（横向）和裙板三部分，都是木雕的装饰部位。大式建筑用六根抹头，在隔扇心上方、隔扇心与裙板之间及裙板下方都有绦环板。隔扇门大多整间通安在左右抱框与上下槛之内，称为一槽。外檐一槽通常有四扇或六扇，内檐多八扇或十扇。在正中两扇的外面往往要再加一个帘架。用于室外的帘架，内中还要再安一樘隔扇，习称风门，夏天摘去不用，改挂竹帘。隔扇心在殿堂常为菱花，在一般房屋常为棂条（图 10–1–3 ～图 10–1–8）。

还有一种用得很少的圜门，门洞口上部呈半圆形，轮廓从唐宋壶门式样变化而来，多用在庙宇中实墙围绕的殿堂。若不是实墙，门外墙的面积以木栈板封挡。凡做圜门时，窗亦按此形式，故多通称为圜门窗。

木装修上往往附有不少金属饰件，如宫殿、王府大门使用门钉、包叶、门钹或兽面仰月千年吊（又称铺首），菱花隔扇用面叶。包叶即横向护板，沿大门上下从门外包向门内。面叶按形状又分称角叶、人字叶和看叶；角叶可为 L 形或 F 形，人字叶为丁字或双丁字，看叶均为一字。

图 10–1–6　隔扇门裙板及绦环板纹样（《中国古建筑图案》）

图 10–1–7　隔扇门裙板及绦环板纹样（《中国古建筑图案》）

图 10–1–8　隔扇门裙板纹样（《中国古建筑图案》）

此外还有钮头圈子，即门拉手，亦可于上加锁。菱花钉又称菱花扣，钉在菱花上的圆帽小钉。这些构件多为铜制鎏金，原意本为固结各木件的结点，但又具装饰性，匠师们加以利用并加工，起到重点美化作用。一大批鎏金饰物，与隔扇门裙板和绦环板木雕的贴金一起，在红色油漆的衬托下，金光灿烂。尤其有柱廊的殿堂，所有门窗都退在阴影中，饰物则金光闪闪，更富装饰意味（图 10–1–9、图 10–1–10）。

小式大门比较简单，但也有用门钹、壶瓶牙子的，多铜或铁制，一般不贴金。

窗

窗有槛窗、支摘窗和什锦窗几种。

槛窗与隔扇门相似，故又称隔扇窗，多用于宫殿或庙宇等大式建筑的主要殿堂，窗心多为菱花。用于旁屋或配殿的槛窗也可用棂条组成各种式样（图 10–1–11、图 10–1–12）。

支摘窗多用在居住建筑或园林建筑中，大式小式建筑均可，主要特点是分上下两段，窗扇的比例非如隔扇门似的竖长而为横长。外层上段可以支起以利通风，下段可以摘掉以利采光。支摘窗的窗心都是棂条，晚清以后，下段内层常改棂条为整块大玻璃（图 10–1–13 ~图 10–1–16）。

以上两种窗子均可与隔扇门通用。当建筑立面较高，门窗以上仍有空当时则加用横披，在大式建筑或店铺中多见。较高大的帘架上部也要用横披。横披做法与隔扇门的隔扇相似，只是比例横长。横披高度在 40 厘米左右，显得窄长时，又习称为“楣子”。板门上面不安横披，改用实封的走马板。

什锦窗古称什样锦，用于园林游廊的廊墙，类似南方园林的漏窗，窗洞轮廓有五方、六方、八方、方胜（菱形）、扇面、石榴、寿桃等式。洞口内若安单层棂条也称漏窗，若为双层称夹樘，夹樘者内糊以纱（晚清以后改为玻璃），其上题诗作画，内若置灯，即成灯景。什样锦的窗框可用木也可用砖，若用砖框，常施以雕饰。园林内的门洞也常采用什样锦式，二者通称为门窗什样锦（图 10–1–17）。

安装在隔扇门、槛窗、支摘窗、横披或什样锦上的隔扇心有菱花和棂条两类。

菱花类华丽繁复，非常费工，只用在宫殿、坛庙、寺观的殿堂。菱花组合呈四方形的统称双交四椀，并分正交、斜交两种。呈六方形的统称三交六椀，清工部《工程做法则例》有“三交灯球嵌六椀菱花，三交六椀嵌橄榄菱花，三交六椀嵌艾叶菱花，三交满天星六椀菱花，古老钱菱花，双交正斜交四椀菱花”等各种式样（图 10–1–18）。

图 10–1–9　菱花格扇门及金属饰件（刘大可）

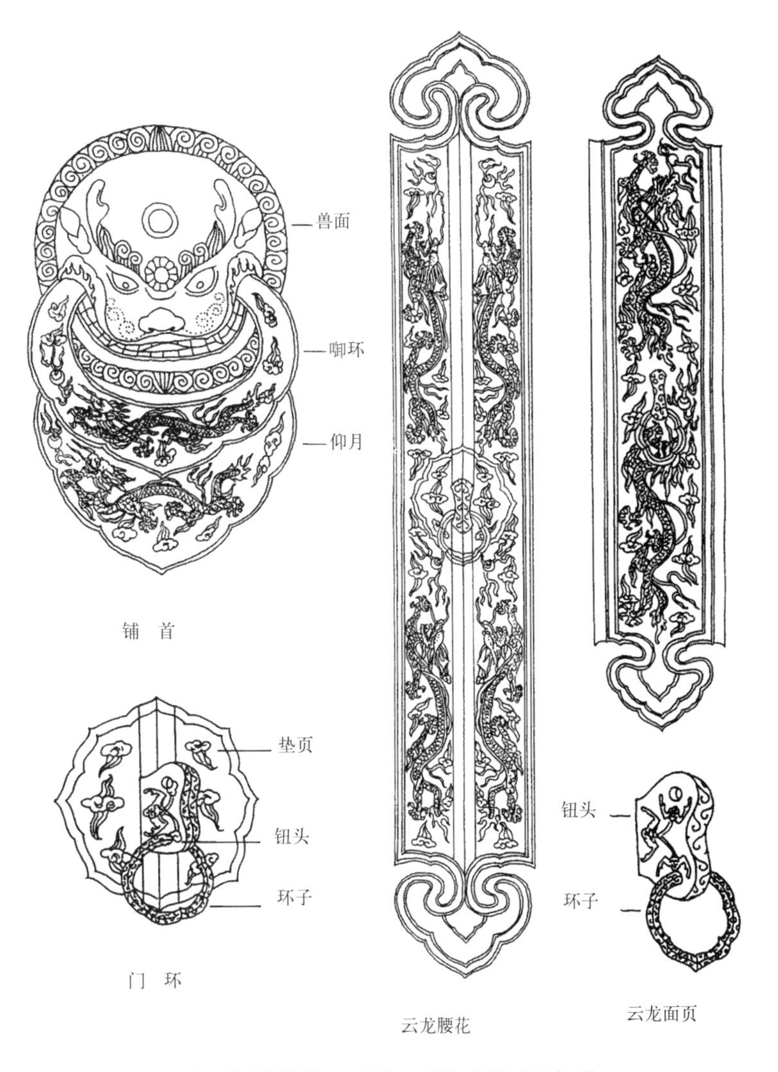

图 10–1–10　木门窗上的金属饰件——铺首、面页、腰花（刘大可）

图 10-1-11　菱花隔扇窗（刘大可、五惠敏）

图 10-1-12　菱花隔扇窗（太和殿）（刘大可）

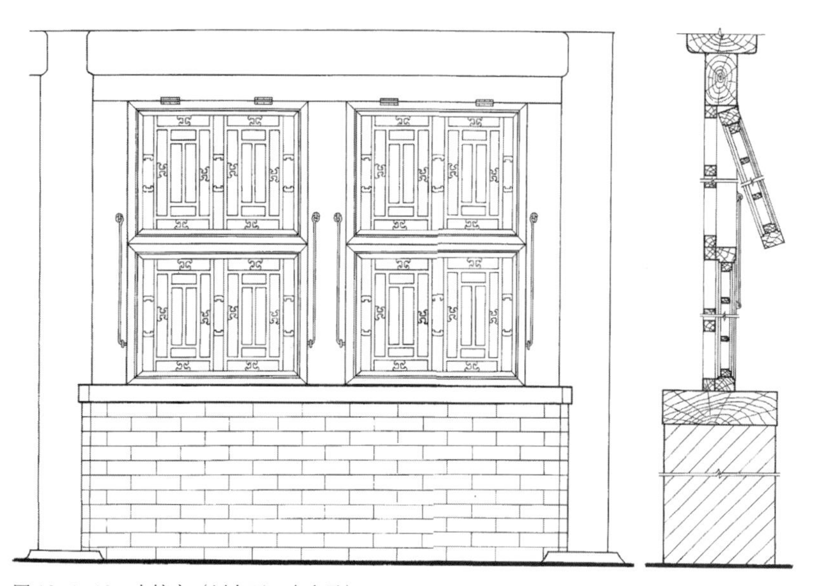

图 10-1-13　支摘窗（刘大可、李志勇）

图 10-1-14　支摘窗（颐和园）（刘大可）

图 10-1-15　支摘窗 – 紫禁城体和殿（刘大可）

图 10-1-16　支摘窗（北京民居）（刘大可）

图 10-1-17　什样锦窗（刘大可）

棂条类较为简易，是以细木条组成格式图案，以横竖格居多，空多实少，大、小式建筑都可使用，而小式必用。常见的官式式样如步步锦、灯笼框、卍（音万，下皆同）字、豆腐块、拐子锦、套方、盘肠、夹杆条、冰裂纹、海棠花（马蹄云）等（图 10–1–19、图 10–1–20）。

以上隔扇都应裱糊，是用高丽纸糊在室内一侧，晚清后多改为玻璃。

除门、窗以外，还有其他一些外檐装修构件，如楣子、栏杆、挂檐板等。

楣子

楣子类似棂条隔扇，多见于住宅外檐（也用于高级建筑或住宅内檐），若用在廊柱之间檐枋下面，称倒挂楣子（或吊挂楣子），两端的下方贴着檐柱做出“垂头”，施以简单雕刻如白菜头、莲花头等。垂头与楣子间安装斜三角形花牙子。用在廊柱间坐凳栏杆下的称坐凳楣子。楣子式样以步步锦居多。

栏杆

栏杆在宋代称勾栏，明清习称寻杖栏杆。八尺至一丈称“一寻”，建筑柱间净距约合此数。与宋代勾栏比较，明清栏杆已有改变：栏杆每间均出望柱头，寻杖以下多为净瓶荷叶或净瓶云子。临街店铺常为平顶，为防雨水滴溅顾客，在平顶前沿亦可立栏杆，称朝天栏杆，以双笔杆式（井口字）最常见，几乎就是店铺的标识。

挂檐板

挂檐板用于平顶房屋檐口，或楼房平座层檐口，以封挡梁头或椽子、望板，使外观整齐。铺面房的挂檐板常雕刻图案花纹，常见者如卍字不到头、锦上添花、西洋花、宝相花、汉瓦博古、富贵花等。大式建筑以如意云式样居多，如果板的下沿随如意云做成桃尖状，即称滴珠板。园林的挂檐板上常绘彩画（图 10–1–21）。

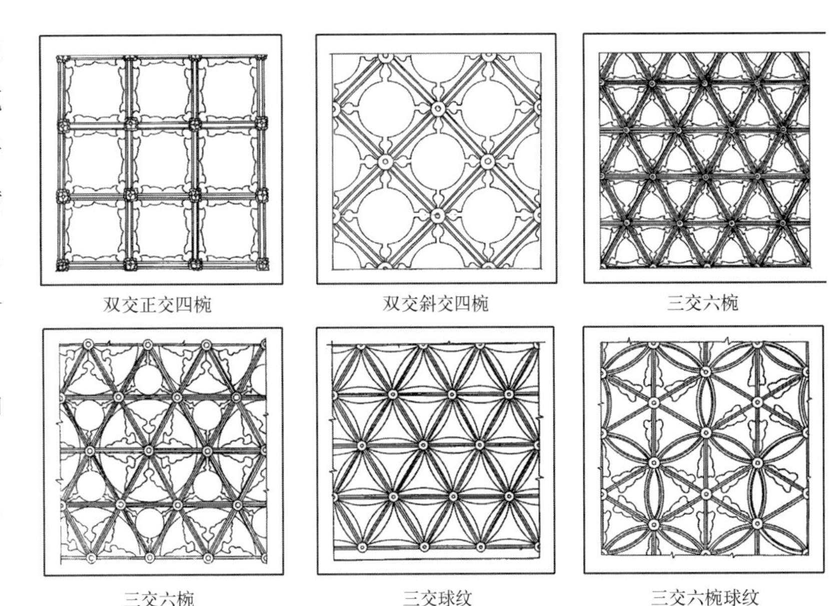

图 10–1–18　隔扇门、窗菱花式样（刘大可）

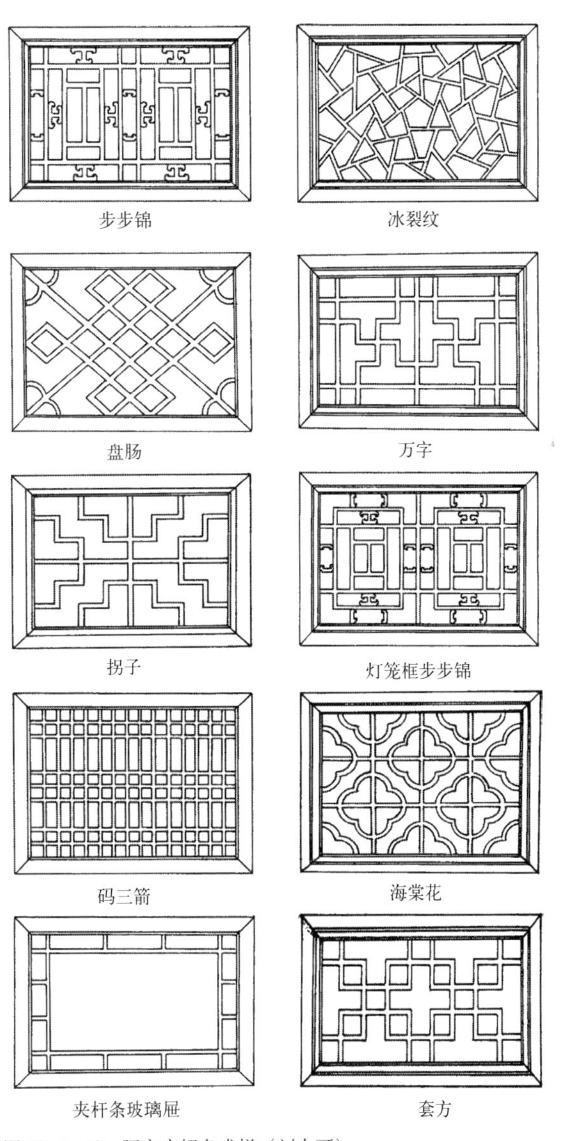

图 10–1–19　隔扇窗棂条式样（刘大可）

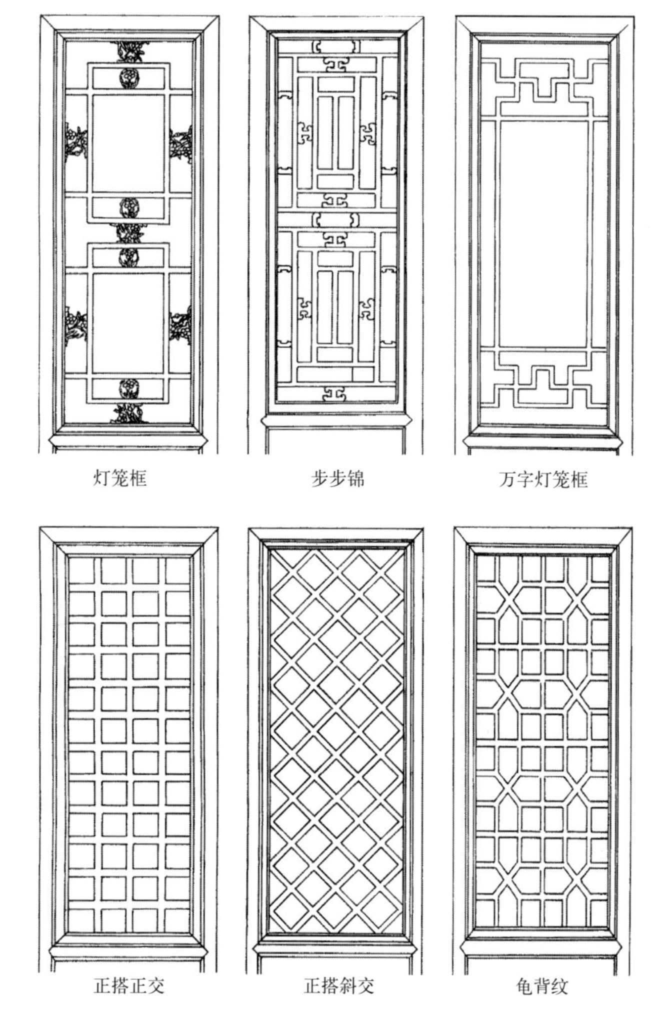

图 10–1–20　隔扇门棂条式样（刘大可）

图 10–1–21　外檐装修位置示意（刘大可）

二、内檐装修

内檐装修施于室内，起分划空间和美化小环境的作用，根据需要由各类“罩”如飞罩、落地罩、栏杆罩、几腿罩、炕罩以及碧纱橱、博古架等构成。与外檐装修相比，用料质地高级，尺度较为细小，纹饰更多样，做工更精致，但一般不施彩画，色调含蓄深沉。此外，内檐装修还包括天花及墙壁的美化。

罩、碧纱橱、博古架

飞罩是一种水平方向的装饰构件，一般雕饰十分复杂华丽，轮廓自由，用于居室时安在梁下，也可用于室外如宅门、垂花门及铺面房的外檐等，安在檩枋之下。若柱子较高，可在飞罩与梁或檩之间加用一道楣子。飞罩不沿柱子向下延伸，故又称单边罩（图 10–1–22）。

落地罩只用在居室室内，沿梁的方向安设并沿两侧柱子向下延伸，两侧的构件一般都坐落在木制须弥座上。落地罩有多种形式，如落地花罩、隔扇式落地罩以及由洞口形式确定名称的各式落地罩等。落地花罩简称花罩，是飞罩的发展，即改飞罩的单边罩为三边罩，上面施用通长楣子。除楣子和须弥座外，全部皆施镂空雕或透雕。隔扇式落地罩简称隔扇罩，即上施楣子，中部用飞罩，两侧各用隔扇一面；或没有飞罩，只两侧为隔扇，最上也用楣子，楣子与隔扇的相接处用花牙子。由洞口形状确定称谓的落地罩是四面围合，中留洞口，洞口圆形即称圆光罩，还有八方罩、六方罩等。其围合件或如花罩施镂空雕和透雕，或如隔扇施以棂条，罩下大多不做须弥座（图 10–1–23 ~图 10–1–30）。

栏杆罩的用途与落地罩相同，是在两柱之间立两根细柱，分成一大两小三个空当，每个空当均做飞罩，两侧空当的下面做木栏杆（图 10–1–31）。

几腿罩是最简洁的一种罩，因立面形似茶几的侧面得名。几腿罩与外檐的倒挂楣子类似，由楣子与花牙子组成。但楣子内必须做卡子花，花牙子做得较大，立边的垂头也比较讲究，一般为花篮。

炕罩也叫床罩，是用在炕沿的罩类装饰。炕帮以上多为隔扇式落地罩，也有飞罩或几腿罩。炕帮的立面也要进行雕饰，多为“落地儿”或镶活浮雕。讲究的炕罩常为双层，即在炕前约 1.5 米处加设落地罩或栏杆罩一樘（图 10—1—32、图 10—1—33）。

碧纱橱即用于室内的隔扇门，将室内两个空间完全分隔，多由八扇或十扇组成一樘，也只有正中两扇可开（图 10—1—34）。

各种罩几乎都有楣子，楣子心常以棂条组成，棂间用卡子花，好似隔扇，有的用花板。

格扇式落地罩和碧纱橱的隔扇心屉一般不采用菱花，无论大式小式，多用棂条类中的灯笼框，透光性好，几乎为内檐所专有。心屉内均须糊纸或纱，高级的做法是“二面夹纱”，即隔扇心为双层，把各色纱、绫夹糊其中，纱上绘画题诗，很有情趣。还有一种处理即“落地明”，是把隔扇下部原本实心的部分也改为空透的棂条，格外轻盈明快，但不常用。隔扇也可能是实心的，即心屉镶以实心硬木整板，雕刻图画诗文，原色擦蜡，分外雅致。

博古架（又称多宝格）也起分隔室内空间的作用，分隔的面积较大，通透性介于罩与碧纱橱之间。博古架是一种柜式木装修，一般也沿梁设置，由若干大小不一形状不同的木格组成活泼构图，既分隔空间，又可放置“博古”陈设如鼎、炉、瓶、壶之类。“博古”的轮廓与大小应与各式架格相应，与博古架一起组成古色古香格调高古的构图。上部为架格，往往是透空的，使“博古”在两面都可以看到。下部多不透空，做成有门的小柜（图 10—1—35）。

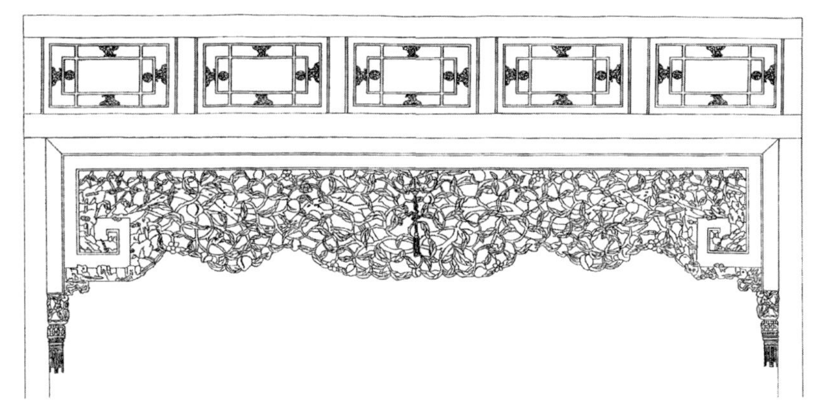

图 10—1—22　飞罩（福寿图案）（刘大可、冯玉琪）

图 10—1—23　落地花罩（松竹梅图案）（刘大可、冯玉琪）

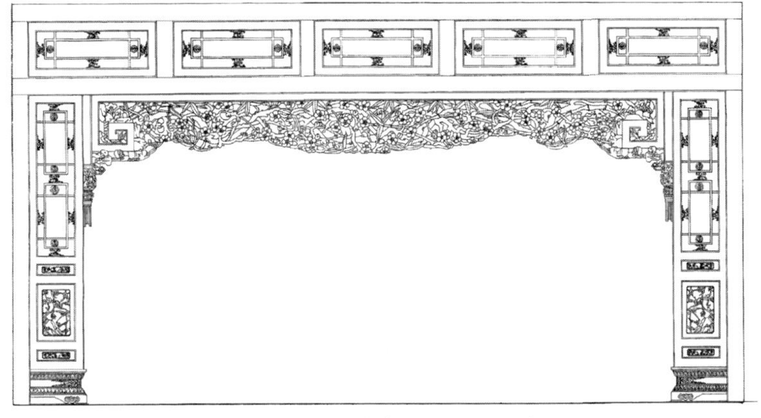

图 10—1—24　隔扇式落地罩（竹叶梅图案）（刘大可、王惠敏）

图 10–1–25　落地花罩（紫禁城漱芳斋，鱼鳞地牡丹花）（宗同昌）

图 10–1–26　隔扇式落地罩（紫禁城符望阁）（宗同昌）

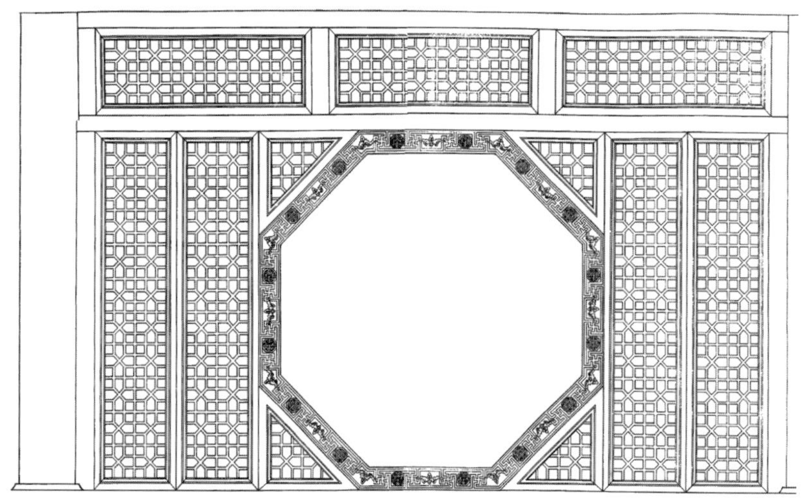

图 10–1–27　八方罩（刘大可、李志勇）

图 10–1–28　八方罩（紫禁城储秀宫，缠枝葡萄）（宗同昌）

图 10–1–29　圆光罩（刘大可、惠东）

图 10–1–30　圆光罩（紫禁城三友轩，万字锦地松竹梅）（宗同昌）

图 10-1-31　栏杆罩（紫禁城葆中殿，凤鸟牡丹）（宗同昌）

图 10-1-32　隔扇式炕罩（紫禁城倦勤斋）（宗同昌）

图 10-1-33　花罩式炕罩（宗同昌）

天花

大式建筑的殿堂或较高级的小式建筑门屋，一般施用槅井天花，是以方木条（支条）隔成方格，每格内置天花板，板上多绘彩画，甚至施用木雕。因整体呈方格状，又称井口天花。也可用裱糊法贴裱彩画，即在天花板上用苎布、高丽纸、绢、棉榜纸等分层托裱，表面饰以彩画（图 10-1-36、图 10-1-37）。

藻井多见于宫殿、庙宇，由雕銮作、斗栱作和装修木作合作完成，有斗四、斗八和圆形多种，多作云龙雕刻。著名的藻井作品如紫禁城太和殿、乾清宫，天坛皇穹宇、祈年殿和承德普乐寺旭光阁等。北京智化寺万佛阁的藻井为明代作品，惜早年被盗卖至美国。北京戒台寺戒台殿的明代藻井，保存尚称完好（图 10-1-38 ～图 10-1-43）。

图 10-1-34　碧纱橱与博古架

海墁天花又称软天花，也用于大式建筑，是在称作白樘箅子的方格木框表面满糊棉榜纸、苎布、高丽纸或绢，表面画出槅井天花的图案。也有以粘贴“贴络”（类似剪纸）代替画活的，在每个顶槅中心用黑光纸镞花（即用刀在纸上刻出图案），四角用镞花岔角。

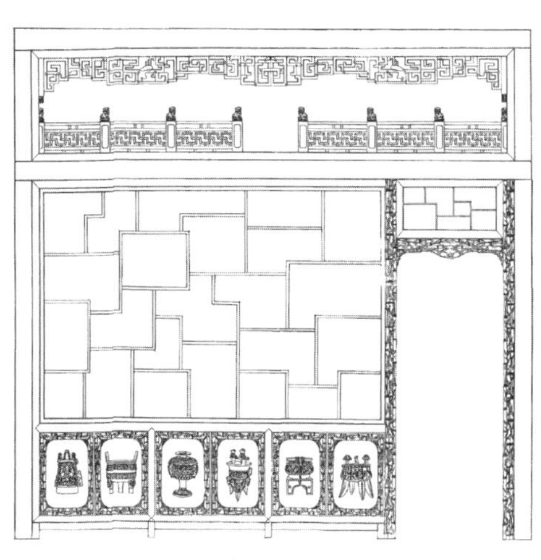

图 10-1-35　博古架（刘大可、王惠敏）

图 10-1-36　井口正面团龙天花（刘大可）

图 10-1-37　井口团鹤天花（刘大可）

图 10-1-38　套方八角浑金藻井(紫金城太和殿)(刘大可)

图 10-1-39　八角星形藻井（紫禁城养心殿）(林京）

图 10-1-40　套方八角藻井（刘大可）

图 10-1-41　北海五龙亭圆藻井（刘大可）

图 10-1-42　山西代县文庙八角藻井

图 10-1-43　旭光阁藻井（孙大章）

一般住宅只用纸顶棚，先以纸缠秫秸（高粱秆）绑扎顶棚架子，须平齐，再以呈文纸糊底，白栾纸（大白纸）或银花纸糊面层。银花纸是一种用蛤粉模印出花纹图案的裱糊用纸。大式建筑的简易顶棚也是纸顶，但秫秸架子改用白樘箅子。无论软天花还是纸顶棚，遇梁架时都应同时进行裱糊。

墙壁装修

护墙板多用于高级住宅室内，表面一般刷油饰，或用木雕，若在护墙板上裱糊锦缎，装饰效果更为华贵。锦缎底层须以苎布、高丽纸糊底。

室内墙壁常施以裱糊，小式建筑底层用二白栾纸，面层用白栾纸，称“四白落地”。大式建筑或讲究的小式建筑，面层常改用银花纸，满室“银花”，四壁生辉。

此外，还有一种与裱糊工艺有关的装修种类，称为包厢，即当木梁较细或不直顺时，用秫秸和纸张在梁外包贴，令直顺好看，多用于小式建筑。以装饰的手段掩盖材料的缺陷，工匠称为“藏金掩秀”。

第二节　雕饰

雕饰的运用，在宫殿、坛庙、寺观和王府等品级较高的建筑，与在民居、店铺等品级较低的建筑中有所不同。高级建筑之使用雕饰，更注重华丽与庄重的完美结合，总体安排颇有节制，表现为外檐雕饰少于内檐，建筑群的主体部分少于休憩游赏之所；雕刻的部位更加集中、明确和固定，轻易不搞“满雕饰”；图案纹饰由明清以前的较为自由随意，发展为虽然十分丰富，但却相当定型化和程式化。在这些建筑中，除使用木雕外，石雕多于砖雕。与此相反，品级较低的建筑却呈现出另一种景象，主要注目于外在的华丽，表现为外檐雕饰多于内檐，雕饰的部位较前者广泛。等级制限制了中等阶层的建房规模和形制，促使他们把财力大量地用于雕饰，希望以此来显示身份。尤其在铺面房中，雕饰量的多少和细致的程度，已成了店主商业实力的证明，表现为繁琐化和少节制。而且，除大量使用木雕外，更多使用砖雕。

官式雕饰与地方风格的雕饰也有重大不同。官式建筑的雕饰是技、艺并重，两者相较，更重视表现艺术的“味道”，重视雕饰的整体感，做法则以浮雕为主，少用穿枝过梗的透剔手法。比如雕刻狮子，官式做法虽也用“挎活”（如浮雕狮子，以另砖制作狮子头，使之“挎”出身外），但行业中还是认为不用“挎活”而能直接凿出立体感的更有品位，只有此等作品方可望列为上品。而地方做法（以江南和山西为代表）更重视纯技巧的炫示，讲究玲珑剔透，以透雕和空透的圆雕著称，崇尚细腻的工艺和复杂的技法。其次，官式雕饰很少游离于建筑，更具建筑感。地方雕饰往往不顾与建筑的有机结合，只是将建筑作为展示自身的舞台，刀马人物，民间传说，应有尽有。如果说官式做法是带有雕刻的建筑，那么许多地方做法就像是偶然置身于建筑的独立雕刻了。因此，官式做法的构图更能自觉遵循诸如对比、节奏、韵律、协调、统一等形式美规律，不但自身造型完美，更与建筑有十分妥帖的结合。例如影壁的构图，官式做法多作“中心四岔”式，即以一个菱形轮廓的中心花和四个三角形轮廓的岔角花饰于矩形壁面。菱形和三角形与矩形的壁面形成局部与整体的对比，而菱形和三角形的斜边与矩形的对角线平行，局部与整体又有统一的内在联系，全体达到了完美与和谐。地方做法的影壁心常见的构图则为海墁（满壁雕饰）、方形中心花或圆形中心花。海墁构图往往使人感到缺乏章法；方形轮廓的中心花，局部与整体的形象过于近似，缺少变化而显呆板；圆形的中心花

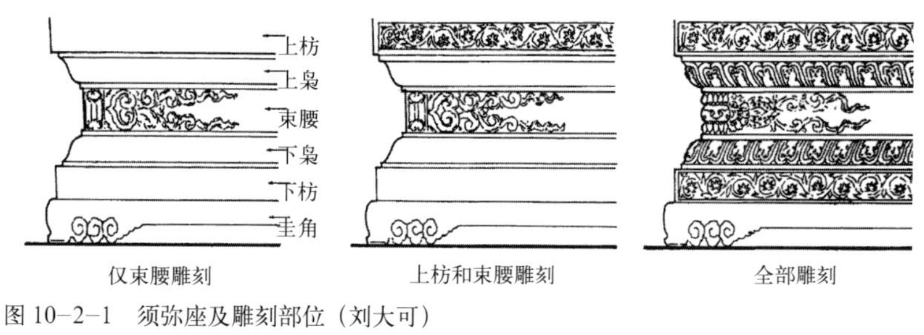

图 10–2–1　须弥座及雕刻部位（刘大可）

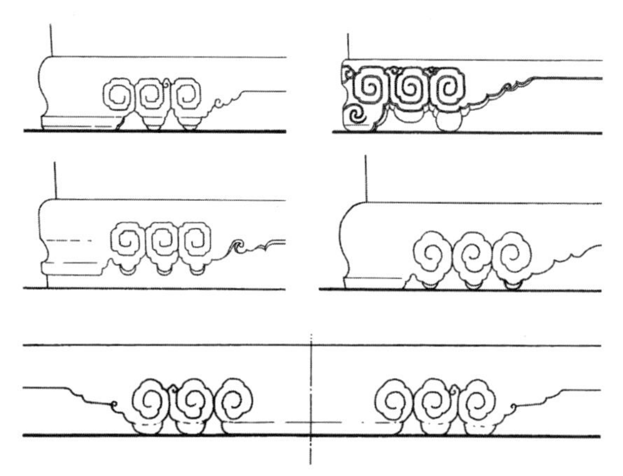
图 10–2–2　须弥座圭脚常见纹样（刘大可）

由于圆周张力饱满，局部过于完整，也使局部与整体缺乏联系。

官式做法中的小式建筑虽然比王府、庙宇等更加注重外檐砖、木雕刻，但与地方建筑相比，仍然较有节制。除了商业性的铺面房外部略觉张扬以外，雕刻与建筑总是力求统一在简洁、素雅和宁静之中，并不都要“美丽如画”。

总之，在建筑雕饰方面，与地方风格比较，官式风格表现出京城的大家风范和较高的审美品位。建筑是人类文化的纪念碑，风格的不同，自有其深层文化内涵的根据。

一、石雕

明初的一些建筑石雕，仍显露出前代建筑表现的某种“满装饰”及随意性强的作风，明初以后至清代，官式建筑博采众纳，渐成定式，常使用得恰得其所，而图案丰富，技法繁多，可谓石雕的鼎盛时期。

石雕是一种须花费大量劳动的贵重装饰方法，比起其他建筑装饰来用得相对较少，主要只出现在一些相当重要的建筑中。石雕装饰的常见部位是须称座和石栏杆，也应用在如券脸、门鼓石、滚墩石、抱鼓石、柱顶石（在柱下，实为“顶柱石”）、夹杆石和御路、踏跺等部位。

须弥座是属于造型具有很强的雕塑感，又雕饰华丽的一种建筑构件。这一受外来文化影响形成的台基式样，“愈在后代愈显然较早期发达起来”[①]，乃至成了中国建筑艺术的显著形象特征之一。在明清，须弥座主要作为殿堂的台基，宫墙、影壁的下碱（较上部稍宽出的墙体下部），以及月台、祭坛和器物的底座。但用作房屋的台基，一直只限于宫殿、坛庙和寺观，是建筑等级的标志。明清官式须弥座与宋代比较，取消了壶门雕刻，缩短了束腰高度，轮廓趋向简明。在带有石栏杆和向外挑出龙头的须弥座上，直立的望柱所形成的垂直线与龙头形成的水平线之间有一种动人的均衡。晴日富于韵律感的龙头阴影，雨日从龙嘴泻出的水流，都倍增情趣。天坛祈年殿三层须弥座上的龙头，第一层以略似龙形的抽象雏形，象征混沌初开的孕生情景；第二层为龙种鱼形，描述了鱼化为龙的过程；最上层龙的形象完整显现，凌空御风，赋予须弥座以神奇的色彩（图 10–2–1 ～图 10–2–11）。

石券门也是施用石雕的重点部位（图 10–2–12 ～图 10–2–16）。

明清两代，石建筑和建筑小品如石牌坊、石影壁、石塔和石桥等大量增多，有的体量远超前代，制作技巧也达到惊人的高水平。北京明十三陵石牌坊、真觉寺（五塔寺）金刚宝座塔、西黄寺清净化城金刚宝座塔、颐和园玉带桥和龙王庙岛石桥等，都是著名的作品。金刚宝座

①梁思成．台基简说 [M]// 梁思成．梁思成文集·第二卷．北京：中国建筑工业出版社，1984.

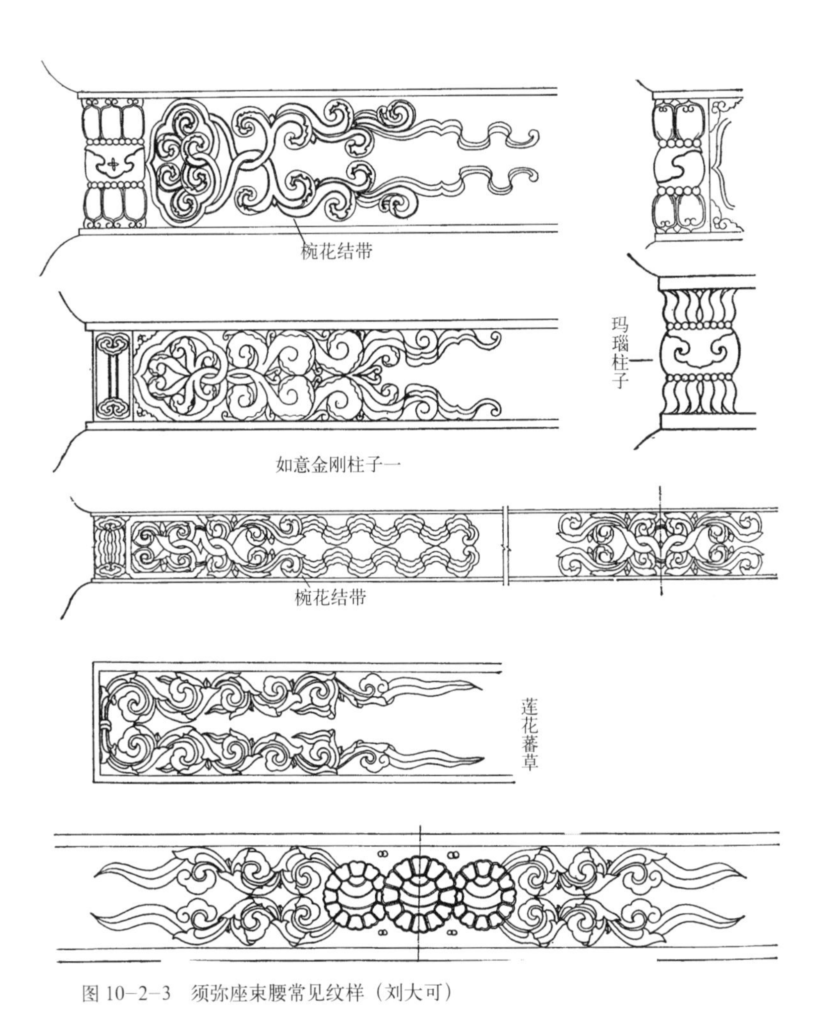

图 10-2-3　须弥座束腰常见纹样（刘大可）

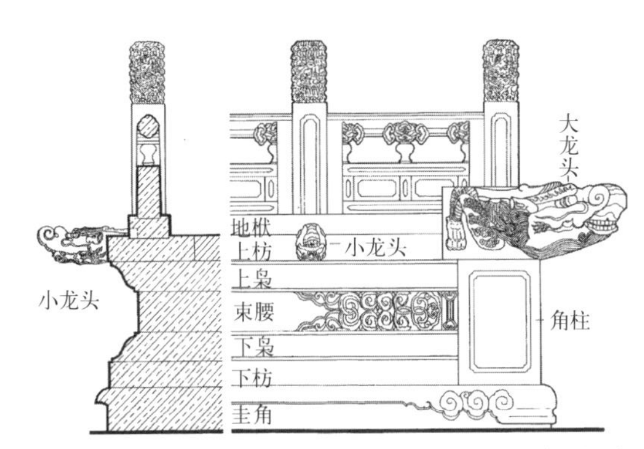

图 10-2-4　须弥座常见纹样（刘大可）

图 10-2-5　紫禁城三大殿明代三层须弥座及栏杆（刘大可）

图 10-2-6　北京景山寿皇殿须弥座（刘大可）

图 10-2-7　石雕须弥座（刘大可）

图 10-2-8　石栏杆（明十三陵）（刘大可）

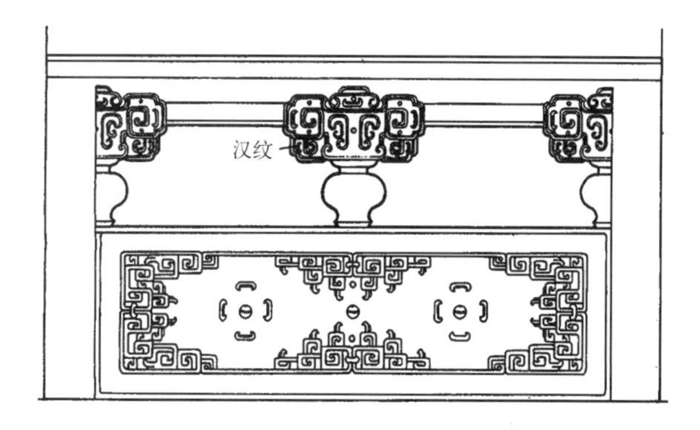

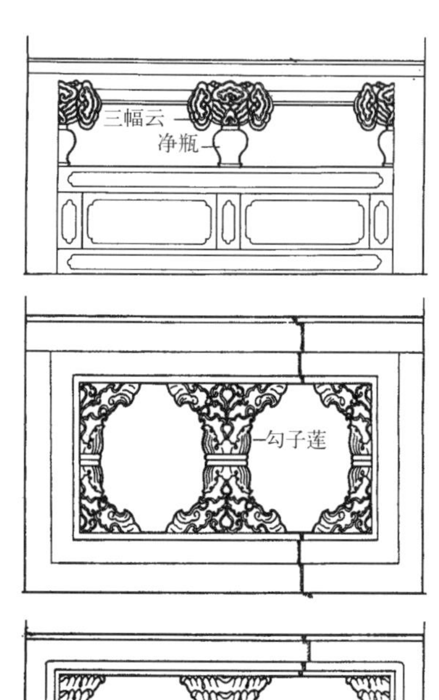

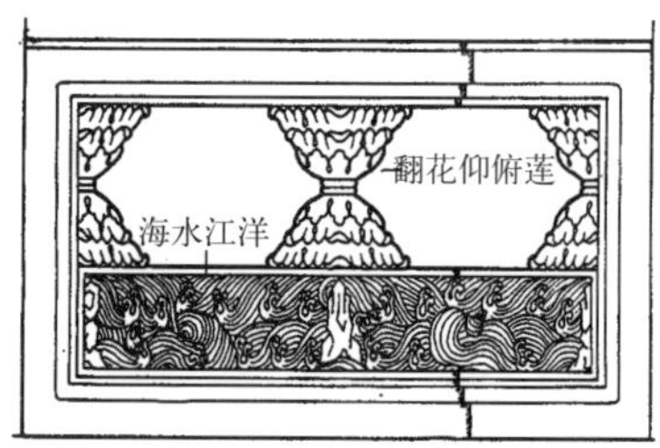

图 10-2-9　石栏杆（刘大可）

图 10-2-10　龙、凤纹望柱头（刘大可）

云龙柱头，用于重要的宫殿建筑

云凤柱头，用于重要的宫殿建筑。
云凤柱头多与云龙柱头并用，称为龙凤柱头

狮子柱头，
多用于园林、石桥

夔龙柱头，多用于宫廷园林

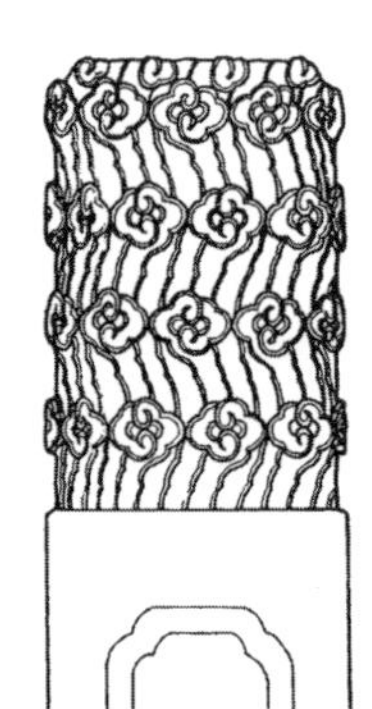

通用的大式作法
云子（叠落彩云）柱头，为常见

二十四节气柱头，24 道纹路象征 24 个节气。用于宫殿建筑，尤其是与自然有关的建筑或石桥等

蕉叶柱头，多用于宫廷园林

莲花头——仰俯莲，多用于园林

龙凤柱头、云纹柱头的顶面花纹

石榴头，用于宫殿及园林建筑

图 10-2-11　石栏杆望柱头（刘大可）

图 10-2-12　石券门（北京宝禅寺）（刘大可）

图 10-2-14　石券门（北京醇亲王府家庙）（刘大可）

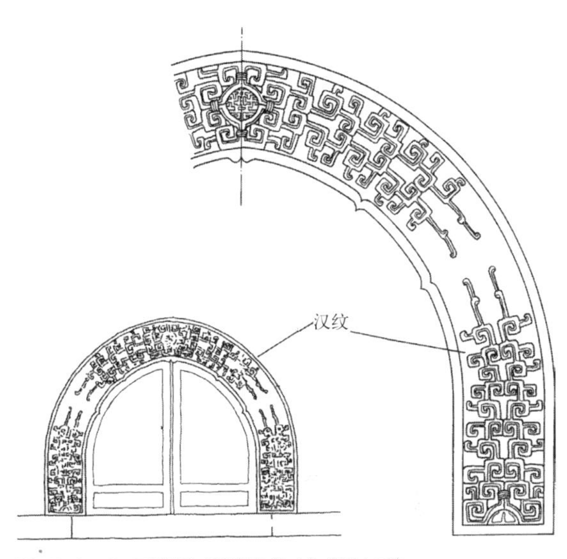

图 10-2-15　石券门（承德殊像寺）（刘大可）

图 10-2-13　石券门（北京北海小西天琉璃牌楼）（刘大可）

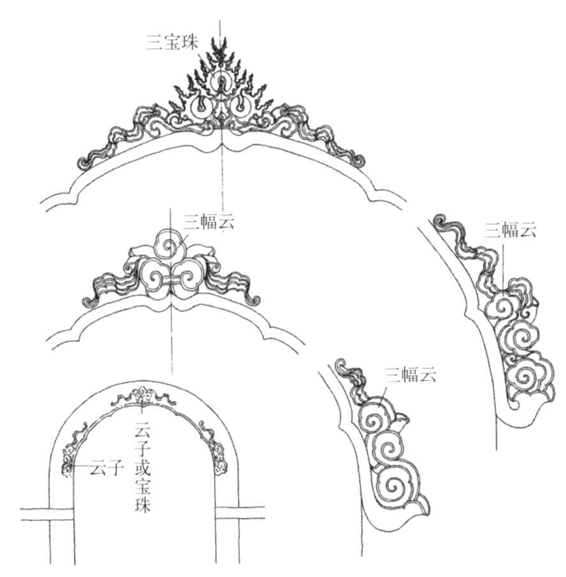

图 10-2-16　石券门（北京万寿寺）（刘大可）

图 10-2-17 太和殿御路（萧默）

图 10-2-18 北京福佑寺大殿御路

图 10-2-19 御路图案：左，北京万寿寺大雄宝殿；右，北京北海天王殿（刘大可）

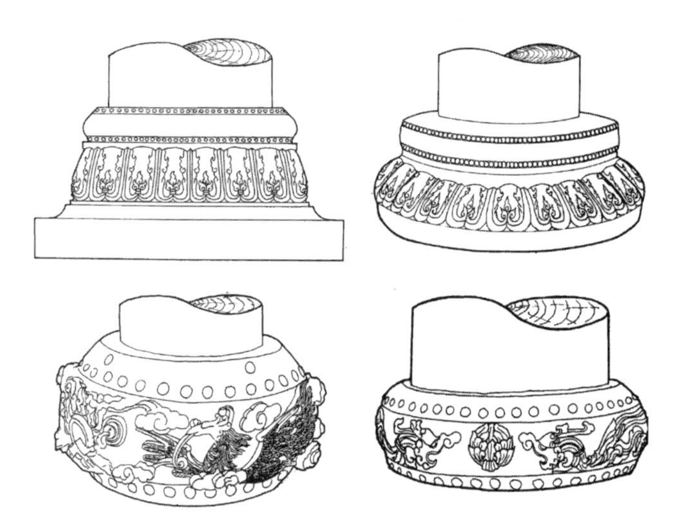

图 10-2-20 柱顶石（刘大可）

塔塔座上充裕的壁面为艺人提供了一个尽情表现生活感受和宗教热情的机会。

随着开采、安装能力的提高，石雕作品开始向大型化发展，紫禁城保和殿北的御路石雕长 16.57 米、宽 3.07 米，面积达 50.86 平方米，厚 1.7 米，重约 200 吨，由两块巨石拼制而成。石料从百里以外的房山采来。此外，明清还遗留下来不少如石狮、石华表、石碑、石象生、下马石、陈设座等独立的石雕作品，以及各式“杂样石作”等，主要起烘托建筑环境的作用（图 10-2-17 ～图 10-2-29）。

明代官式建筑对石雕装饰施用部位的限制已甚为严格，图案式样亦渐形成固定的格式，如石栏板的图案就固定为几种，远不像地方建筑那样自由随意。清代初年颁行的《工程做法则例》，进一步使之制度化，以至如石狮、石桥等也都形成定制。制度化的结果，无疑对产品质量起到了一定的保证作用，但失之过严过细，也必将限制艺术创造个性的发挥。

清代宫殿建筑的装饰部位比明代更少、更集中，但雕刻的细腻程度有增无减，技艺已达巅峰。北京长春堂药店前的一对门鼓石，每鼓上都刻着一只大狮和八只小狮，谓之“九世同居”。小狮长约 10 厘米，用飘带连系，全部透空精雕，由两位高手历时两年才得完成，创作态度达到了嗜石如嗜玉的程度（图 10-2-25 左）。

明清官式石雕艺术手法一般分平活、凿活、透活和圆身四种。

平活即平雕，类似于宋《营造法式》所载的素平和减地平钑，既包括阴纹线刻，又包括那些虽略凸起于“地儿”，但“活儿”表面无凹凸变化的“阳活”。在雕刻手法中，用凹线表现图案的通称“阴活”，用凸线表现图案的通称“阳活”，平活则可阴可阳。

凿活即浮雕，属于阳活。凿活又可进一步

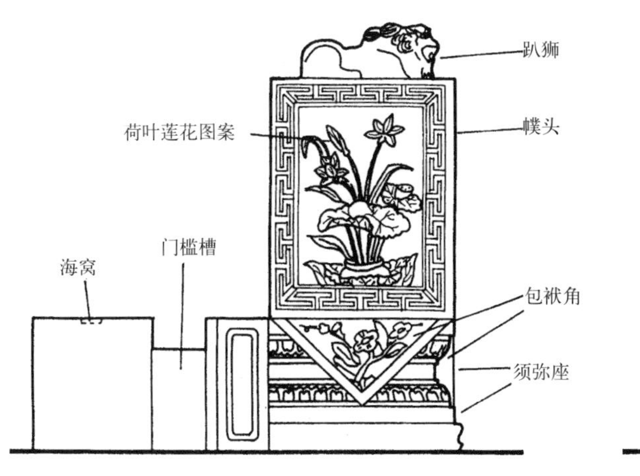

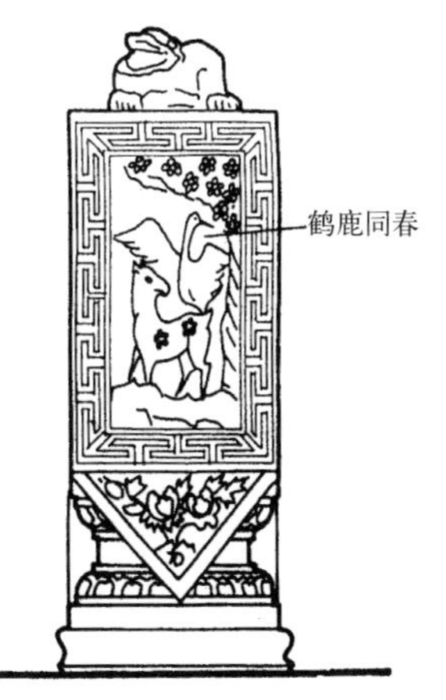

鼓子心雕刻（本例为转角莲图案）
兽面
大鼓前雕刻
荷叶
大鼓
鼓钉
门槛槽
海窝
小鼓
包袱角
须弥座

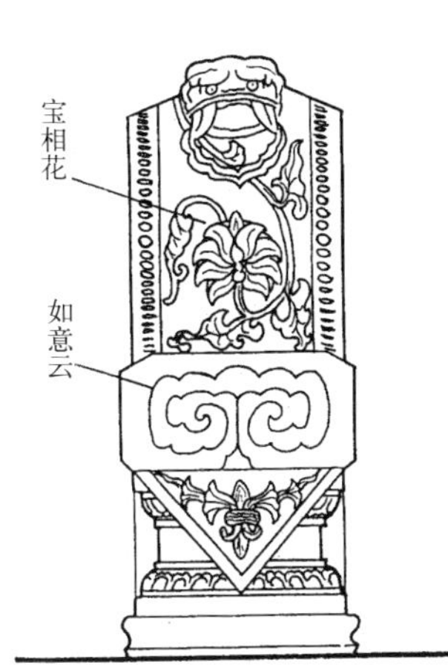

上，方门鼓（幞头鼓子）；下，圆门鼓

图 10–2–21　门墩石（刘大可）

图 10–2–22　滚墩石位置示意（刘大可）

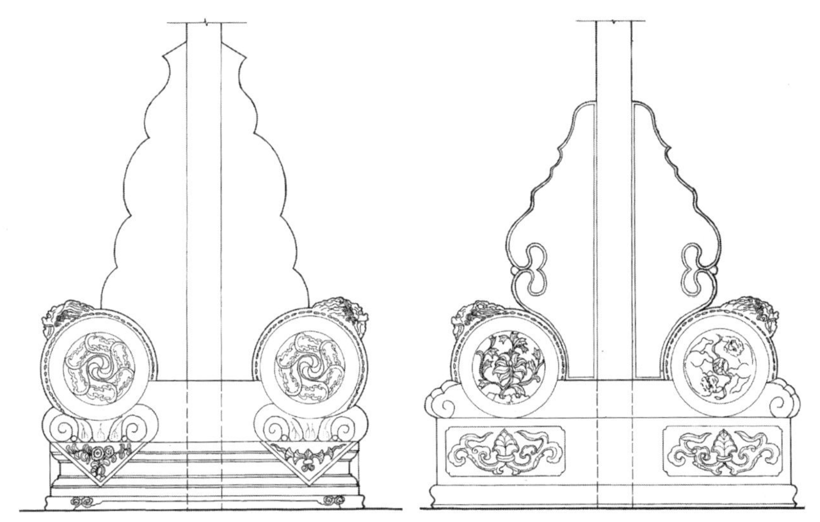

图 10–2–23　滚墩石（刘大可）

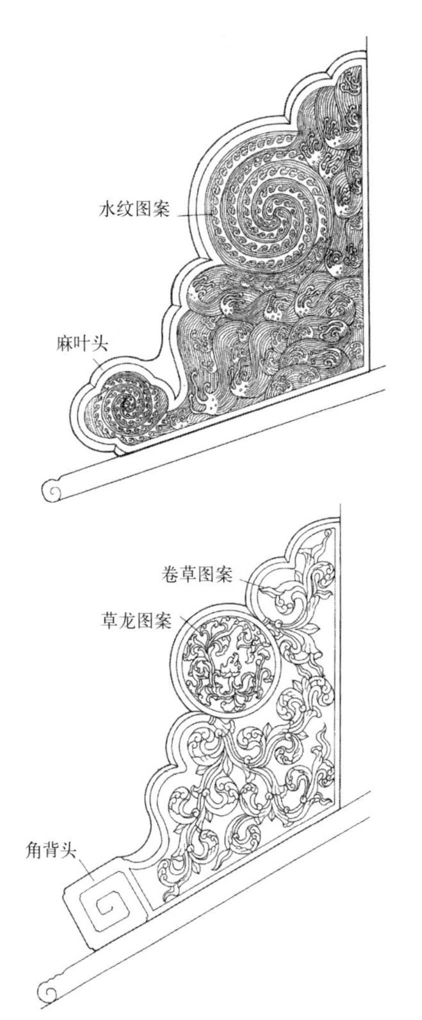

图 10–2–24　抱鼓石（刘大可）

图 10-2-25　门鼓石，抱鼓石，滚墩石（刘大可）

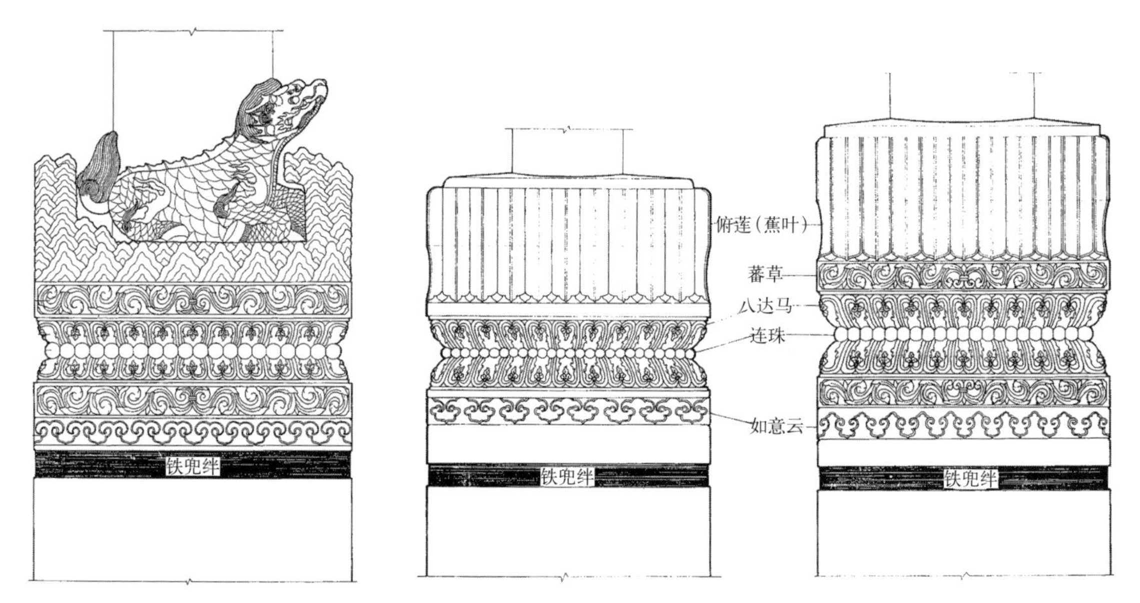

图 10-2-26　夹杆石（刘大可）

图 10-2-27　石五供（清西陵）（佟宝芬）

分为“揿阳”、“浅活”和“深活”数种。揿阳类似于宋《营造法式》所说的压地隐起，是指“地儿”并没有真正“落”下去，而只是沿着“活儿”的边缘微微“揿”下，使活儿具有凸起的“阳”的感觉。活儿的表面也可凿出一定的凹凸起伏变化。浅活即浅浮雕，介于宋代压地隐起与剔地起突手法之间。深活即深浮雕，即宋代的剔地起突。不论浅活、深活，都是“活儿”高于“地儿”，即花纹凸起的一类凿活。

透活即透雕，介于宋代剔地起突与混作手法之间，比凿活更真实，立体感更强，具有空透效果。

圆身即立体雕刻，也就是圆雕，相当于宋代的混作，作品从前后左右都能欣赏。

上述各种做法之间没有严格的界限，往往同时出现，如透活仅施用于凿活的局部（比如透空雕出龙角、龙须），谓之“过真”，而整件作品仍属凿活。

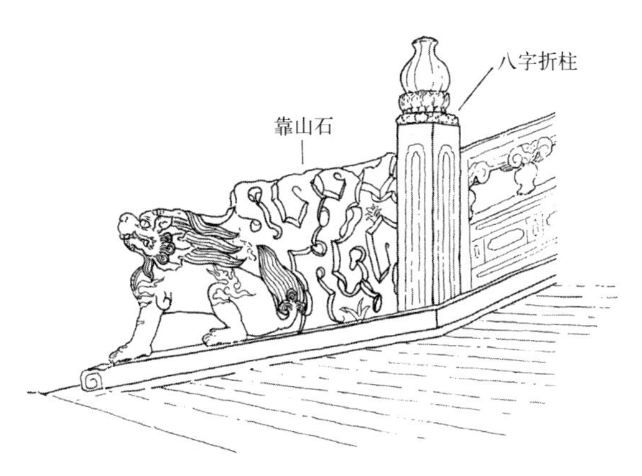

图 10–2–28　石桥栏杆尽端的靠山兽（北京北海静心斋）（刘大可）

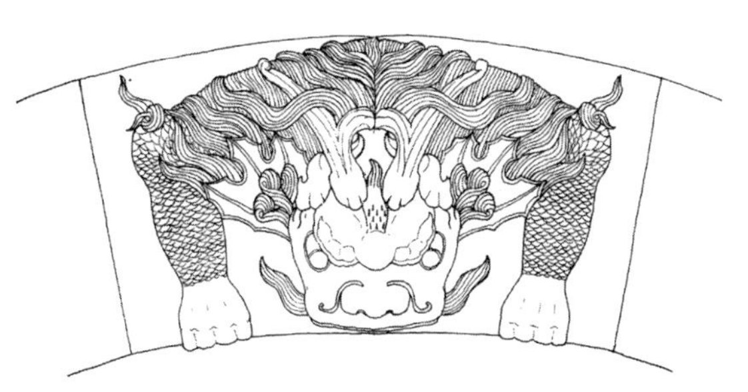

图 10–2–29　石桥龙门石上的对水兽（北京北海小西天）（刘大可）

二、木雕

明清的木雕装饰也发展到了一个新的阶段，图案题材广泛，技法丰富，装饰部位增多。与前代相比，木雕除用于外檐外，更延伸到内檐。利用木雕装修来分隔空间，美化小环境，使木雕从单纯的装饰作用演进到能参与实现建筑的功能。宋元以前，雕刻多直接在柱梁上进行。明清以后，木雕装饰一般做成拆卸灵活的装配式构件，刻成之后安装在柱梁之间。

明清时期，木雕主要有五大流派，即黄杨木雕、硬木雕、龙眼木雕、金木雕和东阳木雕，既为建筑木雕，也兼为工艺木雕。其中硬木雕品级最高，使用红木、花梨木、紫檀木等名贵木材，以其质地坚硬、纹理细密和沉着的本色，显露木纹，不施油漆，而具有古色古香的风格，成为官式建筑室内木雕的主流。一时间，普通人家也纷纷仿造，用普通木料做本色或楠木色、红木色等假硬木雕。至迟到明末清初，官式建筑已有了专业化的木雕行业，称为“雕銮作”，简称“雕作”。专业化使建筑木雕的装饰部位和艺术手法都趋于定型。清《工程做法则例》对建筑木雕的用工、用料、雕刻部位、雕凿手法都有很明确的规定。

明至清中期，贵重木材仍较多，还十分盛行木雕佛像。著名的如北京积水潭明初所建汇通祠镇水观音、柏林寺维摩阁七尊漆金佛像、明正统间所建智化寺佛像，以及清乾隆时建造的碧云寺罗汉堂的五百罗汉、雍和宫檀木五百罗汉山和净高 18 米（连地下共 26 米）的白檀木雕如来佛立像等。

明清官式木雕的雕镌手法大都与石雕相似，但也有为木雕所独具者，其名称有线刻、阳活、揿阳、锼窟窿、大挖、圆身等，广泛施用于室内外装修，也用于大木构件。

线刻又称阴纹雕刻，类似于石雕平活中的

阴纹线刻，是在平面上沿图案花纹刻出剖面呈“V”形的凹槽，完成后常将纹饰染成绿色。线刻图案以花草为主，素雅、淡泊，颇具白描花卉的韵味，多用于室内隔扇裙板、绦环及床、柜等家具的装板。

阳活即浮雕，图案形象凸起于地。具体手法又可有“揿阳”、“起地”和“贴活”三种。揿阳类似石雕的揿阳，地、活同高，活的表面处理与起地做法完全相同，但只沿图案边缘将外侧揿刻“V”形凹槽。起地或称“落地”，是将图案以外的部分“落”下去。贴活或称“镶活”，是预先在一块木板上制作图案，将图案以外的部分全部“锼”掉，然后把做好的花板镶贴在平面底板上，也可有活高地低的效果。阳活多用于隔扇裙板、绦环、雀替、匾额、挂檐板、门簪等处。

图 10–2–30　花牙子纹样（刘大可）

锼窟窿又称锼空雕，是将纹样以外的部分锼掉，形成若干空透的“窟窿”，纹样内部一般不再做空透处理。特别讲究的也只在纹样的局部做少量空透，但从整体上看仍是地透活不透。锼窟窿可仅在木板面向室外的一面做，另一面只见窟窿不见活；也可在正反两面都进行雕刻，两面的形象一般是相同的，做法讲究的也仅将局部做成不同。锼窟窿多用于普通人家的飞罩、花罩、花牙子、垂花门、牌楼的花板、卡子花等（图 10–2–30）。

大挖即透雕，是最高级、最讲究，当然也是最费工的做法，为硬木雕所常用。大挖与锼窟窿的不同之点是：一、锼窟窿是地透活不透，而大挖是地、活皆透。图案内用“穿枝过梗”等方式处理，使作品具有玲珑剔透的效果；二、锼窟窿的雕刻面基本在同一个平面上，大挖则挖出高低不同的层次，以凹凸起伏真实地表现层次感；三、锼窟窿的正反两面图案相同，而大挖的两面完全不同；四、锼窟窿仅在平面进行艺术处理，侧面不再雕刻，大挖是凡视线所及之处均进行雕刻。大挖做法的木雕装饰多用于重要宫殿和极讲究的大型住宅，见于飞罩、花罩、匾圈、裙板、雀替和花板。

木雕圆身与石雕圆身相同，是立体的圆雕，一般仅用于建筑局部。

室内外隔扇门窗或各种罩的隔扇，在裙板和绦环上常使用木雕，多为阳活或线刻。若在室外，一般仅用在门的外侧，很讲究的也用在内侧，室内隔扇则两侧都用（图 10–2–31、图 10–2–32）。以上装修包括使用棂条式隔扇的槅子，其棂条间常使用的小饰物称卡子花，有长、圆两种，二者在数量和位置上有固定的搭配，都是锼窟窿。圆卡子花俗称“团儿”（图 10–2–33）。

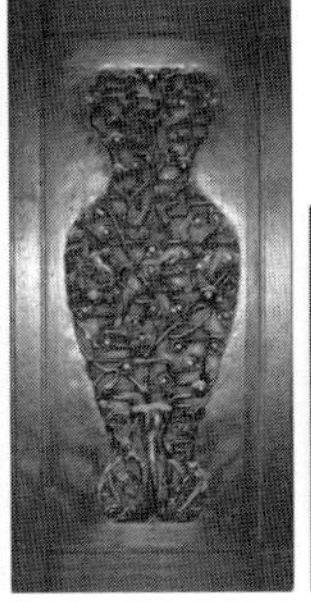

五福捧寿　花篮　竹纹　云龙纹　缠枝瓶纹　古玩

图 10-2-31　裙板木雕（刘大可）

室内外的罩如飞罩、花罩、其他罩中的相关部分、牌楼花板以及楣子中的花板，高级者多为大挖，一般也是镂扂窿。倒挂楣子的雕刻多施用在花牙子和垂头上。木雕施用于室内时，宜小巧精致（图 10-2-34、图 10-2-35）。

木雕天花和藻井，仅见于最高级的殿堂，藻井更是雕銮作、斗栱作和装修木作合作的典型，雕刻的主题都以云龙图案为主。

大木构件的木雕，通常都是以极经济的手法，在构件本身略施雕琢，“软化”了结构，显出了艺术意匠之美。如花梁头、桃尖梁头，霸王拳额枋出头、穿插枋出头、荷叶墩角背，斗栱的曲线昂头、麻叶头撑头木尾、秤杆下的菊花头、三福云头，雕成风摆柳、莲花垂头或翻花垂头等式样的垂花门垂柱头、以弧线连续相接刻出的雀替下缘轮廓等。

雀替正面大式多刻阳活蕃草、云龙，小式多为蕃草、葫芦花。挂檐板上大式多施揿阳如意云，小式多作卍字不到头、博古、串枝西番莲、串枝牡丹、锦上添花。山花板多刻揿阳金钱绶带。此外，帘架墩、门簪等小构件也多作木雕纹饰（图 10-2-36、图 10-2-37）。

匾额上也有木雕。习惯称横者为匾，竖者为额。额又或称“斗子匾”、“风字匾”。匾额四周一般以阳活和镂扂窿雕云龙、花草。园林中的匾额形式常十分自由，活泼有趣。店铺匾额更注重匾托上的雕刻（图 10-2-38、图 10-2-39）。

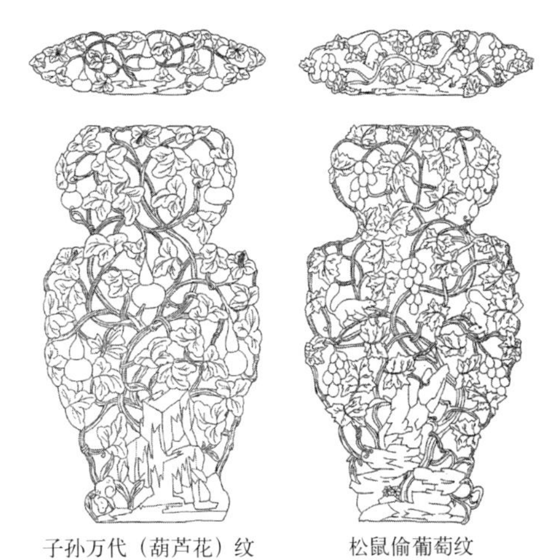

子孙万代（葫芦花）纹　松鼠偷葡萄纹

图 10-2-32　内檐裙板及绦环板木雕（刘大可）

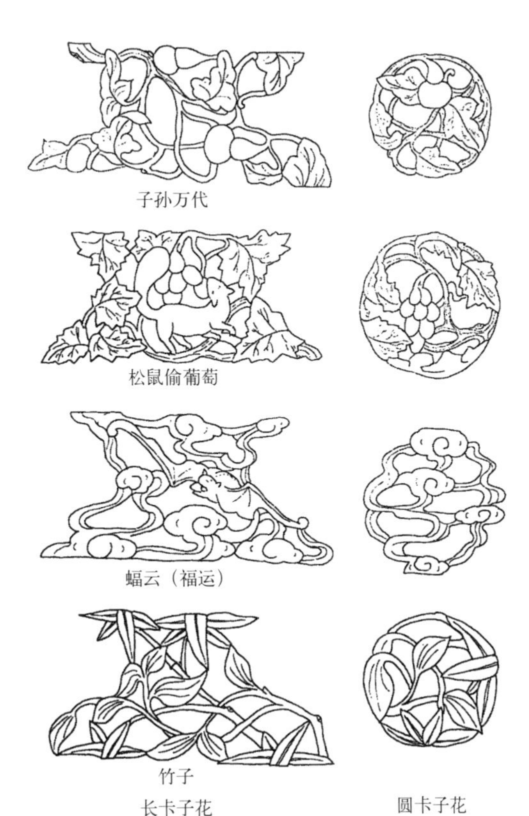

子孙万代

松鼠偷葡萄

蝠云（福运）

竹子

长卡子花　圆卡子花

图 10-2-33　卡子花纹样（刘大可）

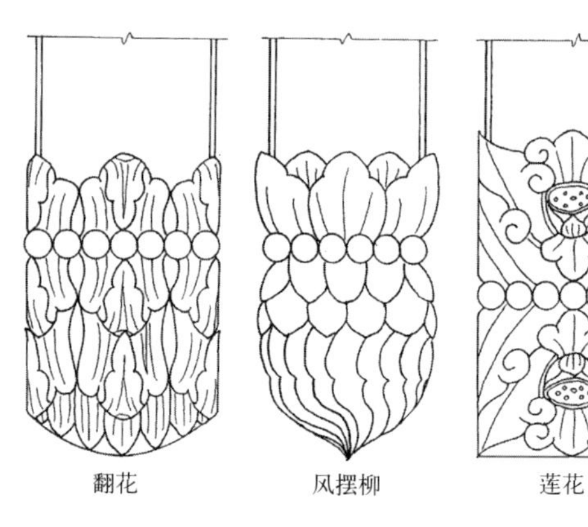

图 10–2–34　垂头纹样（刘大可）

图 10–2–35　恭王府花园莲花垂头（刘大可）

图 10–2–37　雀替、云拱及云墩雕饰（刘大可）

图 10–2–36　牌楼花板木雕纹（北京雍和宫牌楼）（刘大可）

图 10–2–38　竖匾额（刘大可）

图 10–2–39　横匾额（刘大可）

三、砖雕

如果说石雕和木雕既是建筑装饰雕刻又可为工艺雕刻的话，砖雕则一直为建筑装饰所独有。

宋元时期，砖雕曾作为建筑等级的标志，如《营造法式》就规定“镌华”（雕刻图案）的砖作为上等，而不施雕刻的“垒砌平阶、地面之类”为中等。这种观念保存到明初，王府、庙宇等大式建筑砖雕之风犹盛。明中叶以后至清，高级建筑更多地使用石雕或琉璃饰，取代了砖雕的位置，砖雕转而在小式建筑中充分使用，遍布市井。社会的繁荣增加了中等阶层人们对砖雕的需求，工艺更新促进了技艺的发展，制作既精，题材亦广，虽经匠斧，巧侔天工，故明清两代也是砖雕大发展的时期。

清代末年，一些砖雕艺人受当时流行的金银首饰、牙雕、玉雕、木雕、石雕、建筑彩画的影响，进一步丰富了砖雕手法和图案题材，一改前此砖雕行业注重“大枝大叶”的作风，而趋于精细繁密。如北京长春堂药店的搏风头砖雕，在直径仅 7 厘米的圆鼓内竟做出完全透空的三层：中层为透空万字锦，两侧各做出透空的写生花。又在每个直径 6 厘米的砖椽头内，做出图案各异的百花椽头，个个仿真入微。偶有砖籽以致表面不雅，甚至要用微雕手法刻出一虫，安于砖籽旁作虫子吃叶状。但此类技艺，以技术水平论或可赞叹，艺术上则另当别论。

明清的砖雕手法可别为四种，即烧活、搕烧（搕音 ke，敲击）、凿活和堆活。

烧活是在湿坯上以泥塑或模压成型，入窑烧制而成，起源很早。烧活制品层次较少，棱角不锐，仅可远观，一般只限于屋脊使用。因加工方便，可以订制。

搕烧是对烧活制品的进一步加工，使作品棱口灵利，线角挺括，适于近观。

凿活以砖为材料，通过凿打制成，应是“真正”的“砖雕”。凿活的手法又可有如下几类：即阴线、平活、浅活、深活、透窟窿、透活和圆身等，可以看出，与石雕或木雕都有相似之处。

阴线即阴刻，有四种图案：一是国画风格的翎毛花卉、山水人物；二是花边图案，以串枝花卉或锦类图案较多见，常用作大型砖雕或壁画的边框；三是题字篆刻；最后是简单的纹饰，多用来配合其他手法，作为进一步刻画细部的手段。

平活即平雕，可分三种：一种是将线条凿成凸起的阳线，形象全部用线表现，但线条内部不再凿（术语称“镳”）出翻折叠落；另一种是线、面结合，以线为主，对“面”也仅施浅显的“掖镳”（类似揿阳）；第三种与第一种相似，但线条宽度完全相同，且于表面做出一定加工，如洼面（凹弧形面）、刨槽（折凹形面）、荞麦棱（两面坡尖角形面）、鼓面（凸弧形面）等。

浅活即浅浮雕，俗称“单片活”，是只有一个大层次，表面不施以特殊技巧（如挎活、过真、转身等），翻折叠落较小。相对于深活来说，浅活又叫“糙活”，省工时。操作既简，效果难佳，若要做出水平，更需有精湛造诣。

深活即深浮雕，需凿成两个以上的大层次，表现的叠落较大，并常另施以特殊技巧。

透窟窿与浅活、深活类似，但局部的“地”被凿透。

透活即透雕，是将砖的某些部位凿透。但如仅竖向将地“钉透”，仍只是透窟窿，不能算是透活，只有横向镂空，且多处被透才是透活。虽未透窟窿，而形象内多处被镂空，立体效果较强的，也可称透活。

圆身即立体雕刻。

堆活由“堆”、“镂”两种手法构成，是砖雕的分支。“堆”指在成品砖上用灰堆塑纹饰，擅长表现某些凿活难以表现的形态，如花瓣的曲卷、细嫩的枝梗等。“锼”是抹灰后在表面锼出阴线图案。

明代官式砖雕装饰的部位已形成规律，清《工程做法则例》又对其做了若干规定，如“垂脊香草斗板停泥滚子砖凿做，每四块用凿花匠一工。正脊挎龙凤头，每个用凿花匠一工；挎花头，每二个用凿花匠一工”等，更加强了规格化。归纳起来，官式砖雕装饰多使用在墀头、砖檐、影壁心、须弥座、屋脊及宝顶、透风、宅院门、槛墙、廊心墙和匾圈，以及什样锦窗、墙帽和店铺挂檐板等部位（图 10–2–40 ~图 10–2–71）。

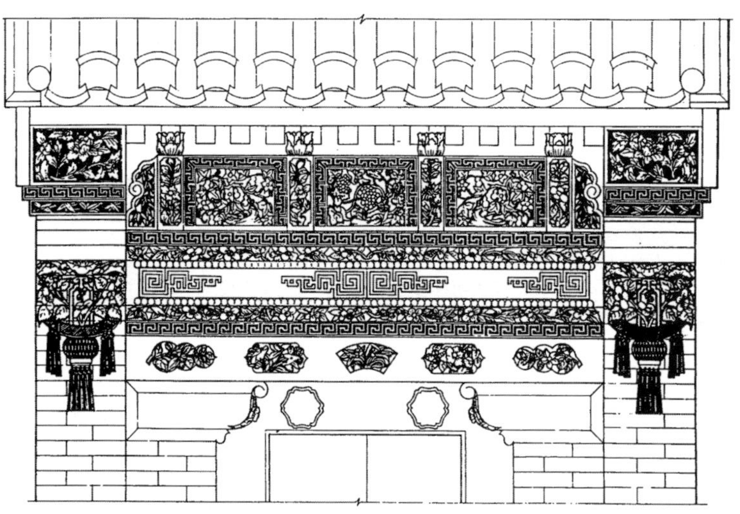

图 10–2–40　住宅如意门砖雕三例（马炳坚）

图 10–2–41　如意门砖雕（叶金中）

图 10–2–42　金柱大门砖雕之一（叶金中）

图 10–2–43　金柱大门砖雕之二（叶金中）

图 10–2–44　北京四合院门上的砖雕（刘大可）

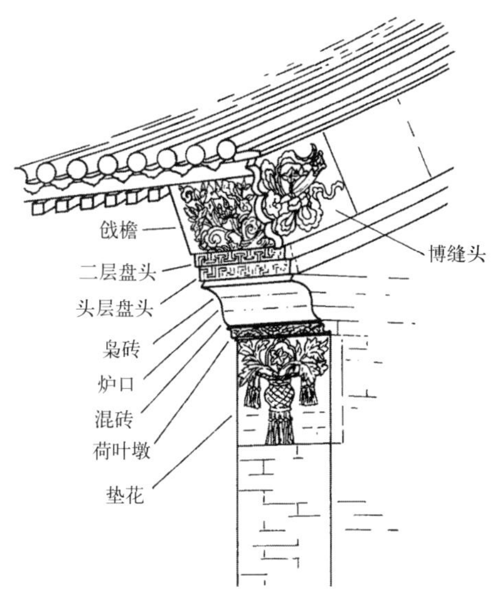

图 10–2–45　北京四合院砖雕墀头（刘大可）　图 10–2–46　墀头砖雕部位（刘大可）

图 10–2–47　墀头砖雕图案（刘大可）

菊花

富贵花

荷叶莲花

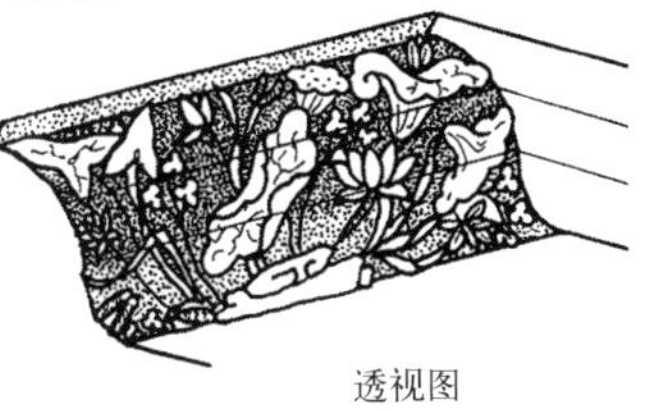

透视图

图 10–2–48　墀头砖雕——枭混纹样（刘大可）

荷叶莲花

荷叶莲花

荷叶莲花

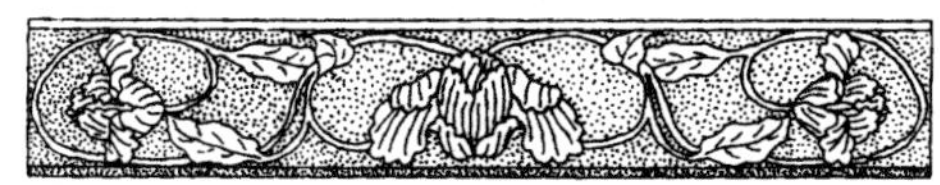

随心草

松树

夔龙

图 10–2–49　墀头砖雕荷叶墩纹样（刘大可）

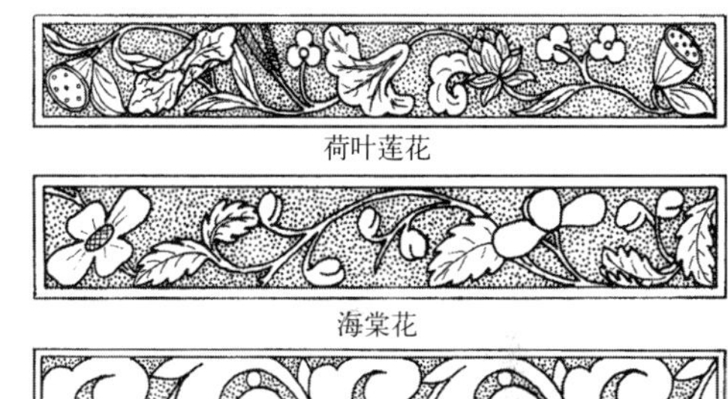

荷叶莲花

海棠花

草弯

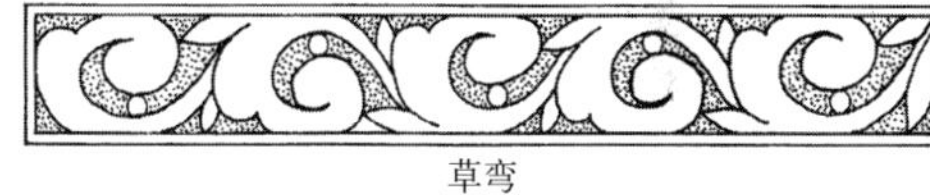

拐子锦　丁字锦

图 10–2–50　墀头砖雕——盘头纹样（刘大可）

满堂富贵　鹭鸶莲花　鹿鹤同春

麒麟卧松　炉瓶三式　炉瓶三式

图 10–2–51　墀头砖雕——戗檐纹样（刘大可）

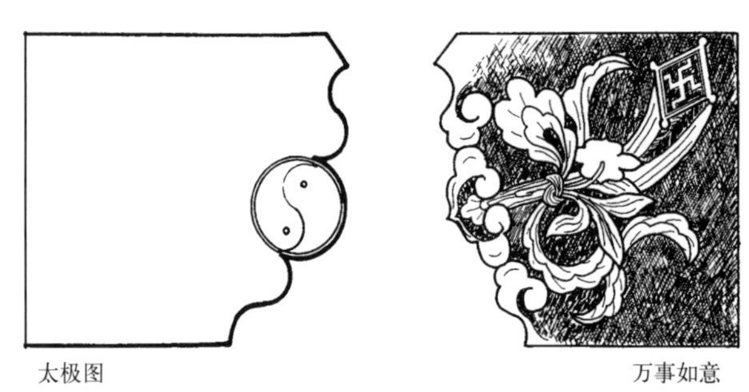

牡丹花

图 10-2-52　墀头砖雕——博缝头纹样（刘大可）

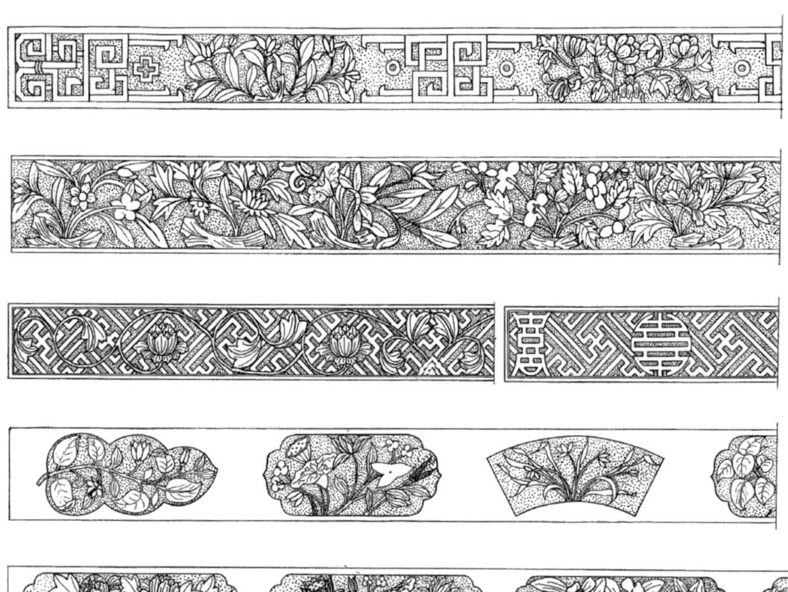

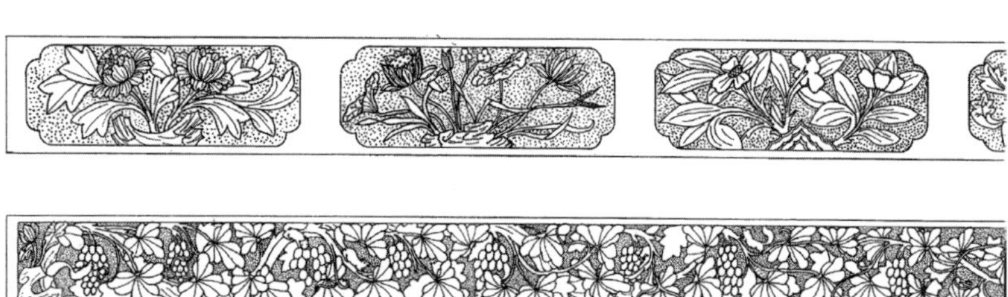

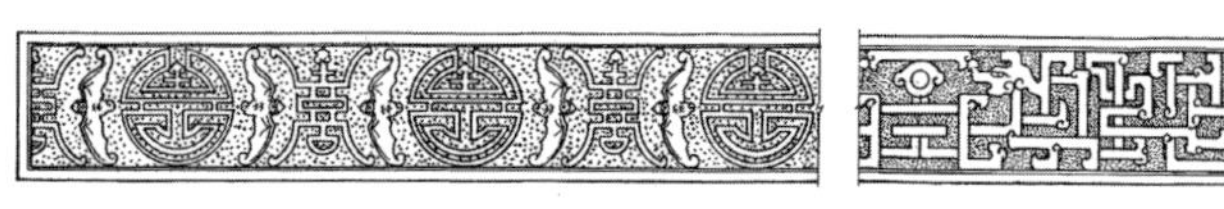

图 10-2-53　如意门砖雕——挂落砖常见纹样（刘大可）

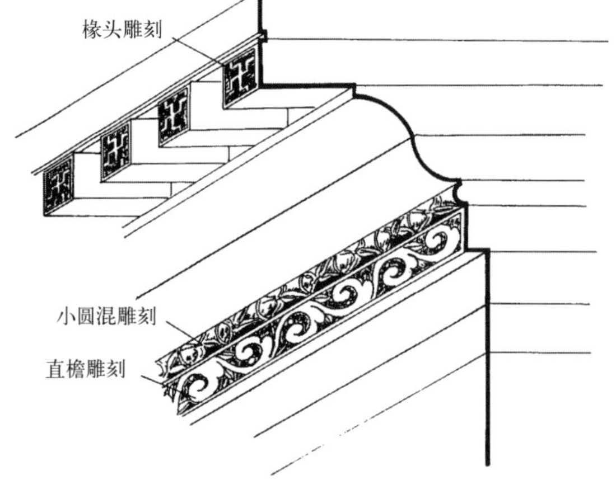

图 10-2-54　砖檐雕饰部位（刘大可）

图 10-2-55　砖椽头雕饰常见纹样（刘大可）

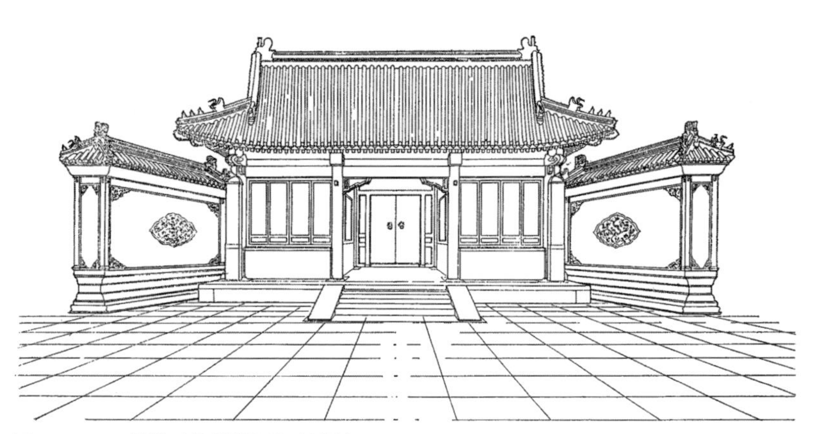

图 10-2-56　影壁及其砖雕部位（刘辕）

图 10-2-57　宅院砖雕影壁（中心花凤栖牡丹，岔角花梅兰竹菊）（刘大可）

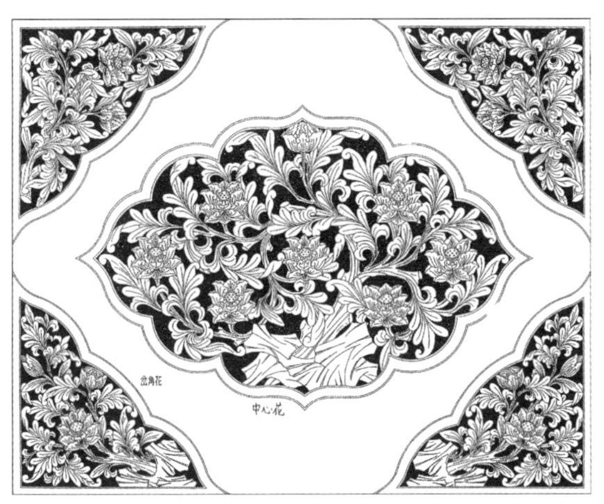

图 10–2–58 大型建筑砖雕影壁(中心及岔角均宝相花)(刘辕)

图 10–2–59 砖雕影壁(颐和园)(刘大可)

图 10–2–60 西安化觉巷清真寺影壁(刘大可)

图 10–2–61 槛墙砖雕(刘大可)

图 10–2–62 槛墙砖雕构图(中心四岔宝相花)(刘大可)

图 10–2–63 槛墙砖雕纹样(中心四岔及池子)(刘大可)

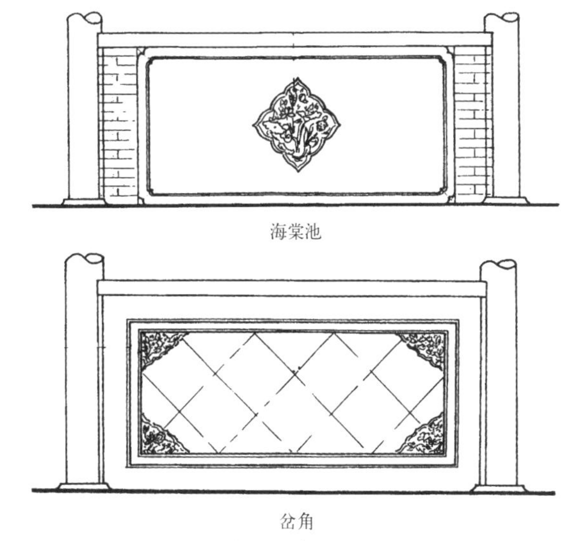

图 10–2–64 槛墙砖雕构图(刘大可)

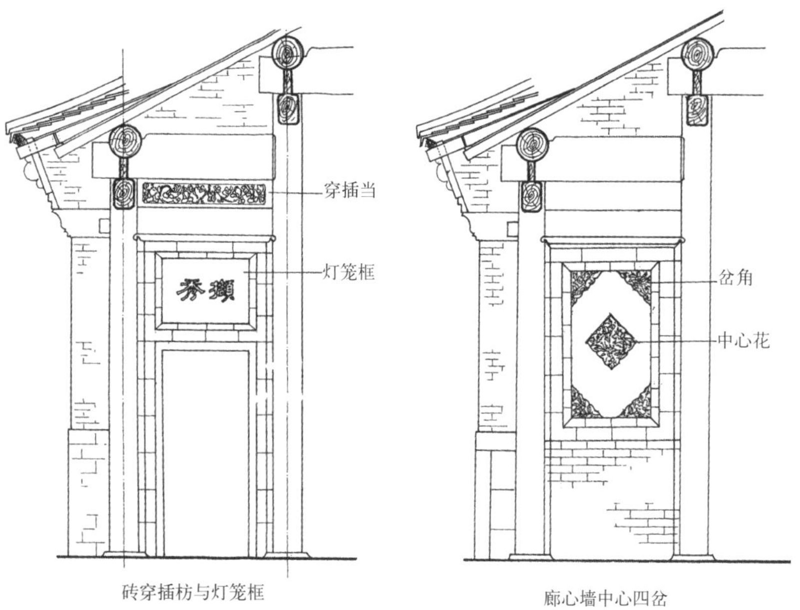

图 10–2–65　廊心墙砖雕装饰（刘大可）

图 10–2–66　四合院廊心墙砖雕（刘大可）

图 10–2–67　砖雕宝顶常见样式（刘大可）

图 10–2–68　砖雕宝顶（刘大可）

图 10–2–69　砖雕屋脊（北京）（刘大可）

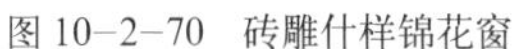

图 10–2–70　砖雕什样锦花窗

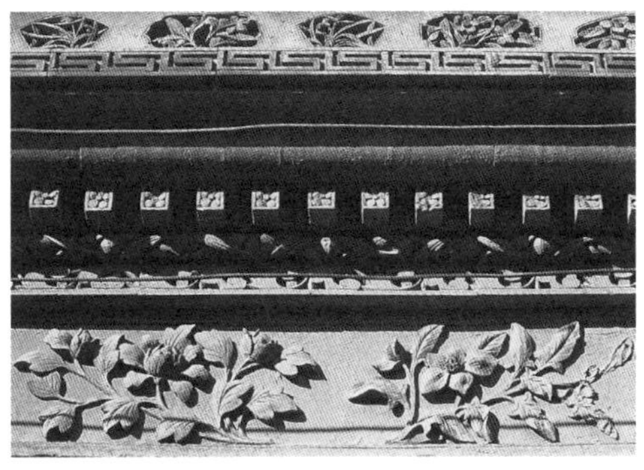

图 10–2–71　挂檐板堆活砖雕（刘大可）

兰草

荷叶莲花

牡丹

花鸟

图 10–2–72　砖雕透风常见样式（刘大可）

图 10–2–73　砖雕透风（刘大可）

硬山尖上的砖雕透风由宋代的木悬鱼演变而来，这个变化过程在明代十分明显。木悬鱼原是用在悬山搏风板下，明清广泛流行硬山建筑，已无搏风板的必要，但人们还是多在硬山墙上以砖砌筑搏风，沿用了悬山搏风的形式，木悬鱼也变成了砖悬鱼，其后更变为砖透风。清代山西一带仍可见砖悬鱼，京城一带则都是砖透风（图 10–2–72 ～图 10–2–74）。

乾隆以后，以圆明园西洋楼建筑为契机，源自欧洲巴洛克、洛可可式建筑的似是而非的样式输入中国，新奇一时，引起国人的兴趣和仿造，甚至在王府、四合院门楼以至庙宇中都习染此风，在铺面房的立面中尤为盛行，出现了所谓“圆明园”式或“西洋楼”式建筑立面，被不恰当地称为“乾隆风格”。这些建筑的装饰大多由砖雕造成。欧洲此类风格的建筑以繁琐装饰著称，正好为砖雕提供了机会（图 10–2–75 ～图 10–2–77）。

图 10–2–74　山西灵石王家大院（萧默）

图 10–2–75　北京洋式店面（刘大可）

图 10–2–76　北京颐和园石舫砖雕

图 10–2–77　北京某宅院洋式大门

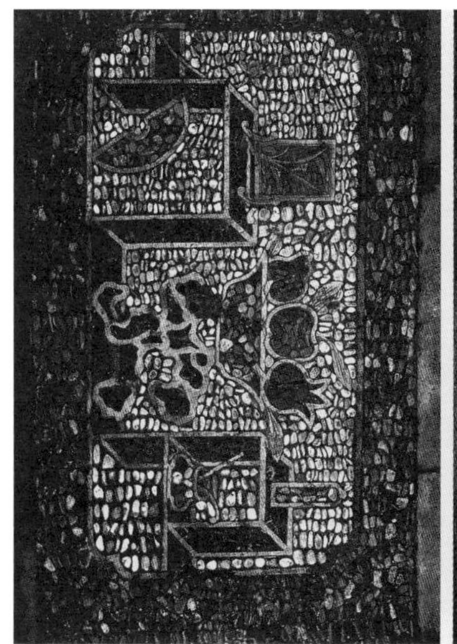

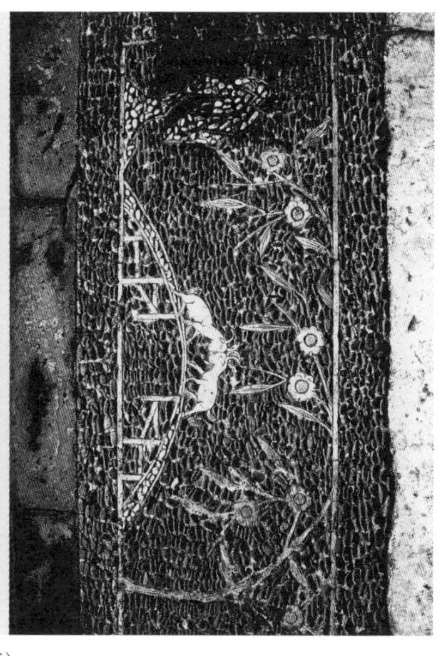

图 10–2–78　紫禁城御花园甬路图案（刘大可）

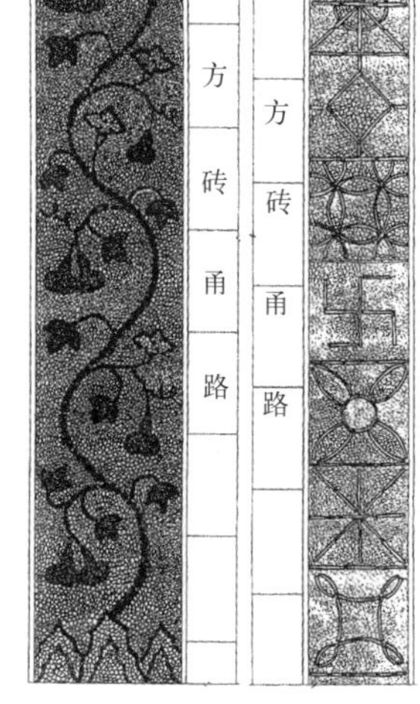

图 10–2–79　甬路图案（刘大可）

此外，园林甬路以方砖铺砌路心，两边以瓦条、石子镶成图案（图 10–2–78、图 10–2–79）。

四、雕饰纹样

官式建筑的雕饰纹样到明清已非常丰富，大致可归纳为字类、锦类、花卉类、博古类、祥禽瑞兽类、寓意类、生活类、人物故事类、宗教类及其他。这些纹样，不仅用为雕饰，也常用作彩画，特别是苏式彩画。

字类　各种艺术笔体的汉字和由少数民族文字或宗教文字组成的图案，如福字、寿字、卍字和阿拉伯文（用于伊斯兰教建筑）、梵文（用于佛教建筑）等。字类纹样或单独使用，称为“字活”，或与其他纹样组合在一起，如五福（蝠）庆寿、二龙捧寿等。

锦类　即锦纹，指由二方连续或多方连续图案构成的花纹，如丁字锦、拐子锦、回纹锦、卍字不到头、龟背锦、菊花锦等。锦类图案可以单独使用，或作为其他纹样的衬地，还可在锦间串行花枝，如卍字串牡丹等。

花卉类 如宝相花、玉兰、海棠、栀子花、卷草、西洋花等，也有成组出现的，如四季花（牡丹、荷花、菊花、梅花），松竹梅、竹叶梅等。花卉类可单独使用，也可以与鸟兽、器物、锦类等组合。

博古类 “博古”是对各种古董的通称，包括青铜器、玉器、竹器、牙雕、石器、木器、珊瑚器、料器、陶器、瓷器、漆器、金银器等。作为图案选用时应注意件数与高低等构图关系，最常采用的组合是“炉瓶三式”（参见图10–1–34、图10–1–35）。博古图案可仿真也可写意，前者做工复杂，式样不定；后者流行数种固定的式样，是行业的“规矩活”，如百子瓶、八卦瓶、八卦炉、果盘、仙鹤炉、圆炉、方炉、百环瓶、三截瓶、七孔瓶、鸭（鹅）熏、三才斗等。博古类除单独使用外，还常与其他纹样共同构图，组成寓意类图案等。

祥禽瑞兽类 如二龙戏珠、龙凤呈祥、云龙图案、凤栖牡丹、犀牛望月、麒麟卧松、海马献图、鹤鹿同春、鹭鸶卧莲、喜鹊登梅、松鼠偷葡萄及各种异兽等。

寓意类 运用事物名称的汉字谐音，组成祥瑞词语，以表达吉祥意愿，如瓶与鹌鹑共组图案，谐音“平安”；卍字、蝙蝠和寿字组成“万福万寿”；蝙蝠与云组成“福运”；柿子、如意组成“事事如意”等。或以图案的内容隐喻美好的愿望，如牡丹花美称“富贵花”，葫芦隐喻“子孙万代”，牡丹、玉兰、海棠象征“玉堂富贵”，五只蝙蝠围绕一个寿字象征“五福捧寿”，锦类纹样与花草一起象征“锦上添花”，而猴子捅马蜂窝，树上挂一颗官印的画面隐喻“封侯挂印”。此类图案名目繁多，不胜枚举。

生活类 选材于古代的生活用品及日常生活场面，如琴棋书画、文房四宝、渔樵耕读等，以寄托对所寓意生活的向往。

人物故事类 取材于三国、水浒、红楼、西游、封神等古代小说和名人掌故、才子佳人等，以及民间传说如刘海戏金蟾、白蛇传等。

宗教类 指用佛教或道教用品以及宗教生活为内容的图案，如“巴达马”（莲花）、佛八宝（轮、螺、伞、盖、花、罐、鱼、肠）、道七珍（珠、方胜、珊瑚、扇子、元宝、盘肠、艾叶）、暗八仙（汉钟离的扇子、吕洞宾的宝剑、蓝采和的花篮、韩湘子的横笛、何仙姑的莲花、铁拐李的葫芦、曹国舅的阴阳板、张果老的渔鼓筒）等（图10–2–80、图10–2–81）。

其他类 多为艺人即兴创作，内容不受程式约束，形式自由活泼，以花草为主，故常称之为“随心草”。

官式建筑所采用的装饰纹样既体现等级观念，也反映出社会各阶层的不同心态。例如宫殿坛庙常出现的龙和宝相花，民宅不能使用，改为充满生活情趣的图案。“官座”常用夔龙、

图10–2–80 佛八宝（《中国古建筑图案》）

①本节主要参考资料：王仲杰．明清官式彩画的概况及工艺特征[M]//何俊寿，王仲杰．中国建筑彩画图集．天津：天津大学出版社，1999；王仲杰．古建彩画概况[R]．北京市文物建筑工长培训班讲稿，1993；边精一．古建油漆彩画工[M]．北京：《北京房地产》杂志编辑部，1991；//何俊寿，王仲杰．中国建筑彩画图集[M]．天津：天津大学出版社，1999；蒋广全．古建彩画[R]．北京市文物建筑工长培训班讲稿，1993．

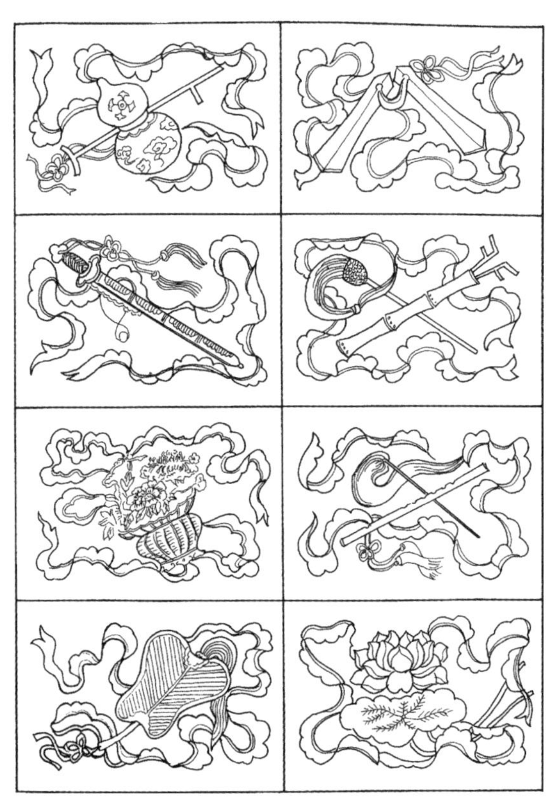

图 10–2–81　暗八仙（《中国古建筑图案》）

狮子、麒麟，以示威严。同是宅院，富贵人家常用象征荣华富贵的题材，书香门第则多为博古图案。同为屋脊，百姓民居不能逾制使用吻兽狮马，而王府庙宇等大式建筑也从不采用清水做法。在长辈居室正房的隔扇裙板上，才能施用“五蝠捧寿”。不同的宗教有各自的规矩，如佛寺佛塔多用龙、麒麟、佛八宝和象征圣洁的花卉如莲花、宝相花；道观则采用以八卦、太极图为主的图案，常用“暗八仙”和象征灵仙、长寿之物如鹤、鹿、松、竹、梅、菊花、灵芝；伊斯兰清真寺则以花卉为主，也用几何纹和阿拉伯字，但通常不用动物，更不用人物。就地区而言，南方多用人物图案，北方与宫廷则较少使用。与历代图案相比，明清官式建筑的装饰图案更加趋于制度化、程式化，但偶尔也有一些更新之作，如乾隆时流行的“汉纹”，以及接受西方文化而产生的大量“新式”图案等。

第三节　彩画

如果说唐代建筑葆有的更多是一种纯真的、直率的结构美，宋代已转向结构美与装饰美并重，那么明清建筑简直就是装饰美的尽情展现了。建筑装饰美的发展高峰无疑是在明清。这种转化，体现了建筑艺术时代习尚的不同。建筑装饰的效果，造型之外，往往需要依靠色彩来加强。重要的色彩装饰手段，除了琉璃，可以说就是彩画。①

一、明代彩画特征

明代彩画在元代彩画的基础上发展，在许多方面发生了重大变化，正处在定型化的过程中。

明代彩画装饰的重点部位已经由斗栱转移到梁、檩、枋等所谓“上架”（柱头以上）部位的大木构件上。斗栱虽仍有以平涂各色为主的彩画，但满铺的花斗栱已很少见，柱身彩画也不再出现。梁、檩、枋的彩画则形成了一定的构图格式，尤为突出的变化是构件中间的一段不再描绘纹饰而只平涂色彩，一改以前动辄满画的做法。明代以前的彩画，虽也有一定的构图规律，如宋《营造法式》曾对各种彩画式样做过规定，但从建筑实物、壁画或墓室遗存看，整体构图上随意性仍较强。明代彩画虽遗存不多，仅有的几处如北京紫禁城钟粹宫南薰殿、智化寺、法海寺、东四清真寺及青海乐都瞿昙寺、山西太原崇善寺等，所在地域有的相隔很远，但彩画纹饰相当一致，构图原则也颇相同。北京皇城、明十三陵和湖北武当山等某些明代仿彩画的琉璃、金属和石头建筑构件上的纹饰和构图，也与之相类。此外，在某些清代琉璃“彩画”作品上，也可以看到无异于明代琉璃构件的纹饰。古代匠人有恪遵师传的传统，一俟规矩形成，世代相传，很难改变，琉璃匠人亦如此。惟彩画三十年左右即需重画，相对来说风格更迭较快。清代彩画肯定已与明代不同，而清代琉璃匠人仍遵明法，此不仅表现了匠人重师承的习惯，也说明明代官式彩画确已有了定式。

明代官式彩画构图基本定式是：梁、枋大木两端固定为纵长条形的“箍头”，箍头以里为横长的“找头”（或称“藻头”），中间一段横长面积为“枋心”。如构件较长，在箍头与找头之间隔一段距离另加一条箍头，两条箍头之间大致方形的面积则称“盒子”。构件两端包括各两条箍头、盒子与找头，与构件中间的枋心形成三段布局，只是尚未确定三段各占的长度。枋心部位仅以框线圈出枋心轮廓，枋心内一般无纹饰，单色平涂，框线的轮廓总体呈尖头向外的“〈”形，但每斜线系由二至三段弧线组成。其他主要轮廓线除箍头线外也都由几段弧线组成。找头内的纹饰已固定为旋花，称为“旋子”，从而确立了一类具有鲜明官式风格的旋子彩画。旋花是从莲花变形而来，起源于宋，在大同华严寺辽建薄伽教藏殿的彩画中已见，直至清代晚期，一些演变缓慢的建筑装饰如门鼓石的“转角莲”图案，仍保留着它的原型。明代旋花的“路数”即层数仍少，仅由一层旋转的花瓣和一朵花心组成。旋子的组合主要只是“一整两破”，尚没有清代的多样变化。为了避免一种纹饰的反复出现而致单调，或充填较狭长的构件，不使枋心过长，有时也会穿插长短比较随意的如意头纹饰。如大额枋用旋花，其下的小额枋或其上的檩条则用如意头。明代的旋花已经比较抽象，但某些局部如花心仍不时显露出原型的意蕴（图 10–3–1）。

明代斗栱彩画已大为简化，不再描绘复杂的花纹，演变为单色退晕做法。

明代彩画所用的颜料与以前相同，全部为矿物颜料如石青、石绿、银朱等。色彩的深浅是通过工艺技术分出颗粒粗细来达到的，不似以后用白粉掺兑，故特有一种既艳丽又沉稳，既鲜明又柔和的感觉，且不易褪色。

明代官式彩画没有清代苏式彩画那样为描绘写生画而设的大片白色画地，也很少大面积使用红色。红色大多只用在局部图案的关键部位如花心，与梁枋整体冷调色彩稍有对比。这种风格不但与此前的某些彩画大量使用暖调色彩不同，也与清代彩画虽以冷调为主，但又较多使用红色的情况有一定差异，形成了明代彩画独有的那种以纯净青绿色调为主，气氛宁静，风格淡雅、简洁的特征。

彩画都施在上架部位，正处于檐下阴影中，其青绿冷色和繁丽的形象，上与大面积光亮的屋面琉璃，下与以红为主的暖色调油饰屋身，都形成鲜明的对比，加强了建筑的体积感，丰富了建筑的整体形象。它所处的部位，正是人们目光所及最引人注意之处，再加上繁密的斗栱造成的凹凸起伏，相得益彰地起到了动人的装饰效果。

对于高明度的金色，使用时十分慎重，不是遍施金箔，而是名副其实的“点金”，与清式彩画大量的“沥粉贴金”、“大点金”、“片金”甚至“混金”做法形成对照。

明代官式彩画不论等级高低，图案线条的色彩表达一律采用由浅色入手逐层加深称之为“退晕”的做法。在以前各章我们已经说到，退晕可能来源于西域，据传由天竺传入，早期尚为晕染，即同色深浅边际不清。明代官式彩画

图 10 3–1　明式彩画小样

的退晕，具体运用时分对晕和叠晕。对晕即相邻区域的色彩必青、绿相间，如枋心设青色，枋心外必设绿色，旋子花周围又是青色，旋子花瓣则为绿色，花心又为青色等，如此类推。而在圆圈状的旋花内，花心的青和花瓣的绿，各自晕色又皆由浅而逐渐加深，即为叠晕。

清代彩画也采用退晕，又发展为在晕色浅色的边缘勾白，以引起强烈的反差。明代地方彩画也有勾白的，但在官式彩画中还没有发现。明代官式彩画总体构成较为淡雅、柔和的风格。

明代文献曾见有“苏式彩画”一词，苏式彩画至迟始于明是极有可能的，但迄今还没有在官式建筑中发现过。

二、清代彩画分类

明确地将清代彩画分门别类是清代晚期以后的事，见诸文字则更晚，如“旋子彩画”、“和玺彩画”等名词，均出自20世纪30年代梁思成编的《清式营造则例》一书。分类不外考虑以下三方面的因素：一是主体纹饰的差异；二是与建筑等级的关系；三是同种图案细部的不同工艺区别。清代早期尚未建立明确的分类和名称，一般均直接按工艺做法或纹饰命名，如工部《工程做法则例》所载，用于殿堂的彩画有“金琢墨金龙枋心沥粉青绿地仗；合细五墨金云龙凤沥粉枋心青绿地仗上五彩；大点金沥粉金云龙枋心五墨；大点金五墨龙锦枋心；大点金空枋心；小点金龙锦枋心五墨；小点金花锦枋心；小点金空枋心；雅五墨空枋心；雅五墨花锦枋心；雅五墨哨青空枋心；土黄三色五墨空枋心；金琢墨西番草五墨花枋心；烟琢墨西番草三宝珠五墨；西番草烟琢墨金龙枋心；西番草三宝珠金琢墨；三退晕石碾玉五墨描机粉芍枋心；螺青三色五墨空枋心”，等等。可知此时尚无“旋子”、“和玺”之说。在《工程做法则例》颁行以后约一百八十年中，官式彩画又有了许多发展，尤其是大木彩画，不但图案更加丰富，做法更加繁多，而且与建筑等级形成了比较固定的对应关系，人们才开始对彩画重新分类。至20世纪80年代以前，一般认为清式彩画即前举“和玺”、“旋子”以及“苏式”等三大类。近来一些研究者加以补充，形成了不同的分类。本书将清官式彩画归为四大类，除上述三大类外,另出“其他”一类,以概其余。

和玺彩画

和玺彩画出现和成型的时间，大约在明末清初之际，现存最早实例为紫禁城文华殿，其彩画成于清康熙年间。但是，有清一代始终未见“和玺”一词，近年有人认为和玺即《工程做法则例》所称“合细五墨”。

和玺彩画源于旋子彩画。明代大木彩画装饰的重心转向两端、枋心仅为平涂，此后很长时期人们一直习惯于“空枋心”，抓紧两头放松中间。经过二三百年，宫殿彩画朝着更加富丽堂皇的方向转变，开始在枋心内画花饰，而无论从建筑等级还是从枋心的长方形形状来说，都以画龙最为适宜，这就出现了枋心饰龙的旋子彩画。以后，又索性将“找头”部位的旋子甚至两条箍头之间的“盒子”也改画为龙，和玺彩画遂从旋子彩画中脱胎而出。后来，又改变了分段边框线的形象，图案增加了凤纹、西番莲、吉祥草以至宗教题材，工艺上加大沥粉贴金用量以追求金碧辉煌，至此，和玺彩画才完全定型，成为最高等级的彩画，用来装饰皇帝登基理政和帝后起居的宫殿以及重要的宫门、城门，国家级坛庙中的重要殿堂以及重要的牌楼等，旋子彩画的等级乃降为第二（图10-3-2～图10-3-9）。

和玺彩画又可详分为以下几种：

一、金龙和玺。纹饰大部为龙，如枋心，不论青地绿地一律画二龙戏珠，青色找头画升

图 10–3–2　和玺彩画各部名称（边精一）

图 10–3–3　不同长度构件的和玺彩画构图（《中国古建筑修缮技术》）

图 10–3–4　和玺彩画盒子常见纹样（边精一）

图 10–3–5　和玺彩画找头常见纹样（边精一）

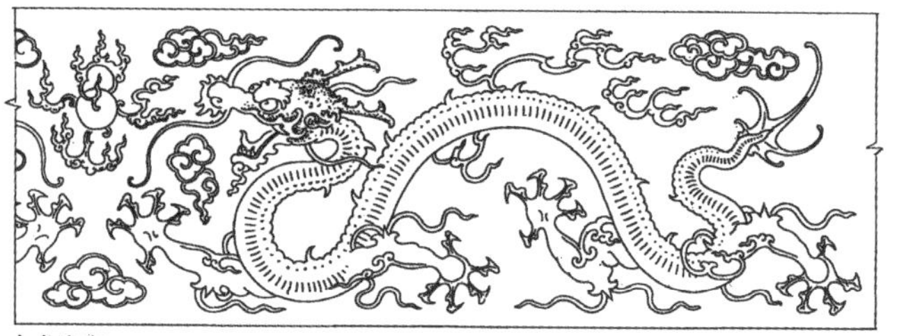
金龙和玺

龙凤和玺或凤和玺

龙草和玺

图 10–3–6　和玺彩画枋心常见纹样（边精一）

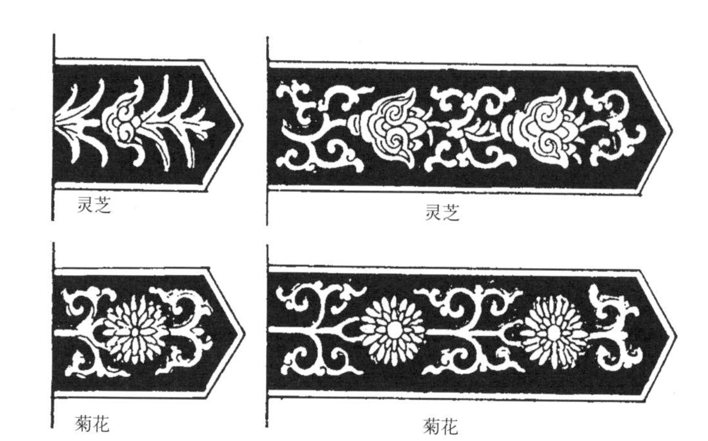

图 10–3–9　和玺彩画主线光线常见纹样（边精一）

图 10–3–10　金龙和玺小样（边精一）

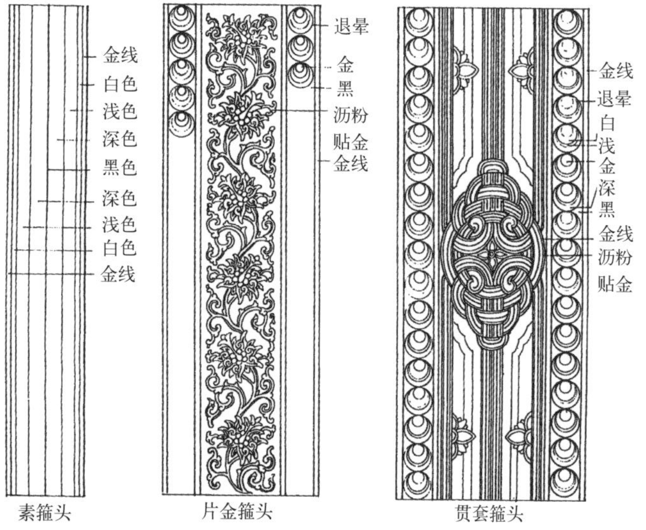

素箍头　片金箍头　贯套箍头

图 10–3–7　和玺彩画箍头常见纹样（边精一）

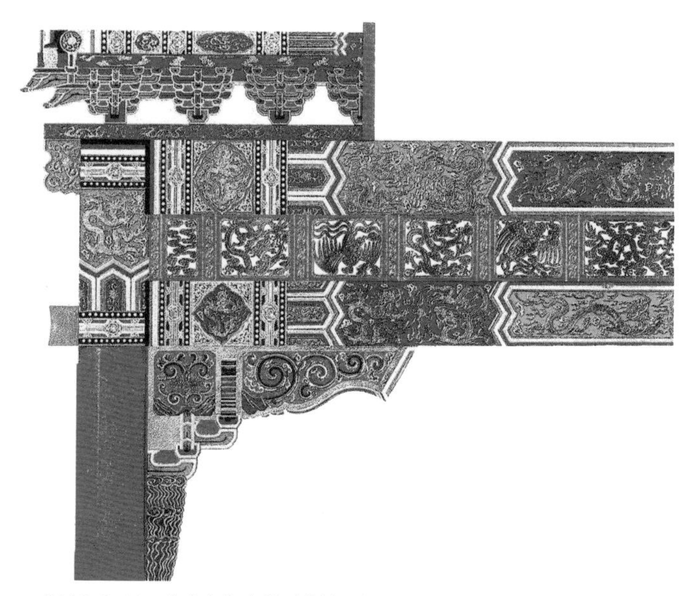

图 10–3–11　金龙和玺小样（边精一）

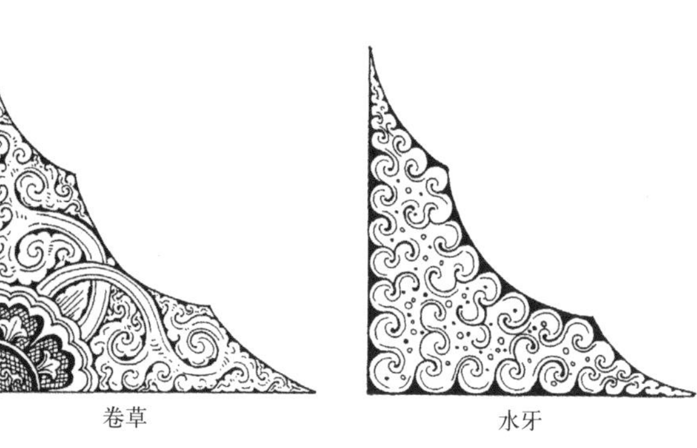
卷草　水牙

云　蝙蝠（福）

图 10–3–8　和玺彩画岔角常见纹样（边精一）

龙，绿色找头画降龙，如找头较长则同时画升、降二龙，盒子画坐龙等，为最高等级（图 10-3-10、图 10-3-11）。二、龙凤和玺。主要纹饰为龙和凤，其构图，一龙一凤成组，称“龙凤呈祥”；或成组的龙凤交替，如相邻二间分别绘二龙戏珠、双凤昭富；也有的在枋心画龙凤，在找头画西番莲、灵芝，称“龙凤枋心西番莲灵芝找头和玺”。由于增加了凤，艺术气氛和象征意义都有所改变，等级上比金龙和玺稍逊一等，一般用在帝后寝宫（图 10-3-12）。三、龙草和玺。图案由龙和大草（吉祥草）组成。大草常配以“法轮”，故又称“法轮吉祥草”或“轱辘草”。以草代龙的画法显然是有意冲淡气氛，或者是为了陪衬同一院落中金龙和玺或龙凤和玺的尊贵，故其等级更减一等，一般用于皇宫的重要宫门、中轴线上的配殿及重要寺庙（图 10-3-13）。四、凤和玺，以凤为主要纹饰。和玺彩画创立之初，是以龙为母题，故凤和玺在和玺彩画中具有特定的意义，用于皇后寝宫或祭祀土地神的重要殿堂（图 10-3-14）。

旋子彩画

旋子彩画在明代早期已十分完善，清代早、中期又发展出多种做法和画题。旋子彩画的等级划分明确而成系统，可以做得很雅素，也可以做得很华丽，应用范围甚广，除不准一般民居采用外，官衙和庙宇的正殿、重要坛庙的配殿以及城门楼、牌楼等都广泛采用。“旋子”一词最早也见于《清式营造则例》：“最常见的是旋子（北平画匠称学子，亦曰蜈蚣圈）和玺”。工匠还将旋子称为“圈儿活”，圈儿活或蜈蚣圈的用字当无问题，而“学”字有可能系“踅”（音学）字之讹。踅有盘旋之义，如王实甫《西厢记》第四本第四折：“四野风来，左右乱踅”。“旋子”与“踅子”读音稍有不同，但“旋”字的形义较易理解，遂得通行（图 10-3-15）。

旋子彩画的等级与建筑等级虽有联系但又不完全一致，应与经济状况有一定的关系，彩画的等级实际上是工艺复杂程度的标志。在建筑群内，中轴线上的建筑常采用相对高一些的等级。今天所能见到的旋子彩画大部分是清代中、晚期作品，与清工部《工程做法则例》记载的名称已有不同，其详细分类可有如下九种（图 10-3-16 ～图 10-3-19）：

图 10-3-12　龙凤和玺（刘大可）

图 10-3-13　龙草和玺（刘大可）

图 10-3-14　凤和玺小样（边精一）

图 10-3-15　旋子彩画小样（边精一）

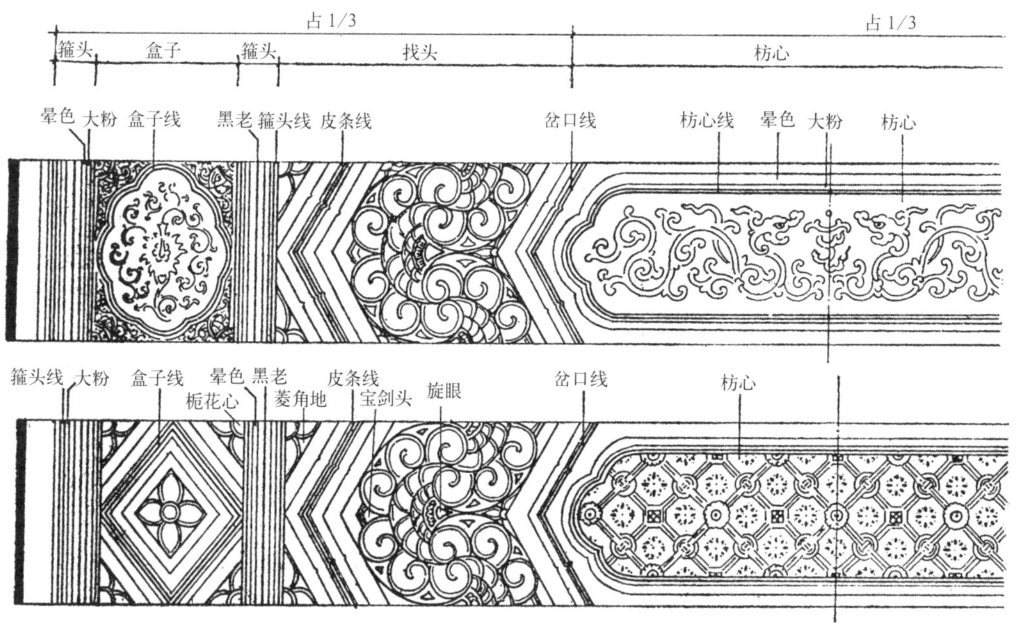

图 10-3-16　旋子彩画各部名称（边精一）

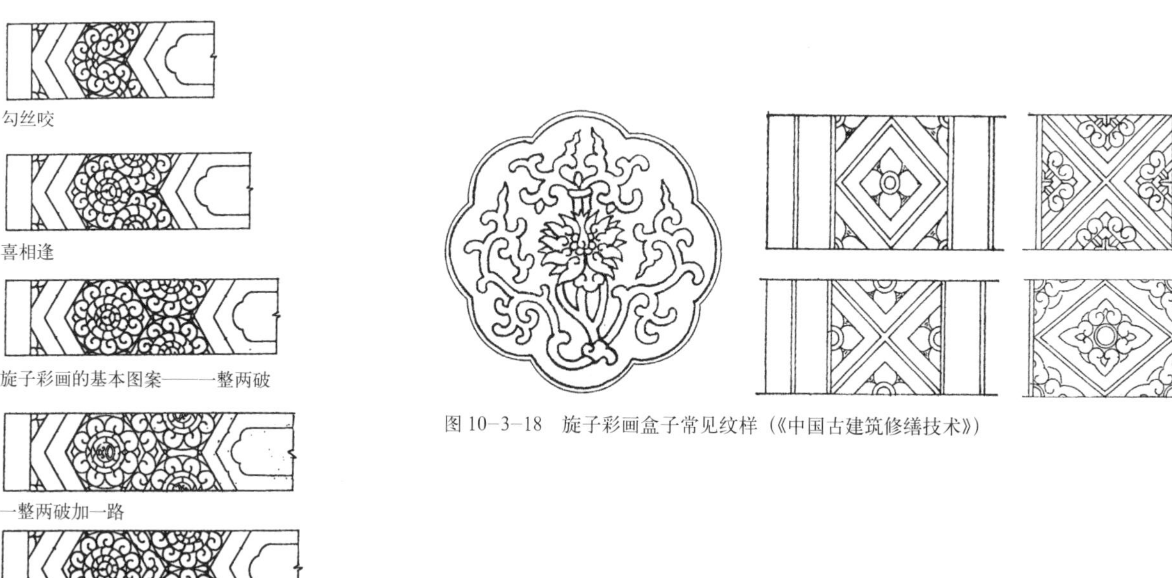

图 10-3-17　不同长度构件的旋子彩画找头构图（边精一）

图 10-3-18　旋子彩画盒子常见纹样（《中国古建筑修缮技术》）

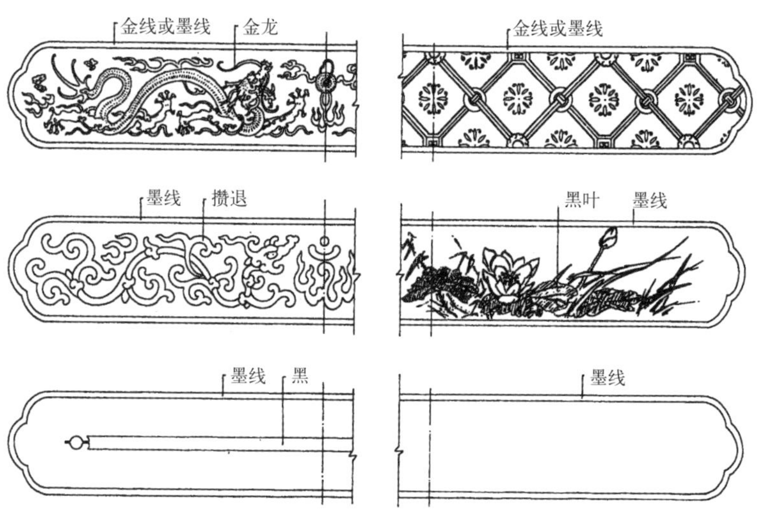

图 10-3-19　旋子彩画枋心常见纹样（边精一）

金琢墨石碾玉彩画和烟琢墨石碾玉彩画

所谓“石碾玉”，是指所有“大线”及旋子各路瓣旋花均为退晕，或言其细致而华丽。“大线”是分割整体构图各部分的边界线，又称“锦枋线”，即箍头线、盒子线、皮条线（找头外端）、岔口线（分隔找头与枋心）与枋心线等“五大线”的总称。若石碾玉彩画的全部大线、旋子各路瓣及细部纹饰的轮廓均沥粉贴金，即为金琢墨石碾玉。若旋子各路瓣不再贴金而改画墨线（其他大线仍为沥粉贴金），则为烟琢墨石碾玉。以上两种旋子彩画，是旋子彩画中工艺最复杂，也是用金量最大的（图 10–3–20、图 10–3–21）。

金线、墨线大小点金彩画 点金彩画同石碾玉彩画的主要区别是：一、前者的旋花和栀花不再退晕；二、贴金量少于石碾玉。若仅主要大线贴金，旋子各路瓣不再贴金，称“金线点金”。连主要大线也不贴金的称“墨线点金”。其他部位适量“点”金，依点金量的大小而有大、小点金之分。如在找头的旋眼、栀花心、菱角地、宝剑头贴金者称“大点金”；仅在旋眼、栀花心贴金者称“小点金”。如此，上述不同的工艺组合，可有“金线大点金”、“金线小点金”、“墨线大点金”、“墨线小点金”四种。金线小点金彩画很少出现，故墨线小点金彩画往往即称为小点金彩画（图 10–3–22 ～图 10–3–24）。

雅伍墨彩画 雅伍墨的最大的特点是完全不用金，也不退晕，具有青绿素雅的调子，与上述六种旋子彩画那种华丽、繁富、金光闪亮的特点形成鲜明对照（图 10–3–25）。

雄黄玉旋子彩画 以黄色的雄黄或其他材料为地色，绘以退晕的青绿旋花彩画，留出地色较多，也不贴金。这类彩画除了不像一般旋子彩画那样金光闪闪以外，更一反以青绿冷调子为主，而更多带有暖调子。由于雄黄具有防虫功效，所以这类彩画很可能是专门用于某些坛庙库房及其他更需要防虫的建筑。如北京北海阅古楼为书库，内梁上旋子彩画即以雄黄与铅丹合为橘红色地，二色皆有毒（图 10–3–26）。

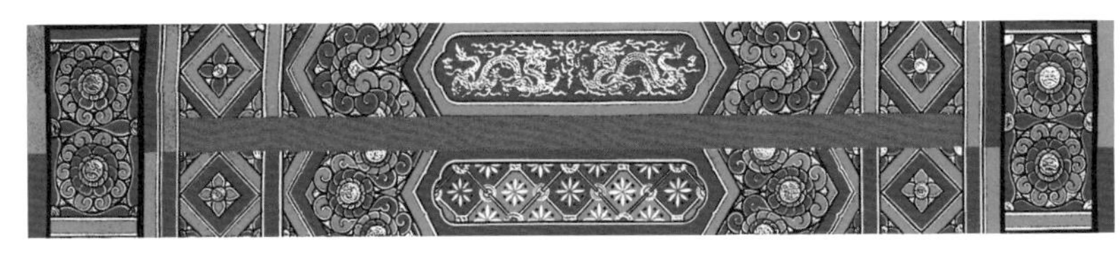

图 10–3–20 金琢墨石碾玉

图 10–3–21 烟琢墨石碾玉

图 10–3–22 金线大点金

图 10–3–23 墨线大点金

图 10–3–24 墨线小点金

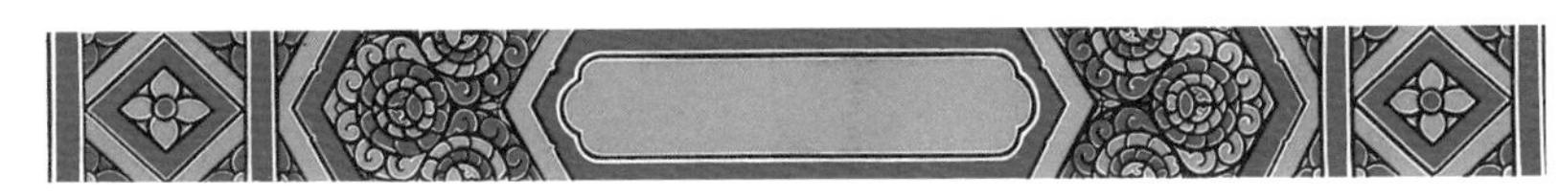

图 10–3–25 雅伍墨旋子彩画

图 10–3–26 雄黄玉旋子彩画

混金旋子彩画 最大的特点是整个画面不施任何颜料，纹样以沥粉贴金线道勾出，全部贴以金箔，因此通体金黄，耀眼生辉，其工艺却是旋子彩画中最简单的。官式彩画往往以贴金的多少来显示建筑等级，但混金却是例外，若单纯以用金量衡量，它甚至超过了金龙和玺，故混金做法只能显示主人的富有和审美趣味，并不说明建筑等级之高下。

上述九种旋子彩画的找头都画旋子。根据找头的长短比例，旋子有多种形式及搭配方法，务使图案配置匀称得当。如比例较短的找头可仅用"勾丝咬"，稍长者用"喜相逢"，更长者为"一整二破"、"一整二破加一路"、"一整二破加金道冠"、"一整二破加二路"、"一整二破加勾丝咬"，"一整二破加喜相逢"，以至"两整四破"或更多。若找头特短，也可只画栀花。盒子与枋心内的纹饰从简单到复杂差异很大，如枋心从空枋心、一字枋心、夔龙黑叶子花枋心、锦纹枋心到龙纹、凤纹枋心等。纹样的选定多与彩画等级配合，如金琢墨石碾玉多用龙、凤枋心，金线大点金多用龙、锦枋心，雅伍墨常用空枋心或一字枋心，在同一建筑群中因建筑主次分别施用。

苏式彩画

前已谈及苏式彩画可能始于明代，至迟到清代早期已开始成为官式彩画的一种。清工部《工程做法则例》记载的苏式彩画有聚锦、花锦枋心、博古、寿山福海、五福庆寿、福如东海、锦上添花、年年如意、福缘善庆、群仙捧寿、花草枋心和金琢墨等品类，可以见出其题材的多样，但大多皆以较规则的图案形式出现。大量绘以写生式传统国画乃至西洋水粉画风格的苏式彩画则是民国以后的事了。

"苏式"一词，一般解释为苏州地区的式样。苏州地区现在的民间彩画大多比较简单，以锦纹为主，据称老艺人的腹稿有七十二锦之多。作为官式彩画一大种类的苏式彩画，在清代早中期曾大量使用锦纹，推想确与苏州有关。但从近代实物上看，两者在纹饰、工艺或色彩上实际已颇多不同。所以，与其说"苏式"来自苏州，不如说只是借鉴了苏州以吉祥图案和锦纹图案为主的纹样而自行发展起来的，已经北方化和官式化了，形成了自己繁富、艳丽的特点，实际仍为京式。而苏州的地方彩画由于艺术环境的不同，毕竟与官式苏画歧路而行，且一直没有更多的发展。苏式彩画与旋子彩画、和玺彩画等庄重严谨的风格差别明显，以活泼、清新、富于生活气息和故事性等特点独树一帜，在清代园林和住宅中最为盛行。

苏式彩画可分为枋心式、包袱式、掐箍头搭包袱、掐箍头和海墁苏画等五种构图方式。

枋心式与旋子彩画构图相似，即由各占三分之一的两端找头（及箍头）和枋心组成。只是找头内不画旋花，而改画卡子、锦纹、各类团花和聚锦。枋心内多画博古或写生画，是苏式彩画的早期形式之一。与旋子彩画相近，也透露出苏式彩画官式化的过程。有时连找头也具有旋子彩画的特征。这些彩画，也可以说是具有苏式彩画特征的和玺彩画或旋子彩画（图10–3–27）。

包袱式与枋心式的最大不同在于枋心的变化，将之改成了呈开口朝上的弧形图案边框"包袱"。并将檩、垫板和额枋等上下三件由原来的分别构图改为合并构图，使包袱比起原来的枋心，不但由狭长变为半圆，而且面积增加了许多。这一突破无疑有利于包袱内的构图，也为苏式彩画风格的变化开辟了新天地（图10–3–28）。

掐箍头搭包袱是从包袱式简化而来，找头部位只刷红油漆不再做彩画（图10–3–29）。

掐箍头更加简洁，只画两端箍头，其余均刷红油漆，更加安静素雅（图10–3–30）。

海墁苏画的"海墁"喻其无边无际，打破

了梁枋彩画的箍头、找头、包袱（或枋心）三段式构图的程式，自由随意，是清式彩画中的“返祖”现象，但画风仍为清式（图 10–3–31）。

苏式彩画各部名称及常见纹样请参见插图（图 10–3–32 ～图 10–3–36）。

苏式彩画如按工艺做法命名，又有金琢墨、金线、墨线、黄线和混金做法诸种。

金琢墨是最华丽的苏式彩画，主要线路花纹沥粉贴金、退晕，画面十分精致绚丽。金线苏画最为常见，主要线路均沥粉贴金，但轮廓内不再退晕，画面也较丰富精细。墨线苏画与黄线苏画的主要线条用墨或黄色绘出，各部位的细部常相应简化。由于不贴金（只偶尔在极个别部位点金），所以具有地方彩画的特点。尤其是墨线苏画，墨气盎然，古韵十足，自有一定的品位。混金做法的苏式彩画沥粉图案只贴金，不分色。有时用于局部，如包袱等处，或只用来做图案的衬地，叫“窝金地”。混金做法可以显示财富和主人的特殊爱好，但艺术品位未见其高，只可算是一种特例。

此外，还有一种不太规范、更具地方特点的苏式彩画，是外地艺人（主要来自山西和东北）进京献艺或京城艺人对地方彩画表现出浓厚兴趣的创作，往往构图细密，锦纹较多而用金量较少，没有金碧辉煌的气氛，但能以大量的工时换得一种值得玩味的艺术效果，虽无法取代正宗官式苏式彩画，仍可在京城民间尤其是喜欢标新立异的铺面房中争得一席之地，也偶用于园林。

其他类彩画

和玺、旋子与苏式三类彩画，程式化和独立性都很强，构图规范，各自体系庞大而完整，是清代官式彩画的主流。三类以外，还有一些用得较少的特别形制，统归此类：

吉祥草彩画　又称宝珠吉祥草彩画，工匠称之为“椤草”或“关东大草”，风格粗犷、豪放，

图 10–3–27　枋心式苏式彩画（刘大可）

图 10–3–28　包袱苏式彩画（刘大可）

图 10–3–29　掐箍头搭包袱苏式彩画（北京中山公园游廊）（刘大可）

图 10–3–30　掐箍头苏式彩画（刘大可）

图 10–3–31　海墁苏式彩画（刘大可）

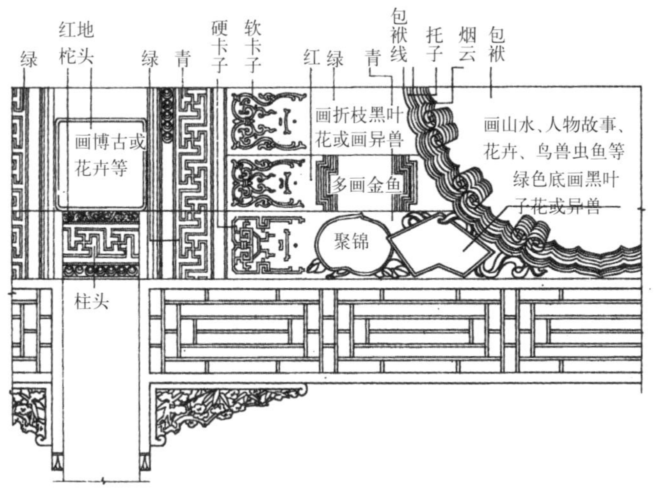

图 10-3-32　包袱式苏式彩画各部名称（边精一）

图 10-3-34　苏式彩画卡子常见纹样（赵双成）

图 10-3-33　苏式彩画构图

图 10-3-35　苏式彩画枋头（梁头）常见纹样（赵双成）

以暖色为主。此式彩画源于东北，随清王朝传入关内，早期至中期曾有少量应用，后与其他彩画融合，如和玺中就有龙草和玺。现存吉祥草彩画的实例见于紫禁城午门（图10–3–37）。

海墁彩画 海墁彩画与海墁苏画的区别是不但打破了梁枋彩画三段式的构图，更打破了官式彩画只画上架不画下架的惯例，有时还延伸到了廊内、室内的大木甚至墙壁上。海墁彩画虽然所绘范围很大，画题却只有一个，常见的如斑竹纹（匠人称这样的房屋为“斑竹座”）、海墁藤萝、海墁葡萄、海墁流云（流云百鹤）等（图10–3–38）。

云楸木彩画 是在所有大木构件上绘适于远观的假木纹，纹理与木色仿楸木，追求一种原色美。

还有一些彩画具有综合性的特点，如和玺加旋子、和玺加苏画、旋子加苏画等（图10–3–39）。

此外，在清代宫殿中还有一类秘而不宣的彩画形式，即在顶棚内脊檩或山花等隐秘位置画春宫画，匠人们称之为避火图。古代喻男女之事为云雨，此或以云雨可以避火，以取吉祥。

三、清代彩画分期特征

明、清文献几乎没有留下什么彩画图样，实物上的彩画有“三十年一画”之说，前画常被后画覆盖，所以今天所能见到的实例大多是清末以后的，偶遇乾隆原作已属稀罕。过去研究清式彩画，确切说只是在研究清末甚至近代的作品。近年一些研究者开始对清式彩画的分期特征进行研究，兹将有关成果综合介绍如下：

明清是中国建筑彩画发展史上的全盛时期，至清代达到最高峰。清代最辉煌的时期是早期和中期。晚期虽也有发展，主要只是在色彩和苏式彩画方面。清代彩画可分为三期，顺治至

图10–3–36 苏式彩画常见边饰

图10–3–37 宝珠吉祥草彩画

图10–3–38 海墁斑竹纹彩画

图10–3–39 金龙和玺加旋子彩画

康熙为早期；雍正至嘉庆为中期；道光至光绪为晚期。

和玺彩画分期特征

各时期和玺彩画的不同，主要表现在找头与枋心部位分段大线的线型上。早期延续明代的做法，斜线均由弧线组成，构成莲花瓣状。中期开始出现由直线组成的上下相重两个“〈”形，构成圭形，称为“圭线光”，圭形内绘有纹饰，风格更为庄重。晚期圭线光已成定型。其他分期特征如：早期图案线条习惯为墨线，用金量较少，连枋心龙凤一般也不采用成片贴金（称“片金”）做法，和玺彩画金碧辉煌的独特风格尚不显著；中期以后用金量大增，线条变为沥粉贴金，甚至许多花纹也作片金，贴金面积达到了仅次于青绿主色面积的程度，在纹饰和色彩装饰效果两方面都已明显区别于旋子彩画和苏式彩画。早期的细部图案也不如中、晚期丰富，如仅用“死箍头”（只作色彩退晕而无图案的素箍头），中期以后才有“活箍头”，即在箍头线道内也绘纹饰（图 10-3-40、图 10-3-41）。早期较简单的吉祥草彩画至中期与金龙和玺融合成龙草和玺（图 10-3-42）。

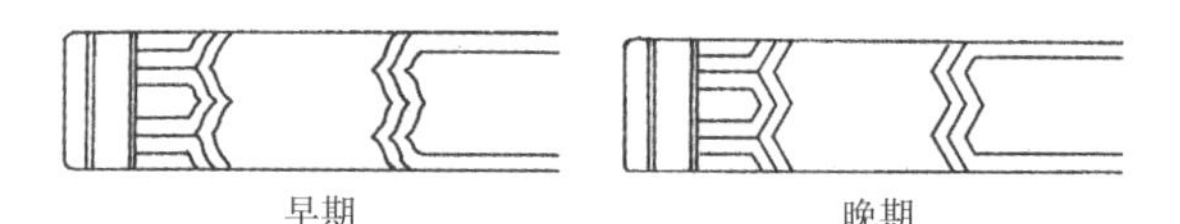

图 10-3-40　皮条线、岔口线分期特征（刘大可）

图 10-3-41　明、清枋心头式样特征（刘大可）

图 10-3-42　清中期龙草和玺（刘大可）

图 10-3-43　清早期旋子彩画（刘大可）

旋子彩画分期特征

典型的三段式旋子彩画在明末已经形成，至清代早期进一步定型为每段各占长度三分之一的“分三停”布局；主要图案框线如皮条线、岔口线及枋心端头的造型，亦与和玺彩画的发展趋势相近，从明代由多段弧线组成渐改为由直线和简洁的外凸弧线组成；旋花的组合方式开始增多，由“一整二破”演化出“喜相逢”、“勾丝咬”等；旋花的细部仍保留着明代“凤垂瓣”画法，但路数增多，由明代的三路瓣变为五路瓣；旋眼由明代写实的莲花心向抽象化方向过渡，有简有繁，尚未定型；箍头由明代的细线变为较宽的带状线。此时盒子的画法仅有“死盒子”一种，即以图案为主的盒子，内绘栀花、十字别、四合云等；枋心由明代的空枋心发展为一字枋心、锦枋心和龙枋心；平板枋上的纹饰沿用了明代降幕云图案，只是局部稍有变化，此后一直延续到晚期。平板枋纹饰此时还出现了明代没有的“旋花卡池子”画法，是中、晚期流行的“半拉瓢卡池子”的早期形式。清代早期的色彩在明代青绿调子纯净素雅的基调上加大了红色和贴金的比重，尤其是在退晕工艺中增加了勾白线，使旋子彩画显得华贵、艳丽和对比强烈（图 10-3-43）。

中期的旋子彩画在各方面都已十分规范。此时旋花路数又从五路瓣恢复为三路瓣，每路花瓣加大，数目相应减少。旋花的画法已十分程式化，固定为抽象的涡旋状图案；旋眼已定型为抽象的程式化画法，所占面积大，贴金后特别醒目。旋花的组合方式除一整二破、勾丝咬、喜相逢外，还有诸如在一整二破的基础上加一路瓣、加金道冠或加勾丝咬等各种更加灵活的方式；箍头线进一步加宽，但仍未退晕；盒子画法除图案式的“死盒子”外，还出现了博古、夔龙、寿字、龙凤、花卉、异兽等多种形式活泼的所谓“活盒子”。原有的“死盒子”的构成也有了变化，出现了在方形内含一斜置菱形的“整盒子”与方形内由对角线划分四块的“破盒子”。枋心纹样进一步丰富，增加了夔龙、莲草、写生花卉、楞草（轱辘草）等多种内容。其他部位的纹样内容也更加丰富，如平板枋除原有的降幕云和旋花卡池子两种外，又增加了跑龙、半拉瓢卡池子、栀花、长流水等。

旋子彩画在中期完全定型后，一直延续到晚期，只是在色彩和工艺上有所变化，如贴金旋眼面积变小，“光泽色”所显示的华贵感已难与国力强盛的乾隆时期相比。又如箍头退晕，色彩更加丰富，风格更为细腻（图 10–3–44）。

图 10–3–44　清晚期旋子彩画（刘大可）

苏式彩画分期特征

苏式彩画逐渐形成于清代早期至中期，这两个时期的主要特征如枋心式较多，主要大线常以花边图案的形式出现。包袱式的包袱较大，一般占构件全长的一半左右。包袱的边框有“边子”和“烟云”两种，前者的纹样有卷草、锦纹或流云；后者以多层叠晕为特色，可多达五层至九层，又分软、硬两种，软者的轮廓线由曲线构成、硬者由折线构成。箍头多为无纹饰的“死箍头”。画题为吉祥图案、锦纹和图案化的花纹如团花、夔龙、夔凤、福字、寿字等；虽也有花卉、山水，但很有限，且只画在“聚锦”那样的小面积图框里。卡子的画法比起晚期来要简练清秀。总之，这两个时期的苏式彩画不依赖沥粉贴金的装饰效果，更没有一挥而就的大写意画法，图案性强，装饰味浓，画面工整，细腻耐看。

晚期苏式彩画以包袱式居多，但包袱较短，约占构件全长的三分之一，“烟云”完全取代了“边子”，“死箍头”演化为“活箍头”，即内绘由万字或回纹、连珠组成的连续图案。卡子分软硬两种，前者为曲线构成，绘在绿地上，后者为直线构成，绘于青地。最重要的还在于包袱（或枋心）、池子内画题的改变，即原来的吉祥图案、锦纹和图案化纹样如团花、夔龙等，被写生绘画的“白活”代替。“白活”是在白地色上自由作画，绘以翎毛花卉。清末至民国，艺人受中国画和西洋水粉画的影响，画题更为丰富，举凡翎毛花卉、山水亭殿、人物故事如三国、西游、红楼等皆可入画，出现了强调透视的所谓“洋山水”。至此，虽然苏式彩画的整体格式未变，却转向了以包袱内的国画或水粉风景画为中心，侧重图画而非图案的效果，气氛更加活泼，富于人情味和故事性，宫廷味已不那么浓重了（图 10–3–45）。

“白活”虽与国画有关，仍有颇多差别。人称纸上之画为文人画，建筑上的画为匠画。文人画往往留大片空白，匠画则必须构图饱满。文人画墨色可浓可淡，可清晰也可朦胧，匠画则必须深浅有较大反差，用色用线夸张，使远观也能看清。文人评画常以“匠气”为贬抑之词，其实，建筑上的画若“文气”十足，却必不为美。在建筑上作画还要有一套纠正视差的特殊方法，抬头举手做画的功夫也自有其难为之处，故老艺人常自谑为“高头派”。总之，“高头”之画与文人之画是不能互相替代的。

图 10–3–45　清末苏式彩画（刘大可）

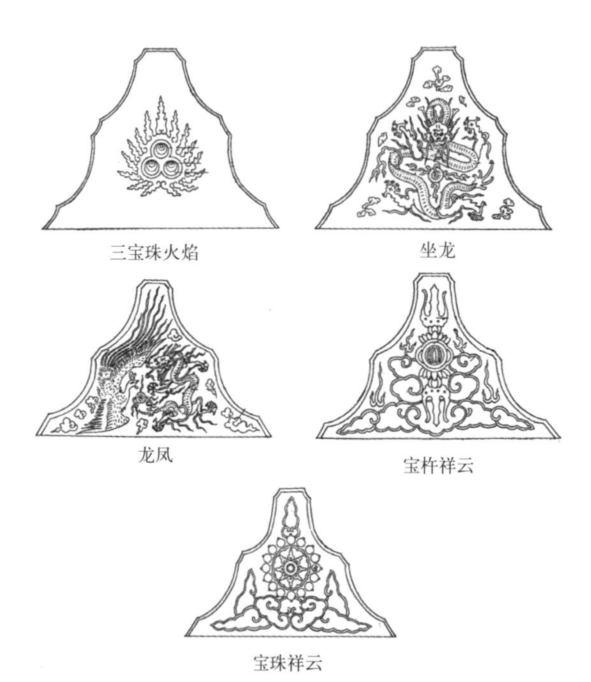

图 10–3–46　栱垫板彩画常见纹样（赵双成）

图 10–3–47　斗栱金琢墨彩画小样（《中国古代建筑技术史》）

四、斗栱、天花、椽子彩画

上述种种特征，主要指绘于大木梁枋构架上的彩画，而诸如斗栱、天花、椽子等构件上的彩画则另有规律，与和玺、旋子、苏画等梁枋彩画并没有必然的对应关系。

斗栱彩画以青绿为主调，其中斗、升为一类，栱、翘、昂为另一类，凡此类施青，彼类必施绿，相邻斗栱则相反施色，呈规律性的变化。斗栱的彩画惟边线画法有多种方式，早、中期有两种，一称金琢墨斗栱，即边线沥粉贴金，退晕，齐白粉线；另一称烟琢墨斗栱，将沥粉贴金改为勾墨边。晚期又增加三种，一称平金斗栱，也叫金线斗栱，不沥粉，不退晕，只贴平金，齐白粉线；二称墨线斗栱，将贴平金改为勾墨边；三称黄线斗栱，只勾黄边，齐白粉。后三种实际上仍是早、中期的延续，只是工艺上的简化。在重要建筑中，即使到了晚期，仍以早、中期盛行的两种琢墨画法居多。

栱垫板多画火焰三宝珠、龙凤、草、佛莲、佛梵字等，简单的只刷红油漆（图 10–3–46、图 10–3–47）。

天花由支条架成井字方格，格内安天花板。天花彩画的构图是在各方形天花板正中绘圆形图案，称“圆光”，圆形外的四周为“方光”，方光四角绘岔角花，方光以外称大边，再外即支条。天花彩画早、中期已十分丰富，仅清工部《工程做法则例》中就有如“金琢墨沥粉天花圆光正面龙剔三青地岔角”、“金琢墨沥粉天花圆光龙凤大绿地剔三绿岔角”等十余种名称。晚期的天花没有太多的变化，只是色彩搭配更加程式化，如圆光一般用青色作地，方光用浅绿（二绿），大边用深绿，支条用绿色。支条近交接处称燕尾，

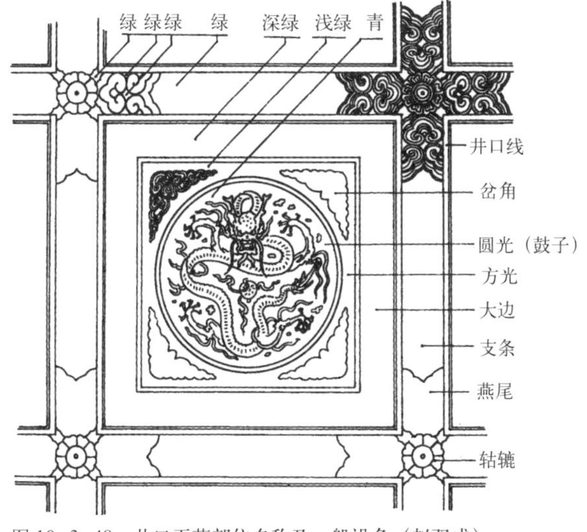

图 10–3–48　井口天花部位名称及一般设色（赵双成）

图 10–3–49　天花百花与团鹤纹

图 10–3–50　六字真言天花（刘大可）

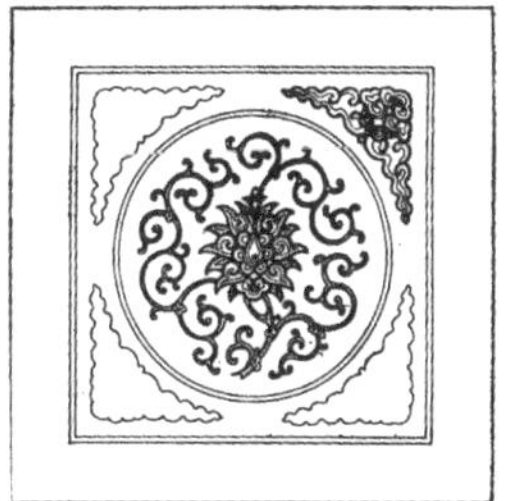
图 10–3–51　井口天花常见纹样（边精一、赵双成）

绘有十字形彩画。燕尾正中为轱辘，多金色。除大边仅施素色外,各彩画纹样繁多,不可胜记（图 10–3–48 ～图 10–3–51）。

椽子分飞檐椽（最近檐端，椽头均方形）。和老檐椽（托在飞檐椽下，椽头退在檐内，有圆有方）。两种,列在檐瓦下,自成两条点状饰带。早、中期的椽头彩画式样也已相当丰富,《工程做法则例》记载的就有“龙眼宝珠圆椽头”、“寿字圆椽头大青地”等十余种，晚期多龙眼（又称虎眼，仅用于圆椽头）、寿字、卍字、栀子花和百花。百花即每一个椽头上的写生花草各不相同。此外还出现了福寿、福庆、福在眼前、梵字、四合云等新式样。椽头地色至晚期已趋于定型化（参见本节建筑油饰部分）（图 10–3–52）。

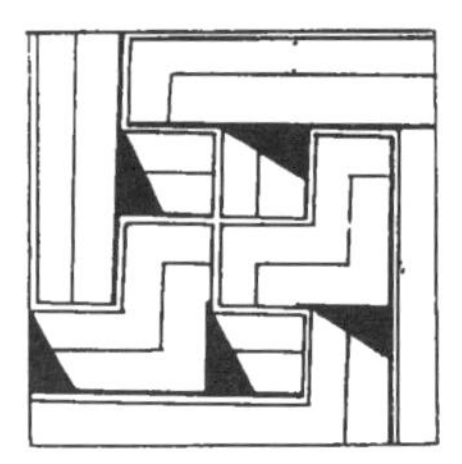
阴阳万（卍）字

福庆

福寿

栀花

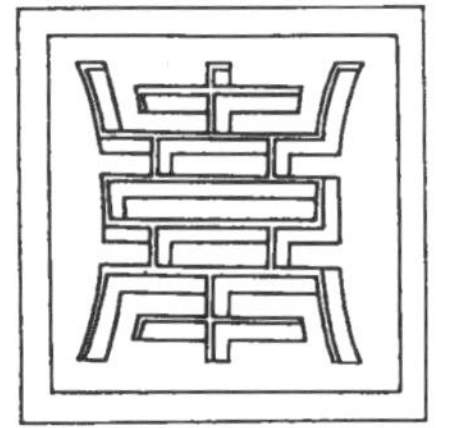
沥粉贴金长寿字

沥粉贴金百花图

沥粉贴金万字

长寿字

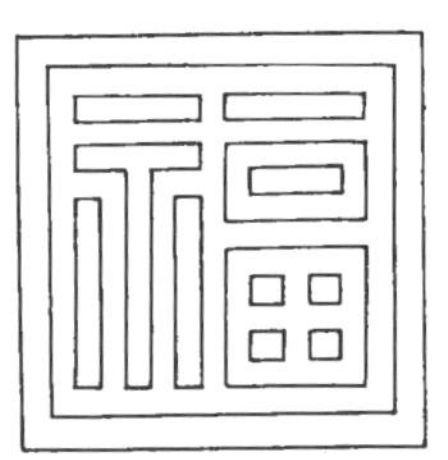
福字

沥粉贴金栀花

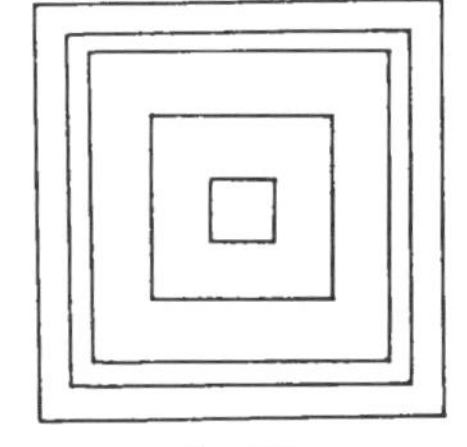
金井玉栏杆

十字别

沥粉贴金圆寿字

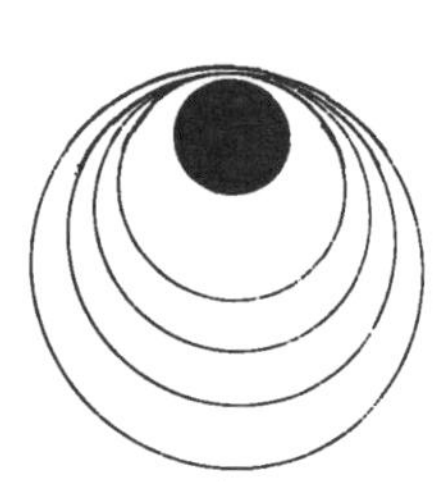
虎眼

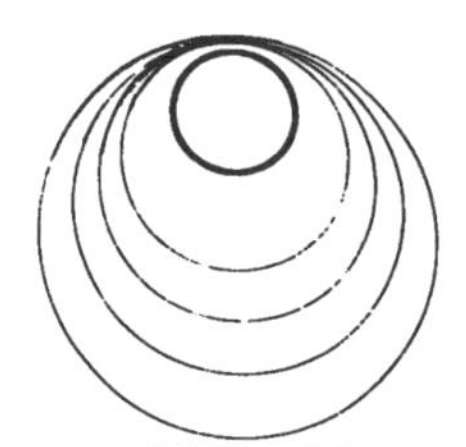
沥粉贴金虎眼

沥粉贴金四合云

百花图

百花图

图 10–3–52　方、圆椽头彩画常见纹样（赵双成）

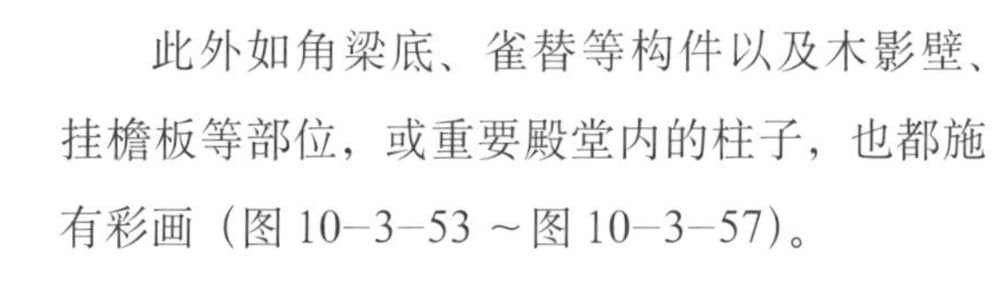
此外如角梁底、雀替等构件以及木影壁、挂檐板等部位，或重要殿堂内的柱子，也都施有彩画（图 10–3–53 ~ 图 10–3–57）。

图 10–3–53　转角部檐底彩画（刘大可）

图 10–3–54　雀替上的彩画（刘大可）

图 10–3–55　木影壁上的彩画（刘大可）

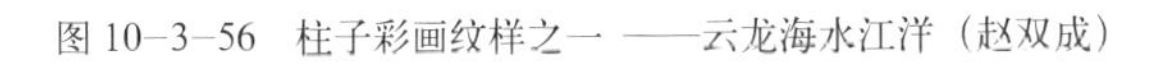

图 10-3-56　柱子彩画纹样之一 ——云龙海水江洋（赵双成）

图 10-3-57　柱子彩画纹样之二——西番莲瑞草（赵双成）

五、清代彩画艺术特征

与明代彩画那种以纯净的青绿色调为主，宁静淡雅而简洁的作风相比，清代彩画的主要艺术特征表现在以下几个方面。

一、色彩艳丽华美，富丽堂皇，色相和明度反差都很大。清代匠师驾驭色彩独具胆识，敢于将原色不加调兑直接使用，大红大绿大青，还常常有意突出它们，如花饰青、绿相间；或在青、绿色调的斗栱之间施用大红栱垫板；或在分别赋以青、绿二色的大、小额枋之间，施用大红由额垫板（谓之“腰断红”），等等。为了色彩的和谐，匠师们只用退晕和贴金两种方法，就轻易解决了所有的矛盾。退晕使得颜色始于艳丽而止于柔秀，在浅色边缘再施白线，白线以外再施以纯黑，相邻花饰虽色相不同，也如此处理，使衔接自然。黑色和白色都是中性色，与任何色彩都能够协调，故各部位虽由不同的原色组成，对比强烈，仍能保持全局的浑然一体。金色也是中性色，明度又最大，同样起到了统一各色的作用。匠师们有放有收，先放后收，的确显示了高超的色彩把握能力。

二、图案形式多样，内容丰富。不同的部位如大木、椽头、天花，都有不同的图案，同样部位的图案可达十余种甚至数十种，总数当以百计，如回纹、万字、宝珠、虎（龙）眼、栀花、水纹、云纹、锦纹、飞禽、飞仙、瑞兽、龙、凤、火焰、佛梵字、博古、莲花、各种卷草花纹等。苏式彩画更加丰富，几乎无所不包。匠师们特别善于在不影响某一类彩画总体特征的前提下，配以多种式样的局部图案，创造出多种形式。同一图案又因不同的工艺处理，产生多种效果，形成了千变万化的装饰手段。画师们又特别注意表达人们对吉祥、喜庆的追求，很多画题都有寓意，谓之“有讲儿”。姑不论龙、凤、如意、牡丹……之类具有明显吉祥含意的图案，即使一些极平常的画面甚至空白都可以使之具有象征吉利的意趣，如只画一横道的一字枋心，意为“一统天下”；只平涂素色的空枋心，意为“普照乾坤”。

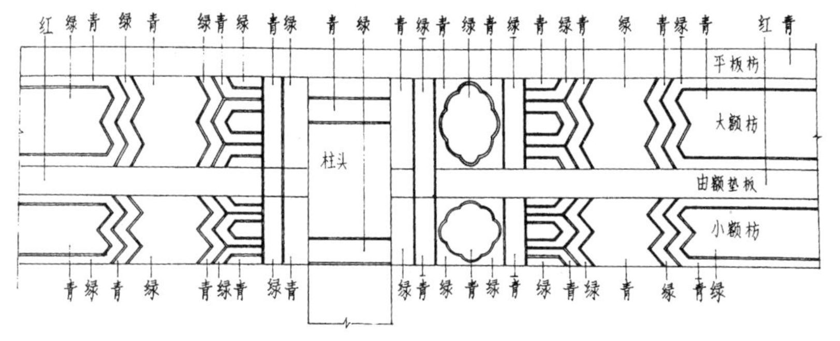

图 10–3–58　相邻部位青绿相间用色示意（边精一）

三、系统严密的构图制度。中国建筑彩画在宋明已具规制，清代官式彩画的规制更为严密和具体。彩画形成许多类，各类又有许多等级，各类各等级都有相应的格式、内容、工艺要求和装饰对象。色彩的安排也有许多规则，须严格执行。以青绿为例，同一构件相邻的两部分，必青绿相间；同一间上下相邻两构件（如大额枋与小额枋）或左右相邻两构件（如相邻的斗栱），必青绿相错；同一建筑的相邻两间，也必青绿互换。这些程式化的规范是匠师们经过几百年的经验积累，对形式美法则的规律性总结，把色彩与纹饰的搭配，以最美的方式固定下来，由此树立了中国建筑彩画的最高典范（图 10–3–58）。

四、独特的工艺。从材料的炮制、使用的工具、绘制的工序和方法，建筑彩画都自成体系，仅常用的绘制工艺就多达十几种，诸如退晕（由原色开始，形成深、浅、白的色阶）、攒退（用于旋子彩画中的大图案时又称石碾玉，不同的色彩组成色圈，每种色彩均退晕）、玉作（利用底色做晕色的退晕）、沥粉贴金（沿图案线沥出凸起的线条并贴饰金箔）；金琢墨（沥粉贴金加攒退）、烟琢墨（墨线加攒退或加退晕）、片金（在沥粉和沥粉之间成片贴金）、纠粉（类似渲染，由白而深逐渐过渡)、切活(在已涂好色彩的面上，以黑或其他色彩在衬地上“挤”出卷草等图案花纹)、拆朵(笔肚蘸白笔尖蘸其他色，一笔分出深浅两色)、清勾(用白或金在花草的色彩上勾出俊美的轮廓)等。独特的工艺产生了独特的装饰效果。

第四节　油饰（墙面抹灰附）

施于木结构表面的色彩，除了彩画，就是油饰。在官式建筑中，油饰涂在所有没有彩画的木表面上，可保护木材不受自然侵害，也以其色彩作为建筑装饰的重要手段。

明清时期油饰工艺有了突破性的发展，关键在于“地仗”的发明。明代开始用灰油(桐油、土籽、章丹)、白面和生石灰水制成“油满”，兑入砖灰后敷于木构件表面，成为油漆基底，即为“地仗”。至迟在清代初年，又在地仗中增加了麻纤维层，“一麻五灰”成为通行的做法，最多可达“三麻两布七灰”。清代晚期为节约粮食，以血料代替部分油满。地仗的发明解决了木材表面开裂、光洁度不够理想等缺陷，使木构件表面平整细腻，中国建筑从此也更光彩照人。

历代建筑油饰在色彩上都十分讲究，《考工记》记述夏朝崇尚黑色，商尚白，周尚红；《礼记》记春秋战国时“楹(柱)：天子丹(红)，诸侯黝(黑)，大夫苍(青)，士黈(土黄)”，说明自古以来色彩的使用与时代的崇尚、社会的等级都有密切的关系。明清时期，官式建筑中油漆色彩的等级观念已经淡漠，京城一带可说是万民皆崇尚红色，建筑油漆以红为主调。但色彩仍十分丰富，据清工部《工程做法则例》所载，当时的油饰色彩有二十二种之多。清中期后，色彩种类趋于简化，但无论大式还是小式建筑，始终以红色为主，各种色彩之间的搭配，也有一定的规律，渐渐形成定式。大式、小式建筑，柱子都按圆柱或方柱分色，圆柱多为铁红，宫殿建筑群中也有少数为银朱(大红)，宫殿或大式建筑的内柱则多为银朱。方柱一般用于住宅或园林的回廊柱，漆绿色。宫殿里的方柱也有的漆红色。

装修的槛、框及隔扇与柱子同色，为铁红或银朱。住宅的窗屉和支摘窗刷绿，宫殿的窗屉和支摘窗有绿也有红。宫门用二朱红(银朱加铁红)，府门多为银朱紫(银朱加紫)。小式宅院门用铁红或黑，铺户场门亦多黑色。屏门多为绿色。居室风门多铁红。院内廊子门洞的“筒子板”(包护门洞壁的木框板)多黑色或绿色。廊子吊挂楣子的大边为银朱红，棂条正面刷绿漆或红漆。或棂条不涂漆，只刷青、绿二色颜料，棂条侧面一律刷香色或章丹。廊柱间的坐凳栏杆，坐凳面同柱子色，大边一律为银朱，楣子则与坐凳面区分。如柱子为绿，坐凳面亦为绿，楣子则为铁红；柱子若为铁红，坐凳面亦为铁红，楣子大边仍为银朱，楣子则为绿。木栏杆除彩画部位以外，一般为铁红或银朱红。无彩画的栏杆如平顶上的朝天栏杆，常为绿色。

斗栱、雀替和花板，除彩画和贴金处之外，统为银朱红油。连檐和瓦口固定为银朱。望板为铁红色。椽子如椽头无彩画，固定为青、绿两色，其分配规则是飞檐椽头漆绿，老檐椽头施青。如只有一层椽子，无论方圆，一般用青色。露在檐下的椽子底面前五分之四为绿色，侧面的沿进深方向按“红帮绿底”分色，即上半部(约占五分之三)铁红，下半部为绿色。后五分之一全为铁红色(图10–4–1)。

山花板和博风板一般为铁红，少数宫殿也有刷银朱的。山花板如有木雕，多涂金色。王府和祠庙或有黑色博风，但为数不多(图10 4–2)。

图 10-4-1　椽底油饰(刘大可)

图 10-4-2　山花木雕和油饰（刘大可）

金色号称“百色之宝”，以大量真金作色是明清官式建筑的一个突出特点。使金附于构件表面的工艺有鎏金，贴金，扫金，泥金几种，除大部分用于彩画外，也用作油饰部位的装饰，大、小式建筑都可使用。用金的常见部位如博风板的梅花钉、山花板的雕刻图案、飞檐椽椽头、宫门和府门上的门钉门钹、门窗的面页、隔扇上的菱花扣和绦环板、裙板上的雕刻、雀替边框、花板和罩类装饰的雕刻部位、装修槛框的边框线、牌匾上的刻字和雕刻等。上述部位如不做贴金一般也应涂刷黄漆。

不管施色如何复杂，明清官式建筑油饰的总体效果，仍是以铁红或银朱红为基调，间以少量绿色。

北方官式建筑的墙面有“清水”、“混水”两种。前者露青砖不抹灰，用在外墙面，常为磨砖对缝；后者抹灰，用在下碱以上内外墙面，不惟保护砖墙，还有等级和环境方面的作用，颜色有红、黄、青（黑灰）、月白（浅灰）和白等多种。大体说来，红色用于宫殿和庙宇室外，黄色用于宫殿和庙宇室内，青色和月白用于普通大、小式建筑室外。白色大多用在普通房屋的室内，称“四白落地”，偶见于室外时，多为模仿江南园林或藏传佛塔之类。就京城整体而言，室外仍以素雅淡泊的灰色为主调。

第五节　琉璃装饰

琉璃之于建筑，主要用在屋顶。采用木结构坡形屋面的中国建筑，屋顶在造型中占有相当重要的地位。屋顶体量既大，比起它下面的屋身和台基来说，轮廓和形象的组合也丰富得多，最为引人注目。今天，“大屋顶”一词似乎成了中国传统建筑的代称。中国最重要的建筑类型宫殿、坛庙、陵墓、庙宇，在明清大都属于官式，现存大量遗物都广泛使用了琉璃瓦，所以提起中国建筑，似乎就会想到琉璃瓦。琉璃瓦显然是中国建筑的形象特征之一，其流光陆离、辉煌耀目而色彩斑斓，无疑是令人心动的。林徽因曾动情地说：“本来轮廓已极优美的屋宇，再加以琉璃色彩的宏丽，那建筑的冠冕便几无瑕疵可指。”[①]

琉璃，古时亦作流离、瑠璃、流璃、陆离、颇黎、青玉、青玉石等，泛指某种天然的透明宝石或兼称某种人造的带釉制品，后者或称料器（琉璃器）。这种人造的带釉制品用于建筑以后，才逐渐成为一个专用名词，指以陶为胎，表面覆铅玻璃釉的建筑饰面材料，也指称某些工艺相同的器物。这种以石英和氧化铅为主的含铅玻璃基釉料，具有明亮透底的特点，是传统琉璃之正宗，至今仍为北京、河北、山西等北方大部分地区沿用。而近现代南方某些地区将一种普通制陶业的不同于上述工艺的制品也称为“琉璃”，实际只是一种带釉粗陶，虽也用于建筑装饰，却不是本节之所指。

一、官式琉璃发展概况

铅釉制品早在商周即已出现。[②]“琉璃”一词在汉代已广为使用，但是否就是现在所指的琉璃以及用于建筑尚无证明。琉璃之用于建筑至迟始于北魏，主要用于宫殿的屋顶。其后曾一度失传，至唐代恢复，宋元增多，而在明代

① 梁思成．清式营造则例[M]．北京：中国建筑工业出版社，1981．

② 宋伯胤．关于我国陶瓷源流问题的探讨[M]// 中国硅酸盐学会．中国古陶瓷论文集．北京：文物出版社，1982．

有很大的发展。

明代琉璃瓦的规格已有一定规范，“其大小、厚薄、样制及人工，芦柴数目，俱有定例”（《明会典》卷一九〇），但从实物看，规格尚不够统一。

清代的琉璃工艺又有所提高，使用更加广泛，至乾隆间，建筑琉璃的艺术和工艺水平达到了历史最高峰，以晋中、晋东南的工匠技术最高。琉璃在清代又有多次规范化，清钦定工部《工程做法则例》、《钦定工部续增则例》、《物料价值》、《圆明园琉璃瓦料价银定例》等对此都有详尽规定，明确将琉璃件按大小和样式分成八种规格（从二样至九样），每种都严格按规定制作，几百年来，外观变化不大。从现存实物可知最大的二样瓦很少使用，仅见于如太和殿那样最高规格的殿堂，四样瓦用在像鼓楼那样重要的重檐或高台建筑上，一般建筑以五样至七样居多，小型园林建筑多为七样、八样。总之，明清两代的建筑琉璃，数量之大、色彩之多、式样之众、规模之巨，均大大超过前代。北京一带重要的官式建筑，举凡宫殿、坛庙、大型寺观、皇家园林和公共建筑，大多使用琉璃瓦顶。著名者如紫禁城、天坛、圆明园、颐和园、西苑（今北海和中海、南海），北京以外则有沈阳北陵、遵化东陵、易县西陵和承德的许多藏传佛教寺庙及曲阜孔庙等。

除用于屋顶外，作为装饰，琉璃还广泛用于建筑的其他方面。明清尤其是清代，是此类装饰最发达的时期。如制成各种外观仿木、仿石和仿砖的构件，几乎是无所不可仿制，以至某些建筑小品的全部表面都可用琉璃包贴，如影壁、牌楼和宫门。较有代表性的实例如北海的九龙壁和琉璃牌楼、紫禁城宁寿宫九龙壁、乾清门前的八字影壁、大同代简王府九龙壁等。甚至相当大型的单体建筑，所有外部构件也可统由琉璃制作，著名的像山西赵城广胜上寺飞虹塔、北京颐和园智慧海（琉璃阁）和琉璃塔、承德须弥福寿之庙琉璃塔及北京北海万佛阁等。在南京还曾有过一座明代建造的报恩寺塔，也全用琉璃饰面，曾被誉为世界奇迹，惜已不存（图10–5–1 ～图 10–5–6）。

图 10–5–1　琉璃宫门（刘大可）

图 10–5–2　八字影壁琉璃镶嵌（刘大可）

图 10–5–3　北京北海九龙壁（刘大可）

图 10–5–4　颐和园佛香阁后的智慧海众香界琉璃牌楼和琉璃阁（罗哲文）

图 10–5–5　乾清门影壁琉璃（刘大可）

图 10–5–6　北海九龙壁局部（刘大可）

① 梁思成．清式营造则例[M]．北京：中国建筑工业出版社，1981．

此外，琉璃还常被做成器物，用以妆点庭院，如陈设座、狮子、异兽、香炉、花坛、树坛、绣墩等。

明清虽处于琉璃的鼎盛期，但琉璃屋顶的使用一直有严格的等级制限制。《明律》规定"凡官民房舍车服器物之类，各有等第"，一般官员和百姓严禁使用琉璃，洪武九年"定亲王宫殿、门庑及城门楼"方可"覆以青琉璃瓦"（《明史·舆服·亲王府制》）。清钦定工部《工程做法则例》重申，贝勒府以下的"官民房屋，墙垣不许擅用琉璃瓦、城砖，如违严行治罪，其该管官一并议处"，只有皇宫、亲王府、坛庙等建筑和大型寺观方可使用，郡王府也有使用的。

二、官式琉璃用色

明代琉璃釉色品种较金元时期丰富，目前已知的至少有黄、紫、赭、酱、棕、绿、黑、蓝、大青、白、孔雀蓝、孔雀绿（翠绿）诸色。清代琉璃色彩之绚丽达到极致，又增加了天青、桃红、脂胭红、宝石蓝、秋黄、梅萼红、牙白、鹅黄、水晶等色。面对如此令人眼花缭乱的琉璃世界，古代匠师"在瓦色的分配上"仍能"操纵得宜"，特别尊重纯色，避免杂色，而收庄严之效。①

色彩与等级

明代琉璃瓦的色彩等级顺序自高及低为：黄—黄心绿翦边或绿心黄翦边—绿—黑琉璃心或布瓦（陶瓦）心绿边—黑—其他色彩。皇宫、文庙以黄色或绿心黄边为主，亲王宫殿和城门楼以绿色琉璃、黑琉璃心绿边或布瓦心绿边为主，皇妃、王妃可以用绿琉璃或黑琉璃，庙宇多用绿、黑琉璃或黑心绿边、绿心黄边和黄心绿边。上述不同等级中，黄与绿的等级界限分明，绿与黑的界限不十分明显。清代琉璃色彩的等级顺序和明代差不多，只是黑琉璃的等级特征已不明显，多作为园林建筑协调色彩之同。皇宫以黄琉璃为主调，也只有皇宫和庙宇才能用黄琉璃。国家级坛庙除有特殊象征意义的如天坛祈年殿以外，也以黄色为主。普通庙宇可用黄色，也可用绿色，或黄心绿边、绿心黄边。皇家园林中的宫殿区以黄为主，其他可用绿色、黄心绿边、绿心黄边或杂色。亲王、郡王府只用绿琉璃或布瓦心绿边。宫门可用黑琉璃绿边。城门也可用黑琉璃绿边或布瓦心绿边。

色彩的时代特征

唐宋时期的屋面色调以陶瓦的灰色为主，脊部或檐部若用琉璃亦大多为绿色。金、元琉璃大增，但人们仍习惯于灰、黑色调或绿、黑两色的搭配。元代官式建筑除大量使用绿琉璃外，黑琉璃也较多见，北京现存东岳庙、护国寺等都是这个时期的代表。其风格在明代仍有延续，但以黑琉璃绿边居多，如月坛、地坛、地安门火神庙、历代帝王庙及先农坛皆是。全黑色琉璃屋顶较少，仅见于隆福寺（清代改为绿翦边，现已毁）、紫禁城神武门内值房、智化寺等处。明人更加倾向于黄、绿两色，故此二色的屋顶大增。古代匠师显然不大喜欢黄、黑两色的搭配，轻易不用，若作翦边，多为黄绿两色或黑绿两色相配。清代黄琉璃屋顶越来越多，黑琉璃顶逐渐减少，宫殿中已不用黑琉璃瓦了。明代黑心绿边尚多，清代除城门楼尚存此遗风（但大多也改用布瓦做心）外，其他大多改为黄心绿边或绿心黄边了。

翦边的做法在唐宋已有，主要是以布瓦为心。金元时整个屋面都用琉璃的情况已很普遍，但翦边形式并不明确，实际是两色琉璃的拼接居多。明代开始注意到了"边框效应"，但"边"仍较宽，是元代两色琉璃的沿用。由于明代多黑琉璃心绿边，心与边的对比效果不很鲜明。清代边子减窄，人们才更加有意识地把翦边作为一种对比鲜明而不失整体感并有着独特镶边效果的艺术形式看待，将其更多地运用在皇家园林中，以各色琉璃为心。

元代的两色琉璃至明清时，除一支发展为剪边外，另一支发展为图案性较强的“聚锦做法”（图 10–5–7）。元代另外一些用色习惯，如在同一个瓦当内使用两种色彩，或用白琉璃覆盖屋面，至明代，已在官式建筑中基本绝迹。

图 10–5–7　聚锦琉璃屋面（刘大可）

盛清乾隆时期建筑活动规模空前。乾隆倾心标新立异，这个时期的装饰艺术也常有出人意表之举，如北海天王殿就有黑琉璃心黄边这样罕见的做法。但这个时期的审美追求并不是怪异的新奇，而是华丽的新奇，一批色彩缤纷，装饰华丽的“五色琉璃”应运而生，可称为官式琉璃中的“乾隆现象”。如北海团城、北海永安寺、圆明园及紫禁城御花园，都有“五色琉璃”的遗存。团城玉瓮亭，华丽的小亭罩在元世祖曾用来酒宴群臣的稀世之宝墨玉雕瓮上，恰似一个小巧精致的古玩盒，珠光宝气全由五色琉璃生出。

色彩与环境

明清两代琉璃的色彩比以前任何时代都要丰富，却在色彩的运用上“操纵得宜”。比如皇宫使用琉璃最多，但用色却最俭，只突出一种黄色，轻而易举地达到了强调皇权至上的目的。又如，同是黄琉璃，又有少黄（娇黄）、中黄（明黄）、老黄（深黄）之别，少黄多用于园林，中黄多用于宫殿，老黄则用于陵寝，三种黄色表达了三种语意。同是宫殿建筑，环境不同，色彩的处理也不同，如宫殿区的主要部分以大面积纯色为主，辉煌而庄严；宫殿内的园林用琉璃剪边或多色琉璃，华丽而气派。这些，都是色彩作为环境艺术语言的范例。以前提到过的紫禁城景山的五座亭子，琉璃屋顶由以黄色为主过渡到绿色，也是环境艺术的佳例。

北京钟楼是北京城市中轴线北端的终点，非琉璃不能精彩，为此，连钟楼的山花都用漂亮的黄、绿琉璃装饰起来，然而，屋顶却只是黑心绿边，主要是考虑到同前方鼓楼布瓦心绿边屋顶的呼应与协调，同时也可与自身山花的黄、绿琉璃相配。钟楼的琉璃用色，反映出匠师在环境艺术方面的修养和颇高的鉴赏、协调能力。

古代匠师不但善于协调环境，还善于用色彩创造意境，天坛祈年殿就是一个成功的范例。明代的祈年殿（当时称大享殿）上、中、下三重檐分施蓝、黄、绿三色琉璃，分别代表天、地、万物（一说代表天、皇、民或天、地、水），较多注意于各种色彩分别具有的寓意性。清光绪十五年（公元 1889 年）重建祈年殿，三檐均改为蓝，但不是一般的孔雀蓝，忌其偏绿，而专门为它创造了一种纯净的深蓝色“天坛蓝”。全蓝色的攒尖屋顶，仿佛是蓝天的浓缩，建筑自然融入天际，情感随之升华，显然是更加注重于整体色彩的表现力。

色彩与传统哲理

自古色彩就被赋予了人文意义，常与传统五行说、五方说、四灵说对应。明清多种琉璃釉色的出现，使蕴于建筑中的哲理内涵更易于表现，使其暗合一些哲理。其中，五色合于五方，黄居中央，故黄色为皇权的象征。《周礼 · 考工记》说：“五色……地谓之黄”，黄又是地神之色，所以地坛的方泽坛坛台用黄琉璃砖、坛墙用黄琉璃瓦。绿也可以象征大地，于是地坛的牌楼一反通常黄瓦或黄心绿边的常规，全部改为绿瓦，与天坛的蓝瓦对应，取“蓝天绿地”之意。日坛的坛台原曾满铺红琉璃砖，对应于

① 梁思成．敦煌壁画中所见的中国建筑[M]// 梁思成．梁思成文集·第一集．北京：中国建筑工业出版社，1982．

东，青色（青龙）

南，朱色（朱雀）

西，白色（白虎）

北，黑色（玄武）

图 10–5–8　社稷坛的四色墙（刘大可）

五行中的火，象征赤日。社稷坛的四周围墙分别以青、白、黄、黑四色琉璃瓦盖顶，分别代表青龙（东）、白虎（西）、朱雀（南）、玄武（北），以合四灵之说。紫禁城文渊阁珍藏四库全书，惧火，屋顶施以黑琉璃心绿边。黑属水，满饰水纹的绿脊又恰似绿色的波涛，均符厌火之义。上述祈年殿瓦，无论明清，都有寓意，也属此列（图 10–5–8）。

三、琉璃屋顶

琉璃主要用于屋顶，屋顶的装饰除瓦面以外主要在屋脊。屋脊本是两个坡面接缝处的掩盖物，实际功用是防止漏水，匠师们变掩饰为装饰，使屋脊转化成了最具装饰意味的地方。

屋脊

宋代的屋脊仍为片片屋瓦叠垒而成，可见于《营造法式》，官式琉璃在“明清以后才肯定地有分段预制的脊件”。[①]虽然唐宋时期用于屋脊的鸱吻、嫔伽、蹲兽等端头饰件有很强的装饰性，但屋脊本身只是简陋的叠瓦，与端头饰件的装饰效果反差很大。经过金元的探索，逐渐脱去了简约的外形，至明代，屋脊用特造的琉璃脊件砌筑，造型便完全成熟并日趋定型化，脊的剖面轮廓线较历代都要丰富，脊与端头饰件的搭配也更加协调了。

明清官式琉璃屋脊构件以官窑的产品为正宗。脊的大小、造型与建筑体量有关，寻求与整个建筑的良好比例关系，把美的精神蕴于正确的尺度权衡之中，如正脊全高（自瓦垄起算）依例为柱高的五分之一，重檐建筑的正脊比一般的大“一样”，墙帽正脊矮且简单等。在脊的关键部位如正脊两端饰以“吻”，各垂脊前端饰以“兽”，高出屋脊，雄视四周。脊所处的部位有繁简高低主次之别，如正脊较垂脊复杂，垂脊的兽后高于兽前等。兽前处理巧妙，上饰多种“仙人走兽”，饶有趣味。脊件剖面轮廓丰富流畅，方、圆线脚相间成趣。明清官式琉璃脊饰风格与民间建筑相比，更为庄重大度。而明代与清代只在造型上稍有差别，总体艺术风格变动不大。

顺便说明，明清盛行在正脊中央俗称“龙口”的部位或在攒尖屋顶的宝顶中放置吉祥物的习俗，包括五金、五谷、五色线、药或佛经等，事先盛入宝匣，置于龙口时须举行隆重的仪式，以表达吉祥辟邪之愿。大式陶瓦建筑也有此习。在正定隆兴寺宋建转轮藏殿的正脊内，也曾发现过佛经和钱币，可见此俗宋代已有。

吻和兽

吻和兽用在脊的端头，其实际功用是强化各向屋坡交接部的构造，并以其重量镇压梁架关键节点，以增强其整体性，匠师们在设计与建造的同时把它转化为重要的屋顶装饰。“吻”是明清官式建筑的称谓，由唐宋的“鸱尾”、“鸱吻”变化而来，在正脊者称正吻，在围脊（重檐建筑下檐的正脊，正侧两面相聚为一点）称合角吻。吻作龙头向内张口吞脊状，故又称“吞脊兽”或“兽吻”。“兽”因所在脊的位置不同有垂兽（截兽）、岔兽（戗兽）之分，但形象相同，均面向外。一些等级稍低的建筑，正脊两端的饰物往往也改成头朝外，不吞脊，形象同于兽，所以也称为兽，在正脊者称正脊兽、望兽或带兽，在围脊称合角兽。此外，为保护仔角梁伸出的端头，通常也套以琉璃兽形，称套兽。

明清在对吻和兽的细部不断推敲的过程中，始终着眼于建筑的大关系，如把正吻高控制在柱高的五分之二，把兽高控制在相应的垂脊高的两倍半。在对自身各部比例的把握上，也十分讲究，细部变化皆有定式。都是基于匠师们对形式美的感悟所作的规律性总结。

明清官式吻、兽的形象和细部纹饰经过上百年的锤炼，已相当完美。现以七样以下的正吻为例：夸张嘴部，集中表现“吞脊”的气势；大胆地变形简化，将头与尾直接连接在一起，身段几乎完全略去，只以腿爪和龙鳞略作会意，将一条“长龙”完美地变成了适于装饰部位的团块形体。从唐宋的鸱尾、鸱吻到明清的吻，轮廓变化很大。鸱尾一般被认为是宋《营造法式》所说的那种“海中有鱼虬，尾似鸱，激浪即降雨”，能厌火祥的神鱼之类，其明显的轮廓特征是强调尾部，且向内自然翻转。宋元的鸱吻完成了“鱼化龙”的过程，增加了吞脊的口，改称为鸱吻，但仍保持着尾部向内翻转的大形。至明代，全体改为龙形，尾部先向内，再以尾头翻转向外，尾外又增加了一个凸起，谓之剑把，造成轮廓线的重大变化，产生出两种不同的却同样精彩的剪影效果。吻自明代定型后，清代只在细部纹饰上有所变动，大形一直未变。据《鸱吻考略》，吻作龙形，镇于正脊两端，是谓“乖龙”；乖龙性懒，故用符剑镇在殿脊之上，以防其遁，这就是剑把的由来。明李东阳《怀麓堂集》说正脊之龙是龙生九子之一，称蚩吻，谓其“平生好吞，今殿脊兽头，是其造像”（图 10–5–9 ～图 10–5–12）。

仙人走兽

在官式建筑屋角之脊的“兽前”部分，安置着仙人和一些走兽（俗称小跑、小兽），队列整齐，昂首蹲踞。仙人排在首位，之后顺序为龙、凤、狮子、天马、海马、狻猊、押鱼、獬豸、斗牛、行什等十品，其中天马与海马，狻猊与押鱼的

图 10–5–9　太和殿（左）与文渊阁（右）（刘大可）

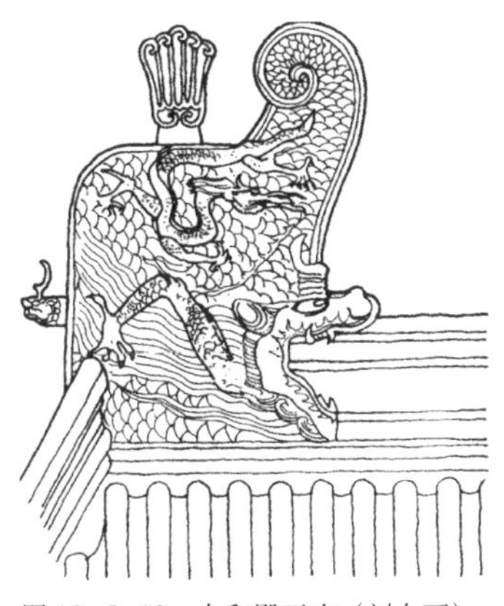

图 10–5–10　太和殿正吻（刘大可）

图 10–5–11　垂兽（刘大可）

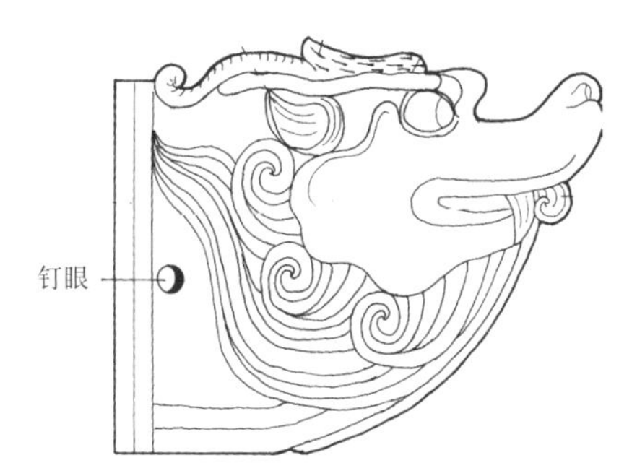

图 10–5–12　套兽（刘大可）

①关于各脊的称谓有两种意见。一者称庑殿或歇山屋顶斜向45°之脊的兽后部分为戗脊，兽前部分为岔脊；称歇山、悬山或硬山屋顶与正脊垂直相接的屋脊为垂脊。另一种意见认为，若按工匠瓦件配套过程，戗脊与岔脊实为一物异名，或戗、岔二字互为音转，都指的是庑殿或歇山斜向屋脊的兽前部分。至于庑殿或歇山斜向屋脊的兽后部分，以及悬山、硬山屋顶与正脊垂直相接之脊，都应称为垂脊。攒尖顶的各向屋脊也称垂脊（参见刘大可．中国古建筑瓦石营法．北京：中国建筑工业出版社，1993：166.）。本书暂从后说。

位置可以互换。“行什”猴形，按顺序在第十位，故名。工匠口诀称之为：一龙二凤三狮子，四天马五海马，六狻七鱼八獬九吼十猴。所用走兽的多寡与建筑规模和等级有关，但总数除太和殿可以用满十个走兽外（不计仙人），其他建筑都必少于此数，且须为单数。宋元类似装饰，如宋《营造法式》说“嫔伽施于角上，蹲兽在嫔伽之后”，实物并不像明清官式建筑那样严格固定，数量也较少（图10–5–13、图10–5–14）。

关于仙人走兽的来历，民间有许多传说，往往无从考辨。就建筑构造而言，它们其实是钉头上掩盖物的装饰化。岔脊后有斜向的垂脊，[①] 因其斜下，若无措施不免有下滑之虞，故在角梁上须用多数铁钉加固，钉帽上所覆之保护物自然演化为装饰，遂有仙人走兽之作。

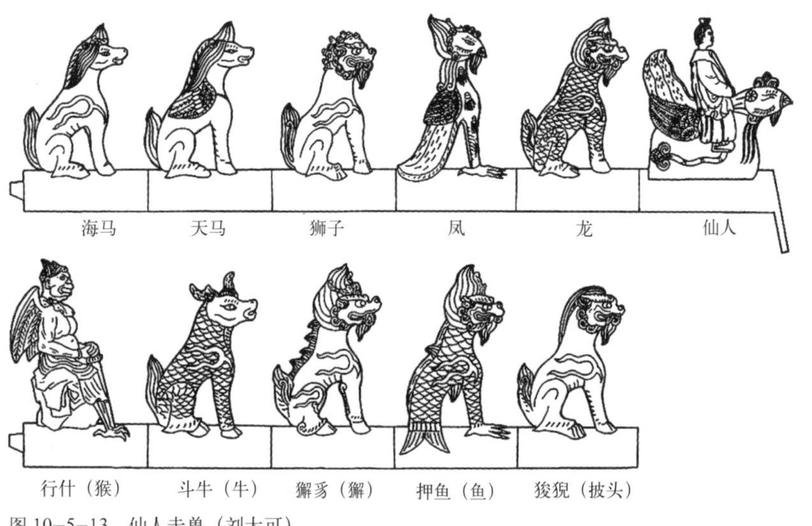

图10–5–13　仙人走兽（刘大可）

此外，在角梁端头还有套兽，保护角梁不受风雨侵蚀，同时也具装饰作用。将各种具有功能意义的必须构件加工成美丽生动的装饰物，是中国建筑装饰的一大特点。

瓦当与钉帽

瓦当图案的灿烂期是在秦汉，纹样多，水准高。至明清，布瓦或地方建筑的瓦当图案已大不及前，官式琉璃瓦当的图案更少之又少，明初尚有少量兽面，以后就仅有龙纹和荷叶莲花图案了。

施之于屋面近屋檐部筒瓦上的琉璃钉帽，原也是为了保护防止屋瓦下滑的瓦钉钉头而设，自然也成为装饰。单个的钉帽十分简单，串起来却给屋檐增添了欢快的韵律（图10–5–15）。

宝顶

宝顶是用在攒尖屋顶上的构件，因位在绝顶，民间又称“绝脊”，偶尔也用于正脊中央，或为琉璃制作，或为铜胎鎏金。宝顶的艺术魅力在于那种众目昭著的吸引力，是建筑轮廓的集中点和有力的结束。它的形象有多种，或圆或多角，可以很繁丽，也可以很简洁，最重要的是必须控制它与建筑物的总体尺度关系。其高度（量至底瓦垄）一般控制在柱高的五分之二左右。若建筑为重檐或下有较高台基，则适当加高，以调整整体比例和视差。宝顶本身的高宽比大致为2或稍大，立面图上会感觉过高，实际因仰视而

图10–5–14　太和殿屋角（刘大可）

图10–5–15　瓦当与钉帽（刘大可）

产生的透视关系，会将高度方向的感觉调整到恰如其分（图10–5–16、图10–5–17）。

图10–5–16 琉璃座铜胎宝顶（刘大可）

图10–5–17 琉璃吻兽及宝顶（刘大可）

第六节 民间建筑装饰与色彩

所谓民间建筑，系指与以北京为中心、影响及于华北的“官式建筑”相对而言，由民间工匠建造的建筑，地域主要在南方，类型主要包括民居、各类祠堂、民间寺观和民间园林等，或者又可以称作地方建筑。明清时期，民间建筑的装饰艺术和技术也获得了很大的发展，石雕、砖雕、木雕盛行，还有陶塑和灰塑等官方建筑少见的装饰手法，各地建筑装饰呈现多样的面貌，色彩也随地区不同而有差别。总的说来，官式建筑的装饰与色彩的处理手法严谨，表现为程式化，风格华贵典雅，艺术和技术水平高，是明清建筑装饰艺术具有代表性的体现；民间建筑则以样式丰富和构图自由为特点，风格或质朴无华，或活泼自由，或高雅素洁，或繁丽俗艳，都与官式不同。至于具体施工技法，如雕刻的各种方式，大致与官式建筑并无大的区别。本节主要以南方建筑为重点，对其装修、雕饰、脊饰和色彩等较有特色的做法略加介绍。

一、木装修

民间木装修做法比较精细，成就较高的主要在江南和岭南地区。

江南即长江下游一带，文化发达，物阜民丰，园林甲于天下，民间建筑尤其是园林建筑装修式样繁多，技艺精湛，色彩素洁，格调高雅。其实就装修形式而言，南方其他地区与江南大致相同，只是一般不如江南精细而已。

外檐的门窗有长窗、半窗、地坪窗、合和窗和横风窗等类别。长窗者门窗一体，既用于采光通风，也可以出入，实即北方所称的隔扇门。长窗的格心纹样有直棂、平棂、方格、井口、书条、十字、冰纹、锦纹、回纹、藤纹、万川、六角、八角、灯景等多种，以及动物植物、瓦当文、篆刻文等。万川纹又有宫式、葵式、整纹、乱纹之分。长窗的裙板和夹堂板（即北方隔扇门的绦环板）大多施以雕饰，题材多样，繁简各异。有的长窗不设裙板和夹堂板，满布通透的棂条花纹，称落地明造。半窗即一般理解之窗，下为砖砌槛墙。地坪窗与半窗同，只是砖墙由木栏杆取代。合和窗的下面也是栏杆，朝向室内一面钉裙板，只用于次间，全窗分上中下三段，上下两段固定，中间一扇可以支起，大约与北方的支摘窗相类。横风窗用在上部，装于上槛和中槛之间，构图横向（图10–6–1 ~ 图10–6–10）。

图 10-6-1　江南长窗（隔扇门）(《中国江南古建筑装修装饰图典》)

图 10-6-2　徽州民居隔扇门（吴庆洲）

图 10-6-3　云南民居隔扇门（吴庆洲）

图 10-6-4　徽州民居地坪窗（萧默）

图 10-6-5　四川民居隔扇门（吴庆洲）

图 10-6-6　云南文庙隔扇门（吴庆洲）

图 10-6-7　半窗（吴庆洲）

图 10-6-8　徽州民居和合窗及窗下栏杆(吴庆洲、萧默)

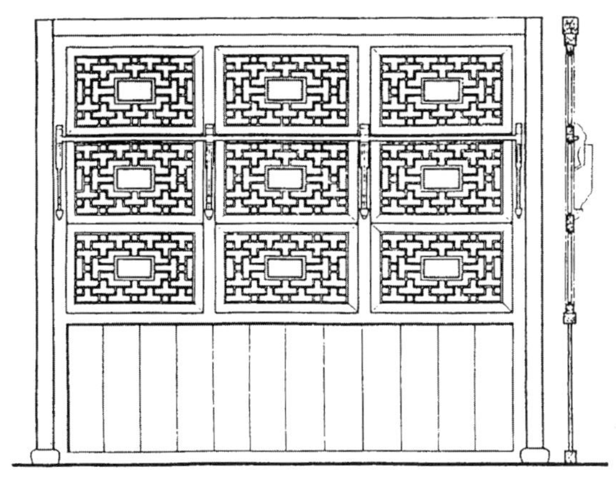

图 10–6–9　江南和合窗（《中国江南古建筑装修装饰图典》）

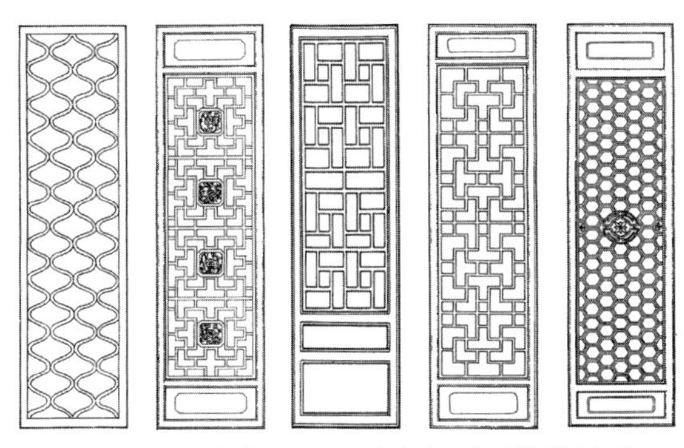

图 10–6–10　江南半窗（《中国江南古建筑装修装饰图典》）

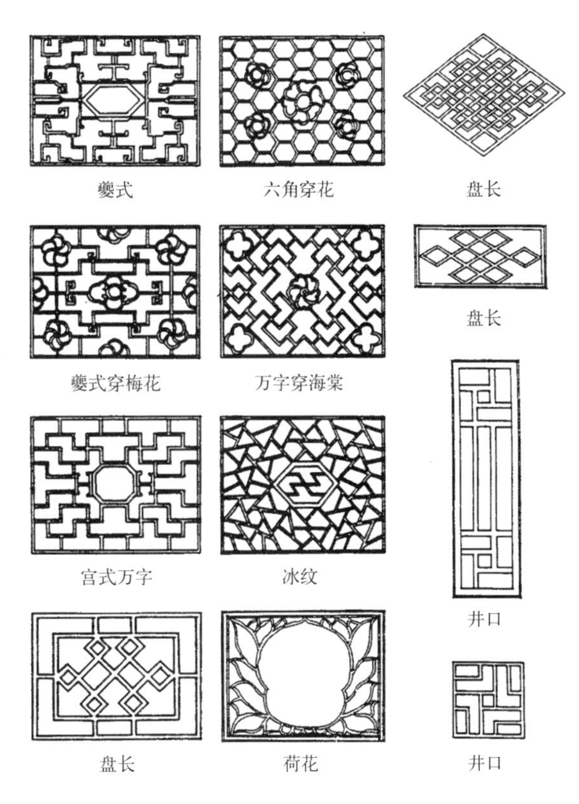

图 10–6–11　江南窗子格心纹样（《中国古典建筑装修图案集》）

门窗格心除纹样的变化外，构图也有不同，或满布花纹，或只于周边布置花纹，后者又可为单心花边或多心花边。在格心中间以木框围成圆形、扇形、梅花形、六角形等空白，或再于其内镶嵌龙、凤、松、灵芝、牡丹、竹子、腊梅等富贵吉祥图案（图 10–6–11）。

栏杆装于廊柱间，或装在地坪窗、和合窗下代替槛墙。栏杆材料有木、石、竹、砖或混合材料多种，以形式可分为普通栏杆、坐凳栏杆和鹅颈椅（美人靠）三种。普通栏杆的栏板纹样甚多，如棂杖、冰片、万字、六方、笔管、井字、夔纹、套方、竹节、如意、乱纹、西洋瓶等，皆雕镂精丽，淡泊清雅，各有风韵。坐凳栏杆一般高 45 厘米左右，设坐槛供人休息。在坐凳栏杆上加一个通长的向外弯曲的靠背，供人凭依，即为鹅颈椅，用于临水亭榭或楼阁上层回廊（图 10–6–12）。

图 10–6–12　冰裂纹栏杆（《中国江南古建筑装修装饰图典》）

挂落装在厅堂外廊或亭子、游廊等建筑的柱间枋下，与栏杆上下呼应。构图讲究对称，纹样常用万川、藤茎和冰裂纹。万川挂落又有宫式、葵式之别，前者由直条组成，后者端部做成圆形或椭圆。有的挂落中间或两边嵌花篮、花瓶、扇面、秋叶等图案，极富装饰性（图 10–6–13、图 10–6–14）。

内檐装修常用纱隔、罩和屏，北方常用的博古架则极少见。

纱隔即碧纱橱。用料和做工较长窗更为考究精美，多在棂条后面糊纱、绢等纺织品。有

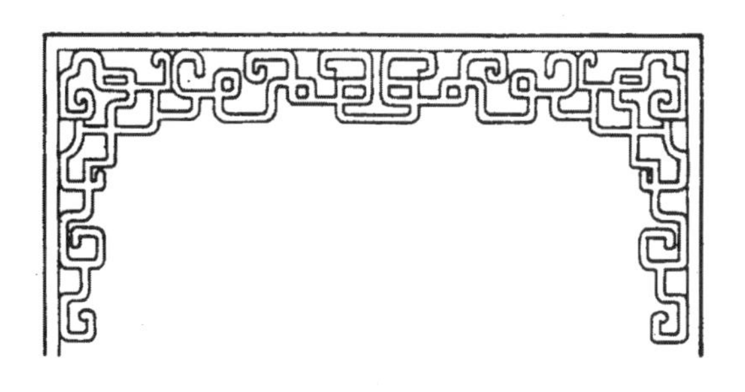

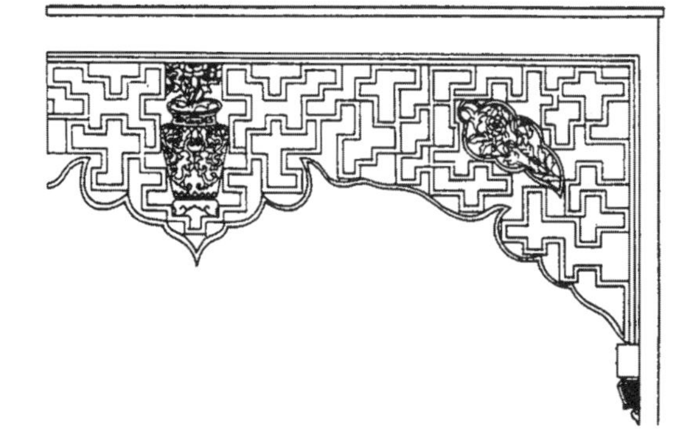

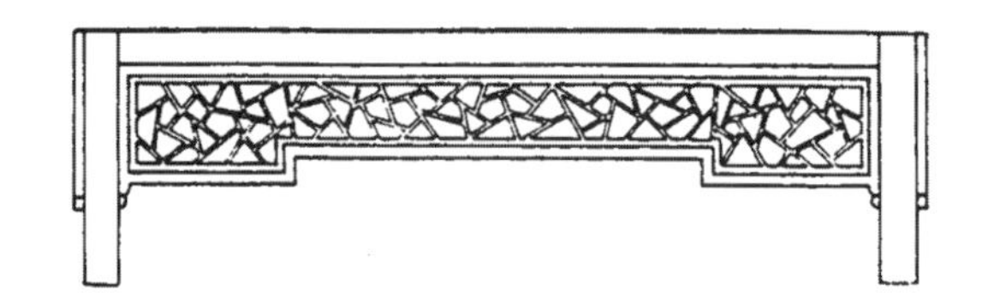

图 10-6-13　江南挂落三种（《中国古建筑装饰图案》）

图 10-6-15　江南飞罩与圆光罩（《中国古建筑装饰图案》）

图 10-6-14　徽州民居横披飞罩（吴庆洲）

的格心不做棂条花纹，而在边梃与抹头组成的框内镶木板，板上镂刻花鸟山水或诗文，线道内涂石绿或白色。也有的在木板上裱以纸绢，上绘山水花草。纱隔富于装饰性，又有高雅的书卷气。

罩有飞罩和落地罩两种。飞罩不落地，装于两柱抱框之间，上槛或中槛之下，实际就是挂落，只是用在室内，更为精细。简单者饰以卍字纹、回纹，或枝叶花鸟；复杂者于两端下垂，通常由木板透雕而成。落地罩又可分为纱隔式、自由式、洞门式三种。纱隔式是在两扇纱隔间装挂落或飞罩，组成一樘，装于柱、槛之间。自由式即两端落地的飞罩，内轮廓不规则，但左右对称，图案多为花鸟等寓意风雅喜庆的题材。洞门式的内轮廓为方、圆、八角或长八角形，四周施以乱纹、整纹、冰裂纹或花鸟等纹样（图 10-6-15、图 10-6-16）。

屏是一种板壁，用四、六、八扇与纱隔大小相同的板扇组成，用于厅堂，以分隔空间，遮挡视线，又是重要的装饰部位。屏上多刻以山水诗文。

江南民间建筑装修，设计构图妥当，做工

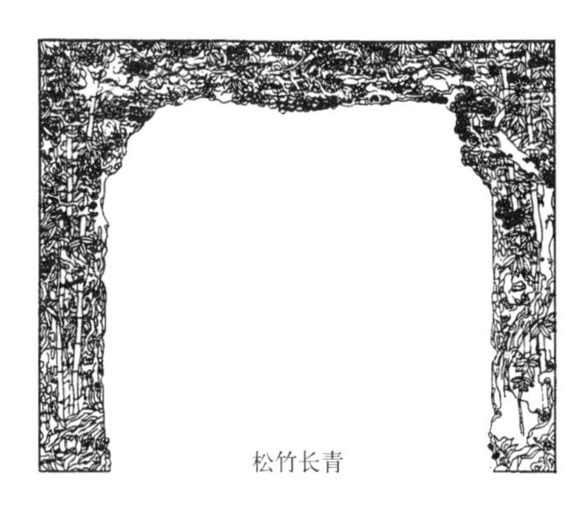

图 10–6–16　江南落地罩两种（《中国古建筑装饰图案》）

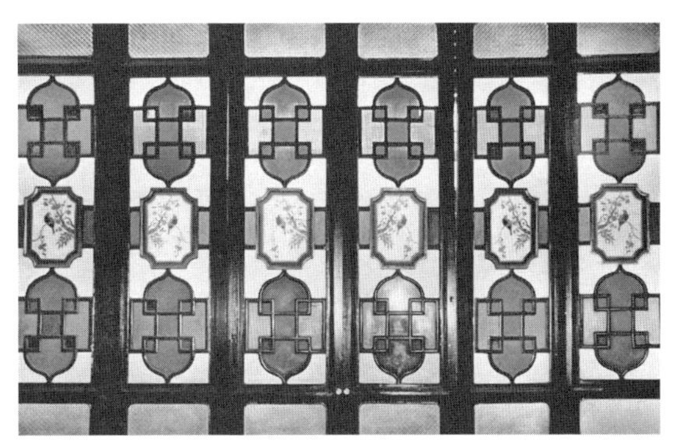

图 10–6–17　岭南彩色玻璃窗（吴庆洲）

图 10–6–18　岭南金漆木雕挂落（吴庆洲）

精美，格调高雅，在中国传统建筑中占有重要地位。江南民间建筑装修在各地园林尤其是苏州园林中留下了很多精湛的作品，如留园的五峰仙馆和林泉耆硕之馆，拙政园的远香堂、三十六鸳鸯馆和留听阁，怡园的藕香榭，网师园的集虚斋和五峰书屋，狮子林的燕誉堂等，都是建筑装修的典范。[①]

岭南地区主要包括广东、福建及台湾三省，气候炎热，商业兴盛，建筑装修也有特色，在总体风格上与江南一致，唯岭南建筑装修较为繁富，不及江南的儒雅文秀。

岭南民间建筑的门，有厅堂门、房门、屏门之别。厅堂门面向庭院或天井，常用格扇形式，门窗一体，实即北方所称隔扇门或江南所称长窗。房门一般为两扇木板门。屏门用于室内，类似于北京室内用为隔断的格扇，可以灵活拆装。厅堂门或窗子的框心常镶嵌玻璃，或镶素板、直棂及其他花纹。玻璃又常在透明玻璃间插入红、黄、蓝等彩色玻璃，趋于花哨。

民居外墙对外一般不开窗，或只开小窗，面对天井的窗则较大，有槛窗、满洲窗、支摘窗之别。槛窗下为槛墙或槛板，槛板为素板或施以精美雕刻。满洲窗即上下推拉窗，是本地常用的窗型。支摘窗多用在庭园中。窗棂图案有步步锦、灯笼框、冰裂纹等多种。横披设置在隔扇或槛窗以上，常用棂子拼成各种花纹和图案，用于厅堂斋轩或园林建筑中（图 10–6–17）。

岭南建筑的室内也使用落地罩、圆光罩，厅堂前部常用飞罩（图 10–6–18）。

神龛是安放祖先牌位的小木作，以潮州地区最为讲究，用上等樟木雕成，呈矩形，开门两扇，门板面多透雕历史故事或神话传说，并

① 中国建筑技术发展中心建筑历史研究所．中国江南古建筑装修装饰图典[M]．北京：工人出版社，1994.

图 10–6–19　歙县罗东舒祠栏板（萧默）

图 10–6–20　徽州祠堂石雕栏板（萧默）

图 10–6–21　福建青石雕龙柱（吴庆洲）

多髹金漆。

岭南的檐板常施以雕刻，称为花板，题材多花鸟虫鱼和吉祥图案，也有戏曲人物和历史故事，如德庆龙母祖庙、广州陈家祠堂等。

岭南炎热潮湿，为有利通风散热，民居大门时常开启，而在门外另装栅栏门以为防卫。栅栏门双扇或四扇，上部常为图案椇子，下部是施以浮雕的裙板。

二、雕饰

石雕

明清民间石雕最知名的是安徽徽州石雕和福建惠安青石雕。

徽州石雕技法高超，除石栏杆、柱础、石狮、石鼓等附属于建筑的装饰石雕外，又以雕造建筑小品如石牌坊等著称。歙县棠樾村石牌坊群、胡文光石坊和城内的许国石坊，都是其著名代表，风格较为庄重（图 10–6–19、图 10–6–20）。福建惠安青石雕主要用作建筑装饰，以龙柱、石狮、人物最佳。泉州元妙观石雕、安溪孔庙龙柱以及台北龙山寺八对大龙柱和花鸟柱等，都是它的代表作，风格较为活泼（图 10–6–21）。

其他各地也有许多建筑石雕佳作，仅较著名的龙柱（除官式建筑曲阜孔庙、颜庙外）即见于河南济源阳台宫大罗三境殿、阳台宫玉皇阁，贵州安顺府文庙牌坊、广东德庆龙母祖庙的石牌坊和山门、香亭等处。广东等岭南地区的雕刻风格相当繁琐（图 10–6–22、图 10–6–23）。

木雕

明清民间建筑木雕更趋向立体化，特别发展了宋元的剔地起突和混作手法，即高浮雕、半圆雕和圆雕，以地域论，则以浙江东阳木雕、安徽徽州木雕、广东金漆木雕和云南剑川木雕最为知名。

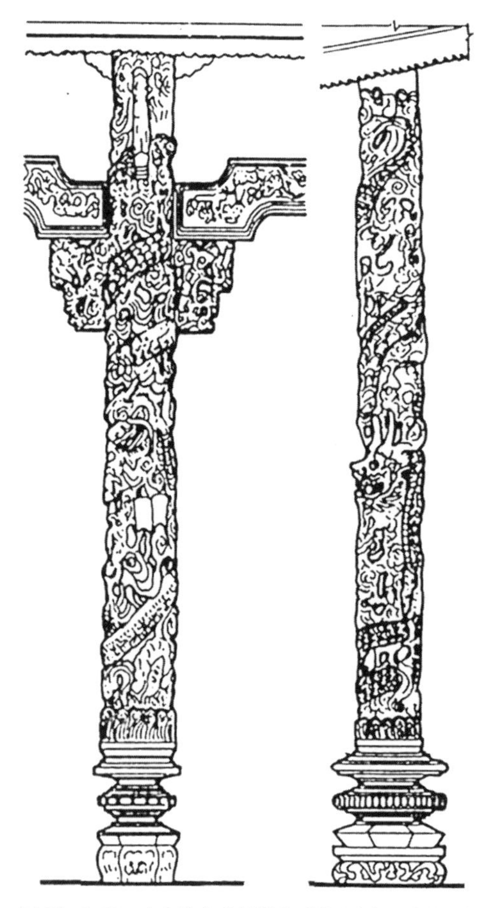

图 10–6–22　广东德庆龙母祖庙石雕盘龙柱及额枋（吴庆洲）

东阳早有“雕花之乡”的美称，据建于北宋建隆二年（961）的东阳南寺塔所遗佛像等实物，其木雕历史已逾千年。东阳明代建筑肃雍堂，木雕极为丰富。清乾隆间，东阳曾有四百多名匠师进京修缮宫殿，雕制各种建筑木雕和宝座、宫灯等。现北京紫禁城尚保留有当年东阳木雕作品。浙江各地也常有见，如杭州灵隐寺等。东阳木雕主要施用在建筑的构架、柱上檐下交接处及门窗等部位，技法有线刻、浅浮雕、深浮雕、圆雕、镶嵌等多种，装饰题材丰富，因部位而不同。诸如，梁架多用深线雕，雀替多用圆雕，门窗因接近于人，可近距离欣赏，多为浅浮雕。题材以民间传说、历史故事、鸟兽虫草、吉祥图案为主。门窗隔扇木雕图案众多，有宫式、葵式、书条嵌棂、十字长方、书条川万字、软脚万字、六角全景、十字川甲景纹、整纹川如意心、龟纹六角和冰纹等。代表作有明代东阳卢宅、清代东阳马上桥一经堂花厅等。[①]东阳木雕还用于屏风、壁挂、箱、橱等家具以及专供欣赏的工艺陈设（图 10–6–24）。

徽州木雕也是名闻遐迩，多饰于门窗格扇、窗下靠背栏杆、梁头和撑木等处，富有浓郁的乡土气息，雕镂精细，有浮雕、半圆雕和透雕各种技法。徽州木雕的题材和其他民间建筑装饰一样，也十分丰富，但不外人物、山水、禽兽鱼虫、花卉草木四大部类。以人物为主的有民间传说、宗教神话、名人轶事、风俗民情等，如八仙、和合二仙、郭子仪祝寿，刘备招亲、大闹天宫之类。以动物为主的如龙凤呈祥、二龙戏珠、双狮抢球、鹿鹤同春、五蝠捧寿。以植物为主的如凤凰戏牡丹、春兰秋菊、八宝珍奇、松鼠吃葡萄等。徽州木雕始于明代，风格奔放沉雄，粗犷憨拙，清乾嘉以后格调渐趋细腻繁丽。绩溪胡氏宗祠正厅、休宁陈村江户民居均为徽州木雕的代表作（图 10–6–25、图 10 6 26）。[②]

图 10–6–23　广州陈家祠堂石雕栏杆（吴庆洲）

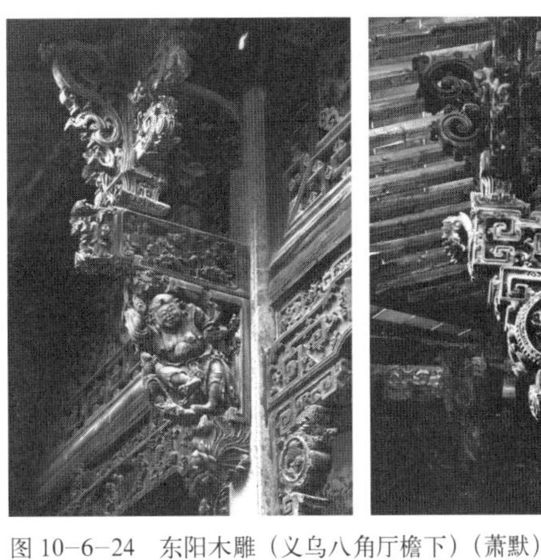

图 10–6–24　东阳木雕（义乌八角厅檐下）（萧默）

图 10–6–25　徽州木雕（吴庆洲）

①洪铁城．论东阳明清住宅的存在特征 [M]// 陆元鼎．中国传统民居与文化．北京：中国建筑工业出版社，1992.

②张国标．徽州木雕艺术初识 [M]. 合肥：安徽美术出版社，1988.

东阳和徽州木雕都以不施油漆彩画，显露木纹自然本色为特点。

广东金漆木雕用樟木雕刻，再上漆并通贴金箔，故名；其特色是金碧辉煌，富贵浓重，工精物美；表现技法有浮雕和透雕，尤擅多层次的镂空雕法。金漆木雕历史悠久，又分潮州和佛山两个流派。潮州木雕始于唐代，当时已有髹漆贴金的记载，明代技艺成熟，并与建筑结合得更为紧密，瓜柱、斗栱等雕饰逐步形成，此外还用于雕刻神佛以及家具、屏风、挂屏等室内陈设，且已有透雕手法，除金漆外也常施以五彩。清代潮州木雕更为兴盛，至清末，工艺技巧愈发精湛，风格趋于纤细、繁缛而富丽。题材除花鸟虫鱼外，多为戏曲人物如三国、水浒、西游、白蛇等。[①]佛山木雕所用材料为樟木、花梨、坤甸、紫檀、楠木、东京木等硬质木。清代佛山木雕最为兴盛，用于祠堂、庙宇、民居和茶楼酒肆的门面、门窗、梁柱、斗栱、花罩、藻井等处，以及室内的家具、匾额、陈设等。其中相当一部分也髹漆贴金，题材与潮州木雕相似，风格则较粗放豪壮，形象夸张，刀法洗练，雕塑感强，在佛山祖庙，广州陈家祠堂和德庆龙母祖庙都有许多佳作（图10-6-27～图10-6-31）。

图 10-6-26　江西乐安流坑村木雕（吴庆洲）

图 10-6-27　岭南金漆木雕（广州陈家祠堂屏门）（吴庆洲）

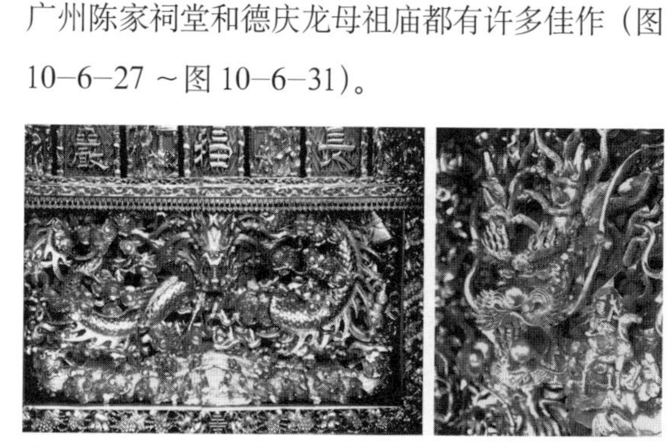

图 10-6-29　岭南建筑金雕饰（资料光盘）

图 10-6-28　岭南金漆木雕门神（吴庆洲）

图 10-6-30　岭南金漆木雕梁架（吴庆洲）

① 王晓明．潮州木雕研究（未刊稿）．

剑川木雕分布在云南大理、丽江一带，主要用在民居装修上，包括门窗、梁枋、托梁、雀替、栏杆等处；题材以吉祥动物龙、象、兔等，花卉牡丹、腊梅、竹子、莲花等，以及琴、棋、书、画、文房四宝和福、禄、寿等图案为主，也有八仙、佛八宝、八卦等佛道题材；技法以多层次的叠压雕法为特点，表面多绘彩。

除以上四个木雕流派，各地民间建筑也广施木雕，如山西著名民居乔家大院、渠家大院、曹家大院、王家大院和襄汾丁村民居，都有大量木雕，并涂彩。

砖雕

著名的明清民间砖雕有徽州砖雕、苏州砖雕、广东砖雕、河州（甘肃临夏）砖雕，以徽州砖雕最为佳胜。

徽州砖雕随着徽商的发达兴起于明清，当时商业繁荣，巨商显宦纷纷在家乡筑造精致的居宅祠堂和园林，砖雕工艺也精益求精。砖雕多以浮雕为主，一般施用于住宅门罩、门楼以及官邸、祠庙门前的门楼、八字墙、神龛等。其题材非常广泛，或以人物为主，包括神话传说，戏曲，民间故事，民俗风情等；或为花卉禽兽，较多出现的是狮子或组织在吉祥图案里的麒麟、蝙蝠等；也有山水风景。一幅作品，常采用多种雕镌手法，如人物为半圆雕，中景的亭台楼阁作镂空雕，背景的屋亭门墙等也要刻画得有一定深度。图案边框常装饰凸起的回纹，花叶枝干等主体半圆雕下通常也要衬以平雕几何纹背景。整个雕刻可谓精细入微（图 10–6–32、图 10–6–33）。

苏州砖雕风格纤巧古雅，也主要施用在门楼门罩及大门两侧的人字墙等部位（图 10–6–34）。

广东砖雕著称的是番禺沙湾砖雕和佛山砖雕。沙湾砖雕明代已经盛行，清代更广为采用，

图 10–6–31　岭南挂落和封檐板（吴庆洲）

图 10–6–32　徽州居居砖雕门檐（萧默）

图 10–6–33　徽州砖雕（萧默）

图 10-6-34　苏州砖雕门檐（萧默）

图 10-6-35　陈家祠堂墙砖雕（萧默）

图10-6-36　河州砖雕博古架纹(张青山)

图 10-6-37　兰州多子塔砖雕

影响并及于东南亚各国；主要用于祠堂庙宇的墙头、墀头、照墙、神龛，天井、照壁等处，内容也不外乎人物花卉、飞禽走兽、吉祥图案、神话传说、历史故事等，雕刻技法有浅浮雕、高浮雕和圆雕，又可分为单件砖雕和组合砖雕。其代表作如广州陈家祠堂正门两侧东西厅檐墙上六幅大型砖雕，其中两幅各宽达 4.8 米、高达 2 米。东檐墙正中为“刘庆伏狼驹”，雕出四十多个人物，神态各异，形象生动。左右为“百鸟图”和“五伦全图”（凤凰、仙鹤、鸳鸯、鹡鸰和黄莺，合称五伦，也称五常）。西檐墙正中为“水浒聚义厅图”，左右各为“梧桐杏柳凤凰群图”和“松雀图”。[①]佛山砖雕雕工细腻，主次分明，多用浮雕、透雕和圆雕，刀法刚劲利落，变化多，富于装饰性。代表作有佛山祖庙雕于清末的“大红袍”和“守房州”两图，以及明正德十六年（1521）邵马良祠牌坊（图 10–6–35）。[②]

河州砖雕源于北宋，明清达于成熟，工艺有“捏活”、“刻活”之分。捏活是先将黏土泥以手和模具捏制成型，再入窑焙烧成砖。刻活即直接在砖上雕刻。砖雕用于佛寺、清真寺和住宅的山墙、影壁、甬道、门洞上，因物设象，各有特色，题材有龙、凤、狮、虎、虫、鸟、花卉等，临夏红园和马步芳公馆有其代表作（图 10–6–36 ~图 10–6–38）。

此外，苏州园林盛行的砖制漏窗也可附此一说，图案多样，以规则者为主，也有作自由构图者（图 10–6–39、图 10–6–40）。

三、脊饰

与官式建筑相比，明清各地民间建筑的脊饰可谓丰富多彩，论风格既有江南的淡雅清秀，又有粤闽的繁缛艳丽。

江南建筑正脊两端多用较简练的造型，如

图 10-6-38　河州马步芳公馆影壁（张青山）

图 10-6-39　苏州园林漏窗和半漏窗图案举例（曹颖）

图 10-6-40　苏州园林漏窗盘云图案（曹颖）

图 10-6-41　江南脊饰（《中国江南古建筑装修装饰图典》）

哺鸡脊、哺龙脊、雌毛脊、甘蔗脊、纹头脊等。网师园集虚斋脊尖上翘作凤头状。园林建筑屋角的嫩戗发戗也淡雅秀美，亲切自然。正脊正中常用聚宝盆，立蝠捧寿，平升三级等吉祥图案为饰。只有庙宇正脊两端才用龙吻（图 10-6-41、图 10-6-42）。

粤闽临海，早自宋元以来，内外贸易即已肇兴，明清更加发达，手工业也十分兴盛，工

对页注

①广东民间工艺馆．陈氏书院[M]. 北京：文物出版社，1993.

②林明体．岭南民间百艺[M]. 广州：广东人民出版社，1993.

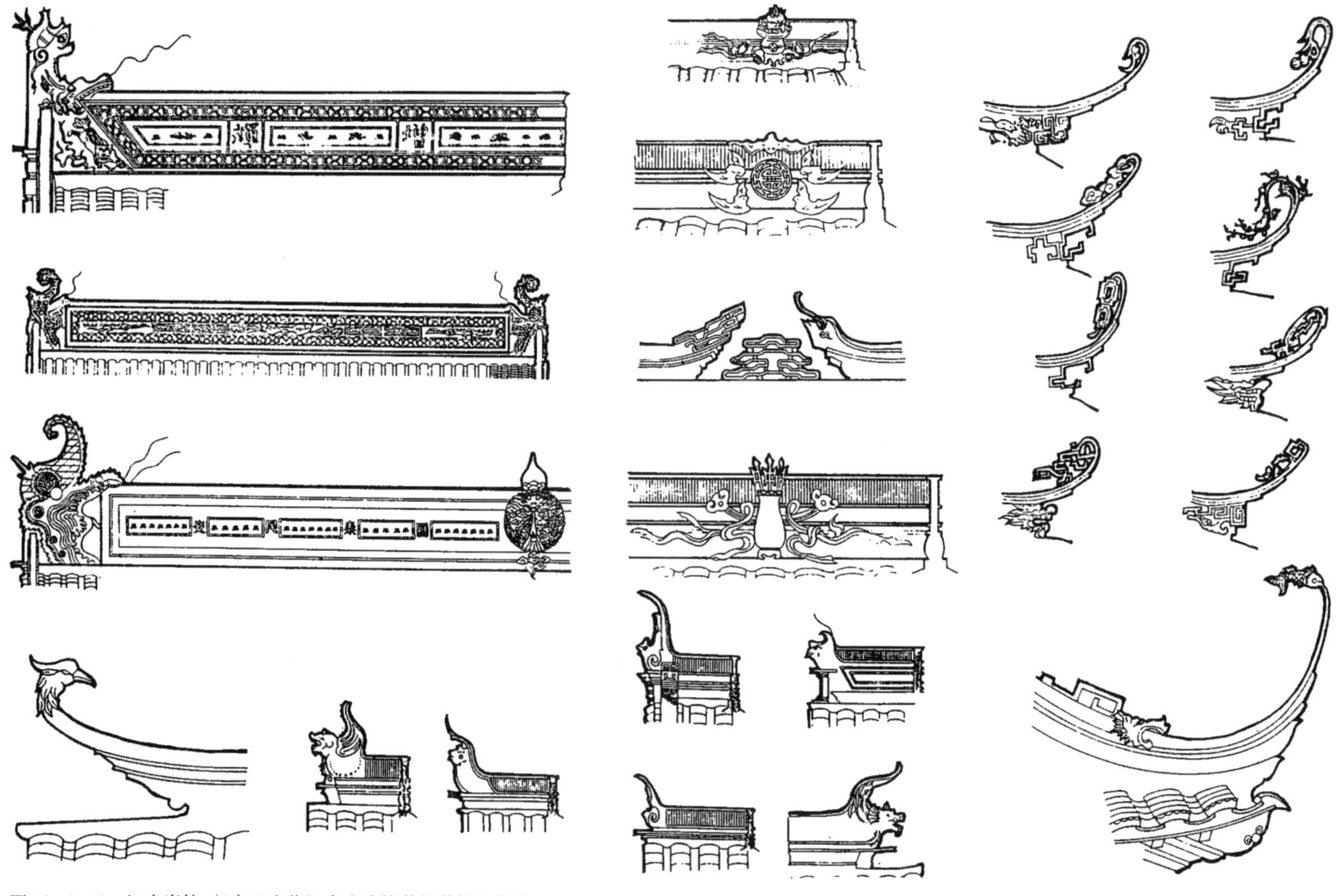

图 10-6-42　江南脊饰（《中国古代江南古建筑装修装饰图典》）

商民户财力充裕而文化素质不高，故建筑装饰风格，包括富丽工巧的金漆木雕在内，都与这种地方文化的总体态势有关。明代至清初，也正是西方以繁琐著称的洛可可风格盛行之时，与西洋早有交往的粤闽地区，或亦受其影响，是故建筑装饰繁琐碎细，甚至怪异。粤闽两省的脊饰风格和做法大体一致，并影响及于台湾，在屋脊上集陶塑、灰塑之大成，全脊饰物琳琅满目，诸凡神话传说、民间故事、历史典故、仙山楼阁、奇花异草、瓜果菜蔬、山水佳境，莫不竞相登台，又受戏曲艺术影响，多戏曲题材。佛山祖庙的脊饰就有明皇游月宫、桃园三结义、长坂坡、三英战吕布、郭子仪祝寿、三探樊家庄、断桥会、八仙、哪吒闹海、降龙伏虎二罗汉等戏曲典故，还有如二龙戏珠等传统吉祥图样，以及所谓“文五麟”（如凤凰、孔雀、雉）、“武五麟”（如虎、狮、麒麟）等动物，令人目不暇接。其作为人物活动背景的建筑样式，又常具西洋格调。福建脊饰与广东同，较有特点者是正脊两端起翘特高，是唐宋“生起”做法的极端化，起翘处呈燕尾分叉状。正脊当中或为宝塔，或为双龙戏珠、双凤朝阳。厦门南普陀寺钟、鼓楼歇山屋顶正面垂脊下方有成组的历史故事人物堆塑，斜向垂脊饰飞龙舞凤，意寓龙凤呈祥。台湾住民多为明清时从福建移去，建筑风格包括装饰也和福建一样，以繁琐纷纭为特点。总之，装饰已不甘于充当配角，而力求突出自己，喧宾夺主，似乎建筑倒反而应该从属于它，如此，虽技巧高超，离真正的美却越来越远了。实际上，那些与建筑本身没有太大关系而独具完整主题的“装饰”，位在脊部，距离过远，难以被人看清，或许只能算是建筑装饰之末流，比起官式建筑和江南的作品，品位较低（图 10–6–43 ~图 10–6–47）。

广东还流行一种由回旋的平面图案组成、轮廓为直线、被称为“博古”的正吻，简洁明朗，效果尚佳，但若用在上述祖庙式的屋脊上，也一变而为花哨繁琐。博古正吻的形象，应是从商周青铜器上常见的夔龙纹变化而来。

闽粤台还多龙饰。这一带古来为百越聚居区，百越以蛇为图腾，自古崇拜蛇、龙等神物，虽斗转星移，仍风俗相继，民人常“画蛇以祭……自云龙种……绣面纹身，以象蛟龙”（《粤中见闻》），以至于明清，各地仍多龙母庙、蛇神庙、蛇王宫等祠祀。在建筑装饰上，墙上绘龙，石柱雕成龙形，屋脊也加龙饰。龙，成为建筑装饰最常用的题材之一。

南方还盛行鳌鱼形正吻，可能与印度神话一种鱼身鱼尾而长鼻的动物摩竭鱼有关，但已经中国化，长鼻消失，完全变成鱼形。湖南衡南县隆市乡王家祠的脊饰，两端为鳌鱼，脊身

图 10–6–43　岭南脊饰（资料光盘）

图 10–6–44　岭南脊饰（厦门南普陀寺）

图 10–6–45　岭南脊饰

图 10–6–46　岭南脊饰（广州陈家祠堂）

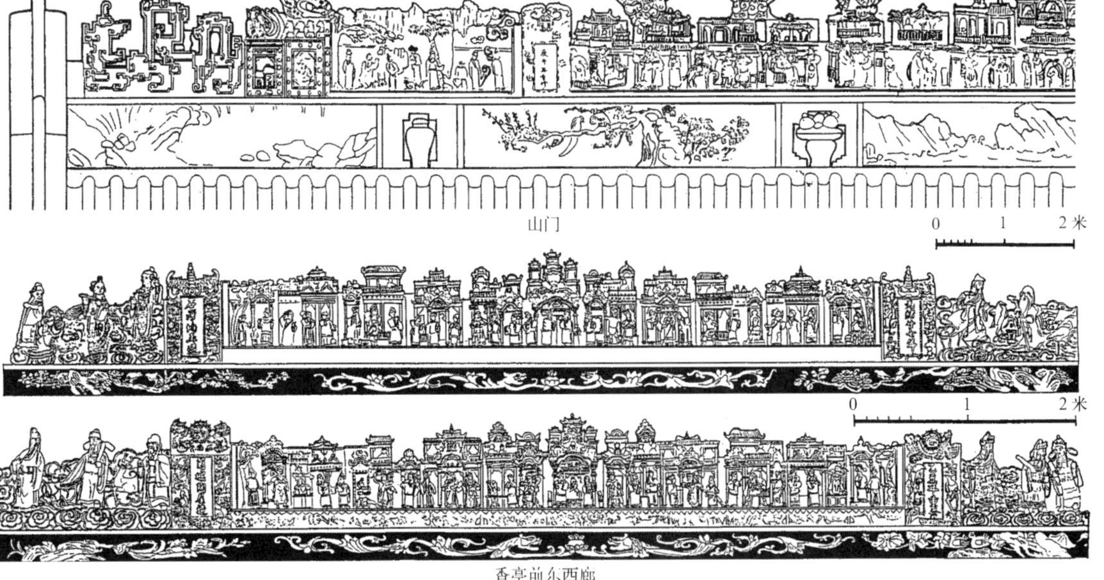

图 10–6–47　岭南脊饰（广东德庆龙母祖庙）（吴庆洲）

图 10–6–48　岭南脊饰（福建）（吴庆洲）

图 10–6–49　岭南脊饰（广州陈家祠堂与佛山祖庙）（吴庆洲）

图 10–6–50　岭南脊饰（广东）（吴庆洲）

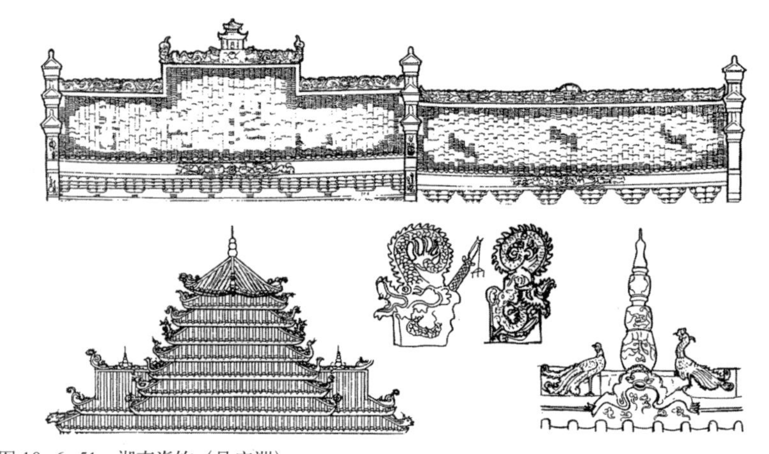

图 10–6–51　湖南脊饰（吴庆洲）

为二龙戏珠，正中立一亭阁，脊上的卷草花卉图案十分流畅秀丽，为湖南古建筑脊饰佳作（图 10–6–48 ～图 10–6–51）。

四、色彩

民间建筑的色彩以民间公共建筑和寺庙祠祀等较为多样。苏州和徽州的一些祠堂寺庙及个别民居还保留着明代彩画。南方寺庙多为黄墙，与北方的红墙有别。民居色彩普遍都比较简素（图 10–6–52）。

明代规定“庶民庐舍不过三间五架，不许用斗栱，饰彩色”，故民居尤其是南方民居，色彩一般以灰、白、褐、黑等低彩度的颜色为主调，或甚至不作涂饰，只显露木材本色。江南及徽州民居内部梁架和装修一般涂饰栗、褐、灰等色，多不施彩画，外部木面则为褐、黑、墨绿等色，与白墙、灰瓦及院内绿化配合，显得淡泊素雅。岭南广东除有的民居稍为艳丽，如潮州民居山墙和脊饰的色彩较鲜艳，富贵人家的梁架常施金漆外，一般也多为白墙灰瓦，梁柱涂黑或深竭，封火山墙也以黑白色为主调，适当配以红、绿等色。闽南民居色彩较丰富，外墙自宋、元至明清多用红砖砌造，究其由来，可能系受外国影响，也有人认为与古越人崇拜火鸟凤凰的遗俗有关。屋脊起翘特高，呈燕尾状，梁栋、脊饰、壁画均五彩斑斓。而闽南、粤北、桂东的客家民居多白墙灰瓦，朴实无华，有中原古风。少数亦雕梁画栋，但较之闽南民居，仍显稳重。西南民居青瓦白墙或露土墙，黑柱，少雕饰，朴质无华，有浓郁的乡土气息。

图 10–6–52　歙县罗东舒祠彩画（萧默）

第十一章　明清建筑（四）

小引

本章将介绍明清建筑一些比较专门而同样重要的课题，如建筑结构、室内环境以及家具，此外，还将论述中国与越南的建筑文化因缘。

明清是中国官式建筑结构最后定型的时代，有若干发展，同时又呈现出某种“过熟”的现象，失去了不少发展契机；与唐宋相比，建筑形象显得比较拘谨。明清留下了大量民间建筑，北方民间建筑的抬梁式大致同于官式建筑而有所简化，南方的抬梁式却保留了不少宋辽遗意；南方流行的穿斗架虽然早已出现，现存实例却都是明清尤其是清代所留。值得注意的是南方民间建筑结构组合灵活，单体建筑形象生动活泼，恰可与官式建筑结构互补。

建筑艺术是环境艺术的重要组成，从本质上甚至可以说，建筑艺术本就是环境艺术。本章室内环境一节着重以室内为对象，略述中国传统建筑艺术的环境艺术特性、手法和文化内涵。

家具既是一种独立的艺术又与建筑密切相关。明及盛清以前，是中国传统家具的发展高峰和鼎盛期，无论其艺术品格、造型、类型、质量、数量，均超越前代。盛清以后，随着社会发展的颓势，家具艺术也趋于衰落。

中国与越南的建筑文化因缘渊源久远，明清更为密切。与第四、五章所述中国与西域、中国与朝鲜和日本建筑的关系，以及第九章所述中国园林对世界的影响等一起，可以完整地显现中国传统建筑在世界的地位和影响。

第一节　建筑结构

“结构”二字的含义，在现代侧重于工程技术，多与力学有关，但这里所称除力学的含义外，更重在“结体”、“构造”，侧重于建筑结构经营的立意构思方面。

建筑艺术与结构具有密不可分的关系，一方面，结构本身所具有的结构美和装饰美，它所显现的一种内在的高度有机的逻辑力量，原本就是建筑艺术的一个重要组成；另一方面，艺术须要体现的一种情绪氛围或精神气质，也必须依赖结构为其重要手段，才能够得以完成。所以，结构的发展往往会引起艺术风格的变化，反之，艺术风格的变化也往往要求结构的相应改变，二者经常处于“互动”的状态之中。当然，不管是艺术风格还是结构做法，其发展的最后决定性因素，都是社会生活或社会文化对建筑提出的要求。从艺术与结构互动关系的角度去关注结构，理应也将其包括在建筑艺术史研究的视野之内，这种关注，显然与从工程技术角度出发的关注有所不同。

中国建筑曾经过秦汉和隋唐两次高潮。特别是唐代建筑，以其真实坦率的结构，雄浑阔大的气势，创造出感人的艺术效果。有宋以来，随着社会生活的世俗化，市民文化兴起，建筑艺术的格调开始向纤柔华美的方向发展，建筑结构也在唐代已达成熟的基础上渐趋程式化。《营造法式》一书的问世，就是这一趋势的标志。到了元代，虽然蒙古人以其特有的豪放，更多具有不拘一格多元吸收的精神，但在建筑艺术这一领域，毕竟由于缺乏与中原民族高度发展的建筑文化分庭抗礼的优势，总体上仍沿着宋金传统继续发展。

明至清代前期，社会比较安定，以汉族为主的文化传统，虽经元人的冲击而仍得延续，宋代以来的程式化进程在更大速度上继续推行，结构更加规范化、简约化，是中国建筑的总结期，也是第三次发展高潮。但物换星移，时不我再，汉人的朴拙、唐人的雄浑，至此都已成往事，明清建筑包括建筑结构最终走入了另一条创作途径，即在代表明清建筑最高成就的官式建筑中，无论结构还是装饰，都具有特别严谨整饬的作风，结构则趋于简洁，已完全形成固定的格式。清雍正十二年（1734）颁行的《工程做法则例》，是这一状况的最好证明。《工程做法则例》将官式建筑分为大式小式两类，前者有斗栱，采用庑殿或歇山屋顶，用于较重要的大中型殿堂；后者不用斗栱，多为硬山或悬山屋顶。不论大式还是小式，建筑的造型都与等级严格对应。建筑模数由宋代的材分制转为斗口制，即大式建筑以坐斗的斗口宽度为基本模数单位，规定了二十七种房屋的具体“做法”，对开间进深的规模及各大小构件包括梁、柱的断面、长度和高度，斗栱的形制，以至建筑局部如檐出、台基出等种种尺度和比例，都做了明确而严格的规定，建筑的规范化程度较以前大大加强了。人们只须严格依照总结出来的这一套“完美的”标准设计模式，亦步亦趋，就可以大体胜任对某座建筑的“设计”工作。这一方面当然保证了各建筑的总体水平，但失之过严，形成依赖，显然又严重限制了创造力的发挥。总之，明清建筑是更加成熟了，特化了，甚而至于过熟，虽然无论建筑组群还是建筑单体，均仍不失其美轮美奂，具有感人的艺术魅力，可与汉唐比肩而立，然而，那种在肇兴期和高峰期所特具的自由奔放的气势和独立创造精神已不复多见。结构的简化又使得建筑不免于僵滞，缺乏游刃有余的柔韧和机变。这些，无疑都是“过熟”带来的遗憾。

明清两代的建筑结构也有所不同，清代是以上倾向的最终表现，明代则处在某种过渡状态之中，尤其明代前期，许多方面仍保留较多宋元遗意。明后期至清初，“过熟”的趋势加速，最后乃促成了《工程做法则例》的出现。

明清值得特别提到的是民间建筑特别是南方民间建筑结构的成就。民间建筑又可称为地方建筑，包括民间公共建筑（宗祠、先贤祠、神祠、会馆、书院、观景楼阁）、山林寺观、私家园林，以及更占多数的各类民居等。民间建筑结构与官式建筑如城市建筑、宫殿、国家级祭祀建筑、帝王陵墓、敕建大型寺观、皇家园林、衙署和王府等相比，由于分布地域广大，不但广泛流行于汉族生活地区，也旁及于受汉族文化影响较多的如土家、白、纳西、侗、壮、苗等少数民族。因自然气候条件和人文历史情况千差万别，因而各地做法不同，带有更多地方特色。为适应各不相同的具体要求和条件，民间建筑结构更加灵巧机变，生动活泼。各地匠师虽都有一套行之有效的习惯做法，但不受《营造法式》或《工程做法则例》的约束，比官式建筑具有更多创造精神。民间建筑也更多考虑经济问题，以简便易行，朴素节约为要，用材俭省，构造精当。在明清官式做法已逐步趋于僵滞的同时，民间建筑结构的成就越发显得突出了。

明清以前，一定也有官方与民间的分野，但现存建筑实物多属官方，民间的情形已难于考察。虽如此，鉴于明清人口的迅速增长、各地经济的成长和社会生活的日益丰富，仍可判定明清两代是民间建筑最为发达和取得最高成就的时期。以往论及中国建筑发展历史，常常因此发生分歧；有的以官式建筑结构之完全程式化，认为明清建筑已步入衰途；也有的以民间建筑结构的成就，认为明清建筑实高出于唐宋之上。其实似可不必一概而论。我们认为，官方建筑最高成就的取得，应仍在唐宋，明清确实已步入衰途；民间建筑则另当别论，只是唐宋民间建筑基本无存，无从比较罢了。需要说明的是，无论对明清民间建筑的成就怎样充分肯定，但就规模、气势和完美程度而言，官方建筑终究还是高临于其上，占据着建筑艺术的主流地位，故总体而论，中国建筑艺术的高峰时期仍应归于唐宋。

本节概述明清建筑结构的发展，分官式和民间两个部分。明代官式建筑处在过渡阶段，不如清代典型，民间建筑则因清代遗留最多，故两部分的重点皆在于清。

一、官式建筑结构

元代在师承宋金的同时，建筑结构显得更为大胆，有某些创造性的发展，如元代建筑习用的十字脊屋顶和盝顶，又如大都宫殿使用的大型工字形平面大殿，或具有少数民族风格的畏吾尔殿、棕毛殿、斡耳朵殿等，都不大常见于以前各代，有的就是元代的新创。现今可见的元代遗构，也以梁栿自由多变，梁架新颖大胆为特色。但元代建筑已见结构简约化的端倪，如出现了假昂的做法，斗栱尺度开始缩小，并向纯装饰构件转化。

明清官式建筑，在重新寻求规范化的道路上，进一步使结构趋于简约。这种趋势，既表现为结构整体的简化，也表现为构件本身的简化，还表现在原来某些结构构件结构功能之丧失，其概况见于以下几个方面（图 11–1–1、图 11–1–2）。

斗栱

斗栱是中国建筑结构发展阶段最明显的标志，在艺术意义上，首先具有结构美，其次兼具装饰美。由唐代经过宋元至明清，斗栱的结构作用日趋减弱，到了清代，几乎已成为纯装饰的构件。斗栱的具体变化表现在：一、斗栱尺度由壮硕而趋于纤小，断面变小、总高

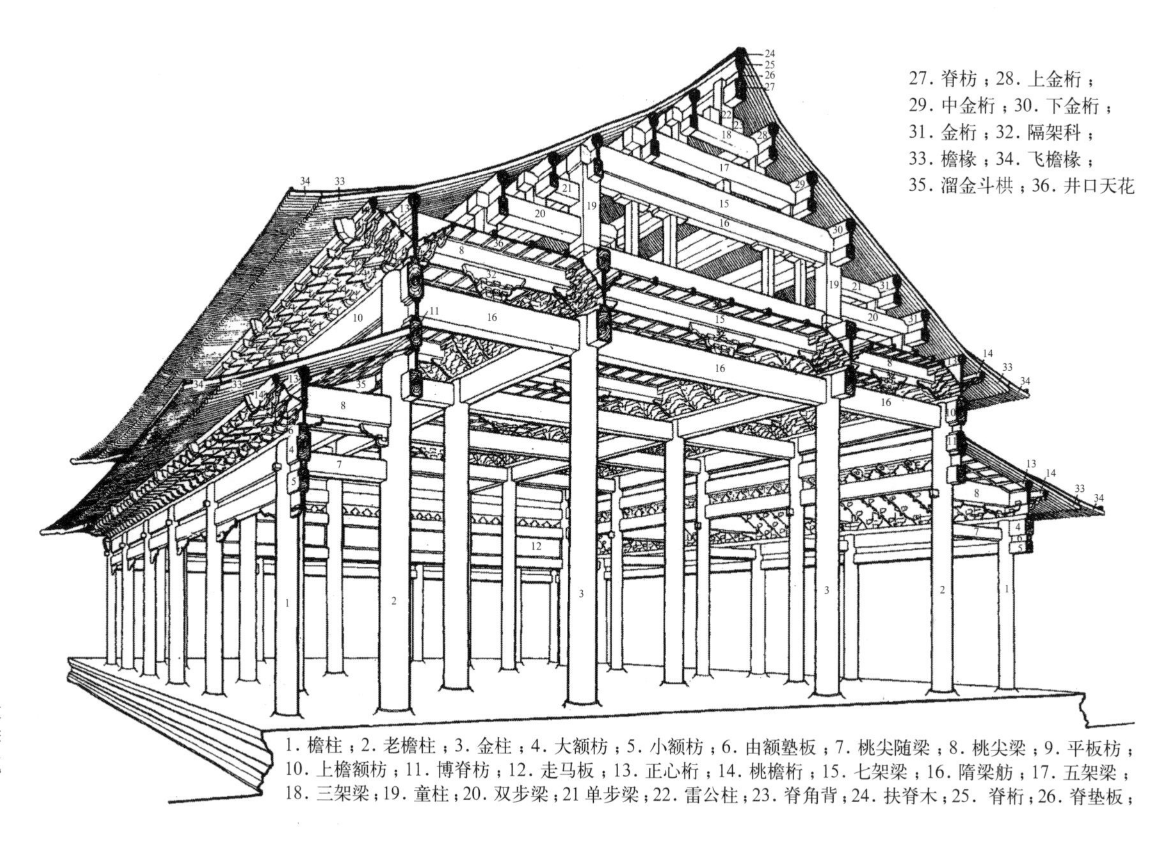

图 11–1–1　清代官式建筑殿堂结构——北京紫禁城太和殿（《中国古建筑大系》）

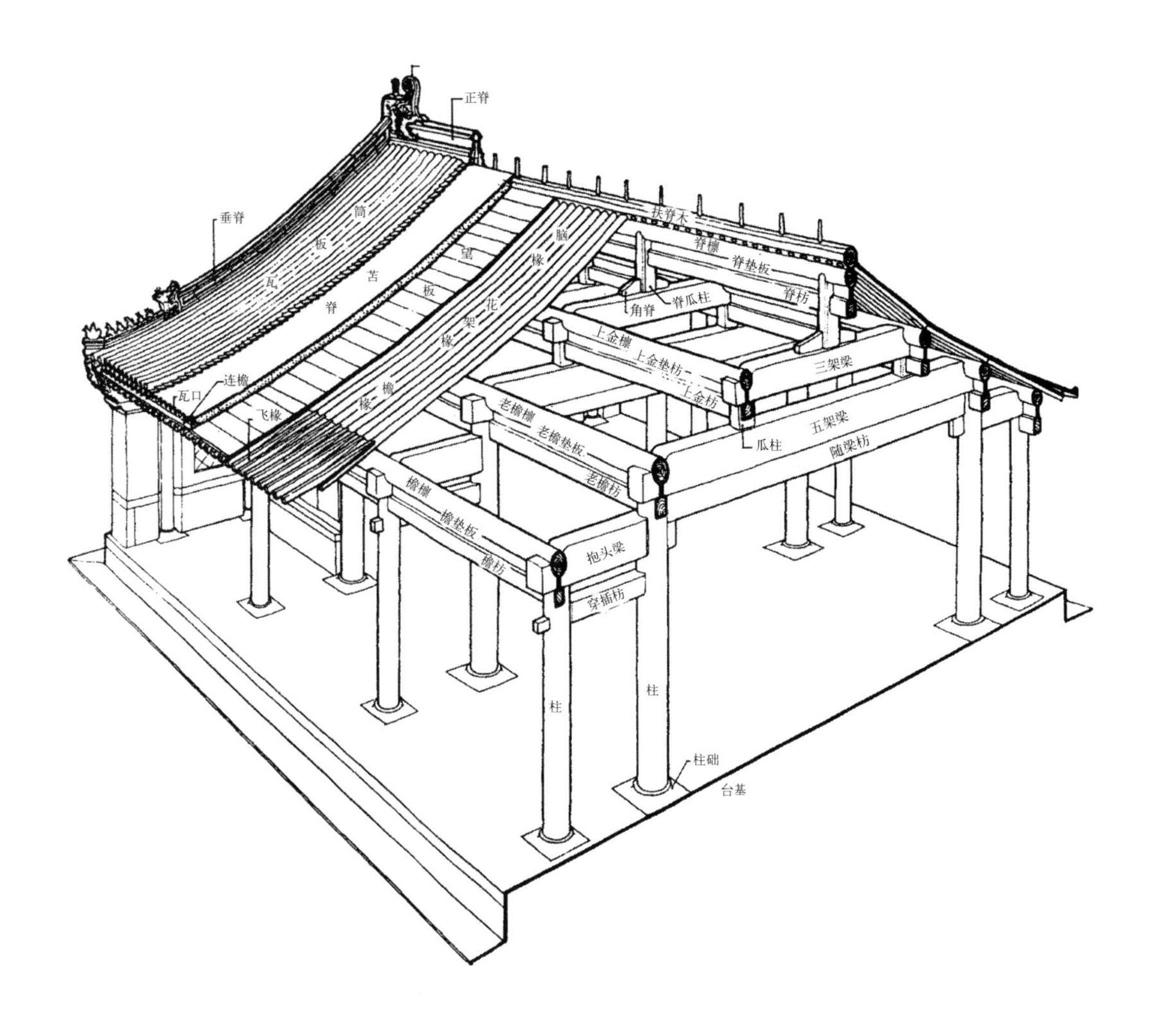

图 11-1-2　清代官式七檩硬山大木小式构架（《中国古代建筑史》）

降低、出跳减短。如宋代斗栱之高约占柱高 1/2 ～ 1/3，清代一般只占柱高 1/5 ～ 1/6。重建于清的紫禁城太和殿，柱高 7.20 米，斗栱之高却只有 0.78 米，更不足柱高 1/9，不再有唐宋之雄健。以七铺作（即出跳四次，清称九踩）斗栱为例，按宋《营造法式》，斗栱出跳占全部出檐长约 44.7%（唐代更多，佛光寺大殿为 54.3%），清代则减为 36.4%，即由唐宋而清，屋檐挑出的重量从主要由斗栱承担逐渐变成由悬出的椽子承担，斗栱已不起很大的受力作用了。因此，清代的出檐长度也大为减短，无论相对比例还是绝对尺寸都是这样，如唐宋出檐常为柱高的 5/10 ～ 4/10，明清已颇为短促，仅为柱高 3/10，再也显不出唐宋那种飘逸的气象，而感觉拘谨。二、补间铺作加多，由唐代一般仅有一朵或没有、宋代二至三朵，至明清大增，以明间（宋称当心间）为例，最多可达九至十一朵，密密列置，不复见唐宋的疏朗。三、斗栱原先所起的结构作用已丧失大半。斗栱的结构作用，原是为了支托深远的出檐，由唐而宋，乳栿从内檐经过檐柱伸出，即变为斗栱的最下一层华栱，成为斗栱的有机组成，承托由此层层出跳的以上各层华栱或下昂，最后以最外一跳跳头承托撩檐枋（或撩风榑），再承接椽子。明清相当于乳栿的构件桃尖梁则不成为斗栱的一部分，而是置在斗栱以上，伸出粗大的梁头（桃尖梁头），并以梁头直接承担挑檐桁。梁头的伸出也无须其下斗栱之用力。故明清的柱头科斗栱（宋称柱头铺作）大部只起装饰作用。补间科（宋称补间铺作）也是这样。唐宋补间铺作的昂是一整根斜木，昂头承担撩风榑（或撩檐枋），昂尾斜挑而上，通过枋木以承桁，昂头昂尾形成受力杠杆；明清所谓的昂却是假昂，即昂的外檐部分为水平方向，仅端头刻作下斜昂嘴形，向内也是水平伸出，并不承檩。而形似唐宋昂尾的所谓“溜金斗栱”斜挑向上，虽托在檩下，但其外段却是水平的耍头或昂，内段与外段为折线关系，较之整根斜木，受力性能大大减弱。三、虽然斗栱的承重功能已基本丧失，斗栱的形制却比此前繁杂了。偷心或隔跳偷心都改为计心，即在每跳出跳栱头之上都有横栱；横栱也全是重栱即重叠两层而不做单栱。但清代实行高度标准化，斗栱在用材、种类和制作方法等方面都定型为有限的数种，省却了大量繁杂的尺寸计算，实际操作比唐宋简化（图11-1-3、图11-1-4）。

需要提到，清代结构虽与明代有若干差别，斗栱却基本一致。斗栱的形制对建筑的形象影响甚大，这也是我们将明、清归于一个发展阶段的原因之一。

中国建筑一向寓装饰于结构之中，明清斗栱却甚少结构作用。本来主要起结构作用而兼为装饰的斗栱，一变而为主要起装饰作用，结构只是徒具形式，不免“虚假”、“冒充”之嫌，

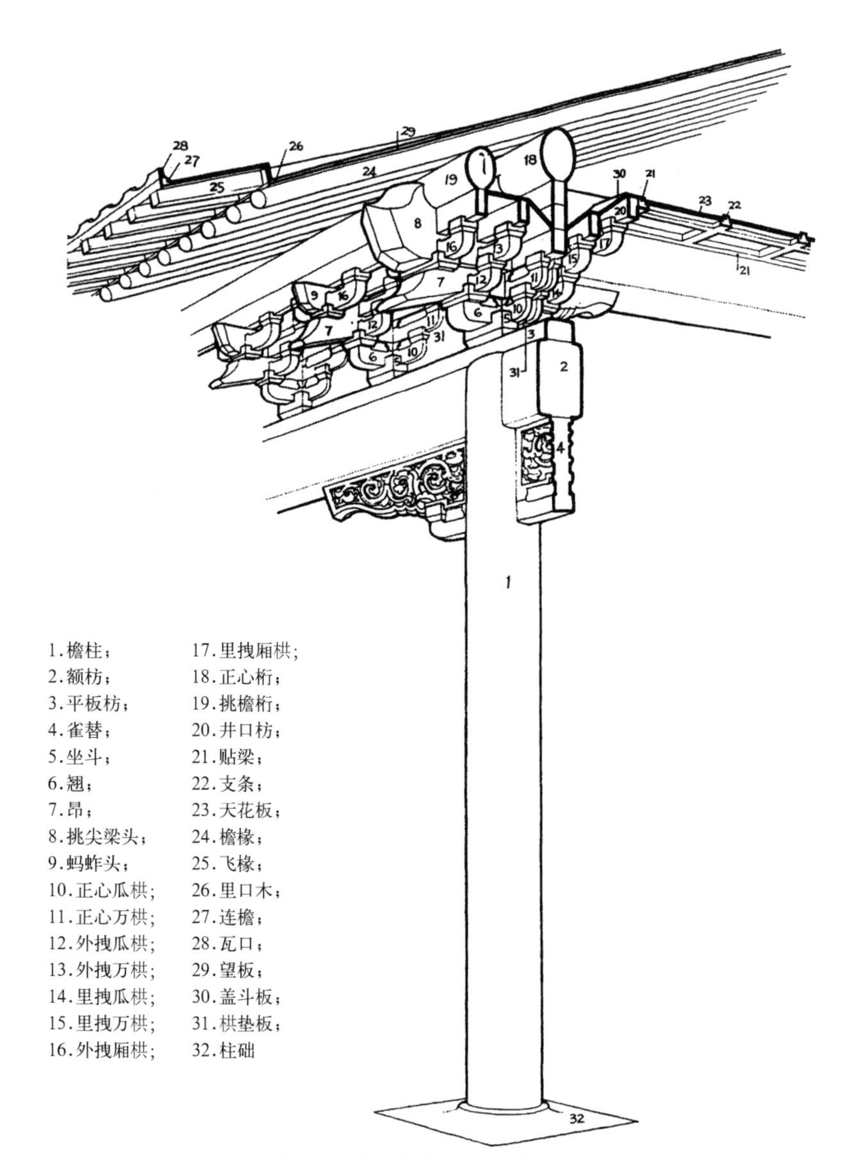

图 11-1-3　清代官式单翘单昂出二跳斗拱（《中国古代建筑史》）

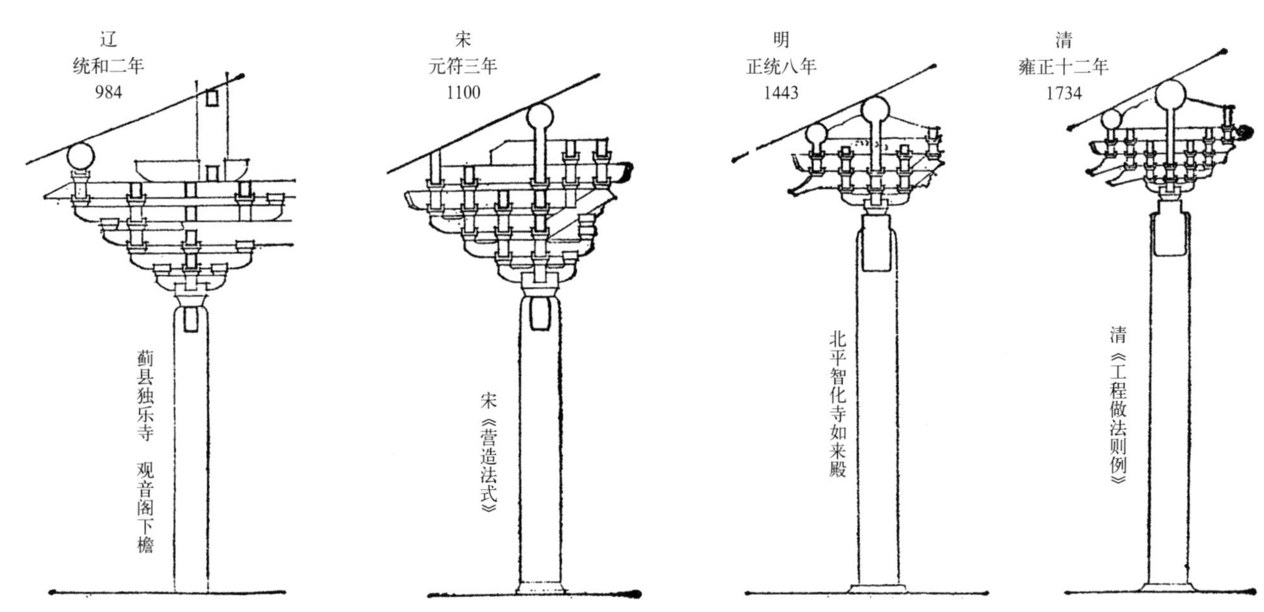

图 11-1-4　各式斗栱尺度比较（《梁思成文集》）

即使从艺术角度而言，也不能不说是一种衰退。而斗栱自身的形象，以明清之僵直拘谨，较之唐宋的飘逸大度，其间的高低优劣也是十分明显的。

柱子和梁架

南北朝已出现梭柱，上下皆收分，中部臌出，总体呈梭形。宋代梭柱下部不再收分，仅上部三分之一收分，至柱头紧杀如覆盆状，造型更符合木材的受力特性。明代仍实行宋法。清代不再作梭柱，上下通直，仅在柱顶作一紧杀。

唐宋檐柱实行生起，阑额从中部向两端逐渐斜上，加上屋角起翘，整条檐线从接近立面中央处开始逐渐圆转上翘。明代仍保留此做法，但生起量已比宋代减少很多。清代更加简化，不再生起，各柱等高，额枋平直，檐线也平直，至角部才有起翘曲线。官式建筑角翘不大，整条檐线显得僵直。

明代仍然实行宋辽的侧脚做法，内外檐除中部柱子外所有柱子都有侧脚。清代加以简化，只在外围檐柱实行侧脚，侧脚值也较小，从宋的 8 ～ 10/1000 减为 7/1000。

清代的柱子比较细长，外柱的细高比从宋代的 1/9 ～ 1/8 变为 1/11 ～ 1/9。

官式建筑都采用抬梁式梁架，做法也比唐宋大为简化，如宋代建筑，凡彻上明造者，梁端背部均斫琢成优美的曲线卷杀，称为月梁；明清官式建筑不再作曲线处理，整梁平直到头。又如明清官式建筑上、下梁之间承以童柱，不再有斗栱；内部柱子直承梁头，或梁头直接插入柱内，也不通过斗栱；各层梁端不再施用托脚，改为在梁头刻出半圆形凹下的桁椀，以防桁木（檩子）滚动；至最高一层短梁，亦不设叉手，用脊瓜柱直承脊檩。各缝梁架之间的联结，宋代有所谓“襻间”做法，即桁下有随桁襻间枋，桁与襻间枋之间承以斗栱；明代基本仍同于宋，清代则简化，以垫板代替斗栱，成檩、垫、枋三件一套做法。

梁栿断面的高厚比则由宋代的 3 ：2 改为 5 ：4 甚至 6 ：5，趋近方形，受力不如宋代合理。但明清增加了一种穿插枋构件，前后插入檐柱与金柱之间，加强了构架的整体性，是结构的进步。穿插枋用在有斗栱建筑时称桃尖随梁。

明清楼阁结构，也较宋辽简约。宋辽楼阁的上层与下层分设柱子，通过层间斗栱过渡，斗栱层即为结构暗层；明清则上下二层常为一根通柱，层间不经斗栱过渡，结构简捷明了，整体性增强，这也是结构的进步。其例如承德普宁寺大乘阁，内部中空，置通高大像，室内净高达 24 米，即全为通柱，不施斗栱层。

总之，明清梁架比唐宋简单易行，某些方面有所进步，但形象也较简率直接，缺乏一些含蓄，也缺少一种劲韧并具、寓雄于柔的风度。

屋顶

控制各层檩高，使相邻各檩（或称桁，宋称槫）的垂直距离愈下愈短，愈上愈长，即可造成屋顶断面的凹折，以形成屋面的凹曲。这样的控制方法，在宋代称为“举折”，清代则称“举架”。二者不仅称谓不同，方式也有重大区别。举折是根据房屋总进深多少，依不同建筑的不同比例首定屋脊高度即举高，较重要的建筑举高稍大，反之稍小，总的都比较缓和，然后从上而下依上峻下缓一定比例定出各槫的标高。举架却反过来从下而上依下缓上峻的一定比例逐渐上推，由五举（二檩之间的垂直距离等于水平距离的 5/10）、六举、六五举、七举……直到九举、九五举，个别的还有十举。举架虽比举折简单易行，但在把握屋顶的总高度方面较难掌握，故明清建筑常有屋顶与屋身比例不太完美之弊。屋顶总举高也较唐宋陡峻，不若后者之舒缓从容。明代仍多采用举折，大约到

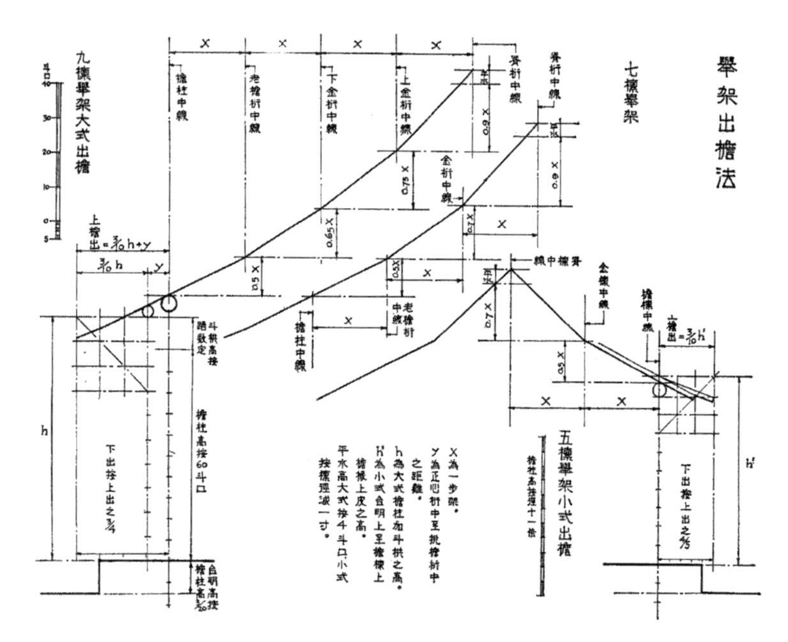

图 11-1-5　清代官式建筑举架出檐法（《梁思成文集》）

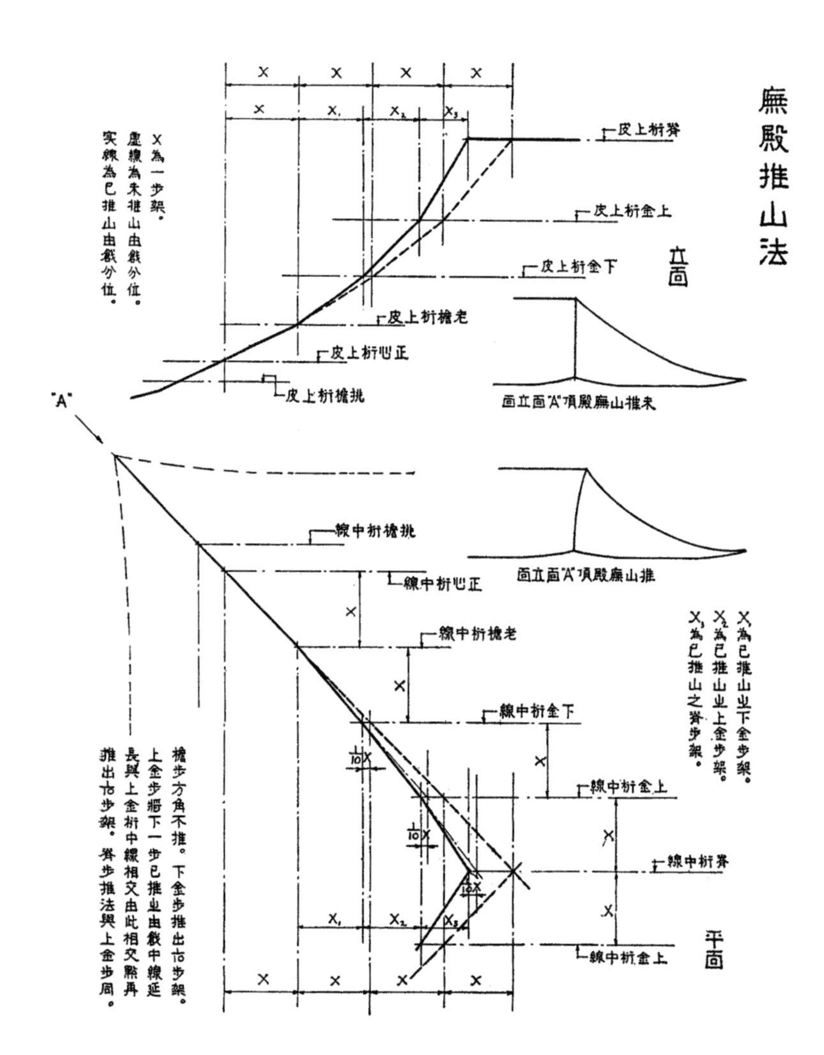

图 11-1-6　清代官式建筑庑殿推出法（《梁思成文集》）

明代后期才转为举架。抬梁架的各“步”(或称“步架”,即各檩之间的水平距离）约 1 ～ 1.5 米（图 11–1–5）。

歇山屋顶正脊的长度，在宋辽是从脊下两端的梁架外伸（称为出际），正脊较短，正脊两端与山面檐柱的距离较大，约 1 米左右，故山面屋坡较大，山花较小并常不封护。明清的歇山屋顶正脊长度的掌握改为从山面檐柱一线向内收进，称为收山。规定从山面檐柱中心收进一檩径即为山花板外皮，收进仅约 0.3 米（明代有到二檩径者）。因收进颇少，故正脊较长，山面屋坡甚小而山花甚大，且作封山处理。二者的造型有较大差异，唐宋轻盈大度而通透，明清则较僵硬刻板。

宋辽庑殿屋顶已出现推山做法，但尚未普遍，至明清已普遍化。推山使庑殿顶 45° 斜脊(称庑殿垂脊）的平面投影不完全是 45° ，而是距正脊越近向山面“推”出越远，整条斜脊呈双曲线，使得不论从任何方向包括转角 45° 方向看去，此脊永远都不是直线（图 11–1–6）。

还需指出，宋代的出际和推山皆带有一定的随宜性，屋顶造型有较大灵活性，清代的收山和推山则有十分详尽的规定与约束，甚至连悬山、硬山的各部比例、做法也都是这样，建筑的造型受到很多限制。

明清屋顶也不做生起，即屋面只在沿进深方向有凹曲处理，沿面阔方向则平直无曲，不是双曲面,因之正脊也呈平直状,两端不再上翘。

总之，综合结构和艺术两个方面，结构简约化和规范化的结果可谓有得有失。明清官式建筑趋于工整、简洁、挺直，更利于施工，但不免僵滞固执，欠缺宋辽建筑的那种柔美潇洒的韵味。这一势态的造成，表明明清建筑文化缺乏更具冲击性的新鲜活力，不能给结构提出更强有力的推动，以致任由它沿着稳固的传统指向，落入了“过熟”的窠臼。

二、民间建筑结构

明清建筑结构，除官式建筑外，还有大量不同方式的地方做法，可分北方与南方两种。[①]

北方地区

北方地区包括华北、西北和东北，土地广阔，平原多，故少用楼房；建筑组群多为合院，三面或四面围合单座建筑，因气候寒冷，与南方的天井相比，院落较大，各单座建筑互相独立，结构上没有搭接；气候较冷也要求有较厚的围护墙壁，将构架从三面或四面牢牢箍住；屋顶层也很厚，椽子上铺望板，再上有很厚的草泥苫背，最后铺瓦，构架承受较大重量，榫卯压合紧密。北方民间建筑结构仍多采用抬梁架，与以北京为中心的官式建筑做法相近，即使民居也与官式中的小式相似，只是更加简化。民居多为硬山顶，也有单坡顶和略带坡度的平屋顶，建筑形式简朴。抬梁架各步之长与官式建筑相同，大约也是1～1.5米。

除抬梁架外，还有更简单的硬山搁檩和三角架。硬山搁檩既没有梁架，也没有柱子，檩条直接架搁在山墙和横隔墙上，多见于西北和华北缺乏木材的地方，要求各间都有横隔墙，不能形成大空间。三角架即在大梁中间立瓜柱，从大梁两端向瓜柱顶斜架大托脚，托脚上搁檩，见于东北和华北。这两种做法都比较原始，开间或跨度都很受限制，建筑体型也不能有什么变化，仅为贫民使用。

南方地区

南方的情况与北方很不一样，如多山地丘陵，水田耕地宝贵，而人口密度较大，故多楼房，民居基地也常起伏多变；气候炎热，墙壁单薄，屋顶也很轻，民居常只是在板椼（相当于椽子，但为板条，间距为一块瓦的宽度）上直接铺瓦，称“冷摊瓦”，结构的稳定问题比承重更显突出；因炎热潮湿，为减少日照和加强垂直通风，院子或天井比较狭小，加上大家族的聚居习惯，故建筑密度较高，房屋互相搭接，常有“L”形、“Π”形或“丁”字形组合；还有的不采取合院形式，而作自由式组合，所有房间均在一幢单体内，或在其前、后、侧面扩出，或上部伸出阁楼，或从墙身挑出悬楼，形式自由多变；又因多雨，屋檐出挑较远，如为楼房，又常需在屋身挑出披檐或雨搭，以保护墙面不受雨淋，在不使用斗栱的情况下，需要从构架内部伸出水平构件承接出檐；同样为了防雨，也为加强室内通风，有时还需要做出重檐或歇山顶。所以，总的来说，南方建筑结构面临的问题比北方多，需要更加灵活多变的处理。

南方地区包括江南、华南、岭南和西南，各地民间建筑结构都有自己的一套习惯做法，可惜因民间匠师文化程度的限制，文字总结很少，仅见于不多的几本书籍，且很不全面，如《鲁班经》、《园冶》、《营造法原》等。

《鲁班经》有不同版本，内容也有不同，又叫《营造正式》或《鲁班经匠家镜》，最早约成于明初，主要记录江南一带的做法，流行于江浙闽广一带。《鲁班经》较晚的版本含三卷，第一卷论施工程序和技术，列举了几种基本结构式样，有图，并谈到了制图和确定构件尺寸等问题；二卷内容比较驳杂，除仓、桥、钟鼓楼等建筑外，还涉及家具、算盘等诸作木工；三卷专述“相宅秘诀”，内容多为种种迷信禁忌（图11-1-7）。

图11-1-7 《鲁班经》封面

① 本节主要参考资料：尚廓．一种简单、轻巧、灵活的结构体系[J]. 建筑学报，1981(12)；中国建筑技术发展中心建筑历史研究所．浙江民居[M]. 北京：中国建筑工业出版社，1984；王世仁．明清时期的民间木构建筑技术[J]. 古建园林技术，1985(3).

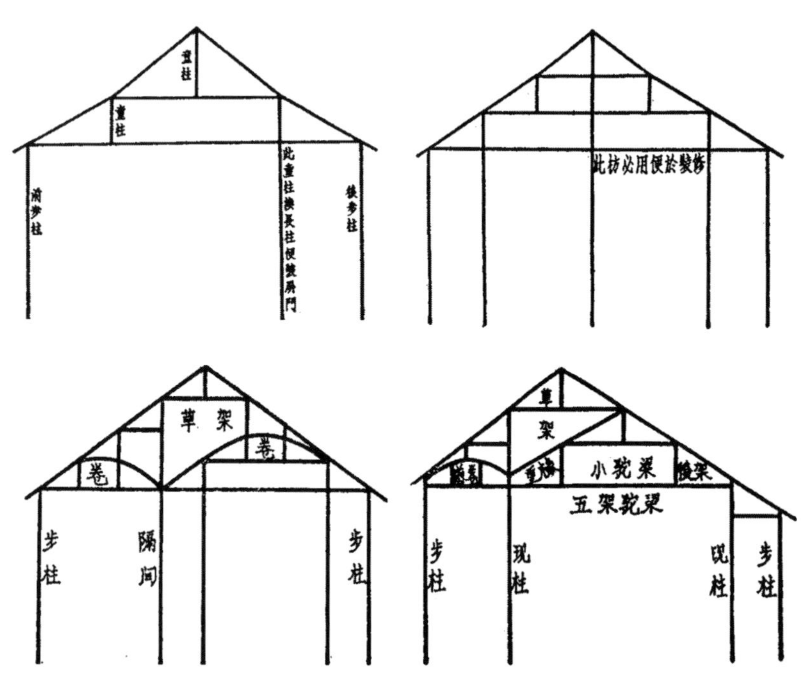

图 11-1-8 《园冶》所附建筑构架侧样

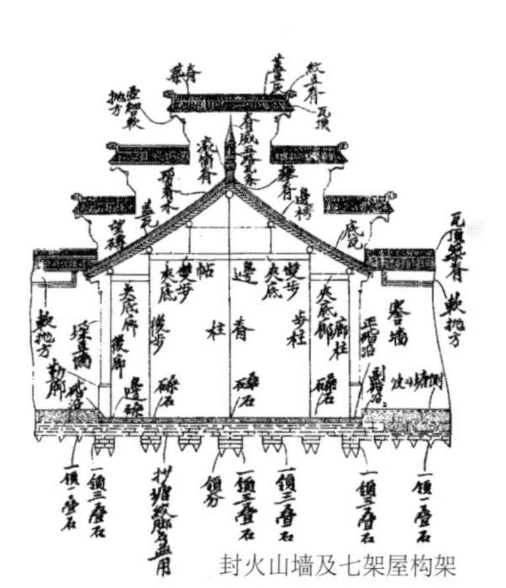

封火山墙及七架屋构架

十架屋前后坡鸳鸯厅构架

图 11-1-9 姚承祖《营造法原》原图

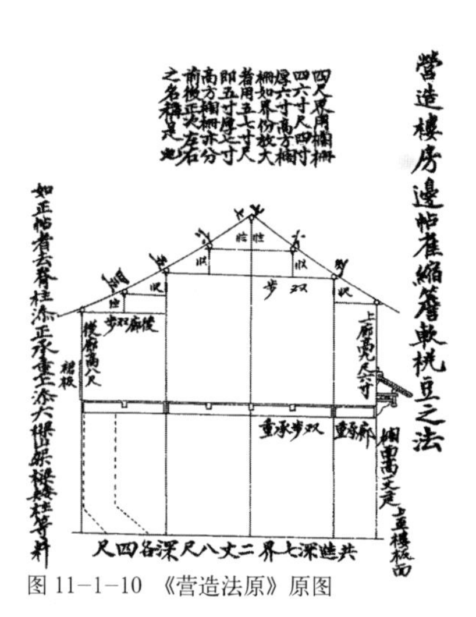

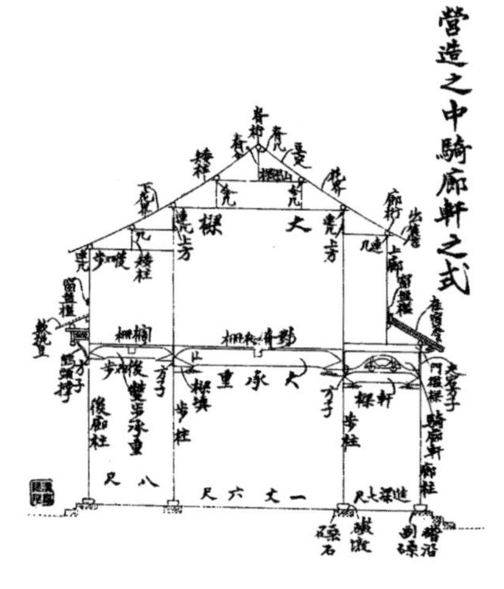

图 11-1-10 《营造法原》原图

计成的《园冶》成于明末，除主要谈论造园外，也有部分建筑构架式样（图 11-1-8）。

《营造法原》苏州姚承祖著，初稿约成于 20 世纪 20 年代。作者的祖父姚灿庭是苏州著名匠师，曾著《梓业遗书》五卷，已不存。姚承祖本人也是匠师，为苏州鲁班会会长，一度教学于苏州工业专科学校，《营造法原》系据家藏秘籍图册及江南工匠口传编写，应已包括《梓业遗书》的主要内容，涉及清代江南民间建筑技术（图 11-1-9、图 11-1-10）。此书原稿三万余言，经张至刚十余年增编，篇幅扩大至四倍多，并按现代制图法重绘增绘图纸。[①]

此外，多少也反映了一些江南民间建筑结构的著作尚有清初李斗《扬州画舫录》中的《工段营造录》和清初李渔《闲情偶寄》中的《居室部》。

现以调查较多，也比较典型的江浙等地民间建筑为主要对象，略述南方民间建筑结构的概况。

抬梁架 南方建筑结构也使用抬梁架，但与官式建筑或北方民间建筑的做法有所不同。

南方的抬梁架大都用于园林、寺观等较高级的建筑，构架有三、五、七、九，一直可以用到十一步架，即全架有三、五、七、九和十一条檩子，每檩即称一“步架”或简称一“架”。檩与檩之间的水平长度称一“步”，与北方一样，也是大约 1 ~ 1.5 米。以七架使用最多，总进深约 7 ~ 9 米，故《园冶》说：“凡屋以七架为准”。较小的房屋为五架，三架只用为园林中的游廊。也有双数步架的，前后屋坡不对称，一长一短，称“前后坡”。步架既定，便可依使用要求确定柱数，前后檐柱必不可少，中间的柱子则可机动。如七架屋可在前、后进深各一步处加柱，构成前、后廊；也可在进深两步处加柱，廊深两步；或只在正中加一柱，成各深三步的七架前后室；或在此七架前后室之前另加一步架为前廊，总体构成八架前后坡（图 11－1－11）。《营造法原》附图“扁作厅抬头轩”为十架前后坡，前廊深一步，前廊之后的“抬头轩”深两步，再后主要空间深四步，称“内四界”，后廊深两步，称“后双步”（图 11－1－12）。或在九架主屋前后各加一架为前、后廊，共十一架，主屋正中置一柱，分为前后二屋，称“鸳鸯厅”（图 11－1－13）。五架屋也可只设前后二柱，或在前部进深一步处加柱成前廊，或在五架屋之前另加一架为廊，构成六架前后坡。六架前后坡也可为前二后三的格局，分全屋为前后二室。总之，各不同步架的各种柱子布置方法，可以灵活构成多样的房间和廊子空间。

抬梁式构架内部可在进深三、四步甚至七、八步之多的距离内不设柱子，加上相邻各间，可以构成大空间，故多用于大宅第大园林的厅堂，或寺观殿堂。梁柱做法细致，梁柱交接缜密，如梁为月梁，柱为梭柱等，柱梁之间或上下梁之间的交接处常用斗栱，童柱做成瓜柱式，仍多保存宋代做法。故近人朱启钤说：“（南宋）绍兴以后，中原工艺随国都南徙，萃于江浙一隅，遂成近世人文之盛。其时李明仲《营造法式》一书重刊于平江（即苏州）。明清以来，写本流传，亦以江浙故家为最，故今苏杭建筑，若月梁、琵琶斗等，犹如宋制，而北方转失其传焉。”[①] 抬梁式房屋的品级较高，屋面的举架做法及檐椽、飞椽，皆大致同于北方。

但刻镂细致的梁架只施于露明部分。南方厅堂，为保证内部空间的完整性，经常使用称为“轩”的屋坡形天花，构成内界面。轩下梁架构图完整，做工精细，在优美的弧形椽条上覆以细磨的望砖。轩上梁架人不可见，称为草架，只作简单处理。在《营造法原》中对此有详明附图。《园冶》也载有简图。此类做法又称“复顶”，多用于园林。园林建筑因其精美高贵，忌用那种简单的平顶天花板，若采用“彻上明造”，又显得上部过于空旷，或椽瓦暴露，似觉粗陋，此时就采用复顶。轩的使用，空间感觉丰富，配以各自的梁架，能示意出不同的空间分区（图 11－1－14 ～图 11－1－16）。

除抬梁架外，南方还更多使用穿斗架。

穿斗架　穿斗又称穿逗，其与抬梁架的最大区别是传力系统的不同。抬梁架的屋面荷载，从上而下，是通过望板、椽子和檩条，再经由层层横梁，最后传到立柱。穿斗架却没有横梁，而由柱子直承檩条，前后各柱组成排架，联结

① 朱启钤．题补云小筑图[M]// 朱启钤．营造论暨朱启钤纪念文选．天津：天津大学出版社，2009.

对页注

①姚承祖．营造法原[M]．张至刚增编，刘敦桢校阅．北京：中国建筑工业出版社，1959.

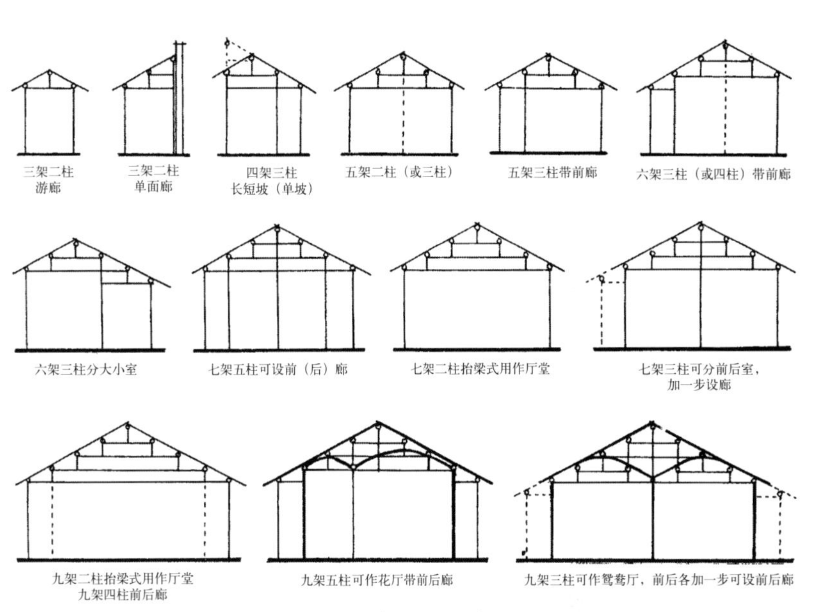

图 11－1－11　从三架到九架常用构架形式（《浙江民居》）

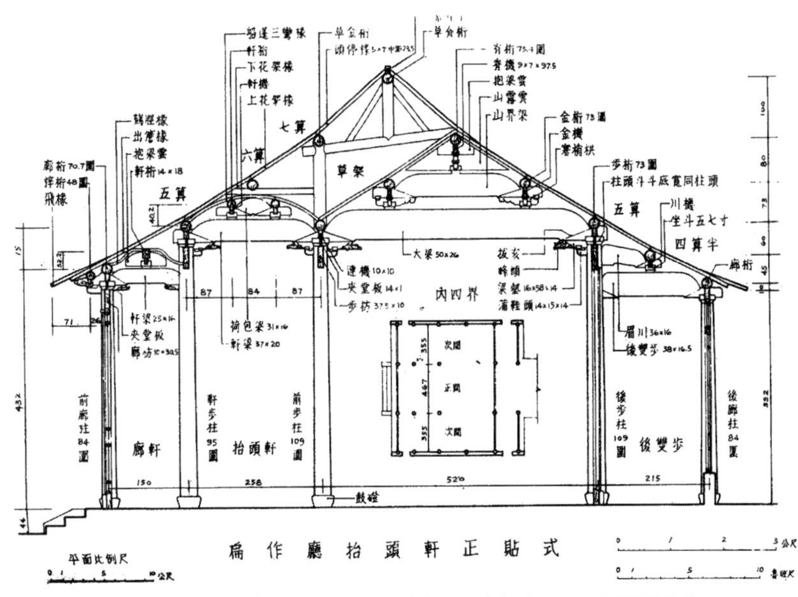

图 11－1－12　《营造法原》“扁作厅抬头轩正贴式”——十架前后坡（张至刚补图）

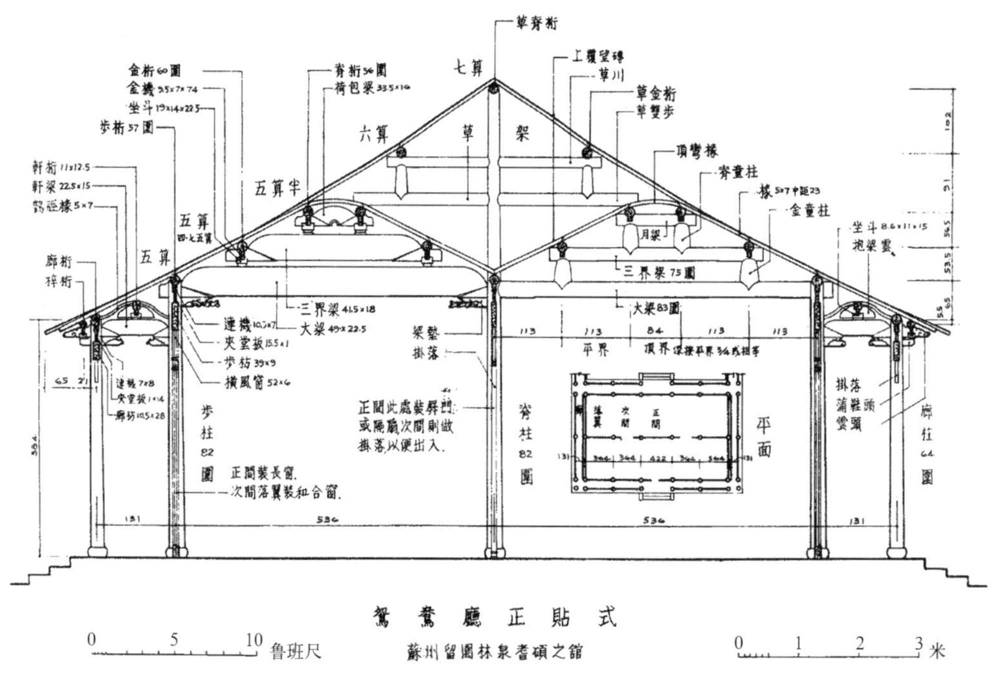

图 11–1–13 《营造法原》“鸳鸯厅正贴式”——十一架鸳鸯厅（张至刚补图）

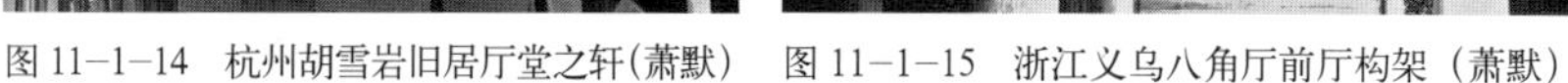

图 11–1–14 杭州胡雪岩旧居厅堂之轩（萧默） 图 11–1–15 浙江义乌八角厅前厅构架（萧默） 图 11–1–16 八角厅后厅构架（萧默）

排架各柱的横向构件称为“穿枋”。穿枋有上下数层，从前到后穿通各柱，若其上无柱，则不承受力量，只起联系各柱加强构架稳定的作用。檩条之间的水平间距即每“步”的距离较小，大约只及抬梁架的一半即 0.6 米，故檩条和柱子的木材都比较细。有时每柱都下落及地，称“千柱落地”，多数情况为减少立柱，每隔一柱或两柱落地，不落地的短柱或称“偷柱”，就串立在穿枋上。其串立有两种方式，一是各短柱等高，各串通两层穿枋；一是短柱长短不同，一直串接到最下一层穿枋为止。《鲁班经》述绘侧样称：“木匠按式用精纸一幅，画地盘阔狭深浅，分下间架，或三架、五架、七架、九架、十一架，则在主人之意。或柱柱落地，或偷柱……”。其所附“七架之格”图就显示了一座进深七架、落地四柱、偷柱三条中的正中一柱在山墙落地，其余各间仍为偷柱，并采用第二种串连方式的穿斗架。最下一两层穿枋常在檐柱出头，以承

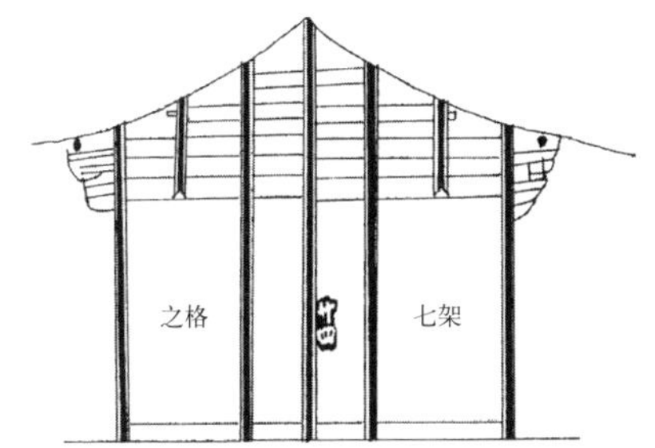

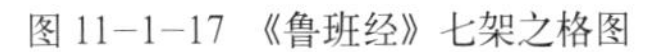
图 11-1-17 《鲁班经》七架之格图

图 11-1-20 穿斗架的施工（王其钧）

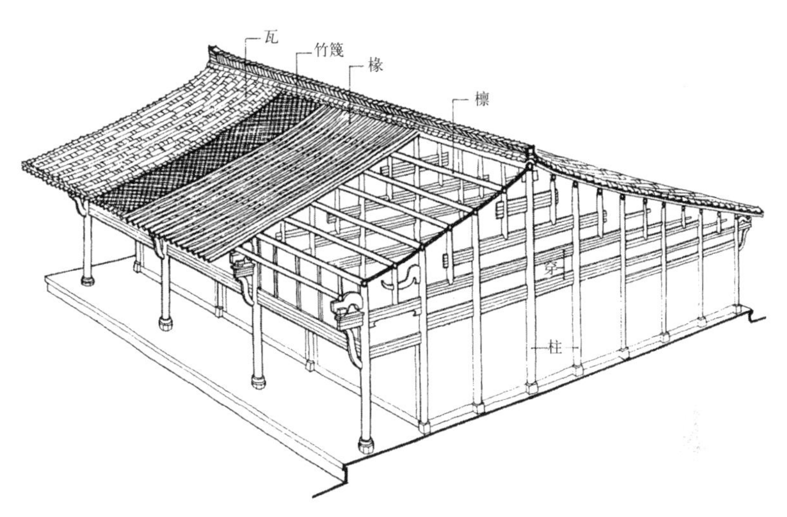

图 11-1-18 穿斗架（《中国古代建筑史》）

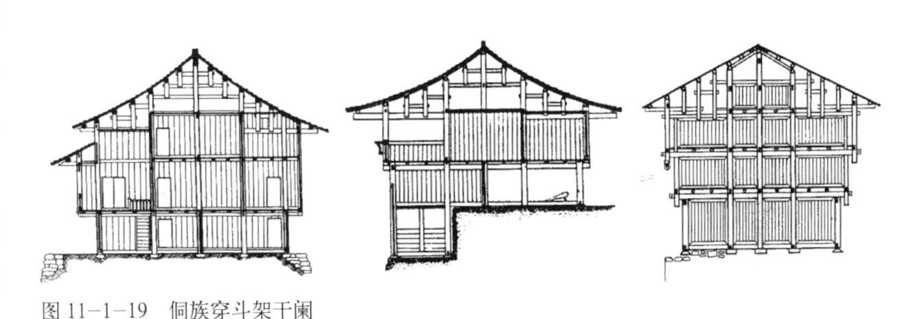
图 11-1-19 侗族穿斗架干阑

托挑檐檩（或枋）。穿斗架的屋面也有凹曲，但曲度很小（图 11-1-17 ～图 11-1-20）。

使用穿斗架的房屋一般品级较低，大都用于民居，屋顶轻，围墙薄，穿斗架的构架整体性良好，又节省木材，正适应于此要求。穿斗架由于内外立柱较多，不能构成厅堂类大空间，而民居房间不大，在各架立柱间安设板壁，尽量不影响使用。

结构组合 不论是抬梁架还是穿斗架，都可以非常方便地构成各种不同形式的楼房，或在前后左右扩建，或适应不同地形，十分灵活自由。如以一座五架三柱二层楼房为核心，在楼前下层只须伸出楼板枋，即可扩出一步前廊；楼后上、下层也可扩出一步，即变成六架前后坡。也可上、下层前后都有一架深的廊，结构变成七架。或七架楼房的下层后面扩出一步为后廊，前面也扩出一步，但前墙退后一步，使前廊深为两步，楼上则前檐柱立在楼下前廊的横梁上，仍为七架。也可在楼下一侧加出两步，另一侧收进一步，楼上仍为七架。或楼下一侧加出一步，另一侧挑出腰檐，楼上仍为七架。类似此等处理，千变万化，不胜枚举（图 11-1-21）。

扩建也很方便，以主体七架的平房或楼房为例，向后可顺屋坡扩出三步或二步，成前后坡；山墙可扩出五架屋，或接出披屋。主体若为九架，山墙面可扩出七架屋，亦可为五架。山墙面扩出的房屋也可移前移后，其前檐或后檐向主体延伸即成为主体一侧的披屋。又如主体七架楼房，在山墙面扩出五架楼，与此五架楼方向垂直，又可再接出披屋，同时在主体楼房前又可再向前接出，总体构成很丰富的体形。还可随时在楼房挑出悬楼，只须加长相应的楼板枋即可（图 11-1-22）。

楼房后坡可延伸为平房，或在楼房一侧檐柱上插入穿枋，即可构成重檐，以下檐覆盖下层空间，可以构成丰富的空间和形象（图 11-1-23）。

若地形高低不平，可稍加整治成台，在各台上分别架构，屋坡可一顺而下，也可错落有致；或在低地一侧用吊脚柱支承，或在水岸边以悬梁挑出（图 11-1-24）。

总之，与北方建筑相比，南方穿斗式建筑结构显然在处理上具有更大的自由，不论最后构成如何复杂的形象，结构的基本构成方式仍然不变，同样都由可以分解为十分简单的各个部分构成。

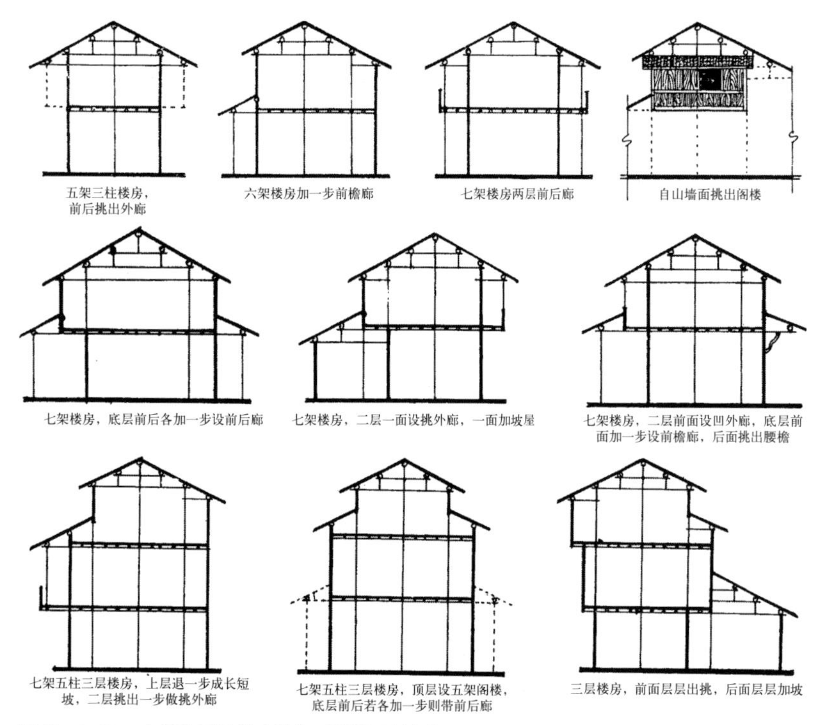

图 11-1-21 多样的居民楼房构架（《浙江民居》）

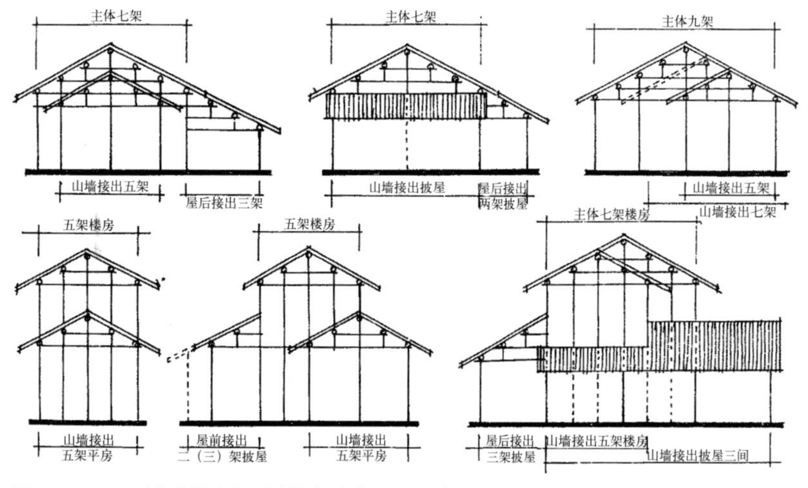

图 11-1-22 平房或楼房的灵活扩建（《浙江民居》）

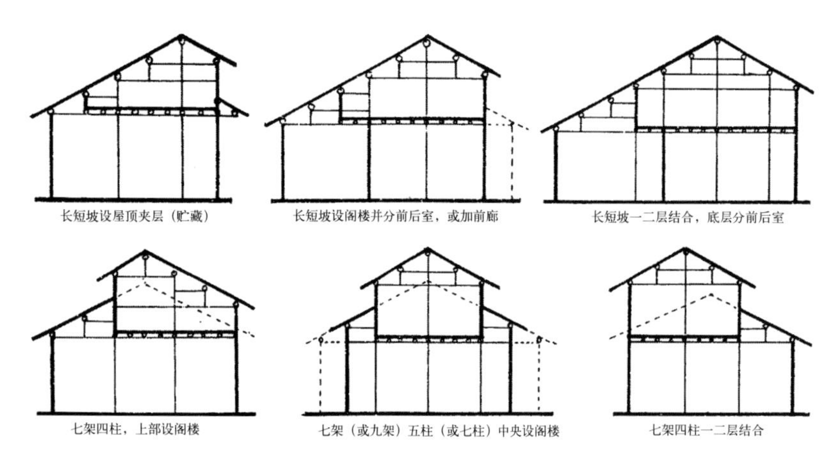

图 11-1-23 前后坡楼房和重檐楼房（《浙江民居》）

屋角起翘 屋角起翘的做法可能先起于北方，而后才传到南方。角翘在唐代渐多，与无角翘的做法并存，北宋以后开始普及，至明清，南方角翘已很发达，而且特别高峻。南方的角翘有两种做法，即水戗发戗和嫩戗发戗。前者的木结构本身其实并无角翘，只在斜脊近角处用瓦件砌出特别高起的尖角，尖角内含铁件以为支撑。后者才是真正的角翘，其“嫩戗”（即仔角梁）不是铺放而是直接斜插在“老戗”（即老角梁，宋称大角梁）头上，二戗之间的斜角约 130° ~ 122°，在两条戗木之间即戗背以多条名称各异的三角形木料嵌连，在最上缘刻出凹曲线，构成一个整体，其角部的“生出”（即角尖在平面上的投影伸出的程度）也特别发达，整个角翘十分高峻。无论哪种起翘做法，总体效果都比北方平实庄重的角翘更富轻灵妩媚之姿,成为南方建筑重要形象特征之一。朱启钤谓：“余谓我国南北建筑之式样，北以雄健胜，南以秀丽纤巧见长，俱如其气俗人情。”[①]即便是角翘，亦不例外（图 11-1-25、图 11-1-26）。

第二节 室内环境

中国古代建筑艺术，不但在建筑外部的形体、空间和环境等方面取得了卓越成就，在室内环境的创造上，也同样倾注了艺术家的极大热情，表现出很高的造诣。中国建筑室内环境设计，是独特的中国文化的产物，显示了鲜明的中国特色。

组成室内环境的实体性因素，应包括空间界面（顶部、地面和墙壁）、陈设和家具。影响室内环境的非实体性因素，涉及精神文化层面，诸如伦理观、人生观、自然观以及体现人们社会生活、风土人情和审美情趣等的思想观念。所有这些，都可能被融汇在室内环境的构成之中。

建筑首先是一种造型艺术，通过视觉，人在感知组成建筑的线、面、体（体形和体量）、空间和有机的群体组合的基础上，进一步体察认知，便会感受到建筑艺术家所欲传达的情感，将认知化为认同，激发出自已的感情波涛。但视觉之所及还不只是以上这些比较恒定的因素，应该还包括随时流动的光影和随光影变化而效果不同的色彩。同时，建筑又不只是视觉艺术，还是环境艺术的重要组成，一般情况下甚至是环境艺术的主角。人对建筑的认知关系也就是一种通过眼、耳、鼻、身等器官对光、色、声、臭、触进行感知的全身心的感受，除了主要涉及视觉外（据心理学家的研究，人类对环境的感受，百分之九十五以上是通过视觉达到的），也涉及嗅觉和听觉（以及转化为视觉的间接的触觉）。这几种感觉的统合，便是所谓“统觉”，往往具有一种“通感”的效应。此外，重要的还是从中体味到一种人文的精神。若对所有这些效应加以精心的利用与组织，便会相得益彰，大大提高作为环境艺术的建筑艺术的表现力。中国传统建筑恰好在这方面有着十分可贵的成就。

光色环境、嗅觉环境与听觉环境，主要涉及物理生理因素，统称感官环境，虽基于生理官能而生，在环境艺术的欣赏过程中又将超越生理的意义，而上升到心理的、精神的和审美的领域，因而具有了环境艺术的价值。至于环境装饰以及在环境中渗入的人文因素，可称为心觉环境。本节着眼于建筑的环境艺术特性方面，限于篇幅，只能略加点示。因论及对象主要涉及室内，故以“室内环境”为题，但举一反三，又不独室内而已。

一、光色环境

光与色通过视觉而被人感知，光色环境是视觉环境的重要组成。

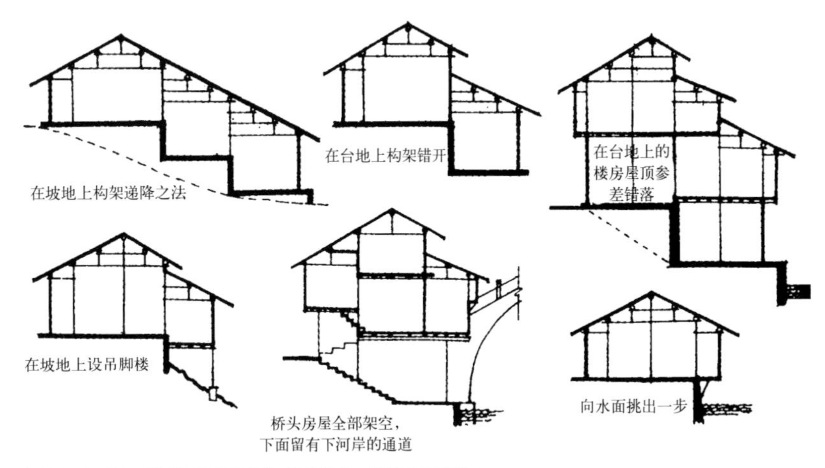

图 11-1-24　适应不同地形的多样构架（《浙江民居》）

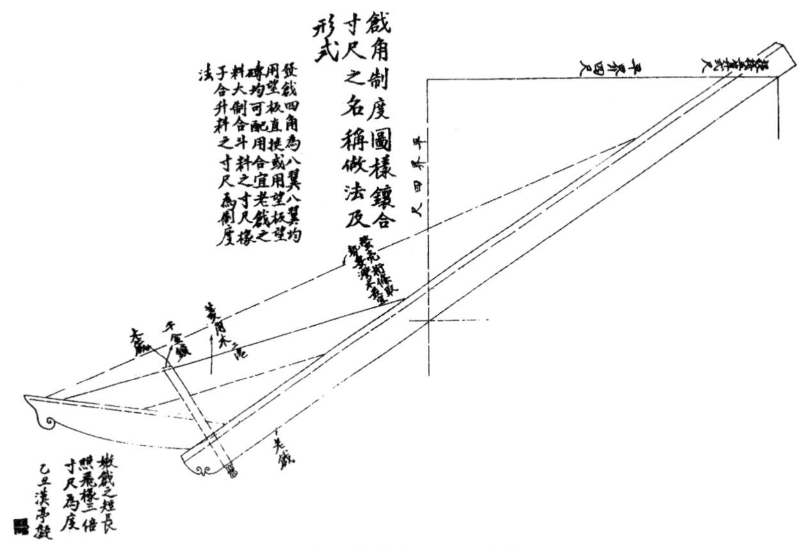

图 11-1-25　嫩戗发戗翼角越翘的角梁（《营造法原》原图）

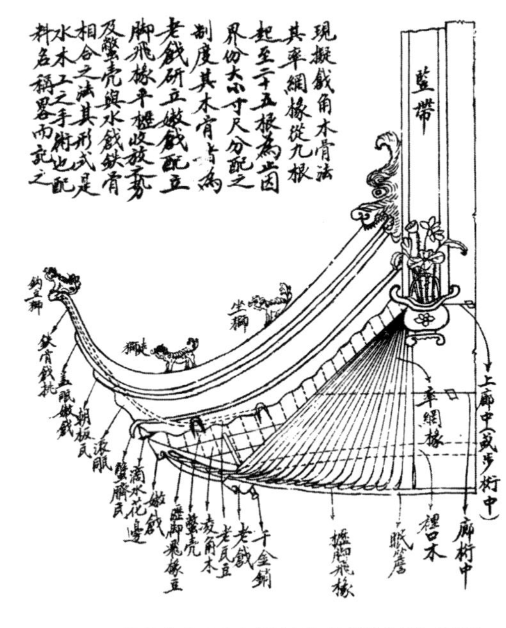

图 11-1-26　嫩戗发戗翼角起翘立面（《营造法原》原图）

对页注

①朱启钤．题补云小筑图[M]// 朱启钤．营造论暨朱启钤纪念文选．天津：天津大学出版社，2009.

光影

有光的照射，视觉方可产生效应，室内设计也才具有意义。采光有多种途径，天然光和灯烛是古代建筑的主要光源。

天然光是最主要的光源。通常人们要求明亮的光线，门窗设计要符合这个要求，使“轩楹高爽，窗户虚邻”，室内保有足够的光亮。但明亮并不总是必需的，为了产生某种特定的效果，往往取幽暗的光线，如寺庙的殿堂，深邃幽暗，由神秘引发出崇敬。

光线通过漏窗射入室内，形成斑驳的光影，洒落在地面和墙上，造成美妙的图案，时移影易，呈现缓缓运转的动态景象，给室内带来生意。这些地面上的疏影、浅影，粉墙上摇曳的碎影、斜影，给人的那份恬静，是无光的世界绝对不可想象的。

结合诸如保暖纳阳的需要，可以调整开窗的方向和窗面大小，以调节自然光的变化。需要御寒的斗室，不妨“留西窗以受斜阳，不设北牖”，使室内充满温暖的气息。适宜夏用的敞室，北扉就必不可少，并前后洞开，让凉风穿堂而过。还可在窗外丛植一片绿竹、几株芭蕉，刺眼的阳光经过花树的过滤，翠光浮影，下射室内，顿使几簟生凉。

人工光源主要供夜间照明，比日光易于控制，产生的趣味也更加丰富，形成的室内气氛，可以是宁静、淡雅或朴实，也可以是热烈、浓郁或华丽。人们可以自如地应用光线的扬抑、虚实、动静之效，调节投光角度和范围，建立起符合要求的室内秩序和视觉效果。

中国灯烛历史悠久，也很有特色，不只是一种技术设备，还作为工艺品，担负着装饰室内的任务。灯的种类大约有吊灯、灯架和置于桌案的灯台烛台。吊灯悬挂于上，不可移动，灯台烛台须置于几案，灯架比较自由，既可移动，又不依附桌案。古人把照明的实用性和欣赏性完美地结合在一起，如华丽富贵、国色天香的“牡丹灯”；状如蝉翼，绢丝似网的“料丝灯”；“冰灯”如出海鲛珠犹带水，满堂生辉，罗油生寒；“琉璃灯”似冰莹玉英；还有围绕床席的“灯屏”、筵上树立的“火树”等。火树是组合灯，向各方伸出灯枝，构图稳定，用在隆重的场合。杜甫的“火树银花合，星桥铁锁开”，就是此种灯的写照。

色彩

传统室内的赋色颇为多样。造成差异的原因众多，大略而言，系因地域、建筑性质或主人爱好而有异。

中国地域广阔，因地理条件、气候及自然景色的差异，造成了不同地域色彩倾向的不同。如华北气候寒冷，冬季树木凋枯，天色灰蒙；西部黄土高原或戈壁大漠，绿色甚少，秋冬则朔风凛凛，落叶萧萧，一片肃杀之气。在这样的环境里，北方人倾向在室内使用暖色调，以华丽的柱梁彩画、金色的藻井和较为深重的家具赋色，表现出对温暖、华彩、敦厚之美的追求。而东南水乡常碧波千顷，山丘葱茏，起伏处云缠雾绕，窈窕时水摇风动，于清新高洁中带着秀灵之气，故清淡的室内色彩为人钟爱，以白墙、青砖和不施彩画显露木本色或仅稍加清淡彩饰的梁架，以及木本色家具、碧纱竹帘，构成了清雅秀洁的室内气氛，常予人以轻烟淡彩，虚灵如梦之想。

虽然南北有异，但温和与虚清均属于“静”态，与中国人趋近于沉静含蕴的人生态度是分不开的。只有像西藏那样的地区，由于自然条件十分严酷，更由于一系列宗教和文化的原因，才显出了对浓厚、鲜艳和对比强烈的色彩的追求。又如岭南一带，可能部分地因为与以洛可可风格为主的欧洲建筑文化的接触，也表现出对浓艳而琐细色彩的偏爱。

色彩可以引发人们对事物的某种定向联想，

这种效应常被设计者利用，以色彩在一定场合下的某种倾向性达到象征的目的，烘托气氛。如以金色象征高贵尊荣，蓝、绿寓意万年常青，生生不息，而灰、白和黑色使人分别想到平凡、纯洁和坚实。还有不同层次的中性色，如棕褐、暗红、浅蓝、浅黄、青灰，配以白壁，相互衬托，容易达到和谐的境界。选用适合建筑身份的色彩来表现建筑性格，比如鲜明丰富的色彩宜于表现豪华高贵，于是“彤轩紫柱，文榱华梁，绮井含葩，金墀玉厢”，就常出现在帝王宫殿中。清代皇宫凡藻井、斗栱、梁架、柱身皆大量使用金色，有的藻井几乎全部贴金，使豪华高贵的程度愈增。民居常以灰、白、黑的组合，表现雅而不俗、平实安宁的生活情怀。文人雅士则视清静为宜，多借托材料的天然色彩，洗尽铅华，返璞归真。人们说：“一个人的房子即是他自己的一种延伸”，室内的色彩常是主人性情与审美情趣的一种表现。人们对色彩各有偏好，都在以不同的方式构成自我。

在中国，受五行理论的影响，还有一种特殊的象征性用色方式，即色彩与方位的对应：东青、南赤、西白、北黑，中黄，各随方色。此类用色古代例证不少，但只用在诸如明堂、辟雍、灵台、社稷坛等类建筑中，如东汉洛阳灵台。张骏造谦光殿，“画以五色……殿之四面各起一殿，东曰宜阳，青殿，以春三月居之；南曰朱阳，赤殿，夏三月居之；西曰政刑，白殿，秋三月居之；北曰元武，黑殿，冬三月居之”。五色与五方四季结合，依时择居，时空概念尽在其中。

色彩本身的组合配比存在着一系列的规律性，总的来说仍不脱对比与协调等形式美法则。古人说：“五色成文而不乱。”五色即指对比，不乱即指协调；如无对比，“协调”就成了单调；如无协调，“对比”也成了杂乱，皆不能“成文”。故寓对比于协调之中，是色彩设计的要义。而在总的既对比又协调的基础上，有的更侧重协调，有的更侧重对比，都应根据创作对象，相机而用，方为佳作。

侧重于协调者，色彩不必太多，应选用近似色的组合，“朱衣开绛帐，紫帷对青编”，反映的就是这种关系。南北朝时已出现“晕”的技法，即以一种色相的不同明度，顺次施用，有退晕和对晕之法，在协调中获得变化。有时在总体倾向协调的基调中略有对比色点缀。

倾向于对比的设色则强烈夺目，极富装饰性，汉代已有“丹楹缥（淡青）壁”、“桷榱朱绿”的记载。对比处理的关键在于量的把握，必须突出主要色调，才能避免凌乱。佛光寺大殿室内的斗栱、平闇、乳栿面上均刷土朱，仅边缘涂白，即在大面积的红色上以白色勾勒。之后，土朱彩画在旧制上发展，趋于定型。宋以后发展起来的青绿彩画中“点金”的处理，亦是适当运用对比色的范例。

色彩的组合形成了传统建筑室内的丰富面貌。然而借画论之言“涂抹满幅，看之填塞人目”，过于丰富的色彩反为不美。有时在室内装饰上别出心机，即不加彩饰而借助刀功。承德避暑山庄澹泊敬诚殿和安徽歙县民居老屋角，木面皆不设色，原先的桐油光泽也正在褪去，露出素木古朴的原色，然而木面上丰富的雕刻，却令室内如一座优美灵动的形象世界，其中自有色彩的变幻。这种淡中求艳的方式，庄重素雅，妙想无穷，恰合“无墨之墨，无笔之笔”之论。

二、嗅觉环境

气味对人的情绪有直接影响，以香为美的现象是人类普遍存在的，所谓“鼻之喜芬芳也”。利用从嗅觉感受获得的愉悦，去创造怡人的室内环境在中国由来甚久，《楚辞》就有“藜棘树于中堂”、“挐黄梁些”等类描述，透露了利用，芳香木材营造一种芬芳的室内气氛。《九歌·湘夫人》对香气笼罩的房间有更详尽的描写："荪壁兮紫坛，播芳椒兮成堂；桂栋兮兰梁，辛夷楣兮药房；……芷葺兮荷屋，缭之兮杜蘅。"

室内生香的方式一般有以下几种：

1. 利用木材本身以发香。除上举《九歌》所述外，文献中常有"桂殿兰宫"、"桂树为柱"、"檀香为梁"、"木兰为棼、文杏为梁"的记载。渗透在木材中的植物芳香总是幽然飘溢，经久不竭，每当微风徐徐，香气便随风拂面，缭绕厅堂。保留至今的一些等级很高的建筑如太和殿的沉香柱，还有避暑山庄澹泊敬诚殿，每当阴雨之季，殿内楠木浓香扑鼻。清西陵慕陵棱恩殿藻井、雀替、檩枋、门窗均用楠木构造，表面雕刻数以千计的龙，皆昂首空中，张吻鼓腮，作吞云喷雾姿态。楠木香气馥郁，自然产生"万龙聚会，龙口喷香"的艺术效果。

2. 附着于结构构件上的饰面常和香而成，如汉宫的"椒房"用香花掺和泥土涂壁。文献中多见"丁香粉涂壁"，"以麝香乳筛土和为泥饰壁"，"将芸辉草春为屑，以涂其壁"，"其门刷以醇酒，更散香末"之类的记载。

3. 以家具或饰品作为香源更为普遍，由于易取易换，可以保证天然之清新，如使用芳香木材制造家具，或在屏风上绘写书画，透出一种墨香，还有盆景与插花，用大盘盛装新鲜水果，等等。其"二宜床，四时插花，人作花伴，清芬满床，卧之神爽意快"（高濂《遵生八笺》），比起那些一味雕金嵌甸者，胜之远矣。

4. 引室外自然花草之香入室，姑称"借香"。古人不仅常在窗前屋后植花移木，芗泽浸人，在相地时即已将既香且美之地作为环境因素加以考虑。苏州园林大量利用不同季节的花木之香，使环境成为香的天地。拙政园的远香堂，每当盛夏，荷叶田田，菡萏飘香；留园的闻木樨香轩，每秋高气爽，桂花香气沁人。拙政园的雪香云蔚亭，初春时，梅花盛开如一片云霞散着幽香。

三、听觉环境

声音与人类生活密切相关，其重要性早已被认识。庄子认为，天下所乐者，音声为其一。荀子认为，耳好声，乃人之自然性情。古代匠师很早就有意识地在室内空间里追求听觉美的感受，表现出质朴的生活情趣。

在相地时，环境的声音因素就常被考虑。庙观往往颇多佳例，寺僧"刳竹引泉，不仅能目饱清樾，亦耳饱溪声"，表达了"山僧野性爱林泉"的志趣。其实很多高人逸士也耳厌笙歌，有意在远隔尘嚣的地方寻找自己的天地，"移枕簟就亭中卧月，涧流淙淙，丝竹并作"。这天然的水声，宛若乐器奏出的和美音符，确使人觉得胜过歌舞之庭。梁昭明太子云："山水有佳音，何必丝与竹"。但可以在大自然中自由徜徉的乐趣，毕竟不是一般人所能企望，故《长物志·室庐》说，"纵不能栖岩止谷，追绮园之踪，而混迹廛市，要须门庭雅洁，室庐清靓。亭台具旷士之怀，斋阁有幽人之致"，更多的是以人工代天巧。倘若在窗前屋后种方竹数竿或芭蕉几株，便可品味"人家竹语"、"夜雨芭蕉"的意境，令室内平添几份清冥幽致。比如拙政园留听阁，临水，池内遍植荷莲，取意于李义山诗"留得残荷听雨声"。

在建筑本身，根据声学原理利用不同的材料，也能产生奇特的音响。相传吴王夫差为博西施欢心，命工匠在廊下埋大缸小坛，上铺名贵硬木，造一条"响廊"，走动时脚步声叮叮咚咚，好似一种特别的音乐。利用共鸣原理以改善音色的做法古代时常应用，如戏台下埋设大缸，演出时能起到烘托、共鸣、聚音和使声音回旋向上的作用。避暑山庄清音阁共三层，下层作舞台，台面下有五口地井。颐和园德和园戏台也是这样。私宅内筑琴屋，亦可下埋巨缸，缸内悬铜钟，便更觉琴声清亮悠扬。若在“层楼之下，盖上有板，则声不散；下空旷，则声透彻；或于乔松、修竹、岩洞、石室之下，地清境绝”，更与风雅相称。钟楼鼓楼利用下层楼腔为共鸣腔，也同此理。

如果取用特殊材料，还可使整幢建筑成为一个发音体。《竹楼记》记黄岗竹楼以竹造成，“夏宜急雨，有瀑布声。冬宜密雪，有碎玉声”，“宜鼓琴、琴声和畅；宜咏诗，诗韵清绝；宜围棋，子声丁丁然；宜投壶、矢声铮铮然”，所行娱乐，皆得各种音色的回响陪伴，更增情趣。

古人云“入耳之声，无非诗料”，室内设计正是利用了一些音乐化了的空间感受，对人们的生活和情感发生作用。

四、环境装饰

综观古代建筑室内，或富丽豪华，或古朴典雅，或金玉满堂，或书香盈屋，所以气氛有如此之大的差异，均与装饰不无关系，繁褥纤巧，简洁明快，各自不同。

装饰的应用主要涉及装饰的母题及部位。

装饰母题

装饰是一种符号，它所涉及的题材和形象密集着大量的文化信息。用作装饰的题材很多，可以根据空间的性质、环境的特征及风俗习惯进行选择。

某些具有超人力量事物的母题，不难发现其中蕴含着深厚的原始自然崇拜的情结。人类在原始时代，无法理解也无法抵御自然界的伟大力量，便把希望寄托在具有相克神力的某种事物之上，提示性地汇入日常生活。这一古老的感情因素被传袭下来，于是就有汉赋中“茄密倒植，吐被芙蕖”，寓水克火的藻井。直到清末宫廷仍摆设龟鹿鹤的形象用为陈设，期求长寿之神的恩护。

还可以与人类有友好关系的、令人愉快的事物为母题，以获得它们与人类之间友好关系的深刻而持久的祝愿。取自这类题材的作品绝大多数是宁静愉悦的，如文人志士引为知已的松竹梅岁寒三友等。

当已有的事物不足以表现某一观念时，人们便发挥创造才能，以构想出的事物去表现。这类题材尽管是幻想的，却又好像是可靠的，人们传说弥久，渐渐深植人心。比如龙凤就是人创造的富有浪漫色彩的传统图案。特别是龙的形象，自古以来就被人们视为神灵，是神武和阳刚的代表、皇权的象征，尤其在清代宫殿里被大量用在室内装饰上。此外，人们又利用事物的某一自然性质，附会人事，来表达某种追求，如石榴之“多子”，荷花之出污泥而不染，锦纹地上置花卉寓意锦上添花之类。

还有一种有趣的现象，即利用谐音，祈求风调雨顺、家泰人安，比如苏式彩画中的“流云百蝠”，寓意福如云涌；家具纹样中的“福庆有余”，以蝠寓福，以磬寓庆；以瓶和鹌鹑共组图案，谐音“平安”；以柿子、如意组成“事事如意”等。既象征了好运的到来，又给人造的屋宇引入自然界的生机。

除此以外当然还有大量的装饰取决于形式美的需要，不一定含有明确的寓意性主题，可以随心之所想，无往不在。

装饰部位

室内界面是最重要的装饰部位，其装饰效果分别由结构形式、彩绘雕刻、赋色和质地、壁画和挂品获得。

中国建筑装饰十分注意装饰与结构构件的内在统一。中国传统的室内装饰之所以有强大的生命力，正在于它是根据结构的需要而来；如月梁稍稍向上弯曲，既表达丨分自然的曲线之美，又（至少在视觉上）合乎受力的原则；又如斗栱从形状到组合经过艺术处理，便以艺术品的姿态出现在建筑上，既是装饰，也是（至少在视觉上）受力所必需。在结构构件表面，前期常以丝织品包裹，并加用铜、金、玉等装饰，如明代的包袱锦彩画，便是早期“包裹”的遗意。清以后，木构件上的彩绘完全代替了纺织品。

不用彩绘的木构件，常以雕刻装饰，其起源甚早，汉赋中已有较多的描述，到晚期，尤其在南方如江南、皖赣、岭南一带的民居祠堂，运用更加普遍。

陈设，包括隔断、家具和独立的雕刻品。其中对家具的处理不外两种方式：一种是对结构构件普遍施以简单的柔化加工，以避免粗糙感；另一种是重点处理一些具有结构作用的配件，使其在整体中发挥起承转合的作用。

装饰小品则起点缀作用，借以反映主人的地位以及性格、爱好和文化修养。

上述种种，彼此相互协调，综合设计，使粗糙的表面变得精致，让单调的空间丰富起来，强调趣味，做到重点突出，使空间富有魅力。

五、环境与精神

室内艺术使人们获得了观感上的愉悦，这仅是其作用之一，更重要的是它表现了中国人特有的文化审美精神。这种精神，主要包括社会化和个性化两方面的追求，前者体现为重道、遵理、助人伦、敦教化，后者主要在文人那里得到更多体现。此外，通过某些人文体裁如书画、匾联和陈设小品的恰当运用，更深化了室内环境的精神意境。

伦理观

传统儒学的“礼制”思想，通过对君臣父子，兄弟夫妇的严格定位，来达到整体社会的严整有序，而臻于治平。儒学宣称智愚贵贱上下有别，于是便有了所谓伦理纲常之道。礼有多寡繁简的区分，“故为之雕琢刻镂黼黻文章，使足以辨贵贱”。所以，中国历代都对包括建筑及其室内设计在内的各种建制严加界定，诸如帝王宫殿、百官府邸，庶民宅室的屋舍规模、间架数量、构件的做法和用材，以至装饰陈设、色彩和纹饰，都有一系列品级规定，各色人等必须遵行。变化只能在限制的范围之内。“各位不同，礼亦异数”，否则“犯者有实”，治各其罪，而“镇之祸止”。这种成礼于作器之中的思想，使室内艺术设计也成了实行礼治的基本内容之一，成为绳系社会等级秩序的重要因素。儒学的这一套制度，使“礼”的观念不仅体现在人的思维方式、情感模式、承受心理等主观形式上，在室内设计这类与日常生活紧密相关的事物上，也得以强化。

皇权当然是至高无上的，“不壮不丽，岂传万世”。壮丽的宫殿以其高、深、广、积、丰、满、盛等表现的“过度之物”、“异常之物”，给人的感情以强烈的刺激。现存明清北京宫殿几十座院落、几百所殿宇，以其辉煌的室内气派，多姿多貌的组合，强烈的色彩，高贵的装饰烘托，并以主要建筑的宏阔、深奥、高大、重厚和丰满，把皇帝的权威渲染得淋漓尽致。

家庭也同样浸透了儒学的宗法，以正父子，以笃兄弟，明长幼贵贱之序，严男女内外之别。一院之内，以辈份、年龄、性别等为据，形成亲疏、尊卑、长幼的分野，故家宅的正房、耳房、偏房、倒座，皆各有等级。

以上种种，客观上形成了传统建筑室内强调整肃的鲜明特点。室内布局注重轴线，特别在宫殿、佛殿和民居的正房，几乎都是中轴对称的，同时广泛运用方整、规则、直线，形成庄严肃穆的格调。其尺度、色彩、装饰，都依次分出高低、大小、多少、繁简、华朴、明暗，以表现主次和秩序。这种室内布局，无疑也

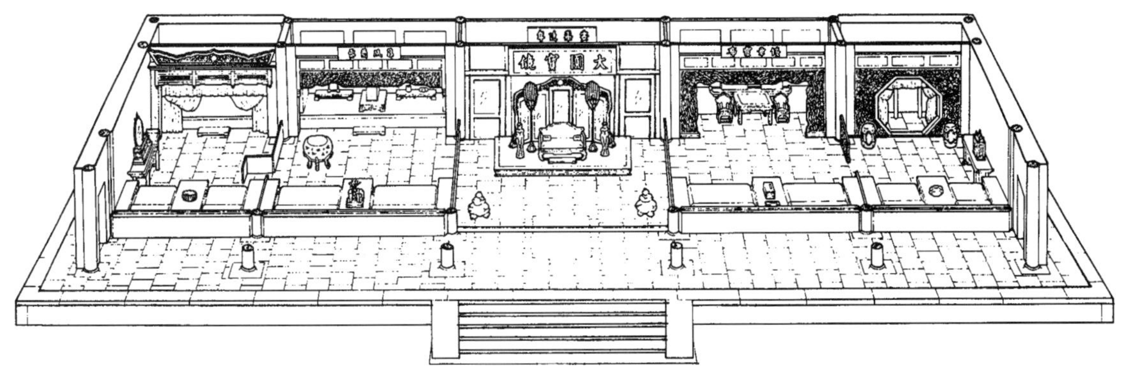

图 11–2–1　北京紫禁城储秀宫室内布局（《紫禁城宫殿建筑装饰——内檐装修图典》）

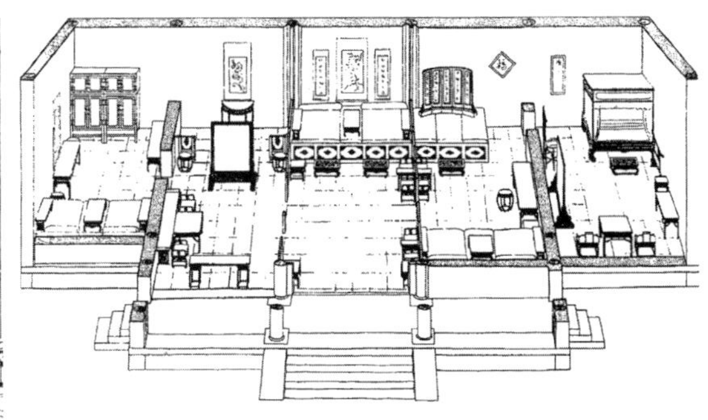

图 11–2–2　清代住宅室内（《中国古代建筑史》）

是“中正无邪，礼之质也”观念的外化，它织成一面有秩序、有节奏的生活的网，既是外在艺术形式的综合展示，也是内在人生哲理的显现。这样的环境气氛，使人们在行止坐卧之中，自然行为端庄廉方，潜移默化，达到维系人际伦常的作用。把伦理的、道德的价值观转化为美的意识，从而将中国建筑室内设计审美观念置于极强的理性支配之下（图 11–2–1 ～图 11–2–5）。

自然观

如果说伦理等级的规范，充分体现了中国古人的社会意识，那么追慕自然的生活理想，反映的却是个性化的人情意识。

人生活在社会中，也生活在自然中，自然界的风光也是创造室内气氛的重要因素。人们在室内居住，又有着向往自然，接近自然的要求。乾隆曾讲造屋之美在于能致人以情，而“室无有高下，犹山无有曲折……山无曲折不致灵，

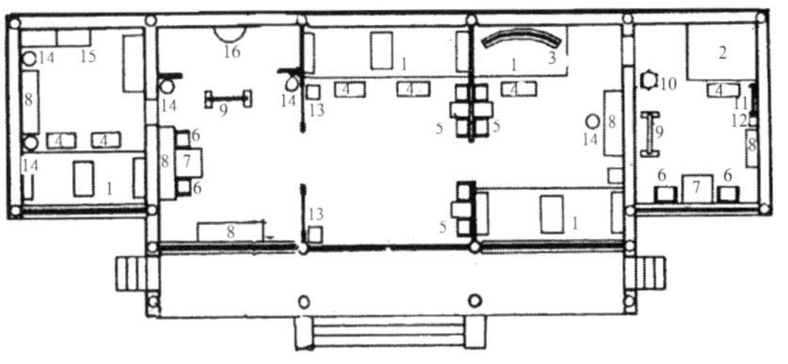

1. 炕；2. 床；3. 炕屏；4. 脚踏；5. 一几二椅；6. 椅；7. 方桌；8. 长桌；9. 穿衣镜；10. 脸盆架；11. 衣架；12. 几；13. 方凳；14. 圆凳；15. 立柜；16. 半圆桌

图 11–2–3　清代住宅室内（《中国古代建筑史》）

图 11-2-4　网师园撷秀楼室内（资料光盘）

图 11-2-5　留园林泉耆硕之馆室内（资料光盘）

室无高下不致情。然室不能自为高下，故因山构屋，其趣恒佳”，推崇因山构屋，接近自然。而“利济者水，涵虚若镜。怀朗鉴遇物之心，处下流通而不意”，故濒水筑室，也表现出人欲接近自然的心态，尤其是文人。其实巧于因借，本来就是中国传统园林构成的基本原理，《园冶》早就说过：“野筑惟因”，意即园林建筑必以因地借景为要义，故古典园林的室内空间在寄情山水的理想中生成，扩展，内容丰富而实在，是个性化追求的集中体现。

窗是室内外环境联系的通道，汉·刘熙《释名》说：“窗，聪也，于内观外为聪明也”，具有采光通风的物质功能，同时可资借取外景，是人与自然相通的重要关节。

窗洞通向外界，使有限的空间与浩浩流衍的万物世界相连接，所以在中国人的心目中，窗决不只是西方人的 Window，不过是用于通风透气的一个构造上的洞口而已。李笠翁说“开窗莫妙于借景”，窗的艺术作用，主要在于其中流动的景象。所谓“一粒粟中藏世界，半升铛中煮江山”，一个空透的窗套，可以为室内摄取一幅天然图画：“窗前远岫悬生碧，帘外残霞挂熟红”，给粉壁增添了一幅彩色斑斓的画面；“窗含西岭千秋雪”，则又是一种画意；“画栋朝飞南浦云，珠帘暮卷西山雨”，朝暮之际，时时变幻。窗可以给封闭的房间引入自然的勃勃生机，“午窗残梦鸟相呼”，“窗风一榻似新秋”。通过视觉的延伸，窗外的广大空间似乎冲决了室内的有限，“但见双峰对，兴来恣佳游”。颐和园画中游为一座八角楼阁，依山而建，登楼凭眺，每窗一景，楼台金碧，水木清华，游息宴饮，如在画中。当窗外景缺，求天然不得时，可以人力补之，如《一家言》所说的“梅窗”，取老树杆作外廓，中间树枝自然伸展，涂色并树绘五彩，俨然活树生花。

园林建筑的室内布置深受文人画的影响，以“一拳代山，一勺代水”，力求在不大的空间里表现更为隽永的意境。通过盆景和插花，将花、木、山、石引入室内，此所谓“移天缩地”，用提炼概括的手法，把种种自然美景典型化，集中再现到室内；又用写仿寓意的手法，如通过因物比兴，给花木山石赋予拟人的性格，创造更富意趣的景境。懂得吸取自然，仿效自然，与自然调和，是中国传统建筑室内设计的一大特点和优点。盆景为中国所独创，源于佛教的供花，已有上千年的历史，可谓自然的缩影，对室内环境气氛的形成起到重要作用。其道在于讲求意境，如石的形状“有盘拗秀出如灵丘鲜云者，有端俨挺立如真官吏人者，有缜润削成如圭瓒者，有廉棱锐刿如剑戟者”（文震亨《长物志》），都能赋予环境某种意象。盆景与插花当然也讲究构图配置，通过色泽的浓淡和体量的大小、错落以及疏密、虚实等关系，使自然美与艺术美巧妙结合，人工的室内环境因此得以柔化。盆景与插花都是室内小品，以小见大，寓无限意境于有限景物之中，确能给人以丰美的艺术享受。

人们经过观察，赋予部分事物以拟人的品格，使它们拥有超生物的审美价值，通过芳草嘉树寄托自己的感情和意趣。《园冶》举例说："至于玩芝兰则爱道性，睹松竹则思贞操"，于是松的苍劲、竹的秀挺、芭蕉的常青、腊梅的傲雪、牡丹的尊贵、莲花的纯洁、兰草的典雅，就各自给室内环境赋予了诗情。

中国室内环境创造还有一个重要特点，就是对自然本色风格的推重。

装饰极大丰富了室内环境，但过犹不及，过分虚华的雕琢反而毁伤了人性的自然，于是特别重视人与自然和谐的中国人尤其是文人，必会产生对简朴纯真的向往，贵自然素朴，鄙视过分的文饰。《老子》说"复归于朴"，《庄子》曰"朴素而天下莫能与之争美"，《礼记》中也有"大圭不琢，美其质也。丹漆雕之美，素车之乘，尊其朴也"之言。《园冶》提倡的室内风格是"时遵雅朴，古摘端方"，"升栱不让雕鸾，门枕胡为镂鼓"，一再反对金碧辉煌，雕镂藻饰。就连康熙皇帝造避暑山庄，也主张"无刻桷丹楹之费，有林泉抱素之怀"。所以如此，正因为质朴之美深得人心。

追求自然本色的手法很多，如利用木材的天然纹理和质感，不加修饰，甚至它的自然姿态和疤结，也往往不加凿斫，是谓"野趣"。至今如南方许多地区明清民居的梁架，仍多保持木材原色，虽曾涂过桐油，仍透出本色，年久光泽已褪，木纹更露，好似未加髹漆一般。除此之外，保留木材本色还有其他一些原因，或欲夸示木料品质的高贵，或担心髹漆失去雕刻的韵味，或为避免损坏木上悬挂的书画，或为避免漆料涂刷潮气蕴藏反而引起木头腐烂。不论原因为何，木材本色的柔和和木纹之富于自然之美，其平淡与素朴，毕竟本身就蕴含有令人难以舍弃的美学价值。

相反，室内环境一旦雕饰过度，脱离了自然，便如陷禁宫之中，反不为美。以接近自然为妙境，这是中国人的快乐。

人文体裁

传统建筑与其他门类艺术共生于同一土壤，长期交融，互相渗透，诸如书画、匾联、题咏、传说等人文艺术，对室内环境的创造影响颇为深切。它们赋予建筑以文学的灵魂，借以点化、升华空间，是中国传统建筑室内空间的又一大特征。它们的作用往往超乎于物质之象，而在于寄兴寓情，使得环境的格调更高，意境更深。

书画为古人所重视，曰"名人尺幅，自不可少"，但须根据室之大小和性质，随宜而用，贵精勿滥，使浓淡得宜，错落有致。比如居家，"厅壁不宜太素，亦忌太华"，"书房壁间书画必不可少，而不留余地，亦是文人俗态"。"大者悬挂斋壁，小者则为卷册，置几案间"；"堂中宜挂大幅，斋中宜小景花鸟"，"高斋精舍宜挂单条"。随月令、节日、节气的不同，也可施用不同题材，"皆随时悬挂，以见岁时节序"。

匾联文饰空间，渲染室内气氛，也贵精而不在多，重在一字千金。匾联的文字往往富有哲理性、趣味性，不仅在宫廷、园林、寺观，即使民居，也常用文学上典雅美丽而适当的辞字赋联题匾。其内容既可由环境风貌生发而来，亦可是主人品格的写照。

高级的匾额有龙匾，四周边抹，中嵌心板，边抹施雕，奉供御书。素线者为斗字匾，系以亭台斋阁之名。而状蕉叶，漆蕉色，悬之粉壁，称雪里芭蕉，其事更韵。制红叶为匾，字沟题红，较之蕉叶，取横宜小，亦觉有情。楹联一般多为长方形，书刻于木，成对悬于堂斋双柱。

也有联语挥诸扇头者。至于截竹筒，剖而为二，亦雅亦简，挂在柱上，以圆合圆，纤毫不谬，有天机凑泊之妙。

小品陈设有的源于实用，如文房四宝；有的仅为欣赏，如挂屏、鼎彝之属，皆反映了主人的文化背景和爱好，使室内富有个性。《长物志》曾提到，要使门庭雅洁，室庐清靓，又当陈设金石钟鼎之属、石碑碣以及图书之类。这些，都是室内常用的陈设小品（图11-2-6、图11-2-7）。

第三节　家具

一、总述

我们曾经说过，总体上说，中国传统建筑艺术在其全部发展史中堪称高峰的时代，可以认为是唐宋，尤其盛唐，而中国传统家具的高峰时期却在明代和清代前期。

家具属一种精细木作，其发展有赖于社会整体工艺水平的进一步提高和人的审美意趣更加精细化。如果说唐代的时代精神是以恢宏大

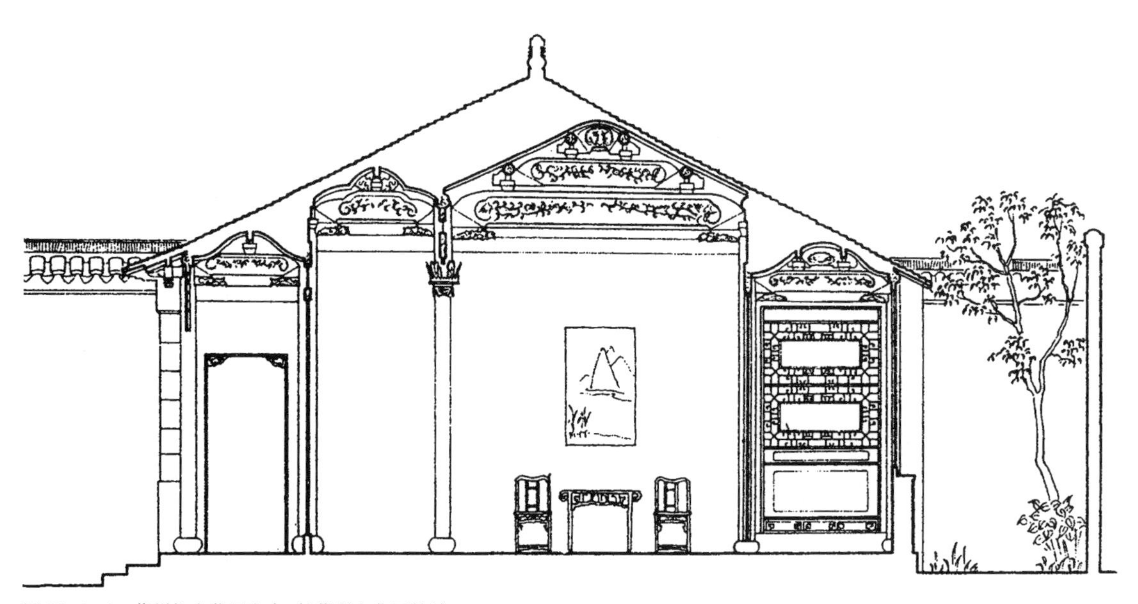

图11-2-6　苏州住宅花厅室内（《苏州古典园林》）

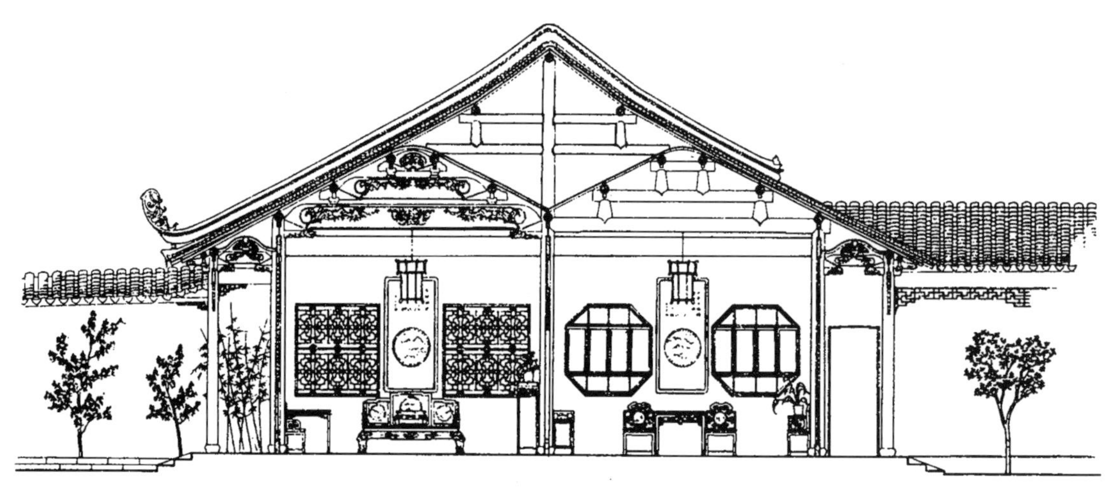

图11-2-7　苏州留园林泉耆硕之馆室内（《苏州古典园林》）

度和豪放开朗为主流，其审美意趣当更偏重于较为宏观的方面，工艺水平也还有待更多的经验积累，明清则有所不同，比较更侧重于微观，审美趣味转向精细工巧、繁丽而富缛，工艺技术也是在此时才发展到历史上从未有过的高度。也许这正是家具艺术此时才进入发展高峰的原因。

明式家具与清式家具的区分不完全根据时代，主要是以风格、形式和水平为标准。一般以清代乾隆为界，明代和盛清以前大致皆可纳入为明式，清式则指乾隆以后直到清末民初。明式与清式相比，水平更高，其造型完美、格调典雅、装饰得体、工艺精良，是历史上其他时代无法比拟的。明式家具继承了宋元的优秀成果。明代中期以后，社会经济高度发展，并出现了资本主义萌芽，城市空前繁荣，市民文化也有了长足的发展，是家具艺术发展的巨大推动力。清初国家尚未大定，无暇顾及艺术，经济也有待恢复。到了康熙时期，军事上、政治上都取得了决定性胜利，百业待兴，焦点已转移到经济的发展。随着政权的进一步巩固和强化，文化方面明显出现了满汉合流的趋势，家具艺术也才能够在明代已取得的高度成就上继续发展。清初家具带有浓厚的明式家具特点，仍具有很高的水平和美学价值，精品众多。乾隆时，家具得到了上层的推动而加速发展，一方面根据统治阶层的趣味而创新，同时渗入了西方的某些因素，大大丰富了中国家具史的内容。现在北京宫殿和皇家园林中还保存不少这时期的作品，可谓佳作纷呈，目不暇接。

但自此以后，由于社会的诸多弊端，农民运动风起云涌，列强侵凌，封建皇朝实行闭关锁国政策，国力加速衰落，审美趣味也日趋猥琐，家具艺术也走向了没落。这一态势，与乾隆以来所谓“乾隆风格”的审美风气不无关联，虽精致纤巧，炫人耳目，而堆砌造作，烦细琐屑，虚伪矫饰，艺术趣味已日趋低下。但此种风气，又不惟家具如此，凡乾嘉以后的陶瓷、雕塑、漆器、玉器、牙器、珐琅、料器等诸多相关的艺术，皆一无例外。

家具的陈设格局涉及使用和构图两个方面，可分为规则式和不规则式两种，前者依照明显的轴线对称方式布置，易于形成庄重平稳的气氛，一般宫廷和庙宇殿堂都采此式，在民居堂屋也很普遍，只有园林较为自由，以怡情适性。总的说来，传统室内家具的陈设方式以稳定凝重的风格为主，在对称构图中表现出明显的同一性，在向心组合中求得稳定性。它在很大程度上是由儒学礼教观念造成的，讲究简练明确的位序，严格遵守传统伦理的逻辑关系，所谓“立必端直，处必廉方”，日久天长，便成了规范。

不论哪种格局，总以有分有聚、虚实相间为原则。老子所谓“有无相生，难易相成，长短相形，高下相倾，前后相随，恒也”，也是家具陈设构图的关键，达到稳定和谐的途径。这不仅反映在家具的陈设格局上，还反映在家具的造型、色彩和质感中，在诸多因素之间建立起联系的纽带。总的来说，家具“繁简不同，寒暑各异，高堂广榭，曲房奥室，各有所宜”，其体量、数量、丰俭不一，主要取决于空间的大小，受到构成空间的制约。一般以简少为佳，如文震亨所说，“几榻有度，器具有式，位置有定……贵其简而裁也”（《长物志》）。

二、明式家具

明式家具的成就

明式家具的成就体现在众多方面。

一、讲究使用功能。家具，本质上是供人们日常生活起居使用并以人体尺度和人体活动规律为依据的用具，不是纯艺术品，不能脱离功能适用这一基本前提。注重人体尺度，注重内容与形式的完美统一，是明式家具首先具有的特点。

二、造型优美。明式家具造型有美好的比例，寓变化于统一，柔曲与刚直相宜，线型富于弹性，而且雕饰繁简得当，髹饰精美光洁。

三、结构科学，构造合理。中国工匠对木材材性的了解及其利用早已有悠久的历史和丰富的经验，无钉榫卯构造技术的卓越成就在作为细木工的家具工艺上体现得更为充分，对于世界木工工艺作出了杰出的贡献。明式家具代表着中国细木工工艺发展的高峰。构造是指在整体结构形式确定的前提下，家具的各个部件之间的局部连接方法。构造必须满足结构的要求，如折叠结构就要求保证其实现可折叠性能的构造；板式结构的部件不仅是围护件，同时也是受力件等。中国家具都不用钉，也很少用胶，主要采用榫卯构造来连接各部件，有时只为辅助加固而使用竹钉、木钉和鱼鳔。明式家具的榫卯构造已臻至善，十分丰富多样，可满足各不同结构各不同部位的要求，如格角榫、综角榫、托角榫、抱肩榫、长短榫、勾挂榫、燕尾榫、案带榫、夹头榫、插肩榫、削丁榫、巴掌榫、硬格肩榫、飘肩榫、明榫、暗榫、闷榫、穿榫、挂榫、走马榫、盖头榫，等等，不仅如此，实际运用时还有各种创造。

四、十分讲究材质的选择。明式家具使用的木材，纹理优美、色泽光润、质地纯净、手感细腻、坚固致密。此种木材，大多属硬木，又称细木。家具在明代的加速发展，首先与社会需求有关。明范濂《云间据目抄》就记载了隆庆、万历以来人们对细木家具的追求："细木家伙，如书桌、禅椅之类，余少年曾不一见。民间止用银杏，金漆方桌……隆万以来，虽奴隶、快甲之家，皆用细器，而徽之小木匠，争列肆于郡治中，即嫁装、杂器，俱属之矣。纨绔豪奢，又以榉木不足贵，凡床、橱、几、桌皆用花梨、瘿木、乌木、相思木与黄杨木，极其贵巧，动费万钱，亦俗之一靡也。"这说明制作硬木家具有着广泛的社会需求。隆万以降直到盛清，硬木家具盛行不衰，大量的传世家具就是证明。硬木材群的比重大约在 0.7 ～ 1 甚至大于 1，如紫檀、黄花梨、鸡翅木、铁梨木、乌木、花梨、红木（酸枝）、楂桢木等。传世的明清家具珍品几乎都是用这一材群制造的。竹子也可用于家具，凡木材能制作的也都可以用竹子制作，竹子家具盛行于江南、华南一带。

五、文化品位高，具有浓郁的中国气派。明式家具深深植根于中国传统文化的土壤，其造型和装饰，并不只注目于美观，更是"天人合一"、"道法自然"以及一整套中国传统伦理观、道德观、自然观和审美观的体现。这些观念，影响着家具的方方面面。如明式家具特别注重发掘木材本身的纹理美，色泽美，反映出中国人尊重自然，与自然和谐相处的观念；圈椅上圆下方，体现着古人天圆地方的观念；坐椅的座屉全是方形或矩形，折射出古人对品德和行为方正的追求。明式家具是浓郁的中国本土文化的积淀，具有极高的文化品位和泱泱大国的气派。

明式家具种类庞杂，分类标准也有不同，或按结构方式分类，[①]或依其使用功能提出六大类别，即杌椅类、几案类、橱柜类、床榻类、台架类和屏座类。[②]本书大致采用后一种分类法，并将之别为坐具、卧具、承具、庋具、屏具、架具和杂项共七大类（图 11–3–1 ～图 11–3–5）。

坐具

坐具类又可细分为凳、墩、椅和宝座四个亚类。

凳的特点是有座面和腿而无扶手和靠背，又有小凳、杌凳、条凳、春凳、交杌和禅凳之分。

①（德）古斯塔夫·艾克（Gustav Ecke）. 中国花梨家具图考 [M]. 薛吟译 . 北京：地震出版社出版，1991.

②杨耀 . 明式家具研究 [M]. 北京：中国建筑工业出版社，2002.

图 11-3-1 明式家具（一）（陈增弼）

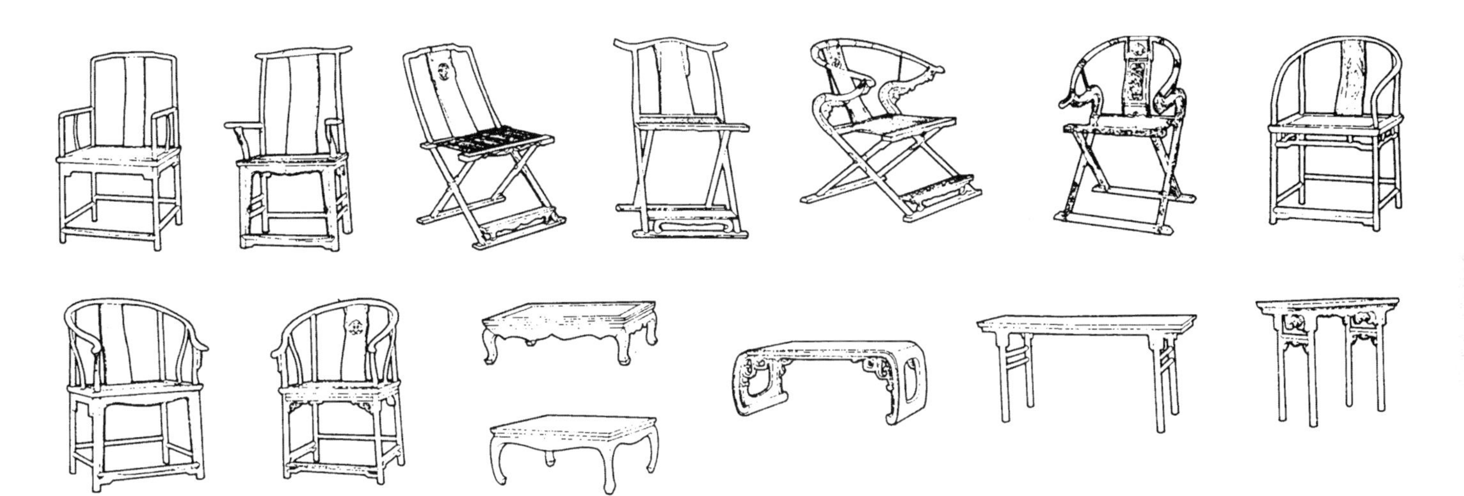

图 11-3-2 明式家具（二）（陈增弼）

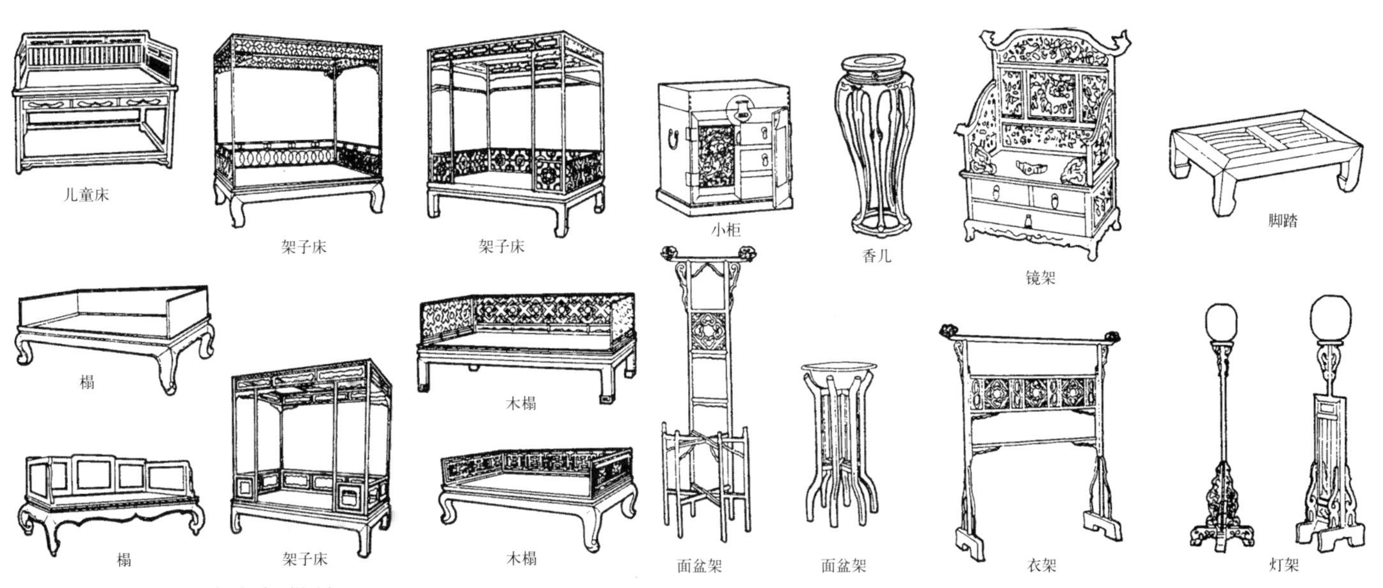

图 11-3-3 明式家具（三）（陈增弼）

图 11-3-4　明式家具（四）（陈增弼）

图 11-3-5　明式家具（五）（陈增弼）

图 11-3-6　明黄花梨长方凳（陈增弼）

小凳较小，座高一般低于 300 毫米，结构和工艺都比较简单，在宋画上已多见。较大者称杌凳，座高大于 400 毫米，座面多方形或长方形，使用很广，上至宫廷下至民居，处处可见。杌凳又有束腰和无束腰两种，束腰就是座面与腿部之间向内收缩的部分。有束腰者较高级，腿多用方材，腿端不作直端，而向外或向内兜转，称“马蹄”，向外兜转者称“外翻马蹄”，向内者称“内翻马蹄”。无束腰者较简单，腿多用圆材或外圆内方，腿端不作兜转，径以直端落地。若凳面呈窄条形则称条凳，座面长宽比一般大于 1 ∶ 2，凳面多为实心木板，不用攒边做法，凳腿在两个方向都有“侧腿”，与建筑上所称的“侧脚”相类，即四腿都向内倾斜，全凳下宽上窄。条凳在民间使用十分普遍。春凳的凳面也是长方，但比条凳宽得多，多用攒边做法，芯为棕藤屉面。还有一种“二人凳”，也是春凳的一种，座面长边是宽边的二倍，多用于闺房和卧室。交杌为折叠结构，座面多为软屉，携带轻便，俗称“马扎”。用于上马下马的交杌，座面为刚性材，可上折。禅凳为禅僧或文士所用，静坐参禅、修身养性，常置于书斋、禅房，特点是座面方形，较大，可结跏趺坐即盘腿而坐，多采用棕藤面（图 11-3-6）。

墩与凳一样，也没有靠背，但整体呈鼓形，用实木板为座面，不用棕藤屉，多圆形，上置棉垫，外罩锦袱，故又有“绣墩”之称。还有一种模仿鼓的造型，有弦纹和鼓钉，又称“鼓墩”。鼓墩有“开光”和“不开光”两种，前者在墩腹留有较大的通透光洞，可看出是从藤墩演变而来。因用材和形象之不同，墩又有绣墩、瓜棱墩、树根墩、藤墩、瓷墩、石墩之别。

椅类是有靠背或同时又有扶手的坐具，又可细分为靠背椅、扶手椅、圈椅和交椅四种。

靠背椅只有靠背，没有扶手，两条后腿穿过座面向上延伸交于搭脑，搭脑一般不挑出，中用独板或打槽装板做成曲线靠背，在明式椅中已成定式。若搭脑向两侧挑出，则称灯挂椅，也很常见。还有一种屏背椅，以独屏或三扇屏作靠背。若靠背由多根略具曲度的圆棍组成，则称梳背椅。

扶手椅有靠背又有扶手，有玫瑰椅、四出头官帽椅、南官帽椅和禅椅数种。玫瑰椅的座屉高与其他椅子基本相同，只是靠背低于一般椅背，扶手和靠背高度相差不大，多用直形圆棍组成。在靠背（或扶手）所围框内常装三面券口牙条，落于一根横掌上，掌下安短柱或卡子花（图 11–3–7）。四出头官帽椅的“四出头”是指搭脑向两端挑出，左右扶手也各向前挑出，多用长方形藤屉座，前面腿间饰以牙板或券口牙板，扶手下安一根曲形“镰把棍”，是明式椅的典型式样。以此为基本型，还有一些变体。南官帽椅与四出头官帽椅基本相同，只是搭脑和扶手皆不挑出（图 11–3–8 ~ 图 11–3–10）。禅椅多取四出头官帽椅式或南官帽椅式，只是椅盘尺寸大，用材多取树木天然枝干，很少雕饰，以示质朴，也有的用高级硬木制作。

圈椅俗称“罗圈椅”，最突出的特征是有一个圆形的靠背，搭脑向侧前方顺势而下，与扶手连在一起，形成一个婉转流畅的圆圈。圈头多数前挑（图 11–3–11）。

交椅就是折叠椅，座面大多为丝绳编织的软屉，便于折叠，又分直背、圆背、躺式和连体式四种。明《三才图会》和仇英《梧竹草堂图》都有躺式交椅的形象。连体交椅供二人或三人同坐（图 11–3–12）。

图 11–3–7　明黄花梨玫瑰椅（陈增弼）

图 11–3–8　明黄花梨官帽椅（陈增弼）

图 11–3–9　明紫檀南官帽椅（陈增弼）

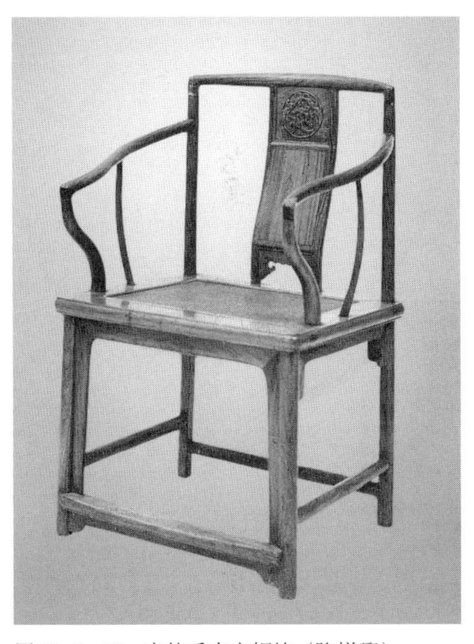
图 11–3–10　高扶手南官帽椅（陈增弼）

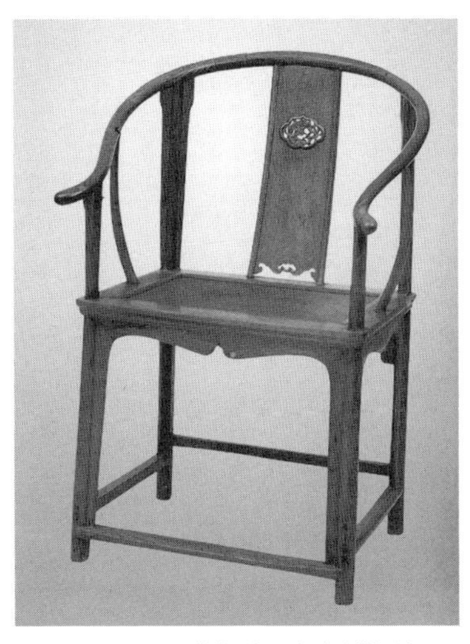
图 11–3–11　明黄花梨圈椅（陈增弼）

图 11–3–12　明黄花梨圆背交椅（陈增弼）

宝座类布置在宫廷、行宫、王府殿堂内正中最重要的部位，尺寸比椅大，比榻小，座面长方，其扶手和靠背大都是实心板，上雕花饰。

卧具

卧具分榻与床两个亚类。

榻以坐为主，兼可睡卧，供短时躺卧或午睡、小憩，多布置于客厅、书房、画室、禅堂等处。平榻是榻中最简朴的一种，由四腿支撑一个有棕藤屉面的榻面。高级者为弥勒榻，北京工匠又称“罗汉床”，榻上三面设围，有素围子和雕花围子等式，榻体也可有束腰或无束腰。杨妃榻，北京工匠又称“美人榻”，多供妇女小卧与靠坐，制作较精巧，其棕藤屉面较窄，在榻的一端作曲尺形围子，在端头围子上常装可转动的藤枕（图 11–3–13）。

床是纯粹的卧具，多见者为架子床，大多为棕藤软屉，四角立柱，上支顶架，可挂蚊帐，顶架四周垂悬倒挂楣子。在床柱间三面设床围，只有床前供人上下。高级架子床在床的向前一面靠近角柱增设二柱，其间也有围子（图 11–3–14）。最高级也最大的床为拔步床，俗称“八步床”或“大床”，在床下有一木制平座，床前二至三尺有床门围子，形成一个小小的寝卧空间。一般在床门围子内左侧置一小桌，下放两张杌凳，上置镜、奁盒和灯台，右侧摆衣笼或便桶。床帐放下后，化妆、穿衣都可以在帐内进行，俨然房中之房。

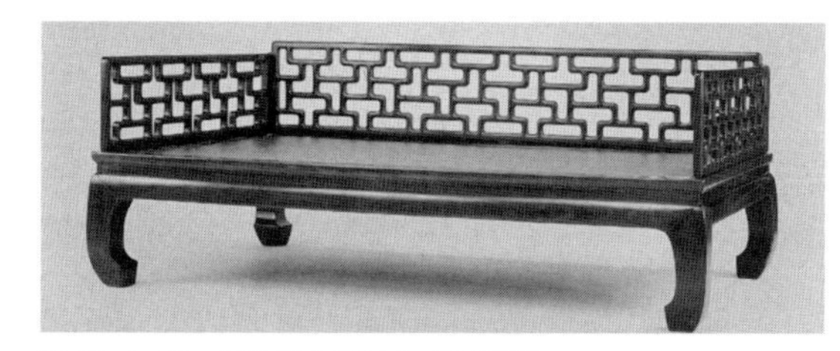

图 11–3–13　明铁梨木罗汉床（陈增弼）

图 11–3–14　明黄花梨架子床（陈增弼）

承具

明式家具的承具品种比他类家具为多，可分几、矮桌、高桌、案和架几案五个亚类。

几指面部较小的承具，承面为方形、圆形或其他造型。圆形几面者多作三腿或五腿，并取三弯腿造型，上有束腰，下有托泥，称花几或香几。

矮桌桌面高 250 ~ 360 毫米左右，最常见的有炕桌、榻桌、炕案和炕几、榻几五种，称“桌”者承面较宽，称“几”者较窄。炕桌可带束腰或无束腰，为桌型结构；炕几则很少束腰，一般都用板式结构即案型结构。所谓“桌型结构”是四腿紧靠桌面四角，“案型结构”的四腿在四角各缩进一段距离，其承面悬出部分称“吊头”。

高桌之高在 750 ~ 860 毫米之间，又分方桌、长方桌、圆桌、多边桌和组拼桌五种。方桌桌面正方，大者三尺三寸见方（约 1100 毫米），称八仙桌。小者二尺六寸见方（约 870 毫米），称六仙桌，也称小八仙桌。方桌也可有束腰或无束腰，有束腰的霸王掌式，无束腰的一腿三牙式和裹腿式，都是明式方桌中很具特色的品种。长方桌桌面矩形，有小长方桌、大长方桌和条桌三种。小长方桌桌面较短，一般都在 800 毫米到 1200 毫米，长宽比约 2 ∶ 1 或 3 ∶ 2，常见者为餐桌，桌长等于八仙桌，宽则恰好是八仙桌的一半，故又称“半八仙桌”。大长方桌长在 1200 毫米以上，宽在 600 毫米以上，多用于书桌、画桌或闺室中的化妆桌，均可有束腰或无束腰。明代书桌没有抽屉，化妆桌有的设一层抽屉。条桌桌面长宽比超过 3 ∶ 1，如琴桌和陈设桌，长度一般不超过七八尺。圆桌传世不多，半圆桌也称月牙桌，以直边靠墙摆设，两个月牙桌可拼成圆桌。多边桌常见者为六角桌，八角桌，也有由两个半桌拼组的，比较灵活。组拼桌是一种带有文玩性质的家具，由七种不同造型的桌组成一件方桌的组拼桌，应是从《燕几图》演变而来，传世的不太多（图 11–3–15）。

案的传世实物较多，有低型和高型两类。低型案主要置于床头、炕边，以平头案居多。高型案有平头案、翘头案之分。平头案案面平直，做书案、画案和陈设案。翘头案案面两头翘起，主要用于摆放陈设，或作供案。特大尺寸的翘头案，长度可达到一丈四尺至一丈五尺（图 11–3–16 ～图 11–3–20）。

架几案就是由架几架起的案，通常由两个架几承托一条平直的案面。

皮具

皮具专用于存放衣服或物品，有小型皮具、箱、格、圆角柜、方角柜和闷橱几种。

小型皮具体量小，制作精巧，置于桌案上，如存入化妆品的“头面匣”、存放金银首饰的“百宝箱”、放置贵重药品的小药箱等，诸凡奁、匣、盒或小型的箱都可归属于此。

箱的特点为板式结构，盖子向上打开，使用较多铜饰件，如立面的面页、鼻钮、铜锁，侧面的提环，后面的合页等（图 11–3–21 ～图 11–3–24）。

格类家具典型者如书格，即书架，还有多宝格，又称博古架。格多以立木为柱，中间连以横档，上铺木板，分隔成数层格子，或有后背板。也有的采用板式结构，如博古架。亮格

图 11–3–15　明黄花梨琴桌（陈增弼）

图 11–3–16　明黄花梨平头案（陈增弼）

图 11–3–17　明黄花梨二层案（陈增弼）

图 11–3–18　明榆木大漆供案（陈增弼）

图 11–3–19　明黄花梨翘头案（陈增弼）

图 11 3–20　明剔红三屉案（陈增弼）

图 11–3–21　明黄花梨皮箱（陈增弼）

图 11–3–22　明红漆戗金顶箱（陈增弼）

图 11–3–23　明黄花梨小提箱（陈增弼）

图 11–3–24　明金丝楠轿箱（陈增弼）

图 11–3–25　明黑漆描金药柜（陈增弼）

橱也是一种格，下部为橱，上部为亮格。所谓“亮格”是指没有门的隔层，通常有券口牙子，并设矮栏杆，很有特色。

圆角柜也很有特色，柜体上部略小，稍有收分，柜顶（柜帽）向外略伸出，转角为圆角，柜门转动用门枢，不用合页。门扇多采攒边做法，门扇芯有完全整板的，多数是以二段或三段拼成，浮雕花纹或镶嵌百宝。明式柜常在两扇门之间设立柱，称闩竿。柜的下部或有抽屉，但多数将抽屉暗藏在柜门内，而在下部设闷仓。闷仓以实木封护，上掀的仓盖在柜内，形成一个封闭空间。

方角柜的特点是柜体没有收分，柜顶也不伸出，角部使用相互垂直的综角榫，柜门用明合页。方角柜品种较多，矮者低于 550 毫米，如炕柜、坐柜。中者高 800 ~ 1200 毫米，如躺柜、银柜、被柜、连二柜、连三柜等。高者在 1500 毫米以上。单体立柜俗称“一封书”，言其平直方正。复体立柜柜体平正且可叠落，都是成对制作，故又有四件柜，六件柜之称（图 11–3–25 ~图 11–3–27）。

所谓闷户橱，其实就是带有一至三个抽屉并在抽屉下有闷仓的翘头案，既是承具又是庋具，高 800 ~ 1000 毫米左右。闷户橱的腿不垂直（图 11–3–28）。

屏具

有座屏、折屏两种。

座屏屏面数一般取奇数三或五，以使屏面

图 11–3–26　黑漆描金药柜（陈增弼）

图 11–3–27　明黄花梨四件柜（陈增弼）

居中，左右两端屏面向内兜转，每屏面四框内嵌大理石或糊贴纸、绢书画，屏座一般为双座墩，墩上立柱，以站牙挟抵。立柱间连以横框，下横框下多设披水牙板或绦环板，多施雕刻。置于炕上的座屏称“炕屏”。还有一种置于几案之上的玩赏性座屏，屏心多镶大理石南阳石，利用石的天然纹理仿佛峰峦烟云之景，俗称“砚屏”（图 11–3–29）。

折屏无屏座，可折叠呈锯齿形，因需对称，故屏扇多为四、六、八、十二等偶数，屏扇间连以铰链。屏芯式样繁多，或纸或绢，以书法、绘画或雕填镶嵌装饰（图 11–3–30、图 11–3–31）。

架具

常见者有面盆架、镜架、衣架、灯架、火盆架五种（图 11–3–32 ~图 11–3–35）。

低型面盆架一般都很简朴，有三腿至六腿，稍讲究的只在腿的上端略施雕刻，或为整体或可折叠。高型多六腿整体结构，其两后腿高耸，上接搭脑，中有花牌，个别的前两腿可以折叠。

明代还没有玻璃镜，仍用铜镜，须镜架支承。交椅式镜架像交椅而小巧，下有小抽屉，存放脂粉和梳妆用具，上为屏花围子，柜面设荷叶托，铜镜斜倚其间（图 11–3–36）。

明式衣架继承了古代衣架的式样，大都是两个木座，上植立柱，用站牙挟扶。柱间连以横杆，最上横杆两端出挑，挑出部分是重点施用装饰的地方。华丽的衣架在中间横杆间安装雕刻精美的花板。

室内灯具大体有三种，如置于桌案的灯台烛台、悬于天花梁架的宫灯，还有一种是灯架。灯台、烛台离不开桌案，宫灯不能移动，灯架则取两者之长，既不依赖桌案，又可移动。灯架有不调节高低的和可调节高低的两种，前者灯杆不能升降，是在十字形或三角形座墩上立

图 11–3–28　明黄花梨三屉闷户橱（陈增弼）

图 11–3–29　黄花梨大理座屏（陈增弼）

图 11–3–30　黄花梨隔扇折屏（陈增弼）

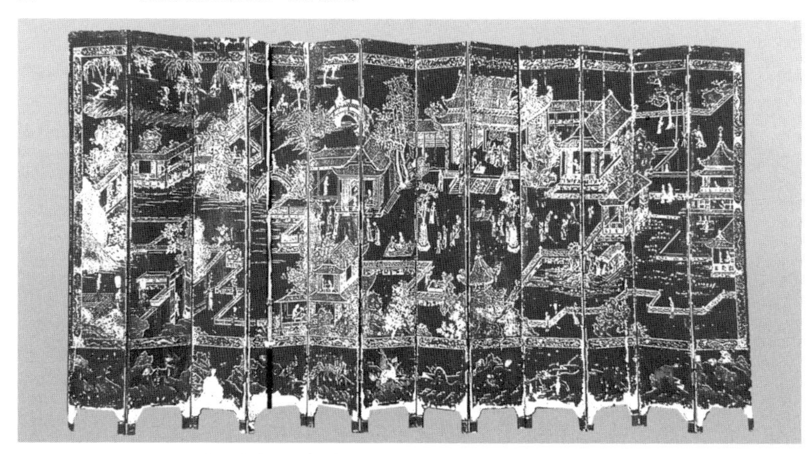
图 11–3–31　仕女图十二扇折屏（陈增弼）

图 11–3–32　明黄花梨天平架（陈增弼）

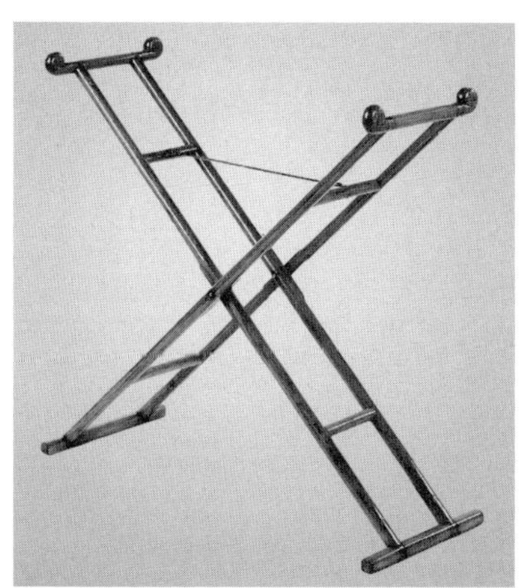
图 11–3–33　明黄花梨琴架（陈增弼）

图 11-3-34　明黄花梨火盆架（陈增弼）

图 11-3-35　木披灰六足火盆架（陈增弼）

图 11-3-36　明黄花梨镜架（陈增弼）

灯杆，用四块或三块站牙挟抵。灯杆或为直端，杆上置烛盘，盘上有羊角或牛角灯罩，下饰花牙。或为曲端，曲转下垂，灯罩悬垂其下。可调节高度者灯杆能升降，结构略与座屏同，灯杆下端有一横杆，可在架框内侧长槽内上下滑动，以活动木楔临时固定。南方俗称此种灯架为“满堂红”。

杂项

未能列入以上六类的家具，还有放在椅、榻、床或宝座之前的脚踏、供枕睡的枕凳、置于桌案摆放文具文玩等零散小物的“都承盘”、笔筒以及名目繁多的各色小家具等。

脚踏是五代、宋家具开始升高后出现的一种配套性家具，早期与坐具等连体，在《韩熙载夜宴图》上已可见到，以后分体者渐多。枕凳凳面略凹，用时其上应有特制的软垫。明代传世的黄花梨小盘，也许就是一种早期的都承盘，入清后除盘状外，尚有栏杆式和带屉式等多种。

明式家具中还应包括一些案头小摆设，形式有小床、大榻、小桌、小案等。它们有的是用制作家具所剩的小料、废料制成的，有的是制作家具时工匠事先做好供主人审看的小样，具有收藏价值。

三、明式家具的装饰

明式家具继承了历史悠久的木工加工技艺，把技术提高到新的水平，其中包括家具的装饰。明式家具装饰首先重视的是各种木材天然纹理的选择和利用，其次是部件断面设计、攒接、斗簇、雕刻、镶嵌、铜饰、髹饰等诸多方法的运用。

匠师们精于木材材性，对木材纹理、色泽具有成熟的和高品位的理解，善于驭材，严于取舍，充分发挥了材质的自然美属性。例如，柜橱的门芯板，用一块厚材剖解为二，以中线为准，左右对称使用，既有木纹变化的自然美，又在变化中显出对称，风格隽美而富有匠意。除门芯板外有时还包括两个侧小板，都由一块厚板解析而成。又如在椅子、榻或罗汉床等显要观看面如椅背、围板……也都挑选木纹好，色泽美的木料为之。还有意识地利用不同木材的不同纹理和颜色，在一种家具或一组家具上进行有机搭配，如在紫檀条案上配以黄花梨面芯和牙板，在黄花梨家具上配以瘿木镶嵌等。

对家具零部件断面轮廓的造型设计，也是明式家具取得整体美的重要手段。家具的腿子、杆部、边抹、牙板、楣子等，一般都依整体风格的要求，进行或简或繁的线型和截面设计，如阴线、阳线、灯草线、皮条线、剑脊线、荞麦棱、文武线、冰盘沿、打凹、垛边、两炷香、三炷香、泥鳅背、螳螂腿……造型多样，组配自由，十分丰富。

攒接是用纵横直斜的短料，以榫卯衔接，交搭而成各种图案纹样，如万字不到头，十字连方等。斗簇是把锼镂出的小型花板，用榫卯斗拼在一起形成复杂图案纹样，如四簇方头，四簇夔纹等。有时攒接与斗簇二者兼用，组成变化灵活的设计图案。

雕刻是家具装饰中的有效手段，变化极多，表现力强，其技法有线刻、浮雕、透雕、圆雕和混合雕。雕刻题材十分丰富。植物纹包括卷草、折板、竹、松、梅、桃、柳、灵芝、牡丹、荷花、菊花、兰花、西番莲、树皮、竹节以及诸多花卉、瑞草如满地娇、穿技花、玉堂富贵。动物纹有龙、草龙、夔龙、狮子、麒麟、蜂纹、大象、凰、草凰、夔凤、仙鹤、喜鹊、春燕。还有人物纹，凡历史故事、儿童游戏、仕女、神仙、戏曲人物，都可出现在家具上。山水纹则有云气纹、山纹、水纹、荷花清水纹。文字纹和各种几何纹也很常见。有时还使用宗教图像，如佛八宝、暗八仙、杂宝和五岳真形等。吉祥纹则包括福禄寿三星、松竹梅三友、梅兰竹菊四君子、凤鹤鸳鸯鸰黄莺等五伦、福禄寿喜财等五福（五只蝙蝠）以及青龙白虎朱雀玄武等四灵。总之，题材大致与建筑装饰相仿，包罗万象。

镶嵌也是家具装饰工艺的一种，可供镶嵌的材料有松、竹、瓷、螺钿、玳瑁、牛骨、牛角、象牙、玉石、珊瑚、珍珠、玛瑙、金、银和铜。

家具上有时需要有便于手提、加锁或用来加固的铜构件，如面页、合页、吊牌、提环等。这些构件也成为装饰。其中素铜件表面光洁无瑕，也有的在铜件表面以镀金、鎏金、凿花、镶合等方式加工，造型更为多样。

髹饰即在家具表面涂刷漆液、桐油或蜡。

以漆树汁去杂质而成生漆，涂于表面自成硬膜，坚韧耐久，是极好的家具表面涂料。由生漆经搅拌通入空气氧化或低温烘烤而得熟漆，色棕黑，漆膜较生漆光亮。若在生漆或熟漆中加入熟桐油调制即成广漆，也广泛用于涂饰。此外还有推光漆（有黑、红两种）及彩漆。彩漆是以各种矿物颜料或金、银屑加入漆汁，有黑、朱、黄、绿、紫、褐、金、银、白诸色。

桐油是由桐树子榨取的干性油，为中国的特产，呈金黄色，为民间家具所常用。桐油也有生、熟之分。熟桐油又称“光油”，可单独用来涂刷，也是调漆的重要原料。

在家具表面烫蜡，一般都用上好的蜂蜡，把蜡屑均匀撒在家具表面，用炭火烘热使其融化，均匀渗入木材，再以土布往返擦拭，使表面增亮如镜。经烫蜡后，家具颜色都会深浓和细润得多。

作为硬木家具，染色也是一道必要工序。制作者当然尽量挑选同样纹理和色彩的材料用于同一件家具，但不一定能够做到；即使出于同一棵树，因切面不尽相同，或生长时间、朝向等的不同也会有所差异，特别是多件套的整堂家具，更难免各件或各部件存在颜色的差别。此时就要通过染色加以补救。常用的染色剂大多为植物染料，红色是苏木煮成之汁，硬木家具如紫檀、红木或花梨做红木效果时，都用它加染。或用多种天然植物的壳、皮、屑等共煮滤出净水来染色。黄色为槐花煮汁，是黄花梨家具的主要调色剂。黑色和灰色是黑矾。

这几种调色剂的共同特点是透明，对木材渗透力强，亲和性好。由用料多少、水量多少，可调出各种颜色如淡黄、浅黄、黄、深黄、红黄、淡红、浅红、红、深红、紫红、浅褐、褐、红褐等，以满足紫檀、黄花梨、铁力、鸡翅木、红木之需。

图 11–3–37　清式家具（陈增弼）

四、清式家具

清式家具主要是指乾隆以后直到清末民初的家具。在这段时期，对原品种加以改进，也创造出一些新品种，如架几案、多宝格、博古架、扇面形坐屉官帽椅、海棠花凳、梅花凳、套双凳、清式圈椅、两层顶箱柜、鹿角椅、清式太师椅、行军桌等。由于盛清以后特别重视装饰，清式家具的装饰工艺也有所提高。盛清以后，随着外国事物渐多为人所知，尤其在华南如广东一带接触欧洲文化更多，在家具上显出一种中西合璧的趋势。然而此时输入的外来艺术，大多带有浓厚的洛可可风格，与清式家具总的发展趋势合流，使琐屑作风日趋严重。虽然仍有一些较好的作品出现，但与明式家具之庄重典雅，得体合度的风格相比，清式家具的矫揉造作和滥施装饰，表明发展上已渐渐陷入“末路”了（图 11–3–37 ～图 11–3–48）。

清式家具的最大特点是特别注重装饰，讲究纹样的吉祥含义。乾隆作为最高统治者，十分欣赏并倡导这种作风。上有所好，下必趋之，诸如玉堂富贵、喜上梅梢、五福捧寿、狮子滚绣球、鲤鱼跳龙门、瓜瓞绵绵、鹿鹤同春、吉庆有余、龙凤呈祥、喜相逢、太平有余、寿山福海等吉祥纹饰，林林总总，不胜枚举，就大多出现在这个时期。宫廷民间，不分南北，皆受其感染，而且越到晚清越是盛行。于是皇家造办处领先在前，民间家具作坊紧随其后，家具的雕刻简直到了滥施的程度，而且日趋细腻；虽是木雕，却并不满足，从纹样到刀法，又模仿竹刻牙雕、玉琢石雕的技法，将家具雕刻推到极致。就单件家具来说，几乎无一不雕，工艺技术上确实达到了极高水平。

不仅如此，为争奇斗巧，在发展雕刻的同时，又运用各种镶嵌技术，如嵌木、嵌竹、嵌玉，以及螺钿、玳瑁、瓷片、宝石、珊瑚、玛瑙、

图 11-3-38　清紫檀墩（陈增弼）

图 11-3-39　清榆木扶手椅（陈增弼）

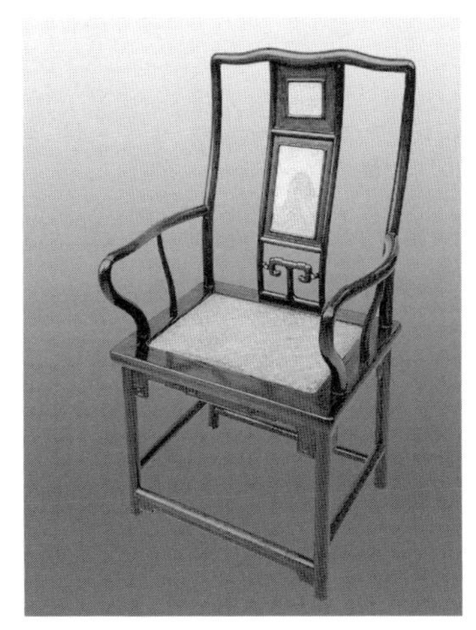
图 11-3-40　清红木扶手椅（陈增弼）

图 11-3-41　清柳木圈椅（陈增弼）

图 11-3-42　清紫檀描金太师椅（陈增弼）

图 11-3-43　清红木太师椅（陈增弼）

图 11-3-44　清榆木双联交椅（陈增弼）

图 11-3-45　清榆木圆背交椅（陈增弼）

镜子、玻璃、画珐琅、掐丝珐琅、鹿角、象牙、牛骨、犀角、景泰蓝等，都可用为镶嵌，品类繁多，凡是能用的材料几乎都已想到。其代表性的新工艺就是所谓“百宝嵌”。谢堃《金玉琐碎》记载：“周制以漆制屏、柜、几、案，纯用八宝镶嵌人物花鸟，亦颇精致。”钱泳《履园丛话》又载：“周制之法，惟扬州有之。明末有周姓者创此法。故名周制。其法以金、银、宝石、珍珠、珊瑚、碧玉、翡翠、水晶、玛瑙、玳瑁、车渠、青金石、绿松石、螺钿、象牙、蜜蜡、沉香为之。桌椅、窗隔、书架。小则笔床、茶具、砚匣、书箱，五色陆离，难以形容，真古来未有之奇玩也。乾隆中有王国琛、卢映之辈，精于此技。今之孙葵生亦能之。”这些记载，就是“百宝嵌”

图 11-3-46　假山石纹翘头案（陈增弼）

图 11-3-47　清紫檀多宝格（陈增弼）

图 11-3 48　清榆木大漆描金柜（陈增弼）

风靡一时的写照。

在过分重视装饰的同时，对家具的整体造型、功能、结构和构造的合理性却往往相当忽视；或者一味求奇而忽视了使用功能，家具变成了中看不中用的道具；或者堆砌部件，不顾榫卯的合理穿插，不得不过多地依靠胶粘；或者一味追求将家具部件模仿某物，如琴、棋盘、书或画，而不顾造型是否真的美观，结构是否合理，榫卯是否牢固。

对明式、清式在装饰作风上的不同，可以两件作品的对比加以说明。一件是明式黄花梨有束腰绳璧纹条桌，桌面下有高束腰，在内凹面上浮雕绳纹，四角雕璧环，简洁合理，既发挥了装饰作用，又不破坏整体的坚固，符合装饰的基本原则。另一件是清式紫檀绳璧纹条桌，桌面下以绳璧纹代替腿间牚子，顺长边刻两个完璧和两个半璧，侧边刻一个整璧两个半璧，璧间连以绳绦。绳绦又分截成三段，只靠这些木璧与桌面相接，虽然璧上嵌着真玉，结构和构造都很不合理。两件家具，同样以绳璧纹为饰，同样使用高级木材，同样加工精致，但艺术效果和品味则完全不同。

颐和园排云殿的琴棋书画纹桌，竟以古琴为桌腿，腿间连以棋盘、书册和画卷，东拼西凑，糜费工巧，却是等而下之的劣作。

清式家具还有忽视木材自然美的缺陷。此种作风萌于康雍，发展于乾隆，延续至清末，构成清式家具的又一特点，与明式家具形成鲜明对比。如北京紫禁城储秀宫黄花梨嵌百宝大面盆架，气势宏大，十分典雅，从其整体结构和造型比例及天然纹理，完全可以与优美的明式家具媲美。然而却在其上满施螺钿镶嵌，无一处漏过，搭脑两端嵌饰两块青玉凰鸟，既不协调，又不结实，给人以一碰就掉的感觉。在中牌使用多种宝石嵌出山水人物。所有这些精工镶嵌的龙、凰、山水，不仅丝毫没有增加其美，反而是对整体美的不可容忍的破坏。

颐和园乐寿堂紫檀束腰翻马蹄大供桌，紫檀料极宏巨而且精美，本已是一件十分优美的作品，大可不必再施加任何雕饰，但实际上除桌面外通体满雕云纹，不留余地。若论雕工，技法确实高明，艺术品位竟因此而降低。

一味专注于细部的雕饰和表现纹样的吉祥内容，是清式家具在总体把握上的重要失误。

将西方家具的纹饰加之于中国家具，或甚至完全模仿西方式样，也是清式家具的倾向之一。

清初在广州沙面已有西洋人经营的洋行、商馆。西方的商品涌入中国市场，同时通过传教士的宣传，西方的物质文明引起了人们不小的兴趣。上至朝廷，下至百姓，都有波及。至乾隆朝，西洋热势头颇盛，在圆明园内建造“乾隆风格”的西洋式建筑，如海晏堂、远瀛观、谐奇趣、大水法等，家具也不可得免，出现了模仿西洋的现象。

这类家具大体有两种，北京地区的，仍然保持中国传统家具的造型、结构和榫卯构造，只在细部装饰采用了西番莲，海贝壳等西式家具纹样母题，有的还采取西洋建筑的式样，如西式瓶形栏杆、蜗卷形扶手、扇面形椅屉、兽爪抓球等。广州地区则全盘照搬西式，可以说就是中国制造的西式古典家具。也有相当一部分中西并存，被称为“广式”。

第四节　中国与越南建筑文化因缘

中国传统建筑，长期以来对于邻近各国产生了巨大影响，尤以朝鲜半岛、日本、古代琉球（冲绳）、越南和外蒙（今蒙古国）更为明显。诸国与中国一起，共同形成了以中国建筑为主导的东亚建筑体系。中国建筑在发展过程中，也曾不同程度地输入了邻近地区尤其是南亚、中亚地区的建筑文化。本书前面的相关章节对此已有所论述，现再略述中国与越南的建筑文化因缘。

越南是中国的南方邻国，与广东、广西和云南等省区交界，国土南北狭长，东濒南中国海，面积329600平方公里，其中四分之三是山地和高原，北部属亚热带，南部为热带，气候多雨炎热而潮湿。

中国与越南的建筑文化交流，时代之早并不亚于朝鲜半岛与日本，最早的渊源，甚至可推到秦代。从中越两国古代文献和现存建筑遗物如城市、宫殿、佛寺、文庙和王陵，包括建筑装饰手法，都可明显看到越南建筑所受中国的影响。但由于自然和人为的破坏，现存越南古代建筑大多只相当于中国明清二朝，更早的只能依靠考古遗址和文献获得大致了解了。[①]

一、越南建筑史简述

越南先民多属于中国古称“百越”的族群，据古铜鼓上的形象，最早的民族住屋是干阑高脚屋，屋顶如船，中部下弯，两端上翘有似燕尾，有鸟形装饰，屋坡斜度很大，两坡倾斜到楼板上。总之，与在中国东南、华南和西南古代流行的百越干阑属同一系统。在清化省还有这样的高脚屋遗址。

早在先秦时，包括中国南方（今两广和湘、赣南部）和越南北部、中部等广大地区被称为“陆梁”，意为陆上的强梁之邦。在越南的越族部落以今永富省为中心形成文郎国（Ven Lang）。公元前3世纪后期，安阳王创立欧乐国，把中心移到古螺平原（今河内地区）。越南现存最早的城市遗址是公元前3世纪欧乐国建造的古螺城（Co Loa），现存还有三圈土筑城墙，外城周长8公里，外、中二城不规则，内城很小，为横长方形。三圈城墙都有护城河。

公元前3世纪末整个陆梁被秦纳入中国。越南北部和中部被列为秦的四十一郡之一，称象郡，郡治即今河内。秦时在番禺（今广州）担任南海郡都尉的赵陀，趁公元前209年陈胜吴广起义，朝廷无暇南顾之机自立为南越国王，辖境包括原来的象郡。西汉武帝元鼎六年（前111），汉攻灭南越，将其故土分为九郡，其中三郡都在越南，即交趾（河内）、九真（义安）和日南（顺化）。约在东汉后期，越南从中国传入了孔子的学说和佛教，中国建筑文化也随同进入越南。

以后历经西晋、东晋，南朝的宋、齐、梁、陈以至隋、唐两朝，以及五代的南汉，越南都长期受中国统治。唐朝廷在越南设安南都护府，以后又设静海郡节度使，治所都在河内。直到北宋初开宝六年（973）宋廷册封静海郡节度使丁琏为交趾郡王，越南才取得独立。越南历史称此前长达一千二百年之久属于中国的时间为第一次北属时期。

丁琏创立的丁朝（973 ~ 980，当中国北宋初）定都华庐（Hoa Lu），在河内南，是越南自主国家的第一个京都。华庐又称华庐—长安，意思是可以与中国的长安相比的一座大城。

10世纪末，丁朝的一位将军黎大行建立了时间不长的黎朝（981 ~ 1009，当中国北宋），仍都华庐－长安。黎朝除了城市和宫殿外，在全国各地建造了许多佛寺和塔。

至1009年，黎朝被李朝（1009 ~ 1225，当中国北宋至南宋）代替。李太祖原是黎朝的一个大臣，他登上王位的次年，把京城从华庐迁回升龙（Thang Long，今河内）。在李太祖的圣旨中称升龙处在全国的中心地位，有“虎坐龙蟠”之势，前后有山有水。宫殿建筑以从不曾有过的速度得到发展。从《大越史记全书》和《越史略》得到的印象，宫城建在皇城

①本节主要参考资料：（越南）武三郎．越南古建筑[M]．越南：建筑工程出版社，1991．

中，宫殿建筑群强调对称构图，严整均衡，有廊子围合，以表示权力和尊严。建筑采用木结构，间数为单数，屋顶覆盖着琉璃瓦，各构造部分如柱基、柱头、屋檐、檩条、梁头都有精巧的雕刻，以青龙、白虎、朱雀（凤）和玄武（龟）等“四灵”为饰。室内的装饰也很精致。1214年，由于国内战争，李朝的宫殿被破坏。李朝也是佛教发展兴旺的时期，比道教和儒教更占优势，僧侣在朝廷和社会中都有很重要的地位，越南最重要的古建筑之一河内独柱寺即初建于此时。这个时期在京城还建造了文庙—国子监。这两处建筑虽经后代多次重建改造，仍保留至今。

13世纪初李朝衰亡,政权转到陈朝(1226～1400，当中国南宋、元代和明初)。中国史书从12世纪开始称越南为安南。1284年和1287年蒙古人曾两次征伐越南，均告失败。战争给越南造成了很大的破坏，陈朝在升龙重建宫殿。陈朝宫殿建在高高的基座上，多数是两层，有的三四层，底屋为殿，上层是阁，用宽廊围绕。据马端临《文献通考》，陈朝国王住在第四层楼上，宫殿都涂刷红色，柱子刻画龙凤和神仙。从1235年起，陈朝还在国王的故乡四莫（今南定）建筑了一系列宫殿和邸第，供皇族居住。皇帝让位给太子，自己成了太上皇，也回到四莫居住。陈朝时儒教地位比以前大有提高，朝廷中的重要职位都由僧侣转给了儒生，但佛教仍受到重视，广泛建造寺塔。特别是“乡亭”，一种兼有宗教性质的民间公共建筑在这个时期开始出现。

1397年，当中国明初，陈朝权臣胡季厘在越南中部的清化建造了一座大城，强迁陈顺宗至此居住，称西都，升龙则称东都。1400年胡季厘弑陈少帝自立，建立了短暂的胡朝(1400～1407)，定都于西都，并建造宫殿。西都只存在了短短七年,但城墙遗迹仍存,称胡城，石筑，长方形，南北约900米，东西约700米，墙高5米，东西北三门都只有一个门道，只有南面的正门有三个门洞。门洞用大石砌造，上为半圆拱券。

从明永乐五年（1407）起，越南又一度被明朝统治，称第二次北属时期，撤安南，改称交趾省。但这次北属相当短暂，只有二十年。这时有一件值得提到的事，即越南人阮安被征调到北京，与蒯祥、蔡信、杨青等一起，参加永乐十五年至十八年（1417～1420）北京紫禁城宫殿建造工程。正统元年（1436），阮安又主持了北京正阳门城楼和箭楼的建造，为中国建筑作出了贡献。阮安的父亲是越南建筑工匠，在阮安少年时被征调到南京，阮安随同来华，以后也成了著名的匠师。

1427年越南恢复独立，诞生了黎朝(1427～1800，当中国明、清)，仍以升龙为都，改名东京。此时越南对中国仍自称安南王国，保持朝贡关系，但对本国和其他外国则称大越帝国。为与10～11世纪之交的黎朝区别，史称后黎，前此之黎则称前黎。后黎的建筑不再以寺塔为主，而是宫殿和陵寝。宫殿集中在东京和第二都城——黎太祖的家乡清化。清化又称蓝京（Lan),从1433年开始兴建。史书记载，蓝京城呈长方形，宽250米、长315米，建在缓坡上，造成明显的三级台阶：宫殿区第一级深138米，有外门、内门和庭院，应是宫前广场；第二级65米，现在还遗留有工字形基础，是前朝所在；第三级65米，包括九个较小建筑的基础，应为后寝。这样的宫殿布局与纵深比例，与中国明朝北京紫禁城及其前导非常相似。在蓝京还有太庙，供奉后黎各王祖先。

此时的越南南部称占婆（Chan Pa)，或称占国，与北方本来就有长期的经济和文化交流。从15世纪起，占婆被分割为三个小国，到17世纪，从越南中部顺化（Hve）崛起的阮氏，趁机占领了占婆，建立广南国，即以顺化为都。1802 年，广南的阮福映得到法国支持，从顺化北进，占领升龙，统一全国，建立了越南最后一个王朝阮朝。阮福映即位为嘉隆王，并接受中国册封，改国名为越南，即大越与广南的合称。阮朝定都顺化（Hve），破坏了升龙城，并按照法国式样重新建造了一座城，改名河内。

现存越南古代建筑实例多相当于中国明清二代尤其是清代，从中可以更具体地感受到中越两国建筑文化的密切关系，现略举几处宫殿、太庙、佛寺、佛塔、文庙和陵墓为例，以见一斑。

二、都城与宫殿

现存都城和宫殿最主要的是阮朝顺化及其王宫，始建于 1802 年，相当于中国清朝中期，据记载是阮朝皇帝根据出使中国的使者对北京及北京宫殿的描述规划的。

顺化的选址方式与中国城市或大型建筑群十分相似，运用了风水学。香江从西北流来，从南面绕城而过，再转往东北，城北“以御山为屏”。外城方形，称京城，每边长 2235 米，左右后三面有护城河。内城称皇城，又称紫禁城，也称大内，即宫殿。紫禁城方形，东西 622 米、南北 606 米。城墙砖砌，高 4 米、厚约 1 米，开四门，南方正门称午门，北门称和平门，城外四面水壕围绕，建四桥与四门相连。

在紫禁城午门前方，京城南门内，有一片广大绿荫，中轴线上有“旗台”，是一座三层方形土台，层层收小，横宽而扁，上立高旗杆，以壮观瞻。再前在京城南门以南、香江北岸建文楼一座，以祀孔子。楼方形，两层，上层急剧收小，覆歇山顶。再南过香江浮桥，远处有天坛，又称南瑶坛。京城北郊还有地坛，与天坛对应。从天坛向北，经浮桥、文楼、京城正门、旗台、午门和紫禁城中轴线上各主要大殿，出和平门，可一直到达地坛，都贯串在同一条轴线上。

紫禁城现存还有城垣、午门、太和殿、太庙及少数其他殿、楼，其他大部破坏（图 11-4-1 ~图 11-4-4）。

通过跨越护城河的并列三座石桥即达午门。午门又称五凤楼，城台平面呈向南围合的凹字形，高 6 米、东西 58 米，用青石和砖砌成。城台下开三门，中门为皇帝专用，高 4.2 米、宽 3.7 米，两旁二门官用，稍小，皆方顶。左右远处

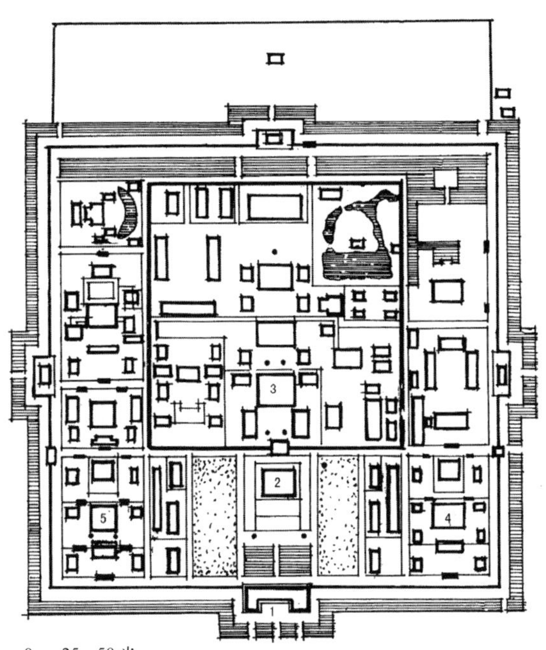

1. 午门；2. 太和殿；3. 后宫；4. 家庙；5. 太庙

图 11-4-1　越南顺化紫禁城总平面（武三郎）

图 11-4-2　越南顺化紫禁城午门（明信片）

图 11-4-3 越南紫禁城太和殿（明信片）

图 11-4-4 越南太和殿宝座（明信片）

在凹形平面以外又各有一门，半圆拱顶而较宽，通行兵士和战象战马。城台上正中建大殿，面阔五间带周围廊，两层，单檐歇山顶。左右转角和前端伸出部各建两层方亭一座，皆歇山顶。以上五座建筑之间连以廊屋。各屋均覆琉璃瓦，正中大殿黄色，余皆绿。屋脊装饰以龙、云、蝙蝠和四季花草等题材为主。

午门后为横长方形水池，正中一桥，桥两端各树一座铁柱牌坊，额曰"君仁由义"、"中和位育"之类，池北即太和殿。

太和殿面阔九间，两端各一间内部隔成长屋，故越南称其面阔为七间二厢，总面阔 30 米。殿进深很大，达 44 米，以前后两座屋顶勾连搭相接覆盖。越南多雨而炎热，不但宫殿，即佛寺等其他建筑的殿堂也常采用加大进深的方式，以减少雨天的露天通行，并使殿内荫凉，所谓"广室多阴"。前屋顶的屋坡分上下两段，中有一次跌落，下段四坡，上段歇山，但上段山面屋坡极窄，形如硬山，总体呈歇山形，高 10.20 米，覆黄琉璃瓦。正脊镶满各种彩色碎瓷片，组成一列盘龙，两端也是龙形，中间再高起一组二龙夺珠为饰。越南建筑装饰，尤其是脊饰，常与中国岭南建筑相近。后屋顶高 12.4 米，脊饰同前，覆绿琉璃瓦。殿内以屏墙隔成前后两个空间，前部较大，皇帝宝座就放在屏墙前正中，坐落在一略高于地面的木台上，上悬辉煌夺目的藻井，称"八宝金帖"。其柱枋梁檩、宝座和藻井都刷成朱红色，贴金，绘龙、云图案，梁、檩有细致的雕刻，地面铺非常光洁的黑色大理石。

太和殿是每月国王临朝和举行各种礼仪的地方，殿前有上下两级平台，一品至三品官立在上级，四品至九品官立在下级，再南平台以下至水池的空地立乡党长老和皇帝远亲。

太和殿后以方墙围成后寝区，南门称大宫门，其他三面都有两座门。后寝已大部被破坏。

在后寝区东北部，利用一片天然水池建成花园。

太和殿东西隔广场各有一组建筑，西为太庙，祀阮朝各代皇帝；东为皇帝家庙。二庙以北是宫内附属建筑。

顺化城及其宫殿的规模虽远远小于北京和北京宫殿，风格也远没有那样壮丽巍峨，但从其选址、总体布局方式和单体建筑形象及做法，以至各建筑的名称，都可明显看出中国的影响。

需要说明，阮朝时法国的侵略势力已经进入越南，顺化的外城就是由法国人仿照法国式城堡设计的，砖砌，宽 2 米许、高 6.5 米，开十三门。在每边和四角都有凸出的尖角状炮台，共二十四座。

三、佛道建筑

越南佛教分北传和南传两系。北传来自中国，早在汉代已经传入。隋唐时，中国佛教禅宗南北两派、道教（越南称老教）和对于孔子的信仰（越南称孔教或儒教）在越南都得到迅速流传。禅宗南派是公元 820 年（唐元和十五年）由无言通禅师从广州传入的，以河内建初寺（今符董寺）为基地传教。丁朝和前黎时（北宋），佛教在社会上已占据优势，在华庐建造了许多塔寺。自禅宗传入后，北传佛教即以禅宗为主，历来信众最多，据陈朝史家黎文休记载，李朝时庶民竟有一半当了僧侣，至今信徒在全国仍大约占到三分之一。

南传佛教主要来自高棉，远源于斯里兰卡和印度，属上座部即小乘佛教，与东南亚其他国家的佛教属同一系统，只流行在越南南部即原占婆（下柬埔寨）地区，大约 14 世纪才形成规模。南传佛教建筑遗物主要是称为占婆塔的塔庙。

越南佛寺除自身特色外，也可看出中国建筑的影响。建筑的方向仍以坐北朝南为主，通常的布局以寺门为起首，随后沿纵轴线布置一系列殿堂。寺门常称三观门，又称三解脱门，也许是并列的三座门，也许只是一座，而均以“三”称之，有着宗教上的含意，同中国唐代佛寺大门称“三门”一样，都有“三解脱”的寓意。据《佛地论》，“三解脱门谓空、无相、无作”，意谓入佛寺门即可超凡入圣，离绝尘缘，得大解脱。三观门也可代以钟阁，或更简单地以四柱代替。复杂的可有外、内两座三观门，二门间中轴线上或可再建钟阁或塔。越南佛寺比较注意结合炎热地区的气候特点，主体殿堂通常都组合成丁字、工字或王字形平面，内部可以走通。或前后殿紧连，覆以勾连搭屋顶。正像前举顺化太和殿一样，避免露天太多。这种出于防雨避晒目的的勾连搭殿堂，也可见于中国与其相邻地区，如广西合浦大士阁，也是前后两殿紧连（图 11–4–5）。若为工字平面，前殿两边常设两位善者和恶煞塑像，中间一竖称烧香座，后殿是安放主要佛像的地方。也有二字或三字形平面，前后殿间距离较近。多数都在各殿之外三面以廊庑围合，形成所谓“内工外围”、“内王外围”的总平面。中国的伽蓝七堂院落式庙宇在越南并不多见。

河内独柱寺又名延后寺，始建于李朝崇兴元年（1049），现存建筑大多经多次重建扩建，总平面比较自由。寺门在西，正对寺门为丁字

图 11–4–5　广西合浦大士阁（罗哲文）

形主殿，院内南、北两侧有配殿，南配殿也是丁字。北传佛教主要属于禅宗，寺庙布局有时不大注重仪轨，总平面虽仍以对称为主，也有相对自由的，独柱寺就属后者。独柱寺最著名的建筑是立在一根独柱上的小殿，位于南配殿以南全寺东南一个名为灵沼的水池中，寺即以此得名。池方形，每边长 16 米，池中长满莲花。独柱由两段圆石墩拼成，从柱身向八个方向呈放射状地挑出八对组合梁，各由上下二梁和梁间一根短柱组成，下梁之下有自柱身伸出的弯弯的撑栱支持。在八对梁上铺板成台，再上小殿宽深仅一间而有四面廊，覆歇山屋顶，屋顶尺度颇大，屋角高起，屋脊上装饰着游龙和摩尼宝珠。西面为正面，檐下悬“莲花台”匾，前有砖砌台阶通向岸边。殿内端坐观音像。据《河内地舆》载，李朝皇帝曾梦见观音引其同登莲台，醒后回忆梦中所见，由禅慧法师设计，在池中建此殿，以象莲台而奉观音，故民间又称此殿为莲花台。独柱殿经 1105 年和 1249 年两次重修，但在 20 世纪被法军于撤离河内前安放炸药炸毁，现存者是 1955 年仿原样重建的（图 11–4–6、图 11–4–7）。

图 11–4–6　越南独柱寺独柱殿（明信片）

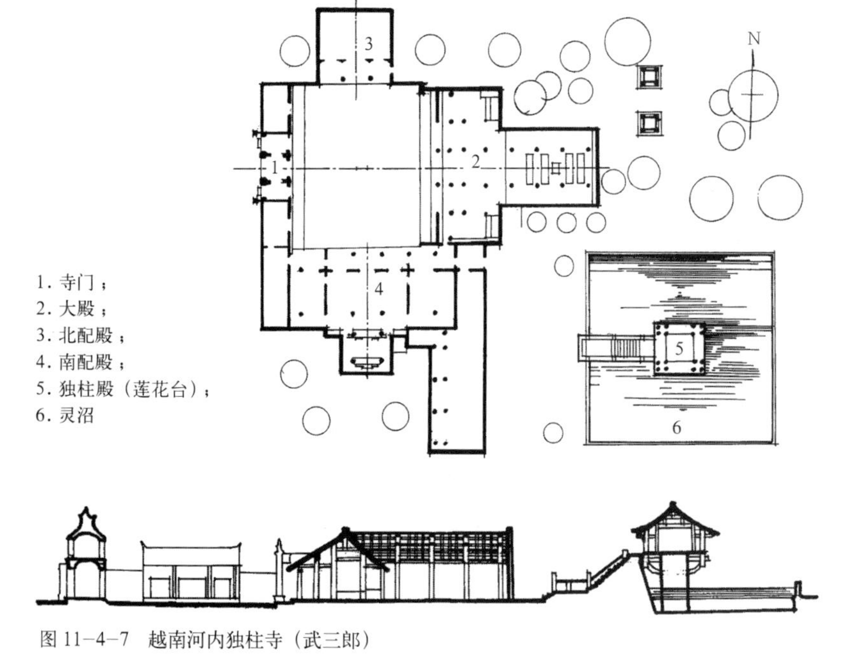

图 11–4–7　越南河内独柱寺（武三郎）

其他地方也有类似独柱殿的建筑，如龙瑞灵光殿前有独柱钟楼，六角，莲花形。清化灵称寺有金造如来坐于水面莲台上，河北搴寺有独立石柱遗迹，可能都曾如独柱殿，有小殿覆盖。河北省顺城的笔塔寺也是一座著名寺庙，始建于 1278 年（当中国元初），为陈朝圣宗皇帝时，存留至今。此寺的平面布局最为典型：寺前三观门内中轴线上有钟楼，寺内主体部分的前部为工字殿，后部殿堂组成三字，再以廊庑将前工后三各殿三面围合，空地很少。自前而后各建筑的名称为前堂、烧香座、上殿、石桥、积烧庵、中堂和祀府，后庑称后堂。最后又在中轴延长线上建笔塔，塔两侧对称各列小塔一座。在寺的一侧也有小塔一座。笔塔石砌，现存五层。寺内有许多珍贵佛像，积烧庵殿周围有三十六片石雕栏杆，浮雕唐僧取经、鲤鱼跳龙门、四灵、四龟、飞鹤、浮莲和越南风光之类（图 11–4–8）。

类似笔塔寺的布局还可举北宁宁福寺为例。宁福寺三观门内前建钟楼，后有五重殿堂，都贯串在中轴线上。五殿相距很近，没有左右配殿，也没有廊庑围合。寺侧也建有塔，一在寺东，名报严塔；一在寺北，名尊德塔，是拙公和明行两位僧人的墓塔，都建于后黎。拙公和明行是中国广东和江西的僧人，因避乱于明初来居于此。

明清之交，为逃避满清统治，中国人逃往越南者甚众，多来自福建、广东，由海路抵达越南中部东海岸如会安一带。以后他们虽汇入了越南民族，但仍不忘故土，现在仍存的会安金山寺就是他们所建，完全是中国岭南建筑风格，又称福建寺或福建会馆（图 11-4-9）。

顺化天姥寺是阮朝最重要的寺庙，号称“神京第一国寺”，在宫殿西不远香江北岸高地上，坐北向南，也是中轴对称布局。以四十九级台阶通上寺庙前区，树立四柱代替三观门，柱后原有方形攒尖顶香愿亭一座，台基柱础仍存。亭后为敕建于 1844 年的福缘宝塔，塔两侧各有两座砖石方形碑亭，再后为寺庙主区。主区纵长方形，宽 100 米、长 280 米，四面围墙，在前墙左右角立角楼为钟楼和鼓楼。南墙正中为后三观门，三洞。院内正面大雄宝殿，殿前平台上供弥勒。殿门两侧楹联题为：“阅寺碑，仰先王造福之田，水月常圆光满三千大千世界；读国史，记老妪现身之语，岳河永固灵钟亿万祀基图”，说出一个“天姥指点，划地建都”的传说。院左右各有廊。殿后院落左为方丈，右为客寮。再后正中为新建八角攒尖顶香愿亭和菩萨殿，最后以 1992 年圆寂的敦厚大师祖师塔结束。全寺空地较多。

越南佛寺常把塔放在中轴线上，除前举笔塔寺放在寺后外，多在寺前，天姥寺就是这样，其他典型例证还可举北宁省延应寺。延应寺最前为塔，后为七间前殿和三间后殿，二殿之间连成工字。这种将塔置于寺前中轴线上以突出佛塔的做法，与中国早期中心塔式佛寺有某些相通之处。

通常塔身为方形或八角，以石、砖或红砖砌造，楼阁式，奇数檐。与中国南方极少密檐式塔的情况一样，越南也没有密檐式。福缘宝塔又称天姥塔或灵姥塔，敕建于 1844 年，八角七级，高 21.24 米，是顺化的象征，也是越南佛塔的典型代表（图 11-4-10）。

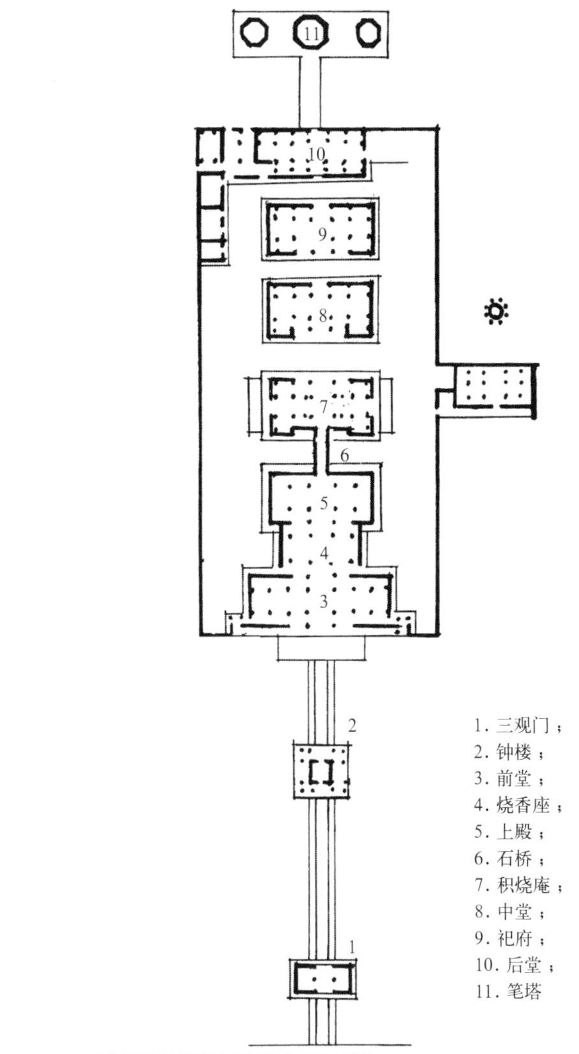

图 11-4-8　越南顺城笔塔寺总平面（武三郎）

图 11-4-9　越南会安金山寺（明信片）

图 11-4-10 顺化天姥寺福缘塔（明信片）

越南的老教除修仙、炼丹等内容外，又包括如风水术、运气相法，紫微相法、选择吉日等等，并结合越南民间信仰。道观在越南也称为庙，与佛寺差不多，平面或为一字，或为二字、三字平行，也有丁字、工字、王字等，有时大门也以树立的两柱或四柱表之。

四、宗祠与文庙

图 11-4-11 越南太庙先灵阁（明信片）

越南也盛行宗祠建筑，在华庐早有丁先皇和黎大行的祠庙，后者是李太祖从华庐迁都到升龙的同时在 1010 年建造的。现存重要祠庙是阮朝在顺化建造的五座庙，以位在紫禁城内西南部的太庙最重要，保留也最完整。太庙始建时称皇考殿，1821 年阮朝第二代皇帝明命王重建，祭祀阮朝各帝。庙前大门仍称三观门，再进为先灵阁，三层三檐歇山顶，高 15 米，阁后排列铜铸九鼎。再进顺序为前殿和正殿，皆重檐，屋面覆黄琉璃瓦，屋脊有二龙、神仙、葫芦等装饰。殿内各柱座、香案都涂红漆并贴饰金箔（图 11-4-11、图 11-4-12）。

孔教在越南受到很大尊崇，在京都和各城都建造文庙，县的文庙称文址，乡村称祠址，以祭祀孔子。最大最典型的文庙在河内，此外，如山西、兴安、广安、顺化等地都有较大文庙，北方不少县、乡有文址、祠址。

图 11-4-12 越南太庙正殿殿内（明信片）

河内文庙在市区西南，初建于 1070 年，时当李朝，1076 年李仁宗在庙后扩建国祠，1156 年李英宗决定只祀孔子。至后黎孔教极盛时，黎圣宗在 1483 年再扩建，并加进国子监，所以又称文庙—国子监，又在庙内为各年科举中榜进士立碑。1802 年阮朝皇帝在庙内增建奎文阁。文庙坐北向南，基地宽 70 米、长约 350 米，建筑沿中轴线布置，据称系模仿中国山东曲阜孔庙建造。庙前有文章湖，古时名太湖，湖中有一小洲名金洲，洲上曾有赏月楼。庙门汉字题额称“文庙门”，左右小门称成德和大才，门前树立四柱，两边置下马碑。门内从前至后纵连五个院落，第一院从文庙门至大中门。第二院从大中门至奎文阁。二院东西各有纵长方池，其余均绿化。奎文阁规模不大，比例良好，平面方形，两层，重檐歇山顶，二檐靠得很近，檐角平直无翘，只在脊端翘起。阁兼为门，两旁小门称碑文门和蓄文门。阁后泮池方形，池东西各有碑廊，立八十二座黎朝以来进士题名碑，各碑立在龟蚨上。池北过大成门和院落为大成殿，由拜殿和寝殿合成，均宽九间、深三间，上覆勾连搭歇山顶，据《河内地舆》记为李朝皇帝于天贶二年（1069）创建，但现存建筑可能是后黎重建。殿前左右各有庑，祀孔门七十二贤圣和越南名儒朱文安、张汉超等人。第五区过启圣门为启圣庙，祀孔子父母，现只留遗址（图 11–4–13、图 11–4–14）。

据史书记载，后黎圣宗扩建的国子监是越南历史上最大的学舍。据称当时大成殿以铜瓦盖顶，还有具服殿，是皇帝在举行祭孔礼前更换祭服的地方。国子监内有明伦堂、讲堂和太学舍。太学舍供儒生住宿，左右各有三排屋，每排各二十五间，每间二人，共可住三百人。经九百年的历史，文庙已有许多改变，大多是阮朝重建的，后黎时期的建筑已很少，仅存若干青石阶和进士碑而已。

与中国曲阜孔庙相比，除了规模较小较简单以外，布局序列和建筑内容基本相同，其拜殿与寝殿勾连相接，显示了越南的特点。

五、陵墓

受儒家文化的影响，越南也特别重视慎终追远，帝王死后都建造陵墓。

李朝全部八代皇帝逝后遗体都运回故乡河北省仙山县亭榜乡安葬，在这里有李八帝庙，

图 11–4–13　越南文庙奎文阁（明信片）

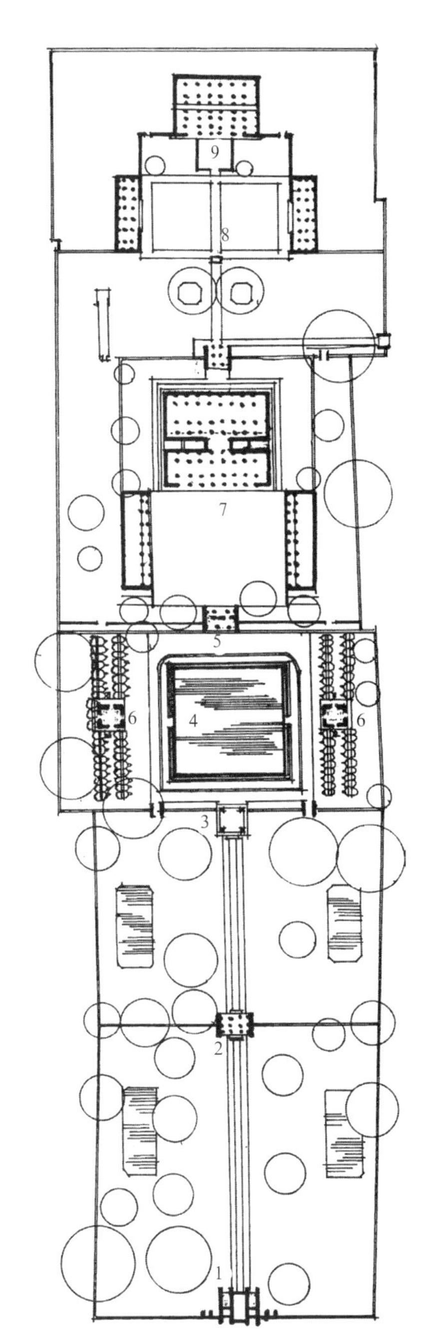

图 11–4–14　越南河内文庙总平面（武三郎）

相传建于后黎时期。

现在较完好的陵墓大都是阮朝各陵，都在顺化南郊，沿香江建造。各陵的总体布局都是：周围墙，陵门前有广场，门内砖铺广院，神道两边对称立石刻官员和象、马等象生，再后为碑亭、祭场、祀殿和明楼，过明楼有月牙形小湖，包围着最后的圆形宝城。

图 11–4–15　越南顺化明命陵（明信片）

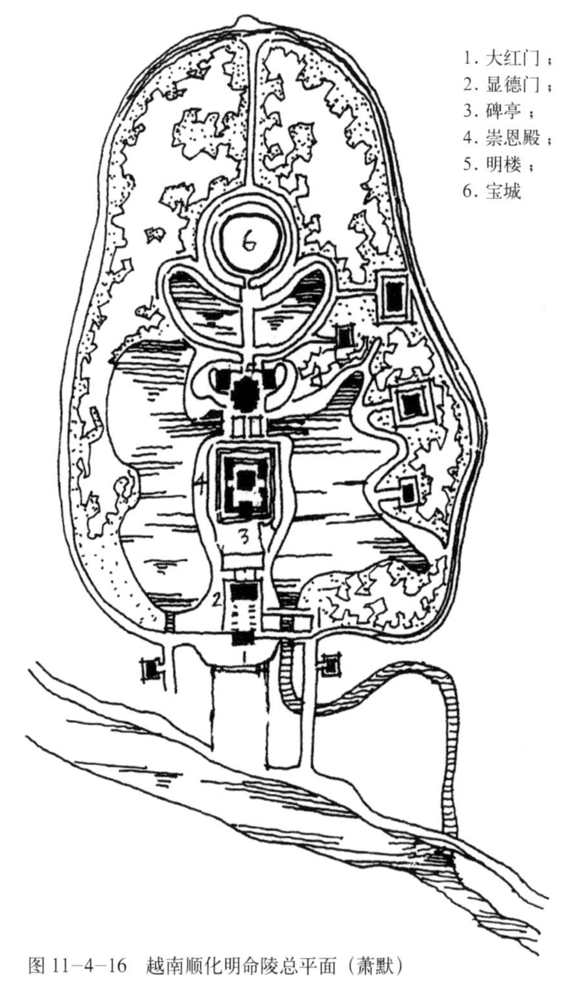

图 11–4–16　越南顺化明命陵总平面（萧默）

阮朝第二代皇帝明命圣祖的陵墓是其中较典型的一座，建于 1843 年，又称孝陵。陵建在锦溪山上，周围顺地势围以曲墙，正门称大红门，两旁有左右红门，门内立两排石刻文武官员、象、马和一对铜制麒麟。再进显德门为碑亭，过碑亭登上几层台级，到崇恩殿，殿前后两厢均有配殿。殿后过三道石桥为明楼，楼左右各立望柱。从大红门起至明楼，中轴两侧全为湖面。明楼后又有湖，称月牙湖，湖上架聪明正直桥，桥两端立牌楼，最后即圆形宝城（图 11–4–15、图 11–4–16）。

可以看出，全陵以崇恩殿后的三道石桥为界，如明清陵墓分为前后两区，前区用为祭祀，相当下宫，后区是陵墓本身，相当于上宫，其基本布列顺序和建筑内容都与明清陵墓相似。但越南陵墓的下宫左右有湖，明楼不与宝城相连，二者之间也隔以湖，性格较为活泼，较少庄严之气。

阮朝第四代皇帝嗣德育宗的陵墓建于 1889 年，水面更多，下宫部分面积很大，建筑也多，上宫面积很小，又退居基地后部一侧，打破了二者前后纵贯的关系，布局特别自由灵活，整座陵墓可以说就是一座大园林（图 11–4–17、图 11–4–18）。嗣德陵又称谦陵，各建筑和景点都以“谦”字命名，如务谦门、留谦湖、谦岛、愈谦榭、和谦殿、良谦殿等。

近代以来，随着法国势力进入越南，西方建筑的影响逐渐加强，顺化的外城就是按照法国城堡形式建造的。1859 年，阮朝皇帝把越南南部国土割让法国，其后，中国刘永福率领的黑旗军与越南人民并肩作战共同抗法，屡次告捷，但最终于 1885 年，越南完全沦为法国的殖民地，阮朝皇帝成为傀儡。法国建筑影响的结果，出现了一些不成熟的西化的作品，如胡志明市的西宁圣寺本是一座佛寺，却采用了哥特教堂的格局，正面左右有两座西方式样的尖塔，用作钟楼鼓楼。类似此类的建筑还有胡志明市的西安寺、明海永和寺、同塔宝光寺等。顺化的启定陵、河内的黄高启陵都是一些不东不西的建筑，美学趣味已趋低下（图 11–4–19）。西安寺是越南南部最著名的佛寺，建于 1847 年，其三座大门和正殿两侧的重檐方亭，仍采取东亚传统形式（图 11–4–20、图 11–4–21）。

中越两国，在长达两千多年的密切交往中，产生了共通的文化心理和文化传统，都体现在建筑中。有必要强调，越南建筑与中国建筑的某些共通，并不是越南对中国单纯的吸收，更不是一种外在的包装，而是产自越南自身文化的自然而然的结果，具有更为内在更为本质的意义。越南建筑匠师根据本国自然条件和人文环境的卓越创造，是对整个东方建筑体系的贡献。

图 11–4–17　越南嗣德陵水榭（明信片）

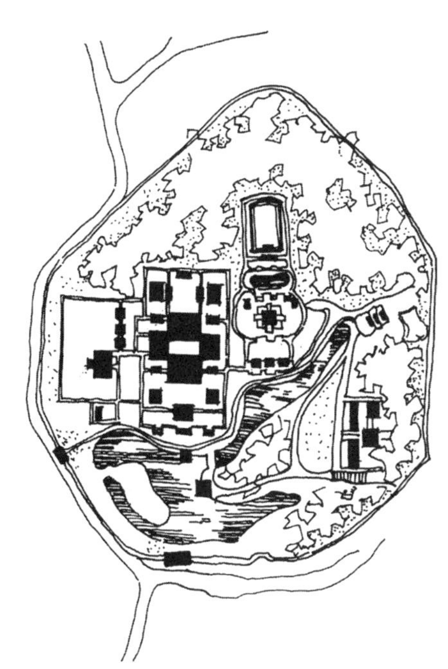

图 11–4–18　越南顺化嗣德陵总平面（萧默）

图 11–4–19　越南顺化启定陵（明信片）

图 11–4–20　越南西安寺（明信片）

图 11–4–21　越南西安寺（明信片）